西安石油大学"沉积学与储层地质学"科研创新团队建设计划（2013KYCXTD03）
国家"十三五"科技重大专项项目（2016ZX05050006）
国家自然科学基金（41802140）   资助
陕西省自然科学基础研究计划项目（2019JQ-257，2019JM-381）
刘宝珺地学青年科学基金（暨"山东省沉积成矿作用与沉积矿产重点实验室"开放基金，DMSM2019007）

鄂尔多斯盆地南部奥陶系生物礁滩分布与油气地质意义

杨友运　赵永刚　陈朝兵　著

科学出版社

北　京

内 容 简 介

本书是在对我国鄂尔多斯盆地南部地区（本书中简称"鄂南地区"）奥陶系生物礁滩详细研究的基础上总结、凝练、升华而成的。地质、测井、地震及地球化学分析的方法手段联合应用、穿插分析，首次系统地揭示了鄂南地区奥陶系生物礁滩的类型、特征、分布规律及其发育、分布的主控因素。本书主要从生烃潜力、储层特征及控制因素、成藏影响因素三方面阐明了鄂南地区奥陶系生物礁滩的油气地质意义。

本书为研究、预测含油气盆地内部生物礁滩的地下隐伏情况提供了重要的思路与方法，并给出了具有参考价值的研究体系。可供从事碳酸盐岩油气勘探、碳酸盐岩油气地质综合研究的人员参考使用；也可供地质学、地球物理、油气勘探等专业的研究人员和高等院校相关专业的师生阅读、参考。

图书在版编目（CIP）数据

鄂尔多斯盆地南部奥陶系生物礁滩分布与油气地质意义／杨友运，赵永刚，陈朝兵著. —北京：科学出版社，2019.11
　ISBN 978-7-03-062910-4

　Ⅰ.①鄂… Ⅱ.①杨… ②赵… ③陈… Ⅲ.①鄂尔多斯盆地–生物礁–石油天然气地质–研究 Ⅳ.①P618.130.2

中国版本图书馆 CIP 数据核字（2019）第 247165 号

责任编辑：焦　健　陈姣姣／责任校对：张小霞
责任印制：肖　兴／封面设计：北京图阅盛世

科 学 出 版 社 出版
北京东黄城根北街 16 号
邮政编码：100717
http://www.sciencep.com

三河市春园印刷有限公司 印刷
科学出版社发行　各地新华书店经销
*
2019 年 11 月第 一 版　开本：787×1092　1/16
2019 年 11 月第一次印刷　印张：23　1/4
字数：600 000
定价：328.00 元
（如有印装质量问题，我社负责调换）

前　言

生物礁、颗粒滩（统称"生物礁滩"或"礁滩"）均是碳酸盐岩台地边缘的高能环境，具备形成油气富集区带的沉积、成岩条件。又因为生物礁与颗粒滩常呈共生关系，并且易受溶蚀作用和白云岩化改造，因此生物礁滩型油气藏成为非常重要的一类碳酸盐岩油气藏，在世界碳酸盐岩油气田中占有相当大的比例。

鄂尔多斯盆地南部地区（本书中简称"鄂南地区"）是我国奥陶系海相碳酸盐岩最为发育的地区之一，特别是其奥陶系台地边缘生物礁滩相在华北地台具有一定代表性。长期以来，虽有部分学者对鄂南地区奥陶系生物礁进行了相关研究，发现了新的生物礁，但由于认识上存在争议，加上该地区生物礁出露规模小，地点分散，因此并没有引起人们的重视。令人惊喜的是，鄂南地区连 1 井奥陶系发现礁滩相地层和油气显示，初步推断该区奥陶系具备形成生物礁滩油气藏的可能。

本书以翔实的资料重点研究了鄂南地区奥陶系生物礁滩的分布规律及其主控因素、油气地质意义，开展了含气有利区预测。

全书共分 15 章。第 1 章介绍了本书的研究背景，阐述了本书的研究目的及意义、主要研究内容、研究思路与工作量、主要成果与认识、研究的创新点；第 2 章介绍了鄂南地区奥陶系发育、演化及残留特征与礁滩相分布情况；第 3 章分析了鄂南地区中晚奥陶世成礁期沉积环境；第 4 章揭示了鄂南地区奥陶纪岩相古地理分布特征；第 5 章研究了鄂南地区奥陶系生物礁生物构成、生态功能，并划分了礁岩结构类型；第 6 章从具体剖面研究了鄂南地区奥陶系生物礁的发育形态、产状与岩相结构；第 7 章开展了鄂南地区奥陶系礁滩相岩性地震剖面响应特征研究，并预测了其形态范围；第 8 章开展了鄂南地区奥陶系生物礁滩的测井识别与预测；第 9 章分析了影响鄂南地区奥陶系生物礁滩体发育和分布的主要控制因素；第 10 章分析了鄂南地区奥陶系碳酸盐岩烃源岩类型、特征与生烃潜力；第 11 章揭示了鄂南地区奥陶系碳酸盐岩储层岩性、物性特征与分布；第 12 章研究了鄂南地区奥陶系碳酸盐岩储层孔喉特征与主要成岩作用类型；第 13 章分析了鄂南地区奥陶系碳酸盐岩储层成因特征及主控因素；第 14 章分析了构造、古地理演化对鄂南地区奥陶系礁滩岩层成因环境、分布及油气封闭成藏的影响；第 15 章针对鄂南地区奥陶系生物礁滩相开展了含气有利区预测。

全书主要由西安石油大学杨友运教授执笔完成，约 30 万字。西安石油大学赵永刚副教授撰写了本书的内容简介、前言、第 1 章、第 13 章、第 14 章、第 15 章，约 15 万字，并负责全书的统稿。西安石油大学陈朝兵博士参与编写了本书第 2～12 章，约 15 万字。

本书的出版得益于中国石油化工股份有限公司和中国石油天然气股份有限公司提供研究鄂南地区奥陶系生物礁滩所需的大量资料。本书的出版得到了西安石油大学领导的关心和有关同事的大力支持。在此特别感谢!

　　杨友运教授的研究生曹江骏、杨一铭、王昊、孙瑛莹、王茜、何拓平、李昊远、阮昱、南凡驰和赵永刚副教授的研究生徐睿军、王政杰、史刘奇、李磊、杨路颜清绘了书中的大部分图件,参加了书稿排版工作,承担了文字、图表校对工作。在此一并致谢!

　　由于作者水平所限,加之书稿完成的时间仓促,书中不妥与疏漏之处在所难免,敬请读者批评指正。

作　者
2019 年 6 月

目　　录

第1章 绪 论

1.1 研 究 背 景

鄂尔多斯盆地南部地区（本书简称"鄂南地区"）处于华北地台西南缘，面积约 $13 \times 10^4 km^2$，奥陶纪总体为浅水台地相沉积以及台地边缘高能带沉积，向台地内部发育陆表海沉积，向南处于陆架环境，碳酸盐岩发育厚度大，面积广，颗粒滩以及生物含量丰富（冯增昭等，1991）。中上奥陶统地层是整个华北地台发育保存最完整的，其中生物礁早在1992年就已经发现钙藻为主建造的礁丘（叶俭等，1995），但长期以来，虽然有部分学者进行相关研究，发现了新的生物礁，由于认识存在争议，加上研究区生物礁出露规模小，地点分散，没有引起人们重视。

近年来，通过分析区域构造演化特征，发现区内海相地层发育以及岩性变化随构造运动、海平面变迁形成韵律性变化。加里东期经历了寒武纪被动大陆边缘到中晚奥陶世活动陆缘构造环境转化，构造转换演化中沉积环境由平缓的陆架向弧后拉张断陷盆地转换，古构造面貌和地理模式与现代美国东海岸被动大陆边缘盆地结构相似，海底地形有利于产生适合礁滩相发育的陡变带地形。中上奥陶统地层生物礁发育，空间层位主要分布在地台南缘斜坡带上中奥陶统马家沟组六段、平凉组以及上奥陶统背锅山组中，露头见于陕西渭河以北陇县—岐山—永寿—淳化—耀县—富县一带，形成链状含礁带，初步推断面积约为 $2500 km^2$。

1.2 存在的主要问题

（1）在研究区，虽然已发现多处生物礁露头，发现井下存在生物礁，并有礁相气藏，但长期以来，因残留的礁体出露点分散，形态面貌不全，这些礁体是否向盆内有延伸，如延伸地下，具多大规模，是否有完整形态或者更大礁群存在？早期因地震资料匮乏，缺乏地下信息，无法预测发育规模和分布范围。

（2）石油单位在鄂尔多斯盆地西缘勘探发现了克里摩里组礁滩体气藏，盆地气藏类型表明石油单位在鄂南地区富县矿权区块下古生界钻遇工业气流，展示了鄂南地区下古生界良好的天然气勘探前景。但与国外及我国其他地区奥陶系海相碳酸盐岩层系相比，研究区残留的中上奥陶统含礁碳酸盐岩层，曾经历多期构造运动，古构造既控制生物礁生长、发育和产状，又影响生物礁保存，并导致现今礁岩厚度变化复杂，甚至残缺不全。但至今成礁期大地构造与岩相古地理背景、成礁过程中古地形、古海水环境变化、古构造活动与礁岩保存之间的关系不清，无法确定生物礁成因基础，判断礁岩残留情况。

（3）前人对生物礁的研究，主要局限于露头单礁体结构形态表征和珊瑚、层孔虫、海绵等几种主要造架生物种属描述，忽视了生物造架能力弱但在研究区礁体发育中起重要作用的藻类微生物的微观特征以及造礁功能研究。对生物礁形成时的水体物化性质及变化，生物群落组合与古生态习性之间的关系缺乏深度分析。

（4）研究区单体礁规模小，形态多端，内部结构复杂。不同礁体礁基、礁核、礁顶与礁盖、礁翼与礁间、礁前与礁后相等成因结构单元发育、分异程度不同，以往缺乏分类解剖。对能够反映生物礁沉积成岩过程的造架岩、黏结岩以及障积岩分布形态没有系统表征。

（5）尚未建立奥陶系统一的层序地层格架，对同层不同地和同地不同层生物礁之间的关系，以及层序地层格架中不同层中的礁体发育规模、生长形态、分布变化研究欠深入，无法揭示海平面变迁、古生态环境变化与生物相更替、生物礁兴衰之间的相关性，阐明礁滩相韵律式多层分布与层序演化规律之间的关系。

（6）对于岛链状分布的不同礁体之间，造架生物种属、生物群落与古生态环境，微相组合与沉积环境，内部结构构造、形态规模与成礁过程以及形成条件的差异性，均缺乏对比性研究和详细表征，难以建立发育模式和划分成因类型。

（7）虽然奥陶系地层较其他地区全，但在礼泉东庄背锅山组顶部夹灰岩透镜体的灰绿色页岩（志留纪东庄页岩）、礼泉昭陵皇坪组冰碛砾岩的孤立存在，表明奥陶系顶部地层产状受沉积相变以及复杂的古构造影响。进一步深入研究有利于建立完整地层格架，并弄清生烃层分布。

（8）由于奥陶纪有多期海进海退，研究区碳酸盐岩厚度大，层数多，韵律旋回性强，成岩环境和埋藏历史复杂，礁滩相以及之后的沉积成岩环境与岩相特征如何，改造程度是否有利于成藏，有无好的储盖组合尚不清楚。

（9）由于岩相古地理与古构造研究薄弱，研究区奥陶系顶面风化面特征以及与奥陶系生物礁匹配的平凉组及 C-P 烃源岩和 C-P 盖层分布保存状况不清，影响圈闭条件认识、有利区预测以及勘探目标选择。

1.3　研究目的及意义

国内外近年来油气勘探趋势显示，古生界海相碳酸盐岩中新发现的油气田越来越多，越来越大，在未来储量增长和大中型油气田的发现中将占据越来越重要的地位。近年来，鄂尔多斯盆地下古生界天然气勘探业已取得重要进展，从靖边气田向西扩边及外围勘探均取得了良好的勘探效果，新的储量不断发现。

鄂南地区是我国奥陶系海相碳酸盐岩最发育的地区之一，特别是奥陶纪台地边缘礁滩相在华北一级构造单元上具有一定代表性和典型性，其中莲 1 井发现礁滩相地层和油气显示，初步推断区内具备形成岩性油气藏、构造油气藏和礁滩相油气藏的可能，分布面积大于 2500km²。但链状分布的礁滩体群，不仅各个礁滩体之间造架生物、岩相结构、形态、规模、叠置层次以及发育过程存在很大差异，形成条件和控制因素也较为复杂，向盆地内部生物礁的地下隐伏情况不明。

通过建立鄂南地区奥陶系碳酸盐岩地层层序，分析生物礁形成时的大地构造背景及沉积环境条件，恢复成礁期的岩相古地理面貌，研究造礁与附礁生物种属、群落和古生态；查清礁体成因、结构构造、形态以及影响生长发育和保存的主要控制因素，划分生物礁类型，阐明成礁机理，建立生物礁发育模式；判断礁体形态与分布范围，预测有利分布区。为进一步研究礁体岩性、储集性能，阐明成藏规律，准确评价资源潜力和拓展勘探范围提供重要地质支撑。

鄂南地区旬邑—宜君、富县区块奥陶系顶部平凉组及峰峰组（背锅山组）见生物礁滩分布区，彬县区块南部，全处于中奥陶统平凉组古岩溶分布区，对寻找古风化壳气藏非常有利。区域海相地层、岩相以及层序韵律组合形成良好生、储、盖空间组合，石炭—二叠系泥质岩区域盖层较厚，水文地质条件较好，断裂封闭性较强，为天然气保存创造了有利条件，属于国内海相碳酸盐岩地质研究与油气勘探程度最低的地区之一。综合最新获取的勘探研究信息，特别是部分探井（旬探 1 井、莲 1 井）礁滩相地层和油气显示，初步推断区内具备形成岩性油气藏、构造油气藏和生物礁油气藏的可能，鄂南地区的渭北隆起中带北侧及内带、旬邑—宜君区块的大部及彬县勘探区块的南部属于该区范围，彬县区块南部，均处于中奥陶统平凉组古岩溶分布区。所以，非常有必要对研究区奥陶系的礁（滩）以及资源潜力重新研究，重新认识，系统评价。同时，地理位置优越，交通便利，有必要进一步对其石油地质特征勘探潜力进行研究评价，研究成果对石油单位开拓油气勘探新领域和提供油气勘探目标区具有重要的意义。

1.4　主要研究内容

本书主要包括以下 14 项研究内容：
（1）奥陶系发育、演化及残留特征与礁滩相分布。
（2）鄂南地区中晚奥陶世成礁期沉积环境分析。
（3）鄂南地区奥陶纪岩相古地理分布。
（4）奥陶系生物礁生物构成、生态功能及礁岩结构类型划分。
（5）鄂南地区奥陶系生物礁剖面发育形态、产状与岩相结构。
（6）奥陶系礁滩相岩性地震剖面响应特征与形态范围预测。
（7）鄂南地区奥陶系碳酸盐岩生物礁滩的测井识别与预测。
（8）奥陶系生物礁滩体发育和分布的主要控制因素。
（9）奥陶系碳酸盐岩烃源岩类型、特征与生烃潜力分析。
（10）奥陶系碳酸盐岩储层岩性、物性特征与分布。
（11）奥陶系碳酸盐岩储层孔喉特征与主要成岩作用变化。
（12）鄂南地区奥陶系碳酸盐岩储层成因特征及主控因素分析。
（13）构造、古地理演化对礁滩岩层成因环境、分布以及油气封闭成藏的影响。
（14）鄂南地区奥陶系生物礁滩相有利含气区预测。

1.5　主要成果与认识

（1）以国际标准和牙形石化石为标志，系统清理了生物地层系统。

　　通过综合对比不同剖面生物地层、岩层特征、海平面变化旋回以及沉积环境和构造背景，重新划分了背锅山组，将前人划分的富平赵老峪组、耀县剖面桃曲坡组、铜川上店剖面平凉组顶部砾岩段以及蒲城尧山—桥陵剖面奥陶系马家沟顶部的巨砾岩段划归为背锅山组；进一步明确了耀县桃曲坡剖面、礼泉东庄剖面以及彬县麟探 1 井区存在东庄组，且位于研究区奥陶系最高层位；分布在礼泉唐王陵东侧唐王陵组的杂砾岩、灰绿色和黄绿色砂质泥岩属于东庄组同期异相沉积；根据国际奥陶纪地层划分对比标志，以牙形石为主要依据，综合晚奥陶世的珊瑚、层孔虫等典型生物化石组合和生物礁生态环境以及岩层中伴生的凝灰岩年龄证据，明确了平凉组岩性构成与晚奥陶世时代归属，理顺了平凉组与金粟山组的统一关系。

　　明确了研究区生物礁（滩）主要发育上奥陶统平凉组层位，其次为背锅山组和马六段。

　　（2）重新划分了岩石地层单位，建立了层序地层格架，明确了上奥陶统岩石地层分布。

　　划分岩石地层单位时发现，虽然在泾阳—淳化、桃曲坡剖面上，奥陶系下、中、上统层位齐全，但受沉积期古地理和构造运动及后期保存条件的影响，地层发育以及现今残留厚度在不同剖面均有较大变化。晚加里东期构造抬升运动，导致剖面上中奥陶统马家沟组六段、上奥陶统平凉组、背锅山组及东庄（唐王陵）组被剥蚀，燕山及喜马拉雅运动形成了渭北隆起，引起残留奥陶系地层厚度差异更大。以往认为背锅山组分布局限，仅在陇县龙门洞、岐山—麟游、淳化及耀县桃曲坡部分剖面点残留，经重新对比，将范围伸展到富平金粟山、蒲城尧山，建立了层序地层格架。

　　（3）系统研究了晚奥陶世生物礁形成期区域构造和古地理背景。

　　奥陶纪，鄂尔多斯地块西南缘构造活动经历了早中奥陶世被动大陆边缘阶段→晚奥陶世主动大陆边缘阶段→奥陶纪末隆起缺失演化过程；晚奥陶世平凉期，扬子板块向北俯冲，古秦岭洋向南伸展是导致沉积格局转变的区域动力学背景。

　　通过分析平凉期火山凝灰岩产状、对比成分来源和测定年龄，认为晚奥陶世华北地台（鄂尔多斯地块）西南缘属于活动陆缘性质，受活动陆缘控制，秦岭北坡—鄂尔多斯地块中央古陆之间存在沟弧盆体系。弧后盆地原型从中奥陶世晚期持续至晚奥陶世，盆地北坡频发的多种事件沉积均是主动陆缘火山活动、古地理地形以及海水动力变迁的响应。

　　（4）分析恢复了成礁期沉积环境，建立了 3 种沉积相模式。

　　在区域构造岩相古地理影响下，鄂南地区由中奥陶世马家沟期碳酸盐岩开阔台地浅水沉积环境转换成晚奥陶世平凉期和背锅山期碳酸盐岩台缘生物礁（滩）相沉积。由北向南，依次受鄂尔多斯中央古陆、碳酸盐岩台地边缘生物礁兼隆、秦岭火山岛弧作用，其间分别为局限海碳酸盐岩台地（潮坪、潟湖）、台缘南斜坡、弧后深海盆地。

　　鉴于研究区不同时期在不同地区、不同区带岩层、岩性以及沉积相之间存在明显差异，结合构造演化、火山活动与岩相古地理特征变迁规律，总结了研究区在奥陶纪沉积环境演化的 3 个阶段，新建立了 3 种不同的沉积环境模式。

　　（5）鉴定分析了不同剖面生物礁的生物种属、造礁功能及群落生态习性，划分了礁岩成因结构类型，形成了 5 种成礁模式。

通过露头剖面实测、观察描述与系统采样，化石体视显微分析鉴定，查清了 6 个露头剖面的主要造礁、居礁、附礁生物种属，以及群落生态习性和造礁功能，认为研究区中晚奥陶世生物礁主要造礁生物有珊瑚、层孔虫、菌藻和海绵类，礁体中多为两种以上生物混合造礁。重点分析了生物礁生长、发育过程中，障积岩、骨架岩和黏结岩的沉积环境以及颗粒岩的分布特征，基于总结区分不同剖面的成礁、成岩环境，不同剖面及层位之间造礁、居礁、附礁生物群落及功能存在差异，划分了 5 种礁岩相类型，建立了 5 种成礁模式。

（6）基于岩相古地理特征和地球物理资料解释、处理结果，从剖面和平面分别预判了礁滩体地下形态和分布范围。

通过系统收集研判沉积结构构造、古生物、岩石氧碳同位素和微量元素地球化学标志以及测井、地震地球物理等特征，结合地层厚度变化，在单剖面、对比剖面分析的基础上，依据新划分的层序地层格架系统，新编了 11 幅中晚奥陶世不同构造背景下的岩相古地理图，勾画出奥陶纪不同时期岩相古地理格局。与以往图件相比，新编岩相古地理图上，详细表述了鄂尔多斯南缘岩相古地理分区以及特征外，大幅度外延扩展了研究区南部边界范围，图幅南边界与华北板块边界一致，实现了同一构造单元上岩相古地理面貌完整统一，进一步强化了构造对沉积相影响以及控制性的表达。

调研、整理、优选新老地震剖面资料，重处理测线 20 条，累积长度 705km，建立礁滩体地震识别模式，归纳总结了礁滩体地震响应模式。初步预测含礁（滩）台地边缘相带面积 5850km^2，斜坡相带面积 10208km^2；在明确礁滩体地震反射特征的基础上，利用已有二维资料对礁滩体进行识别，发现礁滩体异常反射点段 30 余个，并划分点段，明确礁滩体分布范围。

（7）综合生、储、盖条件，在石油单位区块预测了 5 个有利勘探区。

在分析区域岩相古地理环境基础、礁灰岩物性，研究奥陶系岩性韵律变化、古风化面成因演化和分布特征、上覆石炭—二叠系煤系地层分布范围、生储盖空间匹配关系的基础上，结合区域重点探井含气情况、礁灰岩残留保存条件以及石油单位矿权区位置，在马家沟组五段、平凉组上段、平凉组下段三个重点层段中预测了 5 个有利勘探区块，总面积约 960km^2。

1.6　研究的创新点

早期研究工作主要是以野外资料为基础，综合研究主要集中在地层和沉积相方面，本书创新点主要是针对研究区以往研究程度，在图件内容和认识上突破。

（1）地层上，通过研究区及相邻地区野外地质调查测量、采样，综合利用碳酸盐岩碳氧同位素分析、牙形石带化石、锆石年龄测定，理顺了背锅山组、东庄组与唐王陵组之间的上下层序关系；划分了岩石地层单位，对应了岩石地层与生物地层特征；统一了平凉组与桃曲坡组、背锅山组与赵老峪组；根据国际、国内奥陶系地层划分对比标志，新建了层序地层格架；明确了研究区生物礁主要形成于晚奥陶世，其中平凉组礁滩相发育规模大，保存好，其次是背锅山组。

（2）利用微体古生物化石、沉积环境及岩石地层单位结合方法，重新划分了背锅山组，新确定了背锅山组分布范围，认为前人划分的富平赵老峪组、耀县剖面桃曲坡组、铜川上店剖面平凉组顶部砾岩段以及蒲城尧山—桥陵剖面奥陶系马家沟顶部的巨砾岩段属于背锅山期沉积。

（3）依据上奥陶统地层中的系列事件沉积研究，恢复了奥陶纪鄂南地区构造古地理背景，分析了早中奥陶世与晚奥陶世差异以及转换过程，结合层序地层演化，编绘了一套较以往图幅向南延伸范围更广，构造-岩相一体的系列岩相古地理图，图面内容强化了构造对沉积相影响以及控制性的表达。

（4）基于露头剖面实测、观察描述、化石体视显微分析鉴定结果，查清了部分剖面上造礁、居礁、附礁生物种属、生态习性及造礁功能；认为研究区中晚奥陶世生物礁主要造礁生物有珊瑚、层孔虫、菌藻和海绵类，礁体中多为两种以上生物混合造礁。

（5）初步弄清了不同剖面及不同层位之间生物礁生长、发育过程中造礁、居礁、附礁生物群落种类、成礁过程中的生态习性功能及相互差异。

（6）根据研究目的，首次划分了5种礁岩成因结构类型，区分了障积岩、骨架岩和黏结岩的沉积微相环境、成因组构特征。

（7）首次探讨了研究区生物礁生长发育与海平面变迁、火山凝灰质之间的成因和时空关系。

（8）通过系统总结分析研究区构造演化过程中不同期构造对奥陶系地层沉积、展布以及改造的作用和影响，认为研究区奥陶系地层东西带状展布、层内厚度残缺、事件沉积、变形以及层面风化淋滤破坏，主要受加里东构造运动南北挤压和韵律性抬升影响；海西期构造运动主要形成渭北地区宽缓褶皱和系列东西向断裂，断带差异升降引起奥陶系顶面凸凹不平。

（9）基于8口测井（其中成像测井1口）、705km二维地震剖面的精细处理与重新解释成果，初步落实了奥陶系地层分布及顶部构造形态，发现隐伏疑似礁滩异常碳酸岩体30个，奠定了恢复盆地内部礁体几何形态，解析内部岩相结构和预测礁体大小、规模的基础。

第2章 鄂南地区奥陶系地层及生物礁分布

2.1 岩石、生物地层对比与生物礁分布层位

何自新和杨奕华（2004）对鄂尔多斯盆地地质剖面进行了研究，依据区域构造背景和原型盆地的发生与发展，并结合地层发育情况，将鄂尔多斯盆地地层划分为6个地层小区（图2-1），而本次研究范围属于渭北地层小区。

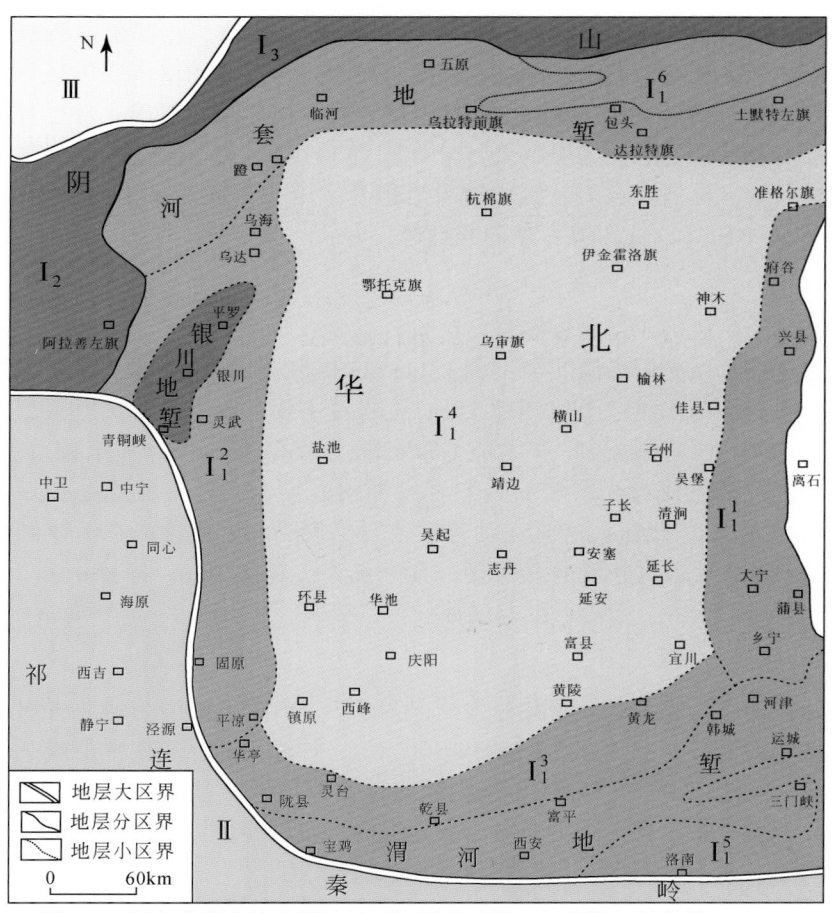

图 2-1　鄂尔多斯盆地及周边地区地层分区图（何自新和杨奕华，2004）

I-华北地层大区；I_1^1-晋西地层小区；I_1^2-鄂尔多斯西缘地层小区；I_1^3-渭北地层小区；I_1^4-鄂尔多斯本部地层小区；I_1^5-鄂尔多斯南缘地层小区；I_1^6-鄂尔多斯北苑地层小区；I_2-阴山地层分区；I_3-阴山地层分区；II-祁连–秦岭地层大区；III-新疆北疆–兴安岭地层大区

2.1.1　岩石地层单位及其主要特征

鄂尔多斯盆地南部地区下古生界仅发育寒武系和奥陶系，缺失志留系相应的沉积。其中在南部东段韩城–山西河津下寒武统与中新元古界地层呈不整合接触（图2-2，图版1-1a），全区均缺失部分长山阶—凤山阶地层，向北进入盆地本部，缺失程度更大，寒武系和奥陶系之间存在沉积间断（图版1-1b、c）。早古生代，鄂尔多斯南缘即为华北地台的南部边缘，奥陶系地层与华北地台基本一致，所以沿用了华北地台的划分标准，自下而上，划分为下奥陶统冶里组、亮甲山组、中奥陶统马家沟组和上奥陶统平凉组、背锅山组以及东庄（唐王陵）组（图版1-1d）。

1. 冶里组

孙云铸和葛利普创名于河北省唐山市赵各庄，原称"冶里石灰岩"。正层型为河北唐山市赵各庄长山冶里组实测剖面（118°22′00″E，39°47′00″N）。在鄂尔多斯南缘有稳定分布，分别见于岐山、礼泉、泾阳、淳化、韩城、河津，北秦岭的洛南、凤县、两当等地及渭北地区淳探1井、旬探1井、耀参1井和黄深1井，在北秦岭洛南一带也有所残留。在淳化杏圆剖面岩性特征易于和亮甲山组区分（图版1-1e），为一套黄白色、灰白色、紫红色的中薄层白云岩、砾屑白云岩、泥质白云岩组合，露头剖面厚度为60~160m，井下减薄为66m、65m、33m和4m不等，越向北越薄。

2. 亮甲山组

叶良辅和刘季辰创名于河北省秦皇岛市柳江盆地，原称"亮甲山灰岩"。正层型为河北省唐山市赵各庄长山亮甲山组实测剖面（118°22′00″E，39°47′00″N）。在鄂尔多斯南缘有稳定分布，整合于冶里组之上（图版1-2a），岩性主要为灰色、深灰色白云岩，典型特征发育为0.5~4cm不等硅质条带和大小1cm×2cm，3cm×5cm的硅质结核（图版1-2a），淳化杏园下部夹黄绿色页岩（图版1-1e）和云质粉砂岩，产有头足类化石，一般厚40~150m，岐山厚度最大达154m。怀远运动曾导致岩层遭受一定剥蚀，在河津剖面云岩中发育同生角砾（图版1-2a）。井下向北明显，其中永参1井44.9m、淳探1井74m、旬探1井160m、耀参1井114m、黄深1井24.5m。

3. 马家沟组

杨钟健手稿命名，葛利普介绍并称为"马家沟灰岩"。正层型为河北省唐山市赵各庄长山马家沟实测剖面（118°22′00″E，39°47′00″N）。平行不整合于亮甲山或三山子组之上（图版1-1g），本溪组之下。研究区马家沟组岩性以厚层碳酸盐岩为特征，灰岩云岩韵律分布，岐山、麟游一带发育三个由云岩与灰岩组成的沉积旋回，据岩性和古生物特征可划分为马一、马二、马三、马四、马五和马六6个岩性段。

最顶部的马六段相当于华北地区的峰峰组，部分剖面缺失马六段，平行不整合在下奥陶统亮甲山组或上寒武统三山子组之上，上覆上奥陶统平凉组地层。岩性在东西部有差异，东部韵律性强，其中韩城–河津剖面上马一段，以云岩为主，下部含有一定量的细碎屑岩，底部含砾岩，厚25~46m,；马二段，岩性主体为灰岩，厚40~60m，最厚可达100m。含

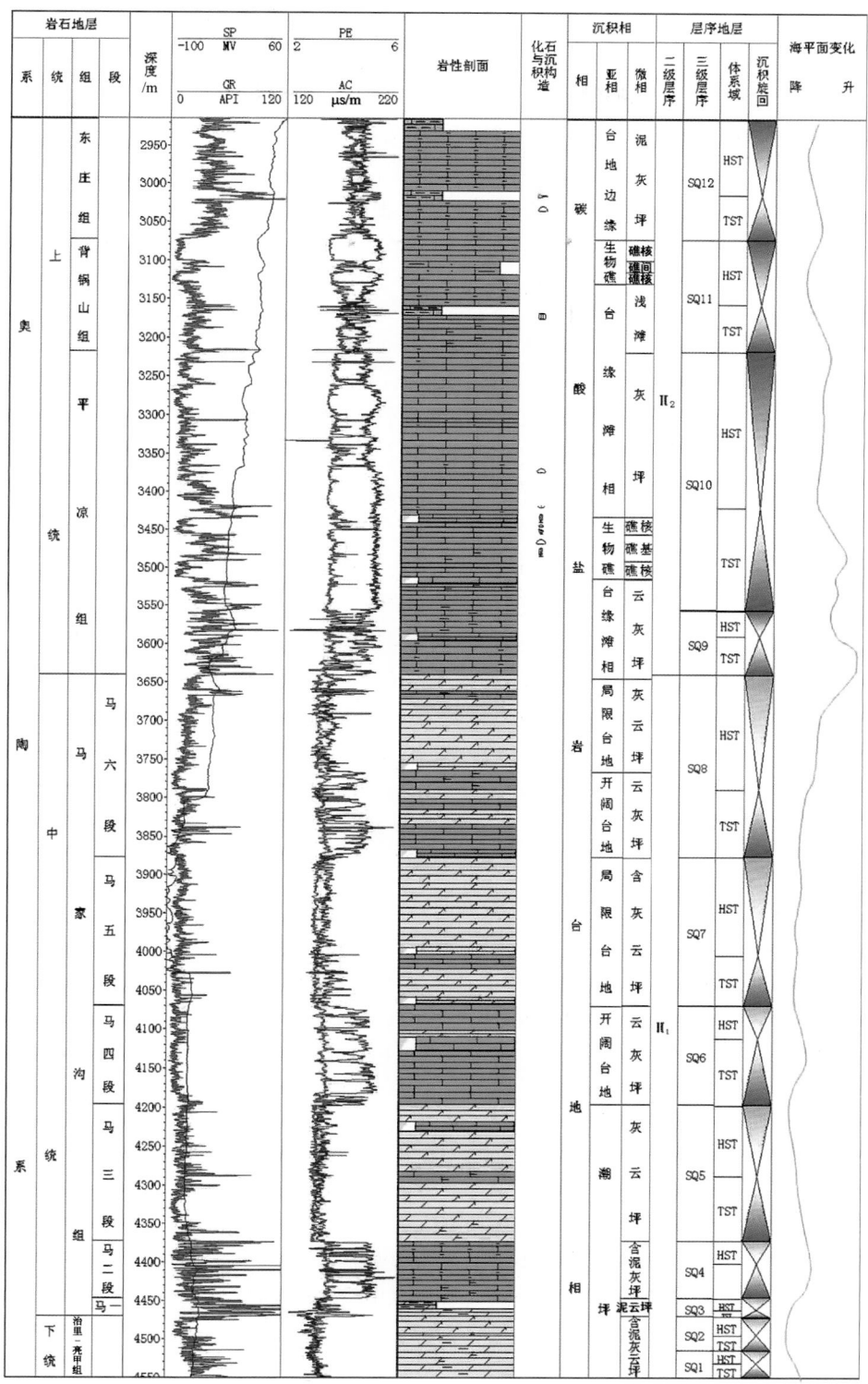

图 2-2　鄂南地区 LT1 井奥陶系层序地层综合柱状图

头足类、腹足类、腕足类和三叶虫等化石；马三段，主要为一套白云岩、硬石膏岩和盐岩的组合，厚 60~120m；马四段，为一套泥粉晶灰岩、砂屑灰岩以及颗粒灰岩组合，厚 180~360m；马五段，主要为泥粉晶白云岩、硬石膏岩和盐岩夹少量灰岩，厚 90~310m；马六段，相当于华北地区的峰峰组，在桃曲坡相当于耀县组，岩性主要为泥粉晶灰岩和白云岩，在西部岐山—陇县一带，由于沉积环境的不同，岩石组合特征明显不同于中东部，马家沟组六分性不明显，相应的地层细分也比较困难。保存较好的淳化—旬邑一带，厚约 300m。

4. 平凉组

袁复礼创名于甘肃省平凉市西南约 8km 的银硐官庄桥边的小山，原称"平凉页岩"（图版 1-2b）。正层型为甘肃省平凉市银硐官庄剖面（106°36′，35°30′）。顶部为二叠系山西组覆盖，呈假整合接触，与下伏三道沟组呈整合接触，由一套不等厚互层的灰岩、泥岩和页岩组成，富含笔石、牙形刺等化石。研究区平凉组分布较广，遍及整个鄂尔多斯南缘所有剖面，岩性以发育薄层沉凝灰岩、富含笔石、滑塌重力流沉积以及生物礁为特征，含丰富的桑比阶 *Scandodus handanensis* 带、*Tasmanognathus shichuanheensis* 带牙形石化石，铜川上店（图版 1-1h）奥陶系平凉组/本溪组铝土，富平赵老峪、金粟山剖面凝灰岩的锆石年龄为晚奥陶世早期沉积。与下伏马家沟组中厚层碳酸盐岩分界，上与背锅山组角砾灰岩呈整合接触。区域上，因沉积相变，在不同地区的岩性、厚度、岩性组合存在差异，岩层名称也不同，其中本组中下段在鄂尔多斯西南缘平凉—陇县—岐山一带，主要为一套深水斜坡相笔石页岩（图版 1-2b），在中东部为薄层深水斜坡相碳酸盐岩和碎屑岩浊积岩系。陇县地区龙门洞组剖面厚度约 132m，岩性为灰色、黑灰色的页岩、砂岩和灰岩夹角砾灰岩及凝灰岩等，而在不远的景福山剖面上，厚达 580m；在岐山—扶风一带，岩性为黄绿色、灰绿色的薄层泥岩和深灰色、灰色的泥灰岩夹凝灰岩和砂岩等，厚约 741m；向东在泾阳剖面，为一套灰白色厚层砂屑灰岩、介壳灰岩和泥晶灰岩夹凝灰岩沉积；在淳化、旬邑一带井下，为灰色-深灰色灰岩、泥灰岩、云质灰岩夹云岩和灰质云岩等；在永寿—礼泉，为一套页岩、灰岩、云岩和杂砾岩组合，厚达 1600m；到富平金粟山、赵老峪、将军山以及凤凰山与铜川上店一带，与平凉组相当的是金粟山组，岩性为灰色-灰黑色中薄层灰岩夹页岩，灰岩中夹薄层凝灰岩和硅质岩，在硅质岩中含丰富的放射虫化石。地层总厚达 800 余米，发育丰富半深海-深海斜坡 *Nereite* 遗迹相 25 个属，在好畤河、将军山、桃曲坡、凤凰山以及铜川上店剖面上，平凉组上段均发育不同规模的生物礁灰岩，厚度为 20~110m。

5. 背锅山组

车福鑫创名于陇县新集川李家坡村北的背锅山。正层型为陕西省陇县李家坡背锅山剖面（106°39′40″E，35°00′40″N）。与下伏平凉组（龙门洞组）呈整合接触，与上覆本溪组呈平行不整合接触（图版 1-2f）。出露厚度达 439.5m，上被断层切断。岩性以灰色和肉红色中厚层或块状灰岩、块状角砾云岩为主，夹黄绿色页岩、砾（含巨砾）状灰岩或灰质砾岩以及礁灰岩。是研究区又一重要含生物礁地层。区域上分布局限，在西部陇县龙门洞剖面，下以砾屑灰岩与平凉组页岩冲刷侵蚀接触，上被上古生界不整合覆盖。在泾阳、岐山、耀县以及蒲城桥陵一带（图版 1-2e），露头剖面层厚一般为 300~450m。陇县、富平、耀县剖面含丰富的凯迪阶 *Tasmanognathus shichuanheensis* 带、*Tasmanognathus gracilis- T. multidentatus*

带、*Yaoxianognathus neimengguensis* 带、*Yaoxianognathus yaoxianensis /Belodina confluens* 带牙形石化石，表明其形成于晚奥陶世较高层位。此外，链珊瑚、藻类、头足类、三叶虫、腕足类、腹足类等化石。区域对比后发现，该组在耀县相当于桃曲坡组，在富平相当于赵老峪组，岩性为深灰色、灰黑色的薄层状、页片状泥晶灰岩与砂屑灰岩互层，在秦岭北坡凤县—甘肃两当一带，相当于草堂驿组（图版 1-2h）。

6. 东庄组

最早由原黄河水利委员会地质物探队于 1965 年介绍并创建于陕西省礼泉东庄乡东侧沟至泾河，原称"东庄页岩"。主要分布在礼泉东庄泾河谷岸边（图版 1-2c）、耀县桃曲坡、礼泉唐王陵东侧等地以及彬县麟探 1 井中，与下伏背锅山组呈不整合接触，区域上有一定分布规模。岩性为黑色泥页岩，深灰色和灰黑色砂质泥岩、灰质泥岩、夹生屑灰岩透镜体，灰绿色和黄绿色泥质砂质砾岩，在桃曲坡剖面中有腕足类、笔石等化石。唐王陵为砾岩。厚度为 27～426m。

2.1.2　岩石地层单位划分与以往差异

划分岩石地层单位发现，虽然在泾阳—淳化、桃曲坡剖面上，奥陶系下、中、上统层位齐全，但受沉积期古地理和构造运动及后期保存条件影响，地层发育以及现今残留厚度在不同剖面均有较大变化，晚加里东抬升运动曾导致剖面上中奥陶统马家沟组六段、上奥陶系统平凉组、背锅山组及东庄（唐王陵）组被剥蚀，燕山及喜马拉雅运动形成了渭北隆起，引起残留奥陶系地层厚度差异更大（图 2-3，图 2-4）。以往认为背锅山组分布局限，仅在陇县龙门洞、岐山—麟游、淳化及耀县桃曲坡部分剖面点残留，经重新对比，将范围伸展到富平的金粟山和蒲城的尧山剖面。另外，在中西部结合新探井地层信息进行了对比（图 2-4）。

2.1.3　奥陶系地层发育的典型生物化石与生物年代地层划分

我国奥陶纪年代地层研究有较长的历史，主要围绕化石和地层序列发育完好的华南地层，前人主要依据笔石带和牙形石带提出了多种划分方案，其中 2002 年全国地层委员会综合前人研究成果，将我国奥陶纪划分为三统六阶，具体包括下统新厂阶和道保湾阶，中统大湾阶和达瑞威尔阶，上统桑比（艾家山）阶和钱塘江阶，并与国际奥陶系年代地层已建立的三统七阶对比，除上奥陶统划分的三个阶与国内对比后尚有疑问和争议，其余专家认识一致，基本可以对比。

鄂尔多斯盆地南缘奥陶系发育笔石、牙形刺、三叶虫、头足类、腹足类、珊瑚、层孔虫、菌藻类等生物化石。依据全球奥陶系牙形刺与笔石地层划分的国际标准和华北板块奥陶系牙形刺与笔石地层划分，进而建立鄂尔多斯盆地南缘奥陶系牙形刺与笔石地层划分格架（表 2-1），分别对研究区奥陶系以及部分剖面的寒武系地层从不同方向进行了展布和残留特征对比，并对其年代进行了梳理划分（图版 2-3，图版 2-4，图版 2-1）。

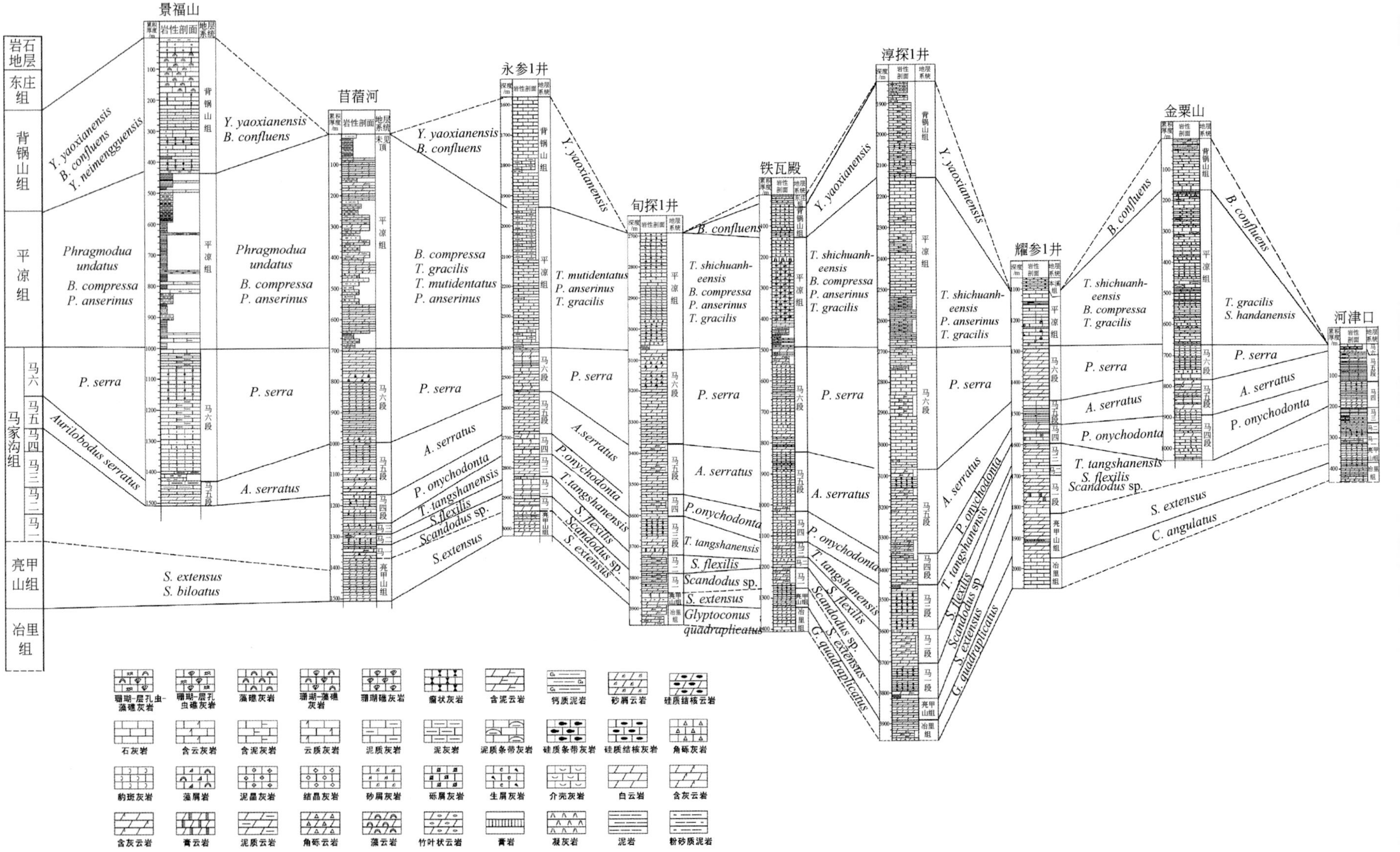

图 2-3 鄂南地区近EW向地层对比剖面

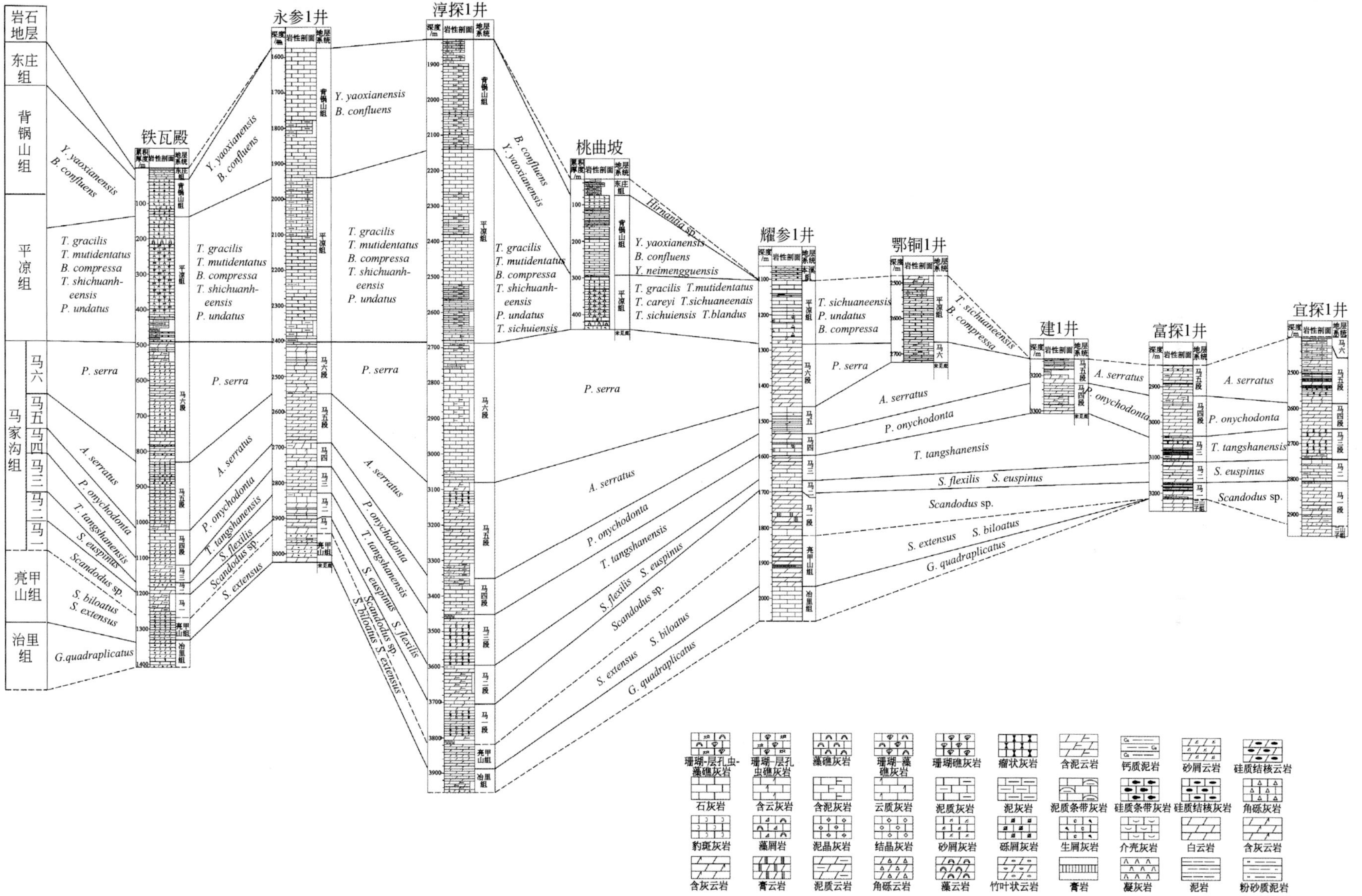

图 2-4　鄂南地区 NE-SW 向地层对比剖面

表2-1 华北板块和鄂尔多斯地块南缘奥陶系牙形刺与笔石地层划分对比

系	统	阶	时间/Ma	段	生物带	华北生物地层 笔石	华北生物地层 牙形刺	南缘生物地层 牙形刺	南缘西部地层	南缘中东部地层
奥陶系	上奥陶统	赫南特阶	443.7	Hi2						
			445.6	Hi1						
		凯迪阶		Ka4	Dicellograptus complanatus 带(c)					
				Ka3	Amorphognathus ordovicicus 带(c)	O. quadrimucronatus	Aphelognathus pyramidalis	Y. yaoxianensis	背锅山组	背锅山组
				Ka2	P. linearis 带(g)			B. confluens		
				Ka1	D. caudatus 带(g)	D. spiniferus		Y. neimengguensis		
						Dicranograptus clingai		T. gracilis-T. mutidentatus（T. gracilis / T. mutidentatus / T. undatus / T. shichuanheensis）		
		桑比阶	455.8	Sa2	C. bicornis 带(g)	Climacograptus bicornis	Tasmanognathus sichuiensis -Erismodus typus	B. compressa / E. quadridacylus / T. sichuiensis / Eris. typus / P. aculeata	平凉组	平凉组
				Sa1	Nepenthes gracilis 带(g)	Nemagraptus gracilis	Scandodus handanensis	P. anserinus / S. handanensis		
	中奥陶统	达瑞威尔阶	460.9	Dr3	P. serra 带(c)	Husterograptus teretiusculus	Aurilobodus serratus	P. serra	马六段	
				Dr2	D. artus 带(g)	D. murchisoni-P. elegans		A. serratus	马五段	
				Dr1	Undulograptus austrodentatus 带(g)	N. fasiculatus	Plectodina onychodonta	P. onychodonta	马四段	
						Acrograptus ellesae	E. suecicus-A. linxiensis	E. suecicus-A. linxiensis		
			468.1			U. austrodentatus	Plectodina flagilis			
		大坪阶		Dp3	Oncograptus 带(g)	Exigraptus clavus			马三段	
				Dp2	I. v. maximus 带(g)	I. caduceus imitatus	Tangshanodus tangshanensis	T. tangshanensis		
				Dp1	B. triangularis 带(c)	Azygograptus suecicus		S. euspinus	马二段	
	下奥陶统		471.8					S. flexilis		
		弗洛阶		F13	D. protobifidus 带(g)	Didymograptus deflexus	Aurilobodus leptosomatus- Loxodus dissectus	Scandodus.sp / A. leptosamatus- L. dissectus	马一段	
				F12	Oe. evae 带(c)	Pendeograptus fruticosus	Scolopodus sunanensis	S. extensus		
				F11	Teragraptus approximatus 带(g)	Teragraptus approximaptus	Serratognathus extensus	S. biloatus	亮甲山组	
			478.6				Serratognathus biloatus	P. proteus		
		特马豆克阶		Tr3	P. proteus 带(c)	Kiaerograptus-Adelograptus	Scalpellodus tersus	Scalpellodus tersus	冶里组	
				Tr2	P. deltifer 带(c)	Psigraptus	Glyptoconus quadraplicatus	G. quadraplicatus		
							Rossodus manitouensis	R. manitouensis		
				Tr1	Iapetognathus fluctivagus 带(c)	Anisograptus matanensis	Chosonodina herfurthi	Ch. herfurthi		
						R. f. parabola	Cordylodus angulatus	C. angulatus		
			488.3				Iapetognathus jilinensis			

本次对鄂南地区奥陶纪研究，重点补充采集了生物礁发育层段和剖面上的牙形石化石，其中部分已经鉴定的将军山和三凤山以及耀县桃曲坡剖面牙形石种属显示，奥陶纪含礁层位主要为桑比阶（*Scandodus handanensis* 带、*Tasmanognathus sichuiensis* 带）平凉组和凯迪阶（*Tasmanognathus shichuanheensis* 带、*Tasmanognathus gracilis-T. multidentatus* 带、*Yaoxianognathus neimengguensis*、*Yaoxianognathus yaoxianensis/Belodina confluens* 带、*Aphelognathus pyramidalis* 带）背锅山组。其他剖面及层位划分对比，主要综合早期前人研究成果，参考国际标准，主要依据国际上认可的牙形石带化石，借鉴全国地层委员会 2002 年的划分方案，并结合研究区岩石地层出露和发育的各类生物种属，建立了研究区奥陶系的生物地层格架（表 2-2）。

1. 冶里组

总体上，冶里组化石较少，泾河剖面上碳酸盐岩中所产牙形石 *Chosonodinaherfurthi*、*Teridonlusgracicis*、*Cordylodus*、*Scolopodua* 及 *Acontiodus* 是 *Cordylodusrotundatus-Rossodus manitouensis* 带的重要分子，*Scolopodus* 是 *Yptocomusquadrap licatus-Scolopodus opimus* 带常见的化石，属单锥形真牙形石类阶段，这些分子是华北及鄂尔多斯盆地南缘冶里期常见的牙形石分子，属于早奥陶世特马豆克阶中下部。同时也产角石和头足类 *Ellismeroceras* sp.。

2. 亮甲山组

该组化石主要有牙形刺和足头类。其中牙形刺典型特征与时代分子为 *Paraserratognathus* sp.、*Bergstroemognathus* sp.、*Serratognathus bilobatus*、*Serratognathus extensus*、*Scalpellodus tersus*、*Paroistodus proteus*、*Drepanoistodus arecatus*、*Paraserratognathus obesus*、*Scolopodus rex huolianzhaiensis*、*Paraserratognathus obesus*、*Scolopodus filiformis* 等，而 *Serratognathus bilobatus*、*Serratognathus extensus*、*Scalpellodus tersus*、*Paroistodus proteus* 等属于 *Scalpellodus tersus* 带、*Serratognathus bilobatus* 带、*Serratognathus extensus* 带、*Paraserratognathus paltodiformis* 带的重要分子，属于早奥陶世特马豆克阶上部及弗洛阶下部。头足类见有 *Yehlioceras yehliensis*、*Kaipingoceras slenderforme obata*。

3. 马家沟组

研究区主要在陇县、泾河以及山西河津一带出露有较好的马家沟组（相当于早期资料中的泾河组）岩层，化石较为丰富，主要有牙形刺、足头类、腹足类及腕足类等。其中马一段化石较稀少，但在南缘西部地区常见头足类 *Parakogenoceras* 带、*Pseudowutinoceras* 带以及牙形石 *Aurilobodus leposomatus-Loxodua dissectus* 带。马二段和马三段在化石带上没有明显的接线，马二段在南缘及中东部为 *Scolopodus felxilis* 带及 *Scolopodus euspinus* 带下部，伴有 *Scolopodus nogamii* 等，马三段在南缘及中东部为 *Tangshanodus tangshanensis* 富集带及 *Scolopodus euspinus* 带上部。马二段和马三段在化石带上没有明显的接线，马四段在南缘及中东部为 *Eoplacognathus suecicus-Acontiodus linxiensis* 带，伴有 *Scandodus rectus*、*Scolopodus euspinus*、*Aurilobodus simplex* 等。马五段在南缘及中东部为 *Plectodina onychodonta* 带 *Acontiodusvirosus* 及 *Aurilobodus serratus* 带。马六段发育典型牙形刺 *Erismodus typus*、*Microcoelodus asymmetricus*、*Pygodus serra* 和 *Panderodus gracilis* 等，属中奥陶世达瑞威尔阶晚期的典型生物。

表 2-2　鄂南地区奥陶系生物地层划分与典型生物化石分布特征

系	统	阶（国际地层划分）	时间/Ma	阶（国内地层划分）	岩石地层	牙形石	笔石	珊瑚	头足类	层孔虫	三叶虫和腕足
奥陶系	上奥陶统	赫南特阶	443.8	钱塘江阶	东庄组						Ceraurussp Encrinurodes sp. Hirnantia Rhynchotrema sp.
		凯迪阶	445.6	钱塘江阶	背锅山组	Yaoxianognathus yaoxianensis Yaoxianognathus neimengguensis	Agetolites Plasmoporella Catenipora	Tetradiida Halysitida Heliolitoidea Calostylida	Gorbyoceras sp. Tofangoceras sp. Pesudorizoceras sp.	Tucaechisa sp. C. neimongolense Clieflanella sp.	Leptaena sp. Didymelasma sp.
		桑比阶	453.0	艾家山阶	平凉组	Tasmanognathus multidentatus-T. gracilis T. shichuanheens Pygodus anserinus Belodina commpressa Panderodus gracilis	Climacograptus spiniferus Climacograptus longxianensis Climacograptus pertifer Nemagraptus gracilis Glyptograptus teretiusculus	Lichenariida Tetradiida Syringoporida Halysitida Auloporida Calostylida	Sinoceras gansuensis Liulinoceras sp. Diestocerina sp.	Ecclimadictyon Actinostroma sp. Forolinia sp.	Remopleurides sp. Strophomena sp. Taoqupospira dichotoma Gunnarella sp.
	中奥陶统	达瑞威尔阶	458.4	达瑞威尔阶	峰峰组 马六段	Pygodus serras Erimodus typus Microcoelodus asymmetricus					
					马五段	Acontiodus virosus Drepanodus arcuatus Scandodus rectus			Armenoceras sp. Ormoceras sp. Fengfengoceras sp.		
			467.3		马四段	Aurilobus aurilobus Erraticodon tangshanensis Plectodina onychodonta			Yimengshanoceras sp. Michelinoceras sp. Armenoceras sp.		
		大坪阶		大湾阶	马三段（马家沟组）	Scolopodusflexilis S. nogamii Tangshanodus tangshanensis			Linchengoceras pianguanensis Michelinoceras sp.		
					马二段	Tangshanodus tangshanensis Scolopodus flexilis			Armenoceras sp. Tofangoceras sp. Maclurites sp.		
					马一段				Ellesmeroceras sp.		
	下奥陶统	弗洛阶	470.0	道保湾阶	亮甲山组	Paraserratognathus sp. Bergstroemognathus sp.	Dendrograptus		Yehlioceras Kaipingoceras Manchuroceras		
		特马豆克阶	477.7 485.4	新厂阶	冶里组	Chosonodina herfurthi Teridonlus gracilis			Ellesmeroceras		

4. 平凉组生物礁发育层与时代

该组是生物礁主要发育期之一，化石较为丰富，主要有牙形刺、足头类、腹足类及腕足类等。其中在耀县桃曲坡剖面中段，牙形石以 *Tasmanognathus* 为特征，以其垂直分布可划分为下部的 *Tasmanogathus shichuanheensis* 和上部的 *Tasmanognathus multidentatus-T. gracilis*，主要分子有 *Yaoxianognathus* sp.、*Pseudobelodina dispansa*（Glenister）、*Plectodina* sp.、*H. oulodus*、*H. grandis*（Ethington）、*Protopanderodus liripipus* Kennedy 等，层位均高于峰峰期（马六段），属于平凉组；*Yaoxianognathus* sp. 大锯齿间的小锯齿特征与 *Hindeodellid* 型接近，也反映奥陶纪较高层位；*Panderodus gracilis* 也是 *Tasmanognathus gracilis-T. multidentatus* 带中的重要分子，属于国际上的桑比（国内艾家山）阶典型生物；王志浩和李润兰（1984）、王志浩等（2013）、安太庠和郑昭昌（1990）在该组发现典型时代笔石化石有 *Dicranograptus clingani*、*D. spiniferus*、*Climacograptus bicornis*、*Nemagraptus gracilis* 等，牙形刺化石 *Belodina compressa*、*Erimodus-quadridactylus*、*E. asymmetricus*、*E. symmetricus*、*Periodon aculeatus*、*Plectodina aculeata*、*Pygodus-anserinus*、*Pseudobelodina dispansa*、*Panderodus gracilis* 等，也均属于晚奥陶世桑比阶分子。

在西部陇县龙门剖面上，龙门洞组与平凉组时代对应，龙门洞剖面地层发育齐全，笔石保存完整，可划分为几个笔石带；其中 *Glyptograpyus teretiusculus*、*Nemagraptus gracilis*、*Climacograptus pertifer*、*Climacograptus longxianensis*（相当于 *Amplexogrogaptus gansuensis*）和 *Climaeograptus spiniferus*（相当于 *C. geniculatus* 带），*Glyptograptus teretiusculus* 和 *Nemagroptus gracilis* 带（相当于华南的庙坡组），与 *Climacogroptus longxianensis* 带共生的 *Dicellograptus gurlei*、*D. ziczac minutus*、*D. smith*、*C. bicornis* 和 *C. diplocanthus*，均见于湘中磨刀溪组和昌化胡乐组上部，与艾家山阶（庙坡晚期至宝塔早期）时代对应；顶部的 *Climacograptus spiniferus* 带应对应宝塔阶上部。

于是，根据上述几个笔石带，可将平凉组时代限定于国际上的桑比（国内艾家山）阶。另外，在富平一带金粟山组灰岩中的火山凝灰岩夹层（钾质斑脱岩），锆石 U-Pb 年龄为 $451.5\pm4.9\sim452.1\pm5.1$Ma，平凉银洞官庄剖面平凉组底部钾质斑脱锆石 U-Pb 测年，获得了 $450\pm2\sim453.4\pm1.5$Ma，进一步在测年角度上，也说明平凉组晚于晚奥陶世桑比阶早期沉积。

5. 背锅山组（桃曲坡组）

陕西陇县龙门洞剖面命名的背锅山组在耀县剖面上相当于桃曲坡组，分布较下伏的平凉组局限，是研究区另一生物礁主要发育层位之一。除在剖面发源地外，铜川上店、耀县桃曲坡以及富平凤凰山一带均有发育，剖面上厚度残缺不全，各地差异较大（图 2-5），其中龙门洞和桃曲坡较全。在耀县桃曲坡、富平凤凰山剖面均发现有牙形石 *Protopanderodus liripipus*，空间上属于奥陶纪更高层位（相比桃曲坡剖面中段平凉组）；在富平凤凰山以及将军山剖面上，产有上奥陶统凯迪阶 *Tasmanognathus shichuanheensis* 带、*Tasmanognathus gracilis-T. multidentatus* 带、*Yaoxianognathus neimengguensis*、*Yaoxianognathus yaoxianensis/Belodina confluens* 带、*Aphelognathus pyramidalis* 带等典型带化石牙形石分子（图版 1-3～图版 1-6），层位上也位于上奥陶统平凉组之上；另外，在富平赵老峪组中产有牙形石 *Tasmanognathus gracilis*、*Periodon aculeatus* 和 *Drepanoistodus* 等，时代属晚奥陶世，相当于扬子区宝塔组和加拿大新不伦瑞克 *Amorphgnathus tuoerensis* 带、*Prioniodus alobatus* 上亚带。研究区牙形石 *Yaoxianognathus yaoxianensis* 属于 *Yaoxianognathus yaoxianensis* 带，相当于临湘阶—五峰阶下部，显然层位也高于金粟山（平凉组），属于背锅山组。另外，铜川上店南本组顶部中产的腕足类 *Soweryella* cf. *litifera*、*Nikiforovaena* sp. 时代位于晚奥陶世凯迪（钱塘江）阶顶部。

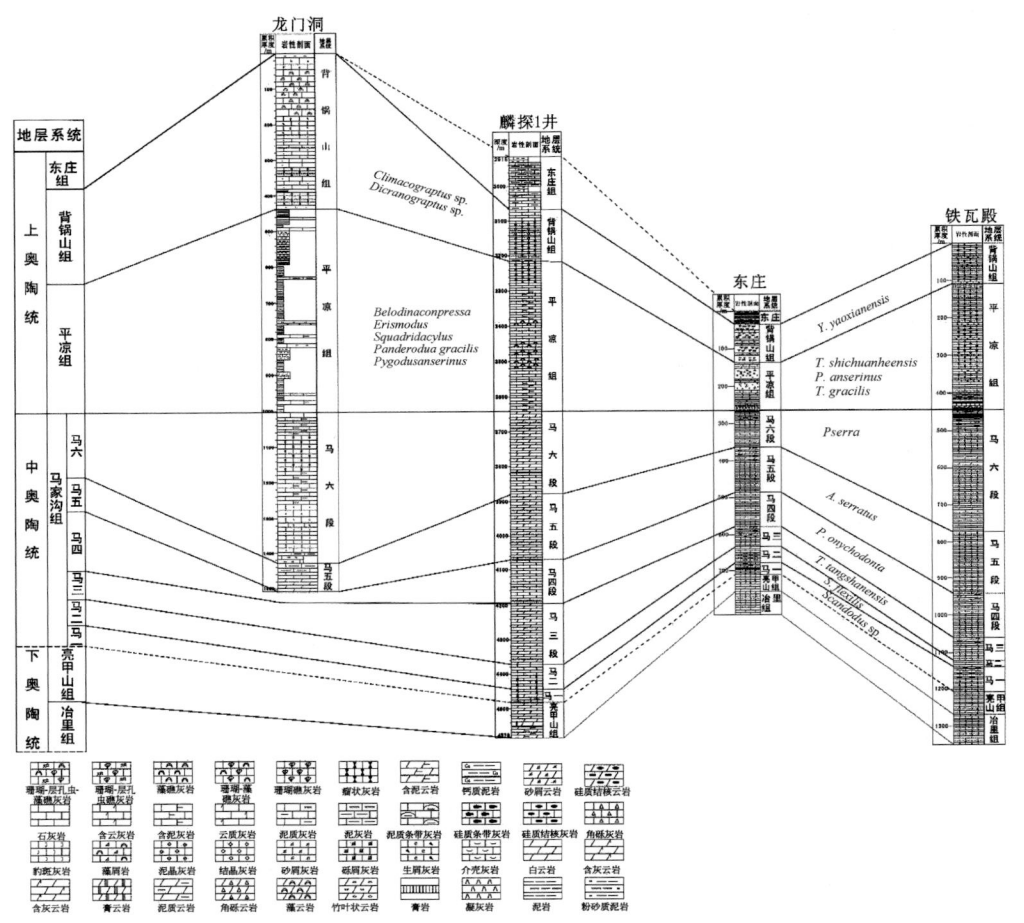

图 2-5 鄂南地区中西部龙门洞—铁瓦殿奥陶系地层对比剖面

6. 东庄组时代讨论

东庄组是研究区奥陶系目前发现的最高层位地层，因受加里东古构造、晚奥陶世沉积环境以及沉积古地理影响，现今地层分布局限，区域上仅在鄂南地区的中部礼泉、彬县、耀县桃曲坡一带露头有出露或者井下有显示。其中，在东庄组礼泉东庄地层剖面上，上段为一套黑灰色泥灰岩夹生屑灰岩透镜体，下部呈灰绿色泥页岩与灰黑色薄层灰岩互层，透镜体中含有腕足类化石 *Plectatrypa* sp.、*Christenia* sp.、*Zygospira* sp. 和三叶虫 *Ceraurus* sp.；在耀县桃曲坡剖面上，含有腕足类化石 *Plectatrypa* sp.、*Rhynchotrema* sp.、*Leptaenopoma* sp.、*Antizygospinra* sp. 和三叶虫 *Encrinurodes* sp.。时代应位于晚奥陶世，属于赫南特阶，高于凯迪阶，位于背锅山组之上。

在彬县底店麟探 1 井中，东庄组岩性主要为灰黑色泥灰岩及灰质泥岩，不仅地层颜色、产状以及岩性特征可与礼泉东庄剖面东庄组具有良好的可比性；而且实体大化石稀少，在已经发现的化石组合特征，彬县麟探 1 井（井深 3030.69m）与东庄剖面均出现疑源类及几丁虫化石组合（图版 1-7），其中疑源类（A）主要包括 *Multiplicisphaeridium* sp.、*Leiosphaeridia* spp.、*Baltisphaeridium* sp. 等；几丁虫类（C）主要包括 *Belonechitina tarimensis*、*Rhabdochitina* sp.。此外，东庄剖面出现较多陆生隐孢子，表明当时沉积水体较浅（表 2-3）。

表 2-3　彬县—礼泉地区东庄组生物化石对比

剖面地层	麟探 1 井	礼泉东庄剖面
东庄组	*Rhopaliophora* sp.（A） *Baltisphaeridium* sp.（A） *Dicommopalla* sp.（A） *Leiosphaeridia* spp.（A） *Multiplicisphaeridium* sp.（A） *Rhabdochitina* sp.（C） *Belonechitina* cf. *dawangouensis*（C） *Belonechitina tarimensis*（C） 虫颚类	*Eisenachitina* cf. *songtaoensis*（C） *Belonechitina schopfi*（C） *Hercochitina repsinata*（C） *Belonechitina tarimensis*（C） *Baltisphaeridium* sp.（A） *Leiosphaeridia* spp.（A） *Multiplicisphaeridium* sp.（A） *Rhabdochitina* sp.（C） 虫颚类

根据与下伏背锅山组及桃曲坡组的接触关系，以及生物化石（图版 1-7，图版 1-8），地质时代归于凯迪阶上部—赫南特阶，即属于晚奥陶世晚期产物。

2.1.4　典型剖面上主要造礁期的生物地层时代与对比

虽然在研究区露头剖面上，奥陶系含有丰富的生物化石，前人（傅力浦，1980；赖才根，1981；陈均远等，1984；安太庠和郑昭昌，1990；林尧坤，1994，1996；叶俭等，1995；冯增昭等，1998）也曾对牙形石、笔石、珊瑚、层孔虫和少量角石等主要化石进行过研究划分，但因剖面上残留地层产状混乱，剖面间厚度差异很大，层位残差不一，生物礁灰岩多层多期出现，为了理清生物礁发育层位和期次时间顺序，本次针对中上奥陶统以往已有化石不易确定的化石分带以及划分方案存在争议的层位。通过补充采样，并以牙形石作为决定依据，每个层位系统发现的笔石带化石和部分珊瑚作为辅助划分对比标准，结合岩石地层单位、产状、岩性组合与韵律旋回，以及区域沉积环境演化，重点对露头和部分探井的马六段、上统平凉组以及背锅山组等主要含礁地层进行了划分对比（表 2-4，图 2-6、图 2-7）。早期陈均远等（1984）、安太庠和郑昭昌（1990）及傅力浦等（1993）均有研究，其中耀县组在该组发现有牙形刺、足头类、腹足类、腕足类、珊瑚、层孔虫及藻类等化石。其中珊瑚有 *Linchenaria* sp.、*Yaoxianopora gigantea*、*Yaoxianopora taoqipoensis*、*Catennipora junggarensis*、*Amsassia* sp.、*Bajgolia* sp.、*Sibiriolitidae* sp.、*Ningnanophyllum shengi*；层孔虫有 *Pachystylostroma* sp.、*Cystistroma* sp.、*Cystostroma* sp.；腕足类有 *Gunnarella* sp.、*Taoqupospira dichotoma*、*Dolerorthis* sp. 等；足头类有 *Gorbyoceras* sp.、*Protostromatoceras* sp.、*Diestocerina* sp.、*Pesudorvalcouroceras* sp.、*Liulinoceras* sp. 等；三叶虫有

表 2-4　鄂南地区奥陶系含生物礁地层剖面生物地层对比

地层系统		陇县龙门洞	永寿好畤河	礼泉东庄	泾阳铁瓦殿	耀县桃曲坡	富平牟山	富平凤凰山
奥陶系 上奥陶统	东庄组			腕足:Plectatrypa sp. Zygospira sp. 三叶虫:Ceraurus sp.		腕足类:Hirnantia sp. Rhynchotrema sp. 三叶虫: Encrinurodes sp.		
	背锅山组	牙形刺: Aphelognatus sp. Oulodus sp. B. confluens 腕足类: Leptaena sp. 珊瑚: Agetolites sp. Brachyelasna sp. Catenipora sp.		珊瑚: Favistella longxianensis Favistella strigosa Favistina irregulargularis Favistina formosa	珊瑚: Parastelliporella sp. Favistella intermediate Plasmoporella spinosa Holocatenipora uniforma 层孔虫:Tucaechisa sp. C. neimongolense C. donnellii Clieftdenella sp.	牙形刺:Oulodus sp. Y. yaoxianensis Y. neimengguensis B. confluens 笔石类: Diplorraptus sp. O. quadrimucronatus 足头类: Gorbyoceras sp.	牙形刺:Y. yaoxianensis B. confluens Y. neimengguensis P. dispansa 珊瑚类: Bajgolia Amsassia sp. Linchenaria sp. Eofletchria sp.	牙形刺: Y. yaoxianensis B. confluens Y. neimengguensis Y. tunguskaensis P. dispansa P. grandis 珊瑚类: Amsassia sp.
	平凉组	牙形刺: B. compressa Erismodus quadridacylus P. gracilis P. anserinus 笔石: C. bicornis N. gracilis	牙形刺:T. careyi T. shichuanheensis Yaoxianognathus sp. M. symmetricus 珊瑚:Amsassia sp. Rhabdotetradium tongchuanense Linchenaria tongchuanense		牙形刺: P. gracilis T. shichuanheensis 珊瑚:Amsassia sp. Yaoxianpora taoquopensis 层孔虫: Actinostroma sp. Forolinia sp.	牙形刺类:B. conpressa T. shichuanheensis T. blandus T. borealis 珊瑚类:Linchenaria sp. Y. gigantea C. junggarensis Ningnanophyllum shengi 层孔虫: Pachystylostroma sp.	牙形刺类: T. careyi B. conpressa P. gracilis M. symmetricus T. shichuanheensis D. compressus T. borealis	
中奥陶统	马六段	牙形刺: P. varicostatus P. cooperi P. aculeatus			牙形刺:P. serra P. aculeatus P. varicostatus D. veustus			

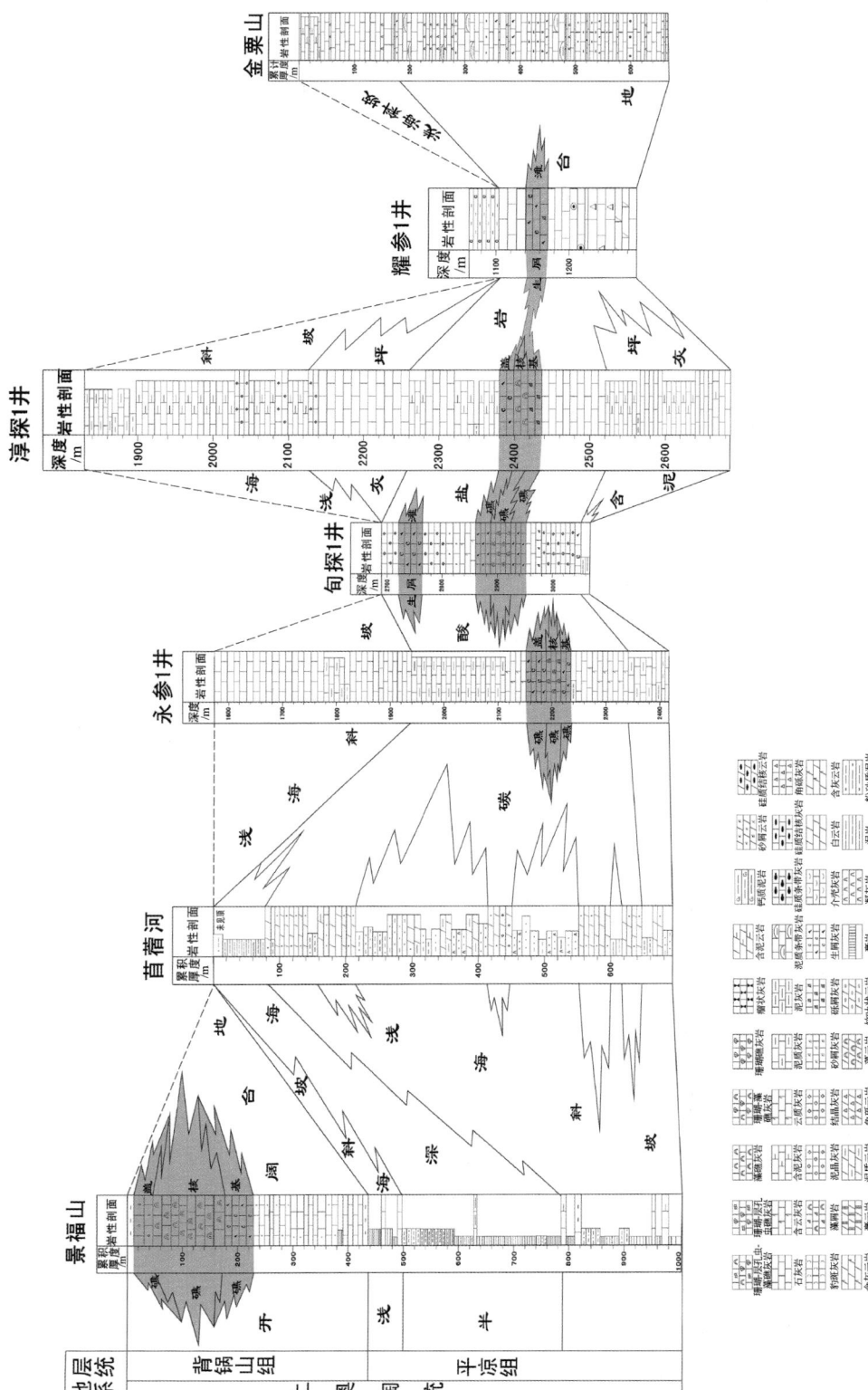

图 2-6　鄂南地区 EW 向上奥陶统礁灰岩层位及沉积环境对比

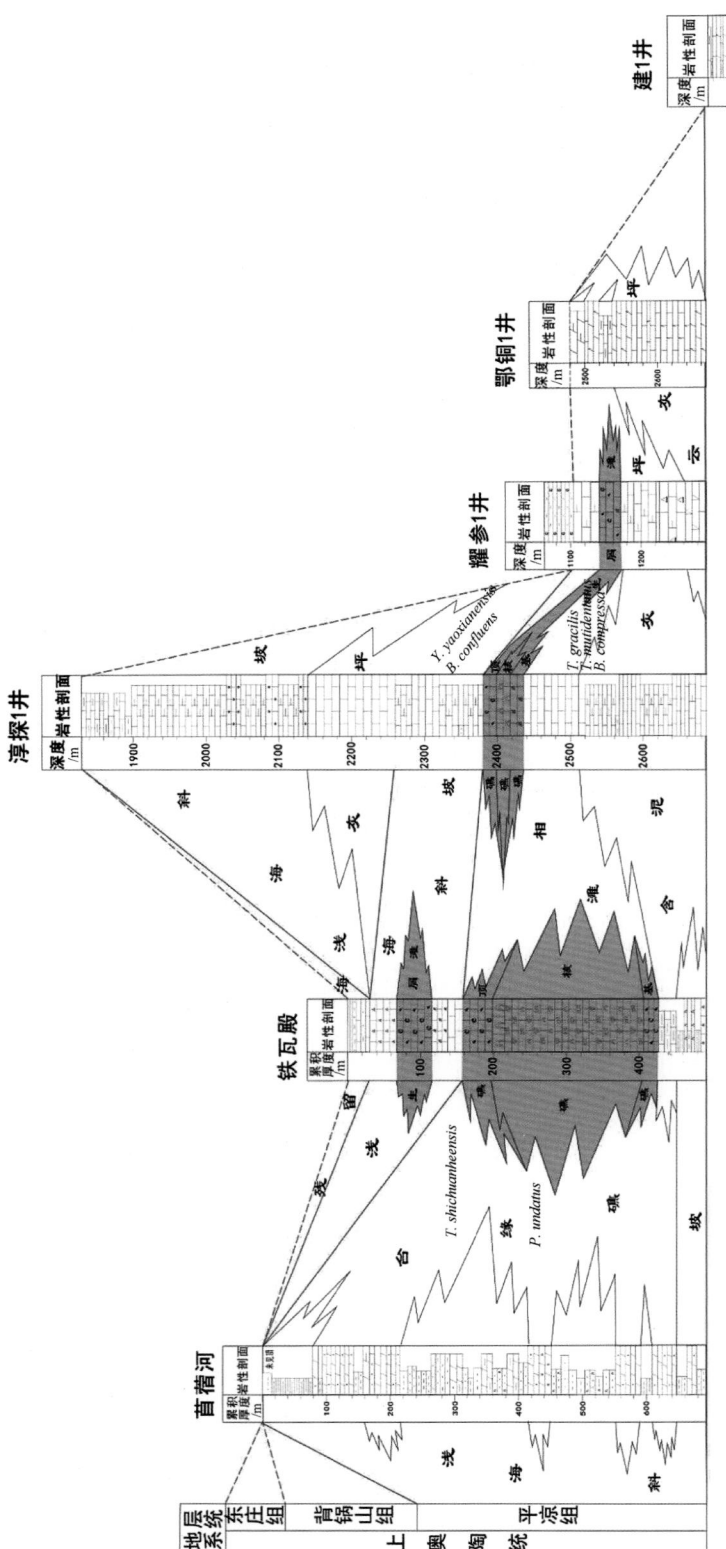

图 2-7 鄂南地区南北向上奥陶统礁灰岩层位及沉积环境对比

Remopleurides sp. 、*Parisoceraurus* sp. 、*Encrinuroides* sp. 、*Brontocephalina* sp. 、*Pliomerina* sp. 等；牙形刺以 *Tasmanognatus* 为特征，依据 *Tasmanognatus* 的垂直分布可划分为两带，下部为 *Tasmanognatus shichuanheensis* 带，上部为 *Tasmanognatus multidentatus-T. gracilis* 带。根据珊瑚、层孔虫、足头类、腕足类、三叶虫、牙形刺等均属于晚奥陶世分子，其中牙形刺 *Tasmanognatus shichuanheensis* 带与 *Tasmanognatus multidentatus-T. gracilis* 带属于晚奥陶世凯迪阶早期。

桃曲坡组发现足头类、三叶虫、牙形刺等化石，其中建立牙形刺化石带 *Yaoxianognathus neimengguensis* 带、*Y. yaoxianensis* 带；头足类 *Tofangoceras shanxiensis* 组合、*Yaoxianoceras latilobatum* 组合；此外，下部发育 *Orthograptus longithecalis* 为代表的笔石。根据足头类、牙形刺、三叶虫等均属于晚奥陶世分子，而其发育的牙形刺化石带属于晚奥陶世凯迪阶中期，与背锅山组时代相当，应为同期异相。

在中部淳化铁瓦殿剖面下段、永寿好畤河剖面上段、富平将军山发现的牙形石 *Tasmanognathus shichuanheensis* Hn，亦即相当于安太庠等（1985）、安太庠和郑昭昌（1990）在耀县桃曲坡所建立的 *Tasmanognathus shichuanheensis* 带；该带牙形石动物群包含的主要分子有 *Yaoxianognathus* sp. 、*Pseudobelodina dispansa*（Glenister）、*Plectodina* sp. ，*oulodus？ tungusnaensis*（Moskalenko）、*Periodon grandis*（Ethington）、*Protopanderodus liripipus* Kennedy 等，层位高于峰峰期（马六）；*Yaoxianognathus* sp. 大锯齿间的小锯齿特征与 *Hindeodellid* 型更为接近，反映礁滩相形成于奥陶纪较高层位，应属于上奥陶统平凉组。

在研究区中西部，淳化铁瓦殿剖面下段、永寿好畤河剖面上段、耀县桃曲坡、铜川陈炉、富平将军山、三凤山剖面相含礁岩层层段中的化石，对应 *T. shichuanheensis* 带至 *T. multidentatus-T. gracilis* 带，应属于晚奥陶世平凉期形成。在陇县龙门洞组顶部礁灰岩发现的 *Climacograptus geniculatus* 带中，产有 *Yaoxianognathus neimengguensis*，对比于桃曲坡组，位于其下部（安太庠和郑昭昌，1990），其礁岩也属于晚奥陶世平凉期形成。

早在 1985 年和 1990 年安太庠就在耀县桃曲坡主要含礁岩层中发现牙形石，以 *Tasmanognathus shichuanh* 带最为特征，主要分子包括 *Yaoxianognathus* sp. 、*Pseudobelodina dispansa*（Glenister）、*Plectodina* sp. 、*Oulodus？ Tungusnaensis*（Moskalenko）、*Periodon grandis*（Ethington）、*Protopanderodus liripipus* Kennedy 等，层位高于峰峰期（马六期），属于平凉组，与国际上的桑比阶（国内艾家山阶）相当。以 *Tasmanognathus* 的垂直分布可划分为两个带，下部 *Tasmanognathus shichuanheensis* 带和上部 *Tasmanognathus multidentatus-T. gracilis* 带（表2-5）。

在富平凤凰山及将军山剖面礁灰岩中，上段采集的有 *Belodina confluens*（汇合拟针刺）、*Belodina baiyanhuaensis*（白彦花似针刺）、*Yaoxianognathus neimengguensis*（内蒙古耀县刺）、*Tasmanognathus borealis*（北方塔斯玛尼亚刺）、*Yaoxianognathus yaoxianensis*（耀县耀县刺）等牙形石分子（图版1-3 ~ 图版1-6），于晚奥陶世平凉晚期到背锅山期形成。

礼泉东庄剖面含礁地层中丰富的四射珊瑚及床板珊瑚 *Lichenaria*、*Cryptolichenaria*、*yaoxianopora* 和层孔虫 *Amsassia* 等，与广泛分布于鄂尔多斯台缘、我国西北地区以及俄罗斯的西伯利亚地台和哈萨克斯坦地区的生物群总面貌可以进行对比，其时代应属于晚奥陶

表 2-5　鄂南地区中西部平凉组含生物礁岩层剖面生物地层对比

地层系统	陇县龙门洞	永寿好畤河	耀县桃曲坡	富平将军山
上奥陶统平凉组	牙形刺 *Belodinaconpressa*, *Erismodu*, *Squadridacylus*, *Panderodusgracilis*, *Pygodusanserinus* 笔石 *Orthograptus* sp., *Climacograptus bicornis*, *Namagraptus gracilis*	牙形刺 *Tasmanognatus shichuanheen-sis*, *T. careyi*, *Yaoxianognathus* sp. *Microelodus symmetricus* 床板珊瑚 *Lichenaria concave*, *L.* sp.	牙形刺类 *T. careyi*, *T. borealis*, *Belodinaconpressa*, *Tasmanognatus shichuanheen-sis*, *Taoqupognathus blandus* 珊瑚类 *Linchenaria* sp., *Yaoxianopora gigante*, *Catenniporajung garensis*, *Ningnanophyllum* sheng	牙形刺类 *T. careyi*, *Belodinaconpressa*, *Panderodus gracilis*, *Microelodus symmetricus*, *Tasmanognatus shichuan-heensis*, *Danberodus compressus* 珊瑚类 *Amsassia* sp., *Linchenaria* sp.

世桃曲坡期。在淳化铁瓦殿剖面上段、铜川上店村，本组顶部礁体中产的腕足类 *Soweryella* cf. *litifera*、*Nikiforovaena* sp.，时代也属于晚奥陶世桃曲坡期，和背锅山同属于凯迪（钱塘江）阶。淳化、永寿、泾阳及富平小园等地所含牙形石层位均位于上述两笔石之间，即相当 *Climacograptus peltifer* 带与 *Climacograptus wilsoni* 带的范围，对比于东侧的耀县组及西邻的龙门洞组中、上部。时代相当于庙坡晚期—宝塔中期。

以往在礼泉—淳化—泾阳一带地层中的泾河组，化石较为丰富，主要有牙形刺、足头类等，其中傅力浦（1981）认为该组发育头足类 *Liulinoceras-Kotoceras* 组合，牙形刺 *Tasmanognathus shichuanheensis* 带与 *Tasmanognathus multidentatus-Tasmanognathus gracilis* 带，层位与 *Climacograptus wilsoni-D. clingani* 带下部大致相当，属于晚奥陶世凯迪阶早期，与耀县组时代相当，应为同期异相。

在对耀县桃曲坡耀县组礁灰岩与富平以及泾阳西陵沟剖面金粟山组层位对比中，依据安太庠等（1985）在耀县桃曲坡耀县组中部发现牙形刺 *Periodon aculeatus*、*Panderodus* sp.、*Dapsilodus mutatus* 等，并建立 *Tasmanognathus borealis-Tasmanognathus gracilis* 带，认为其层位与 *Climacograptus wilsoni-D. clingani*? 带大致相当，属于晚奥陶世凯迪阶早期；在富平金粟山组 *Protopanderodus liripipus* 为层位较高的奥陶纪分子，相当于扬子区的宝塔组和加拿大新不伦瑞克 *Amorphgnathus tuoerensis* 带 *Prioniodus alobatus* 上亚带。此外，陈诚等（2012）对泾阳西陵沟剖面的金粟山组中-下部钾质斑脱岩的锆石 U-Pb 测年，获得了 451.5±4.9～452.1±5.1Ma、457.5±5.1Ma 和 465.8±8.3Ma 三组年龄段，进一步在测年角度上，说明该组沉积时间晚于桑比阶早期，与耀县组、泾河组时代相当，应为同期异相。

在研究区中东部，富平—泾阳一带，赵老峪组与铜川上店背锅山组比邻，但不直接接触，该组化石稀少，不但发育深水重力流，夹有火山凝灰质，向东没有生物礁，所以确定其层位对礁灰岩环境演化和生物礁分布有重要意义。早期安太庠和郑昭昌（1990）在铜川一带赵老峪组发现牙形刺 *Tasmanognathus gracils*、*Drepanistodus* sp.、*Peridon aculeatus* 等分子，腕足类化石 *Sowerbylla litiferfa*、*Nikiforvaena* sp. 等，均属于晚奥陶世分子，而 *Tasmanognathus gracils* 是 *Tasmanognathus borealis- Tasmanognathus gracilis* 带以后出现的分子，但不清楚该分子发现的具体层位，所以只能判断该组具有凯迪阶早期沉积。吴素娟等（2017）对富平县赵老峪剖面赵老峪组 2 段的中－上部的凝灰岩锆石 U- Pb 测年，获得了 453. 2±6.9Ma，从测年角度进一步说明，该组沉积发育于桑比阶中期。因此该组应属于桑比阶中期—凯迪阶中期。经过对比认为可以和平凉晚期对比。

陇县—彬县—铜川一带背锅山组，均发育生物礁灰岩，其中陇县剖面中车福鑫（1963）、陈均远等（1984）与王志浩和李润兰（1984）在该组发现珊瑚、足头类、三叶虫、牙形刺、藻类等化石，其中南缘西部龙门洞剖面发育珊瑚 *Catennipora* sp.、*Agetolites* sp.、*Plasmoporella* sp.、*Favistella* sp.、*Brachyelasma* sp.、*Favosites* sp.；足头类有 *Eurasiaticoceras* sp.、*Jiangshanoceras* sp. 等；三叶虫有 *Remopleurides* sp.、*Parisoceraurus* sp.、*Encrinuroides* sp.、*Brontocephalina* sp.、*Pliomerina* sp. 等；牙形刺有 *Belodina compressa*、*B. confluens*、*Oulodus* sp.、*Aphelognathus* sp.、*Panderodus gracilis*、*Pseudobelodina dispansa*、*Phragmodus tungushaensis*、*B. lonxianensis* 等。珊瑚、足头类、三叶虫、牙形刺等均属于晚奥陶世分子，其中牙形刺 *B. confluens* 属于晚奥陶世凯迪阶中期 *B. confluens* 带。

综上所述，研究区生物礁主要形成于上奥陶统平凉组和背锅山组，中部在永寿以及彬县地区马六段以及东庄组中有礁滩相发育，不同地区的差异主要受沉积环境与古地理演化影响。

2.1.5　生物地层与年代地层划分新进展

综合运用碳酸盐岩碳氧同位素分析、牙形石带化石标志以及锆石年龄测定结果，进行了生物与年代地层对比，不仅理顺了背锅山组、东庄组与唐王陵组之间的上下层序关系，对比了岩石地层与生物地层特征；统一了平凉组与桃曲坡组、背锅山组与赵老峪组，进一步将划分的地层对比，建立了统一的综合岩石地层与生物地层以及年代地层元素的层序地层格架；明确了研究区生物礁主要形成时期属于晚奥陶世平凉期和背锅山期，其中平凉组礁滩相发育规模大，保存好，背锅山组礁滩遭受破坏后局地残留，富平三凤山和将军山发育保存最完整。

2.2　层序地层划分、格架及主要层序特征

2.2.1　层序界面成因类型及发育分布

层序界面是进行层序划分和类型判别的基础，根据 Vail 和 Sarg 划分的界面类型，研究认为鄂尔多斯地块南部奥陶系地层中层序界面主要发育以下 7 种层序界面关键界面（表 2-6）。

表 2-6　鄂南地区奥陶系地层层序界面类型及识别标志

序号	界面类型		界面级别	典型特征与成因	代表剖面与层位
1	区域性不整合面（古风化壳）		Ⅱ	地层、生物化石带缺失以及地化突变	区域性寒武系和奥陶系顶部
2	古土壤层		Ⅲ	海平面下降沉积暴露风化淋滤、土壤化铁泥质沉积物	富平上店、河津西磴口奥陶系顶以及马家沟组
3	古岩溶面		Ⅲ	古喀斯特中岩溶角砾层以及岩石地化突变	马家沟组顶面、背锅山组
4	冲刷侵蚀面	水进冲刷侵蚀面	Ⅲ	水进中潮水冲刷侵蚀	
		重力流冲刷侵蚀面	Ⅲ	深水（盆地）斜坡带上重力流冲刷侵蚀	铜川、富平平凉组
		风暴流冲刷侵蚀面	Ⅲ	浅海（潮坪）风暴流冲刷侵蚀	东庄冶里组—亮家山组
5	火山事件沉积作用面		Ⅲ	海相层中火山凝灰质喷发物层	全区平凉组
6	岩性、岩相转换面		Ⅲ	沉积环境突变引起灰云岩突变	铁瓦殿、耀县马家沟组
7	超覆面		Ⅲ	台前斜坡与海侵（海退）过程中形成的地层超覆	富平陇县平凉组

1. 不整合面（古风化壳）

不整合面上下地层产状平行不整合和角度不整合。界面和盆地演化过程中的构造运动息息相关，寒武系底界面在不同地区不整合于不同时代地层之上，形成明显的区域性角度不整合（蓟县运动）（图版 1-1a）；奥陶系马家沟组的底界面不整合面，表现为晚冶里—亮甲山沉积结束之后，中国华北在地史上普遍发生了一次构造运动——怀远运动，造成马家沟组在不同地区超覆于不同时代地层之上（图版 1-1g），说明马家沟沉积之前遭受风化剥蚀，形成广泛分布的古风化壳；奥陶系顶面也是区域性不整合面，无论是在淳化泾河谷（图版 1-2g），还是在河津（图版 1-2d）、铜川上店（图版 1-1h）以及耀县桃曲坡剖面均显示有抬升风化和剥蚀作用发生。

2. 古土壤（渣状）层

古土壤（渣状）层主要是海平面下降导致地层暴露，遭受风化剥蚀、淡水淋滤、溶解等地质作用而形成的异常疏松，似炉渣状的古土壤。此类层序界面在研究区最典型的为铜川上店（图版 1-1h）、山西河津西磴口剖面（图版 1-2d）奥陶系顶部杂色膏质、铝土质、铁质渣状层，淳化铁瓦殿马家沟组马五段。

3. 古喀斯特作用面

界面由于早期碳酸盐岩在构造抬升或海平面下降暴露地表遭受喀斯特作用后，被后期沉积物覆盖形成的古岩溶作用面。研究区主要见于东庄泾河沿岸、河津西磴口剖面马家沟组顶部（图版 1-2d），龙门洞、麟游—岐山背锅山顶部均发育岩溶角砾岩。

4. 冲刷侵蚀面

水进冲刷侵蚀面主要分布于滨岸和潮坪沉积环境中滨岸带砂体内，在淳化鱼车山剖面冶里组—亮甲山组潮坪相颗粒云灰岩底界面常发育水进侵蚀冲刷面，冲刷面均凹凸不平，上为砾屑云岩；重力流冲刷侵蚀面是在海平面下降速率大于盆地沉降速率条件下所形成的典型层序界面。龙门洞剖面背锅山组底部为典型台地边缘垮塌沉积或斜坡侵蚀作用所形成的不规则界面及其之上的低水位期的角砾状楔（图版 1-2f），富平赵老峪（图版 3-3a、c、d）蒲城尧山平凉组中钙屑浊积岩，浊流对前期沉积冲刷侵蚀均形成了典型不规则界面（图版 3-1f）；在泾河剖面马家沟组马二段、马四段中常见风暴流冲刷侵蚀面，由风暴作用冲刷侵蚀或回流充填而形成的粗粒（砾）屑风暴岩与下伏泥晶碳酸盐岩呈冲刷侵蚀接触。

5. 火山事件沉积作用面

火山事件沉积作用面是奥陶纪沉积过程中某一时间段，由火山事件作用有关凝灰质沉积物形成的界面，属于盆地演化过程中区域上火山作用以及构造活动的典型标志，在研究区，从盆地西部陇县、泾阳到东部铜川富平、蒲城等剖面广泛存在，上奥陶统平凉组最为多见（图版 3-1g、h，图版 3-2a、b、f～h）；在秦岭北坡的凤县红花铺、草堂驿以及甘肃两当等地（图版 3-3b）均有出露，反映了当初盆地性质或结构的转化。

6. 岩性、岩相转换面

界面是在海平面下降速率小于盆地沉降速率条件下沉积环境突变引起，研究区主要见于淳化铁瓦殿、耀县剖面马家沟组，表现为灰云岩突变。

7. 超覆面

超覆面包括上超、下超和顶超三种类型。其中在研究区最发育的为上超面，如马家沟组马五段到马六段就是在海平面由下降到上升转变过程中形成的层序界面。

2.2.2　层序地层划分方案

从格架图中可以看出，研究区冶里组是 1 个三级层序（SQ1），亮家山组是 1 个三级层序（SQ2），马家沟组包含 SQ3、SQ4、SQ5、SQ6、SQ7、SQ8 共 6 个三级层序，平凉组分 SQ9、SQ10 两个三级层序，背锅山组由 1 个三级层序（SQ11）组成，唐王陵组由 1 个三级层序（SQ12）组成。具体划分方案以及每个层序特征、构造背景、海平面变化以及体系域对应变化见表 2-7。

2.2.3　主要层序特征与海平面变迁及构造古地理演化

通过地层、岩性沉积环境以及构造古地理背景分析（表 2-7），早–中奥陶世 SQ1—SQ8 沉积期，鄂尔多斯古陆由被动大陆边缘向主动大陆边缘转化，由于盆地北部主体为古陆，研究区处于碳酸盐岩台地缓坡，接受秦祁海沉积，冶里组、亮甲山组、马家沟组主要形成巨厚层碳酸盐岩组合。冶里组可分为 1 个 Ⅱ 型三级层序（SQ1），此层序在旬探 1 井、淳探 1 井及淳化铁瓦殿、鱼车山剖面有沉积（图版 1-1c），厚 44～105m，由海侵体系域与高位体系域组成。旬探 1 井揭露冶里组厚 55m，TST 为浅灰色钙质泥岩，测井曲线表现为

表 2-7　鄂南地区奥陶系层序地层划分方案

国际地层划分				国内地层划分	岩石地层		层序地层划分			海平面变化
系	统	阶	时间/Ma	阶			二级层序	三级层序	体系域	降升
奥陶系	上奥陶统 O₃	赫南特阶	443.8 445.6	钱塘江阶	东庄组		II₂	SQ12	TST	
		凯迪阶			背锅山组			SQ11	HST	
									TST	
									LST	
		桑比阶	453.0	艾家山阶	平凉组	上段		SQ10	HST	
			458.4			下段		SQ9	TST	
	中奥陶统 O₂	达瑞威尔阶		达瑞威尔阶	峰峰组	马六	II₁	SQ8	HST	
									TST	
						马五		SQ7	HST	
									TST	
					马家沟组	马四		SQ6	HST	
									TST	
		大坪阶	467.3	大湾阶		马三		SQ5	HST	
									TST	
						马二		SQ4	HST	
									TST	
						马一		SQ3	HST	
									TST	
	下奥陶统 O₁	弗洛阶	470.0	道保湾阶	亮甲山组			SQ2	HST	
			477.7						TST	
		特马豆克阶		新厂阶	冶里组			SQ1	HST	
			485.4						TST	

高伽马特征，东庄泾河河谷露头剖面上 HST 为紫红色以及黄褐色厚层含泥白云岩（图版 2-1e），为开阔台地暴露沉积。井下表现为低伽马、低电位特点。铁瓦殿地区的冶里组约为 105m，底部有云岩砾屑（图版 1-1f），TST 为灰黄色薄层含泥云岩，所见生物潜穴为海侵时水体加深的表现，HST 为浅灰色、灰色厚层粉晶云岩，含泥质条带。

亮甲山组为 1 个 Ⅱ 型三级层序（SQ2），东庄泾河河谷露头剖面上厚约 140m，永参 1 井揭露 45m（未穿），TST 为深灰色中层状粉晶云岩，夹多层深灰色燧石层及浅灰白色燧石层白云岩（图版 2-1c）和藻纹层（图版 2-2a），见生物钻孔；中上部 TST 为浅灰色、灰色厚层块状细晶至中晶云岩，见硅质结核和硅质条带（图版 2-1f，图版 2-2d）。HST 以上部灰色、浅灰色含硅质结核粗砂糖状白云岩为特征。淳化铁瓦殿剖面厚约 130m，TST 为浅灰白色燧石白云岩，见海百合碎屑，HST 为浅灰白色厚层块状含燧石团块细晶白云岩。

马家沟早期，研究区整个奥陶纪主要受秦祁海影响，陇县至耀县均有所沉积。马家沟下部（包括马一段、马二段、马三段），厚 200～400m，分别对应 SQ3、SQ4 和 SQ5 三个三级层序，以灰色隐藻灰岩、浅灰色泥晶灰岩、灰色膏质云岩及膏质层、灰色粉晶云岩为主，缺少泥质沉积。其中旬探 1 井与淳探 1 井中马一段、马二段 TST 以灰色泥晶灰岩、云质灰岩为主，均含局限台地膏质或膏盐层，测井曲线表现为锯齿状，显示海侵期海水缓慢加深；高位体系域为马三段，以灰色粉晶云岩沉积为主，在陇县龙门洞、岐山西崛山、淳化铁瓦殿沉积相似，HST 为灰色、浅灰色的粉晶云岩、含泥云灰岩夹粒屑灰岩。

马家沟上部（包括马四段、马五段、马六段），厚 320～720m，分别对应 SQ6、SQ7 和 SQ8 三个三级层序。已有资料表明，淳探 1 井沉积最厚。各条剖面及探井岩心基本相同，TST 层位相当于马四段及马五段下。在东庄剖面马四段，以水进过程中形成的高能带中鲕粒粉晶灰岩为特征（图版 2-3f）；在淳化铁瓦殿马五段，TST 为深灰色中层状粉晶云岩与深灰燧石互层（图版 2-2d），而在桃曲坡马五段较高层位有潮上带出露水面雨痕（图版 2-2e、f）；东庄剖面 SQ8 为开阔台地相沉积，以中薄层隐藻微晶灰岩和叠层石泥晶云灰岩为主，隐藻为海侵期产物。HST 层位相当于马五段上及马六段，以浅灰色厚层块状粉晶云岩为主，代表高位期水体相对稳定，物源充足的地层层序。

晚奥陶世 SQ9—SQ12 沉积期，受加里东运动的影响，秦祁海俯冲至华北板块以下，西南缘已经形成主动大陆边缘和沟-弧-盆体系，同时岩浆作用侵入、火山凝灰质喷发作用频发，无论在秦岭岛弧附近（凤县—两当一带），还是在弧后盆地北翼（华北碳酸盐岩台地南坡渭北一带）变陡的边缘海，形成了碳酸盐岩和火山凝灰岩沉积组合。平凉组下段沉积一套陆源碎屑岩和薄层深水碳酸盐岩沉积（图版 3-2a、c），上段由于海水变浅，形成了生物礁滩，其翼部分布巨厚斜坡扇角砾状灰岩。加里东运动中期 Ⅱ 幕构造运动导致华北地区普遍抬升，奥陶纪沉积结束，遭受剥蚀。

平凉组下段划为 SQ9，南缘西部陇县地区以碎屑岩沉积为主（图版 3-2e），岐山西崛山则为混积相沉积，向东到耀县—铜川—富平一带，过渡到台地相碳酸盐沉积。沉积厚度为 121～462m，其中铁瓦殿剖面最厚。各剖面典型的低位体系域的沉积组合不发育，总体主要为海侵体系域和高位体系域。在陇县与岐山剖面，TST 为迅速海侵，以灰绿色、灰黑色泥页岩夹凝灰质泥岩沉积为主（图版 3-2b、h），含笔石化石，表现为欠补偿型滞留水体盆地，伴随海侵减弱，西崛山地区为混积相沉积，发育浅灰绿色粉砂质云灰岩夹粉砂质泥岩；岐山以东为浅灰色、灰色薄层泥晶灰岩、隐藻灰岩，海侵期水体明显加深，永参1井、淳探1井则以深灰色泥灰岩为主，测井曲线表现为高伽马特征。海侵后高位期在台地南缘斜坡发育角砾状灰岩。

平凉组上段划为SQ10，沉积厚度为117～726m，总体由海进体系域和高位体系域构成，淳化铁瓦殿剖面沉积最厚。其中在西部陇县剖面，主要为混积相沉积（图版3-2e），TST为40余米的灰黑色泥页岩夹薄层粉砂岩（图版3-2d），HST为灰色粉砂质灰岩，粉砂岩夹泥页岩沉积，夹数层沉凝灰岩（图版3-2h），靠近顶部为5～10m的薄层灰岩与暗色粉砂质泥岩互层；在岐山—麟游剖面，TST为数十米厚的灰黑色泥岩沉积，HST为灰色粉砂质云岩、粉砂岩沉积，靠近顶部为15～20m的灰岩与泥岩互层；在中段铁瓦殿TST为灰黑色泥岩加薄层泥岩，HST为薄层灰岩，为东部铜川上店—富平金粟山—蒲城尧山一带，总体水位抬升，以台地相为主，TST岩性为中薄层深灰色、灰色泥质灰岩夹硅质层（图版3-1c、d），HST以中层泥晶灰云岩、角砾状灰岩、砂屑云岩为主，夹数层沉凝灰岩（图版3-1e），TST转化到HST后，虽然水深变大，但末期有利于生物灰岩发育。

背锅山组相当于SQ11，在淳探1井—麟探1井以南，由平凉背锅山、淳化铁瓦店延伸到富平将军山、三凤山乃至桥陵，东西向串珠状出露，沉积厚度为174～889m，虽然剖面之间相带差异较大，但总体上环境稳定演化，海水逐渐变深，经历了LST→TST→HST演化过程，在早期，受加里东晚期构造运动影响，华北地区整体抬升遭受剥蚀，属于LST体系域，普遍发育台缘斜坡相巨砾滑塌角砾灰岩。其中龙门洞、铁瓦殿以及尧山剖面厚，潮坪藻席沉积形成了叠层藻灰岩（图版3-3b），好畤河潮上带云岩以及环境标志典型（图版3-3e），在岐山麟游剖面、耀参1井沉积厚度变薄；中晚期因秦祁海强烈俯冲作用和板块南缘被动牵引，研究区古台地斜坡范围明显增大，并向南变陡，导致东西向位于斜坡边缘的陇县龙门洞、岐山—麟游、淳化铁瓦殿、铜川上店、尧山一线剖面，均处于不稳定的环境背景中；演化到TST→HST缺失高位体系域，其中永参1井、淳探1井TST中主要形成薄层灰泥岩和泥灰岩，测井曲线表现为高伽马特点。

东庄组相当于SQ12，TST体系中分别形成残留海湾黑色泥页岩和滑塌冲积扇杂砾岩沉积，厚度为27～426m，其中黑色泥页岩主要分布在研究区的礼泉东庄泾河谷岸边（图版3-3f）和耀县桃坡剖面，岩性下段为深灰色、灰黑色砂质泥岩、灰质泥岩，上部含生屑灰岩透镜体，有丰富的生物化石以及晚奥陶世的牙形石；与之同期的唐王陵组杂砾岩（图版3-3g）和灰绿色、黄绿色砂质泥岩（图版3-3h），主要分布在礼泉唐王陵东侧，厚度大于426m，属于海退过程中的海岸冲积物。

2.2.4　层序地层分析结果

在分析11条露头剖面、11口主要钻井及部分地震剖面岩层、岩相界面以及生物特征的基础上，运用Vail层序地层学理论和方法，以古生物、构造界面、岩性转换及沉积环境和地球化学元素韵律旋回、测井及地震相序为依据，在奥陶系地层中共识别出7类13个层序界面，划分了3个二级层序和12个三级层序，其中下奥陶统冶里组—亮家山组形成1个二级层序，包括2个三级层序；中奥陶统马家沟组形成1个二级层序，包括6个三级层序；上奥陶统平凉组、背锅山、东庄组（唐王陵组）形成 1 个二级层序，包括 4 个三级层序。通过进一步横向追索对比，寻找沉积旋回，分析层序变化以及海平面韵律变化与生物礁（滩）分布之间的关系，认为鄂南地区生物礁（滩）分布受层序地层以及海平面变迁控制，生物礁（滩）发育鼎盛期为平凉晚期，最有利层为 SQ10 高位体系域。

2.3　岩石地层、年代地层、生物地层对比

通过岩石地层、年代地层、生物地层研究对比（表 2-8）可以看出，冶里组的沉积时代大致属于早奥陶世特马豆克阶早–中期；亮甲山组大致属于早奥陶世特马豆克阶晚期—弗洛阶中期；马家沟组沉积时限比较长，应属于弗洛阶中期—中奥陶世达瑞威尔阶晚期，其中马一段大致属于早奥陶世弗洛阶晚期，马二段与马三段属于中奥陶世大坪阶，马二段大致为大坪阶早–中期，而马三段大致为大坪阶晚期，马四段大致为中奥陶世达瑞威尔阶早期，马五段大致为中奥陶世达瑞威尔阶中期，马六段为中奥陶世达瑞威尔阶晚期，平凉组为晚奥陶世桑比阶早期—凯迪阶早期，背锅山组为晚奥陶世凯迪阶中期，东庄组可能为晚奥陶世赫南特阶早期。

同时，还发现研究区早期形成的奥陶系冶里组、亮甲山组以及中期形成的马家沟组马一段—马五段地层，由于海水变迁过程平缓，古构造和古地理沉积环境稳定，无论是区域与华北地区对比，还是在鄂南地区不同剖面之间，生物化石种属、岩性、地层厚度分布相对稳定，冶里组中的砾屑灰云岩（图版 2-1b）、亮甲山组含硅质条带云岩（图版 2-1f）、马家沟组马一段—马六段反映出潮坪环境云灰岩韵律性变化均具有广域可比性（图版 2-4），组与组之间的地层接触关系和界限岩性（层）变化典型清晰，所以，奥陶系中下统地层划分方案争议小，认识比较统一。

进入晚奥陶世，由于受鄂尔多斯盆地南缘构造属性、构造古地理背景影响，鄂南地区不仅古沉积环境与古生态变化快，生物类型、岩相、异常生物礁岩体形态以及残留岩层产状厚度变化复杂，不同剖面之间的岩石地层、年代地层、生物地层发育状况以及残留保存程度均有较大差异，指示年代的化石带不完整，造成了早期人们认识的分歧和多种方案不一致。另外，马家沟组形成后，区域性差异抬升剥蚀与风化，导致马家沟组马五段和马六段在研究区不同剖面之间残留程度不同，也造成地层对比的困难。

2.3.1　地层对比

本次对比方案是在划分野外剖面盆地内部永参 1 井、耀参 1 井、旬探 1 井、淳探 1 井、灵 1 井等层序的基础上，进一步通过系统采集、分析和鉴定牙形石、礁灰岩中的珊瑚，并综合考虑古地理、古构造、火山活动、海水变迁、沉积环境、岩石成因以及岩层风化面等因素后进行层序地层对比研究。与早期方案相比，重要改变反映在以下几个方面。

表 2-8　岩石地层、年代地层、生物地层单位对比

国际地层划分 系	统	阶	时间/Ma	国内地层划分 阶	岩石地层（鄂尔多斯南部地区前人划分方案） 陇县	岐山	泾阳	耀县	富平	蒲城	韩城	本次使用方案	生物地层（牙形石带）	层序地层划分 二级层序	三级层序	体系域
奥陶系	上奥陶统	赫南特阶	443.8	钱塘江阶								东庄组	Yaoxianognathus yaoxianensis	II₂	SQ12	TST
		凯迪阶	445.6		背锅山组	唐陵组	铁瓦殿组					背锅山组	Yaoxianognathus neimengguensis / B.confluenss		SQ11	HST
													Tasmanognathus multidentatus / -T.gracilis			TST
		桑比阶	453.0	艾家山阶		背锅山组	背锅山组	桃曲坡组					Tasmanognathus shichuanhcensis			LST
					平凉组 上段	平凉组 上段	泾河组	平凉组 上段				平凉组 上段	Tasmanognathus sishuiensis / -Erismoduatypus		SQ10	HST
					平凉组 下段	平凉组 下段						平凉组 下段	Scandodus handanensis		SQ9	TST
	中奥陶统	达瑞威尔阶	458.4	达瑞威尔阶	马家沟组 马六	马家沟组 马六	马家沟组 马六	马家沟组 马六	赵老峪组 四段	赵老峪组 二段	马家沟组 马六	马家沟组 马六	Aurilobodus serratus		SQ8	HST
					马五	马五	马五		赵老峪组 三段	赵老峪组 一段	马五	马五	Plectodina onychodonta		SQ7	TST
			467.3		马四	马四	马四		赵老峪组 二段		马四	马四	Eoplacognathus suecicus / -Acontiodus? linxiensis			TST
		大坪阶		大湾阶	马三	马三	马三		赵老峪组 一段		马三	马三	Plectodina fragilis / Tangshanodus tangshanensis		SQ6	HST
			470.0		马二	马二	马二				马二	马二	Aurilobodus leptosomatus / Loxodus dissectus			TST
					马一	马一	马一				马一	马一	Jumudontus ganada / -Scolopodus sunanensis		SQ5	HST
													Paraserratognathus paltodiformis			TST
	下奥陶统	弗洛阶	477.7	道保湾阶	亮甲山组	亮甲山组	亮甲山组	亮甲山组			亮甲山组	亮甲山组	Serratognathus extensus / Serratognathus bilobathus / Scalpellodus tarsus	II₁	SQ4	HST
													Glytoconus quadraplicatus / -Scolopodus opimus		SQ3	TST
		特马豆克阶	485.4	新厂阶	冶里组	冶里组	冶里组	冶里组			冶里组	冶里组	Cordylodus rotundatus / Rossodus manitouensis		SQ2	HST
													Utahconus beimataoensis / -Nonocostodus aevieren		SQ1	HST
																TST

1. 背锅山组分布特征

通过岩性与沉积构造环境对比后认为，鄂尔多斯古隆起南斜坡上及礁前的系列事件沉积是有效的对比标志，分布在陇县、泾阳铁瓦殿、铜川上店剖面的滑塌相厚层礁块巨砾岩、含礁岩块砾屑灰岩、岐山崩塌角砾白云、云质灰岩、礼泉陆源杂砾岩、富平赵老峪滑塌重力流、蒲城及尧山剖面的溶洞塌积巨砾岩，以及伴生的火山凝灰岩，均属于活跃剧烈动荡的构造环境中沉积，产状不稳定，剖面厚度差异大；通过牙形石与笔石等化石带对比，前人划分的富平赵老峪组、耀县剖面桃曲坡组、铜川上店剖面的平凉组顶部砾岩段以及蒲城尧山—桥陵剖面奥陶系马家沟组顶部的巨砾岩段均可对比，本组地层分布范围从以往的陇县、岐山、礼泉东庄、耀县桃曲坡，向东一直扩展到泾阳铁瓦殿、铜川上店、富平赵老峪、蒲城桥陵及尧山一带，属于动荡环境的事件沉积。

背锅山组位于平凉组之上，1963 年由西北大学车福鑫创名于陕西陇县新集川李家坡北背锅山，以往认为，岩性以灰色和肉红色中厚层或块状灰岩为主夹黄绿色页岩、砾状灰岩或灰质砾岩，下以砾屑灰岩与平凉组页岩呈整合接触，上被上古生界不整合覆盖，区域上分布十分有限，仅在鄂尔多斯西南缘固原、陇县、岐山和耀县一带分布，地层厚度一般为300 ~ 450m。通过系统调查，该组陇县龙门洞、泾阳铁瓦殿在铜川上店以及蒲城桥陵一带，岩性为灰白色礁块巨砾岩、含礁岩块砾屑灰岩、含生物砾屑灰岩、瘤状灰岩、角砾状灰岩，夹薄层黄绿色页岩、紫红色粉砂岩，含生物块状灰岩砾屑中含丰富的珊瑚、层孔虫、藻类、棘皮类、头足类、三叶虫、腕足类、腹足类等化石，其中龙门洞剖面背锅山组礁岩中含凯迪阶牙形石 Aphenlognathus sp.、B. confluens、P. dispansa，礼泉东庄背锅山组礁岩中晚奥陶的珊瑚 F. dyborskii soshkina，耀县桃曲坡组中凯迪阶的牙形石 B. confluens、Y. yaoxianensis，时代层位均可对比。

此外，位于鄂尔多斯古隆起南斜坡上的巨砾礁块岩、含生物砾屑灰岩，属于生物礁灰岩遭破坏产物，铜川上店有滑塌揉皱构造。各个剖面厚度不同，其中龙门洞厚 300 ~ 450m，上店厚210m，铁瓦殿厚 650m。岐山—麟游底部为厚层块状崩塌冲刷相角砾云岩，向上为灰色-灰黑色泥岩和含砾泥岩夹砾岩，厚42m；在东庄泾河河谷，岩性为灰黑色粉砂质页岩夹灰岩透镜体，厚27m；耀县桃曲坡早期称桃曲坡组，岩性为灰色-灰黑色中薄层灰岩夹页岩，厚度为162m；在礼泉唐王陵，早期称"唐王陵砾岩"，为杂砾岩，有来自岛弧区的花岗岩砾石和基底的白云岩砾石，组分复杂，分选差，厚约325.1m；尧山一带主要是溶洞塌积巨砾岩、灰白色块状砾屑灰岩、瘤状灰岩、角砾状灰岩组合，厚约38m，生物化石稀少，远离生物礁。

2. 平凉组及背锅山组生物礁的时代

岩石地层中，平凉组上段砾屑灰岩与下段页岩呈冲刷侵蚀接触，上与背锅山组、东庄组以及上古生界石炭系呈不整合覆盖。区域上分布稳定，在陇县、泾阳、岐山、耀县以及蒲城桥陵一带剖面均有出露，层厚一般为 300 ~ 450m。含丰富的链珊瑚、藻类、头足类、三叶虫、腕足类、腹足类等化石。在西部陇县、岐山，下段岩性为粉砂岩、页岩，上段为灰色-灰黑色中薄层灰岩夹粉砂岩、页岩；中部淳化铁瓦殿、永寿好畤河，下段为灰色-灰黑色中薄层灰岩，上段形成礁灰岩组合，在耀县相当于桃曲坡组；向东至富平将军山、金粟山一带，岩性主要为灰色–灰黑色中薄层灰岩，厚度大于 153m。

生物年代上，早在 1985 年和 1990 年安太庠就在耀县桃曲坡主要含礁岩层中发现牙形石，*Tasmanognathus shichuanh* 带，主要分子包括 *Yaoxianognathus* sp.、*Pseudobelodina dispansa*（Glenister）、*Plectodina* sp.、*Oulodus*? *tungusnaensis*（Moskalenko）、*Periodon grandis*（Ethington）、*Protopanderodus liripipus* Kennedy 等，层位高于峰峰期（马六段），属于平凉组，与国际上的桑比阶（艾家山阶）相当。所以 *Tasmanognathus multidentatus-T. gracilis* 带属于平凉组。

1995 年叶俭等先后在淳化铁瓦殿、永寿好時河、富平将军山剖面发现的 *Tasmanognathus shichuanheensis* Hn，亦即相当于耀县桃曲坡的 *Tasmanognathus shichuanheensis* 带，*Yaoxianognathus* sp. A 大锯齿间的小锯齿特征与 *Hindeodellid* 型也很接近，反映其形成于奥陶系较高层位；耀县耀县组、富平金粟山组和陇县龙门洞组的 *Protopanderodus liripipus* 也为层位较高的奥陶纪分子，相当于扬子区的宝塔组和加拿大新不伦瑞克 *Amorphgnathus tuoerensis* 带 *Prionionius alobatus* 上亚带；礼泉东庄剖面含礁地层中丰富的四射珊瑚及床板珊瑚 *Lichenaria*、*Cryptolichenaria*、*Yaoxianopora* 及层孔虫 *Amsassia* 等属种，与广泛分布于鄂尔多斯台缘、我国西北以及俄罗斯西伯利亚地台和哈萨克斯坦地区的生物群可对比，判断时代也属于晚奥陶世平凉期。在陇县龙门洞组顶部的笔石带 *Climacograptus geniculatus* 中，同时产有牙形石 *Yaoxianognathus neimengguensis* 分子，对比安太庠在耀县剖面建立的桃曲坡组下部层位，即属于晚奥陶世平凉（桃曲坡）期产物。

本次研究在富平凤凰山及将军山剖面上段采集的凯迪阶 *Tasmanognathus shichuanheensis* 带、*Tasmanognathus gracilis-T. multidentatus* 带、*Yaoxianognathus neimengguensis*、*Yaoxianognathus yaoxianensis/Belodina confluens* 带、*Aphelognathus pyramidalis* 典型带化石中 *Belodina confluens*（汇合拟针刺）、*Belodina baiyanhuaensis*（白彦花似针刺），*Yaoxianognathus neimengguensis*（内蒙古耀县刺）；*Tasmanognathus borealis*（北方塔斯玛尼亚刺）；*Yaoxianognathus yaoxianensis*（耀县耀县刺）等牙形石分子（图版 1-3 ~ 图版 1-6），层位上也位于上奥陶统较高层位的背锅山组。

对比研究区淳化、永寿、泾阳铁瓦殿及富平将军山小园剖面含礁地层中所含牙形石分子，层位均位于 *Climacograptus peltifer-Climacograptus wilsoni* 笔石带之间，相当于桃曲坡剖面耀县组及陇县的龙门洞组中、上段，时代相当于扬子区庙坡早期的 *Glyptograptusteretiusculus-Nemagraptusgracilis* 及与宝塔晚期相当的 *Dicranograptus clingani*（或 *climacograptus geniculatus*）笔石带，所以，上述剖面上的含生物礁体地层应属于晚奥陶世平凉（桃曲坡）期。

虽然对铜川陈炉的海绵、层孔虫礁和富平三凤山剖面的珊瑚礁牙形石、珊瑚以及火山凝灰岩的样品正在分析中，但根据与其上覆背锅山组地层特征空间关系判断，应属于晚奥陶世平凉期，铜川上店的珊瑚与藻礁灰岩于背锅山期形成。

在富平金粟山剖面上段和赵老峪剖面上，依据 SHRIMP 测定的金粟山组火山凝灰岩（钾质斑脱岩）锆石 U-Pb 年龄分别为 451.5±4.9 ~ 452.1±5.1 Ma、457.5±5.1Ma 和 465.8±8.3Ma 三组谐和年龄，与欧美广布的 *Millbrig-Kinnekulle* 和 *Deicke* 斑脱岩同时代，分属于晚奥陶世平凉期—中奥陶世马六期，即相当于桑比阶—达瑞威尔阶。其中金粟山剖面上部地层对应平凉组，下部地层对应马六组（峰峰组），赵老峪剖面下部地层金粟山组薄层深灰色灰岩对应平凉组，而上部赵老峪组重力流和滑塌构造发育的岩层与背锅山组同时代。

3. 马六段—平凉组与马五段—马六段二级层序界面

研究区陇县、泾河以及山西河津一带均出露较好的马家沟岩层，其中陇县含典型牙形石分子 *Plectodina onychodonta*，泾河马四段产 *Plectodina onychodonta*、*Scandodus rectus*、*Acontiodus* sp. 等，马五段含 *Aurilobodus simplex*、*Plectodina onychodonta* 属于 *Eoplacognathus suecicus-Acontiodus linxiensis* 带，马六段含典型的牙形石 *Erismodus typus*、*Microcoelodus asymmetricus*、*Belodina ceompressa* 和 *Panderodus gracilis* 等。*Pygodus serrus* 均为达瑞威尔阶晚期的典型生物。

马六段在不同剖面出露厚度差异较大，耀县剖面（相当于耀县组）发育最好，其次是淳化-礼泉东庄泾河和永寿好畤河剖面，层位也较全。马六段特征的岩溶角砾主要见于东庄泾河沿岸、河津西磴口、龙门洞、麟游—岐山、铜川上店剖面马六段顶部。淳化杏圆剖面以及东庄剖面井下都有典型的多期发育的韵律性风化淋滤层。中晚奥陶世之间发生的区域性不均衡构造升降运动，不仅使马五段—马六段残缺不全，也是古风化面淋滤发育分布的控制因素，而且造成山西河津、铜川陈炉等剖面上马六段与平凉组之间形成两个典型二级层序界面。

4. 桃曲坡组、东庄组与唐王陵组杂砾岩层位关系

根据生物地层中礼泉东庄地层剖面上东庄组中的腕足类化石 *Plectatrypa* sp.、*Christenia* sp.、*Zygospira* sp. 和三叶虫 *Ceraurus* sp.，以及在耀县桃曲坡剖面上顶部东庄组中的腕足类化石 *Plectatrypa* sp.、*Rhynchotrema* sp.、*Leptaenopoma* sp.、*Antizygospinra* sp. 和三叶虫 *Encrinurodes* sp.。初步可以判断层位属于晚奥陶世赫南特阶，高于凯迪阶。由于区域上没有志留系，虽然东庄组岩性特征有重要的沉积环境意义，但没有志留系的重要生物标记，所以非志留纪沉积。

2.3.2　地层对比取得的成果与认识

通过综合对比不同剖面生物地层、岩层特征、海平面变化旋回以及沉积环境和构造背景，重新划分了背锅山组，将前人划分的富平赵老峪组、耀县剖面桃曲坡组、铜川上店剖面的平凉组顶部砾岩段以及蒲城尧山—桥陵剖面奥陶系马家沟顶部的巨砾岩段归划背锅山组；进一步明确了耀县桃曲坡剖面、礼泉东庄剖面存在东庄组，且位于研究区奥陶系最高层位；分布在礼泉唐王陵东侧唐王陵组杂砾岩和灰绿色、黄绿色砂质泥岩属于东庄组同期异相沉积；根据国际奥陶纪地层划分对比标志，以牙形石为主要依据，综合晚奥陶世的珊瑚、层孔虫等典型生物化石组合和生物礁生态环境以及岩层中伴生的凝灰岩年龄证据，明确了平凉组岩性构成与晚奥陶世时代归属，理顺了平凉组与金粟山组的统一关系；研究区生物礁（滩）最主要发育上奥陶统平凉组层位，其次为背锅山组和马六段。

2.4 层序地层格架中海平面变迁与生物礁发育、分布的关系

区域对比发现，奥陶纪时研究区所在的秦岭—祁连海平面变化与全球海平面变迁有密切关系，总体上演化规律和趋势一致。曾有学者（郭彦如等，2014）在鄂尔多斯盆地部分奥陶系露头剖面进行碳氧同位素分析，总结了奥陶纪碳酸盐岩沉积中碳氧同位素特征与海平面的变化关系，并根据国际奥陶系标准同位素剖面进行标定。本次研究依此为基础，经过系统岩层、化石以及古地理环境分析和对比，认为在盆地东南部可识别亮甲山组/冶里组、马一段/亮甲山组、马四段/马三段，在盆地南缘可识别马六段/马五段、平凉组/马六段、背锅山组/平凉组（图2-8）。同时厘定了冶里组与亮甲山组整体发育在早奥陶世，马家沟组主体发育于中奥陶世，平凉组、背锅山组以及东庄组整体发育于晚奥陶世。

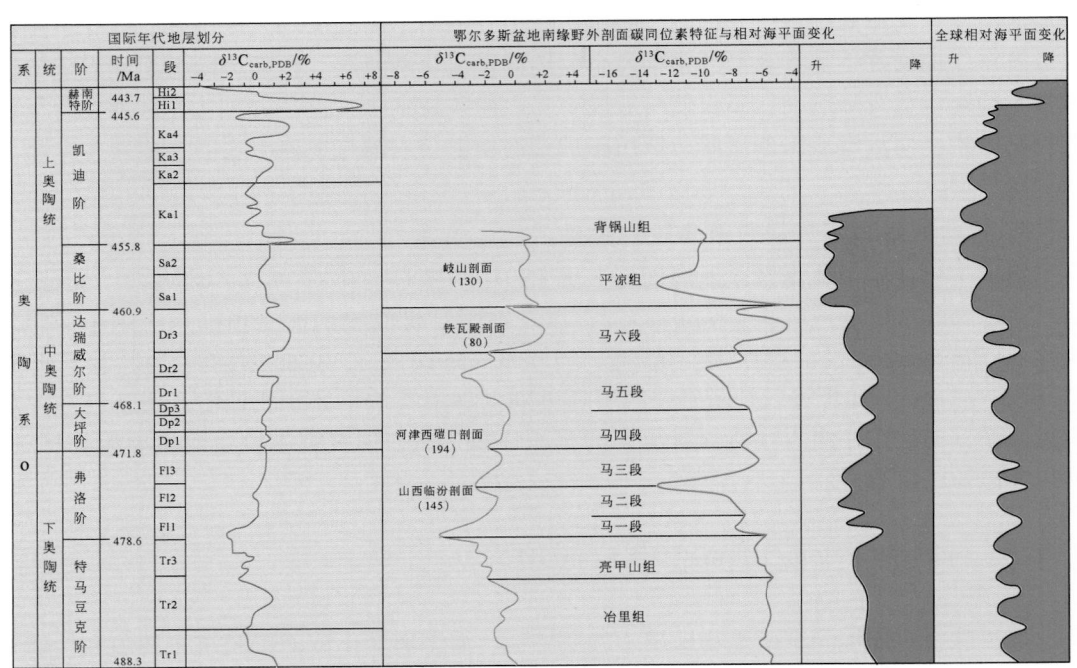

图 2-8 鄂尔多斯盆地东南部及南部奥陶系碳氧同位素地层特征与划分
（据郭彦如等，2014，修编）

进一步分析还发现，研究区晚奥陶世沉积环境以及构造岩相古地理演化规律后认为，在南部秦岭海槽构造、岩浆以及火山活动强烈活动作用下，研究区海盆的沉降和海水抬升幅度与全球存在有地域差异，结果不仅影响地层岩性和沉积环境变化，也控制了研究区剖面上平凉期和背锅山期礁滩相发育、分布与保存。以永寿—陇县为例，在生物礁形成过程中，相应伴有多期海平面升降和火山凝灰质沉积，岩层中氧碳同位素、微量元素也有踪迹变化（图2-9）。可以看出，海水深浅及水温变化，不仅导致碳酸盐岩沉积物中氧碳同位素和微量元素的含量变化，也对造礁生物繁衍和生长造成影响，平凉早期 TST 水进体系域中，由于海平面快速升高，不利于生物发育，礁体规模小，岩层薄，连片性差；当进入

HST 高位体系域后期，海水环境相对稳定，不仅有利于在台缘斜坡带的造礁生物生长繁衍，也给居礁和附礁生物营造了宜居环境，由于潮下高能带波浪对礁体强烈冲刷，在台缘斜坡带沉积生屑颗粒灰岩；进一步到背锅山期，铁瓦殿和龙门洞剖面，当早期的 HST 高位体系域演化到 LST 水退体系域，同时伴随的区域性构造抬升、海水变化，不仅沿台缘分布的架状、塔状生物礁遭到破坏，而且不利于保存，往往台缘礁体垮塌的巨砾礁块在台缘斜坡带堆积。

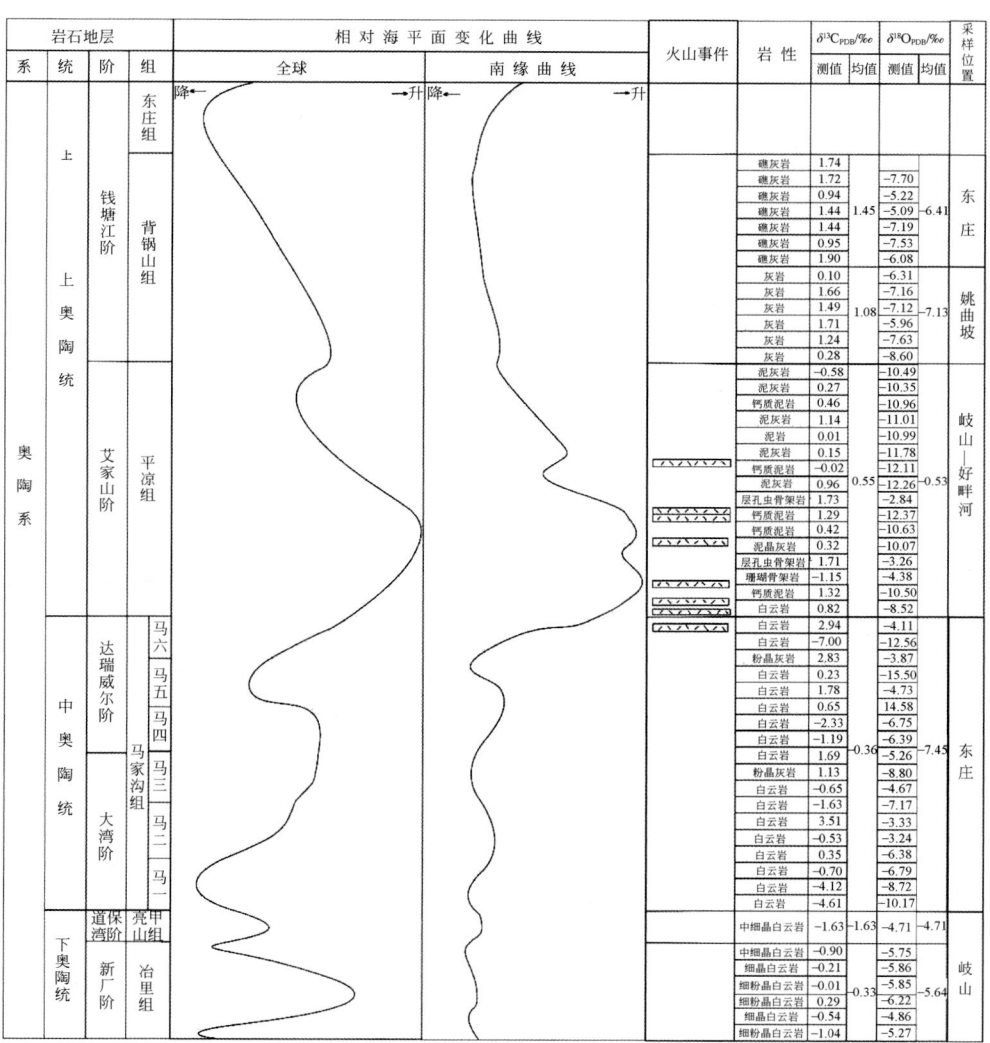

图 2-9　鄂南地区奥陶系岩石氧碳同位素与海平面变化

作为层序划分标志的火山凝灰质岩层，形成时往往伴有造山运动和盆地沉降，对生物礁的生长发育有两方面影响，一是火山凝灰质沉降过程对生物是灭顶灾难，往往能够结束一期生物礁的成长，但沉降后的火山凝灰质是海洋生物的营养源之一，有利于生物勃发，对下一期生物礁是非常有利的。

　　通过分析纵横向分布与变化，追索对比层序发现，生物碳酸盐岩的堆积对水体深度、清澈度以及养分、光线的依赖，使得其生长、发育和消亡与海平面变化密切相关，生物礁的生长发育规模和分布受层序旋回、海平面韵律变化控制（图2-10），于是，通过建立研

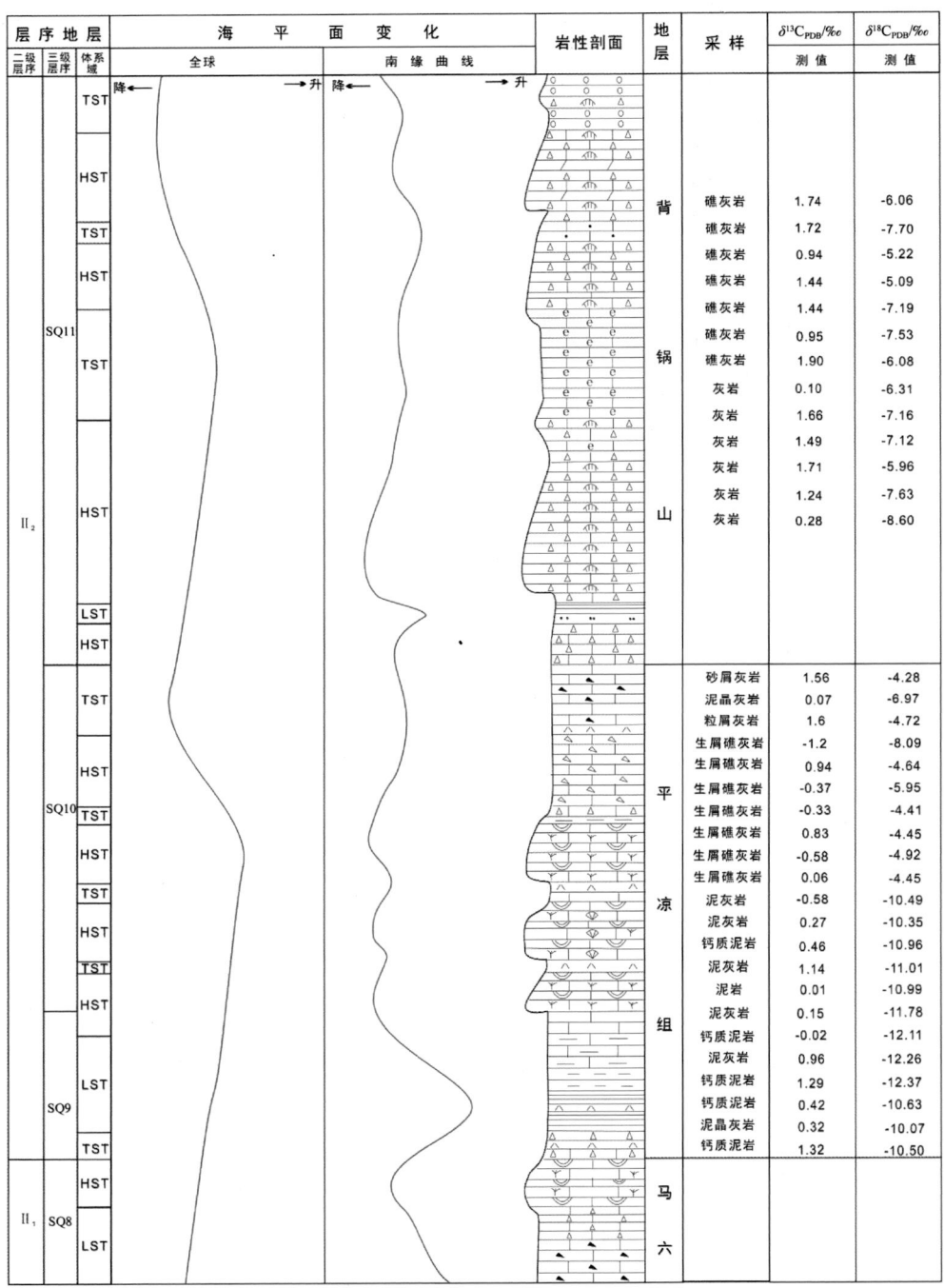

图 2-10　鄂南地区中晚奥陶世生物礁生长与海平面变化及岩石氧碳同位素分布

究区统一地层及层序地层对比格架，发现研究区层序演化低位体系域有利于礁生长和发育，其中亮甲山末期的怀远运动造成亮甲山组与马家沟组间的沉积间断，马家沟期发育低能陆表海型碳酸盐岩台地。陆表海型碳酸盐岩台地沉积环境在鄂南地区坡–隆–坪沉积构造格局中，形成环古隆起周缘的潮坪潮上、潮间、潮下带以及台内潟湖沉积，三次大的韵律性海侵、海退，形成了 6 个三级层序，同时高–低位域环境体系变化，控制了马一段、马三段、马五三云和马二、马四、马六三灰岩性段的空间分布和剖面组合。

晚奥陶世平凉期，受台地西南边缘由被动大陆边缘转变成"沟、弧、盆"体系的主动大陆边缘的影响，研究区构造–沉积格局由之前的"坡–隆–坪"转化成"坡–隆–拗"。受奥陶纪海侵，海水再次侵没到克拉通内部，早期三级层序 9，研究区处于高位体系域环境，主要沉积半深水–深水相薄层黄绿色砂泥岩、海色泥岩以及青灰色云灰岩。进入三级层序 10，处于低位体系域水体中台缘，生物繁衍造礁，形成礁灰岩镶边，礁后拗地浅水中分布生屑颗粒滩坝和膏盐沉积；在位于高位体系域水体中的礁前缘斜坡上，形成了垮塌相角砾灰岩沉积，向南逐渐夹有深水相薄层黄绿色粉砂和灰黑色泥岩。奥陶系岩石地球化学中氧碳同位素值剖面分布特征较好地反映了海平面与沉积环境变迁与演化（图 2-9），不仅形成了对岩石地层划分的有利支撑，也是岩石地层与层序地层对应关系的直接体现。

第 3 章　鄂南地区中晚奥陶世成礁期及奥陶纪沉积环境

3.1　中晚奥陶世成礁期沉积环境恢复

海水盐度、温度、清洁度等物化特性对生物礁的发育有着直接的影响，生物礁发育在盐度正常、温度适宜、清洁的海水环境中。这种环境可以满足生物生长所需阳光的透入，尤其利于藻类的光合作用，而且氧气充足，适宜于海洋生物的生存与繁殖，有利于生物礁的形成。但是不同的造礁生物，不同的生物礁类型，可以在不同的生长环境中生长。因此对于分析晚奥陶世平凉期生物礁发育时海水的性质是十分有必要的。生物礁以珊瑚礁为主，主要分布在南纬30°～北纬30°，即南北纬28°之间的低纬度地区，属于热带–亚热带海洋，海水清澈，海水温度20～30℃，气候温暖，盐度为27～40mg/L，水深为0～50m的环境中。在这一地区，由于有利于生物大量繁殖，又有洋流的活动，带来丰富的营养物质，因而为生物礁的发育创造了良好的条件，成为珊瑚礁发育的最有利的海洋水体环境。

3.1.1　研究区成礁期在全球古地理格局中的古纬度和气候背景

Whittington 和 Hughes（1972）在研究奥陶纪动物群时，从古地磁测量的结果认为奥陶纪时期地球的一极（北极或南极）是位于非洲西部，而另一极位于太平洋。据此，他们把北美东部、东北亚、东南亚、波罗的海地区、纽芬兰西部、挪威西部苏格兰、爱尔兰西部、澳大利亚和哈萨克斯坦等地放在奥陶纪古地理的古赤道附近，即南北纬30°以内的区域。于是，按这个观点认为，我国奥陶纪自然也就处于古赤道附近的低纬度地区，是有利于生物大量繁殖的地区。

吴汉宁等（1990）、黄华芳等（1995）、杨振宇等（1999）、黄宝春（2008）、Boucot等（2009），根据古地磁资料（图 3-1）显示，华北板块中、晚奥陶世位于古纬度南纬10°～30°，鄂尔多斯盆地南缘处于南纬25°～26°（图 3-1）。叶俭等（1995）的古地磁测量结果也显示，研究区奥陶纪处于低纬度，在中、晚奥陶世，古纬度和气候敏感沉积物，进行的古气候恢复（Boucot et al.，2009）表明，鄂尔多斯盆地南缘的古气候为热带–亚热带气候，有利于珊瑚、层孔虫、藻类等造礁生物生长、繁衍以及生物礁形成。

3.1.2　水动力强弱及周期变化对生物礁形态及韵律性生长的影响

根据鄂尔多斯盆地西南缘奥陶纪各地生物礁核发育形态，礁基、礁前冲刷垮塌礁砾以及礁翼、礁间和礁顶盖层的大量亮晶颗粒灰岩、砂、鲕粒以及砾屑滩的分布及成因分析，

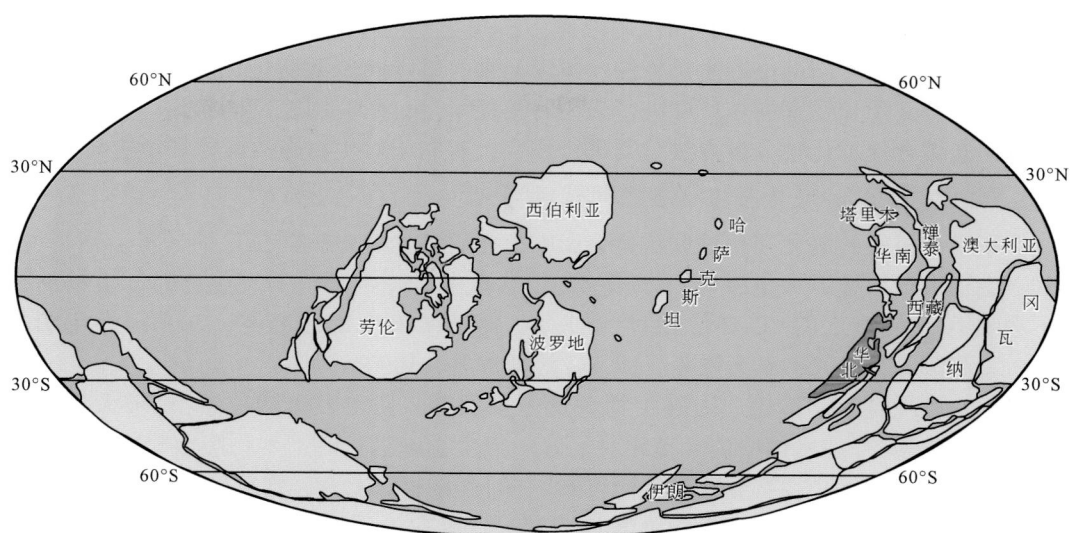

图 3-1　中、晚奥陶世全球古地理格局与鄂尔多斯盆地南缘古地理位置（据 Boucot 等，2009 修改）

　　研究区在成礁期的海水动力条件较强，这种强水动力环境对生物发展需要的氧气有利，但当水体动力强度超过一定临界值后，其对礁本身的破坏抑制了生物礁体骨架岩的发育形态和增长规模。例如，永寿好时河剖面平凉组生物礁有多期变化：一是早期的造礁生物藻类和珊瑚，主要呈原地生长，也有倒伏的，而且组成礁翼的礁角砾岩砾径以 1~3cm 为主，也有 5~7cm 的，砾石呈棱角状，分选磨圆度很差，主要由床板珊瑚和纹层状叠层石碎屑组成，显然为礁体垮塌下来的碎屑，未经搬运，原地堆积而成；二是生物礁没有波浪强烈冲击的痕迹时，反映生物礁形成时的水动力条件较弱，不是在高能带中形成的。

　　水动力的强弱变化在剖面上呈韵律性特征，富平凤凰山剖面上下段以及礁之间的韵律夹层高含量砾屑以及颗粒滩相灰岩期后生物礁的发育奠定了稳定的基底，生物礁盖层薄层微晶灰岩又明显反映水体加深，水动力条件趋弱、水体变深、缺少阳光和氧气，适宜于沉积大量的灰泥，并形成薄层沉积，覆盖在礁体之上，而结束礁体生长。同时生物礁也不能适应水动力条件长期高强环境，因为生物礁一旦进入持续高能的水体环境，也易遭受破坏，形成砂、砾或者生物碎屑覆盖在礁顶或者堆积在礁翼、礁前，限制礁的生长壮大，说明整个区块主要是在低能的环境中发育。这一方面反映生物礁对水动力条件的要求较严格，既不能在较强的水动力条件下生长，也不能在水动力条件较弱的条件下存在，研究区晚奥陶世平凉期生物礁明显受水动力条件的控制，总体上形成于潮下低能带；另一方面，海进海退以及涨潮落潮过程中，海剖面韵律性深浅变化，不断导致水动力由弱到强，继而由强再回归到弱，反复韵律性变化，从而形成中上奥陶统马家沟组—平凉组—背锅山组—东庄组中发育多期生物礁滩，以及在正常沉积剖面中岩性以及岩石地球化学元素含量的序列变化。

3. 1. 3　礁岩微量元素、氧碳同位素变化反映的礁生态环境特征

　　生物礁的生长发育对海水环境要求苛刻，并在其发育过程中会改变其周围环境条件。

生物礁由造礁生物和附礁生物共同作用形成，不同类型的生物礁发育在不同的沉积相带，在同一生物礁内，不同部位的生长条件、微量元素、氧碳同位素变化也有差异，因此，传统研究方法对其生长发育的古环境进行研究时稍显不足，而应用稳定同位素、微量元素以及常量元素综合地球化学分析方法对其进行研究，有利于对生物礁的沉积环境进行判断。

1. 生物礁生长、发育与海水碳氧同位素变化

沉积时有机碳的氧化和相对埋藏量会影响海相碳酸盐岩中碳同位素的含量。当环境适宜时，生物大量繁殖，大量吸收 ^{12}C，使得 ^{13}C 含量上升。当环境不宜生存时，生物消亡，不再吸收 ^{12}C，使海水的 ^{12}C 含量相对增加，^{13}C 含量减少（彭冰霞等，2006；彭花明等，2006；彭苏萍等，2002；王大锐等，1998；沈渭洲等，1997）。

当生物礁发育时，造礁、附礁生物大量生长发育，使得轻碳同位素 ^{12}C 被大量吸收，引起重碳同位素 ^{13}C 在水体中的含量相对上升。当生物礁消亡时，生物吸收轻碳同位素 ^{12}C 的作用减弱，甚至停止，会导致轻碳同位素 ^{12}C 的含量相对上升，则重碳同位素 ^{13}C 在水体中的含量就相对减少。可见，生物礁生长发育时，沉积的碳酸盐岩中显示重碳同位素 ^{13}C 的相对高值；而在生物礁消亡时期，沉积的碳酸盐岩显示轻碳同位素 ^{12}C 的相对高值和重碳同位素 ^{13}C 的相对低值。

对比研究区中、上奥陶统的样品数据发现（图3-2），礼泉东庄地区中奥陶统样品的 ^{13}C 均值为 $0.627×10^{-3}$，小于研究区晚奥陶世生物礁生长发育时非生物礁相样品的 ^{13}C 均值（$1.513×10^{-3}$）。这与晚奥陶世在生物礁生长发育时沉积的碳酸盐岩中显示重碳同位素 ^{13}C 的相对高值的结论一致。

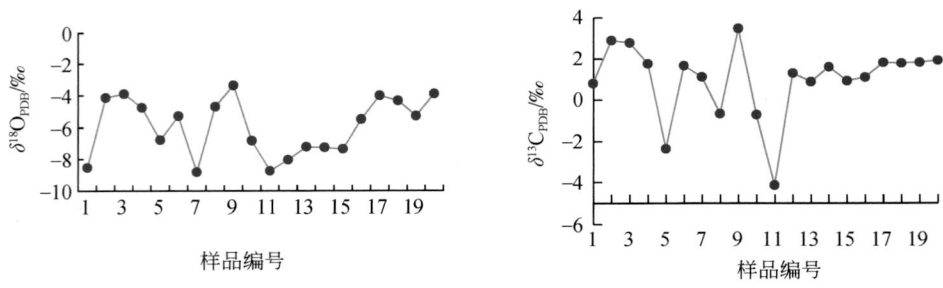

图3-2　研究区中上奥陶统生物礁相碳酸盐岩 $\delta^{18}O$ 与 $\delta^{13}C$ 值分布

具体到生物礁核骨架岩和障积岩内部，通常由于造礁、附礁生物大量吸收轻同位素 ^{12}C，重碳同位素 ^{13}C 在水体中含量上升，造成生物礁相碳酸盐岩却因生物吸收了大量 ^{12}C 而呈现 $\delta^{13}C$ 低值。与之对应的生物含量较少的非生物礁相灰岩体现出 $\delta^{13}C$ 高值。事实上，研究区平凉组礁核骨架岩碳酸盐岩 ^{13}C 均值为 $1.377×10^{-3}$，非生物礁相碳酸盐岩 ^{13}C 均值为 $1.513×10^{-3}$，相比生物礁灰岩略有升高，进一步证实大量生物活动使生物礁相碳酸盐岩的 ^{13}C 值要大大低于非生物礁相碳酸盐岩。

2. 沉积物间微量元素迁移及 Sr/Ca 变化对生物礁发育的影响

沉积物元素含量与沉积环境关系密切，沉积物沉积时与水体之间有着十分复杂的地球化学平衡，也会发生元素交换和沉积物对元素吸附。吸附作用与元素本身的性质和沉积时

的环境条件有关，也就是说，不同沉积环境下形成的沉积物所含元素的种类和含量可以用来反映当时沉积环境的物理化学条件，对应研究区晚奥陶世形成的礁灰岩。其中各类造（附）礁生物在元素迁移和沉淀中均起着重要作用，不仅生物自身含有某些元素，同时也吸附了某些元素，当生物死亡后，遗体的腐烂、分解会导致盆地内某些元素的富集。本次研究重点将研究区中部泾河东庄剖面上的中上奥陶统生物礁相碳酸盐岩与非生物礁相碳酸盐岩的元素含量进行了系统分析与对比（表 3-1）。结果发现，在两种沉积环境中，分别形成的碳酸盐岩微量元素含量差别最大的是锶元素，其中在生物礁相碳酸盐岩中，平均含量为 783.3×10^{-6}，而在普通碳酸盐岩中，平均含量为 292×10^{-6}，二者比值为 2.68；而钙元素，在生物礁相与非生物礁相岩石中的含量非常接近。深度分析发现，由于二价锶元素的离子半径与钙元素的离子半径接近，因此，二价锶离子会以类质同象形式置换碳酸盐岩中的等价钙离子，使锶元素在碳酸盐岩中富集。因此，锶和钙元素在沉积岩中含量变化呈正相关，这间接说明在研究区的奥陶系生物礁相中，碳酸盐岩中锶的含量受到其他因素影响。

表 3-1 研究区礼泉东庄泾河剖面中上奥陶统碳酸盐岩微量元素数据

样品编号	V	Ni	Cu	Sr	Ba	Th	U	V/(V+Ni)	Sr/Cu	Sr/Ba	Th/U	Mn	Mn/Sr
ZK301	33.5	27.8	17.1	304	716	0.558	1.18	0.546	17.778	0.425	0.473	—	—
YRZR404	0.744	23.9	1.18	109	1.33	0.058	0.106	0.03	92.373	81.955	0.547	—	—
ZK418	7.12	26.9	6.57	114	144	0.768	0.845	0.209	17.352	0.792	0.909	—	—
东庄6	2.58	26.5	1.82	126	22.7	0.027	0.231	0.089	69.231	5.551	0.117	—	—
YRZK05	0.613	26.9	1.49	168	3.59	0.018	0.021	0.022	112.752	46.797	0.857	—	—
ZK301-1	0.596	26.2	1.69	150	4.38	0.02	0.203	0.022	88.757	34.247	0.099	—	—
ZK301-2	0.954	27.2	12.8	146	1.36	0.091	0.119	0.034	11.406	107.353	0.765	—	—
YRZK02	18.8	20.9	7.39	101	45.9	3.51	1.58	0.474	13.667	2.2	2.222	—	—
36-37桩号	21	23.7	5.13	322	118	3.66	1.9	0.47	62.768	2.729	1.926	—	—
ZK302	17.5	35.4	5.93	136	69.4	2.08	0.735	0.331	22.934	1.96	2.83	—	—
东庄1	2.37	25.1	1.32	244	4.07	0.064	1.6	0.086	184.848	59.951	0.04	—	—
YRZK05	5.99	18.6	2.53	233	10	0.666	1.23	0.244	92.095	23.3	0.541	—	—
39桩号	7.51	23.7	2.63	319	72.7	1.47	0.747	0.241	121.293	4.388	1.968	—	—
ZK302	1.71	26.3	2.51	176	426	0.128	0.098	0.061	70.12	0.413	1.306	—	—
东庄2	2.52	15.7	2.29	162	4.65	0.212	0.341	0.138	70.742	34.839	0.622	—	—
东庄3	36.4	16.7	10.7	87	136	7.55	2.14	0.685	8.131	0.64	3.528	—	—
东庄4	1.9	13.5	2.53	73.6	3.38	0.29	0.363	0.123	29.091	21.775	0.799	—	—
ZK419	3.35	25.7	4.68	190	15.5	0.677	0.548	0.115	40.598	12.258	1.235	—	—
东庄5	51.1	19.7	15.7	69.3	301	11.3	5.64	0.722	4.414	0.23	2.004	—	—
XY2-02	11.3	10	12.8	210.4	6.7	0.91	0.85	0.531	16.438	31.403	1.071	139.8	0.664
XY2-04	25.6	13.5	19.7	279.7	33.1	4.08	1.5	0.655	14.198	8.450	2.720	383.9	1.373

续表

样品编号	V	Ni	Cu	Sr	Ba	Th	U	V/ (V+Ni)	Sr/Cu	Sr/Ba	Th/U	Mn	Mn /Sr
3XLG1-6	18.5	10.9	13.2	205.3	7.5	2.75	2.92	0.629	15.553	27.373	0.942	237.2	1.155
3XLG1-7-2	14.7	9.18	10.5	223.2	6.9	1.58	0.64	0.616	21.257	32.348	2.469	136	0.609
TQS1-3	12.5	11.2	12.9	228.6	21.6	1.82	1.04	0.527	17.721	10.583	1.750	112	0.490
DZ1-03	14.1	10.7	13	365.3	21.7	4.54	2.31	0.569	28.100	16.834	1.965	217.5	0.595
DZ3-1	20.9	10.3	13.2	196.2	15.1	2.63	1.55	0.670	14.864	12.993	1.697	207.6	1.058
DZ5-8	15	13.5	14.2	540.4	10.1	1.52	1.03	0.526	38.056	53.505	1.476	268.6	0.497
DZ6-8	25.6	10.4	12.7	1221.3	26.4	3.19	1.23	0.711	96.165	46.261	2.593	188.2	0.154

3.1.4　泾阳—耀县—富平地区礁岩元素地球化学特征与成礁环境

1. 同位素及微量元素与古海水盐度分析

1）同位素沉积环境背景

泾河地区奥陶系层位分布和出露较全的地区，为了划分泾阳区下古生界奥陶系沉积相，先后收集了岩石、沉积构造、生物化石、地球化学、地球物理（测井、地震）标志，重点对各种颗粒灰岩、礁灰岩以及膏云岩分布进行了研究。分析了同位素与微量元素，结果发现马家沟组同位素组成与全球奥陶纪同位素组成基本一致，属于正常海相碳酸盐岩特征（图3-3）Sr、Sr/Ba 值与现代碳酸盐岩沉积物相比，普遍较高（图3-4），反映属于典型浅海及潮坪相沉积环境。其中较低的 Th 含量和 U 含量，是由埋藏作用和淡水淋滤引起。根据 $\delta^{18}O$ 获取的平凉组生物礁沉积时海水的古盐度为42‰，氧碳同位素反映的古温度为30.66～39℃。依此为基础，此结合沉积相与微相、岩性类型利用碳氧同位素与微量元素对整个研究区上奥陶统（平凉组、背锅山组）生物礁发育时期的古盐度进行恢复。

2）分析方法、仪器选择与误差要求

研究中分批多期进行了分析，先后在中国科学院地球环境研究所、核工业二〇三研究所分析中心，进行了 $\delta^{13}C$ 与 $\delta^{18}O$ 同位素、微量元素、常量元素以及稀土元素分析。样品采集避开后期风化、重结晶、方解石脉等部位，以降低后期成岩蚀变作用对稳定同位素原始组成的影响。其中早期 $\delta^{13}C$ 与 $\delta^{18}O$ 先在中国科学院地球环境研究所 MAT-252 质谱仪进行，标准偏差分别为 0.07‰和 0.04‰。微量元素在核工业二〇三研究所分析中心 Thermo fisher XSERIES2 型电感耦合等离子质谱（ICP-MS）进行，相对标准偏差（RSD）<2%。后期送到核工业二〇三研究所分析中心碳氧同位素，分析采用 100%磷酸法，使样品与 100%浓度磷酸在特定温度下发生反应，产生 CO_2，测定二氧化碳的碳氧同位素含量来确定样品的碳氧同位素组成。该方法数据稳定，重现性好，分析精密度在 0.1‰以内。在核工业二〇三研究所分析中心也对样品的微量元素和稀土元素含量做了测定，利用 AxiosX 射线光谱仪和 XSERIES2 型 ICP-MS 测定微量元素含量。样品由国际标样（如 XY-1、XLG-1）、重复样品和空白样品校正，样品准确度及精确度由控制样品及重复样品监控，误差均小

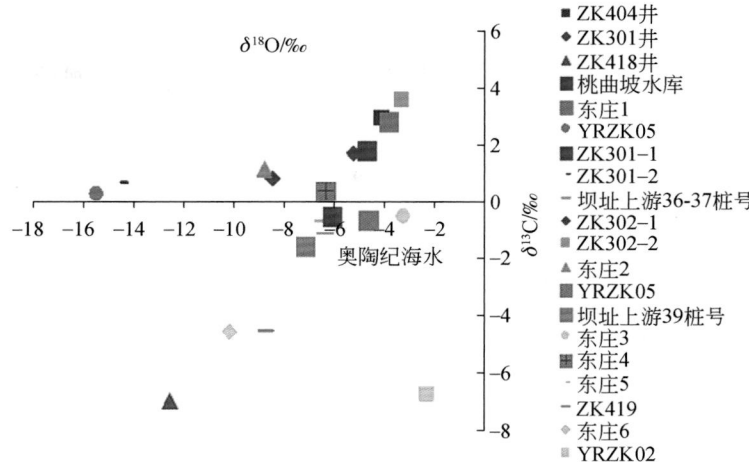

图 3-3　泾阳铁瓦殿马家沟组白云岩碳氧同位素特征

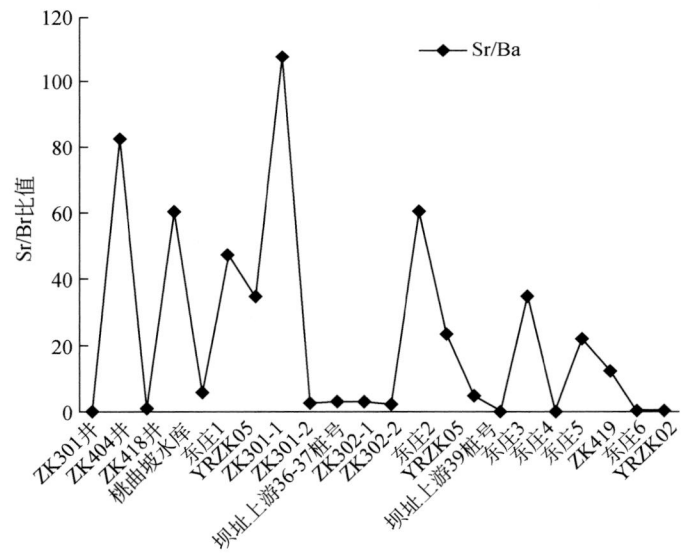

图 3-4　礼泉东庄平凉组灰岩 Sr、Sr/Ba 值

于 2%。

3）礁骨架岩碳氧同位素和微量元素变化与生物礁发育、生长古海水温度

通过对研究区东南部耀县富平地区上奥陶统碳酸盐岩 20 件样品的 $\delta^{13}C$ 与 $\delta^{18}O$ 测试、统计结算，结果发现礁灰岩的 $\delta^{13}C$ 值为 $-1.26‰ \sim 1.16‰$，均值为 $-0.20‰$；$\delta^{18}O$ 值为 $-8.93‰ \sim -3.92‰$，均值为 $-6.05‰$（表 3-2）。微量元素测试结果（表 3-2、表 3-3 中：V/（V+Ni）介于 $0.02 \sim 0.72$，均值为 0.25；Sr/Cu 介于 $4.40 \sim 184.85$，均值为 62.20；Sr/Ba 介于 $0.23 \sim 107.35$，均值为 25.1；Th/U 介于 $0.03 \sim 3.53$，均值为 1.14。

表 3-2　耀县–富平地区上奥陶统生物礁碳酸盐岩微量元素分析结果

地层	元素	质量分数/10^{-6}	均值/10^{-6}	地层	元素	质量分数/10^{-6}	均值/10^{-6}
平凉组	V	6.9 ~ 54.3	18.19	背锅山组	V	9.50 ~ 34.00	17.08
	Mn	41.10 ~ 210.9	81.43		Mn	48.50 ~ 91.7	69.08
	Cu	8.10 ~ 14.4	13.3		Cu	12.40 ~ 15.70	13.4
	Sr	93.00 ~ 248.60	197.14		Sr	177.10 ~ 251.80	218.8
	Ba	0.9 ~ 33.9	9.42		Ba	3.7 ~ 19.7	8.38
	Th	0.67 ~ 6.48	2.04		Th	1.10 ~ 3.96	1.97
	U	0.56 ~ 6.04	1.73		U	0.73 ~ 1.68	1.06
	Ni	7.05 ~ 12.6	10.3		Ni	8.28 ~ 12.40	10.36
	Mo	0.30 ~ 0.97	0.49		Mo	0.36 ~ 0.76	0.54
	Cd	0.06 ~ 0.28	0.13		Cd	0.10 ~ 0.55	0.23
	B	3.04 ~ 3.68	3.39		B	3.01 ~ 3.68	3.29

表 3-3　耀县–富平地区上奥陶统生物礁灰岩碳氧同位素、Z 值与古温度关系

剖面	样号	岩性	地层	$\delta^{13}C_{PDB}$ /‰	$\delta^{18}O_{PDB}$ /‰	Mn/Sr	$\delta^{18}O_{PDB}$ 校正/‰	Z 值	T/℃ 公式1	T/℃ 公式2
凤凰山	FHS-3-1	珊瑚礁灰岩	背锅山组	-1.12	-5.27	0.31	-3.224	123.40	31.79	30.71
	FHS-3-2			-1.26	-5.64	0.28	-3.591	122.94	33.66	32.55
	FHS-3-3			-0.69	-5.27	0.37	-3.217	124.28	31.76	30.68
耀县桃曲坡	TQ-11	藻礁灰岩	平凉组	-0.17	-6.61	0.45	-4.562	124.67	38.77	37.54
	TQ-15	珊瑚礁灰岩		0.10	-7.75		-5.697	124.67	45.05	43.62
	TQ-16			-0.27	-8.93	0.51	-6.876	123.32	51.93	50.20
	TQ-17	珊瑚–层孔虫礁灰岩		-0.32	-7.00	0.59	-4.947	124.18	40.86	39.57
	TQ-19	珊瑚–层孔虫礁灰岩		-0.08	-7.49	0.49	-5.439	124.43	43.59	42.21
	TQ-23	珊瑚礁灰岩		0.40	-6.75		-4.695	125.77	39.48	38.24
	TQ-41	藻礁灰岩		-0.31	-6.29	0.94	-4.243	124.55	37.06	35.88
	TQ-49			-0.62	-7.18	0.81	-5.126	123.47	41.85	40.53
富平将军山	JJS-3-2	藻礁灰岩	平凉组	0.27	-5.50		-3.446	126.14	32.92	31.82
	JJS-3-7	珊瑚礁灰岩		1.11	-5.01	0.24	-2.961	128.10	30.48	29.41
	JJS-3-8	藻礁灰岩		-0.92	-5.94	0.33	-3.892	123.47	35.22	34.08
	JJS-3-22	珊瑚礁灰岩		0.47	-4.95	0.24	-2.896	126.83	30.15	29.09
	JJS-3-28			1.16	-4.60	0.21	-2.552	128.41	28.47	27.42
	JJS-3-45	藻礁灰岩		-0.25	-3.92	0.27	-1.872	125.85	25.22	24.17
	JJS-3-46	珊瑚礁灰岩		0.07	-5.05		-2.999	125.95	30.67	29.60
	JJS-3-61		背锅山组	-0.83	-5.87	0.37	-3.818	123.69	34.83	33.70
	JJS-3-69			-0.75	-5.93	0.26	-3.877	123.83	35.14	34.00

4）碳氧同位素测试数据评估及校正

根据国内外目前对碳酸盐 Mn/Sr、$\delta^{18}O$ 以及 $\delta^{13}C$ 和 $\delta^{18}O$ 相关性的惯常分析，结合研究区的实际，采用相应标准分三类分别建立了 $\delta^{13}C$ 和 $\delta^{18}O$ 测试数据原始性的判别评估标准：①Mn/Sr，国际上通常将 Mn/Sr<10 作为碳酸盐岩保留原始碳氧同位素组成的判别标准；②$\delta^{18}O$ 值，Derry 认为 $\delta^{18}O>-10‰$作为碳酸盐岩强烈蚀变界线；③$\delta^{13}C$ 和 $\delta^{18}O$ 相关性，根据对桃曲坡、将军山及凤凰山晚奥陶统生物礁岩 Mn/Sr<1，$\delta^{18}O$ 为$-5‰ \sim -7.5‰$，$\delta^{13}C$ 和 $\delta^{18}O$ 相关系数为 0.20。由此三个方面可以确定，岩样中测试的 $\delta^{13}C$ 和 $\delta^{18}O$ 基本保持了原始特征，但根据方少仙和侯方浩（2013）对研究区的成岩作用分析，认为平凉组具有深成岩作用特征，其中碳酸盐岩的 $\delta^{13}C$ 和 $\delta^{18}O$ 含量，会因受到后期成岩的水/岩交换作用而降低，并导致随着地质年代而变化，即"年代效应"，特别是 $\delta^{18}O$ 值对蚀变作用反应灵敏，时代越老，$\delta^{18}O$ 值越低。

对于"年代效应"的原因有两个方面：①成岩的水/岩交换作用；②海水同位素组成和/或海水温度随地质历史的变化。Veizer 等（1986）对北美、西欧、苏联等地奥陶纪腕足类化石 $\delta^{18}O$ 研究，其值为$-4‰$。

本次样品 $\delta^{18}O$ 均值为$-6.05‰$，因此利用 $\delta^{18}O$ 计算海水古温度时，需对 $\delta^{18}O$ 值原始性进一步校正，校正值为 2.05，其他校正结果见表 3-3。

5）古海水盐度恢复

前人研究表明，由于 $\delta^{13}C$ 和 $\delta^{18}O$ 值与盐度有密切的联系，都表现为随着盐度的升高而变大。现今淡水中 CO_2 的主要来源是 $\delta^{13}C$ 呈高负值的土壤和腐殖质，因此淡水中 $\delta^{13}C$ 的值较低，海水中 $\delta^{13}C$ 的值相对较高。在海水中 $\delta^{18}O$ 的值有随盐度升高而升高的趋势，在蒸发过程中，^{16}O 优先蒸发，使海水中相对富集^{18}O（张秀莲，1985；冯洪真等，2000）。将今论古，Keith 和 Weber 于 1964 年就利用这个特点，建立了判断侏罗纪以及比其更新时代沉积的灰岩盐度计算公式，为 $Z = 2.048\times(\delta^{13}C+50)+0.498\times(\delta^{18}O+50)$（$\delta^{13}C$、$\delta^{18}O$ 采用标准 PDB 值）。

若 $Z>120$，代表海相碳酸盐岩；

若 $Z<120$，代表淡水碳酸盐岩；

若 $Z=120$，为未定型碳酸盐岩。

利用上述 $\delta^{13}C$、$\delta^{18}O$ 的计算值，恢复当时的沉积环境，被证明是可行的（张秀莲，1985）。进一步借鉴引入，对于研究区古老的奥陶系碳酸盐岩分析计算过程发现，有 18 组大于 120（表 3-3），虽然由于成岩过程中海水与碳酸盐岩之间可能会发生反应，会在碳氧自身的同位素之间发生同位素交换，进而影响 Z 值的计算结果。但事实上，通过此公式对本区样品 Z 值进行计算后，结果表明研究区样品确属海相碳酸盐岩，同时也证明样品 Z 值受到同位素交换的影响不大，故可作为古海水盐度的判断依据。

于是，进一步分析耀县—富平地区晚奥陶世生物礁灰岩的 Z 值与 $\delta^{18}O$ 和 $\delta^{13}C$ 相关性，Z 值分布在 122.9 ~ 128.4，均值为 125。Z 值与 $\delta^{18}O$ 校正值的相关系数为 0.94；Z 值与 $\delta^{13}C$ 值相关系数为 0.72。根据海相 V 含量小于 86，而平凉组 V 含量为 6.9 ~ 54.3，均值为 18.19，背锅山组 V 含量为 9.50 ~ 34.0，均值为 17.08；正常碳酸盐岩 Ba 含量小于 10，而平凉组 Ba 含量分布于 0.9 ~ 33.9，均值为 9.42，背锅山组 Ba 含量为 3.7 ~ 19.7，均值为

8.38；总体显示正常盐度的浅海沉积，适合生物礁生长发育，但成岩中曾受到一定程度的淡水作用影响。

同样，根据泾阳铁瓦殿剖面上分析结果作图，并对 Z 值与 $\delta^{18}O$、$\delta^{13}C$ 的相关性分析，图示结果显示 Z 值与 $\delta^{13}C$ 的相关性较高（0.975），而与 $\delta^{18}O$ 的相关性较低（0.716）（图 3-5）。表明 Z 值变化的主要影响因素是 $\delta^{13}C$，而 $\delta^{18}O$ 的作用则相对较弱。此外，也显示成岩过程中，碳同位素的交换作用强度不及氧同位素的交换作用强度，地质时代越老，交换作用越剧烈，沉积物中 $\delta^{18}O$ 值的变化就越明显。与之相反，$\delta^{13}C$ 能够大致保持因原岩沉积环境不同而造成的 $\delta^{13}C$ 值的差异。因此，用 $\delta^{13}C$ 值来判断海水古盐度比较可靠。

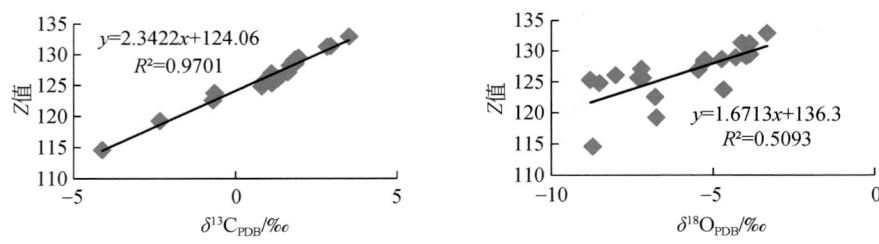

图 3-5　泾阳铁瓦殿中上奥陶统 $\delta^{13}C$ 和 $\delta^{18}O$ 与 Z 值相关关系

对比分析中上奥陶统样品分析结果（表 3-4），发现东庄地区中奥陶统样品 Z 值的平均值为 125.617；上奥陶统样品 Z 值的平均值为 127.429，稍有升高，但变化不大，表明生物礁生长发育时，古海水盐度与之前相比没有太大变化，海水盐度不是生物礁发育的主控因素。

表 3-4　上奥陶统碳酸盐岩（生物礁灰岩）碳、氧同位素分析数据

样号	地层	岩性	$\delta^{13}C_{PDB}/\text{‰}$		$\delta^{18}O_{PDB}/\text{‰}$		Z 值
			测值	均值	测值	均值	
ZK301	马家沟组	白云岩	0.82		−8.52		124.74
ZK404	马家沟组	白云岩	2.94		−4.11		131.27
泾惠渠首	马家沟组	粉晶灰岩	2.83		−3.87		131.17
ZK301	马家沟组	白云岩	1.78		−4.73		128.59
YRZK02	马家沟组	白云岩	−2.33		−6.75		119.17
ZK302	马家沟组	白云岩	1.69	0.627	−5.26	−5.959	128.14
泾惠渠首	马家沟组	粉晶灰岩	1.13		−8.8		125.23
YRZK05	马家沟组	白云岩	−0.65		−4.67		123.64
ZK302	马家沟组	白云岩	3.51		−3.33		132.83
坝址上游	马家沟组	白云岩	−0.7		−6.79		122.48
ZK419	马家沟组	白云岩	−4.12		−8.72		114.52

续表

样号	地层	岩性	$\delta^{13}C_{PDB}/‰$		$\delta^{18}O_{PDB}/‰$		Z 值
			测值	均值	测值	均值	
DZ1-03	平凉组	礁灰岩	1.315		-8.014		126.00
DZ3-1	平凉组	灰岩	0.896		-7.182		125.56
DZ5-8	平凉组	灰岩	1.627		-7.22		127.04
DZ6-8	平凉组	礁灰岩	0.944		-7.309		125.59
XY2-02	背锅山组	礁灰岩	1.114	1.483	-5.455	-5.84	126.86
XY3-04	背锅山组	灰岩	1.841		-3.97		129.09
3XLG1-6	背锅山组	礁灰岩	1.81		-4.294		128.87
3XLG1-7-2	背锅山组	灰岩	1.851		-5.254		128.47
TQS1-3	背锅山组	灰岩	1.949		-3.864		129.37

2. 同位素比值变化与古海水及古气候、古温度计算与恢复

海水温度是控制碳酸盐岩稳定同位素组分的又一个非常重要的物理因素，水体温度对 $\delta^{18}O$ 的影响很大，而对 $\delta^{13}C$ 的影响比较微弱。通过 $\delta^{18}O$ 值的变化来反映古海洋水体温度的变化。前人研究表明，对于古生代古气候恢复，采用氧同位素效果更好，因为氧同位素与古温度关系密切。$\delta^{18}O$ 值升高对应海水温度的降低，$\delta^{18}O$ 值降低对应海水温度的升高。于是，研究中主要依据氧同位素值变化表征水体温度改变，结合耀县桃曲坡、富平将军山及凤凰山剖面的造礁珊瑚、层孔虫与藻类的生物礁岩的氧同位素测试分析结果，应用 Craig 于 1965 年提出的公式计算：

$$t = 16.9 - 4.2(\delta^{18}O_c - \delta^{18}O_w) + 0.13(\delta^{18}O_c - \delta^{18}O_w)^2 \qquad (3-1)$$

式中，t 为碳酸盐矿物沉淀时的水体温度；$\delta^{18}O_c$ 为碳酸钙与 100% 正磷酸在 25℃ 下作用生成的 CO_2 气体所测得的 $\delta^{18}O$ 值；$\delta^{18}O_w$ 为 25℃ 时与水平衡的 CO_2 的 $\delta^{18}O$ 值。

Gasse 于 1987 年提出的公式：

$$SST(℃) = 16.9 - 4.38(\delta^{18}O_c - \delta^{18}O_w + 0.27) + 0.1(\delta^{18}O_c - \delta^{18}O_w + 0.27)^2 \qquad (3-2)$$

式中，SST（℃）为碳酸盐矿物沉淀时的水体温度；$\delta^{18}O_c$ 为自生碳酸盐矿物的氧同位素组成；$\delta^{18}O_w$ 为当时水体的氧同位素组成。通常假设海水的氧同位素组成保持不变，其 $\delta^{18}O_w$ 值为零。

式（3-1）与式（3-2）计算的中下奥陶统古温度分别为 25.2 ~ 51.9℃，平均为 35.9℃ 与 24.1 ~ 50.2℃，平均为 34.7℃。Shiels 与 Giles 对腕足壳体中的碳酸盐岩氧同位素测定，恢复的全球奥陶纪热带低纬度赤道海水温度最低值为 16 ~ 26℃；Trotter 通过牙形刺氧同位素分析，恢复的奥陶纪古温度从早奥陶世的 42℃ 降到晚奥陶世的 23℃。

古地磁研究表明，晚奥陶世时研究区处于低纬度地区，温度条件比较适宜，元素测试礁灰岩的 Sr/Cu 介于 11.5 ~ 19.5，均值为 16，为炎热气候，并发育大量蒸发环境中的白云岩与膏盐。其中礼泉—泾阳—东庄地区中奥陶统样品 $\delta^{18}O$ 的平均值为 -5.959×10^{-3}；上奥陶统样品 $\delta^{18}O$ 的均值为 -5.840×10^{-3}。同样，对彬县麟探 1 井岩心样品进行对比显示，上

奥陶统生物礁发育期样品 $\delta^{18}O$ 的平均值为-4.25‰，而中下奥陶统样品 $\delta^{18}O$ 的平均值为-7.80‰，上奥陶统 $\delta^{18}O$ 值高于中下奥陶统。$\delta^{18}O$ 值的变化反映了温度的变化规律，即 $\delta^{18}O$ 值升高，温度降低；$\delta^{18}O$ 值降低，温度升高，间接说明水温有所升高。适宜的温度更适合藻类以及其他造礁生物的生长，对生物礁的发育具有一定的促进作用。

晚奥陶世海水温度升高与岛弧火山岩浆活动有必然的成因关系。

3. 礁骨架岩化学元素值反映古海水浑浊度低，有利于造礁生物发育繁衍

碳酸盐岩的常量组分可分为 3 种组合，以 CaO 代表了原生碳酸盐岩组分；以 MgO 与 P_2O_5 代表了原生或次生白云岩化作用；以 SiO_2 与 Al_2O_3、Na_2O、K_2O 代表陆源物质的影响，即反映海水的浑浊度，同时可能具有火山灰混入。对研究区造礁珊瑚、层孔虫与藻类的生物礁岩分析（表3-5），其中 CaO 含量介于 54.6%～55.4%，均值为 55%；MgO 含量低，介于 0.31%～0.56%，可将 CaO 与 MgO 含量计算成方解石和白云石含量（表3-6），则可得岩石中方解石的含量达 97.5%～98.87%，白云石的含量为 1.47%～2.58%，岩石几乎全为方解石组成，即为灰岩。SiO_2 与 Al_2O_3、Na_2O、K_2O 含量也很低，说明陆源物质对生物礁的生长几乎没有影响，这与薄片中未见陆源物质具有一致性，但是有些样品中的 SiO_2 含量可达 1.29%，则受到来自北秦岭岛弧活动喷发的火山物质影响，说明生物礁在生长时期海水较为清澈，但偶尔受到火山灰的影响。

表 3-5　耀县—富平地区上奥陶统生物礁岩全岩化学分析测试结果　　（单位:%）

采样剖面	层位	岩性	CaO	MgO	P_2O_5	SiO_2	Al_2O_3	K_2O	Na_2O
耀县桃曲坡	平凉组	藻灰岩	54.60	0.53	0.02	0.47	0.39	0.09	0.07
		珊瑚层孔虫礁灰岩	54.98	0.32	0.02	0.22	0.18	0.03	0.06
			54.85	0.44	0.01	0.48	0.39	0.03	0.06
		藻灰岩	54.68	0.52	0.01	0.41	0.35	0.08	0.06
富平将军山	背锅山组	珊瑚礁灰岩	55.40	0.31	0.02	0.10	0.08	0.02	0.05
	平凉组	珊瑚礁灰岩	55.32	0.43		1.29	0.14	0.02	0.06
			55.37	0.42		0.15	0.12	0.02	0.06
凤凰山	背锅山组	珊瑚礁灰岩	54.94	0.56	0.02	0.31	0.20	0.07	0.06

表 3-6　耀县—富平地区上奥陶统生物礁岩主要化学成分　　（单位:%）

采样剖面	层位	岩性	CaO	MgO	$CaCO_3$	$CaMg(CO_3)_2$	$CaCO_3+CaMg(CO_3)_2$
耀县桃曲坡	平凉组	藻灰岩	54.60	0.53	97.50	2.44	99.94
		珊瑚层孔虫礁灰岩	54.98	0.32	98.18	1.47	99.65
			54.85	0.44	97.95	2.02	99.97
		藻灰岩	54.68	0.52	97.64	2.39	100.03
富平将军山	背锅山组	珊瑚礁灰岩	55.40	0.31	98.93	1.43	100.35
	平凉组	珊瑚礁灰岩	55.32	0.43	98.79	1.98	100.76
			55.37	0.42	98.87	1.93	100.80
凤凰山	背锅山组	珊瑚礁灰岩	54.94	0.56	98.11	2.58	100.68

3.1.5　永寿—彬县—陇县地区平凉组礁岩地球化学特征与成礁沉积环境

1. 地球化学元素分析方法、仪器选择与误差要求

为了与东部对比，对研究区西部控制生物礁发育的沉积环境因素研究，也主要依据岩石地球化学分析方法，分别对永寿好時河剖面、陇县龙门洞剖面和彬县麟探 1 井的 56 块新鲜岩石样品进行分析测试和恢复计算。样品被送到中国科学院地球环境研究所进行测试分析，碳氧同位素的分析采用磷酸法制成 CO_2 气体，在 Finnigan MAT252 型稳定同位素比质谱仪上进行，$\delta^{13}C_{PDB}$ 和 $\delta^{18}O_{PDB}$ 的标准偏差分别为 0.05‰ 和 0.07‰。为了判断所采样品的碳氧同位素组成是否遭受过沉积期后的改造，对其进行了 Mn、Sr 含量的测定，样品用 $HF+HNO_3$ 的混合酸进行分解，并且应用外部标准校正方法在电感等离子体光谱仪（ICP-AES）上测定样品的主量元素含量，以及采用 Rh 内标法在电感等离子体质谱仪（ICP-MS）上测定其微量元素的含量。每个样品都被测定了 6 次并由国际标样（如 GSR-1，JSD-1）、重复样品和空白样品进行了校正，样品的准确度及精确度均由控制样品和重复样品监控，使得其中的误差均小于 2%。

2. 地球化学元素分析中后期成岩蚀变对礁岩沉积环境恢复的影响效果评判

为了恢复礁岩沉积过程中的环境因素，剔除成岩因素影响，先通过以下三种方法来判断所采样品是否发生了后期的成岩蚀变。

1）后期成岩蚀变中 Mn/Sr 迁移、变化程度对礁岩影响评估标准

相对于淡水环境，生物礁生长期以及沉积过程中，海水中的 Mn 元素含量本身较低，但对于奥陶纪形成，而后经历漫长数亿年的地质历史演化过程中，受后期成岩或者成岩期后流体（特别是大气中水循环）影响，海相碳酸盐岩中定将有程度不同、含量大小不一的 Fe、Mn 元素加入和 Sr、Na 元素损失。前人研究表明，相对于沉积初始时的 Mn/Sr，后期成岩蚀变的程度越高，其比值增大的幅度就会越明显。在实际的应用过程中，通常会选取两个标准，即 Mn/Sr<10 和 Mn/Sr<3 来判断样品是否遭受了成岩蚀变。前者表示的是所用的碳酸盐岩样品并没有遭受到强烈的成岩蚀变影响，其同位素组成基本可以代表原始沉积记录；后者则表示的是更为严格的判识标准，表明所用的碳酸盐岩样品非常好地保留了原始的同位素组成。而且 Mn/Sr 值越小，代表其对海水原始信息的保留越好。

2）灰岩中 $\delta^{18}O$ 组成与成岩变化

在成岩过程中，由于地层岩石水与礁岩之间的交换作用，礁岩中 $\delta^{18}O$ 值就会明显地降低。一般认为 $\delta^{18}O$ 值在 $-5‰ \sim -10‰$，氧同位素比原始沉积时礁岩的 $\delta^{18}O$ 值组成可能会稍有变化，但在这一过程中，碳同位素的组成变化却不是很大；一旦当 $\delta^{18}O<-10‰$（或 $-11‰$）时，反映海相碳酸盐岩岩石与早期沉积时相比已经发生了强烈的蚀变，碳同位素的原始组成也发生了明显的改变，此时测定的碳酸盐岩的氧碳同位素已经不能用来反映原始的碳氧同位素组成了。

3）$\delta^{13}C$ 和 $\delta^{18}O$ 的相关性

前面研究表明，经历长期多次成岩蚀变的海相碳酸盐岩以及礁骨架灰岩碳氧同位素组

成以及其百分比具有较好的相关性，而海水则不同，如果现今测定的古代地层中的碳酸盐岩的 $\delta^{13}C$ 和 $\delta^{18}O$ 数值之间不具有明显的相关性，那表明海相碳酸盐岩没有遭受到成岩蚀变，基本保持了原岩碳氧同位素组成。

根据上述三个标准对所取的 56 个样品进行了原始性检验，结果如表 3-7 所示。

表 3-7　永寿—彬县—陇县地区平凉组生物礁灰岩碳、氧同位素分析数据

采样位置	层位	样品号	岩性	$\delta^{13}C_{PDB}$/‰		$\delta^{18}O_{PDB}$/‰		Z 值	Mn/Sr
				测值	均值	测值	均值		
彬县麟探一井	平凉组	L-1	灰质泥岩	1.42		−4.30		128.07	0.21
		L-2	含泥灰岩	1.59		−4.05		128.54	0.13
		L-3	灰质泥岩	0.56		−4.34		126.27	0.09
		L-4	泥质灰岩	1.42		−4.33		128.06	0.05
		L-5	含泥灰岩	1.43		−4.60		127.94	0.07
		L-6	泥晶灰岩	0.55		−4.85		126.02	0.16
		L-7	泥晶灰岩	0.36		−4.51		125.79	0.34
		L-8	礁灰岩	0.51		−4.14		126.28	0.14
		L-9	礁灰岩	0.29		−3.79		126.00	0.38
		L-10	礁灰岩	0.86		−3.67		127.24	0.23
		L-11	礁灰岩	0.61		−3.57		126.78	0.08
		L-12	礁灰岩	−0.32		−4.73		124.28	0.42
		L-13	礁灰岩	0.08		−4.08		125.44	0.37
		L-14	礁灰岩	−0.26		−4.91		124.33	0.15
		L-15	礁灰岩	0.20		−4.56		125.44	0.28
		L-16	礁灰岩	0.25	0.64	−4.34	−4.69	125.65	0.40
		L-17	砾屑灰岩	0.84		−3.44		127.30	0.07
永寿好畤河	平凉组	H-1	礁灰岩	−1.20		−8.09		120.81	0.32
		H-2	礁灰岩	0.94		−4.64		126.90	0.08
		H-3	礁灰岩	−0.37		−5.95		123.58	0.03
		H-4	礁灰岩	−0.33		−4.41		124.44	0.27
		H-5	礁灰岩	0.83		−4.45		126.78	0.02
		H-6	礁灰岩	−0.58		−4.92		123.67	0.32
		H-7	礁灰岩	0.06		−4.45		125.20	0.04
		H-8	礁灰岩	1.69		−5.18		128.18	0.09
		H-9	礁灰岩	1.06		−6.26		126.34	0.49
		H-10	礁灰岩	1.06		−4.46		127.24	0.40
陇县	平凉组	LMD	礁灰岩	1.93		−4.72		128.89	0.47
		LMD-6	礁灰岩	2.02		−5.22		128.84	0.91
		LMD-7	礁灰岩	1.70		−5.78		127.91	0.90

（1）对研究区平凉组 Mn/Sr 值进行了计算，最大值仅为 0.91，远远小于 2~3 的范围，表示所采用的碳酸盐岩样品未受到蚀变，很好地保留了原始海水的同位素组成。

（2）56 个样品所测定的 $\delta^{18}O$ 最小值为 –8.09‰，大于 –10‰，进一步证实所采样品不仅新鲜，而且并没有发生强烈的蚀变。

（3）通过进一步对样品的 $\delta^{13}C$ 和 $\delta^{18}O$ 进行相关性分析（图 3-6），发现它们之间相关系数仅为 0.064，明显不具有相关性。同样也证明了所采的样品基本保持了原始的碳氧同位素组成。

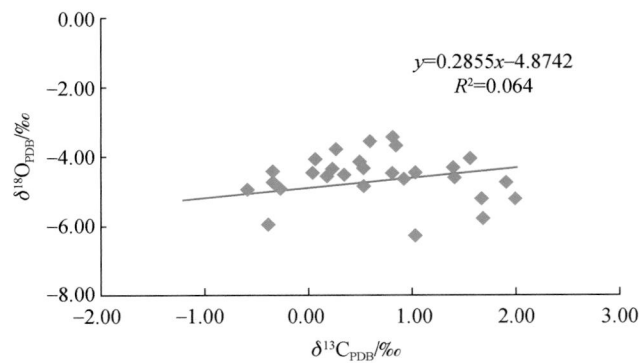

图 3-6　西部地区平凉组生物礁相碳酸盐岩 $\delta^{13}C$ 和 $\delta^{18}O$ 相关性图

综合上述三个方面，证明所采样品受后期成岩蚀变的影响较小，基本上保持了原始的碳氧同位素组成，可以用其代表的地质信息来分析当时的沉积环境。

3. 礁岩地球化学特征与成礁沉积环境指标恢复

1）$\delta^{13}C$ 和 $\delta^{18}O$ 变化与古盐度恢复

同样根据 Keith 和 Weber 建立的 $\delta^{13}C$、$\delta^{18}O$ 相关性指示古盐度 Z 值的大小区分研究区奥陶纪海相碳酸盐岩和淡水碳酸盐岩。

$Z = 2.045\ (\delta^{13}C + 50) + 0.498\ (\delta^{18}O + 50)$（$\delta$ 的标准是 PDB）

Z>120 时为海相碳酸盐岩；

Z<120 时为淡水碳酸盐岩；

Z=120 时为未定型碳酸盐岩。

在研究区的样品中，碳同位素值与盐度 Z 值的相关性比较好。而且随着盐度 Z 值的增高，$\delta^{13}C$ 值趋向于增大。计算出的永寿好畤河、陇县龙门洞和麟探 1 井平凉组的 Z 值都大于 120，均值为 126.52（表 3-8），Z 值没有明显的起伏变化，说明在晚奥陶世藻礁的发育阶段，海水的盐度与之前并没有太大的变化，即说明海水盐度并不是控制研究区藻礁发育的主要因素。

表 3-8　彬县麟探 1 井奥陶系碳酸盐岩（生物礁灰岩）碳氧同位素分析结果

层位	样品号	岩性	$\delta^{13}C_{PDB}/‰$			$\delta^{18}O_{PDB}/‰$
			测值	均值	测值	均值
平凉组	L-1	灰质泥岩	1.42		−4.30	
	L-2	含泥灰岩	1.59		−4.05	
	L-3	灰质泥岩	0.56		−4.34	
	L-4	泥质灰岩	1.42		−4.33	
	L-5	含泥灰岩	1.43		−4.60	
	L-6	泥晶灰岩	0.55		−4.85	
	L-7	泥晶灰岩	0.36		−4.51	
	L-8	礁灰岩	0.51		−4.14	
	L-9	礁灰岩	0.29	0.61	−3.79	−4.25
	L-10	礁灰岩	0.86		−3.67	
	L-11	礁灰岩	0.61		−3.57	
	L-12	礁灰岩	−0.32		−4.73	
	L-13	礁灰岩	0.08		−4.08	
	L-14	礁灰岩	−0.26		−4.91	
	L-15	礁灰岩	0.20		−4.56	
	L-16	礁灰岩	0.25		−4.34	
	L-17	砾屑灰岩	0.84		−3.44	
马家沟组	L-18	含云灰岩	0.27		−4.45	
	L-19	砾屑灰岩	−1.08	−0.34	−6.12	−7.80
	L-20	砾屑灰岩	−0.59		−6.29	
亮甲山组	L-21	鲕状灰岩	0.18		−10.80	
	L-22	鲕状灰岩	−0.50		−11.29	

　　为了进一步验证碳氧同位素在 Z 值的大小变化中分别发挥的作用，对 Z 值与 $\delta^{13}C$、$\delta^{18}O$ 值的相关性分别做了分析，结果表明 Z 值与 $\delta^{13}C$ 值的相关性比较好，相关系数高达 0.94（图 3-7）；而 Z 值与 $\delta^{18}O$ 值的相关性较差，相关系数较小，仅为 0.22（图 3-8），几乎不具有相关性。说明 Z 值变化主要与 $\delta^{13}C$ 值相关，而与 $\delta^{18}O$ 值的关系不大。

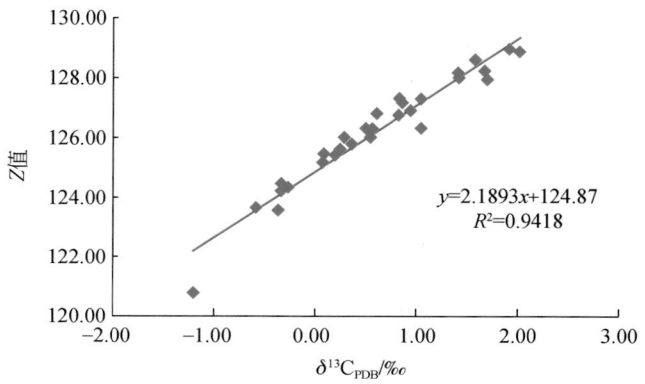

图 3-7　平凉组碳酸盐岩 Z 值和 $\delta^{13}C$ 相关性图

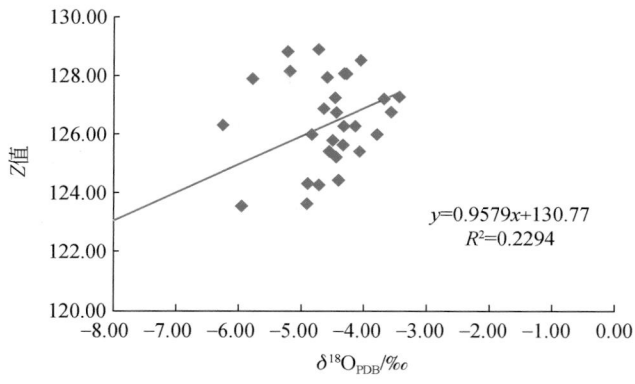

图 3-8　平凉组碳酸盐岩 Z 值和 $\delta^{18}O$ 相关性图

2）海水浑浊度恢复

根据研究区彬县—永寿—陇县地区露头和探井剖面上碳酸盐样品平凉组藻礁灰岩岩石化学成分全分析计算结果（表 3-9），可以看出，礁岩中 CaO 的含量为 36.96% ~ 55.44%，MgO 的含量很低，只有 0.27% ~ 1.99%，SiO_2、Al_2O_3、K_2O 的含量也很低。将 CaO、MgO 与 CO_2 的含量计算成方解石和白云石的含量，则可得到岩石中方解石的含量达到 66% ~ 99%，白云石的含量很低，一般均小于 4%（表 3-10）。将化学分析结果与薄片观察结合起来看，二者分析结论是一致的，即认为岩石几乎全由方解石组成，白云石含量很低或没有。这些少量的白云石是沿缝合线分布的晚成岩阶段交代作用形成的，不是原生沉积的。SiO_2、Al_2O_3、K_2O 的含量很低，说明其陆源碎屑几乎没有，与薄片中未见陆源碎屑或黏土矿物的情况一致。有些样品中 SiO_2 较高，是由于含少量自生石英。

表 3-9　彬县—永寿—陇县地区平凉组藻礁灰岩岩石化学成分全分析　　（单位:%）

采样地区	样号	SiO_2	Al_2O_3	CaO	MgO	MnO	TiO_2	P_2O_5	K_2O	Na_2O	CO_2
彬县麟探1井	L-3	22.8	3.56	36.96	1.99	0.02	0.17	0.02	0.86	0.36	31.65
	L-4	24.59	2.48	38.86	1.15	0.01	0.09	0.03	0.55	0.22	31.16
	L-5	1.88	0.52	53.31	1.56	0.01	0.02	0.03	0.13	0.07	42.61
	L-6	0.2	0.12	55.43	0.29	0.01	0.01	0.01	0.01	0.05	43.58
	L-7	0.19	0.15	54.97	0.27	0.01	0.01	0.01	0.05	0.15	44.08
永寿好時河	HSH	0.19	0.13	55.44	0.45	0.01	0.01	0.01	0.03	0.05	43.39
	HSH-4	0.21	0.18	55.35	0.31	0.01	0.01	0.01	0.01	0.04	43.31
陇县龙门洞	LMD	0.49	0.47	54.87	0.46	0.01	0.02	0.01	0.12	0.05	42.98
	LMD-6	0.98	0.39	54.74	0.38	0.04	0.03	0.02	0.09	0.05	42.72

表 3-10　彬县—永寿—陇县地区平凉组藻礁灰岩 Ca、Mg 氧化物成分含量计算　（单位:%）

采样地区	样号	CaO	MgO	CO_2	$CaCO_3$	$CaMg(CO_3)_2$	$CaCO_3+CaMg(CO_3)_2$
彬县 麟探 1井	L-3	36.96	1.99	31.65	66.00	4.60	70.60
	L-4	38.86	1.15	31.16	69.39	1.78	71.17
	L-5	53.31	1.56	42.61	95.20	2.28	97.48
	L-6	55.43	0.29	43.58	98.98	0.32	99.30
	L-7	54.97	0.27	44.08	98.16	1.16	99.32
永寿 好畤河	HSH	55.44	0.45	43.39	99.00	2.07	101.07
	HSH-4	55.35	0.31	43.31	98.84	1.43	100.27
陇县 龙门洞	LMD	54.87	0.46	42.98	97.98	2.12	100.10
	LMD-6	54.74	0.38	42.72	97.75	1.75	99.50

将这些成岩阶段形成的白云石和石英去掉，可以看出这些礁灰岩的纯度很高，主要由方解石组成，形成于清水环境中。正是由于珊瑚、藻类、层孔虫等生物对清洁度要求高，造礁生物才能生存和形成生物礁体。

由此可见，鄂南地区中晚奥陶世形成的生物礁和一般生物礁一样，都形成于温暖、清洁、含盐度适中的环境中。晚奥陶世平凉期生物大量的出现也为研究区藻礁的发育提供了最基本的条件。而且藻类、珊瑚和层孔虫作为主要的造礁生物为生物礁的发育形成提供了坚实的骨架，同时也发育有头足类、腕足类、腹足类、三叶虫、海百合、牙形石类等作为附礁生物，最终促使了研究区生物礁的形成。但古代海水的含盐度比现代海水高。

3.1.6　中上奥陶统碳酸盐岩同位素特征变化与成礁期海平面变迁

当海平面上升时，海水中轻碳同位素^{12}C的埋藏速率增加，重碳同位素^{13}C的含量相对上升，另外，由于海平面上升，古陆面积减小，从而使海水中来自剥蚀作用的有机碳（轻碳同位素^{12}C）含量也降低，相对富集^{13}C。这两个因素共同作用使海水中^{13}C含量相对上升，所沉积的碳酸盐岩便显示^{13}C相对富集，$\delta^{13}C$值相应升高。

当海平面下降时，海水中轻碳同位素^{12}C的埋藏速率降低，大量的^{12}C溶解进入海水，另外，海平面下降，古陆面积增大，使海水中来自氧化剥蚀作用的有机碳（轻碳同位素^{12}C）含量上升，^{13}C含量相对降低。这两个因素作用使海水中^{12}C含量上升，沉积的碳酸盐岩便富集^{12}C，$\delta^{13}C$值就相应减小。

据此可以确定$\delta^{13}C$的高值显示海平面的相对上升，$\delta^{13}C$的低值显示海平面的相对下降。

1. 泾阳铁瓦殿马家沟组—平凉组礁灰岩碳氧同位素分布特征与海平面变化

中上奥陶统的样品对比（表3-4）显示，中奥陶统马家沟组碳酸盐岩的$\delta^{13}C$均值为0.627‰，小于上奥陶统生物礁发育时样品的$\delta^{13}C$均值1.483‰。根据"$\delta^{13}C$的高值显示海平面的相对上升，$\delta^{13}C$的低值显示海平面的相对下降"判断中奥陶世—晚奥陶世对应海平面的相对上升。当然，$\delta^{13}C$ 值的影响因素有很多，于是，研究中综合了研究区的区域地质和沉积环境背景以及相带演化等多种因素。其中据前人研究成果可知（冯增昭等，2004），马一期至马六期为华北海相对海进阶段，而平凉期—背锅山期为相对海退阶段，但秦岭的海以及频繁的火山岛弧增生，导致研究区海退并不明显，甚至与华北海总趋势矛盾，进一步结合区域构造岩相古地理背景深度分析后，认为研究区弧后盆地特征与华北浅海台地演化存在差异，以及非均衡沉降引起晚奥陶世鄂南地区海水上升，特别是平凉期局部海侵更加明显。这也解释了晚奥陶世 $\delta^{13}C$ 值增大的原因。此外，一方面，同期生物生长发育会大量吸收 ^{12}C，致碳酸盐岩的 $\delta^{13}C$ 值升高；另一方面，生物礁大量发育使 $\delta^{13}C$ 值升高，抵消了此时海平面下降使 $\delta^{13}C$ 值减小并远高于中奥陶世的 $\delta^{13}C$ 值。可见晚奥陶世生物生长发育是引起晚奥陶世 $\delta^{13}C$ 值增大的主控因素。

2. 永寿好畤河剖面平凉组礁灰岩碳氧同位素分布特征与海平面变化

现代生物礁成因环境以及国内外生物礁滩相研究表明，造（居）礁生物一般生长在海平面以下一定海水深度内，生态环境需要一个相对的浅水、温暖、清洁、透光、富氧和营养物的环境，造礁生物只有在光合作用下才能正常地生长与繁衍。因此，生物礁生长发育，既不能生长在海平面附近，也不能生长在较深缺氧窒息黑暗海水环境中。在生物礁生长、发育、繁衍、灭绝过程中，海平面的上升较缓慢时，生物礁就会在生长环境允许的条件下趋于向海的一侧平面推进生长。即当生物礁的生长速度大于海平面上升速度，生物礁生长达到海平面时就只能向深水区侧向迁移生长，生物礁持续生长，形成较厚的礁体；若生物礁的生长速度和海平面上升速度相当，则生物礁垂向向上发育。造礁生物生长速度比较快，所以持续的海侵有利于生物礁的增长；当海平面缓慢下降，就会造成生物礁向着海水深处并向下迁移生长。当海平面快速上升或者快速下降时，将会导致生物礁停止生长发育。每当海平面快速上升，生物礁因无法及时获取生存所需要的光照，而使得其停止发育，生物礁礁体顶部被暗色泥灰岩或暗色页岩覆盖；当海平面快速下降时，生物礁礁体大面积暴露在地表，同样造成生物礁停止发育，生物礁礁体的顶部通常发育侵蚀面或者不整合面。

可见，海平面相对变化不仅可以影响甚至决定生物礁礁体的形成时间，也可以控制生物礁礁体的形态与规模。仔细分析永寿好畤河剖面上平凉组礁灰岩碳氧同位素数值与海平面变化曲线变化规律，发现二者之间有较好的对应关系（图3-9），发现在纵向时间演化上，礁岩和非礁岩中同位素值变化，不仅可以与全球海平面升降过程进行对比，而且响应了秦岭海槽火山活动、弧后盆地北翼古地理地形变迁、南部秦岭海平面侵进衰退过程。

3. 彬县麟探 1 井上奥陶统礁灰岩碳氧同位素

在研究区彬县麟探 1 井平凉组的样品分析结果中（表3-8），礁灰岩的 $\delta^{13}C$ 均值是 0.61‰，远高于中下奥陶统马家沟组—亮甲山组样品 $\delta^{13}C$ 的均值-0.34‰，说明晚奥陶世生物礁大量发育时，生物大量地吸收轻碳同位素 ^{12}C，使得重碳同位素 ^{13}C 在海水中富集而导致碳酸盐岩中 $\delta^{13}C$ 值的升高。地球化学分析的结果也证明了研究区晚奥陶世平凉期造礁生物的大量发育。

纵向上，生物礁比较发育的层段，不仅造礁生物和附礁生物会大量繁殖，生物产率很

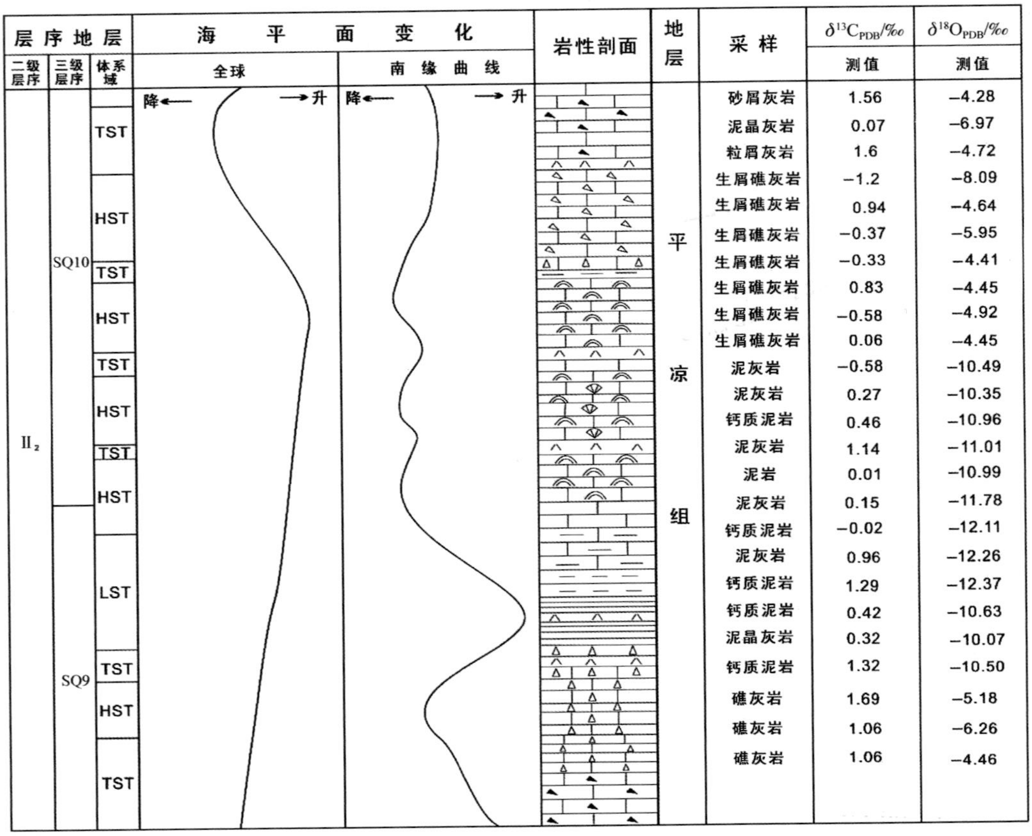

采样	δ¹³C_PDB/‰ 测值	δ¹⁸O_PDB/‰ 测值
砂屑灰岩	1.56	-4.28
泥晶灰岩	0.07	-6.97
粒屑灰岩	1.6	-4.72
生屑礁灰岩	-1.2	-8.09
生屑礁灰岩	0.94	-4.64
生屑礁灰岩	-0.37	-5.95
生屑礁灰岩	-0.33	-4.41
生屑礁灰岩	0.83	-4.45
生屑礁灰岩	-0.58	-4.92
生屑礁灰岩	0.06	-4.45
泥灰岩	-0.58	-10.49
泥灰岩	0.27	-10.35
钙质泥岩	0.46	-10.96
泥灰岩	1.14	-11.01
泥岩	0.01	-10.99
泥灰岩	0.15	-11.78
钙质泥岩	-0.02	-12.11
泥灰岩	0.96	-12.26
钙质泥岩	1.29	-12.37
钙质泥岩	0.42	-10.63
泥晶灰岩	0.32	-10.07
钙质泥岩	1.32	-10.50
礁灰岩	1.69	-5.18
礁灰岩	1.06	-6.26
礁灰岩	1.06	-4.46

层序地层：二级层序 II₂；三级层序 SQ10、SQ9；体系域 TST、HST、LST。海平面变化（全球、南缘曲线）。岩性剖面。地层：平凉组。

图 3-9　永寿好畤河平凉组礁灰岩碳氧同位素与海平面变化图

高，而且由于这些生物大量吸收海水以及碳酸盐岩沉积物轻碳同位素¹²C，局部环境中重碳同位素¹³C 在海水中含量升高；当生物礁不发育时，生物数量就会减少，生物产量很低，海水中轻碳同位素¹²C 的含量就会相对增加，因而重碳同位素¹³C 在海水中的含量会相对减少。因而造成了现今探井岩心段岩性分析结果显示，在生物礁发育时，碳酸盐岩中富含重碳同位素¹³C，形成了 δ¹³C 的相对高值；相应地，当生物礁不发育时，海水中沉积的碳酸盐岩富含轻碳同位素¹²C，形成了 δ¹³C 的相对低值。

横向上，区域对比结果发现，奥陶纪时研究区所在的秦岭—祁连海平面变化与全球海平面变迁有密切的关系，总体上演化规律和趋势是一致的。然而晚奥陶世，在秦岭海槽构造、岩浆以及火山活动强烈活动作用下，研究区海盆的沉降与海水抬升幅度与全球存在地域差异，因此不仅影响地层岩性与沉积环境的变化，也控制了研究区剖面上平凉期藻礁相的发育、分布与保存，这种变化在中东部耀县桃曲坡、富平将军山以及金粟山剖面更加清晰。而在永寿—彬县—岐山—陇县地区生物礁形成过程中，同样伴随有多期海平面升降和火山凝灰质沉积作用，相应岩层中氧碳同位素、微量元素也有踪迹变化。

总而言之，海水深浅及水温变化，不仅导致碳酸盐岩沉积物中碳氧同位素和微量元素的含量变化，也对造礁生物繁衍和生长造成影响，平凉早期 TST 水进体系域中，由于海平面快速升高，不利于生物发育，礁体规模小，岩层薄，连片性差；当进入 HST 高位体系域后期，海水环境相对稳定，不仅有利于在台缘斜坡带的造礁生物生长繁衍，也给造礁和附礁生物营造了适宜的环境，由于潮下高能带波浪对礁体的强烈冲刷，在台缘斜坡带沉积生物碎屑颗粒灰岩。

3.2　奥陶纪沉积环境演化规律与模式

鉴于研究区不同时期在不同地区、不同区带岩层、岩性以及沉积相之间存在明显差异，结合构造演化、火山活动与岩相古地理特征变迁规律，总结了研究区在奥陶纪沉积环境演化的三个阶段。

3.2.1　早奥陶世冶里期—亮甲山期海退阶段

继寒武纪后，早奥陶世冶里期海水又开始入侵鄂尔多斯地区，鄂尔多斯本为统一的古陆，沉积范围主要局限在东南部边缘，鄂尔多斯古隆起之外为以泥质云岩和白云岩为主的潮坪相沉积，向外为开阔海云灰坪沉积。亮甲山期的古地理面貌与冶里期十分相似。冶里期—亮甲山期陆地面积的增大，标志着海退过程。亮甲山期末发生的怀远运动使区内发生大规模海退，并造成了马家沟组和亮甲山组之间的沉积间断。

3.2.2　中奥陶世马一期—马六期海进背景下韵律式多旋回海进海退阶段

中奥陶世马家沟期与早奥陶世相比，总体是一海进期，在海进背景下，从马一期到马六期，先后经历了韵律性三次海进和海退过程，构成了马家沟期海进和海退沉积旋回，早期剖面上相应形成了云岩和灰岩组合。其中马一期主要发育泥云坪沉积，向外为开阔海台地沉积；马二期在古陆周围为灰云坪，在灰云坪外为灰岩坪。与马一期相比，海水明显加深，代表一次海侵过程；马三期又经历一次海退过程，以白云岩、泥质白云岩和云质灰岩为主；马四期开阔海台地灰岩沉积范围扩大，厚度增加，并且还形成台地边缘浅滩，岐山—乾县以南地区发育台地前缘斜坡–深水斜坡–海槽沉积；马五期为海退期，云坪外侧为开阔海台地相和台地前缘斜坡沉积；马六期为海进期，大部分地区为开阔海台地沉积（图 3-10），向外发育台地边缘，部分地区有生物礁，向南进入斜坡及深水斜坡–海槽沉积。中奥陶世马一期—马六期，沉积环境总体上为宽缓的浅海碳酸盐岩台地潮坪相沉积。

3.2.3　晚奥陶世平凉期—背锅山期复杂构造背景下非均衡抬升中的海退阶段

1. 平凉早期

受区域构造环境、古地理面貌和盆地性质改变，研究区南侧秦岭海槽向北持续俯冲，

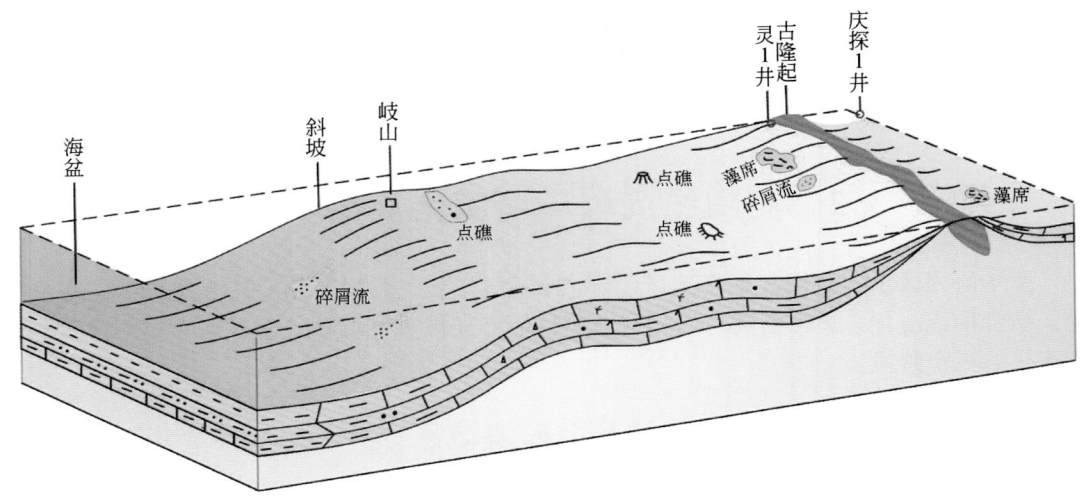

图 3-10　鄂南地区中奥陶世马家沟期沉积环境模式

在活动大陆边缘背景中，区域上构成了一系列近东西向的岛弧链和沟–弧–盆沉积环境体系。研究区位于秦岭海与鄂尔多斯古隆起之间，浅海碳酸盐岩台地云灰坪、台源生物礁滩、台前斜坡垮塌相角砾灰岩以及深水海盆相泥岩均有发育。其中陇县—旬邑—永寿—淳化—耀县一带发育规模不大的台地边缘生物礁，平面上由开阔海台地、台地前缘斜坡以及深水斜坡很快过渡到外侧的秦祁海槽，沉积环境模式与早中奥陶世有明显差异（图 3-11）。

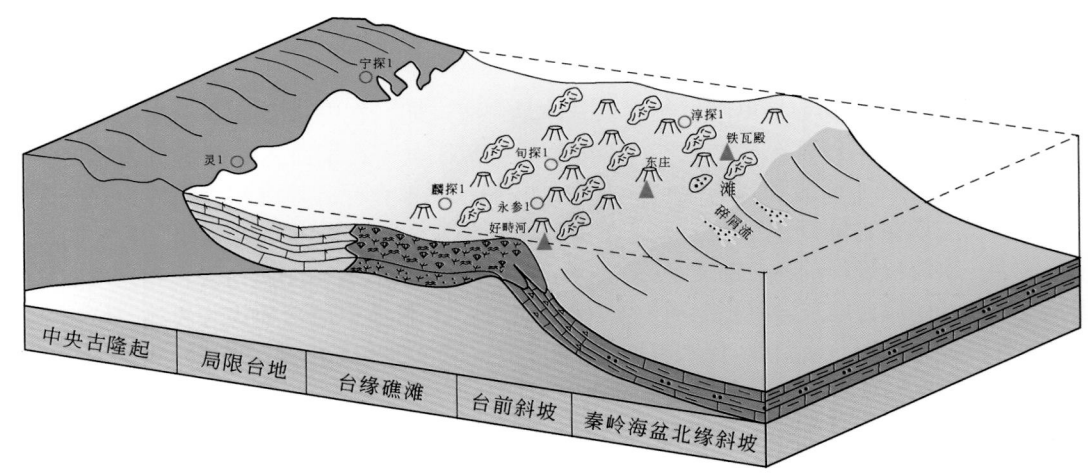

| 中央古隆起 | 局限台地 | 台缘礁滩 | 台前斜坡 | 秦岭海盆北缘斜坡 |

图 3-11　鄂南地区晚奥陶世平凉早期沉积环境模式

2. 平凉晚期—背锅山期

鄂尔多斯古陆面积进一步增大，碳酸盐岩以及生物礁沉积范围继续缩小，但在局部剖面上台前斜坡上由礁块为主形成的垮塌角砾灰岩厚度增加，规模增大，来自秦岭槽区以及岛弧的火山活动明显较早期加剧，且频繁发作，表明同期构造运动对沉积环境影响加剧。背锅山期后海水整体退出鄂尔多斯，结束了早古生代沉积演化历史。沉积环境总体上为沟–

弧–盆–台前斜坡–碳酸盐岩台地–古陆沉积环境体系，相应沉积了含凝灰质泥岩–泥岩–粉砂岩–薄层灰岩–颗粒灰岩–礁灰岩–膏云岩组合，沉积环境模式与早中奥陶世有明显差异（图3-12）。鄂尔多斯地块西南缘奥陶纪经历的构造与沉积环境演化，影响早中奥陶世与晚奥陶世的岩相古地理格局与沉积面貌转变。晚奥陶世受活动陆缘影响形成的秦岭北坡—鄂尔多斯地块中央古陆沟弧盆体系，既影响平凉期和背锅山期弧后盆地、盆北缘斜坡、坡上台缘以及台地形态地貌，也控制深海泥岩、滑塌角砾岩、生物礁以及礁后滩分布范围。

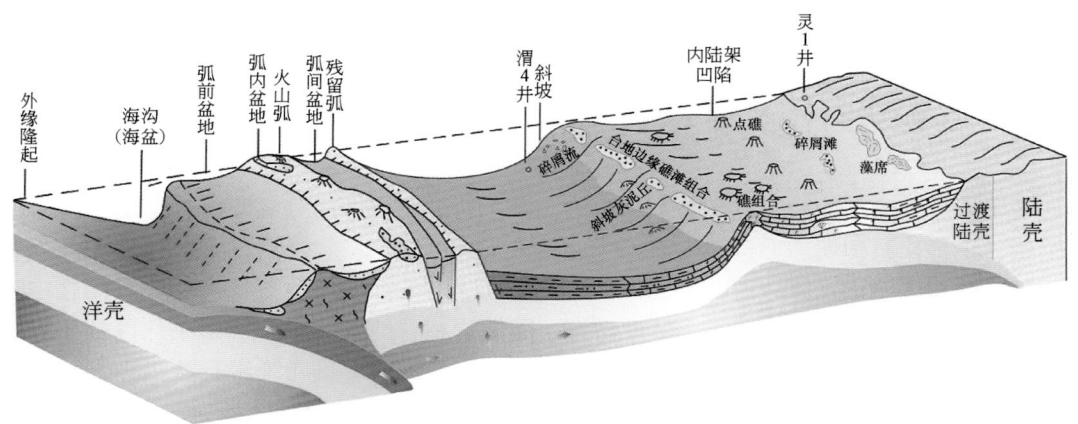

图 3-12　鄂南地区晚奥陶世平凉晚期—背锅山期沉积环境模式

第4章　鄂南地区奥陶纪岩相古地理分布

4.1　中上奥陶统主要岩石成因类型及岩性特征

4.1.1　主要岩石成因类型与分布

基于岩层露头剖面和重点探井剖面观测，沉积特征、岩性组分实验研究总结，岩石微观结构、生物化石种属、形迹、生态以及埋藏方式进行鉴定，含礁层段沉积环境和微相划分，奥陶系相序演化规律系统分析和对比（图版 7-4～图版 7-10，图版 8-1），并结合中晚奥陶世区域上沉积环境转化、火山活动特性、构造岩相古地理背景等成因条件以及相应岩性发育特征与残留产状分布，按成因环境划分了鄂南地区中上奥陶统岩石类型（表4-1）。

表4-1　鄂南地区中上奥陶统主要岩石类型与主要成因相带

岩石成因环境类型	岩石类型与种类			主要发育相带、层位和区带
浅海台地碳酸盐岩	灰岩类	纯结晶灰岩类	泥微晶、粉、细晶、中晶白云岩灰岩	开阔台地、潮坪（灰坪）
		颗粒灰岩类（亮晶、泥晶）	砾屑灰岩、砂屑灰岩、粉屑灰岩、鲕粒灰岩、生屑灰岩、残余颗粒灰岩	潮下高能带、礁间水道、潮汐通道、礁前斜坡
		生物礁灰岩类	骨架灰岩、障积灰岩、黏结灰岩、缠结灰岩等	台缘礁核
	过渡类	云灰岩类	含云（泥）灰岩、云（泥）质灰岩、含灰（泥）云岩、灰（泥）质云岩	潮坪潮上带、潮间带灰（云）坪
		灰云岩类		
	白云岩类	颗粒白云岩类（亮晶、泥晶）	砾屑白云岩、砂屑白云岩、粉屑白云岩、鲕粒云岩、生屑云岩、残余颗粒云岩	局限台地颗粒滩、潮道
		纯化学结晶云岩	泥微晶、粉、细晶、中晶白云岩	局限台地潮上云坪
		泥云岩类	含泥白云岩、泥质云岩等	潮间泥云坪
事件沉积碳酸盐岩	滑（滑）塌岩、震积岩、等深岩、碎屑流颗粒岩、浊积岩、沉凝灰岩			台前斜坡–深水盆地

续表

岩石成因 环境类型		岩石类型与种类		主要发育相 带、层位和区带
陆源碎屑岩	砂岩类	砂岩、粉砂岩		台地隆起边缘潮坪（泥沙坪）斜坡及深水盆地
	泥岩类	泥岩、页岩		
生物及化学硅质岩	生物成因类	放射虫硅质岩、海绵骨针硅质岩、硅藻硅质岩		深海盆地
	化学沉淀类	燧石结核状（条带）硅岩、团块状硅岩、硅岩		潮间带
火山碎屑岩	凝灰岩类	凝灰质（钾质斑脱岩）、凝灰质泥岩		弧后盆地斜坡、台地
	火山碎屑岩类	火山凝灰质砂岩、水携火山凝灰岩		

1. 浅海台地碳酸盐岩系列

进一步细分为灰岩类、云岩类以及过渡岩类，具体包括多种岩类以及岩石，分别形成于碳酸盐岩台地、台地边缘的不同微相中。台地相碳酸盐岩-灰岩有三类：①在区域和层位上分布最为广泛地形成于静水温和水体环境中的沉淀结晶的纯化学碳酸盐岩，包括云质灰岩、灰质云岩、白云岩等；②动荡水体中颗粒灰岩，分台上（台缘斜坡）礁前（后）斜坡、礁翼及礁间（水道）以及潮下（间）高能带形成的多种亮晶颗粒灰岩，以及形成于高能带而搬运到异地低能带的泥灰质颗粒岩，是研究区主要滩相以及储层岩石类型；③台地边缘清水温暖水体环境中由多种生物作用形成的礁灰岩，包括珊瑚、层孔虫、钙藻等形成的骨架岩、障积岩、黏结岩、藻云岩以及生物碎屑灰岩等，属于本次重点研究分析解剖的岩石类型。

2. 事件沉积作用形成的碳酸盐岩

事件沉积作用形成的碳酸盐岩主要指分布在弧后盆地半深水斜坡以及深水盆地，由地震、火山活动诱发的浊流、等深流等搬运后在异地经非正常沉积作用形成的碳酸盐岩以及碎屑岩、化学岩，主要包括滑塌岩、震积岩、等深岩、碎屑流颗粒岩、浊积岩、沉凝灰岩、放射虫硅质岩、凝灰质火山碎屑岩。研究区事件作用沉积的岩石类型主要包括透镜体状分布于礁前斜坡的垮（滑）塌礁砾岩和生屑滩灰岩、薄层状夹于灰岩之中火山凝灰岩、含凝灰质泥质粉砂岩，以及海底浊积岩、泥质灰岩。

3. 深海盆地及潮间带分布的生物及化学硅质岩

深海盆地形成的放射虫硅质岩、海绵骨针硅质岩、硅藻硅质岩，以及铁质岩等，常为透镜体、结核或者条分布在碳酸盐岩中，或者覆于云岩之上的潮间带燧石结核状（条带）硅岩、团块状硅岩、硅岩，以及潮上潟湖中的膏盐岩和少量磷质岩，这些都是优质盖层的主要化学岩类。

4. 砂泥岩及火山碎屑岩

研究区主要是指广覆于弧后盆地、盆地斜坡以及台地火山碎屑岩，台地隆起边缘潮坪（泥沙坪）斜坡及深水盆地分布的砂泥岩。在盆地斜坡、台地剖面上，泥岩类在层位上多分布于背锅山组，硅岩和火山灰主要分布于平凉组，硅岩一般呈结核状、团块状、条带状或薄层状夹于碳酸盐岩之中，也有与生物有关的放射虫硅岩与海绵针骨硅岩。

4.1.2　主要岩石类型岩性特征

1. 灰岩类特征

灰岩是研究区奥陶系分布最为广泛的岩石，根据灰岩的结构及成分等特征，研究区灰岩有四大类：颗粒灰岩、结晶灰岩、生物礁灰岩和过渡类灰岩，以颗粒灰岩类、结晶灰岩类及生物礁灰岩类为主。颗粒灰岩类中颗粒主要为生物碎屑、砾屑、砂屑、鲕粒、藻屑；结晶灰岩以粉晶灰岩、细晶灰岩为主；过渡类灰岩以泥质灰岩、白云质灰岩为主。

1）亮晶颗粒灰岩类

（1）生物碎屑灰岩

生物碎屑灰岩主要分布在研究区平凉组和背锅山组生物礁的翼部、基底、礁后或者礁顶，其次在礁前斜坡和生物碎屑滩中，生物碎屑灰岩中的生物门类较多，主要有棘皮类、腹足类、头足类、三叶虫、双壳类、苔藓虫、介形虫、藻类等，常伴有砂屑（图4-1、图4-2）。形成于浅水高能环境的生屑灰岩中，生物门类单一，且含量较高（图4-3），可

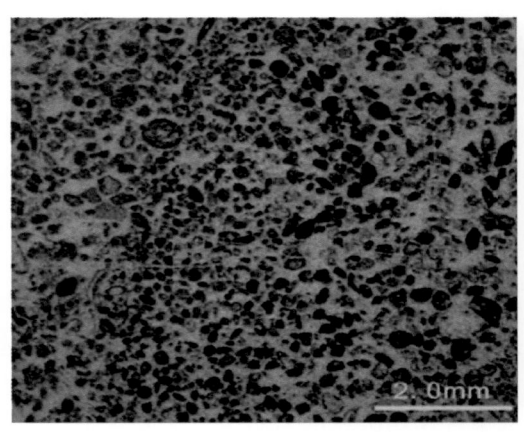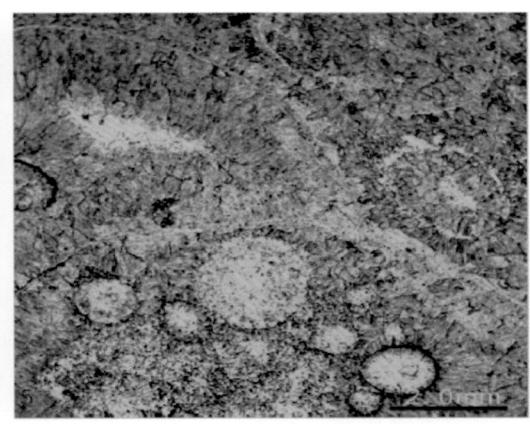

图4-1　耀县桃曲坡平凉组亮晶生物碎屑灰岩，生屑为腕足类及腹足类，栉壳结构发育

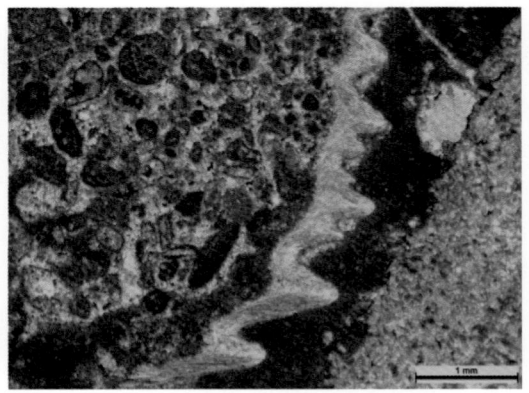

图4-2　富平将军山平凉组亮晶　　　　图4-3　桃曲坡平凉组亮晶生屑灰岩，
生屑灰岩，生屑为钙藻　　　　　　生屑为三叶虫、介形虫，含有砂屑

达 55% ~ 75%（图版 2-3c），生屑分选和磨圆度较好，胶结物以亮晶为主，形成于潮下高能带。其中瘤状生屑灰岩主要分布在陇县龙门洞、耀县将军山、富平凤凰山剖面的背锅山组，岩石结构由瘤体和基质共同组成，瘤体呈眼球状及不规则块状，长 2 ~ 5cm，厚 2 ~ 3cm，同一层内大小比较均匀，大致平行于层面排列，剖面上呈断续的串珠状或波状起伏的条带。瘤体成分为腕足类、棘皮类、壳类、腹足类等生屑灰岩，基质成分为含灰泥岩，也见凝灰岩，含量高达 65% ~ 85%。

（2）竹叶状砾屑灰岩

岩石中以富集高能颗粒中粒径最大的竹叶状砾屑为特征，礼泉东庄马四段（图版 2-2g）富平凤凰山、耀县桃曲坡平凉组剖面上均呈透镜状夹在碳酸盐岩层中，平面上多分布在礁翼、礁基以及礁前斜坡垮塌礁砾岩外围，砾屑呈竹叶状或者扁豆状，含量为 35% ~ 65%，砾屑成分多为泥晶灰岩、粉屑灰岩、砂屑灰岩以及生物灰岩等，分选磨圆好，一般呈椭圆形，砾屑间可充填小砾屑、砂屑等，部分砾屑可见有铁质氧化边，代表了近岸潮间到潮下带的潮水高能冲刷环境。

（3）砂屑、粉屑灰岩

以砂屑和粉屑颗粒为主，常含有少量生屑以及鲕粒，分选和磨圆度一般较好，含量为 35% ~ 60%，亮晶胶结物形成于潮间带—潮下带的高能强水动力环境，泥晶则沉积于低能环境，耀县、将军山剖面马家沟、泾阳铁瓦殿、永寿好畤河、耀县桃曲坡平凉组和背锅山组均有发育。

（4）鲕（豆）粒灰岩

鲕（豆）粒灰岩主要分布在泾河东庄剖面的马二段、马四段云灰岩及灰岩（图版 2-2h，图版 2-3f）、铁瓦殿剖面耀县桃曲坡剖面平凉组下段礁间灰岩以及将军山剖面平凉组上段含生屑鲕粒灰岩中，鲕粒含量为 25% ~ 45%，豆粒较少，为 5% ~ 20%，含少量（小于 3%）棘屑和砂屑，亮晶胶结，微–粉晶结构，可见鲕粒灰岩形成于潮间带—潮下带的高能强水动力环境，分布不均匀，局部高密度区见斜层理以及交错层理。

2）泥微晶颗粒灰岩

（1）含颗粒泥晶灰岩

颗粒含量为 3% ~ 15%，主要由生屑、砂屑、粉屑组成，见有少量鲕粒、粪球粒混合，虽然生物碎屑中生物门类多样，但以海百合等棘屑和腕足类为主，颗粒间泥微晶结构，颗粒漂浮在泥灰基质中，表明原地或短距离搬运沉积，形成于潮下低能带环境，礼泉东庄、永寿好畤河、耀县桃曲坡、富平将军山（图 4-4，图 4-5）等地的平凉组半深水薄层灰岩中有分布。

（2）藻屑及粪球粒泥晶灰岩

藻屑及粪球粒泥晶灰岩主要在耀县桃曲坡剖面（图版 2-3d）、泾河铁瓦殿剖面、永寿好畤河剖面平凉组，将军山背锅山组以及麟探 1 井东庄组均见有分布，藻屑及粪球粒粒径小，肉眼不易识别，单偏光镜下含量为 35% ~ 60%，分布不均匀，泥晶结构，有机质以及泥质含量高，岩石为深灰色，于台地洼陷以及海湾浅水形成，临近较深水低能还原条件中沉积。

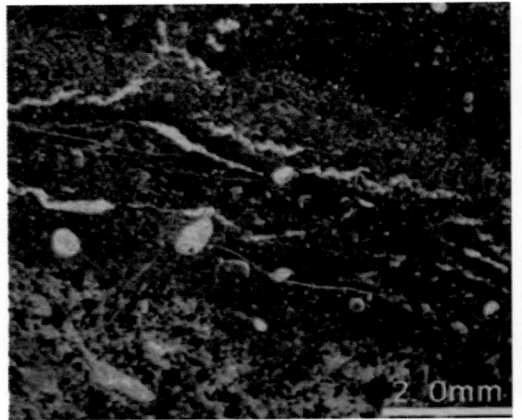 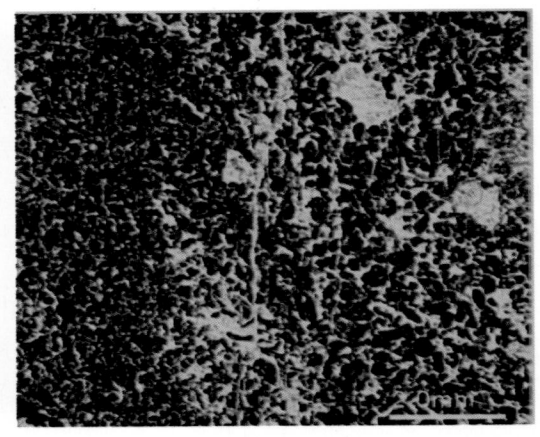

图 4-4　富平将军山背锅山组含生屑灰泥灰岩　　　图 4-5　将军山平凉组砂屑灰岩，见介形虫碎屑

3) 生物礁灰岩类

生物礁灰岩类主要由床板、四射以及镣珊瑚造架岩、层孔虫、钙藻、菌藻障积岩、叠层藻等黏结组成（图 4-6a ~ d）。

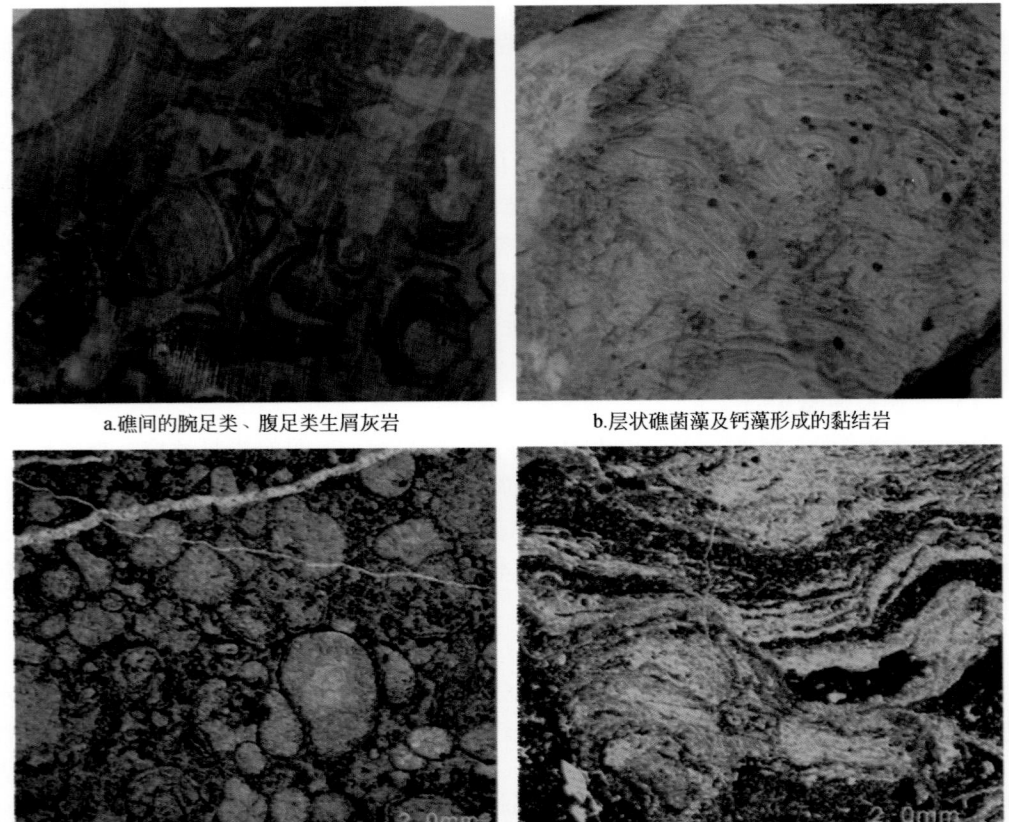

a.礁间的腕足类、腹足类生屑灰岩　　　　　　　b.层状礁菌藻及钙藻形成的黏结岩

c.礁核桃曲坡管珊瑚障积岩　　　　　　　　　d.礁核中的襄层孔虫绑结岩

图 4-6　桃曲坡剖面生物礁中主要岩石类型

（1）骨架岩

骨架岩主要由原地直立连续生长的钙藻被钙化形成的骨架，钙藻的造架之间常被亮晶方解石充填，形成层状晶洞构造或不规则晶洞构造，也见菌藻类的黏结和缠绕。在骨架岩形成于中–高能的浅海，是组成礁核微相的重要岩石类型。

（2）障积岩

障积岩主要由原地生长的生物障积灰泥组成。可依据生物门类分为钙藻障积岩、珊瑚–钙藻障积岩，其中钙藻障积岩中钙藻呈簇状生长含量可占 30%～80%，珊瑚–菌藻障积岩中珊瑚和丝状的菌藻类形成障积结构。

（3）黏结岩

黏结岩由软的纤状菌藻和钙藻自身的生物化学作用和黏结砂屑、粉屑、生物碎屑和灰泥组成（图 4-6b）。根据生物门类分为钙藻黏结岩与菌藻黏结岩，其中钙藻黏结岩藻体绕砾屑和生屑生长，在其边缘形成黑色环边，同时对碎屑起着黏结作用，菌藻黏结岩常具有纹层状构造，形成薄层状和多种不规则形状的结构。

（4）绑（缠）结岩

绑（缠）结岩由皮壳状生物包裹缠绕各种碎屑物质形成的礁灰岩，原生孔洞不发育，主要见于礁核相底部，由厚柱层孔虫和囊层孔虫绑结生物碎屑与灰泥而成。绑结岩发育于水能量相对较高的浅水环境，沉积作用缓慢（图 4-6d）。

（5）生屑灰岩

生屑灰岩主要发育于礁基微相及礁内滩，以腕足类、腹足类、棘皮类、介形虫为主（图 4-6a），生屑含量一般为 50%～60%，局部可达 85% 以上，亮晶方解石胶结，常成为砾屑灰岩夹层或砾岩灰岩的过渡。

（6）礁角砾岩

该岩石类主要形成于较高能量水体环境中，属于礁体骨架岩遭受强海浪冲刷或者地震等外力破坏作用后形成，多见育礁翼及礁前斜坡，产状多为扇状或者锥状，岩石中角砾含量为 75%～90%，砾间为灰泥质胶结（图 4-7）。

a.礁灰岩角砾岩

b.不规则晶洞构造

图 4-7 礁前（翼）礁灰岩角砾岩及礁核钙藻骨架岩，具不规则晶洞构造

4) 结晶灰岩

该类岩石也是分布广泛的主要岩石类型之一，受沉积环境影响，尤其在中奥陶统马家沟组潮坪相分布最为发育，根据结晶程度进一步分为中晶（晶粒）、粉细晶和泥微晶多种类型（图4-8）。

a.细晶白云岩　　　　　　　　　　　　　　　b.中粗晶灰岩

图4-8　将军山平凉组细晶白云岩，溶孔发育及中粗晶灰岩

（1）中晶（晶粒）灰岩

浅灰色及灰色纯灰岩，中晶（也称晶粒）结构，部分为粗晶（晶粒）结构，中厚层状发育，研究区马一段、马三段、马五段最发育，其次本区中西部剖面平凉组以及背锅山组均有分布，层厚较大，一般为3~15m，向东南有增厚的趋势，形成于台地相开阔海至浅水氧化微动荡环境。

（2）粉细晶灰岩

常与中晶灰岩共生，岩石主要呈浅灰色–深灰色，中薄层状，由粉晶方解石构成，有机械沉积成因与生物沉积成因两种，较粗中晶灰岩以及颗粒灰岩，形成于安静、水流扰动很弱的低能海水环境，如潮间–潮上低能带、深水盆地等环境。

（3）泥微晶灰岩

其显著特征为岩石颜色较深，多为深灰色–灰黑色，薄–中层状或者薄板状，在耀县地区桃曲坡平凉组上段常含有腕足类、双壳类等生屑与少量泥、粉砂等陆源物质，在富平地区凤凰山、底店一带平凉组最发育，厚度达35~80m，常发育有痕迹化石，此类岩石主要形成于深水的低能环境中。

（4）含云（云质）灰岩

含云（云质）灰岩 包括局限台地潮坪相的原生云质灰岩和云化灰岩两种类型，前者分布往往与云岩共生，以粉晶、细晶为主，化石少；后者由成岩作用造成，细晶、粉晶结构，有残余颗粒结构，并见生物碎屑。

2. 白云岩类特征

白云岩在研究区中上奥陶统分布比灰岩普遍，几乎遍布全区所有剖面，但成因与沉积以及成岩环境有关，其中原生白云岩受成因环境控制分布较局限，主要分布在碳酸盐岩台地潮坪相潮上带云坪，以及局限台地潟湖相，往往与膏盐共生，代表强蒸发环境，区域性广海域韵律性海侵–海退和潮起潮落，导致整个华北碳酸盐岩台地（包括鄂尔多斯地台）以及研究区中部地区泾阳铁瓦殿剖面马一段、马三段、马五段与华北台地变化一致，云岩发育，而马二段、马四段、马六段灰岩发育。虽然在平凉组和背锅山组中也发育大量灰黑色白云岩，但在盆地边缘生物礁灰岩中云岩较少。相比于灰岩，白云岩结构较复杂，成岩期的白云岩化不仅导致灰岩减少，云岩分布范围增加，同时重结晶改变了原生灰岩晶粒结构，而且形成了多种模糊不清的残余颗粒结构，破坏了沉积成因信息，无疑大大增加了岩石类型成因分析难度。

1）结晶云岩

（1）中晶白云岩

中晶白云岩主要发育在中部泾阳铁瓦殿、泾河剖面马家沟组云坪相，富平将军山、金粟山与蒲城尧山、桥陵等剖面平凉组生物礁北部局限台地潟湖相。岩石以浅灰色中厚层状为主，晶体清晰、半自形–他形，属于准同生后白云岩。上覆岩层为局限台地相的薄层状青灰色准同生白云岩，下伏岩层为中厚层状白云化石灰岩并逐渐过渡为石灰岩。

（2）细（微）晶白云岩

细（微）晶白云岩为全区平凉组以及背锅山组深水–半深水碳酸盐岩主要岩性之一，分布与中晶云岩共生，尤其在金粟山剖面与蒲城尧山剖面最为典型，呈薄层板状，灰黑色；而浅灰色块状、纹层状细晶白云岩，水平纹层发育，偶夹波状、柱状叠层石，层面常见小型直脊不对称波痕，具有蒸发台地环境的准同生白云岩特征，主要发育在马家沟组马六段。

（3）泥云岩

泥云岩在研究区分布面积广，薄层状，深灰色，水平层理发育，含笔石以及骨针化石，陇县龙门洞、富平赵老峪、金粟山等剖面岩性典型，局部夹凝灰质透镜体，是研究区重要烃源岩之一，形成于弧后盆地半深水–深水斜坡。

2）残余颗粒结构云岩

残余颗粒结构云岩主要在研究区泾阳铁瓦殿、永寿好畤河、耀县桃曲坡剖面，以及淳化淳探 2 井、旬探 2 井、耀参 1 井、礼泉东庄的中奥陶统马家沟组马三段、马四段（图版2-2h 以及上奥陶统背锅山组分布，早期由颗粒灰岩强烈云化以及重结晶作用造成，颗粒边界模糊，岩石结构疏松，厚层块状，镜下晶间以及晶间溶孔发育，达 5%～8%，分布不均匀。

3）隐藻白云岩

隐藻白云岩为潮坪相潮间带、潮上带的常见岩石类型，主要发育在礁后潮坪，在富平将军山剖面、金粟山剖面平凉组比较典型，隐藻白云岩中常由富藻纹层的暗层与富碳酸盐岩纹层的亮层交互叠置形成（图版 2-2a，图版 2-4f、h），其宽窄变化具有不连续性，一般呈层状，偶见柱状，属水动力条件较弱的潮间带。

4）砾白云岩

砾白云岩是平凉组最具同生构造特色遗迹的岩石类型之一，可分两种成因和形态类型：一是垮塌型礁岩角砾白云岩，分布在泾阳铁瓦殿礁前斜坡上垮塌岩周围的云化礁岩砾石，由厚层块状礁灰岩垮塌冲刷作用形成的角砾，呈棱角状和次棱角状，砾石内部以含大量造礁生物为特征，滑塌型形成于斜坡环境中，角砾大小不一，分选很差，角砾属于快速破碎、近距离搬运而沉积；二是主要发育在研究区东部富平赵老峪–万斛山和蒲城尧山同生构造动荡区剖面上，由薄层泥云岩破碎角砾组成，呈棱角状和次棱角状，分选差，大小不一，形态各异，排列无序，角砾间常具可拼性。

3. 灰云岩及云灰岩

灰云岩及云灰岩分别属于沉积和成岩多阶段共同作用、灰质与云质含量不均匀变化形成的混积过渡类型岩石，岩石类型变化是储层结构和储集性能的组分基础，不同剖面有差异，但在碳酸盐岩台地南部马家沟组各个韵律层段以及旋回中变化频繁。

4. 陆源碎屑岩

研究区上奥陶统地层中陆源碎屑岩主要为砂泥岩类，西部见于陇县龙门洞剖面平凉组上段（图版 3-2e），东部见于耀县桃曲坡剖面，以灰色至黑色为主，两地平凉组均含笔石与压扁的均分潜迹 *Contrites* 化石。按照页理的发育程度，可分为泥岩和页岩两大类。进一步可根据泥岩与页岩中组分及颜色可分为黑色钙质页岩、灰色钙质页岩、灰色粉砂质泥岩、灰黑色硅质泥岩等，其特征均表明它们形成于水动力条件极弱、水体安静的深水环境。

5. 硅质岩

硅质岩主要分布于东南部富平地区金粟山剖面、凤凰山剖面、赵老峪剖面与蒲城地区尧山剖面及桥陵剖面平凉组、背锅山组等。根据硅质岩的结构与构造可将研究区的硅质岩划分为层状硅岩、条带状硅质岩（图 4-9，图版 2-2b）、结核状硅岩，以灰黑色为主，也见土黄色，围岩均为灰岩。在富平地区赵老峪剖面发育的黑质岩、团块状灰岩、放射虫硅质岩与海绵骨针硅质岩等，以层状硅岩、条带状硅岩、结核状硅岩、团块状灰岩为主，其主要矿物成分为燧石，呈致密块状结构，薄层状硅质岩常与薄层灰岩、凝灰岩组成韵律层，富含放射虫、笔石等化石，属较深水盆地产物。

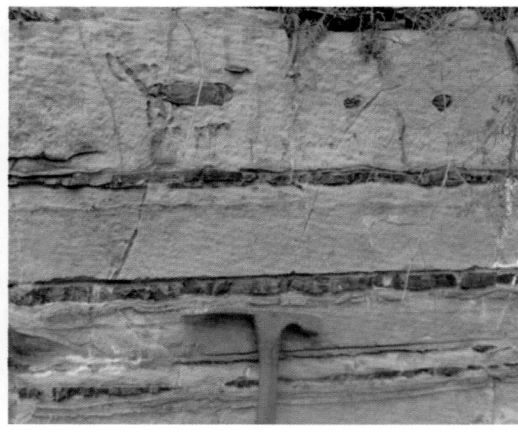

a.金粟山剖面　　　　　　　　　　　　　　　b.蒲城尧山

图 4-9　富平地区金粟山剖面蒲城尧山平凉组硅质条带状和结核

6. 事件沉积岩类特征

事件沉积岩类属于研究区晚奥陶世平凉期和背锅山期特殊沉积环境形成的一系列具有重要地质意义的特殊岩石类型，成因时间包括同生褶皱、垮塌、重力流、崩塌砾岩、火山、生物等事件沉积（图4-10），其中中上奥陶统地层中有多类型和多期性分布。具体包括：①奥陶纪生物曾发生过 3 期重大变化，早奥陶世发育了浅海生物群落腹足类、介形虫、海百合等，中奥陶世则变为以浮游为主的笔石、放射虫和遗迹化石，晚奥陶世则转化为以三叶虫、腕足类为主的浅海生物群落；②冶里期、马家沟期、背锅山期之间以及之后由于海平面大幅度抬升、台地暴露、韵律性海平面升降引起的海进–海退、沉积物滞留沉积旋回和沉积间断，海水深浅变化导致不同岩层带中 Fe、Mn、Sr、Ba、V、Ni、B 等元素以及 $\delta^{18}O_{PDB}$ 和 $\delta^{13}C_{PDB}$ 同位素含量有规律变化；③早奥陶世马家沟期与亮甲山期之间出现一套很薄的含砾石英砂岩；④中奥陶世马家沟期和晚奥陶世平凉期频繁出现大规模的来自古秦岭—祁连火山岛弧中的火山凝灰质、钾质拉脱斑沉积（图版 3-1g，图版 3-2）；⑤晚奥陶世平凉期发生重力流突变沉积，平凉期、背锅山期形成了滑动滑积层–滑动滑积岩–碎屑流–浊积岩；⑥铜川上店（图版 3-1a）、永寿好時河等剖面（图版 3-1d）、蒲城尧山（图版 3-1e、f）、富平赵老峪（图版 3-3a、c、d），砾石产状测定物源来自南部。

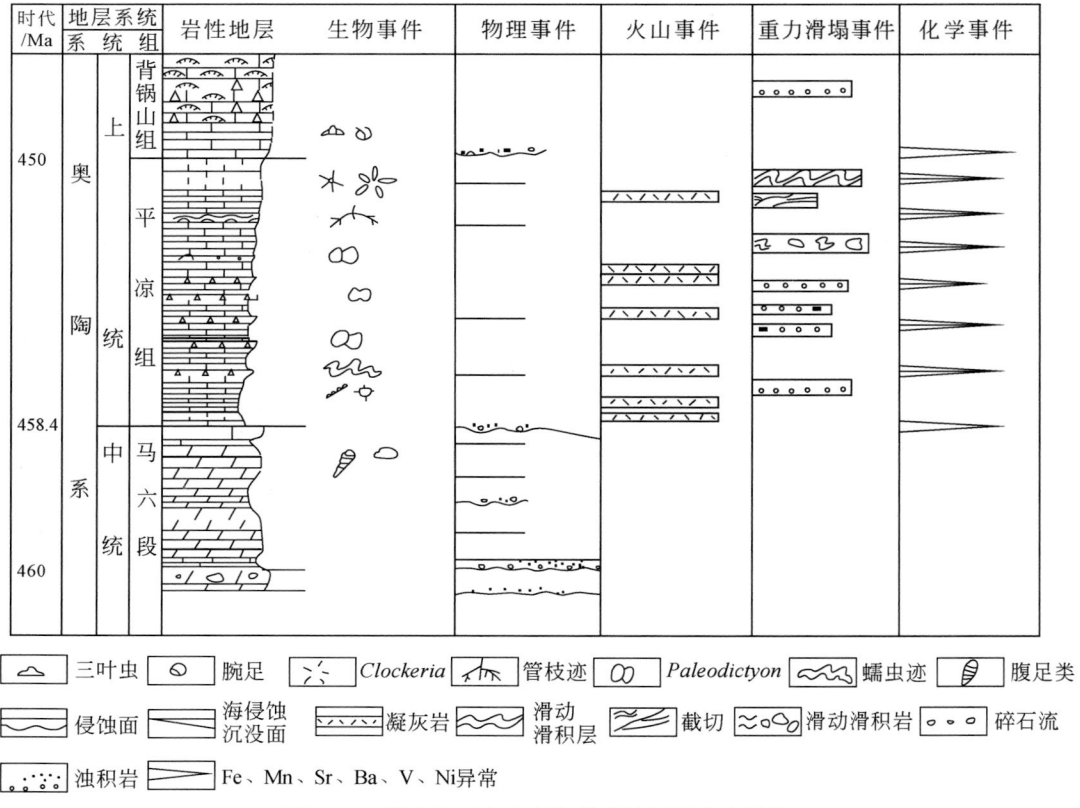

图 4-10　鄂南地区中晚奥陶世事件沉积分布层位

1) 火山碎屑岩

研究区火山碎屑岩广覆整个研究区域，中上统均有分布，分别夹在碳酸盐岩中，尤其在东南部富平—蒲城一带平凉组出露层数较多，主要以薄夹层状分布于平凉组深水灰黑色薄层碳酸盐岩层中，背锅山组及其东庄组中层数少。马家沟组在永寿好畤河、旬探1井马六段有出露，龙门洞深盆相泥岩中也有薄夹层。平凉组在平凉、陇县龙门洞、永寿好畤河、富平赵老峪、金粟山、蒲城尧山一带（图版 3-1g、h，图版 3-2）以及井下均有发育，岩石呈棕黄色、黄灰色。碎屑颗粒由玻屑、晶屑、岩屑组成，具有典型凝灰结构，具玻纤构造和粒状结构，微细水平层理或平行层理。

2) 垮（滑）塌岩

垮（滑）塌岩是响应晚奥陶世平凉期和背锅山期区域性构造强烈升降、地震、海啸、火山喷发以及迎浪冲刷等主要地质和环境事件的岩石类型，分为中部永寿好畤河平凉组生物礁灰岩底部的同生滑动变形构造（图版 3-1a、b、d），泾阳铁瓦殿剖面平凉组礁前斜坡垮塌岩（图 4-11）和东部铜川上店—富平底店赵老峪一带平凉组及背锅山组滑塌岩石（图版 3-3a、c、d）两种：其中前者是礁前陡崖崩塌式形成巨厚堆积的巨砾垮塌岩透镜体，顶底分别为礁灰岩和砾屑滩；后者是平凉晚期在赵老峪古断陷斜坡上发育的巨大滑塌碎屑流型岩石（图 4-11），底店剖面上还发育有滑塌变形构造（滑塌褶皱），其上部及下部均为原地沉积的灰黑色薄层泥晶灰岩，并伴有凝灰岩夹层，因此滑塌岩成因机理可能为地震作用（图 4-12）。

图 4-11　富平底店平凉组滑塌岩，滑塌层上部　　　　图 4-12　蒲城尧山剖面平凉组震积作用形成的
　　　和下部为原地沉积的薄层泥晶灰岩　　　　　　　　　挤压–拉伸（帐篷）构造进一步滑塌

3) 震积岩

震积岩主要发育在研究区东部富平底店—富平老庙万斛山—蒲城桥陵—尧山一带，其中以富平万斛山剖面最具代表性（图 4-13、图 4-14），地震作用致使原地沉积的塑性薄层灰岩产生断裂形成挤压–拉伸（帐篷）构造、震裂角砾岩与液化碳酸盐岩脉，而形成的震裂角砾棱角完整，就近沉积，在横向上具有可拼接性，含量达 65%～90%，粒间为灰泥支撑。

图 4-13　富平万斛山剖面平凉组震裂
角砾岩中的液化碳酸盐岩脉

图 4-14　富平万斛山剖面平凉组
震积作用形成震裂角砾岩

4）等深岩

　　等深岩主要分布在研究区东部富平一带，等深岩特征典型，李文厚等（1991）测量了富平赵老峪地区深流沉积走向为 SW15°～20°，其后屈红军等（2010）对其特征进行了进一步研究，划分了 4 种等深岩和 4 种层序结构类型，分析了等深流活动具有由弱到强再到弱的一个活动周期，间接证明了同期秦岭—祁连海洋盆向南北俯冲的过程，印证了平凉期在富平赵老峪地区存在张性弧后盆地，弧后盆地在富平底店剖面下部观察到下斜坡发育的等深岩（图 4-15），主要张性下沉作用，使本区当初处于与秦岭海槽到斜坡的过渡带，接

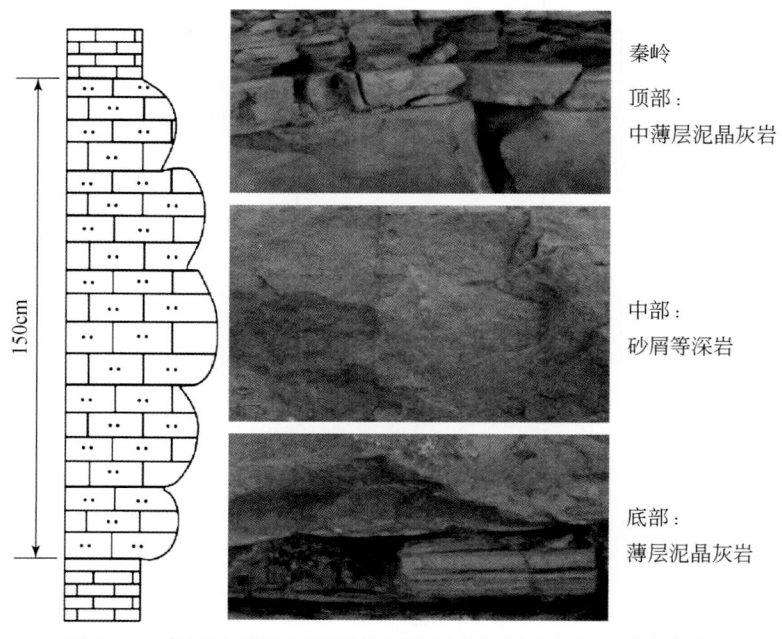

图 4-15　富平底店剖面下斜坡等深岩叠置层序与岩石发育特征

受了平行海底发育等深洋流沉积。岩性为粉屑等深积岩与砂屑等深积岩，其中砂屑与粉屑单层厚分别约为 30cm 与 10cm，而砂屑和粉屑均为灰泥质颗粒，往往呈多层叠置，偶见生物扰动，总厚约 1.5m。从韵律层序分析，剖面上总体上具有正向和反向递变层序，其反映了等深流沉积速度的增加和减弱。

4.2　中上奥陶统沉积相、微相类型与特征

　　沉积相是沉积物的生成环境、生成条件和其特征的总和，从沉积物（岩）的岩性、结构、构造和古生物等特征可以判断沉积时的环境和作用过程。研究区的沉积相反映了沉积地层的形成条件和时空演化、沉积体系、盆地性质、构造演化，因而对沉积盆地的沉积过程与古地理演化特征的认识具有重要意义。沉积相的分析应遵循"点–线–面"，首先对重点剖面详细观测和沉积相标志的收集，通过室内外分析对岩石颜色、岩石类型、剖面结构、沉积构造、古生物特征、地球化学特征等方面进行综合研究划分，其次对横剖面沉积相对比，弄清沉积相的横向与纵向分布特征，最后通对沉积相的平面分布特征进行总结分析。

　　通过对野外剖面的地层特征观测、室内测试分析后认为，耀县—富平地区中上奥陶统的主要沉积环境在中奥陶统以局限台地与开阔台地为主，向南发育开阔台地和台地边缘斜坡相，而上奥陶统以台缘生物礁与台前斜坡为主，向南水体逐渐变深为深水海槽。具体沉积相、亚相以及微相类型划分见图 4-16 和表 4-2。

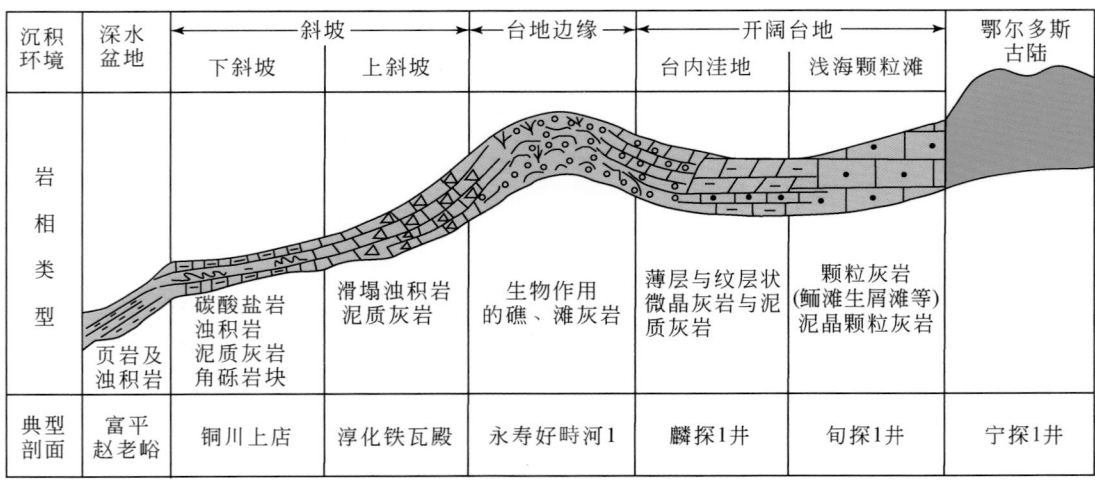

图 4-16　鄂南地区中上奥陶统碳酸盐岩沉积模式

表 4-2　鄂南地区中上奥陶统沉积相、亚（微）相类型及发育分布特征

沉积相	亚（微）相			主要岩石类型组合特征	典型分布区段
碳酸盐岩台地相	开阔台地	碳酸岩台坪	灰坪	结晶灰岩、颗粒灰岩、泥晶灰岩、叠层藻灰岩、泥灰岩、云质灰岩	马家沟组
			灰云坪	云质灰岩、灰质云岩、微晶云岩	马二段，马四段，马六段，平凉组
			云坪	晶粒云岩、泥云岩、灰云岩、颗粒云岩、藻云岩、膏云岩、膏盐岩	
			泥坪	泥岩、含云（灰）泥岩、含砂泥岩	陇县-岐山平凉组
		台内浅滩		生屑-砂屑灰岩、鲕粒滩、生屑滩	
	局限台地	潟湖		硬石膏-岩盐、膏盐岩、灰泥质云岩	研究区东南部，平凉组、背锅山组东庄组
		潮坪	潮上（云泥坪）	含膏质白云岩、膏盐岩、藻云岩	
			潮间（泥云坪）	叠层藻云岩、云灰岩、云岩、泥灰岩、纯微细晶灰岩	
			潮下（环陆泥砂坪）	灰岩、颗粒灰岩、含砂灰岩、泥灰岩、泥岩、含粉砂泥岩、粉砂岩	陇县、岐山平凉组
台地边缘相	台边缘环陆潮坪（环陆泥云坪、灰云坪）			粉晶-细白云、泥灰岩、含颗粒泥灰岩、灰泥质颗粒灰岩、颗粒灰岩、虫孔、交错层理（小）、波状层理、水平层理、鸟眼、细纹理	研究区西部平凉组、背锅山
	礁间浅滩			生屑灰岩、颗粒灰岩、亮晶结构粒序层理、斜和交错层理	马六段、平凉组、背锅山组
	台缘生物礁		礁核	生物骨架岩、黏（缠）结岩、障积岩，块状结构、架生物构造	研究区南部，中统马六段，上统平凉组、背锅山组、东庄组
			礁翼	礁角砾灰岩、颗粒灰岩、生屑灰岩，亮晶结构、楔状分布	
			礁前	垮塌角砾岩、滑积岩、砾屑灰岩、亮晶颗粒灰岩、扇状、透镜体状	
			礁后	泥云质生屑灰岩、泥晶灰云岩	
			礁顶	生屑泥晶灰岩、纹层状藻云岩、薄层泥微晶云灰岩，火山凝灰岩	富平凤凰山、永寿好畤河平凉组
			礁基	砾屑灰岩、颗粒灰岩、生屑灰岩	
台前斜坡相	上斜坡（礁灰岩垮塌相、浅水颗粒滩）			礁前垮（滑）塌礁角砾灰岩、潮下高能颗粒滩，生屑灰岩、颗粒灰泥灰岩、震积岩、中厚层、丘状、透镜体状、滑塌构造、粒序层理	中西部陇县龙门洞、泾阳铁瓦殿铜川上店平凉组、背锅山组
	下斜坡（半深海、浊流相、震积相、等深流相）			中、薄层泥质灰岩、颗粒灰岩、等深岩、震积岩、浊积岩、震积相，生物扰动构造少，水平递变层理	研究区东部富平赵老峪、金粟山、万斛山—蒲城平凉组、背锅山组
盆地相	弧后深海盆地（海槽）			灰泥灰岩、泥岩、放射虫硅质岩、火山凝灰岩，水平层理	

4.2.1　碳酸盐岩台地相

1. 开阔台地

研究区奥陶系开阔台地主要位于鄂尔多斯台地中部隆起东南部外侧开阔地区、台地与外部华北海以及秦岭海海水互相连通交流，属于广阔浅水环境，位于平均低潮线以下，浪基面以上，海水的循环性较好，水体能量一般较高，盐度正常，适宜于各类生物的生长。岩石类型主要为生物泥晶灰岩、泥晶藻灰岩、泥晶灰岩及泥灰岩等各种石灰岩，岩石的颜色主要为灰色、深灰色及灰黑色。此相带发育瓣鳃类、有孔虫、海绵、介形虫、苔藓虫等生物，而且藻类更为常见，生物扰动比较强。中奥陶世马家沟期发育于泾阳以北、彬县东南的广大区域，代表岩性为泥晶、颗粒灰岩；晚奥陶世平凉期—背锅山期局限于富平将军山、尧山剖面平凉组，岩性以中层–块状颗粒质灰泥灰岩、灰泥质颗粒岩、颗粒灰岩为主，也发育云斑灰岩（图4-17）。生物化石以介形虫、腹足类、腕足类、钙藻、双壳类、头足类、三叶虫等的浅灰底栖生物为组合。根据沉积环境和岩性可细分为藻灰坪、生物灰坪、灰云坪和泥灰坪等微相，其中灰坪及灰云坪微相在研究区中最为发育。

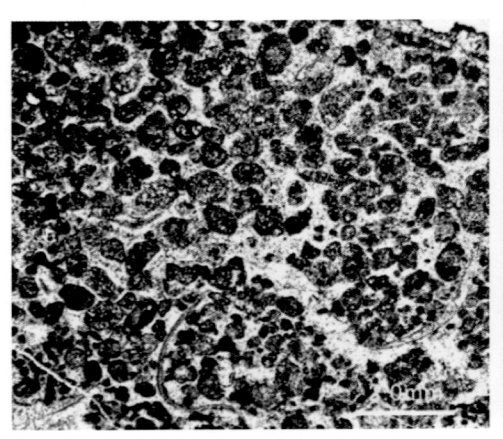

a.将军山　　　　　　　　　　　　　　　　　　b.蒲城尧山

图4-17　研究区富平将军山—蒲城尧山马六段台地相颗粒及砾屑豹斑灰云岩

　　1）灰坪微相

灰坪微相主要是由灰色中厚层泥晶灰岩、藻纹层灰岩组成的较纯的碳酸盐岩沉积，其中灰质含量大于50%，白云岩含量小于40%。在早、晚平凉期的永寿好畤河剖面、陇县龙门洞剖面及麟探1井均有分布。

　　2）灰云坪微相

灰质的含量达30%～49%，岩性以纹层状云岩、含灰云岩夹薄层灰质云岩为特征，水体一般比云坪稍微深些，而且水体较为安静。这类岩石主要是由准同生期的白云岩化作用形成，产生于超高盐度的环境。在早、晚平凉期的永寿好畤河剖面、陇县龙门洞剖面及麟探1井均有分布。

2. 局限台地相

研究区的局限台地主要于晚奥陶世形成，其中平凉晚期受秦岭山前火山岛弧、鄂尔多斯台地边缘生物礁的影响，在礼泉—泾阳以北、彬县以南的区域内形成了典型局限台地相，其中在盆地内部受礁、滩限制，潟湖沉积岩性主要包括层状球粒（团粒）灰岩或泥晶灰岩、泥晶灰岩，夹生物层，盐度变化明显，淡水、盐水、超盐水均有。局限台地带还包括潮坪环境，主要沉积物灰泥堆积于天然提，潮汐坪，潟湖内，粗粒沉积物见于潮汐沟以及局部海滩内。有的区域在水面以上，氧化和还原环境均有。海水、淡水沼泽植物均可见。

4.2.2　碳酸盐岩台地边缘相

1. 台缘潮坪相

台缘潮坪相位于台地周缘，其中马家沟组较晚奥陶世环境形成的相带伸展区域广（图版 2-3f、g），尤以马六期最发育，平凉期和背锅山期在台地南部边缘礁相带较宽，受潮汐作用影响明显。根据潮汐对沉积作用的影响，纵向剖面上可进一步划分为潮下带、潮间带和潮上带，受水动力和水体氧化还原条件影响，形成的微相带中既有典型代表性，相互间岩性、层厚、构造、化石组合等方面也具有明显的差异（表 4-3）。

表 4-3　研究区潮上带、潮间带和潮下带沉积特征的主要区别

相类型	潮上带	潮间带	潮下带
岩性	粉晶白云岩、隐藻白云岩	灰泥灰岩、灰泥质砂屑灰岩	灰泥灰岩、颗粒质灰泥灰岩、灰泥质颗粒灰岩、颗粒灰岩
层厚	薄层	中薄层	中层–块状
沉积构造	层状叠层石、水平层理、鸟眼	波状与层状叠层石、垂直虫孔、交错层理	柱状叠层石、水平虫孔
代表化石	隐藻	腹足类、腕足类、蓝藻、绒枝藻等	介形虫、腹足类、腕足类、双壳类、钙藻、蓝藻

1）潮上带

潮上带位于平均高潮面与最大高潮面之间，每遇大潮或者风暴潮期间被淹没，大多数沉积作用发生在风暴潮期间的正常高潮线之上。主要见于泾阳铁瓦殿、耀县桃曲坡、富平将军山、金粟山剖面平凉组，岩性以粉晶白云岩、隐藻白云岩为主，常见层状叠层石、水平层理、鸟眼等沉积构造，生物化石偶见隐藻。

2）潮间带

潮间带位于平均低潮面与平均高潮面之间，间歇性暴露和淹没。主要分布在富平将军山、金粟山、桃曲坡等剖面，岩性以中薄层灰泥灰岩、灰泥质砂屑灰岩为主，常见波状与层状叠层石、垂直虫孔，交错层理等沉积构造。生物化石以腹足类、腕足类、蓝藻、绒枝藻等为组合，以适应快速变化的环境，生物分异度低，藻类发育（图 4-18），区域上岩层分布相对局限。

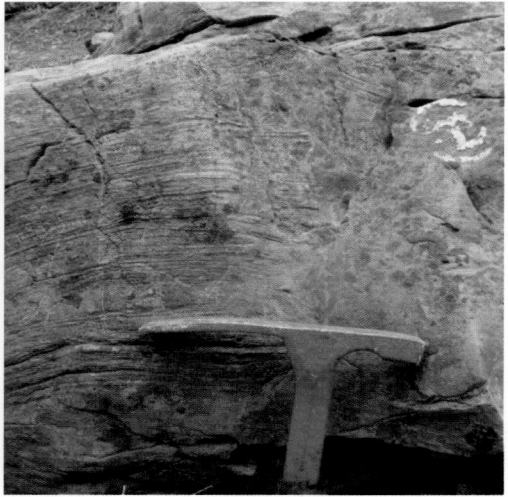

a.耀县桃曲坡　　　　　　　　　　　b.富平将军山

图4-18　耀县桃曲坡—富平将军山开阔台地潮坪相层状叠层藻云岩

3）潮下带

潮下带位于平均低潮面与最低低潮面之间，长期被海水淹没的环境，水深数米（金振奎等，2013）。主要分布在研究区寒武系和耀县桃曲坡平凉组，富平将军山、金粟山、尧山等剖面，岩性以中层–块状灰泥灰岩、颗粒质灰泥灰岩、灰泥质颗粒灰岩、颗粒灰岩等为主，其颗粒主要为生屑和内碎屑，常见柱状叠层石（图4-18）、水平虫孔等沉积构造。生物化石以介形虫、腹足类、腕足类、双壳类、钙藻、蓝藻等为组合，为正海相生物特征，分异度高。平面上，在泾阳铁瓦殿—淳化—礼泉东庄一带，马家沟下部马一段至马三段（图版1-6），厚约167.1m，岩性主要包括灰色藻灰岩、浅灰色泥晶灰岩、灰色膏云岩、灰色粉晶云岩。其中旬探1井与淳探1井中马一段、马二段海进体系域以灰色泥晶灰岩、云灰岩为代表，含膏质；马三段为灰色粉晶白云岩。在泾阳铁瓦殿，高位体系域的代表岩性为灰色浅灰色粉晶白云岩、含泥云灰岩夹粒屑灰岩；马家沟上段马四段至马六段，厚约614.2m。海进体系域相当于马四段及马五下段。在礼泉东庄剖面马四段，水进过程中形成了高能带中鲕粒粉晶灰岩；在泾阳铁瓦殿马五段，为深灰色中层状粉晶云岩与深灰燧石互层，东庄剖面为开阔台地相沉积，代表岩性为薄层微晶藻灰岩、叠层泥晶云灰岩。马五段和马六段，代表岩性为浅灰色厚层块状粉晶白云岩，为相对稳定且物源充足的地层。

2. 台缘生物礁

生物礁主要分布于晚奥陶世鄂尔多斯台地西南缘，陇县—岐山—永寿—淳化—耀县—富平一带链（堤）状断续分布，规模大小不等，以塔礁、层礁为主，总面积约为2500km^2。礁岩以灰色礁角砾灰岩、颗粒灰岩、生物岩（骨架岩、障积岩、黏结岩）、生屑灰岩为主。造架生物主要包括珊瑚、钙藻、层孔虫以及菌藻和少量海绵，居（附）礁生物有腹足类、腕足类、棘皮类、三叶虫、头足类等。发育时代为晚奥陶世凯迪阶早–中期，其中晚奥陶世凯迪阶早期典型生物礁有永寿好寺河剖面藻–珊瑚礁、泾阳铁瓦殿剖面珊瑚–层孔虫–藻礁与藻礁（丘）、耀县桃曲坡剖面叠层石藻礁（丘）与层孔虫–珊瑚–藻礁与富平将军山剖面藻–珊瑚礁与珊瑚层（1~4 层）；凯迪阶中期背锅山组有陇县龙门洞剖面珊瑚–藻生物礁（丘）、富平将军山剖面珊瑚层（5~6 层）、富平凤凰山剖面珊瑚礁（层）。生物礁沉积微相可划分为礁基、礁核、礁盖、礁翼等。具体特征见第 4 章和第 5 章详细论述。

3. 台前缘生屑滩

台缘浅滩（生屑滩）形成于浅海浪基面之上透光层内，岩相带分布于礁体向海一侧，受浪潮影响强烈，为高能窄相带。见于泾阳铁瓦殿、耀县桃曲坡剖面平凉组下段，富平将军山平凉组及凤凰山背锅山组。岩性以块状灰色生屑灰岩、颗粒灰岩、灰泥质颗粒灰岩为主，颗粒中生屑含量高达 75%~90%，以高能亮晶结构为主。部分裹挟砾屑以及垮塌大礁砾，源自生物礁的迎浪面的礁岩和生物骨架体，生屑有珊瑚、藻类以及腹足类、腕足类、棘皮类等。

4. 礁翼（礁后）颗粒滩

礁翼（礁后）颗粒滩主要分布在生物礁的礁翼和礁后，剖面上垂直礁体为透镜体状或者楔状，颗粒中生屑含量高，可达 40%~65%，另有鲕粒、粪球粒以及砂屑等，礁翼上岩性内部颗粒间为高能亮晶结构，礁后颗粒灰岩层中主要为泥云质微晶胶结，剖面上上下分别为潟湖相纹层云岩或者膏云岩，研究区主要见于泾阳、礼泉以北，东庄水库、铁瓦殿一带的中奥陶统马六段和上奥陶统平凉组。

5. 礁丘间鲕粒滩

研究区主要分布于永寿好時河剖面、淳探 2 井中奥陶统马六段和铁瓦殿、耀县桃曲坡上奥陶统平凉组以及背锅山组中，形成于开阔台地边缘、生物礁丘间，具有高能边缘隆起的碳酸盐岩台地以及位于浪基面之上与外部半深水区域间有较大坡度的斜坡上的潮道、潮沟中。微相中岩性主要为鲕粒灰岩，部分有云化，鲕粒含量高达 50%~65%，其次有豆粒、砂屑、生物碎屑以及藻团粒（块）等，多为颗粒间亮晶结构，淳探 2 井井下岩心铸体薄片中部分颗粒因重结晶和云化形成残余鲕粒结构，晶间孔洞发育，为 5%~12%，是有利储集岩性。

4.2.3　台前斜坡相

水深从波基面之上一直延续到波基面以下，位于含氧海水的下限之上。斜坡角度不等，根据坡度，斜坡可分为缓坡、陡坡、陡崖三类。其中缓坡的坡度较小，一般小于 3°，多位于外陆架或陆架坡折与陆隆之间，是洋底的最陡部分，一般为 3°~6°，主要标志是缺乏重力流沉积；近岸陡坡坡度较大，多在 15°~35°，发育有大量重力流滑塌沉积或震积岩特征；陡崖上陡下缓，上部无沉积物堆积，下部主要由巨大浅水成因的岩块角砾和重力流沉积夹薄层灰泥石灰岩组成。由晚奥陶世平凉期岩相古地理平面图可以看出，位于华北板块西南缘的鄂尔多斯碳酸盐岩台地到南部的秦祁海槽之间，由于加里东运动而向华北板块俯冲，火山岛弧岩浆侵入、火山凝灰质喷发作用，形成了主动华北大陆边缘和沟–弧–盆体系。由盆地向北到台地南缘形成湖盆变陡的北翼斜坡上，依次在陇县龙门洞平凉剖面、岐山曹家沟剖面、铜川上店—富平赵老峪剖面的平凉组下段沉积一套陆源碎屑岩和薄层深水碳酸盐岩沉积，平凉组上段，由于海水变浅，形成了生物礁滩，分别沉积碳酸盐岩-生物礁灰岩-深灰色半深海泥岩（泥灰岩）-火山凝灰岩沉积组合。但斜坡上，水深浅控制了水动力变化，也形成了相应岩相差异。平面上，研究区台地边缘斜坡相分布在开阔台地和台地边缘礁滩相的外围；纵向上，根据水深、水动力变化以及斜坡上重力流及滑塌等事件沉积物发育堆积的部位，分别将斜坡分为上斜坡半深水高能带和下斜坡深水低能带-深水盆地相两个类型，各自有相应的沉积微相以及岩石类型组合。

1. 上斜坡半深水高能带

晚奥陶世的古地理与古地形变化决定鄂尔多斯碳酸盐岩台地南前缘—秦岭弧盆的斜坡，处在浅水碳酸盐岩向深水盆地过渡带，在研究区东部富平—蒲城地区，在富平底店剖面与赵老峪剖面发育倾向东南的斜坡沉积，岩性以深灰色-灰黑色薄板状和页状灰泥灰岩、颗粒灰泥灰岩夹杂乱角砾灰岩和土黄色、橘黄色凝灰岩（钾质斑脱岩）为主，角砾灰岩为细砾至数米的巨砾和岩块，甚至可长达数十米，呈杂乱漂浮状排列，而浅水台地成因的灰岩砾石则呈浑圆状，表明研究区东部斜坡坡度较陡，为陡坡沉积；同期在中部永寿—泾阳—耀县桃曲坡一带，水体较浅，礁相发育，深水灰泥较少；而在研究区西部的陇县龙门洞—岐山曹家沟剖面（图版14-3），相应相带在平凉组上部才发育，表明同期地形东部高于西部，西部深水持续时间较长。

2. 上斜坡（礁前）半深水高能-低能过渡带中的垮塌相

上斜坡跨越半深水高能带与半深水低能带的过渡带，半深水高能带位于浪基面以上，低能带位于浪基面以下，此间水体在海进涨水期水变深缺氧，海退期进入浅水带富阳，属于间歇性富氧环境。其带上相对平缓处，除了沉积有正常的浅海-半深海-深海碳酸盐岩以及碎屑岩混源沉积外，近岸陡坡处也发育有源自上游礁岩南面迎浪面受潮汐以及海浪冲刷破坏、崩塌、堆积作用形成的大量垮塌相礁块岩角砾岩，其中在淳化铁瓦殿剖面斜坡最发育，剖面上厚度达 5～5m，砾岩中礁灰岩砾石大小不一，一般为 1.5～4.5cm，最大为 45cm，含量为 65%～85%，棱角状，砾石支撑，多层发育，累计达 85m，砾石多由礁块岩屑组成（图版 8-4g），生物既有造礁生物，也有黏结和障积生物。沿剖面向北追索，能够发现残余的礁基岩，空间上向南远离礁体，厚度减薄，粒径变小，周围在垂直和围绕礁体的纵向剖面上分别为楔状和透镜状。在富铜川上店剖面背锅山组中观察到上斜坡的大量滑塌变形构造与块体及角砾（图 4-19），发育有 10 层的滑塌变形，以滑塌变形层与原地沉积的灰黑色薄层灰泥灰岩交互出现。规模较小的滑塌层为 3～5 层，主要为原地沉积的薄层灰泥灰岩受到重力引起的滑塌褶皱，一般层厚 40～100cm，发育规模较大的滑塌层为 8～9 层，层厚约 2m。沉积过程中，重力流与滑塌的影响导致水平层理不发育。

在上斜坡远岸半深水低能带，研究区受区域上源自南部秦岭海槽以及火山弧的火山、地震、海水动荡（海啸）作用以及受等海水深洋流的影响，斜坡上游早期的垮塌礁砾堆积以及混合沉积物，进一步搬运在相对平缓处形成滑塌震积岩、碎屑流、颗粒流、浊流以及火山凝灰质等事件沉积（图 4-20）。梅志超和李文厚（1986）、贾振远（1988）及方国庆和毛曼君（2007）先后对富平县赵老峪、灵殿沟、金粟山及小峪一带发育的平凉组（赵

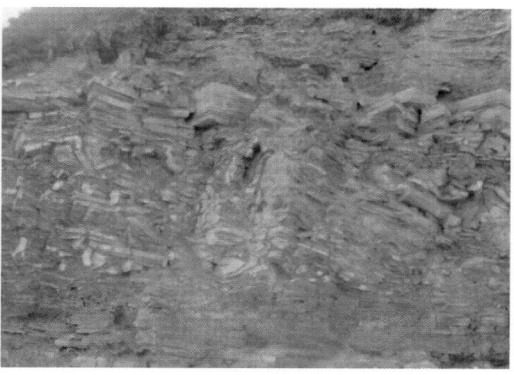

图 4-19　铜川上店—富平底店剖面上奥陶统背锅山组中弧后盆地北翼上斜坡滑塌构造

老峪组）深水相碳酸盐岩沉积中发育丰富的化石和遗迹化石进行研究，结果发现其中有以下特点：①发育有浮游的介形虫、放射虫和笔石化石，罕见原地的底栖生物；②遗迹化石群落的宿主岩系是典型的浊积岩系，属于 *Nereites* 遗迹相；③发育爬行迹、耕作迹和觅食迹等，以觅食迹占绝对优势，形态以分枝迹为主，分异度较高；④遗迹化石的潜穴管普遍较粗，直径超过 5mm。剖面平凉组晚期形成的中、薄层灰泥灰岩与重力流灰岩、滑塌岩或震积岩互层沉积，中、薄层灰泥灰岩中缺乏底栖生物化石，但发育有强烈生物扰动。

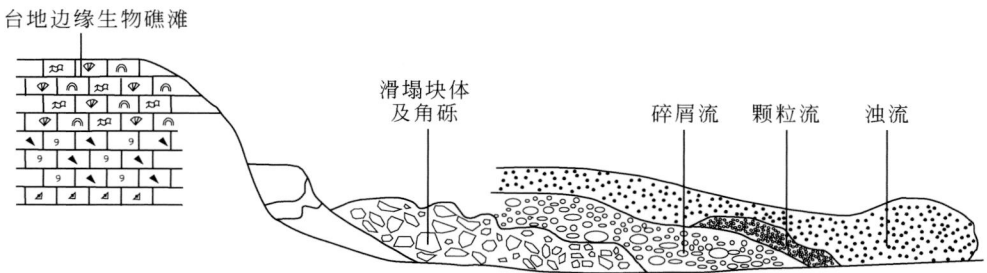

图 4-20　铜川上店—富平上店—赵老峪台前东南向上斜坡沉积模式
（据梅志超和李文厚，1986，修改）

3. 下斜坡半深水低能带–深水盆地相

下斜坡通常为深水斜坡，水体属于静水缺氧环境，水体循环差，相带分布范围较窄。与上斜坡相比，由于水深超过了碳酸盐岩沉积的补偿深度，黏土量和碳酸盐岩层薄且量少很少，常有硅质沉积。由于地形进一步变缓，加上水体环境具有一定的延伸继承性，所以事件沉积物与上斜坡也有相似性，常见中、薄层灰泥石灰岩与重力流灰岩、滑塌岩或震积岩互层，但重力流灰岩、滑塌岩或震积岩中颗粒变小（图 4-21，图版 13-1c），不发育具大块角砾、滑塌岩的滑塌变形构造。

4. 下斜坡深水事件沉积相

1）等深流

前人在研究区富平赵老峪（李文厚等，1991；屈红军等，2010）发现走向 SW15°~

 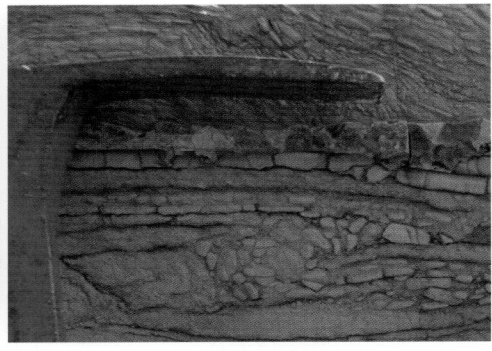

a.富平万斛山　　　　　　　　　　　　　　　b.蒲城尧山

图 4-21　富平万斛山、蒲城尧山一带平凉期下斜坡深水角砾灰岩

20°等深流沉积，推测成因与秦祁洋盆向南北俯冲，富平赵老峪地区成为张性弧后盆地，弧后盆地的张性下沉，致使赵老峪位于秦岭海槽到斜坡过渡带，平行海底发育等深流沉积。进一步对其深入研究发现，岩性分别为粉屑等深积岩与砂屑等深积岩，偶见生物扰动。砂屑与粉屑单层厚分别约为 30cm 与 10cm，均为灰泥质颗粒，呈多层叠置，剖面上总厚约 1.5m，包含 4 种等深岩和 4 种层序结构，层序呈正向和反向递变层序，反映了等深流活动以及沉积速度由弱—强—弱的周期韵律性活动。

2）浊流

浊流分布在下斜坡半深水低能带–深水盆地相，属于上斜坡低能带沉积物的再次搬运迁移，主要见于研究区东部的富平赵老峪、万斛山、蒲城尧山一带平凉期深水沉积中（图版 3-3a、c）。本次研究重点对赵老峪、蒲城尧山剖面沉积特征研究后表明，纵向上形成由角砾灰岩（鲍马序列 A 段）–粒序角砾砂屑灰岩–块状粒屑泥晶灰岩与定向角砾灰岩–粒序角砾灰岩–粒序角砾砂屑灰岩（鲍马序列 B 段）–砂屑灰岩–块状粒屑泥晶灰岩（鲍马序列 C 段）两个向上变细的韵律旋回，每个旋回沉积序列的顶部均发育具鲍马序列 C 段浊积岩。砾岩厚 0.5~3.5m，透镜体状，剖面水平延伸距离为 15~30m，整个厚度为 5~13.5m。

3）火山凝灰岩（斑脱岩）

火山凝灰岩（斑脱岩）是鄂南地区上奥陶统碳酸盐岩地层中的常见夹层（或者透镜体），马六段主要在中西部的岐山曹家沟、永寿好時河、泾阳铁瓦殿、礼泉东庄剖面常见；平凉组遍布全区，在陇县龙门洞、耀县桃曲坡、将军山、泾阳铁瓦殿、富平赵老峪、金粟山及蒲城尧山均有发育，火山凝灰岩（斑脱岩）发育厚度、组分、韵律层数不等，其中东部富平金粟山、蒲城尧山有多达 6~9 次沉积，厚度为 0.5~35cm，成分经专门分析均与南部同期岛弧以及槽区超深断裂带火山喷发有关，也与其他事件沉积联动或者先后发生，其中赵老峪位于浊流的上部。

从时空关系上分析，上述由火山活动、地震作用以及沉积古地形和水动力等综合因素引起的事件沉积层，均属于有机成因，分布有规律可循，台地边缘礁前顺坡滑塌、滑动的巨大礁岩块体，在近基地区堆积，而较小的块体、砂砾以及灰泥，则混合成沉积物流，顺坡向下流动。于是，平面上依次发育形成滑塌–碎屑流、颗粒流、浊流的连续沉积体系（图版 3-3a、d）。

4.2.4　弧后深水盆地相

深水盆地相位于风暴浪基面和氧化界面以下静水缺氧沉积环境,,水深超过几十米甚至几百米不等,地形平坦(图4-22)。因为水体深而且光线比较暗淡,水体循环差,不适宜于底栖生物的生长。研究区主要形成于平凉海侵期,平面分布位于西南部陇县—平凉区,岐山曹家沟、富平底店、赵老峪、金粟山、万斛山、蒲城尧山等地(图4-23)。沉积

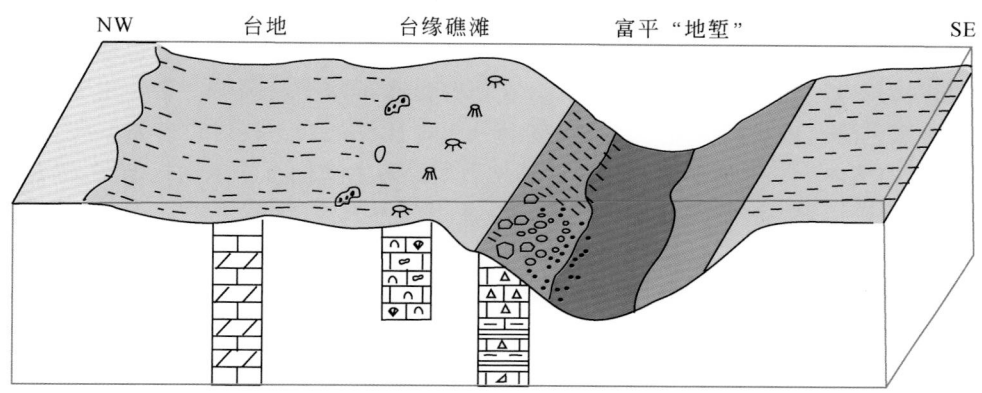

图4-22　晚奥陶世平凉期铜川上店—富平赵老峪地区台地-斜坡-深海盆地古地貌模式

a.富平底店　　　　　　　　　c.蒲城尧山

图4-23　平凉期富平底店—万斛山—蒲城尧山深水盆地相薄层泥灰岩

物来源主要依靠从北部鄂尔多斯中央古隆起风化剥蚀注入的细粒泥灰质物质和硅质物质
（图版 2-4a），浮游生物死亡后沉积下来的硅质堆积物以及漂浮沉淀的火山凝灰质。西部
陇县—平凉岩石类型主要包括灰黑色含笔石页岩、深灰色薄层状泥晶灰岩、灰黑色泥岩、
硅质岩及凝灰岩等。以陇县龙门洞剖面平凉组笔石页岩为代表，页岩中的页理很发育，常
含有硅质，硅质岩中的纹理状构造发育，含有笔石和放射虫化石，常呈现为密集状，保存
较为完整。泥岩中含有分散状的笔石化石及小型的介壳类生物化石，多与浊流成因的砂岩
呈互层状。泥晶灰岩的单层厚度很小，基本上在 1～8cm，而且纹层状构造较为发育，生
物稀少，常见有介形虫、三叶虫及海绵骨针等，有时也可以见到少量的笔石顺层分布；东
部富平—蒲城深水盆地走向呈 NE-SW，向北部深入鄂尔多盆地南部浅水台地，盆地东侧
斜坡的倾向为 NW-SE，而西侧为 NE-SW。在研究区东部富平与蒲城一带，主要岩性由深
水灰黑色-黑色薄层板状泥灰岩、页岩、放射虫或骨针泥灰岩、放射虫硅岩，夹远源浊积
岩、等深岩透镜体，缺乏底栖生物化石，偶见微型浮游生物化石，生物扰动弱，岩层层面
较为平整，水平层理发育，厚度近千余米。

4.3　鄂南地区奥陶纪岩相古地理分布特征

4.3.1　早中奥陶世岩相古地理

1. 早奥陶世冶里期

经过寒武纪末期鄂尔多斯地块整体抬升后，冶里期海水又开始入侵。由于地貌构造格
局一定程度沿袭了寒武纪末期的特征，在华北板块西南被动陆缘以及近缘地区，总体形成
开阔宽缓斜坡地形，研究区发育浅海潮坪碳酸盐岩沉积，由于属于华北广阔海域及碳酸盐
岩台地的组成部分，所以在淳化山化、泾阳等剖面上早期形成的潮下高能带角砾云岩层等
典型沉积标志以及岩性韵律旋回可以与区域上其他地区对比（图版 2-1a）。虽然在鄂尔多
斯古隆起上没有残留地层，在其南缘沿陇县—宁县—富县—宜川以南，地层厚度自南向北
逐渐减薄直至完全缺失，但无法确定古隆起影响沉积环境，由其以南，依次发育泥云坪、
灰云坪以及灰坪沉积，岩性以潮间带和潮下带的中薄层浅棕色、紫红色、浅灰色、灰色的
泥质云岩、泥粉晶云岩、粉细晶云岩以及燧石结核白云岩为主。潮上带泥云坪仅在泾河东
庄剖面（图版 2-1e）发现，沉积中见微细水平纹层以及藻纹层（图版 2-1g）。

2. 亮甲山期

区域上的构造格局、古地理面貌及大的沉积环境体系基本继承了冶里期特征，研究区
总体仍为开阔宽缓斜坡地形，发育浅海碳酸盐岩台地云岩和灰岩潮坪沉积，靠近古隆起为
云坪，远离秦岭海盆逐渐过渡为灰坪。地层分布变化相对稳定，基本变化与早期冶里相
似。岩性主要为浅灰色、灰色中厚层云岩，特征的富含燧石条带和团块云灰岩（图版 2-
1f）可与区域上对比。泥云坪中不同地区岩性因相变岩性有差异，其中在旬探 1 井泥质云
岩占地层总厚的 42%，在淳探 1 井泥质云岩占地层总厚的 68%，在永参 1 井含燧石白云

岩地层厚度可达 43%；云灰坪发育在泥云坪的外侧，主要岩性为浅灰色中厚层粉细晶云岩、含燧石白云岩、叠层石白云岩以及泥晶灰岩等，为潮间带上部环境。

早奥陶世亮甲山期末，怀远运动使区内发生大规模海退，形成马家沟组和亮甲山组之间的沉积间断，也形成了鄂尔多斯古隆起下奥陶统地层的残缺。

3. 中奥陶世马家沟期

相对早奥陶世，进入中奥陶世马家沟组沉积期间，由于整个华北海（包括秦岭—祁连海）重新发生了广域性海侵，虽然经历了怀远运动，但构造以及古地理地貌没有发生颠覆性变化，研究区依然位于相对宽缓的华北台地西南斜坡浅海水域，碳酸盐岩台地及潮坪主导了沉积相。在总的海侵背景下，跟随华北海变迁过程，也经历了漫长的三个韵律性海平面升降旋回，分别形成了马一段、马三段、马五段相对海退期和马二段、马四段、马六段的相对海进期碳酸盐岩台地云灰坪相沉积。由于研究区南部位于华北海西南隅，同时也受来自秦岭-祁连海水的侵津和鄂尔多斯古隆起的影响，所以华北韵律海升降造成的三云三灰岩互层变化在研究区剖面不太典型，但在平面上，不同时期的沉积微相以及岩性分布存在差异（图 4-24）。膏盐湖、含膏云坪、云坪、云灰坪较大，其中膏盐湖主要分布在宜川—富县一带，膏岩和盐岩含量较高。含膏云坪环绕在膏盐湖和盐湖的外侧，在淳探 1 井附近一带也发育含膏云坪，主要岩性为含膏云岩、泥云岩、泥晶灰岩及少量盐岩等。淳探 1 井的膏质云岩含量达到了 46%，泥质白云岩含量达 21%，旬探 1 井底部含有膏岩夹层，主要为泥晶白云岩，纵向上含膏云岩和泥质白云岩的交互韵律层。

马一、马三海退期，相对鄂尔多斯古隆起面积大增，受其影响，研究区地层厚度自西向东、自南向北逐渐减薄。中北部发育的局限台地在陇县以白云岩和泥质白云岩为主，永参 1 井白云岩地层占总厚度的 66%。向南濒临秦岭海域，水变深，进入灰坪，处于潮下带，灰岩中见高能带含生屑。浅海斜坡灰泥岩相以及半深海泥岩分布仅局限于图幅东南角，面积有限。

马二、马四海进期，鄂尔多斯古隆起减小，图幅中北部蒸发环境膏盐湖范围缩小，泥云坪以及云灰坪占据图幅中北部主体，面积大，覆盖广。岩性主要有灰色细粉晶白云岩、泥质白云岩、灰岩、云质灰岩，含有砂屑灰岩、生屑灰岩，产腕足类、头足类及腹足类化石。同时图幅南部灰坪、斜坡带泥、灰岩互层沉积沉积以及半深海粉砂泥岩相界范围北移，相序变化从下向上相比马二海进期而言（图 4-24），马四海进期幅度更大，云质含量逐渐减少，颗粒增多，反映水体逐渐加深、水动力渐强。在局部剖面台地前缘深水斜坡，发育碳酸盐岩碎屑流、浊流等深水重力流沉积，与薄中层灰岩互层，向外逐渐过渡并与秦祁海槽相连。

马五期，相比于马一期、马三期，虽然也是海退期，但在南部相对幅度缓慢，鄂尔多斯古隆起范围小于马三期，大于马四期，中北部盐湖收缩，云坪中灰含量、泥灰坪范围以及浅海斜坡水域明显比马一期、马三期范围大，并且有高能带生屑滩以及砾屑云岩。岩性变化表明，秦岭海水有北扩对冲华北海迹象，造成泾阳剖面云岩灰岩界限不清。

马六期，在区域地层对比中，马六段相当于华北地区的峰峰组，马六期沉积时，构造以及古地理地貌与马五期以前有一定变化，不仅岩层中凝灰质夹层增多，表明区域火山活动区域活跃，孕育构造地貌将发生改观，鄂尔多斯南缘地区基本构造格局虽然仍为北高南

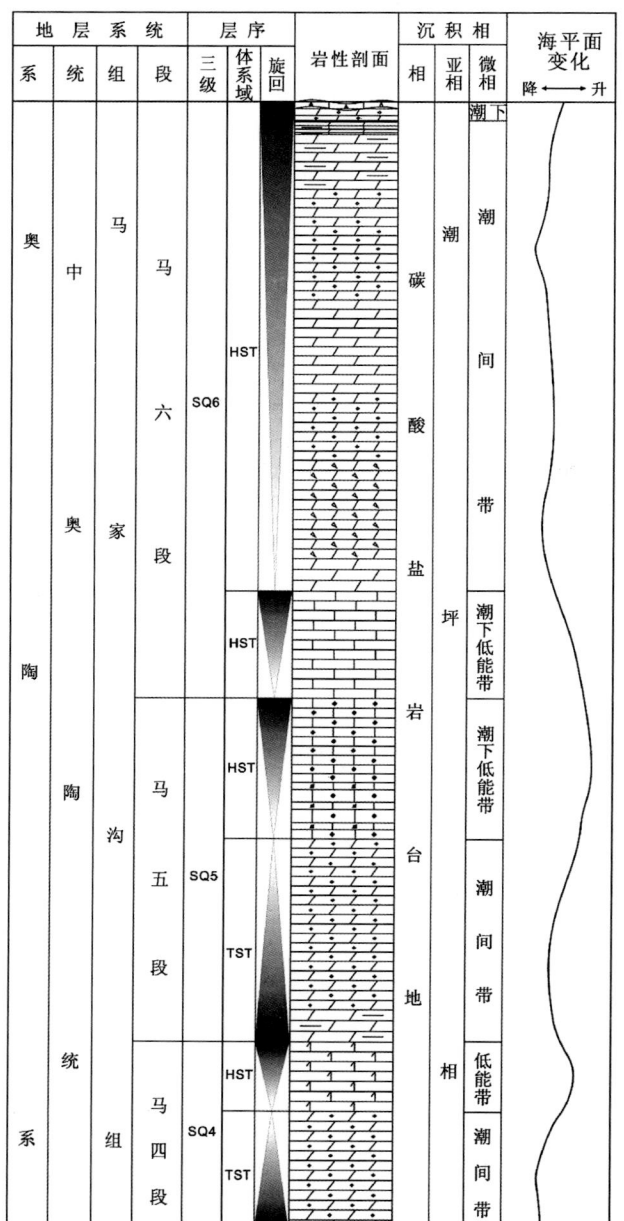

图 4-24　淳化铁瓦殿剖面马四段—马六段台缘潮坪相微相相序演化剖面

低，岩相古地理面貌与马四期相似，进入又一海侵过程，并且海侵幅度明显大于马四期。环古隆起开阔海台地沉积含云灰岩、外围台地边缘斜坡砾屑灰岩、灰岩夹泥岩与半深海粉砂质泥岩均很发育，分布范围相当。永寿好畤河等地剖面以及旬探 1 井有小规模生物礁以及生屑滩，斜坡带灰岩夹泥岩与半深海粉砂质泥岩缺乏明显北扩趋势。可以看出，图幅鄂尔多斯古隆起范围扩大，而浅水潮上蒸发云坪相不发育，古隆起前缘斜坡带很窄，向南快速进入深水海槽，表明沉积时古地理地形起伏幅度大，沉积后古隆起可能对地层也有一定的破坏作用。

总体上，从马一期到马六期，平面岩相古地理单元从北向南，由碳酸盐岩古隆起、碳酸盐岩台地以及台地南缘浅海斜坡以及逐渐北侵的半深海组成。在三次海平面韵律性升降过程中，鄂尔多斯古隆起范围分别退缩和外扩，相应地位于潮坪上的碳酸盐岩云灰岩、碳酸盐岩台地南斜坡上灰、泥岩以及外侧半深海泥岩相界也有规律地北迁和南推。

4.3.2　晚奥陶世岩相古地理

中奥陶世末马六（峰峰）期，受加里东运动影响，华北板块西南缘及秦岭—祁连地区的区域构造性质发生了根本性转换，这种转换主要表现为寒武纪—中奥陶世在秦岭—祁连洋盆的岩石圈伸展构造体系逐渐转化为秦岭—祁连洋壳的向北俯冲，进入晚奥陶世，在这一动力学背景下，华北板块西南缘已由早前马家沟期的被动大陆边缘环境加剧转化为沟-弧-盆体系的活动大陆边缘。研究区位于鄂尔多斯古陆南缘及北秦岭—北祁连海过渡区，南部秦岭—祁连海槽形成，火山活动频繁，西南华山、熊耳岛弧以及宽坪列岛相继形成，受北秦岭洋壳开始向北俯冲影响，北部鄂尔多斯古陆被拱起抬升，鄂尔多斯腹地海水大规模向外退却，形成大范围古陆隆起区，同时南缘斜坡变陡。因受力差异，南北向不均衡沉降，形成南陡北缓不对称盆地结构，区域上由古陆向南进入秦岭海槽深水海盆。

1. 平凉早期

古地理地貌和沉积环境相比早期更加复杂，由南向北沉积相分布特征为介于商丹断裂与洛南断裂之间为北秦—祁连岭地区岛弧系，主要沉积深水海槽盆地暗色泥岩、含凝灰质泥岩以及火山碎屑沉积；进入现今的关中地区，属于弧后盆地，主要发育半深海粉砂质泥岩、泥质粉砂岩、叶片状泥晶灰岩与硅质岩、凝灰岩互层，夹薄层重力流沉积。其中，平凉地区沉积了平凉组笔石页岩，陇县—岐山—富平一带发育黑灰色页岩、硅质粉砂岩和深色碳酸盐岩重力流沉积；在鄂尔多斯古陆南斜坡与弧后海盆过渡带，带状发育半深海以及深海粉砂质泥岩、泥质粉砂岩与黑色薄层灰岩互层；在鄂尔多斯古陆南斜坡上段，由于斜坡宽缓，围绕古陆主要形成灰云坪沉积。

2. 平凉晚期

构造古地理面貌基本继承了早期格局，商丹断裂与洛南断裂之间仍为祁连-北秦岭地区岛弧系，依然沉积深水海槽盆地暗色泥岩、含凝灰质泥岩以及火山碎屑岩，深水水域向南有退缩的趋势；北部由于鄂尔多斯主体隆升为陆，靠古陆外围沉积环境有明显变化，地形宽缓，浅海水域范围扩大，碳酸盐岩台地相沉积发育，岩性主要为中厚层灰岩。在陇县—旬邑—永寿—淳化—耀县一带，沿碳酸盐岩台地边缘带状分布多个生物礁，并伴有滩相灰岩，生物礁中造礁生物主要为珊瑚、层孔虫、藻类、苔藓虫等，附礁生物多为头足类、腹足类、腕足类、棘皮、三叶虫、介形虫、牙形石等。

剖面上，以中部淳化铁瓦殿剖面为例（图 4-25），总体海水侵进变浅，由潮下低能带向高能带转化，有利于生物礁繁衍，整个过程为韵律性迂回下降，形成了多层礁灰岩叠置；平面上，研究区由东向西，相应形成了一系列生物礁以及高能滩相沉积，其中耀县将军山等地为珊瑚–钙藻生物礁，耀县桃曲坡为钙藻生物礁，淳化铁瓦殿为钙藻–珊瑚–层孔虫生物礁，泾阳徐家山为层孔虫–珊瑚生物礁，永寿好畤河为钙藻–珊瑚生物礁。礁体进一步划出礁基、礁核、礁盖、礁翼、礁前等微相，礁核多见各种生物骨架岩，礁翼、礁前多为各种砾屑灰岩，礁前可见巨角砾灰岩。台地前缘斜坡位于碳酸盐岩台地外侧，西部陇县龙门洞、景福山以灰色、黑灰色的页岩、砂岩和灰岩夹角砾灰岩及凝灰岩等；岐山—扶风一带为黄绿色、灰绿色的薄层泥岩和深灰色、灰色泥灰岩夹凝灰岩和砂岩等；中部泾阳为一套灰白色厚层砂屑灰岩、介壳灰岩和泥晶灰岩夹凝灰岩沉积，淳化—旬邑一带井下主要为灰色–深灰色的灰岩、泥灰岩、灰质云岩和云质灰岩夹云岩等，永寿—礼泉一带为一套页岩、灰岩、云岩组合。东部铜川上店—富平金粟山—蒲城尧山一带，沉积深灰色、灰黑色的薄层状、页片状泥晶灰岩与砂屑灰岩互层，薄层泥晶灰岩夹多层凝灰岩。同生变形以及滑塌构造发育。

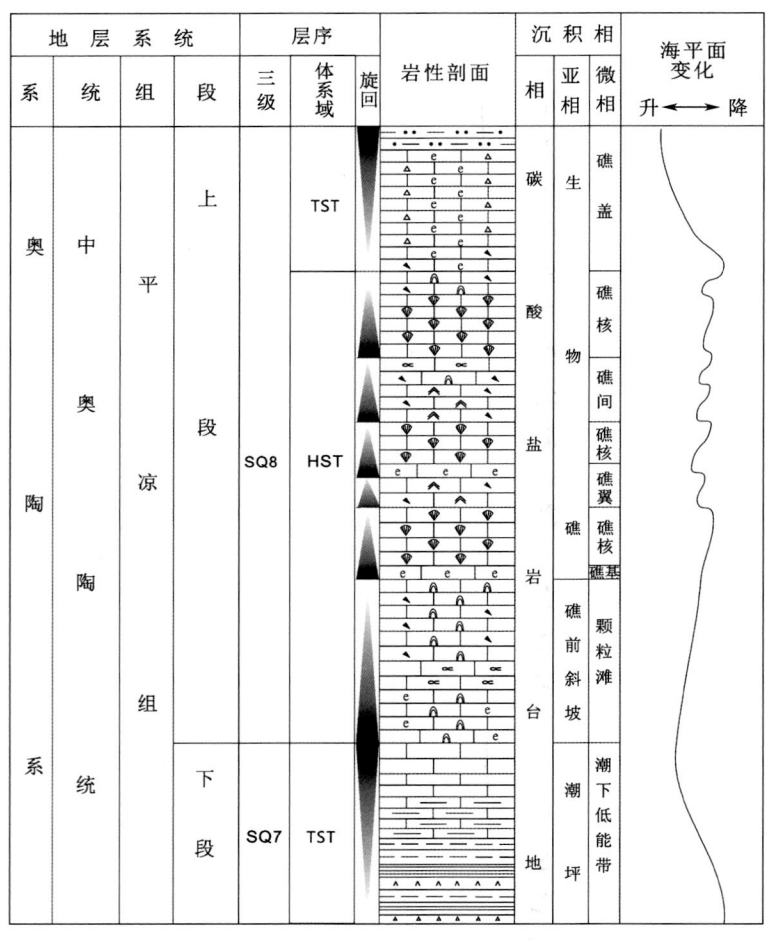

图 4-25　淳化铁瓦殿平凉组礁灰岩相相序演化剖面

3. 背锅山期

背锅山期，受奥陶纪末期构造抬升作用影响，研究区海水面积较平凉期进一步萎缩，鄂尔多斯古陆面积继续增大，沉积范围继续向南退缩。在风化剥蚀作用影响下，残留地层仅在龙门洞、岐山、泾阳、耀县、上店等部分剖面保留，并且各个剖面残留厚度以及岩性差异很大，一般从几米至上百米不等，最后在陇县背锅山地区最厚达 400 余米，最薄的上店仅 9.3m。主要为一套碳酸盐岩台地礁灰岩相、台前斜坡垮塌角砾岩及半深海斜坡–深海槽泥岩相组合。台地紧邻古陆，岩性以浅灰色至深灰色颗粒灰岩、泥晶灰岩和泥质灰岩为主，位于台地南缘的陇县龙门洞、淳化铁瓦殿、铜川上店剖面，礁灰岩中含丰富珊瑚、腕足类以及藻类等化石；沿台地前向西南，为浅海–半深海缘斜坡，在研究区围绕古隆起斜坡带，近东西向带状分布一系列砾岩地层，砾石分选和磨圆差，其中在中西部陇县、铁瓦殿、上店剖面为巨厚垮塌以及滑动作用形成礁块灰岩，向东在蒲城桥陵、尧山均为滑塌巨砾岩，岐山、耀县为中厚层角砾灰岩以及由浅水区搬运沉积在泥岩中含生物碎屑化石地灰岩透镜体，角砾主要成分为硅质条带白云岩、灰岩及下伏地层的泥岩，显示经历过潮下高能带很强的冲刷作用。岐山发育泥石流沉积，砾石成分复杂、大小不一，排列杂乱。富平底店、赵老峪泥晶灰岩、泥灰岩夹碳酸盐岩重力流沉积，槽模、滑动揉皱构造均指示古水流方向均为 NW 或 NE 向，反映物源来自南部华北地台南缘古隆起；进入浅海–半深海斜坡外侧，逐渐过渡至深海盆地并进入秦祁海槽，主要沉积深水暗色泥岩、粉砂质泥岩及含凝灰质碎屑岩，凝灰质和来自火山岛弧的沉积物在槽区普遍分布。

4. 东庄期

大部分地区缺失，主要在礼泉—彬县一带局部残留，露头区残留厚度差异较大，由几十米至上百米不等，东庄剖面为灰绿色泥页岩夹少量含生屑灰岩透镜体，与下伏地层相比泥质含量显著增加，表明其沉积主要受控于陆源物质影响，化石较少。在麟探 1 井，岩性为灰黑色泥灰岩。化石组合特征时代应为晚奥陶世凯迪阶晚期，麟探 1 井（3030.69m）与东庄剖面均出现疑源类及几丁虫化石组合，其中几丁虫为 *Belonechitina tarimensis*、*Rhabdochitina* sp.，疑源类为 *Multiplicisphaeridium* sp.、*Leiosphaeridia* spp.、*Baltisphaeridium* sp. 等。认为两者出现陆生隐孢子相吻合，同时出现较多陆生隐孢子，表明当时处于沉积水体较浅的海湾相沉积环境。此外，由于特殊的沉积环境有利于有机质形成，所以生烃指标好。

第5章 生物礁生物构成、生态功能及礁岩结构类型划分

5.1 主要造礁、居礁与附礁生物及其生态习性

5.1.1 主要造礁生物

通过桃曲坡、铁瓦殿、好畤河、三凤山等剖面仔细观察描述、体视显微分析鉴定，在研究区中上奥陶统礁体中，初步鉴定出的主要造礁生物包括珊瑚、层孔虫、菌藻以及海绵四大类（图版7，图版8）。

1. 珊瑚类

珊瑚是主要造礁生物之一（图版4-2，图版7-5d，图版7-6d，图版7-7a，图版7-8e、f，图版8-7），其坚硬的钙质骨骼与其他造礁生物骨骼一起构成生物礁的骨架。珊瑚生活在洁净温暖、盐度正常（3.4%～3.7%）的海水中，水体深度一般在20m以内，在25～29℃的水温中生长最繁盛。鄂南地区中上奥陶统的珊瑚常见的主要种为床板珊瑚亚纲（Subclass Tabulata）和皱纹珊瑚。常见种有隐地衣珊瑚科 Cryptolichenariidae Sokolov 的阿姆塞士珊瑚（*Amsassia* sp.）、喇叭孔珊瑚目桃曲坡耀县管珊瑚（*Yaoxianopora taoqipoensis* Lin）*Syrimngoporella yaoxianensis* Lin（耀县小笛管珊瑚）、*Yaoxianopora taoqipoensis* Lin（桃曲坡耀县管珊瑚）、*Catennipora junggarensis*（准噶尔镣珊瑚）、*Holocatenipora uniforma*（均一空镣珊瑚）、*Parastelliporella* sp.（准星孔珊瑚）、*Plasmoporella chamomilla* Bondarenko（甘菊状似网膜珊瑚）、*Rhabdotetradium quadratum* Zhizhina（方型杆四分珊瑚）、*Plasmoporella shiyanshanensis*（石燕山似网膜珊瑚）、*Dinophyllum* sp.（卷心珊瑚）、*Favistella alveolat*（多孔蜂房星珊瑚）、*Favistella intermediate*（中等蜂房星珊瑚）、*Favistina* sp.（蜂巢珊瑚）、*Ningnanophyllum shengi*（莘夫宁南珊瑚）、*Linchenaria amsassiformis*（阿姆塞士珊瑚形地衣珊瑚）、*Syrimngoporella yaoxianensis*（耀县小笛管珊瑚）、*Bajgolia* sp.（巴伊戈尔珊瑚未定种）、*Quepora uniforma*（均一空镣珊瑚）。

2. 菌藻类

菌藻类包括绿藻门中粗枝藻 *Dasycladus*（绒枝藻）、*Dasyporella*（绒孔藻）、*Dasyporella silurica* Stolley（志留绒孔藻）、*Trichophyton*（绒毛藻）、*Vermiporella*（蠕孔藻）、*Vermiporella eisenacki* Elliott（艾氏蠕孔藻），红藻门 Rhodophyta Papenfuss 中 *Proaulopora*（前管藻）、*Solenopora filiformis* Nicholson（丝状管孔藻）、*Renalcis*（肾形藻）、*Girvanella*（葛万藻）、*Ortonella*（奥特藻）、*Epiphyton*（表附藻）、*Nuia*（努亚藻）。细管蓝藻、颤菌

科、前管菌、丛菌（图版 5-1c、f，图版 7-6g，图版 8-7e，图版 8-10）。

3. 层孔虫类

层孔虫类包括 *Cystistroma donnellii*（唐奈囊层孔虫）、*Labechia stratiform chunhuaensis* Jiang（淳化层状拉贝希层孔虫）、*Forolinia* sp.（穿孔层孔虫）、*Clathrodictyon convictum*（确信网格层孔虫）、*Clathrodictyon neimongolense*（内蒙古网格层孔虫）、*Clathrodictyon simplex*（简单网格层孔虫）、*Ecclimadictyon xinjiangense*（新疆蜂巢层孔虫）、*Tucaechis altunesis*（阿尔金图瓦层孔虫）、cf. *Cystostroma zhonghuaense*（中华泡沫层孔虫相似种）、*Cliefdenella* sp.（克利夫登层孔虫未定种）（图版 6-1，图版 7-1c，图版 7-7b、图版 7-10e、f、图版 8-6a，图版 8-8a、b）。

4. 海绵类

海绵是一种固着表生动物，能牢固地固着于硬质基底，并具良好的挠曲性，适于在具一定风浪、水体动荡的环境生长，一般在不同温度条件下都能生长于正常盐度的滨、浅海环境，主要食用流动海水中的浮游生物和其他浮游有机质。在研究区中上奥陶统的生物礁中（图版 8-2a，图版 8-6e、f，图版 8-7b），目前资料显示，主要是纤维海绵、硅质海绵，相对种属少，造礁作用较弱。

5. 苔藓虫

苔藓虫是一种适应性很强的底栖群体生物，匍匐于硬质海底，营底栖附着生活，可生长于由秦岭深海斜坡到鄂尔多斯台地边缘不同温度、盐度、深度和底质的海洋环境中，但主要生活于台地边缘温暖洁净有一定水体能量的浅海中。研究区剖面上生物礁中的苔藓虫主要分布于相对靠近台地内部的将军山、泾阳及永寿地区，其中只有将军山礁体骨架生物是苔藓虫（图版 7-8h，图版 7-10g，图版 8-12d，图版 12-4c），在礁相地层中多以枝状、块状形式存在于礁体内部和地层中，与其他造架生物一起构成了苔藓虫障积礁，主要种属是直立生长的变口目苔藓虫（*Trepostomata*）和少量泡孔目苔藓虫（*Cystoporina*），研究区其他剖面多为居礁生物。

总之，上述生物以不同的共生组合形式构成研究区礁灰岩中的障积岩和黏结岩，因在研究区不同剖面之间成礁环境不同，上述主要造礁生物分布有差异，其中耀县桃曲坡、富平三凤山、淳化铁瓦殿的珊瑚，淳化铁瓦殿、永寿好时河的层孔虫，铜川陈炉、上店的菌藻分别起着最重要的造礁作用。

5.1.2　常见居礁生物

常见居礁生物主要有腕足类、头足类、管状的蓝藻、丛状蓝藻、粗枝藻，其次有大腹足类、棘皮、三叶虫（图版 7-5b）、介形虫（图版 7-8c，图版 7-9g）、苔藓虫（图版 7-8h，图版 7-10g，图版 8-12d）、腹足类（图版 4-3d，图版 8-5c、g）。具体包括：

1. 头足类

头足类主要为 *Gorbyoceras* sp.（戈比尔角石）、*Tofangoceras* sp.（豆房沟角石）、*Protostrom atoceras* sp.（前孔角石）、*Diestocerina* sp.（小迪斯特角石）、*Pesudorizoceras* sp.

（假里佐角石）、*Sinoceras* sp.（震旦角石）、*Pesudorvalcouroceras* sp.（假瓦尔考角）、*Liulinoceras* sp.（柳林角石）。

2. 腕足类

腕足类主要包括 *Gunnarella* sp.、*Taoqupospira dichotoma*、*Dolerorthis* sp.、*Bicuspira* sp.、*Didymelasma* sp.、*Orthambonites* sp.。

3. 其他类

常见的有三叶虫 *Pliomerina* sp.，棘皮类 *Crinozoa*（海百合），管状的蓝藻。

5.1.3　附礁生物

目前鉴定认为主要为管状的蓝藻，在细管蓝藻障积岩中，小种个体珊瑚以居礁形式生存（图版 7-9h，图版 8-8c ~ f）。

5.2　主要造礁生物群落划分、结构发育特征与造礁作用

通过对研究区晚奥陶世生物礁生态系统中生物组分和丰度特征的详细分析和归纳总结，按照其中的主导性生物种类，在代表礁剖面中群落出现的大致时间顺序，划分出了造礁生物群落，分别是蓝藻群落、珊瑚群落、层孔虫群落、海绵群落。这些造礁群落具有不同的造礁生物、群落生物优势属种、群落结构及群落生物生态组合面貌，显示了造礁过程中生物种类更替的变化特征和礁体的发展演化特点，也客观地反映了礁体发育过程中古环境、古海平面的变化总趋势、生存面貌和发育演化特征。同时由于它们自身生长发育繁衍的同时对周围水体中早期以及同期沉积物碎屑、灰泥具有障积、黏结、缠结包绕以及覆盖功能，促进了生物礁体的发展壮大或者导致灭绝死亡。

5.2.1　蓝绿藻群落生物构成、古生态及造礁作用

1. 蓝绿藻群落生物构成、古生态与造礁作用

研究区上奥陶统平凉组、背锅山组礁岩中的的藻类主要有绒毛藻与表附藻、管孔藻（*Salenopora*）和奥特藻、微海松藻与蠕孔藻、叠层石、红藻门中隐丝藻目中的丝状管孔藻等，其藻类非常丰富，是研究区主要障积生物之一，呈放射状、倒锥状及扇形结核状（图版 8-7e），藻体直径为 0.5 ~ 3cm，最大可达 5cm，内部由放射状或垂直分叉的钙化细胞列构成的细胞丝体组成，通常生活于盐度正常、水体清洁的中–高等能量环境，但也可在被遮挡的礁坪和浅水环境繁殖，并导致大量灰泥的障积和聚集，在礁核中与床板珊瑚和层孔虫以多种形成共生或者伴生一起障积、黏结灰泥形成生物丘。其生态有原地生长的，也有倒伏的或者在砾石中的，属于研究区最主要的造礁生物之一，在不同沉积环境中对礁灰岩形成起重要作用。

　　1）毛藻与表附藻

　　毛藻与表附藻往往形成于潮下低能带或者混水中，可障积灰泥形成障积岩，肾形藻体也较微小，可与床板珊瑚共同障积灰泥，葛万藻（图版 8-15d、f）一般围绕生物遗体或砾屑生长形成黏结岩，丛藻呈树枝状，与其他钙藻一起障积灰泥和砂屑形成生物丘。也可在珊瑚丛之间生长、繁殖，常与其他藻类（图版 8-10c）一起组成生物丘。

　　2）特藻、微海松藻与蠕孔藻

　　这些藻类具有较粗的枝干，呈丛状生长，能抵抗较强的风浪。可以在水动力较强的条件下生活，而且它们是管光合作用的蓝绿藻，只能在水浅、透光好的条件下发育。它可障积灰泥、砂屑，组成障积生物丘（图版 8-7e、f，图版 8-10d，图版 8-12c，图版 8-15d～f）。

　　3）叠层藻

　　叠层藻由蓝绿藻黏结灰泥而成，一般形成叠层石，分布在生物礁或生物丘的底部。紧靠礁基底的砂、砾屑滩，它们覆盖在砂、砾屑滩上，可以增加基底的坚固性，为需要在坚硬底质上生长的生物（如珊瑚、层孔虫等）创造了条件（图版 12-6f）。

　　2. 蓝绿藻群落生物的造礁功能及与其他生物相互作用方式

　　在鄂南奥陶系礁相地层中存在大量藻类，其中一些藻类直接建造礁体，大部分则以藻屑或藻凝块广泛存在于各礁相地层中。上述藻类中参与造礁的蓝绿藻群落生物在礁灰岩中往往与造架生物互相包覆、缠绕及黏结，但黏结灰泥过程中以蓝绿藻（*Cyanophycene*）作用为主。珊瑚周边常被蓝绿藻包围缠结，起到了增强珊瑚抗浪能力的作用，同时限制了造架生物的快速生长，当造架生物不发育时，往往和其他钙藻一起在砾屑滩上黏结灰泥，组成一个个小丘。另外还有一些具有包覆日射珊瑚和层孔虫类生物能力的其他藻类，如绿藻门（Chlorophyta）中的艾氏蠕孔藻（*Vermiporella eisenacki* Elliott，1972）（图版 8-6b）、绒孔藻属（*Dasyporella* Stolley）；蓝绿藻门（Cyanophyta Smith）颤菌科（Oscillatoriaceae）蓝藻（图版 8-11d，图版 11-1c，图版 12-5f）；葛万藻（*Girvanella*）（图版 8-15d、f）、球松藻（*Ortonella*）等。绵层藻以不规则藻纹层、藻叠层、藻凝块等形式大面积披盖和黏结包绕造架生物及生物砾，形成大型皮壳状藻包壳和藻包粒，部分藻包壳往往是多种藻类交替黏结的集合体。

5.2.2　珊瑚群落生物构成、古生态及塔（柱）状礁的形成

　　1. 常见珊瑚种类与产状分布

　　在陇县龙门洞、耀县桃曲坡和富平将军山、三凤山十分丰富，形态保存完好。

　　由于珊瑚为主要造架生物和障积生物，多为原地生长的块状、丛状和链状群体，生态有块状、球状及面包状，以阿姆塞珊瑚、日射珊瑚等为代表。块体直径 5～30cm，以多时代重叠向上生长或横向生长为特征，形成稳定的生长骨架。在礁核中常与层孔虫共生。

　　丛状以耀县管珊瑚（图版 7-7c，图版 11-1d）、阿姆塞士珊瑚（图版 4-2a～d，图版 12-1c、d，图版 12-2a～f）、巴伊戈尔珊瑚（图版 12-1）、地衣珊瑚（图版 12-2g、h）为代表，大型丛状复体块径 80～150mm，丛状体由粗壮的长圆柱状个体组成，除少量倒伏

外，大多数保存着原生状态。小型丛状复体，由细小的圆柱形个体组成，块径 20～70mm。以上两类珊瑚分布较广，常与其他群体珊瑚和层孔虫共生于礁核中（图版7-8e、f）。

以已经研究较详细的几个典型露头剖面为例，生物礁中珊瑚大都在原地呈群体生长，多保持直立生长状态，常见丛状、枝状，尤其在耀县桃曲坡、富平三凤山和东庄剖面，呈密集式生长，在淳化铁瓦殿、好畤河剖面，多分散成簇状，形成骨架岩，或障积灰泥和其他生物碎屑而成障积岩。

（1）在永寿好畤河平凉组生物礁中，床板珊瑚亚纲（Subclass Tabulata）中地衣珊瑚属（Genus Lichenaria Winchell et Schuchert）的下凹地衣珊瑚（Lichenaria concave）、铜川地衣珊瑚（Lichenaria tongchuanensi）、阿姆塞士珊瑚形地衣珊瑚（Lichenariaamsassiformi），四分珊瑚目（Order Tetradiida Okulitche）中隐地衣珊瑚科（Family Cryptolichenariidae Sokolov）的阿姆塞士珊瑚属（Genus Amsassia Sokolov et Mironova）是礁核相的主要造礁生物，常与钙化和非钙化的菌藻类共生，也可少量出现在礁翼相中；四方管珊瑚科（Family Tetradiidae Nicholson）的杆四分珊瑚属（Genus Rhabdotetradium Sokolo）、铜川杆四分珊瑚（Rhabdotetradium tongchuanense）、耀县小笛管珊瑚（Syringoporella yaoxianensis），喇叭孔珊瑚目（Order Auloporida Sokolov）中螺钻管珊瑚科（Family Trypanoporidae）的耀县管珊瑚属（Genus yaoxianopora）均是礁核相的次要造礁生物。

（2）在淳化铁瓦殿背锅山组中，珊瑚数量种类均非常丰富，常见方型杆四分珊瑚（Rhabdotetradium quadratum），笛管珊瑚目（Order Syringoporida Sokolov）中多壁管珊瑚科（Family Multithecoporidae Sokolov）的小笛管珊瑚属（Genus Syringoporella Kettner）、均一空镣珊瑚（Quepora uniforma），日射珊瑚超目（Superorder Heliolitoidea）中星孔珊瑚科（Family Stelliporellidae Bondarenko）的准星孔珊瑚属（Genus Parastelliporella）、似网膜珊瑚科（Family Plasmoporellida）、似网膜珊瑚属（Genus Plasmoporella Kiaer）、甘菊状似网膜珊瑚（Plasmoporella chamomilla Bondarenko）、石燕山似网膜珊瑚（Plasmoporella shiyanshanensis）、刺状似网膜珊瑚（Plasmoporella spinosa Bondarenko），十字珊瑚科（Family Stauriidae）的蜂房星珊瑚属（Genus Favistella Bassler），中等蜂房星珊瑚（Favistella intermediate）、多孔蜂房星珊瑚［Favistella alveolata（Goldfuss）］，等等，虽然目前出现在背锅山组生物礁礁前相角砾岩中，但推测为礁核相的重要造礁生物，在礁成长中起骨架障积作用。

此外，皱纹珊瑚亚纲包括孔壁珊瑚目（Order Calostylida Prantl）中扭心珊瑚科（Family Streptelasmatidae Nicholson）的卷心珊瑚亚科（Subfamily Dinophyllinae Wang），卷心珊瑚属（Genus Dinopyllum Lindstrm）为居礁生物。

在淳化铁瓦殿背锅山组礁前翼中，也常见珊瑚的碎块；在背锅山组既有原地生长状，也部分歪倒或就地倒塌成碎块。由于地衣珊瑚、始弗氏珊瑚以及等骨架较粗大，均具抗浪能力。可在高能带生存，但链珊瑚和下凹地衣珊瑚，只能在低能带生活。

（3）在桃曲坡平凉组生物礁中，链珊瑚目（Order Halysitida Sokolov）、镣珊瑚科（Family Cateniporidae Hamade）、镣珊瑚属（Genus Catenipora Lamarck）形成灰泥－珊瑚骨架岩。喇叭孔珊瑚目（Order Auloporida Sokolov）、螺钻管珊瑚科（Family Trypanoridae）、耀县管珊瑚属（Genus Yaoxianopora）是次要造礁生物，局部出现形成珊瑚骨架岩。在乾

县好畤河中奥陶统平凉组生物礁中是次要造礁生物；孔壁珊瑚科（Family Calostylidae Roemer）和莘夫宁南珊瑚（*Ningnananophyllum shengi*）在耀县桃曲坡等个别礁相中为居礁生物。

2. 镣珊瑚（*Catenipora*）的造礁功能与古生态

在研究区该群落主要见于耀县桃曲坡、泾阳铁瓦殿以及永寿好畤河剖面的平凉组。发育生长的水体环境通常位于台地边缘的靠近斜坡的最高处浪基面以上，水体浅而动荡。生境内光照作用和营养供给充足，适合固着力较强的硬体生物生存和发育。该群落主要出现于点礁中（图5-1），呈弯曲板状（或墙状），横切面呈链状，尤如栅栏，起障积作用，将灰泥、海百合茎碎片、藻类碎片拦挡阻障。其中沉积物在高能水体作用下具有低泥、粗粒的特点。

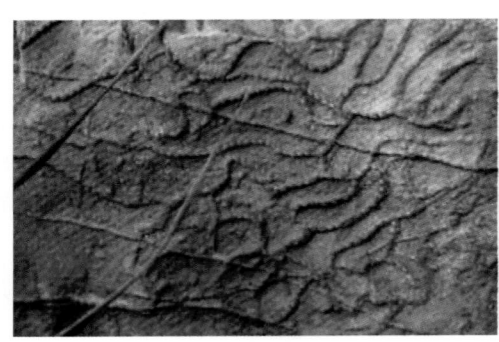

a.淳化铁瓦殿　　　　　　　　　　　b.陇县龙门洞

图 5-1　　淳化铁瓦殿和陇县龙门洞剖面背锅山组礁灰岩中镣珊瑚

统计结果显示，在化石群落内，生物百分含量达45%～60%，其中镣珊瑚约占生物总含量的50%，附礁生物以腕足类、有孔虫以及海百合为主，约各占5%，腹足类少见，与其他生物共约占5%。在群落营养结构中，尽管造礁生物在数量上占据了绝对的优势，但从整体上看，群落的组成结构仍较简单，生物在纵向上的分层性仍较差，以永寿好畤河剖面的平凉组为例，珊瑚生物主要集中于平凉组礁体中、低位置。

礁体中镣珊瑚多覆盖式蔓延生长（图版7-6d、e，图版8-14e），横向上连续蔓延，侧向生长，可具有多个群体，群体呈板状或新月状，最大延伸可达500cm以上，最大垂直高度在10cm以上，其下部大多覆盖在凸凹不平的基底之上，凹陷处往往也被镣珊瑚所填满。纵向上可见多层镣珊瑚群体，呈叠置式生长。

在泾阳铁瓦殿剖面上，由于位于台地南部边缘的迎风带，波浪将岩石打碎，在台地边缘斜坡近礁地带堆积着分散排列的大量巨厚角砾状岩块，大小不一，形成了多种包覆式生长，其中多包覆围绕着角砾岩块表面生长，甚至为全包覆式包围整个岩块，有些则为半包覆式，仅局部包围岩块。这种生长类型所形成的群体分布零散，其包覆规模受岩块大小控制，其生长厚度不大，多为5～15cm，每个岩块上包覆的群体彼此不连接，不构成大规模的生物体，反映生态类型的生长水体环境极动荡。

在耀县桃曲坡平凉组剖面上，群落内中镣珊瑚属（Genus *Catenipora* Lamarck）和耀县管珊瑚属（Genus *Yaoxianopora*）是优势生物种，个体以互嵌的方式构成群体，横向生长形成板丘状体，但其形成的骨架厚度不大，延伸也不远。当它生长到一定高度，则不再生长，这时它又为群落内的其他生物提供了基底条件和受保护生境。此外，它对滩中的碎屑颗粒起到黏结加固作用，使碎屑滩相对稳定，这也有利于后期生物礁在其上定殖和生长，同时，快速地蔓延生长，覆盖在碎屑滩上，进一步加固了它的稳定性。

同时，耀县桃曲坡平凉组礁灰岩骨架中，还存在群落中的腕足类、有孔虫、腹足类等，其中腕足类、有孔虫是通过从水体中过滤较小的自养者来生存，腹足类则食性较广，以各种生物为食，甚至捕食造礁生物，因此它们均是毁礁生物。虽然在一定高度的空间中，占据了较大优势，但由于水体较为动荡，珊瑚虫可以在距基底表面一定的高度上，通过触手的摆动从水体中捕食这些小型生物，保证自身继续生长和在群落中的支配统治地位。此外，该群落中还存在少量的海百合，虽然海百合大都具有较粗的茎杆，它们也是通过触手进行捕食生活的动物，取食位置稍高，具有和镣珊瑚相同的捕食方式和类似的食性，但由于数量上的差别，生长高度较低，与镣珊瑚之间不能形成明显的竞争关系。

群落中的腕足类通过肉足固着在早期形成的颗粒滩基底之上，依靠水流所带来的营养物质生活。腹足类则活动于基底表面的各个位置，低至基底，高至的板状体，都是腹足类的生存游移范围。它们虽然对镣珊瑚的群体骨骼能够造成一定的破坏作用，也会捕食珊瑚虫，对造礁生物种群的发展壮大有一定的影响，但它们的数量较少，不会对珊瑚的生存和发展构成严重威胁。此外，由于水流较为动荡，群落中的生物除了珊瑚和腕足类、腹足类动物外，其他的很难就地沉积。群落内的这些生物在极为动荡的水流冲击之下自然死亡，又为台地边缘碎屑滩的形成提供了大量的生物碎屑，同时在其中生活的珊瑚，又为下一期生物碎屑滩之上礁岩覆盖蔓延生长提供了基底，周而复始，多期礁体在剖面上出现。可见，镣珊瑚在群落发展过程中起着非常重要的作用，它控制着群落的发展，维持着一个具有造礁功能的群落生态体系的稳定和发展。群落内部以镣珊瑚的生存为基础，其他生物围绕着它的生命周期生存与发展，在动荡台地边缘环境中构建了一个相对稳定生存并繁衍的造礁生物群落。

3. 复体四射珊瑚（Order Tetradiida Okulitche）的造礁功能与古生态

群体常见隐地衣珊瑚科（Family Cryptolichenariidae Sokolov）的阿姆塞士珊瑚属（Genus *Amsassia* Sokolov et Mironova）、杆四分珊瑚属（Genus *Rhabdotetradium* Sokolo）、铜川杆四分珊瑚（*Rhabdotetradium tongchuanense*）（图版7-6a、b）、耀县小笛管珊瑚（*Syringoporella yaoxianensis*）（图版11-1d），多呈薄板状，小丘状。研究区在中西部背锅山剖面、铁瓦殿剖面平凉组和背锅山组常见，个体间呈互嵌状，由泡沫板相连，无间壁相隔。一般一级隔壁末端近达中轴处，外端参差不齐消失于泡沫带中，隔壁13~15个，次级隔壁大多缺失或呈断续状，泡沫板大小、形状不规则，泡沫带较宽，横板完整或不完整，横板向中轴微倾、平缓下凹或近平，中轴薄板状、细纺锤形或椭圆形。群体以多种方式在纵向和横向上蔓延生长，大多发育在生物碎屑灰岩和生物滩之上。研究区内富平-耀县一带的生长方式及其古生态类型包括孤立以及互嵌状两种分布式生长形式，分散分布，横向、纵向上其生长规模不大，多呈独立的透镜状等小丘状生物体，在岩层中分布零散，不构成大规模的生物群体。生态类型的生长水体环境极动荡。群体形态以不同生殖方式相联系，群体中央，个体粗壮，抵抗水流冲击、障蔽灰泥的能力较强，由于水体流通性的削弱，营养物质的供给速度降低，生态环境不适合珊瑚幼体的生存和生长。

4. 丛状复体四射珊瑚的造礁功能与古生态

丛状复体四射珊瑚是研究区西部龙门洞剖面地层中分布最广泛的骨架生物之一，出芽方式包括两种侧部增殖和中心增殖。中心增殖的新个体位于鳞板带位置，与母体平行向上生长侧部增殖则新个体从母体侧部长出，先略微弯曲，然后直立，与母体平行向上生长。个体非常粗大，其最大直径可达8cm，最大长度近100cm，平均直径5cm左右，长度50cm左右。幼年个体发育时期形成的骨骼较细，其后从青年至成年个体骨骼直径基本一致，形成粗长的圆柱形个体，多以笙状方式生长形成复体，彼此平行排列，密集丛生，构成规模大小不同的礁体或生物层，礁体具典型的骨架礁特征。

礁核中央，个体往往比较粗大，排列相对疏松，个体与个体之间保持一定的间距，很少有个体直接接触的现象。个体形态不规则，通常直立、弯曲、倾斜等形态都有出现（图5-2），并且出芽生殖较为常见。而在群体的边部，个体大多比较细小。这些小个体在局部部位的密度较大，排列十分紧密，通常为几个个体相互接触，体壁相连。它们的形态较为单一，基本为直立向上，畸形生长者少见。总体上，研究区西部（以龙门洞剖面背锅山组以及平凉组上段地层为代表），丛状复体四射珊瑚主要形成塔礁、点礁。与上面表述的蓝藻群落相比，珊瑚群落中生物丰度和生物分异度明显提高。原因是珊瑚类生物出现后，底栖固着生物在数量上超过了底栖游移生物，群落稳定性加强。相比静水环境，动荡水体中所含的细小悬浮颗粒不易沉降，因而，生物因沉积过强而窒息死亡的可能性大大降低，这有利于群落繁衍和分异演化。

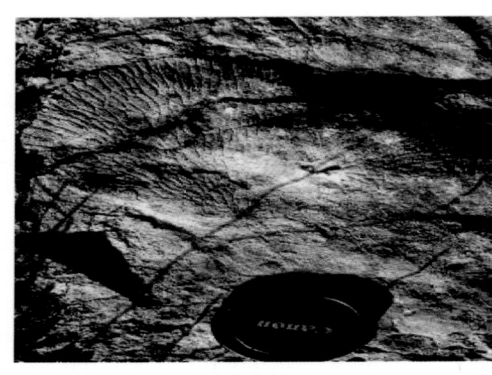 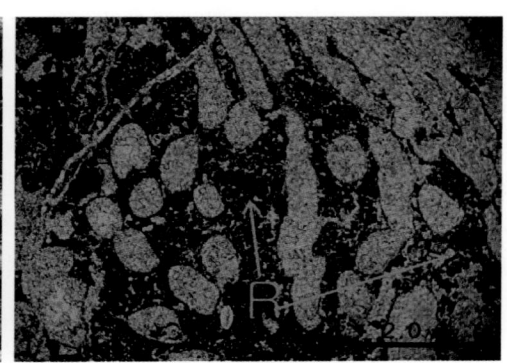

a.龙门洞　　　　　　　　　　　b.淳化铁瓦殿

图5-2　陇县龙门洞淳化铁瓦殿剖面背锅山组杆四分珊瑚和肾形菌

由于镣珊瑚群落的生物以捕食动物或滤食动物为主，水体环境不适合像东部铜川上店等平凉组以及好時河剖面上段的蓝藻等自养生物的发育，故镣珊瑚群落以松藻、轮藻、粗枝藻等为主的藻类、微生物成为群落内初级生产力的主要来源。藻类通过光合作用将光能转化为能量储存在有机物中，它们是生产者，微生物通过黏结作用从水体或悬浮物中获取能量并加以储存，也属自养者范畴。

5.2.3 层孔虫类群落生物、古生态与层状造礁

对于礁岩中常见的层孔虫，前人曾进行过相应研究，我国最早出现的层孔虫是在安徽省北部宿县和萧县早奥陶世晚期的马家沟组下段，到志留纪开始层孔虫逐渐分化，以网格层孔虫类的分子为主，而奥陶纪占优势的拉贝希层孔虫类的分子明显减少。本次研究中发现，在桃曲坡、铁瓦殿等剖面上，早奥陶世晚期和中奥陶世形成的层孔虫以拉贝希层孔虫目（Labecihiida）分子为主，到了晚奥陶世，虽然仍以拉贝希层孔虫目的有关属种为主，但出现了克利夫登层孔虫科（Cliefdene llidae）以及网格层孔虫（Clathrodictyida）少量属种。

1. 晚奥陶世层孔虫类群落生物构成

本次研究在鄂南地区淳化县铁瓦殿、岐山县烂泥沟、桃曲坡上奥陶统生物礁中见到的层孔虫化石包括 2 目 5 属 9 种，参与造礁的层孔虫有拉贝希层孔虫（Labechia）目中的克利夫登层孔虫（*Cliefdenella* sp.）（图版 8-17b、c）、阿尔金图瓦层孔虫（*Tucaechis altunesis*）（图版 8-10a、b）、淳化拉贝希层孔虫（*Labechia chunhuaensis*）（图版 8-11a、b）、厚柱层孔虫未定种（*Pachystylostroma* sp.）；泡沫层孔虫属（*Cystostroma* Galloway）（图版 8-6a、c）、变异泡沫层孔虫（比较种）（*Cystostroma* cf. *variabilis*）、囊层孔虫未定种（*Cystistroma* sp.）；罗森层孔虫（*Rosennella*）属中窝峪罗森层孔虫相似种（cf. *Rosenella woyuensis*）（图版 8-16e）、泡沫层孔虫（*Cystostroma* sp.），网格层孔虫目中的蜂巢层孔虫（*Ecclimadictyon* sp.）等。日射珊瑚超目中的似网膜珊瑚（*Plasmoporella* sp.）。四分珊瑚目隐地衣珊瑚科的丛状复体阿姆塞士珊瑚（*Amsassia* sp.）。分别为囊层孔虫（*Cystistroma*）、拉贝希层孔虫（*Labechia*）、穿孔层孔虫（*For olinia*）、网格层孔虫（*Clathrodictyon*）和蜂巢层孔虫（*Ecclimadictyon*）（图版 8-12b）。建立拉贝希层孔虫新种两个，淳化拉贝希层孔虫 *Labechiachunhuaensis* Jiang（图版 8-13e，图版 8-16d），铁瓦殿拉贝希层孔虫 *Labechiatiewadianensis* Jiang，克利夫登层孔虫（未定种）*Cliefdenella* sp.。

2. 层孔虫类群落古生态、层状造礁与演化特征

在鄂南地区奥陶系礁灰岩中，层孔虫是除珊瑚之外的另一重要的群体生长的造礁古生物，由于营底栖固着生活方式，主要生活在古纬度低、温暖，且盐度基本正常的滨海浅水环境中，所以常与四射珊瑚和横板珊瑚共生。以好时河剖面为代表的平凉组层孔虫，主要呈弯隆状和包覆状覆盖或包绕于其他造架生物之上进行生长，对下伏生物沉积物起着覆盖、包绕和障积的功能，形态弯曲而不规则，形成于中、低能的快速沉积环境。由于层孔虫可忍受一定量的泥沙混入，当泥沙量增大时，发育即被抑制而个体变小，所以，在礁成长中能够起骨架障积作用，往往与藻类、珊瑚等生物共同构成生物礁或生物层。

好时河剖面的层孔虫，个体直径 5～35cm，对应水深 5～20m 的开阔海高能环境至局限海低能环境均可出现。较大型的球状块状层孔虫一般处于中–高能环境，半球状、网球状等小型层孔虫通常发育于平静低能或受限制的浅水环境。礁核中，常与床板珊瑚共生，并组成块状礁格架。以蜂巢层孔虫、网格层孔虫为主，体径从几厘米至 30cm，以横向生

长为特征。

在淳化铁瓦殿晚奥陶世生物礁及礼泉东庄晚奥陶世生物礁中，层孔虫生态一般在浅水、清洁、水体流畅、有坚硬的底质或附着物的环境中生活，可以单独生长，或绕砾屑生长形成骨架岩，常见的呈弧形向上生长，单独构成抗浪骨架，围绕床板珊瑚生长，明显增强了珊瑚抗风能力和障积作用，往往组成层孔虫-珊瑚骨架岩。

以耀县桃曲坡和好畤河剖面为例，纵向分析演化特征发现，虽然囊层孔虫、拉贝希层孔虫、穿孔层孔虫和网格层孔虫是淳化县铁瓦殿上奥陶统生物礁的主要造礁生物，但早期平凉组主要为囊层孔虫（*Cystistroma*）和穿孔层孔虫（*Forolinia*），晚期背锅山组主要是网格层孔虫（*Clathrodictyon*）和蜂巢层孔虫（*Ecclimadictyon*），但岐山县烂泥沟生物礁例外，上奥陶统只见少数蜂巢层孔虫。

5.2.4　平凉组蓝藻群落生物构成、古生态环境与灰泥丘的形成

1. 生长发育环境

蓝藻群落几乎发现于研究区所有剖面，是礁岩的主要微生物构成，对礁的形成和形成研究区特色礁均起重要作用，但最典型的是铁瓦殿、桃曲坡和上店及铜 1 井剖面。蓝藻主要发育形成于海平面抬升过程中，此时，虽然区域海水动荡为海水提供了大量悬浮灰泥，但位于浪基面以下较深水中的台地边缘的前斜坡或者礁后低凹处，群落所处环境水动力条件较差。一方面，海底地形斜坡坡度缓，水体动能相对较弱，环境平静，水体流动性弱；另一方面，海水中含大量细小悬浮物质，水体混浊多泥，加上光线较弱，生物所需水体生态环境内的营养物质和与外界的流通交流速度很慢，由外来水流所带来的营养物质匮乏，群落营养水平低，致使其他珊瑚、层孔虫等造架大生物生存难度大，故缺乏足够底栖固着生物，生物丰度很低，于是，群落内蓝藻成为优势生物，并多为丝状体，黏结和固定大量的灰泥，作用效果明显，成为灰泥丘的主要建设者，在生物礁发育过程中，蓝藻往往形成于礁体孕育初期，好畤河剖面层孔虫下面的灰泥丘中的蓝藻非常典型。然而，由于奥陶纪研究区礁体处于北部鄂尔多斯中央古隆起和南部火山岛弧之间挟持的深海拗陷盆地与台地边缘过渡区，所以，海水灰泥丘中泥质成分含量很高。此外，晚奥陶世火山、地震以及海水不断深浅动荡变化，也会造成生物群落在纵向上的延伸性较弱，生物虽然在不同高度上有分异性（如好畤河剖面），但分层性较差（如桃曲坡剖面）。

2. 蓝藻群落生物构成

通观礁灰岩显微分析，发现平凉组下段礁灰岩（灰泥丘）中的蓝藻群落生物组成属种普遍单调，生物丰度和生物分异度低，群落结构简单。在铜川上店剖面和永寿好畤河剖面平凉组上段，前管菌科群落中蓝藻发育，蓝藻多见隐藻类（*Proauloporaceae*）中丛菌属（*Phacelophyton* Bian et Zhou）的玉山菌（*Phacelophyton yushanensis*），其组成约占生物总量的 75%，其他常见微体疑难生物占生物总量的 15%~20%，海百合约占生物总量的 5%，腕足类、腹足等生物组分少见，约占生物总量的 5%，往往无珊瑚类生物出现。显微镜下主要是蓝藻的丝状体或管状体，也可能包括少量其他的黏结藻类。由于蓝藻通过分泌黏液

来捕获或吸附水体中的碳酸盐岩灰泥，形成的礁体形态不固定，礁岩富含有机质，颜色多为深灰色或黑灰色黏结岩，具有隐藻结构。蓝藻的繁盛是研究区平凉组礁体中珊瑚、层孔虫等造架生物死亡的直接原因之一。

3. 蓝藻群落生物造礁作用方式

通过野外和室内研究，笔者发现工作区地层中的蓝藻主要通过以下几种作用方式建造泥丘或造岩。

1）黏结作用

蓝藻在沉积环境稳定，比较安静的水体中生长，不断地捕获或吸附灰泥颗粒，然后一同堆积下来形成生物泥丘（图版7-5e、f，图版7-9h，图版11-1h）。丘体内部蓝藻分布比较均匀，无层状结构，多为块状，其他生物比较少。

2）结覆盖作用

在沉积环境变化较为频繁的水体中，蓝藻稳固了下伏沉积物。这种作用过程可以多次重复，从而形成了具有多层蓝藻的泥丘。其中，蓝藻含量高，其他生物少见。

3）缠结包绕作用

蓝藻在研究区内形成了大小不一的泥丘。一些点状泥丘与其他造礁生物形成的小点礁共同构成了大型珊瑚礁的基底，也有蓝藻建造成大的独立的灰泥丘。礁体或地层中以黏结作用方式黏结灰泥或包覆其他碎屑颗粒形成大小不同、形状不固定的藻凝块，对加强礁体的稳固性和沉积物的固结起到重要的作用。

在比较动荡的水体中，蓝藻将生物碎屑，包括有孔虫、腕足类及苔藓虫、海百合碎片，还有一些藻屑等包覆（图版7-5c），然后围绕这些碎屑表面缠结包绕生长，形成了形状不规则、大小不一的凝块岩。

4. 群落的营养结构、维持机制与有机质聚集

蓝藻主要生活在群落底部，属于具黏结功能的自养生物，腕足类、腹足类、有孔虫等生物属于营底栖寄养者，营捕食或滤食的生活方式。群落维持者蓝藻和彻是群落的建设者，作为自养型生物，也是群落中初级生产力的主要固定者。其中，蓝藻是影响整个群落面貌和发展演化的主要控制者，是群落中的优势种和关键种。蓝藻多为丝状体，在其群落生长过程中多集中出现，以黏结作用和黏结包覆作用来黏结或吸附灰泥颗粒，并一同沉积下来，形成隐藻灰泥块体。一方面，这些黏结体不断地相互覆盖和堆叠，有利于增强群落在基底表面的稳定性，防止被水流冲击而崩溃，使群落得以维持和发展壮大；另一方面，水体的悬浮颗粒中含有大量的有机成分，它们被黏结固定后，更加容易被分解者分解，产生的部分能量可以被群落中的生物回收利用，使整个群落能够保持一定的生物多样性。

5.2.5　微体疑源类生物群落分布、古生态与造礁方式

在研究区，早期对疑源类生物群落分类命名以及地层定位均存在争议。生物种类上，有人最初描述将其归为动物类，又将其改称为一种可能的蓝绿藻，认为它属于钙藻。穆西南等认为，由于缺乏足够的具明显鉴定意义的生物特征，因而应将其归入有疑问的藻类

或疑源类。时代上先后确定为早志留世和晚奥陶世，但最终统一认为属于晚奥陶世东庄期的产物，层位高于背锅山组。在研究区奥陶系含微体疑源类生物群落的礁岩分布有一定规模，由中国科学院南京地质古生物研究所相关专家鉴定的疑源类生物主要出现在研究区东庄水库坝前西岸和彬县底店麟探 1 井的晚奥陶东庄组中（图版 1-8），厚度分别为 34m 和 29m。

通常疑源类生物个体大小不一，形态各异，以集中或分散的方式存在于地层中（图版 1-8）。手标本上为白色瓷质，个体外形具有多种不同形态，一种为比较规则的个体，呈细长的管状或柱状，直或弯曲；另一种为不规则的个体，多为大小不一的小块体，在岩石表面和内部呈斑块状。显微镜下，规则类型个体的纵切面内部具有与外形基本一致的直或弯曲程度不同的透明细管，细管内部未见内部构造。细管外为均一的暗色微晶外壁，不同个体其外壁厚度不等，横切面多为圆形，内部细管也为圆形。不规则类型个体的内部同样具有空的细管，细管特点与规则类型基本相同，但其外壁的暗色微晶厚度不等，其外部边界极不规则。有些不规则类型的小块体内部只有一个细管，有些内部则有两个或两个以上的细管，但排列不规则，在同一个切面上可以同时见到细管的横向圆形和纵向管状的不同形态图。另外，也有极少数个体呈分叉状。

礁岩形成过程中，疑源类生物群落除具有主动造礁方式外，还可以与其他造礁生物共同建造礁体，表现形式既有黏结功能，也具有格架建造功能。其中黏结作用是在局部适宜生长发育的局部生长环境中，以集聚方式通过黏结作用形成层状或团块状块体。块体中，微体疑源生物含量为 40% ~60%，密集均匀，个体形态以规则类型为主；包覆作用在礁相地层中，表现为将较破碎的生物碎屑包覆结壳，并通过自身对生物碎屑的包覆及黏结作用，使各种松散的碎屑颗粒变得较为稳定；黏结作用主要见于生物碎屑滩中或生物碎屑滩表面，通过自身的黏结作用，使各种松散的碎屑颗粒被其黏结并变得较为稳定，也将充填在礁体格架中的细小灰泥和碎屑颗粒黏结起来，形成各种不同大小的黏结岩块体。

5.2.6　主要居（附）礁生物群落、生态习性及与礁滩岩的关系

在鄂南地区上奥陶统生物礁中，居礁生物和喜礁生物主要为头足类角石、腕足类、腹足类、棘皮类、海百合、三叶虫、牙形石、介形虫以及蠕孔藻为代表的各类钙藻等。在这些附（居）礁生物中，部分为毁礁生物。虽然在礁群落里毁礁生物不直接参与造礁作用，然而重要性却不容忽视，具体情况在不同礁体因生态环境不同而有所差异。

1. 主要居（附）礁生物群落和生态习性

1）头足类

头足类主要有柳林角石（*Liulinoceras*）（图版 7-4e）古藤角石（*Kotoceras* sp.）等。它们为游泳生物，死亡后有的作为碎屑堆积在礁体中，有的被葛万藻或蓝绿藻包绕，成为藻类生长的底质。

2）腹足类

腹足类均为底栖生物，但前者固着海底，常可与造礁生物争夺空间、食物。而腹足类则可在海底游移，对礁体或其他底质进行挖掘，因而对礁体起破坏作用（图版 6-2d，图版

7-4h，图版 8-5c）。

3）海百合

海百合属于一种底栖固着生物，可与造礁生物竞争，作为礁体中的一个成员，死亡后成为礁体的填隙物（图版 7-4g），也可成为礁体发育的基底，在研究区礁灰岩以及礁翼、礁基滩相岩层中含量高达 45% ~ 55%。

4）三叶虫

三叶虫属于底栖游移生物，其生活活动可能对礁体产生破坏作用，死亡后的遗体可堆积在礁体中（图版 8-5a）。

5）牙形石类

牙形石类主要为塔斯满牙形石（*Tasmanognathus*）、假似针牙形石（*Pseudobelodina*）、扭曲牙形石（*Oulodus*）等。（图版 1-3 ~ 图版 1-6）。

2. 主要居（附）礁生物群落与礁滩岩关系

上述生物除少量分布于礁核外，大部分集中于礁基、礁滩、礁间滩和礁翼，虽然不直接参与造礁，但残骸却是礁灰岩的主要沉积物来源。其中，海百合茎尤其重要，它们大量快速地生长于礁的侧翼，形成一个天然的生物屏障，减轻海流和风浪对礁体的冲蚀，起到保护礁体的作用，海百合碎屑堆积的棘屑滩又是生物礁生长的基础。其中以腕足类为代表的附礁生物多在基底表面或附近游移生存，它们通过滤食或捕食水体中的微生物生活，腹足类则采食其他动物的尸体或基底表面的有机物。由于水体环境比较安静，海百合大都较为细长，能够生长到基底上方一定高度的空间，通过触手捕食水体中的微生物来生活。附礁生物保存了较为完好的硬体骨骼，死亡后多被蓝藻和彻的黏结物覆盖，呈原地保存状态，异地搬运来得少。

附礁生物的作用主要表现在两个方面：首先是与造礁生物一起组成造礁生物群落，构成完整的生态系统，属于造礁生物群落内食物链的重要组成部分。与造礁生物相互依存，其繁盛与发展是造礁生物生存与造礁的保证；其次，附礁生物由于其高生产率，死亡后遗体或骨骼可作为生物礁的重要组分，为生物礁的形成提供物质来源。

5.3　生物礁生态系统与结构单元特征

5.3.1　生物礁的生态系统特征

根据惠廷顿和休斯（Whittington and Hughes，1972）对全球奥陶纪动物群沉积环境及生态特征研究和前人（叶俭等，1995）对研究区古地磁测量计算，认为奥陶纪研究区处于低纬度，具有适合于生物繁衍、生物礁形成的温和气候和水温，特别是在奥陶纪中晚期沉积的鄂南地区碳酸盐岩台地浅水环境中，底栖生物大量繁衍，构成了不同类型的造礁生物群落。这些生物不仅对巨厚碳酸盐岩沉积作用强大，也有重要的造礁功能。在广泛分布的生物滩、丘、层以及礁中，处处可以发现生物的强大作用。据不完全统计，已发现的造礁生物种类有 19 余种，礁体生态类型多样，包括层（席）、丘、塔、柱、锥、链堤等多种成礁形式。礁岩中既有造架生物链（镣）珊瑚（铁瓦殿剖面、桃曲坡剖面）、层孔虫（好畤河剖面）、叠层藻（上店剖面）、海绵（将军山剖面）等大生物，也有兼造架-障积功能于一体的生物叶状藻（上店剖面）和造架-覆盖生物以及黏结功能于一体的生物蓝藻。连（镣）珊瑚、管珊瑚、层孔虫、海绵和叠层藻为架状礁体的主要建造者，它们能够通过出芽生殖方式形成笙状或丛状群体，从而建造了不同类型的礁体，珊瑚群体中间部位的个体较为粗大，边缘部位的则细小，个体的生存能力较强。群体呈板状，生长方式多样，群体的再生能力很强。

在灰泥丘形成中，蓝藻对碳酸盐岩灰泥的黏结吸附起决定作用，由于它是具有黏结功能的自养生物，所以成为研究区另一重要生物礁类型——灰泥丘的主要建造者。蓝藻灰泥丘主要由蓝藻黏结碳酸盐岩质组成，呈灰黑色，泥质含量高，生物成分含量低，叶状藻点礁典型的在铜川上店水泥厂、永寿好畤河剖面，主要由叶状藻障积岩组成，呈青灰色，原生孔隙发育，叶状藻的藻片在成岩作用中多被后期亮晶方解石钙化充填，成方解石晶斑，直径为 0.3 ~ 1.5cm，方解石晶有的可见多个时代，孔隙边缘为放射状亮晶方解石，呈栉壳状排列，中心为干净明亮的粒状方解石，生物孔隙含量占岩石体积的 15% ~ 25%，保存较完整且直径不均，最大可达 1.5cm。

群落间的生物组分有所不同，但群落的维持机制基本一致，附礁与造礁生物群落相互间不存在竞争关系，是一种特殊的共栖关系，能够和谐共处，也能单独生存。群落对营养盐的吸收适用于一种或多种吸收模型，具有类似的生物多样性，但群落的生物丰度、空间分层性、关键种的功能作用等各有差异。根据生物的生活习性、功能结构和取食位置，将它们归类为不同的生物群团。

尽管灰泥丘存在的地区和层位，生物分异性差，但在好畤河、富平凤凰山—铜川上店剖面上奥陶统形态结构完整礁体内，主要造礁生物群落演绎显示的蓝藻群落、珊瑚群落、层孔虫群以及居礁生物群的空间分层性还比较明显，反映造礁生物对环境的适应能力和对内部生物的调控能力较强。蓝藻、有孔虫、腕足类、腹足类主要生活于群落的下层以及叶状藻的藻丛内部，不仅获取了更多的食物，还可以在藻丛的保护环境中躲避天敌的捕食；海百合在中层空间取食，珊瑚则有着较高的捕食位置。整个生态系统的能量最终来源于太阳光、藻类、微生物、蓝藻和水体中的溶解有机物构成的初级生产力，能量通过生物间的捕食关系层层传递和损失。

可见群落演变方式不仅和礁体发育过程密切相关，还能客观地反映古海平面和古环境变迁情况。适宜的水体动能、沉积速率和营养程度有利于造礁生物群落的发展和壮大，表现为礁体生长较快；反之，则表现为生长缓慢或间断停滞。于是，礁体发育过程既客观地反映了群落的盛衰状况，也成为礁岩划分结构单元的成因依据。

5.3.2　礁体发育过程形成的结构单元及演化

综合分析研究区生物种属构成、群落生态、礁岩微相结构、环境演化以及台缘礁体产状、空间层位、形态特征，可将中晚奥陶世礁体的发育过程划分为点礁、定殖、统殖、衰竭灭亡四个阶段，每个阶段基本客观反映了礁体形成、发展、衰退以及状态改变的特点。

总体上，前两个阶段建造了点礁层，第三个阶段为发展阶段，建造了礁主体，第四个阶段为礁体衰退过程。其中水体的营养程度和沉积速率控制着礁体的生长速度，在一定限度内它们呈正相关关系，最后当古地理及海水变迁等环境条件出现突变时，礁体往往会停止生长。

1）点礁单元成因基础

剖面上主要为点礁层，包括早期形成的蓝藻泥丘、叶状藻点礁及上覆的生物碎屑滩。横剖面上，点礁和泥丘高以及碎屑（颗粒以及生屑）滩或局部断续相连、犬牙交错或者上下叠置，构成组合式珊瑚礁的基底部分。麟探1井—礼泉东庄剖面的东庄组中蓝藻泥丘由蓝藻黏结岩组成，呈灰黑色，泥质含量高，生物成分含量极低，偶见海百合茎，其他生物少见或无。

在好畤河、铜川上店以及铜1井中的平凉组礁灰岩中，叶状藻点礁主要由叶状藻障积岩组成，呈深灰色，原生孔（洞）隙发育，叶状藻的藻片在成岩作用中多被后期亮晶方解石钙化充填，有的可见多个时代，孔隙边缘为放射状亮晶方解石，呈栉壳状排列，中心为干净明亮的粒状方解石。生物含量占30%～35%，其中叶状藻占25%～30%，腕足类占1%～2%，保存较完整，且断面直径不均，一般为0.3～2.5cm，成分为腕足类、海百合茎、有孔虫和少量的单体珊瑚等。铁瓦殿、桃曲坡、凤凰山点礁主要由骨架岩组成，骨架往往因被后期方解石化而呈现白色，内部结构清晰，可见明显隔壁、泡沫板、中轴等结构，群体呈板状，侧向延伸最大可达0.5～1.3m，厚度为1.2～3.6m。岩面的生物含量为25%～30%。居礁生物成分主要为生物碎屑，包括腕足壳、海百合茎以及有孔虫等。

生物碎屑滩主要分布在礁基（凤凰山剖面）、礁翼（将军山剖面、铁瓦殿剖面）礁前以及礁后（桃曲坡剖面），成分是泥晶球粒生物碎屑灰岩和亮晶生物碎屑灰岩，呈浅灰色或灰白色。胶结物主要为亮晶方解石。生物成分主要为腕足壳、海百合茎和有孔虫等生物碎屑。

2）定殖单元分布与剖面特征

覆盖于早期礁核之上及周围，它们之间有明显的界线，以泥粒岩、珊瑚骨架岩和层孔虫骨架岩为主，格间空间大，有腕足类、有孔虫、海百合茎。整体生物含量占65%～75%，藻类和珊瑚层孔虫为主要的生物成分，占生物总量的75%～80%。腕足类发育且分布广泛，个体保存较为完整，可占生物总量的5%。群体发育程度较低，规模小，个体多以孤立形式存在，少数呈笙丛状群体排列聚集。个体多呈直立状，倾斜倒伏、畸形生长、相互弯曲缠绕等现象较少。

永寿好畤河、礼泉东庄和龙门洞剖面平凉组均具有较好的侧向连续性，整体岩性结构较均一，自中间向外逐渐由礁骨架岩过渡为泥粒岩，礁中央部位和礁翼存在着水体动能、沉积速率等环境因素的差异。自底部往上，礁体的数量密度和个体尺寸均有所增大，且孤立个体减少，群体形式增多，反映了海洋底栖造礁生物群落复苏的初始状态和发展趋势。

3）统殖单元生物构成及产状

桃曲坡剖面、铁瓦殿、东庄剖面平凉组以及龙门洞组具有典型性，水体韵律性强，但沉积环境总体向深水演绎，礁体上单元覆于下单元之上，二者之间没有明显的界线，岩性相似，根据生物丰度、生物分异度和造礁生物形态上的差异将它们区分开来。岩石颜色相对较浅，为一套浅灰色链珊瑚骨架岩。骨架岩是主要岩性，其次是泥粒岩。珊瑚群体及叠层石构成礁格架，其间分布有腕足类、有孔虫、海百合茎、苔藓虫等，栉壳结构发育。水体环境条件为中深水，低能。生物密度明显增大，绝大多数个体以群体方式密集聚集，孤立个体少见。个体分布密度较大，间距小，排列紧密，有的个体甚至直接接触。个体的形态分两种，一种是直径小，直立生长，多分布在群体边缘；另一种是粗大，弯曲变形，倾斜生长，多分布在群体中央。耀县桃曲坡珊瑚礁可以看做是几个次级礁体的组合。

　　4）火山灰沉降、降解与生物衰竭、死亡与复苏

　　国内外越来越多的研究者认为，能量流动和物质循环是生态系统的重要因素，它们与生态系统中各类生物的生活习性和捕食方式密切相关，进一步根据生物的生态位和捕食习性划分群落营养结构，可以判断整个生态系统中能量传递、流动方式和方向，为分析古群落的发展和演化奠定基础。好畤河、凤凰山、耀县桃曲坡剖面上的平凉组和背锅山组成礁时，由于当初南部秦岭海底火山喷发，不仅造成海平面短期内距离抬升，地震发生，而且火山凝灰质影响研究区生物礁中的生物以及生态。具体表现在两个方面：一是早期火山灰沉降不利于珊瑚生长，甚至导致大量生物死亡、堆积；二是死亡后的生物沉降后经海水分解，产生大量蒙脱石，增加了海水营养，海水生产力提高，有利于造礁生物勃发，特别是藻类繁盛。于是推测，研究区晚奥陶世频繁火山凝灰质喷发，也是导致奥陶系生物礁岩中珊瑚少而小，藻类繁盛的因素之一。

5.4　生物礁时空分布迁移规律

　　为了对研究区礁滩相岩层的空间展布规律、礁滩体的规模、形态以及发育分布范围进行有效预测，研究中不仅对多条地震剖面资料重心处理和解释，系统研究了晚奥陶世造礁群落结构序次和演化历史，分析了多个礁体不同岩相中岩石地球化学元素和同位素组成，深入探讨了当初古地理格局、海平面变化与生物礁岩形成时的古气候、海水化学成分等古环境背景关系，以及由此对生物礁发育、分布的控制作用。基于以上系列分析研究结果，初步预判了礁滩体平面分布范围和剖面层位。

　　平面上，根据露头剖面出露特征（图版 1-3，图版 1-5~图版 1-8，图版 2-1~图版 2-4）、岩相古地理分布（图版 8-10~图版 8-12，图版 8-14）以及地震、测井解释处理结果（图版 8-14~图版 8-16，图版 12-5，图版 12-6）分析预测，在鄂南地区碳酸盐岩台地边缘区，中晚奥陶世形成平凉组、背锅山组礁体，由礁前（翼）斜坡不断向南，逐渐伸进了秦岭-祁连广海中，此时的礁体、礁前以及秦岭-祁连海域均位于北半球，根据科利奥利兹效应，北半球低纬度海区的风向应该盛行东南信风。按此大气环流模式，研究区面向东南秦岭广海，应是迎风面，于是，东西向分布的鄂尔多斯台地礁岩肩隆及南斜坡，自然成为生物礁最适宜生长的地带，在礁体南翼的迎风面，经常受到波浪的影响，不仅能使水体保持清洁，环境利于造礁生物繁盛，而且迎风面也使得浅水造礁环境扰动变大，水体不易分层，水温梯度变化不大，扰动的水流为该地区的后生动物和其他菌藻类、钙藻类生物提供了大量的营养物质，因此具备形成像铁瓦殿剖面上有一定规模的珊瑚-层孔虫格架礁的环境和营养基础，当海水退却时，礁体会向南迁移，但遗憾的是，此时频发的地震、火山活动以

及由此诱发的动荡水体，强烈冲刷、侵蚀作用制约了台地肩隆礁体的发育、壮大、保存以及进一步向东南增生、迁移，加上当水流在经过鄂南流向更低纬度秦岭海槽深水区的过程中，海水温度会逐渐升高，水体溶解氧气、二氧化碳的能力减弱，碳酸盐岩生产量变低。水流带来的营养物质在运移的过程中也逐渐减小，所以，自鄂南到秦岭，生物礁逐渐减少；在台地肩隆及北斜坡地区，由于位于背风面，水动力较弱，水流扰动能力不强，处于局限台地，有利于来自礁体破碎物形成的颗粒、生屑滩分布，但当来自南部的海水不断升高时，礁体向北迁移（图版12-5，图版12-6）。

剖面上，马六段、平凉组和背锅山组是研究区三个主要含礁层位（图版7-4～图版7-10，图版8-1），其中以平凉组为主。由马六期到平凉早中期演化，属于秦岭海水进积中，礁体分布位置逐渐向北迁移，导致中东部平凉组发育礁；从平凉期—背锅山期演化，区域海水处于退缩趋势，研究区的海水环也逐渐由早期深海斜坡区向后期浅海台地转化，导致研究区西部的陇县以及富平赵老峪等剖面上背锅山组礁体较平凉组发育。在铁瓦殿，受强烈构造运动影响，平凉组礁岩因破坏残缺不全。可见，当秦岭-祁连海水在进退过程中，影响研究区礁滩相带空间分布和迁移变化，其中背锅山期总体因构造破坏不利于生物礁保存。

在奥陶系碳酸盐岩中，碳氧同位素测试值也反映古水盐度能够控制生物礁生长发育，碳酸盐岩岩性同位素含量变化与层序地层演化有关，其中好峕河、上店平凉组剖面礁体就位于深水斜坡滑塌揉皱之上，属于海平面下降过程中浅水环境，海平面变迁与生物礁发育、分布有密切关系。

5.5　礁岩类型、结构成因、生物群落组合与产状

5.5.1　主要礁岩类型

鄂南地区晚奥陶世形成的多种类型生物礁中，通过野外剖面观察、组分结构显微分析分类，认为在不同剖面上，由于礁体发育生长过程与生态环境差异，上述生物对礁体生长发育功能作用不同，所以可以出现在不同礁岩中，并且分布有差异。礁岩类型主要包括骨架岩类、障积岩类、黏结岩类、内碎屑灰岩类、藻云岩类和生物碎屑灰岩类。具体表现在以下方面。

1. 生物造架岩类

生物造架岩类主要是地衣、日射、阿姆塞士、蜂巢珊瑚骨架岩，拉贝希、网格以及阿尔金图瓦层孔虫骨架岩，属于礁核相主要岩石类型之一。例如，富平三凤山剖面上阿姆塞士（图版4-2a～c、f），将军山地依珊瑚（图版12-2g、h）、巴伊戈尔珊瑚（图版12-1a、b）、桃曲坡镣珊瑚（图版7-1f，图版8-1c、d）、淳化铁瓦殿阿尔金图瓦层孔虫、克利夫登层孔虫（图版8-17b、c）、淳化层状拉贝希层孔虫（图版8-13e）、杆四分珊瑚和肾形菌（图版7-6a、b）均控制礁体生长发育速度和形态。

2. 障积岩类

障积岩类常见类型有钙藻-珊瑚障积岩、蓝藻障积灰岩、层孔虫-钙藻障积岩（图版

8-4e)、海绵–钙藻障积岩（图版 8-6e、f）、珊瑚–海绵障积岩（图版 8-7a～d），主要分布在将军山、桃曲坡平凉组和背锅山组生物礁核相。另外，层孔虫–钙藻（图版 8-8a、b）、珊瑚–海绵的障积作用很强，好時河剖面层孔虫–钙藻障积岩明显影响礁体生态、岩石结构和居礁生物种类。

3. 黏结岩类

叠层石黏结岩、蓝绿藻黏结灰岩（图版 8-8c～f）、蓝藻黏结岩、层孔虫绑结岩、隐菌藻黏结岩，与礁体生长发育、伸展范围有重要关系，多发育在礁核与礁盖相。好時河剖面叠层石黏结岩、将军山剖面蓝藻黏结岩（图版 12-3e）均具有代表性。

4. 碎屑灰岩类

砾屑灰岩主要在礁基、礁间和礁前翼南部斜坡以及礁顶，富平凤凰（三凤）山（图版 4-2g）、好時河剖面礁前翼竹叶状砾屑灰岩非常典型；砂屑灰岩分布在礁基、礁间和礁后翼；粉屑灰岩常见礁间和和礁后翼，淳化铁瓦殿（图版 8-4g）、铜川上店、陇县龙门洞背锅山组，在礁前翼南部斜坡分布的厚层巨砾灰岩反映礁体遭到了强烈破坏。

5. 生物碎屑灰岩类

生物包括造礁、居礁以及附礁多种生物，但藻屑、棘屑和腕足类碎屑最常见，往往与其他颗粒以及内碎屑共生，含量为 15%～35%，主要分布在礁核的各个部位，主要见于礁翼和礁间（图版 7-4b、c）。因搬运水体环境和水运动力变化，形成的生物碎屑滩分布场所和运移距离不同，其中马六段在礁后、背锅山组在深海斜坡均有分布（图版 8-5c）。

5.5.2　礁岩的成因结构类型

对于生物礁，传统的分类主要根据造礁生物的种类划分，常见的有微生物、藻类、古杯动物、层孔虫、珊瑚和海绵等类型，虽然分类方法比较明确客观，但反映不出生物礁的生长过程、结构形态和生长过程中水动力成因条件与生态水体环境之间的关系。而生物礁形成过程水动力环境条件和沉积组分的成因差异恰恰体现在能够反映同生物礁沉积组分、支撑结构以及分布形状的礁岩结构特征。也就是说，这些支撑结构以及其中的沉积组分变化可以说明生物礁结构特征。R. Riding 深度解析礁岩结构后，曾将生物礁组分分为三种，即原地形成的骨架、孔隙和胶结物。并根据结构支撑方式不同，将生物礁结构进一步分为三类：①灰泥基质支撑的生物礁，包括凝聚微生物礁、簇礁、节片礁（图版 5-1）；②生物骨架支撑的生物骨架礁（图版 4-1）；③亮晶胶结物支撑的胶结生物礁（图版 7-1）。

结合鄂南地区奥陶系生物礁的生物构成、礁岩组构以及礁体产状、形态特点，将生物礁岩石分为以下三种成因结构类型。

1. 灰泥基质支撑的生物礁

灰泥基质支撑的生物礁主要见于铜川上店微生物菌藻礁，好時河剖面的灰泥丘以及将军山、曹家沟等地的含有原地生物骨架的席状层孔虫生物礁和受火山灰覆盖以及灰泥含量较高的小型珊瑚点礁、补丁礁等。礁体内部明显缺少原地生物骨架的生物礁，礁体的稳定性主要来自于基质的支撑作用。基质支撑的结构类型包括内部明显缺少原地生物骨架席状生长和浑圆丘状及似席状形态分布的菌藻礁生物礁和生物层，与骨架生物礁的明显区别是簇礁和节片礁的骨架是相互邻近但不相互接触，礁体的稳定性来源于基质的支撑作用。

2. 生物骨架支撑的生物礁

在耀县富平凤凰山、铁瓦殿平凉组以及陇县龙门洞剖面上的珊瑚生物礁中，生物礁生长在水体温暖清洁、阳光充足、陆源和火山漂浮物稀少、海平面缓慢稳定上升的环境中，主要是由原地生长的珊瑚、海绵等生物骨架支撑建造的穹窿状以及塔状礁体，如各种生物骨架礁。生物骨架的支撑方式对生物礁的生长具有极为重要的作用，由其构建的生物礁具有极强的稳定性。这种生物礁类型中的骨架相互接触，主要特征为较高的骨架基质比值。由于骨架的支撑，这种生物礁可以从基底向上生长，单体规模大，礁岩厚度大。这种生长形成了半开放的孔隙空间，而骨架的支撑作用也加速了早期的胶结作用。

3. 亮晶胶结物支撑的生物礁

亮晶胶结物支撑的生物礁分布于耀县桃曲坡、龙门洞及铁瓦殿珊瑚剖面，生物礁生成在水体清洁动荡环境中，礁体一般易受到强高能海水冲刷、淘洗，甚至破坏。在礁岩架状生物体腔、架内，礁岩形成主要是通过原地生物的进一步胶结完成，胶结物起到了支撑和充填的作用，就像骨架的生长一样，而且能够在非骨架以及骨架生物上形成。非骨架胶结礁主要通过原地的非骨架生物的同沉积胶结作用形成。礁翼以及前后常与高能滩相伴生。

5.5.3　礁岩中常见生物礁群落组合与产状分布

生物群落的生态影响礁岩的结构和产状，研究露头剖面上礁群落结构与产状常见 6 种产状形式。

（1）菌藻生物丘，见于耀县桃曲坡和淳化铁瓦殿顶部和铜川陈炉任家湾平凉组（图版 5-1）。

（2）钙藻–珊瑚生物礁（丘），分布于富平三凤山、耀县桃曲坡、永寿好畤河、礼泉东庄、淳化铁瓦殿背锅山组（图版 4-1）。

（3）层孔虫–珊瑚–蓝绿藻生物礁，分布于淳化铁瓦殿、耀县桃曲坡、永寿平凉组（图版 7-1）。

（4）蓝藻–层孔虫–海绵生物丘（层）（图版 8-7a ~ d），发育在淳化铁瓦殿、将军山、永寿背锅山。

（5）蓝藻–层孔虫–珊瑚生物礁，在淳化铁瓦殿平凉组、礼泉东庄、陇县龙门洞背锅山组均有发育。

（6）隐菌藻–海绵，主要见于铜川陈炉。

进一步对上述剖面对比发现，鄂南地区中奥陶统马六段和平凉组下段，礁滩复合体的生物类型以菌藻和钙藻类为主，主要包括 *Girvanella*、*Renalcis*、*Vermiporella*、*Halysis*、*Subtifloria*、*Wetheredella* 和 *Rothpletzella* 等造礁分子，并以小型菌藻类形成的藻丘为主。但在上奥陶统平凉组上段，珊瑚、海绵、层孔虫才大量出现，并与菌藻类及微生物共同造礁。虽然在研究区不同剖面上礁群落结构存在差异，但礁体格架生物群落中藻类起重要作用，与全球晚奥陶世的后生动物礁群落结构比，表现在晚奥陶世，研究区生物礁演化进程有迟缓性。

5.6　礁滩体岩石微相

生物礁岩石的结构与微相类型不仅反映生物礁岩石组分的空间排列方式，也体现沉积成因环境。鄂南地区上奥陶统生物礁岩石的组分可以分为原生组分和次生组分两种。其中生物礁岩石的原生组分包括生物组分、灰泥和亮晶胶结物；生物组分指钙化生物的骨骼，分为固着生活、处于原地生长状态的原地生长骨骼和倒伏的、受过短途搬运的，或非固着生活的生物颗粒，破碎的生物颗粒为生物碎屑，生物礁的次生组分指生物礁岩破碎后形成的角砾，由于上述岩石组分在礁滩体中所处位置和空间排列方式不同，对礁滩的成因作用不同，也影响礁滩体结构单元的划分。

5.6.1　礁核骨架岩相

礁核骨架岩相是生物礁的主体，决定生物礁的形态与规模，造架生物含量大于30%，主要为珊瑚、层孔虫和菌藻，另有少量串管纤维海绵和苔藓虫。骨架孔发育，但大多被附礁生物屑、灰泥和栉壳状亮晶方解石胶结物充填。该微相仅见于礁核相中。骨架结构由生物原地生长骨骼和充填其间的灰泥和生物颗粒及亮晶胶结物共同组成，可根据原地生长骨骼的形态，缠结生物加固作用以及有无及填隙物进一步分为以下类型。

1. 骨架岩类

根据礁岩中生物种类、含量、生态产状以及岩石组分结构分为以下6类岩石。

1）珊瑚骨架岩

珊瑚骨架岩主要包括阿姆塞士珊瑚骨架岩、镣珊瑚骨架岩和巴伊戈尔珊瑚骨架岩等，其中阿姆塞士珊瑚骨架岩中珊瑚个体较大，粗壮，微块状复体珊瑚（图版4-1d～g，图版7-2b）形成骨架，珊瑚骨架之间是灰泥，灰泥中生屑少，仅有少量介壳类。个别个体之间有黑色粗管状蓝藻附着生长。

镣珊瑚骨架岩主要由镣珊瑚形成骨架（图版7-7a），同时也见有原地生长的镣珊瑚（图版8-1c、d）、阿姆塞士珊瑚（图版7-5d，图版8-2b）等形成造礁骨架。居礁生物有团状的葛万菌、块状的管孔藻、粗枝藻、介形虫、棘皮类等。附礁生物为蓝藻、肾形菌 *Renalcis*（图版7-6a），隐藻类生物形成大泡沫状，内部重结晶。

巴伊戈尔珊瑚骨架岩，造礁生物由多个巴伊戈尔珊瑚以及珊瑚复体（图版12-1a、b）组成，珊瑚复体之间居礁生物发育阿哲菌 *Izhella*（图版12-5f）。

2）珊瑚-钙藻（海绵）骨架岩

骨架岩主要由杆四分珊瑚（图版7-6a）、海绵（图版8-7a、b）、蠕孔藻（图版8-6b）构成。居礁生物有红藻、丛状蓝藻、棘皮类、介形虫、三叶虫等。附礁生物为肾形菌。肾形菌主要出现在造架生物的骨架之间，如珊瑚个体的空隙中和蠕孔藻形成的格架孔洞中（图版7-6g）。

3）层孔虫骨架岩类

薄片大部分切到层孔虫化石，少量为重结晶的灰泥，灰泥中只见介形虫化石。造礁生物是拉贝希层孔虫（图版6-1f，图版7-1c，图版8-11a）、阿尔金图瓦层孔虫（图版8-10a、b）、克利夫登层孔虫（图版8-17b、c）。居礁生物为介形虫、三叶虫（图版8-5a）。附礁生物为丝状的隐菌藻类（图版12-4e~g）。

4）层孔虫–钙藻骨架岩

造礁生物为泡沫层孔虫（图版8-7e，图版8-8a、b）、阿尔金图瓦层孔虫（图版8-10a、b）和钙藻蠕孔藻。层孔虫呈不规则块状，重结晶严重，难以鉴定。蠕孔藻分布广泛，形成稀疏的网状。灰泥中还有介形虫、腕足类、棘皮类、粗枝藻、丛状的珊瑚等居礁生物。

5）钙藻–层孔虫骨架岩

造礁生物为拉贝希层孔虫和蠕孔藻。层孔虫呈块状，有时可有小的蠕孔藻共生在细层中。蠕孔藻较分散，呈稀疏的网状结构。灰泥中其他生物很少，仅见到小介形虫和棘屑。

6）藻包覆骨架岩

藻包覆骨架岩主要由原生状态的大型块状、丛状床板珊瑚，球状、块状层孔虫及藻类组成。它们相互紧密叠置和包绕，构成明显的生长骨架。珊瑚和层孔虫体径为10~30cm，部分为35~40cm，生物总量为50%~75%，生物体和骨架间为纹层状、叠层状蓝藻、葛万藻及球松藻等黏结包覆。该类岩石主要分布于礁核的中部，为礁发育的最繁盛阶段，但其数量不及前两类丰富，推测发育在水深5~10m的中–高等能量环境。其中层孔虫绑结岩的薄片中见到层孔虫（图版8-17a、c），重结晶严重。另有某种单体珊瑚被丝状的隐菌藻类缠结。居礁生物有三叶虫、腕足类、棘皮类等。

2. 骨架岩及障积–骨架岩

骨架岩及障积–骨架岩主要由原地生长的小型丛状、块状床板珊瑚，球状半球状层孔虫及放射状管孔藻、苔藓虫类组成。床板珊瑚、层孔虫体径为5~20cm，含量一般为25%，虽大部呈分散状而不易形成礁骨架，然而却堵截灰泥细屑，显示了明显的障积功能。含量30%~40%时，即可形成明显的生长骨架而过渡为障积–骨架岩类。该类岩石一般形成于中等或中–低等能量的礁核相环境中，水深10~20m。

5.6.2　礁核障积岩相

礁核障积岩相由生物原地生长骨骼和充填其间的灰泥和生物颗粒组成，且生物原地生长骨骼之间的平均间距小于0.5m，造礁生物含量低（10%±）。分别有骨架生物和蓝绿藻黏结两种障积形成。

1. 骨架–障积岩类

骨架–障积岩类主要由原地生长的枝状、丛状珊瑚、串管海绵和纤维层孔虫、海绵障积细小生物屑和灰泥组成。附礁生物较多，灰泥支撑。主要见于未成熟礁体中及成熟礁体或半成熟礁体的下部。

1）瑚–海绵障积岩

造礁生物珊瑚有单体四射珊瑚（图版 7-6a）、海绵（图版 8-7a）、日射珊瑚、阿姆塞士珊瑚（图版 7-5d，图 12-2a、b）、隐地衣珊瑚等。海绵为硅质海绵，有海绵骨针保留，但无法鉴定。居礁生物有棘皮类、介形虫、苔藓虫、腕足类等。附礁生物为丝状的菌藻类、肾形菌。

其中耀县管珊瑚障积岩中珊瑚密集，单体被群落状、被丝状的隐藻类缠结，形成障积结构。礁岩中生物丰富，造礁生物珊瑚还有巴伊戈尔珊瑚，居礁生物有头足类、腕足类、介形虫、三叶虫等，附礁生物有管状的蓝藻。

2）层孔虫–钙藻障积岩

造礁生物为艾氏蠕孔藻、管孔藻、阿尔金图瓦层孔虫、泡沫层孔虫和蜂巢层孔虫，管孔藻多被丝状的隐菌藻类缠结。居礁生物为珊瑚、棘皮类、丛状蓝藻、三叶虫、介形虫、腕足类、管状蓝藻、丝状隐菌藻类等。

3）海绵–钙藻障积岩

造礁生物为海绵、管孔藻，海绵和管孔藻多被丝状的隐菌藻类缠结。居礁生物为粗枝藻、介形虫、三叶虫、腕足类、棘皮类、管状的蓝藻等。附礁生物为丝状的隐菌藻类。

2. 障积岩类

1）红藻障积岩

造礁生物为管孔藻（图版 12-6g、h），板状的管孔藻被丝状的隐菌藻类缠结。居礁生物有粗枝藻（图版 8-13b）、棘皮类（图版 12-5d）、腕足类、三叶虫、介形虫（图版 12-4c）、头足类以及苔藓虫（图版 12-4d）等，附礁生物为丝状的菌藻类。

2）层孔虫绑结岩

层孔虫绑结岩为层状的厚柱层孔虫和囊层孔虫。居礁生物有苔藓虫、肾形菌（图版 7-6b）、腕足类、西伯利亚珊瑚、棘皮类、介形虫、镣珊瑚、弗莱契珊瑚等。

3. 菌藻黏结岩类

1）蓝绿藻黏结岩

由蓝绿藻黏结作用而形成。通常以藻叠层、藻包壳形式大面积黏结包绕造礁生物和生物屑，形成大型藻包粒和藻礁格架。藻黏结面积一般为 25% ～50%，局部可达 70% ～80%。以减缓水流，阻截灰泥细屑使其就地沉积从而形成各类障积–黏结岩。该类岩石主要分布于礁核，推测其形成水深为 5～15m 的中–低等能量环境，为礁旋回间过渡岩性。

2）蓝藻黏结岩

造礁生物为细管蓝藻（图版 12-5g）。居礁生物为某种未知生物、腹足类等。该种未知圆管状生物被丝状的隐菌藻类缠结，丛状分布。

3）隐菌藻黏结岩

岩石薄片中未见到规则的清晰的管状蓝藻化石，并隐约可见管状蓝藻的纵切面。可观察到由于蓝藻的活动形成的球状灰泥颗粒和比较规则的匍匐状菌藻类群体形态（图版 12-4g）。薄片中可见到比较大的腕足类化石（图版 12-3f）。

4）管菌黏结岩

薄片中粗管蓝藻前管菌黏结岩（图版 8-16b），灰泥中除了前管菌外，见有个别小介形虫和个别丛状蓝藻（图版 11-1h）。

5）菌黏结岩

岩石由细管丛菌黏结灰泥形成（图版 7-5e、f），灰泥中偶见介形虫。

5.6.3　礁核（顶）黏结岩相

因发育分布位置以及对礁体的功能不同，组分与结构有差异，研究区分为礁核和礁顶两种微相。

1）礁核黏结岩

常见蓝绿藻、丝状菌藻类生物以及蓝藻，它们呈网络状穿透于灰泥为主的沉积物中，包覆或者绑结其他造礁生物及各种附礁生物屑（图 5-3），组成的礁灰岩结构中蓝绿藻、丝状菌藻类以及蓝藻生物使灰泥集结形成了礁核的主要黏结结构，结构中以充填灰泥和生屑为特征，亮晶胶结物较少。

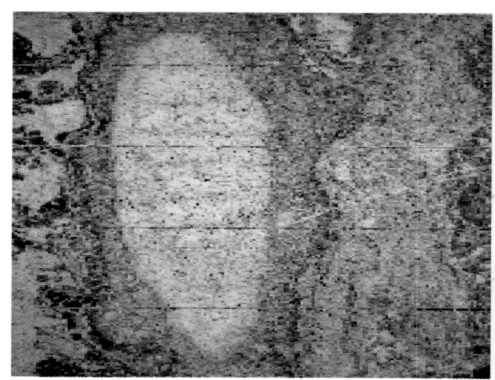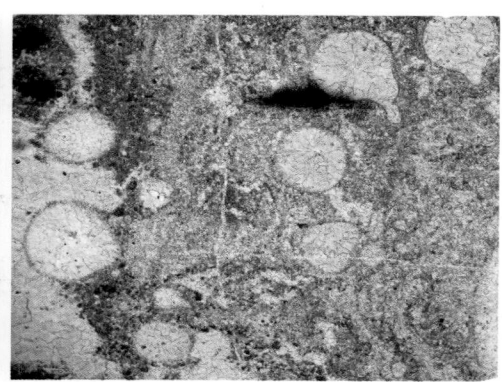

图 5-3　耀县桃曲坡平凉组礁灰岩中床板珊瑚被丝状隐藻类缠结

2）礁顶含藻泥云质盖覆岩

礁顶含藻泥云质盖覆岩主要是由匍匐生长的薄板状、皮壳状生物或者叠层藻类云岩以及云灰岩组成，结壳结构通常叠覆或者披盖在礁核或者礁翼相灰泥、生物颗粒或角砾等组成的沉积物之上。白云石晶体细小，泥–粉晶，以他形为主，晶间孔不发育，常见石膏假晶、鸟眼、干裂及泥藻纹层，含少量生物碎屑，且以瓣鳃类和腹足类为主，为潮坪环境产物。

在隐藻类砂屑泥粒岩中，隐藻类丝体黏结灰泥形成砂屑或者一些不规则形状的构造；隐藻纹层状灰泥岩和砂屑泥粒岩中见有弯曲的隐藻纹层，少量介形虫以及管状蓝藻化石。含蓝藻的灰泥岩中见少量未知丛状蓝藻；在隐藻白云岩中，隐藻类微生物发生生物白云石化或泥晶白云石化。

5.6.4　礁前（翼）塌积角砾岩相

由礁角砾和层孔虫、群体珊瑚等生物砾屑塌积组成，主要属礁前风暴浪击碎崩塌的产物，包括部分礁骨架遭受风浪破坏形成的就地或者近缘堆积物。礁岩角砾呈棱角、次棱角状，大小不等，无分选，角砾成分为礁灰岩或泥晶灰岩，部分角砾被藻黏结，角砾间主要为灰泥填隙，亮晶胶结物较少。最典型的是泾河剖面平凉组和龙门洞剖面背锅山组台前斜坡塌积礁砾岩，产状多呈扇状、透镜状、似层状，分别分布于礁前、礁顶或者礁侧翼。透镜体为 0.5m×1m ~ 5m×10m。该岩类主要发育于前礁部分。

5.6.5　礁间（基）滩相颗粒云灰岩相

在奥陶纪晚期，由于海水能量较高，沉积物往往形成浅灰色中厚层至块状生物碎屑灰岩、泥晶亮晶生物碎屑灰岩和生物灰岩，岩石中大多不显层理，含丰富的底栖生物化石，如腕足类、珊瑚等，属碳酸盐岩台地边缘环境。岩石的分层性较差，但生物成分、生物丰度和生物分异度在纵向上有着突变或渐变的关系，呈现出一定的分带性。含礁岩系以生物碎屑灰岩、生物黏结灰岩、生物骨架灰岩为主，根据发育位置、主要颗粒构成类型、形成时的水动力条件及胶结物特征分为以下几种类型。

1. 生物碎屑灰（云）岩类

主要生物为造礁生物珊瑚、层孔虫、海绵以及居礁生物有孔虫、藻屑、棘屑、瓣鳃类、腹足类、腕足类、介形虫等碎片构成的生屑，另有少量鲕粒和豆粒。颗粒支撑，颗粒总含量大于35%，一般为35% ~65%。生物碎屑、鲕粒和豆粒内以及粒间亮晶胶结物常易于白云岩化，形成白云石晶间孔。其中在砂屑生屑颗粒岩，以生屑颗粒或者角砾为主。生屑有腕足类、棘皮类（图版12-4a、c）、丛状蓝藻、蜂巢层孔虫、粗枝藻等；在珊瑚泥粒岩中，薄片见多个块状复体阿姆塞士珊瑚，珊瑚之间的空隙是灰泥砂屑。

颗粒间填隙物因沉积时水动力强弱不同分为灰泥和亮晶胶结，前者主要就近或者就地在礁后等弱水动力中快速沉积；后者主要为在高能环境中强烈淘洗、异地搬运沉积而成，常强烈白云岩化，形成的含残余棘屑的糖粒状白云岩，晶间孔隙发育。主要分布于成熟礁体或半成熟礁体的礁盖部分以及礁后潟湖相的沉积岩层中。

2. 颗粒灰（云）岩类

颗粒灰（云）岩类主要为鲕粒和豆粒，另有少量造礁生物珊瑚、层孔虫、海绵以及居礁生物有孔虫、粗枝藻屑、棘屑、苔藓虫、瓣鳃类、头足类、腹足类、腕足类、介形虫、三叶虫等碎片生屑，部分粪球粒、鲕粒和豆粒，基质支撑，颗粒间填隙物因沉积时水动力强弱不同分为低能灰泥和高能亮晶胶结两种类型，前者主要在礁后弱水动力环境中快速沉积，一般形成泥晶结构，岩性致密；后者主要在潮道、礁间沟槽水流通道高能环境中经过水流强烈淘洗沉积而成。

3. 含颗粒灰泥（云）岩类

颗粒含量为5% ~15%，颗粒类型包括造礁生物珊瑚、层孔虫、海绵，居礁生物有孔虫、藻屑、棘屑、瓣鳃类、腹足类、腕足类、介形虫等碎片，藻屑、棘屑以及细管蓝藻构成的生物碎屑、内碎屑、灰泥岩微相，主要为含泥质的泥微晶结构，有时含燧石结核和少量的生物碎屑。主要分布于礁后台坪静水环境以及礁前盆地斜坡次深水环境。其中在隐藻类灰泥岩，含有纹层状的隐藻类黏结灰泥岩，形成薄层状的结构。

5.6.6　礁前半深水斜坡含浮游生物灰泥灰岩相

薄层含放射虫、海绵骨针以及浮游生物粒泥晶灰岩，颗粒以浮游生物为主，主要为海绵骨针和放射虫，另有少量的钙球和介形虫。主要分布于平凉晚期秦岭槽盆及弧后盆地深水静水环境中。

第6章　生物礁剖面的发育形态、产状与岩相结构

实测了9条典型露头剖面礁（滩）体的产状、厚度，划分了期次、沉积层序和环境演化韵律组合（图版1-4～图版1-9，图版2-1～图版2-4，图版3-1），分别表征了礁体剖面形态特征（表6-1），分析了不同礁间古生物、生态、岩相、结构、构造和沉积环境差异。进一步通过8口测井（其中1口成像测井）、累计705km的二维地震剖面的精细处理与重新解释，其中含生物礁的过井剖面6条，含生物礁的测井3口。落实了奥陶系地层分布及顶部构造形态，发现隐伏疑似礁滩异常碳酸盐岩岩体30个，通过横剖面对比，为进一步恢复盆地内部礁体几何形态，解析内部岩相结构和预测礁体大小、规模奠定了基础。

表6-1　鄂南地区实测剖面奥陶系生物礁发育情况统计表

位	富平将军山		耀县桃曲坡		富平凤凰山		富平上店		礼泉东庄		淳化铁瓦殿		永寿好畤河		陇县龙门洞	
	层号	厚度/m	层号	厚度/m	层号	厚度/m	层号	厚度/m	层号	厚度/m	层号	厚度/m	层号	厚度/m	层号	厚度/m
背锅山组									2	27					21	131.4
									4	2					18	100.5
									5	3						
									6	4						
									7							
平凉组	29	32	7-6	76.5	14	2.4	3	5			46	38.8	7	3.8		
	22-20	39	3	10.4	12	2.75	5	6			45	39.5	6	9.7		
	17	6			8	1.26	8	5			44	43.5	5	6.3		
	13	16									43	68				
	11	12.8														
	6	19.5														
	3	16.5														
马六段													3	4		
合计		131.8		86.9		6.41		16		39		189.8		23.8		231.9

6.1　富平凤凰山（三凤山）背锅山组生物礁剖面

6.1.1　礁体剖面层序、产状与结构单元

剖面总厚度为13.84m（图6-1）。礁滩相根据露头剖面特征可识别礁核、礁基、礁顶

三个生物礁微相类型（图版4-1，图版4-2g、h，图版4-3）。其中珊瑚礁核厚6.41m。含礁层位为平凉组，主要造礁生物为阿姆塞士珊瑚（图版4-2a～d）以及菌藻等。剖面上（图版2-2），在海平面作用下，从下而上，有3个不同时期形成的含礁韵律层组合，并有不同的生物和岩石组分结构特征。

图6-1　富平凤凰山背锅山组珊瑚层礁体剖面发育形态、结构及产状形貌

1. 早期珊瑚礁

礁核岩性为阿姆塞士珊瑚–层孔虫障积灰岩，厚1.1m。礁基为深灰色–灰色中–厚层生屑灰岩、瘤状生屑灰岩（图版4-2h），厚2.32m。礁盖为深灰色薄–中层、瘤状生屑灰岩、生屑灰岩（图版4-2g），厚2.25m。

2. 中期珊瑚礁

礁核岩性，珊瑚（图版4-1）–层孔虫障积灰岩，厚2.75m；阿姆塞士珊瑚（*Amsassia* sp.）含量为25%～30%，障积珊瑚间有灰泥与泥质充填，由下向上珊瑚含量减少，生长方式有近直立到斜卧、平卧，其中平卧方向130°，斜卧方向355°。礁基为深灰色薄–中层、瘤状生屑灰岩、生屑灰岩，厚2.25m。礁盖下部黄褐色凝灰岩，厚0.04m，上部薄层生屑灰岩，厚0.47m。

3. 晚期珊瑚礁

礁核为阿姆塞士珊瑚–层孔虫–藻类障积灰岩，厚2.4m。礁基下部黄褐色凝灰岩厚

0.04m，上部薄层生屑灰岩，腹足类碎片，介壳类生屑等，厚 0.47m，共 0.51m。礁翼为生屑滩，含丰富腕足类、腹足类、海百合、介形虫、牙形刺、双壳类化石（图版 4-2g、h），以海百合为主，厚 2.35m。上下不同礁体之间和礁间为生屑灰岩，含丰富腕足类、双壳类化石。礁盖为深灰色薄–中层、瘤状生屑灰岩、生屑灰岩中含丰富的腹（腕）足类化石及碎片（图版 4-3e、f）。

6.1.2　主要造礁生物种属与居（附）礁生物

生物以珊瑚为主（图 6-2a，b），而造礁珊瑚均为阿姆塞士珊瑚。常见的居（附）礁生物包括腕足类、腹足类、海百合、介形虫、牙形刺、双壳类等，以海百合为主，在礁基微相和礁间含量最为丰富，可达 65%～85%（图 6-3a，b）。礁体中珊瑚的古生态为分枝状生长，间隔 5～10cm，对灰泥、砂屑及生屑构成障积作用有利于造礁。

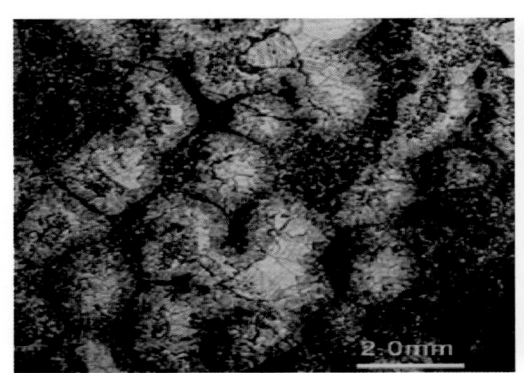
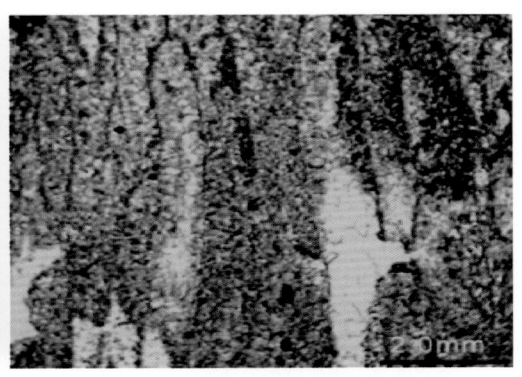

a.阿姆塞士珊瑚个体间以灰泥砂屑充填为主，体腔以亮晶方解石充填为主，也有灰泥　　b.阿姆塞士珊瑚体间以灰泥及橘黄色凝灰质充填，体腔为微晶方解石及灰泥充填

图 6-2　凤凰山剖面珊瑚层造礁生物种属特征

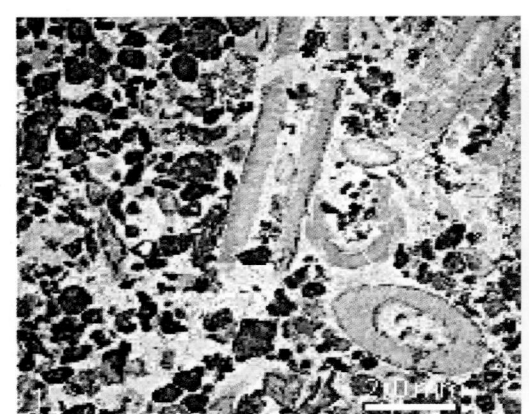
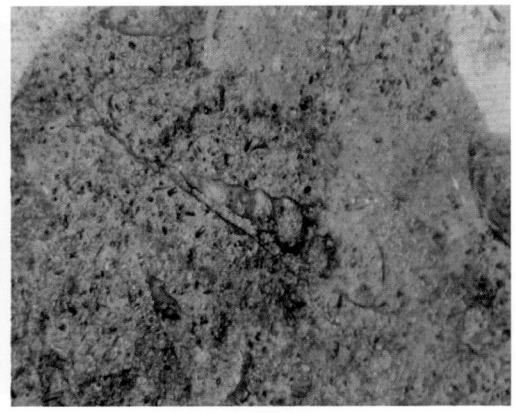

a.生屑灰岩中的棘皮类与腕足类化石碎片　　　　　b.生屑灰岩中腹足螺类化石

图 6-3　富平凤凰山剖面珊瑚礁附礁生物种属特征

6.1.3　礁体格架内充填物组分及礁间沉积特征

造礁生物间格架以灰泥充填为主，也有生屑、橘黄色凝灰质充填，凝灰质充填说明在珊瑚生长过程中周缘的火山活动比较频繁。造礁珊瑚体腔以放射状亮晶方解石充填，含少量砂屑，说明礁生长过程水体比较动荡，水动力强。

6.1.4　礁体主要岩相类型

根据生物含量、生态习性、造礁作用及其保存特征，可将本区的生物礁划分为障积岩和生屑灰岩两个主要类型（图6-4）。

　　　　a.阿姆塞士珊瑚障积岩（第一层倒伏生长）　　　　　　b.阿姆塞士珊瑚障积岩（第二层倒伏生长）

　c.腕足类、双壳类及棘皮类中层生屑灰岩　　　　　　　　d.含腕足类、棘皮类瘤状生屑灰岩

图6-4　富平凤凰山剖面生物礁主要岩石特征

1. 障积岩

障积岩是礁体礁核的主要构成岩石，由分支状的阿姆塞士珊瑚障积灰岩灰泥组成，内部充填生屑、粉屑、凝灰质以及灰泥，灰泥常呈泥微晶结构。

2. 生屑灰岩

按产状和组构特点可进一步分为中–厚层状泥晶、泥亮晶生屑灰岩与瘤状生屑灰岩（图版4-3），其中中–厚层状生屑灰岩主要分布于礁基、礁顶微相，由海百合碎屑组成，含量为40%～50%，少量灰泥、砂屑，瘤状生屑灰岩由瘤体和基质组成，瘤体成分为腕足类、棘皮类、壳类、腹足类等生屑灰岩，基质成分为含灰泥岩，也见凝灰岩，瘤体呈眼球状、不规则块状，长2～5cm，厚2～3cm，同一层内大小比较均匀，大致平行层面排列。剖面上呈断续的串珠状或波状起伏的条带，主要分布在礁体基底、礁翼、礁间以及礁顶和礁后，分别属于礁前早期和礁生长韵律旋回之间高能水体冲刷以及礁后对礁体破坏作用形成。

6.1.5　生物礁生长、发育旋回与韵律性事件沉积环境演化

根据生物礁的生长演化序列和岩性特征，纵向上识别出礁体有 Ⅰ 、 Ⅱ 、 Ⅲ 生长发育旋回（图6-1），综合柱状图表明生物礁经历了早、中、晚三个阶段，并划分了层序演化，反映了礁成长、发育以及衰竭过程中与海平面变化的对应关系。

1. 早期（旋回Ⅰ）

生物礁格架由阿姆塞士珊瑚藻障积灰岩组成，礁基为棘屑、腹足类、腕足类等生屑滩和砂屑灰岩。由于水体浅、动力冲刷作用强，对礁顶破坏作用强，一方面造成造礁生物向南倒伏，另一方面导致礁顶遭到破坏不利于珊瑚生长保存，并就近堆积，形成薄层生屑和藻黏结的瘤状生屑灰岩。

2. 中期（旋回Ⅱ）

生物礁在早期深灰色中层瘤状生屑灰岩的基础上发育，由阿姆塞士珊瑚组成，生物礁生长中经历来自东南部秦岭海槽的强烈海啸、地震及火山喷发活动，一方面水体强烈动荡，来自东南秦岭的巨浪导致礁上珊瑚 SE-NW 方向（130°～355°）倒伏。除了定向海啸袭击，另一方面还可能遭遇火山礁凝灰质的灭顶之灾，由于火山物质的沉积，沉积水体浑浊度、盐度、pH 改变，珊瑚礁停止发育，并沉积凝灰岩。

3. 晚期（旋回Ⅲ）

发育的生物礁基于深灰色中层瘤状生屑灰岩，礁核为灰色珊瑚障积岩。火山物质与海平面上升，致使沉积水体变深、光照不足、pH 改变，礁顶为高能冲刷作用下形成的深灰色瘤状生屑灰岩与浅橘黄色凝灰岩，导致珊瑚等生物死亡，也说明研究区平凉期礁体顶部遭受过水动力的破坏和礁体发育生长过程的暂时结束。总之，整个生物礁发育生长过程伴随着事件沉积，其沉积发育模式见图6-5。

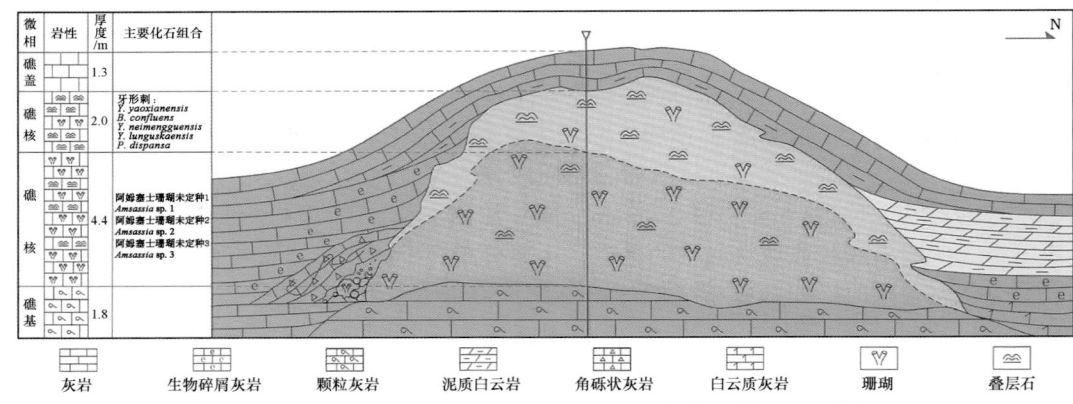

图 6-5　富平三凤山背锅山组生物礁生长、发育及剖面沉积模式

6.2　耀县桃曲坡平凉组生物礁剖面

6.2.1　礁体剖面层序、产状与结构单元

剖面位于耀县西北部桃曲坡水库，坐标为 34°59′12.14″E，109°54′2.34″N，主礁体规模为 165m×64m，剖面上礁单体规模为 172m（宽）×97m（厚），剖面平面露头范围为1.52km×1.13km。剖面总厚 305.7m，剖面沉积层序、环境生物演化以及生物礁赋存特征见图版 1-8，其中礁滩相段总厚 80.9m。含礁层位为平凉组和背锅山组，含有 3 个含礁韵律层组合（图 6-6，未见礁顶），从下而上，厚度分别为 30.5、39.09、10.5m。

图 6-6　耀县桃曲坡平凉组露头剖面生物礁剖面产状结构及形貌

1. 平凉组下段

礁核岩性为珊瑚藻类障积灰-丛菌黏结灰岩（图版 7-8f，图版 7-9h），厚 10.5m，礁基为深灰色-灰色中-厚层生屑灰岩、瘤状生屑灰岩（图版 7-4a），厚 11.5m；礁翼为深灰色薄-中层瘤状生屑灰岩、生屑灰岩（图版 7-3g，图版 7-4c），厚 2.2m。

2. 平凉组上段

礁核岩性为珊瑚-藻骨架灰岩、蓝藻黏结岩（图版 7-1d），厚 86.1m。造礁生物为珊瑚、藻类，底部含有少量耀县巨大管珊瑚，以藻类为主，居礁生物包括腕足类、头足类、棘皮类和腹足类（图版 7-4d~h）。礁基为深灰色薄-中层瘤状生屑灰岩、生屑灰岩，厚 2.2m；礁盖灰色厚层生屑灰岩厚 23.7m。

3. 背锅山组下段

生物滩为深灰色中-厚层生物碎屑灰岩，厚 18m；生物滩下伏深灰色中层，上覆深灰色薄-中层泥质灰岩、泥灰岩，厚 24m。瘤状生屑灰岩，而旋回 I 暗色中薄-中层灰泥灰岩与泥页岩互层；礁翼主要发育含泥质的砾屑灰岩，其砾屑由灰泥灰岩及礁岩组成。

礁复合体在剖面纵向上可划分为礁基、礁核、礁顶、礁坪等单元。

其中礁核主要为旋回 II 的生物丘礁核，主要由菌藻类、钙藻、珊瑚及层孔虫等造礁生物组成的骨架岩、障积岩、黏结岩及绑结岩构成；旋回 I、II 生物礁的礁基均为具有滩相特征的生屑，其中礁核主要由灰岩及砂屑灰岩组成；旋回 I、II 生物礁均由于海平面上升生物礁停止生长，但其礁顶的岩相特征具有差异性，旋回 I 的礁顶为薄层瘤。

6.2.2　主要造礁生物与居（附）礁生物

1. 主要造礁生物群落和种属

主要造礁生物有镣珊瑚（*Catennipora junggarensis*）（图版 7-7a）、均一空镣珊瑚（*Quepora*）（图版 7-6d、e）、巨大耀县管珊瑚（*Yaoxianopora gigantea*）、桃曲坡耀县管珊瑚（*Yaoxianopora taoqipoensis*）（图版 7-7c，图版 7-8e、f）、地依珊瑚（图版 7-1h，图版 7-26）、杆四分珊瑚巴伊戈尔珊瑚未定种（*Bajgolia* sp.）（图版 7-6a、b）、西伯利亚珊瑚科未定属（*Sibiriolitidae* sp.）（图 6-7a~c）、阿姆塞士珊瑚属未定种（*Amsassia* sp.）（图版 7-5d）、蜂巢珊瑚（*Favistina* sp.）、皱纹珊瑚 1 属 1 种、莘夫宁南珊瑚（*Ningnanophyllum shengi*）；厚柱层孔虫（*Pachystylostroma* sp.）（图版 7-10e）、囊层孔虫（*Cystistroma* sp.）（图版 7-10f）、泡沫层孔虫（*Cystostroma*）、罗森层孔虫（*Rosenella* sp.）、淳化拉贝希层孔虫（*Labechia stratiform chunhuaensis*）（图 6-8a，b，图版 7-1c、e，图版 7-2g，图版 7-5a，图版 7-6f，图版 7-7b）；菌藻类包括肾形菌（*Renalcis*）（图版 7-6a、b）、葛万菌（*Girvanella*）、奥特藻（*Ortonella*）、表附菌（*Epiphyton*）、线纹菌（*Linearrophyton*）、丛菌（图版 7-5e、f），具有鸟眼构造的蓝藻黏结岩（图版 7-5c）；钙藻类常见粗枝藻（*Novantiella silurica*）、绒孔藻（*Dasyporella*）、绒毛藻（*Trichophyton*）、绒枝藻（*Dasycladus*）、管孔藻（*Solenopora*）（图版 7-1c、e、g，图版 7-2f、h，图版 7-3a、c）、艾氏蠕孔藻（*Vermiporella eisenacki* Elliott，1972）（图版 7-6c、g），另有少量海绵（图版 7-3d）。礁体中菌藻是主要造礁生物，钙藻是

最重要的造礁生物，其中包括粗枝藻（*Novantiella silurica*）、绒孔藻（*Dasyporella*）、绒毛藻（*Trichophyton*）、绒枝（*Dasycladus*）、管孔藻（*Solenopora*），这些早期直立连续生长的藻丛被钙化，自身的生物化学作用不仅促成灰泥的生成，或以其他类型的造礁生物共生，形成坚硬的造礁格架，阻挡水体流动，进行固定黏结作用形成叠层石或包裹缠绕砾屑、生屑生长具有绑结作用，形成障积与黏结作用；珊瑚为该剖面次要造礁生物，局部出现的珊瑚骨架岩，往往也与菌藻一起生长，形成障积结构；剖面层孔虫发育种类相对较少，主要与菌藻形成板状绑结构造。

a. *Bajgolia* sp.（巴伊戈尔珊瑚未定种）

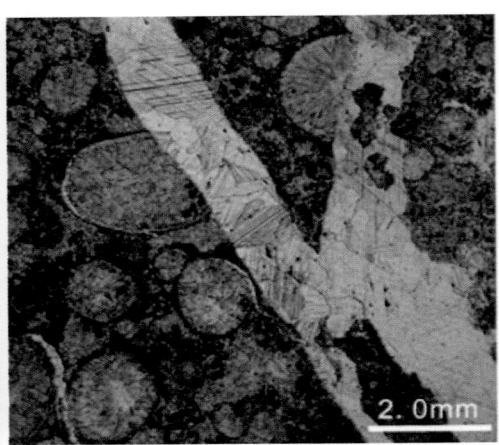

b. *Yaoxianopora taoqipoensis*
（桃曲坡耀县管珊瑚未定种）

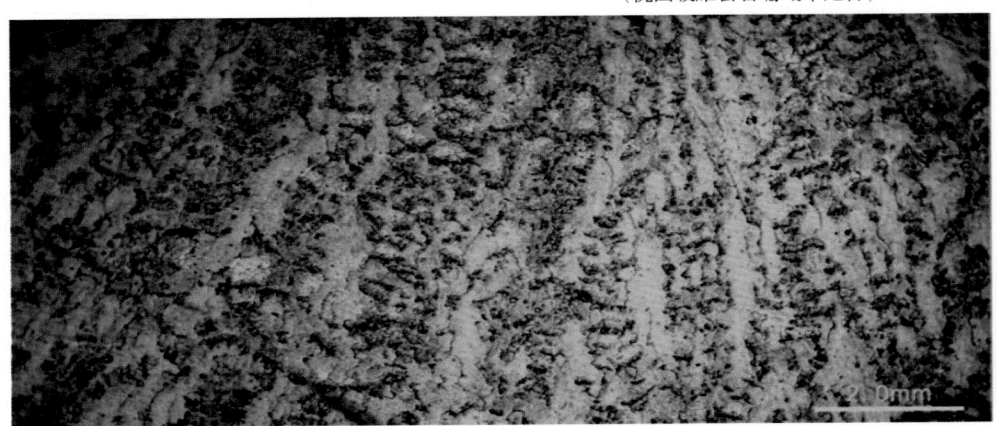

c. *Sibiriolitidae* sp.（西伯利亚珊瑚未定种）

图 6-7　桃曲坡剖面主要造礁珊瑚类种属（Holocateniporauniforma，1960）

2. 居（附）礁生物

居（附）礁生物种类较多，常见的有腕足类、腹足类、足头类、棘皮类、三叶虫、介形虫、双壳类、牙形刺等（图 6-9a～d）。其具体包括：①头足类（图版 7-10c），戈比尔角石未定种（*Gorbyoceras* sp.）、豆房沟角石（*Tofangoceras* sp.）、前孔角石（*Protostromatoceras* sp.）、小迪斯特角石（*Diestocerina* sp.）、假里佐角石（*Pesudorizoceras* sp.）、柳林角石

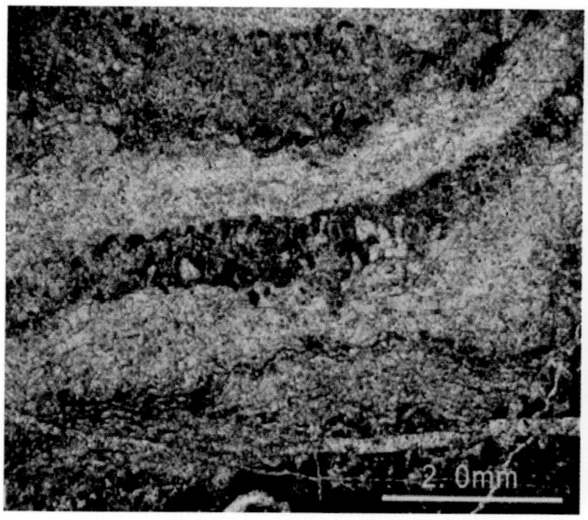

a.*Pachystylostroma* sp.（厚柱层孔虫未定种） 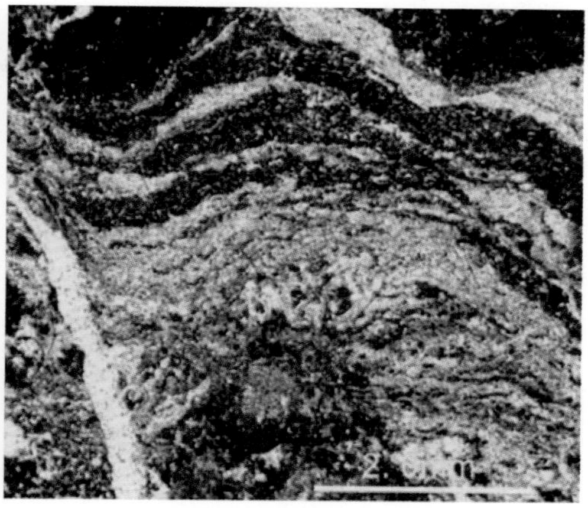　　　　b.*Cystistroma* sp.（囊层孔虫未定种）

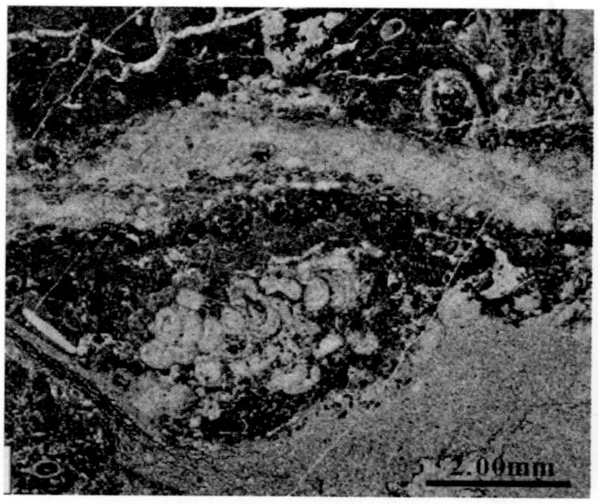

c.*Cystostroma* sp.（泡沫层孔虫未定种） 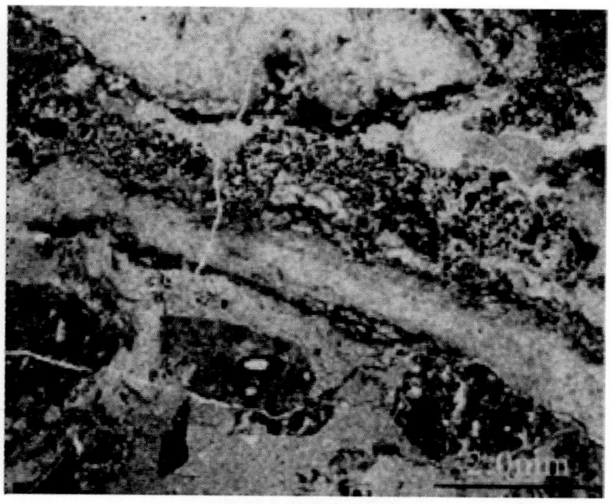　　　　d.泥灰岩中管孔藻

图 6-8　桃曲坡剖面主要造礁层孔虫、菌藻及钙藻种属

（*Liulinoceras* sp.）；②腕足类（图版 7-8h，图版 7-10g），包括 *Gunnarella* sp. 、*Taoqupospira dichotoma*、*Dolerorthis* sp. 、*Bicuspira* sp. 、*Didymelasma* sp. 、*Orthambonites* sp. ；③三叶虫，*Pliomerina* sp. （图版 7-5b）；④棘皮类，海百合（*Crinozoa*）。

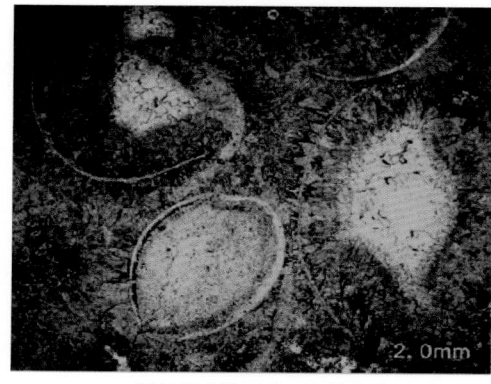
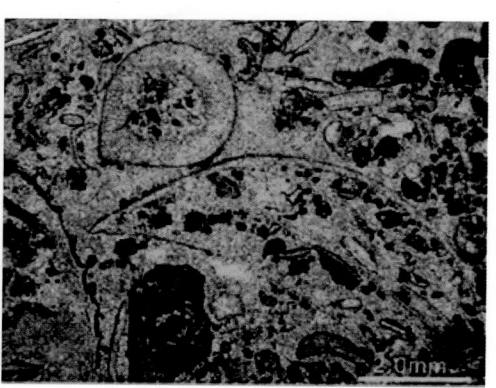

a.泥灰岩中腕足类、腹足类化石　　　　b.亮晶灰岩中的腕足类

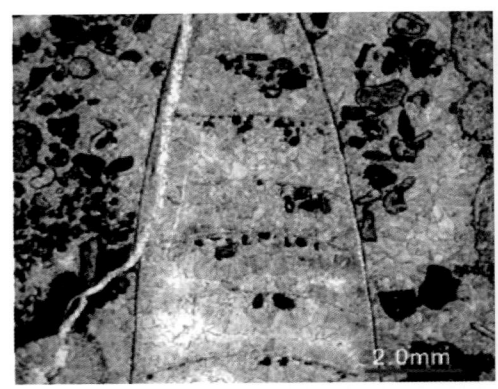
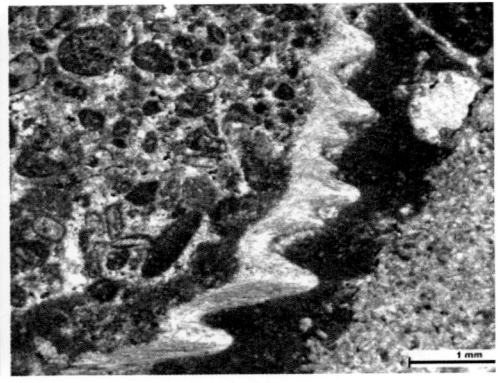

c.足头类角石，体腔亮晶方解石充填　　　　　d.泥灰岩中的三叶虫，体腔亮晶方解石充填

图6-9　桃曲坡剖面主要附礁生物

6.2.3　礁体格架内的充填物特征及礁间沉积

造礁生物格架内多由灰泥放射状亮晶方解石充填，少量造礁生物化石的体腔见有静水环境和低能弱水动力形成的砂屑、灰泥充填物。礁间多为砂屑、生物碎屑充填，在直立藻丛连续生长构成的坚硬造礁格架中，空洞中充填亮晶方解石胶结物，层面上形成不规则及层状晶洞构造（图6-10）。可见在沉积成岩过程中，不仅珊瑚生长时水体比较动荡，水流冲刷作用强，同时在成岩中也形成了溶蚀孔洞，其中被部分空间淡水重结晶方解石半充填。

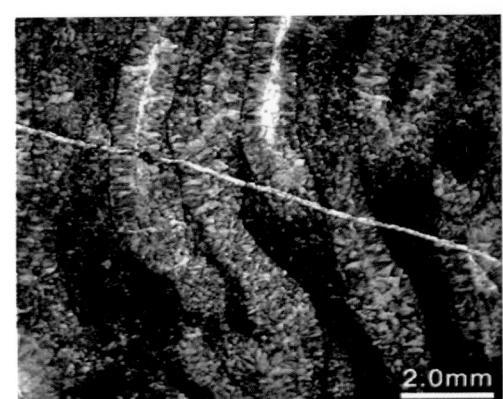

a.阿姆塞士珊瑚个体间灰泥、砂屑充填，　　　　b.长的藻丛格架中的亮晶方解石充填
体腔亮晶方解石充填　　　　　　　　　　形成的层状晶洞构造

图6-10　桃曲坡剖面造礁生物个体间及体腔充填物特征

6.2.4　礁体主要岩相类型

根据生物含量、特征及造礁作用，将本区的生物礁岩划分为骨架岩、障积岩、黏结

岩、绑结岩、生屑灰岩、礁角砾岩，以障积岩和黏结岩为主（图 6-10a，b）。

1. 骨架岩

骨架岩主要由原地直立连续生长的钙藻被钙化形成的骨架，钙藻的造架之间常被亮晶方解石充填，形成层状晶洞构造或不规则晶洞构造，也见菌藻类的黏结和缠绕。骨架岩形成于中-高能的浅海，是组成礁核微相的重要岩石类型。

2. 障积岩

障积岩主要由原地生长的生物障积灰泥组成。可依据生物门类分为钙藻障积、珊瑚-钙藻障积岩，其中钙藻障积岩中钙藻呈簇状生长含量可占 30% ~ 80%，珊瑚-菌藻障积岩中珊瑚和丝状的菌藻类形成障积结构。

3. 黏结岩

黏结岩主要由软的、纤状菌藻和钙藻自身的生物化学作用和黏结砂屑、粉屑、生物碎屑和灰泥组成。根据生物门类分为钙藻黏结岩与菌藻黏结岩，其中钙藻黏结岩藻体绕砾屑和生屑生长，在其边缘形成黑色环边，同时对碎屑起着黏结作用；菌藻黏结岩常具有纹层状构造，形成薄层状和多种不规则形状的结构（图 6-11b）。

a.腕足类、腹足类生屑灰岩

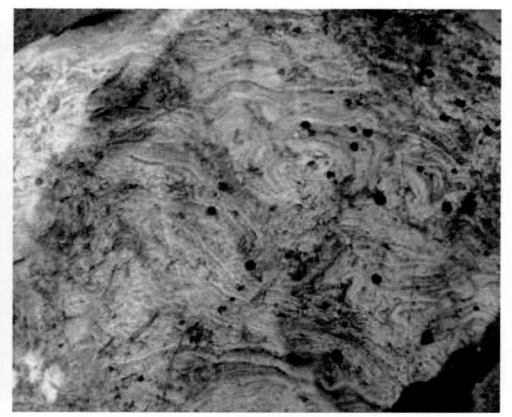
b.菌藻及钙藻形成的黏结岩

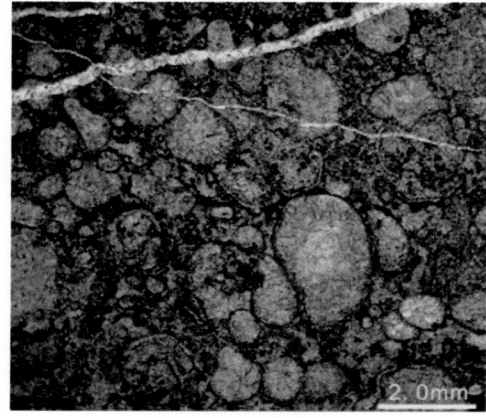
c.桃曲坡管珊瑚障积岩

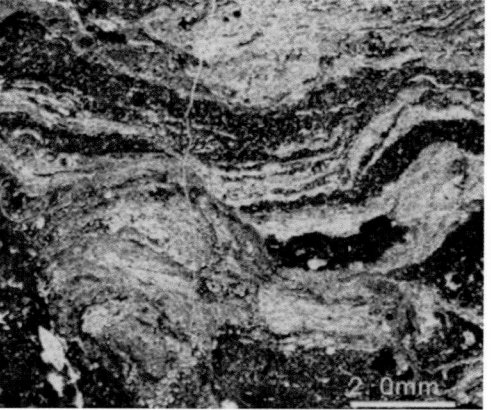
d.礁核中的囊层孔虫绑结岩

图 6-11　耀县桃曲坡剖面生物礁主要岩相类型

4. 绑结岩

由皮壳状生物包裹缠绕各种碎屑物质形成的礁灰岩，原生孔洞不发育，主要见于礁核相底部由厚柱层孔虫和囊层孔虫绑结生物碎屑与灰泥而成。绑结岩发育于水能量相对较高的浅水环境，沉积作用缓慢（图6-11d）。

5. 生屑灰岩

生屑灰岩主要发育于礁基微相及礁内滩，以腕足类、腹足类、棘皮类、介形虫为主，生屑含量一般为50%～60%，局部可达85%以上，亮晶方解石胶结，常成为砾屑灰岩夹层或砾岩灰岩的过渡（图6-11a）。

6. 礁角砾岩

岩石类型形成于能量较高的环境中，常含有泥质，发育于礁翼及礁体内部微相。

6.2.5　生物礁生长、发育韵律旋回性与沉积环境演化

根据耀县桃曲坡上奥陶统剖面沉积层序、生物礁生长、演化序列和岩性特征，由早到晚，剖面上可识别出礁体在纵向上发育生长经历Ⅰ和Ⅱ两个旋回过程，形成了特有的沉积以及生长、发育模式（图6-12）。

早期形成的旋回Ⅰ，礁体规模小，剖面厚度薄，礁岩主要由菌藻类、钙藻类及少量珊瑚组成。礁基为台体边缘富含腕足类、腹足类的生屑滩，底栖生物大量发育，表明沉积环境水体较浅、光照充足，有利于菌藻类及钙藻类的生长与繁殖，礁核主要形成纹层状藻类黏结岩。造礁生物种属在纵向上呈珊瑚、线纹菌与表附藻-肾形藻、奥特藻及葛万藻-绒毛藻及绒枝藻演化特征，礁顶发育薄层瘤状生屑灰岩，表明海平面上升，水体变深、光照不足，不利于藻类的光合作用，导致钙藻类的死亡。

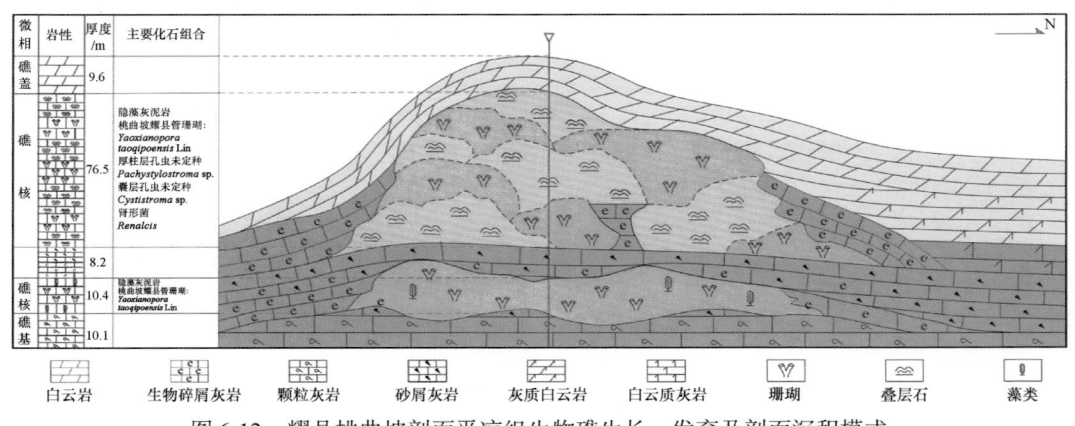

图6-12　耀县桃曲坡剖面平凉组生物礁生长、发育及剖面沉积模式

晚期旋回Ⅱ是在旋回Ⅰ顶部富含生屑、砂屑的滩相上孕育而成，生物礁核呈丘状，造礁生物中以层孔虫与珊瑚为主，纵向上呈珊瑚、层孔虫、肾形藻-葛万菌、奥特藻、绒孔藻、绒毛藻、绒枝藻、管孔藻及粗枝藻-线纹菌、珊瑚、蓝藻演化特征，顶部发育桃曲坡

组暗色中薄-中层灰泥灰岩与泥页岩互层，表明海平面快速上升，水体变深、光照不足、含氧量降低，海侵淹没导致造礁生物死亡，生物礁停止发育。

6.3　耀县将军山平凉组生物礁剖面

6.3.1　礁体剖面层序、产状与结构单元

该剖面位于凤凰山剖面西北耀县与富平交界处，总厚度为475.13m（未见顶），其中礁滩相剖面总厚度为133.6m（图6-13），含礁层位为平凉组，由多个韵律旋回组成。其中礁复合体在剖面纵向上可划分6期，形成6个旋回，其中第4旋回发育特征分异度明显，可分出礁基、礁核、礁顶、礁间等单元，礁基分别为青灰色生物碎屑灰岩、浅灰色砂屑灰岩、灰白色生物碎屑灰岩、灰色粒屑白云质灰岩等，厚0.8~11.2m；层间夹的礁翼（前）相为灰白色含砂屑砾屑灰岩，礁间（后）青灰色含砂屑藻屑灰岩、灰色块状亮晶砂屑灰岩夹红色中层状生屑微晶灰岩；礁顶相为深灰色泥晶灰岩和泥微晶云灰岩，不同韵律，厚度变化大，一般为2.7~13.0m。该上奥陶统剖面从下而上，发育有6个含礁韵律层组合，生物礁核的岩性组合特征及厚度分别如下：

图6-13　耀县将军山剖面礁体产状形貌特征

1. 灰白色珊瑚骨架灰岩

剖面礁核厚2.4m。礁基为含生屑砂屑泥粒岩，生屑为海百合棘屑、腕足类与介形虫；礁核由阿姆塞士珊瑚骨架灰岩构成，骨架间充填有灰泥与三叶虫化石；礁顶为生屑泥粒岩披覆，生屑包括苔藓虫、腕足类、介形虫化石等。

2. 灰色珊瑚-钙藻障积骨架灰岩

剖面礁核厚5.7m。礁基由浅灰色中-厚层亮晶生屑灰岩、砂屑灰岩组成，生屑主要为藻屑与棘皮类；礁核由管孔藻形成的障积灰岩和阿姆塞士珊瑚骨架岩组成；礁顶为浅灰色厚层叠层状含生屑砂屑隐藻云质灰岩沉积。

3. 藻-珊瑚礁旋回层

剖面礁核厚11.5m。礁基为含生屑砂屑云质灰岩与亮晶砂屑灰岩；礁核属于含生屑藻与地衣珊瑚障积岩；礁顶是灰色厚层砾屑云质灰岩，向上为灰白色中-厚层叠层状隐藻白云岩覆盖。

4. 珊瑚礁旋回层

剖面礁核厚4.9m。礁基为灰色中厚层叠层状含生屑隐藻云质灰岩；礁核由厚层阿姆塞士珊瑚骨架岩构成；礁顶为浅灰色-灰白色中层叠层状隐藻白云岩覆盖。

5. 藻-珊瑚礁旋回层

剖面礁核厚4.4m。基于深灰色中层含蓝藻灰泥岩之上形成，内含石英晶体；礁核为含生屑砂屑阿姆塞士珊瑚与藻黏结岩，细砂屑与灰泥充填珊瑚体间；礁顶为灰黑色中层亮晶含灰泥砂屑生屑灰岩。

6. 菌藻-珊瑚礁旋回层

剖面礁核厚2.2m，礁基是浅灰色含丛状蓝藻砂屑生屑灰岩，生屑为含头足类和介形虫；礁核由灰色厚层砂屑巴伊戈尔珊瑚与蓝藻黏结岩构成，其中蓝藻为 *Izhella*；礁顶仍属于高能环境形成的灰色厚层砂屑生屑灰岩，生屑包括头足类和介形虫等化石碎片。

6.3.2　主要造礁生物与居（附）礁生物

1. 造礁生物种属

将军山剖面上造礁生物主要由菌藻类、钙藻类、珊瑚等构成，其中以珊瑚为主（图6-14a～d）。造礁生物中最重要的造礁生物是珊瑚，礁核相所见造礁珊瑚有5个属，均为床板珊瑚，包括地衣珊瑚（*Linchenaria* sp.）（图版12-2g、h）、阿姆塞士珊瑚（*Amsassia* sp.）（图版12-1，图版12-2a～f）、巴伊戈尔珊瑚（*Bajgolia* sp.）（图版12-1a、b），始弗莱契珊瑚（*Eofletchria* sp.）、蜂巢珊瑚（*Favistina* sp.）。在第1～3层珊瑚层中珊瑚以块状复体直立生长形成骨架系统，在4～6层中珊瑚呈分支状对灰泥、砂屑及生屑构成障积构造。

在礁形成过程中，菌藻以自身的生物化学作用促成灰泥的生成并对其进行固定，常见红藻类、丝状管孔藻、管孔藻（*Solenopora*）（图版12-3c、d）、蠕孔藻（*Vermiporella*）、叠层藻（图版12-6f），钙藻常与菌藻一起生长对水体中颗粒具有黏结作用，但在被钙化的直立连续生长的藻丛中，形成坚硬的造礁格架。

丛状蓝藻（图版12-5a、g）、阿哲菌（*Izhella*）（图6-16d）、隐藻（图版12-4e～g）、肾形菌（*Renalcis*）、表附菌（*Epiphyton*）、线纹菌（*Linearrophyton*）以及少量苔藓虫（图版12-4c、d，图版12-6a）等对造礁也有重要作用。

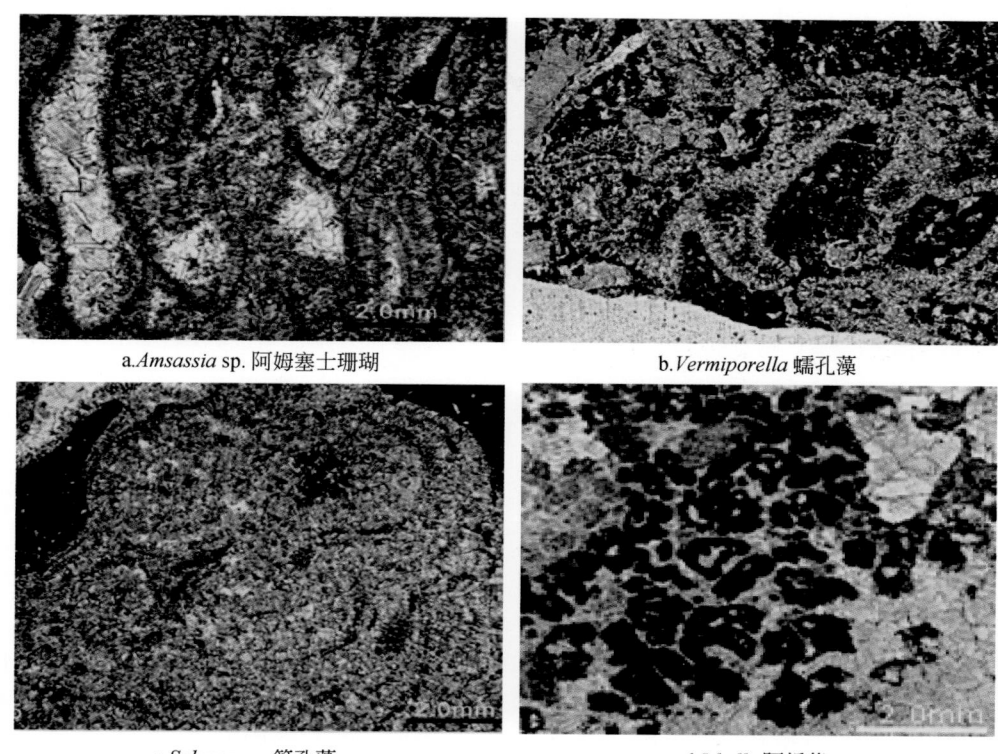

a.*Amsassia* sp. 阿姆塞士珊瑚　　　　b.*Vermiporella* 蠕孔藻

c.*Solenopora* 管孔藻　　　　d.*Izhella* 阿哲菌

图 6-14　耀县将军山剖面平凉组主要造礁生物种属显微特征

2. 居（附）礁生物

将军山剖面上珊瑚层或藻丘中常见的附礁生物种类较多（图 6-15a~d），包括大腹足类（图版 12-3e、f）、腕足类、含头足类、牙形刺、介形虫以及棘皮类（图版 12-4a~d，图版 12-5c~e、h）。

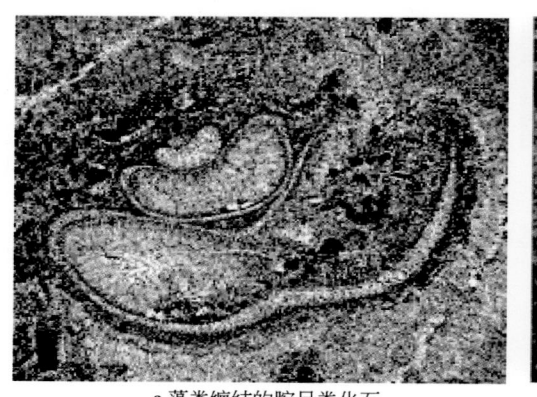

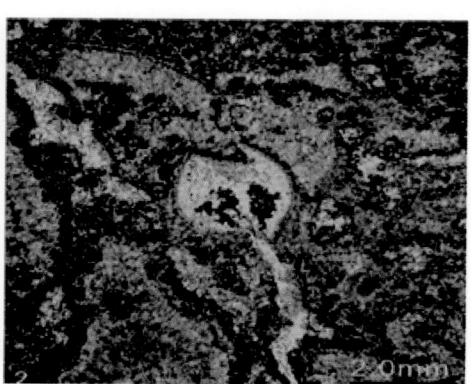

a.藻类缠结的腕足类化石　　　　b.大腹足类化石

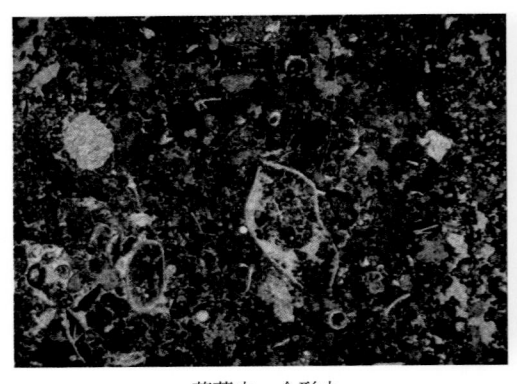

c.苔藓虫、介形虫　　　　　　　　　　　d.海百合碎屑

图6-15　耀县将军山剖面平凉组主要居（附）礁生物种属显微特征

6.3.3　礁体格架内的充填物特征及礁间沉积

造礁生物珊瑚格架内多由微晶方解石、砂屑、橘黄色凝灰质充填充（图6-16a、b），造礁珊瑚体腔以放射状亮晶方解石充填为主，也具有砂屑、灰泥充填，说明在珊瑚生长过程中总体水体比较动荡，水动力强，但在局部形成静水环境，低能弱水动力。凝灰质充填在体腔中，说明珊瑚生长过程中周缘有火山活动，并在动荡环境中形成。

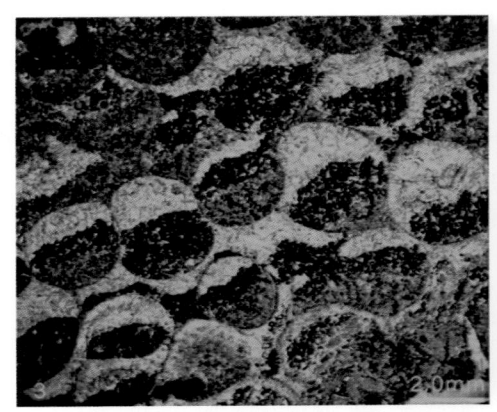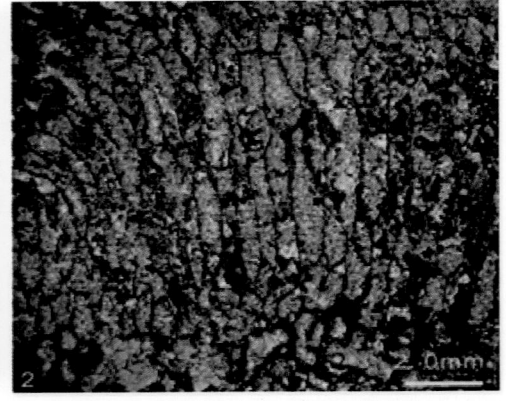

a.阿姆塞士珊瑚个体间及体腔砂屑、　　　　b.巴伊戈尔珊瑚未定种，珊瑚体腔亮晶
方解石充填，示顶底构造　　　　　　　　　方解石充填

图6-16　耀县将军山剖面平凉组造礁生物个体间及体腔充填物显微特征

6.3.4　礁体主要岩相类型

根据生物含量、特征及其造礁作用，可将本区的生物礁岩划分为骨架岩、障积岩、黏结岩、生物碎屑灰岩、内碎屑灰岩、藻屑灰岩、白云岩等（图6-17a～d）。

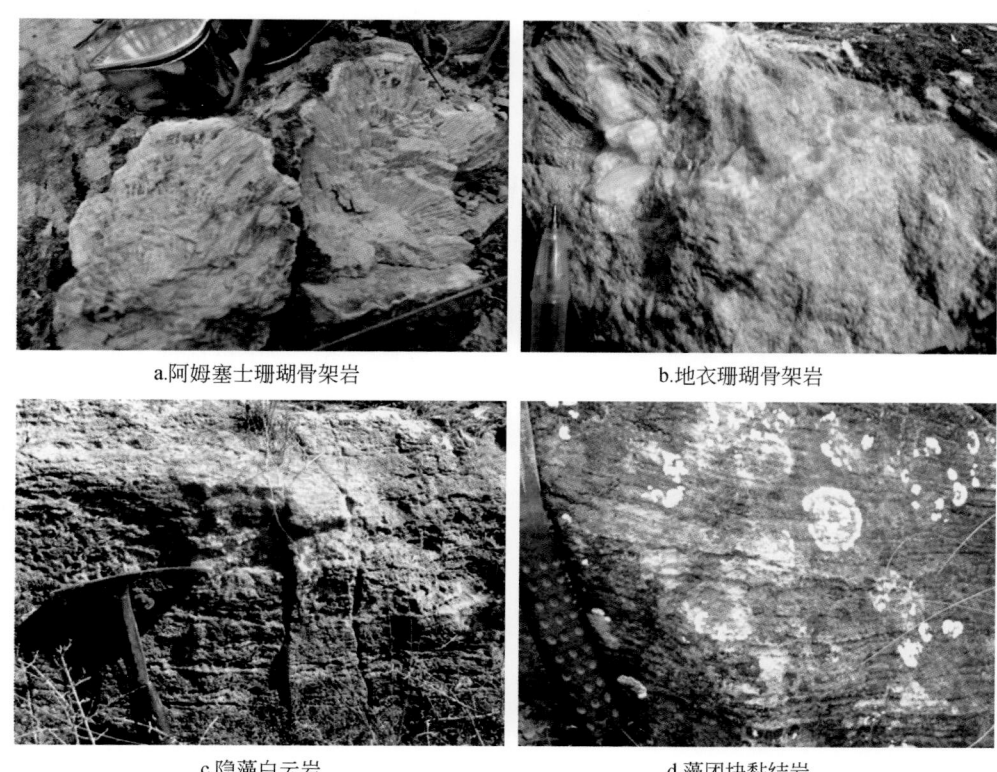

a.阿姆塞士珊瑚骨架岩	b.地衣珊瑚骨架岩
c.隐藻白云岩	d.藻团块黏结岩

图 6-17　耀县将军山剖面平凉组生物礁主要岩性特征

1. 骨架岩

依据造架门类不同可划分为珊瑚骨架岩和钙藻骨架岩，前者的造架珊瑚种属主要为地衣珊瑚、阿姆塞士珊瑚、始弗莱契珊瑚、蜂巢珊瑚等，附礁生物常见腹足类、足头类、腕足类、三叶虫、海百合等，菌藻类包覆缠结，骨架岩中珊瑚含量为 40% ~50%，同时常见珊瑚呈块状附体生长。钙藻骨架岩以管孔藻为主，藻间多为微晶方解石充填，有时在骨架岩侧翼可见管孔藻的微晶灰岩。

2. 黏结岩

黏结岩以菌藻类和钙藻类的黏结灰泥组成，多为微晶结构。黏结岩含有菌藻的团块与钙藻及含有少量藻屑、粉屑腹足类化石及介形虫碎片。

3. 障积岩

障积岩以分支状的地衣珊瑚与巴伊戈尔珊瑚障积灰岩灰泥组成，内部充填生屑、粉屑及藻屑，常呈微晶结构。

4. 生物碎屑灰岩

生物碎屑灰岩主要分布于礁基、礁盖与礁间等微相，属于高能冲刷作用环境中形成，以亮晶结构为主，生物主要由腕足类、海百合、介形虫及藻类碎屑组成，含量为 30% ~

40%，少量灰泥砂屑。

5. 内碎屑灰岩

内碎屑灰岩主要发育砂屑及粉屑灰岩。砂屑灰岩在礁基及礁翼呈亮晶方解石胶结，含少量砾屑、生屑。在礁发育旋回间也有泥晶砂屑灰岩，它们与粉屑灰岩、藻屑灰岩组成礁发育旋回间的主要岩石类型。内碎屑灰岩的基质中以微晶方解石为主，岩石中颗粒含量高达 60% ~ 75%，磨圆较差，可见交错层理。

6. 藻屑灰岩

藻屑为菌藻与钙藻，藻屑灰岩中它们互相黏结而成，常见腕足类及棘皮类生屑共生，再破碎后藻屑分选性较差，含量高达 50% ~ 65%，泥晶结构，属于异地低能带沉积成岩。

7. 白云岩

白云岩分为钙质白云岩与纹层状白云岩，前者为云化作用形成，交代白云岩中可见到残余内碎屑结构；后者多为准同生沉积，以细–中晶结构为主，含有少量藻屑、生屑及粉屑，主要发育于礁盖，为潮上沉积。

6.3.5　生物礁生长、发育韵律旋回性与沉积环境演化模式

将军山剖面总体沉积环境与凤凰山相似，但生物礁形成的韵律结构旋回共出露 6 期，造礁生物和岩性变化分析，海平面以及由此引起的海水深浅变化是生物礁发育生长的控制因素，由于该剖面和凤凰山剖面南北呼应，地理位置更靠近台地腹地，总体处于浅海亚相浅水高能带与低能带之间，礁体发育特征、生物构成与凤凰山相似，但礁基、礁翼、礁盖和礁间的滩相较凤凰山剖面不发育，反映水体在随区域构造沉降而变化的同时，动力条件较弱。

6.4　铜川陈炉—上店背锅山组生物礁滩剖面

礁滩相剖面产状面貌见图 6-18a 和 b，地理坐标为 35°02′10.92″E，109°10′11.93″N，属于海绵藻混合礁，规模为 183m（长）×39m（厚），面积范围为 345m×182m，多层结构，剖面厚度分别为 16m 和 9.6m。该剖面地表出露形貌见图 6-19。由下而上，有 3 个含礁韵律层组合，含礁层位分别是陈炉平凉组（图版 5-1a、b）和上店背锅山组（图版 6-1a），主要造礁生物为隐菌藻（图版 5-1c ~ f）、海绵（图版 5-1c、d）、层孔虫（图版 5-1g，图版 4-2b、e）及叠层藻（图版 6-1c、d）。礁核岩性和厚度分别为：①陈炉平凉组礁为浅灰色厚层海绵、菌藻骨架以及障积灰岩、隐菌藻黏结岩（图版 6-2e、f）；②上店背锅山组为层孔虫及叠层藻障积灰岩（图版 6-1b ~ e），厚9.6m。由于生长在斜坡上，礁前斜坡不稳定，滑动构造发育（图版 6-2a、c），影响礁体发育。虽然同生构造破坏垮塌严重，但基本巨砾礁块原地堆积（图版 6-2f）。由于剖面抬升地表，保留受地形抬升以及古今多期风化作用影响，上述两个剖面均残留不全，厚度变化大，均未见顶底。岩性剖面上，反映礁体岩性沉积、生物生长、发育以及生物礁结构模式见图 6-19。

a.礁核相中的蓝藻(隐菌藻)与海绵骨架岩　　　　　　　b.礁核相中的蓝藻(隐菌藻)与海绵骨架岩

图 6-18　铜川陈炉背锅山组露头剖面生物礁剖面产状结构及形貌

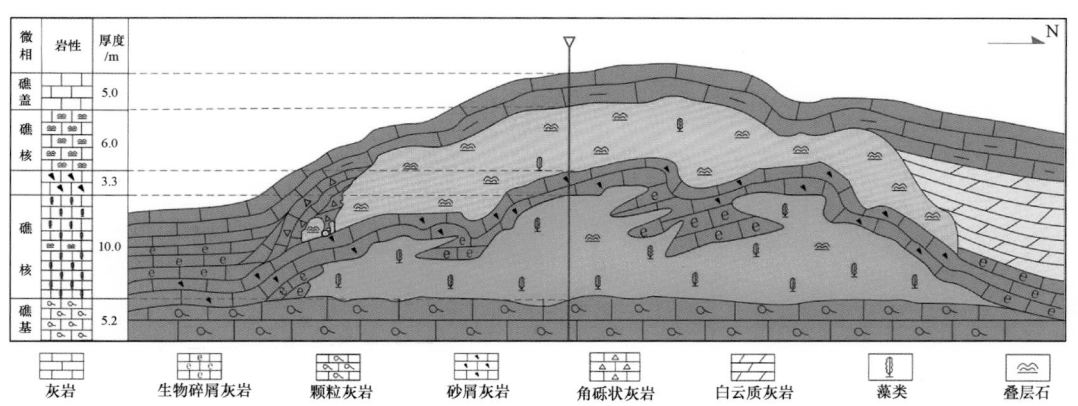

| 灰岩 | 生物碎屑灰岩 | 颗粒灰岩 | 砂屑灰岩 | 角砾状灰岩 | 白云质灰岩 | 藻类 | 叠层石 |

图 6-19　铜川上店剖面背锅山组生物礁生长、发育及剖面沉积模式

6.5　淳化铁瓦殿多期（破坏型）生物礁剖面

6.5.1　礁体剖面层序、产状与结构单元

淳化铁瓦殿多期（破坏型）礁岩剖面结构复杂，特点突出，虽然剖面总厚度有约835.7m，但含礁层厚121.8m。剖面发育层位从平凉组到背锅山组，具有多期性（图6-20）。由下而上由5个演化阶段形成的含礁韵律层包括8个生物小层组成。含礁层位为平凉组和背锅山组。其中在剖面生物礁核中，岩性及厚度依次为：①浅灰色层孔虫骨架岩，厚8.2m；②浅灰色层孔虫–骨架岩（图版8-7e、f），厚15.4m；③浅灰色层孔虫骨架岩–蠕孔藻障积灰岩（图版8-7e，图版8-9e），厚36.0m；④灰白色层孔虫骨架岩，厚20.7m；⑤灰白色层孔虫骨架岩和叠层石黏结岩，珊瑚–海绵障积岩中的单体四射珊瑚（图版8-4a、c），厚4.15m；⑥浅灰色层孔虫骨架岩、珊瑚–海绵骨架岩和叠层石黏结岩（图版8-7a～

d），厚 33.12m；⑦层孔虫–海绵骨架岩和肾形藻障积岩，厚 24.0m；⑧海绵–钙藻障积岩中的海绵及丝状隐菌藻类（图版 8-6e、f），灰色层孔虫、珊瑚骨架岩，厚 5.87m；⑨灰色钙藻–蓝藻黏结岩–叠层石障积、黏结灰岩（图版 8-8c～f），棘屑泥粒岩中的有粗枝（图版 8-9d），厚 10.23m。其中剖面顶部分布的礁翼和礁前相为灰色块状微晶巨角砾灰岩（图版 8-2c，图版 8-5c），厚 89m；层间分布的礁间和后礁相为灰色块状亮晶砂屑灰岩夹红色中层生屑微晶灰岩（图版 8-4g），礁顶为泥微晶云灰岩，厚 71.92。

图 6-20　淳化铁瓦殿露头剖面平凉组生物礁剖面产状结构及形貌

6.5.2　主要造礁生物与居（附）礁生物种属

1. 造礁生物

造礁生物主要有层孔虫、链珊瑚、蓝菌藻和海绵，礁核相岩性主要由床板珊瑚、层孔虫、海绵骨架岩以及钙藻–叠层石障积、黏结灰岩组成。珊瑚为链珊瑚、阿姆塞士珊瑚（图版 8-7d，图版 8-13d）、单体四射珊瑚、日射珊瑚、镣珊瑚（图版 8-7a、c、d，图版 8-13e）、均一空镣珊瑚（图版 8-14e）、杆四分珊瑚；层孔虫包括阿尔金图瓦层孔虫、蜂巢层孔虫（图版 8-6d，图版 8-12b）、淳化拉贝希层孔虫（图版 8-11a、b，图版 8-13d、e）、泡沫层孔虫（图版 8-6a、c，图版 8-7a、b）、克利夫登层孔虫（图版 8-17b）、窝峪罗森层孔虫（图版 8-16e）等；菌藻类包括钙藻中的志留绒孔藻、艾氏蠕孔藻（图版 8-6b，图版 8-8e，图版 8-10c、d，图版 8-13f，图版 8-17b，图版 7-6c、g）、粗枝藻（图版 8-9d，图版 8-13b，图版 8-15d、e，图版 8-16f）、管孔藻（图版 8-6f，图版 8-13c）、丝状管孔藻（图版 8-10e，图版 8-12f，图版 8-13a）、丝状隐菌藻（图版 8-6e，图版 8-14d，图版 8-17a、c）、肾形菌、葛万菌（图版 8-15d、f）、细管蓝藻（图版 8-7c）、前管菌黏结岩（图版

8-16b），另有少量海绵有硅质海绵（图版 8-6e，图版 8-7b）。

　　2. 居（附）礁生物

　　常见的居（附）礁生物包括棘皮类（图版 8-16a）、蓝藻颤菌科（图版 8-11c、d）、丛状蓝藻（图版 8-10b，图版 8-16a）、腕足类、腹足类、三叶虫、介形虫、笔石（图版 8-6，图版 8-8d ~ f，图版 8-9c，图版 8-10b，图版 8-11f）、苔藓虫等（图版 8-12d）。

6.5.3　礁体格架内的充填物特征及礁间（前）沉积

　　在残留礁核中，造礁生物珊瑚以及层孔虫体腔内多由微晶方解石、砂屑、橘黄色凝灰质充填充（图 6-14），其中单体四射珊瑚、均一空镣珊瑚、淳化拉贝希层孔虫体腔以放射状亮晶方解石充填为主，说明生长过程中总体水体比较动荡，水动力强，凝灰质充填反映礁体生长过程中周缘有火山活动，并在动荡环境中形成；窝峪罗森层孔虫也具有砂屑、灰泥充填结构，反映在局部形成了静水环境和低能弱水动力。无论是近侧塌积，还是远侧塌积，颗粒或者巨砾之间为低能泥微晶灰岩或者灰泥，形成二元结构，一是台缘产的礁灰岩在清水温暖环境中生长发育，但在礁体迎浪面由于遭受高能水体冲刷，破坏垮塌而沉（堆）积的礁块巨砾内部为结晶生物灰岩，在近岸浅水斜坡原地沉积的礁砾进一步冲刷破碎形成的砂屑间也形成亮晶胶结颗粒灰岩；二是经快速搬运在半深水斜坡，由来自上游塌积角砾（砾屑）组成的颗粒岩，以及远侧塌积物经历远距离重力流搬运，再次沉积在深水斜坡盆地低能水体环境中的颗粒（生屑）灰岩，多为泥微晶充填结构。

6.5.4　礁体主要岩相类型与产状

　　礁岩体平面上分为礁核、礁翼、礁间等，其中礁翼细分为礁前、礁后，礁前进一步分为礁前斜坡、近侧塌积、远侧塌积等，礁后进一步分为礁后滩、潟湖等。在不同结构单元中，生物含量、沉积物特征及其造礁作用以及分布产状不同，岩相组分也存在差异，研究后可划分为骨架岩、障积岩、黏结岩、生物碎屑灰岩、内碎屑灰岩、藻屑灰岩、泥晶微晶灰岩和纹层白云岩等（图 6-21）。

　　1. 礁核骨架灰岩

　　依据造架门类不同可划分为珊瑚骨架岩和钙藻骨架岩，前者的造架珊瑚种属主要为链珊瑚、阿姆塞士珊瑚、单体四射珊瑚、日射珊瑚、镣珊瑚、均一空镣珊瑚、杆四分珊瑚；层孔虫包括阿尔金图瓦、蜂巢、淳化拉贝希、泡沫、克利夫登和窝峪罗森层孔虫（图版 8-16e）等，钙藻骨架岩以志留绒孔藻、艾氏蠕孔藻、粗枝藻、管孔藻、丝状管孔藻等为主，藻间多为微晶方解石充填，有时在骨架岩侧翼可见管孔藻的微晶灰岩。

　　2. 礁核生物黏（缠）结岩

　　礁核生物黏（缠）结岩由菌藻类和钙藻类的黏结灰泥组成，微晶结构，既有含有菌藻的团块、粪球粒，也有钙藻及含有少量缠结骨架生物以及藻屑、粉屑腹足类化石及介形虫碎片等。

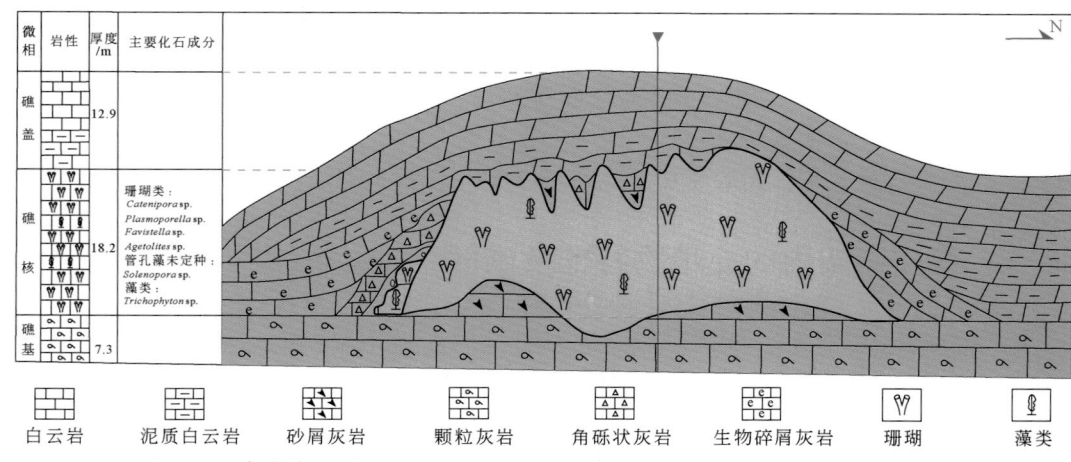

图 6-21　淳化铁瓦殿平凉组生物礁生长、发育及沉积剖面模式（破坏残留型）

3. 礁核障积岩

礁核障积岩以分支状的阿姆塞士珊瑚、日射珊瑚、均一空镟珊瑚障积灰岩为主，骨架间以及生物体腔孔隙中常见障积的微晶灰泥，充填的粉细生屑及藻屑呈微晶结构。

上述三种岩石是礁核的主要组成岩石类型。

4. 礁前斜坡塌积相角砾（砾屑）灰岩

含巨砾，粒径 5~300mm，最大为 650mm。砾内多由藻灰岩、层孔虫和珊瑚骨架岩构成，间杂生屑颗粒，砾屑粒径大，分选磨圆差，棱角状，少量次圆状，属于未搬运、无分选、近礁隆起前的垮塌堆积作用形成。

5. 礁间（后）相颗粒灰岩

礁间（后）相颗粒灰岩是碎屑滩的主要岩性，剖面上主要为薄层至中厚层，包括砾屑灰岩、砂屑、粉屑灰岩和生屑灰岩，颗粒含量为 45%~70%，颗粒支撑，粒间多为细微晶胶结，厚 10~156mm。主要分布于礁间（后）相等微相，礁翼呈亮晶方解石胶结。生屑以腕足类、海百合、介形虫及藻类碎屑，含量为 30%~40%，少量灰泥砂屑。藻屑为菌藻与钙藻黏结灰岩而形成的黏结岩再破碎而成，分选性较差，含量高达 25%~35%。

6. 礁前远侧塌积粉细微晶生屑灰岩

早期上游斜坡塌积相角砾（砾屑）灰岩遭受冲刷形成的颗粒产物，进一步经水下冲刷、搬运、快速作用的高密度浊流作用沉积形成，剖面上透镜体或者薄层状夹杂在盆地半深水斜坡相深色泥岩以及含硅质泥灰岩中，生屑来自上游台缘礁体骨架和附礁生物碎屑，生屑颗粒含量高，为 30%~45%，粒间泥微晶结构，平面为席状带状分布。

7. 礁后潟湖相藻纹层白云岩

礁后潟湖相藻纹层白云岩可分为钙质白云岩与纹层状白云岩，后者为细-中晶结构，含有少量藻屑、生屑及粉屑。交代白云岩中可见到残余内碎屑结构，主要发育于礁盖，为湿润的潮上沉积产物。

8. 礁间（顶）泥晶微晶灰岩

青灰色或者浅灰色，中厚层状，细晶微晶结构，含少量生屑或者内碎屑，为3% ~ 5%，局部云化，属于浅水沉积产物，多在礁间或者礁顶分布。

6.5.5　生物礁生长、发育韵律旋回性与沉积环境演化

在淳化铁瓦殿剖面，特殊的礁岩剖面结构和岩性韵律旋回，反映了生物礁经历的多期性发育过程，礁岩不断遭受破坏的动荡环境，以及特殊的台缘陡峭地貌地理沉积环境。在盆地演化和礁岩生长过程中，受区域构造以及古地理古海水深度韵律性变化影响，在此期间，空间上形成砾屑（颗粒）礁基-台缘残留生物骨架礁核-礁前斜坡近岸礁岩塌积物-远侧盆缘半深碎屑流沉积-深海泥灰岩韵律组合序列。由于生物礁的生长发育速率与盆地沉降速率不一致，上述组合多期发育，剖面上礁体发育也因此出现了多次间断。每次间断期间，沉积物均为砂屑灰岩、砾屑灰岩或生屑灰岩，表明当时生物礁的生长速度大于盆地沉降速率，致使生物处于水浅环境时，水体动力增强，形成了砂屑灰岩、砾屑灰岩或生屑灰岩，并使礁体被其覆盖，使生物礁停止了发育。由早到晚有5个不同演化阶段。

1. 第一阶段（层孔虫阶段）

生物礁形成早期，基于生物碎屑滩形成的隆起之上，营造了有利于造礁生物生长的环境。之后，造架生物层孔虫开始在此生长繁殖。由于造礁生物生长在动荡环境中，原地礁核残留有部分抗浪骨架，礁顶生物遭受破坏，形成碎屑颗粒充填在礁架中，最终形成生物礁；在同期位于礁前翼迎浪面的礁岩沉积过程中，礁崖上的石灰岩因受同生断裂和南部秦岭海的迎浪冲刷作用而崩塌，在礁前斜坡形成塌积物，塌积物中的礁块沉积形成角砾灰岩和砾屑灰岩。

2. 第二阶段（珊瑚、藻类和层孔虫阶段）

形成了二、三、四期生物礁。在礁体生长过程中，礁核由珊瑚、藻类和层孔虫组成，三者互相侵占其他两种造礁生物的空间与营养，其中珊瑚、藻类发育在下部，层孔虫发育在上部，当三种生物共同生活达到动态平衡时，形成珊瑚-藻类-层孔虫礁。以珊瑚的出现为特征，造架生物包括叠层石、藻类、珊瑚、层孔虫等。礁核下部是叠层石黏结骨架岩，为细圆柱状，向上生长，上方间隙由砾屑黏结。向上为珊瑚和藻形成的组合骨架岩、层孔虫及藻类障积岩；期间夹薄层生屑灰岩，附近见腹足类生物；后期礁顶，由于水深增大，水动力减弱，使礁体被粉晶灰岩覆盖，生物礁生长发育停止。

3. 第三阶段（层孔虫-珊瑚-藻类-叠层石阶段）

由五期和六期生物礁组成，礁核造架生物由层孔虫-珊瑚-藻类-叠层石组成，岩石靠下是叠层石黏结岩，偶见藻类障积岩，靠上是由层孔虫形成的骨架岩，生长方式为层孔虫绕砾屑。虽然叠层石加入造礁生物，但主要造架生物依然是层孔虫。期间夹层为砂屑粉晶灰岩，表明当时的环境为水体变深，水动力条件减弱；顶部盖层为亮晶砾屑灰岩、砂屑灰岩，表明当时的环境为水深减小，水动力条件增强，生物礁终止发育。

4. 第四阶段（层孔虫–叠层藻阶段）

礁基为早期礁体垮塌的微晶角砾灰岩，砾径不统一，砾石大多是棱角、次棱角状，成分包含藻灰岩以及层孔虫、珊瑚骨架岩和生屑灰岩；礁体核心主要是层孔虫环绕角砾灰岩形成骨架岩，见少量的叠层石黏结岩；礁顶为骨架岩与叠层石黏结岩的组合；盖层为亮晶砂屑灰岩、砾屑灰岩，显示后期环境为水深减小，水体条件增强。

5. 最后阶段（第八层生物丘形成）

水体再次变浅，水体条件增强，转变为强氧化环境下，珊瑚和层孔虫等生物无法生存，造架岩是基底岩性为砂屑粉晶灰岩之上形成的灰色叠层石–藻类黏结岩，形态构成生物丘；盖层岩性是微晶砂屑灰岩、生屑微晶灰岩以及灰色亮晶砂屑灰岩。

随着水深减小、环境变为强氧化，微晶砂屑灰岩、生屑微晶灰岩和亮晶砂屑灰岩又一次出现，致使叠层石和藻类不再发育，研究区生物礁也不再发育。最后由于同生断裂活动的影响，本区后期沉积了将近60m的角砾灰岩，生物礁的生长发育结束。

显然，生物礁的生长发育受到了海洋（台地边缘–前缘斜坡）古地理地貌、强海浪冲刷环境、海平面相对升降、同生断裂构造活动的共同影响，控制了生物礁的生长发育。最终沉积的大量角砾灰岩，使生物礁发育停止。

6.6　礼泉东庄水库平凉组生物礁剖面

6.6.1　礁体剖面层序、产状与结构单元

东庄水库剖面礁滩相剖面，位于水库坝前河谷西岸斜坡上，总厚度为81.6m。该剖面由下而上有2个含礁韵律层组合（图6-22），含礁层位分别为平凉组和背锅山组。主要由障积作用形成的生物丘构成，可识别出6层礁核、礁翼、礁基、礁盖等微相。

第一层，礁核由藻类障积岩组成，藻类障积岩由藻类障积灰泥和砂屑形成。

礁核崩塌下来的角砾灰岩构成了礁翼，呈棱角、次棱角状，分选磨圆均很差，主要为藻灰岩、砂屑灰岩和泥晶灰岩，与下部藻类障积岩凹凸接触，最厚超过10m，最薄仅几十厘米。

礁基是亮晶砂屑灰岩，呈椭圆状，较均匀，与上覆礁核呈凹凸状接触。

礁盖由薄层角砾灰岩和泥晶灰岩组成。

第二层，礁基由砂屑灰岩和生屑灰岩组成，主要为叠层石造架，部分有珊瑚。礁翼和礁盖也由角砾灰岩和砾屑灰岩组成。

第三层，造礁生物包括珊瑚、层孔虫。

本层礁基为上一阶段发育的礁盖，珊瑚障积岩、层孔虫骨架岩造架构成礁核。礁盖、礁翼的岩性为角砾灰岩，呈棱角、次棱角状，分选磨圆均很差，并可见含有珊瑚障积岩和生屑灰岩的砾屑，说明此角砾灰岩是由礁体破碎形成。

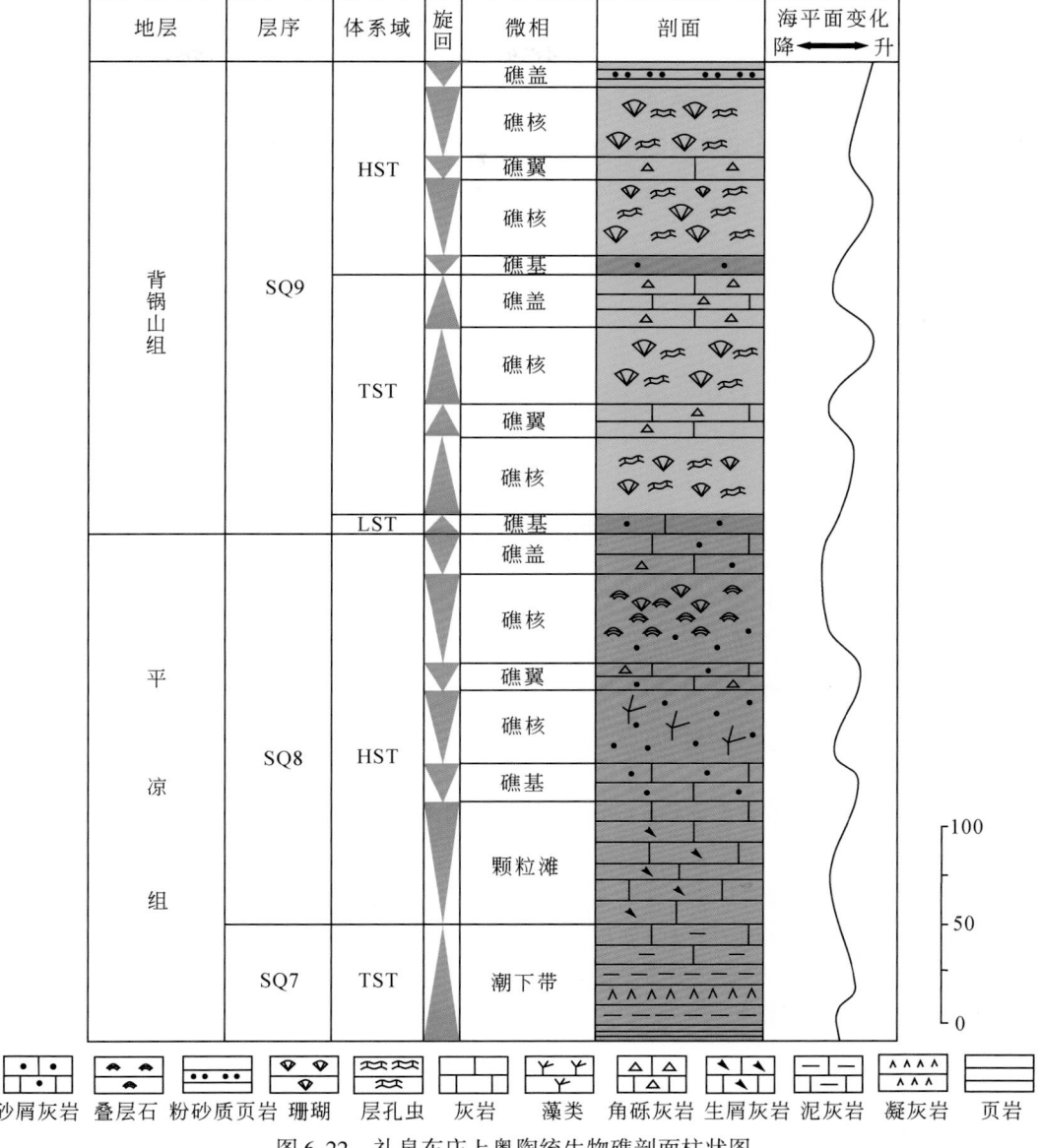

地层	层序	体系域	旋回	微相	剖面	海平面变化 降 ← → 升
背锅山组	SQ9	HST		礁盖		
				礁核		
				礁翼		
				礁核		
				礁基		
		TST		礁盖		
				礁核		
				礁翼		
				礁核		
		LST		礁基		
平凉组	SQ8	HST		礁盖		
				礁核		
				礁翼		
				礁核		
				礁基		
				颗粒滩		
	SQ7	TST		潮下带		

```
┌──┐ ┌──┐ ┌──┐ ┌──┐ ┌──┐ ┌──┐ ┌──┐ ┌──┐ ┌──┐ ┌──┐ ┌──┐ ┌──┐
│• •│ │▲▲│ │•••│ │▽◇│ │≈≈│ │  │ │ ʏ│ │△△│ │◥ •│ │— —│ │∧∧∧│ │  │
└──┘ └──┘ └──┘ └──┘ └──┘ └──┘ └──┘ └──┘ └──┘ └──┘ └──┘ └──┘
砂屑灰岩 叠层石 粉砂质页岩 珊瑚 层孔虫 灰岩 藻类 角砾灰岩 生屑灰岩 泥灰岩 凝灰岩 页岩
```

图 6-22　礼泉东庄上奥陶统生物礁剖面柱状图

第四层及第五层，生物丘主要由珊瑚和层孔虫构成。

本层礁基为上一阶段发育的礁翼、礁盖，珊瑚障积岩、层孔虫骨架岩造架构成礁核。礁盖、礁翼的岩性为角砾灰岩，呈棱角、次棱角状，仍为礁核破碎的产物，与礁核呈凹凸接触。

第六层，造礁生物包括珊瑚、层孔虫。

礁基为第五层生物丘的礁盖和礁翼,珊瑚障积岩、层孔虫骨架岩造架构成礁核。礁翼的岩性为角砾灰岩,呈棱角、次棱角状,分选磨圆均很差,礁盖由灰绿色含粉砂页岩组成。

礁核岩性和厚度分别为:①浅灰色厚层藻障积灰岩,厚27.3m;②巨厚层珊瑚骨架礁灰岩,厚43m,礁基相为深灰色厚层状砂屑灰岩,厚11.3m,上覆东庄组为灰绿色页岩、灰黑色粉砂质泥岩、夹生屑灰岩透镜体,底部夹凝灰岩,厚27m。

6.6.2　主要造礁生物与居（附）礁生物种属

1. 主要造礁生物

造礁生物中,珊瑚包括桃曲坡耀县管珊瑚（图版7-7c,图版7-8f）、四射珊瑚中小蜂房星珊瑚属（Genus *Favistina* Flower）和美丽小蜂房星珊瑚（*Favistina formosa*）等;层孔虫主要是网格层孔虫属（*Clathrodictyon* Nicholson et Murie,1878）、蜂巢层孔虫属（*Ecclimadictyon* Nestor）;菌藻类常见有肾行藻属（Genus *Renalcis* Bornemann,1887）、表附藻属（Genus *Epiphyton* Borneman,1887）、阿加卡藻属（*Ajakmalajsoria* Korde,1957）、基座藻（*Hedstroemia* Rothpletz,1913）、管孔藻（*Solenopora*）、红藻,初步鉴定的样品有粗枝藻（图版11-1a）、蓝藻颤菌（图版11-1c）、丛状蓝藻（图版11-1f、h）。

2. 居（附）礁生物

常见的居（附）礁生物有腕足类、叠层藻、介形虫以及棘皮类等（图版11-1e、g）。

6.6.3　礁体格架内的充填物特征及礁间（前）沉积

在礁体格架内,桃曲坡耀县管珊瑚以及层孔虫体腔内多充填有微晶方解石、粉屑和少量灰泥填充,淳化拉贝希层孔虫体腔以放射状亮晶方解石充填为主,说明在生长过程中总体水体比较动荡,水动力强,台缘产的礁灰岩是在清水温暖环境中生长发育生长,架状之间以及架下,有居礁生物腕足类、海百合、介形虫或者少量碎片;层孔虫体腔中以及丛状蓝藻之间多为灰泥以及泥微晶充填,部分黏结藻类,反映黏结障积能力较强。在礁前迎浪面、礁翼、礁间以及礁后背浪面,由于遭受高能水体冲刷,冲刷破碎形成颗粒灰岩,颗粒灰岩中砾（砂）屑以及生屑间多为亮晶胶结物;礁顶以及向礁后盆地内部多发育低能水体环境中的颗粒（生屑）灰岩,以泥微晶充填结构为主。

6.6.4　礁体主要岩相类型与产状

依据造架门类不同可划分为珊瑚、层孔虫骨架岩和钙藻骨架岩。

1. 礁核珊瑚、层孔虫骨架岩

造架珊瑚种属主要为桃曲坡耀县管珊瑚、层孔虫蜂巢、淳化拉贝希层孔虫（图版8-13e）等。

2. 礁核钙藻骨架障积岩

钙藻骨架岩为粗枝藻、蓝藻颤菌、丛状蓝藻等，藻菌间多为微晶方解石充填，既有含菌藻的团块，粪球粒，也有钙藻及含有少量缠结骨架的生物以及藻屑、粉屑腹足类化石及介形虫碎片等；藻类障积岩由藻类障积灰泥和砂屑形成。

3. 礁前（间）颗粒灰岩

礁前（间）颗粒灰岩是碎屑滩的主要岩性，剖面上主要为薄层至中厚层，包括砾屑灰岩、砂屑、粉屑灰岩和生屑灰岩，颗粒含量为 35% ~50%，颗粒支撑，粒间多为细微晶胶结，厚 15 ~120mm。其中礁前角砾灰岩，呈棱角、次棱角状，分选磨圆均很差，并可见含有珊瑚障积岩和生屑灰岩的砾屑，说明此角砾灰岩是由礁体遭受南面海浪破碎形成；礁间颗粒灰岩呈亮晶方解石胶结。生屑由腕足类、海百合、介形虫及藻类碎屑组成，颗粒含量为 15% ~30%，少量灰泥砂屑。藻屑为菌藻与钙藻黏结灰岩而形成的黏结岩再破碎而成，分选性较差，含量高达 15% ~20%。

4. 礁翼（基）粉细微晶生屑灰岩

生屑来自上游台缘礁体骨架和附礁生物碎屑，生屑颗粒含量高，为 30% ~45%，粒间泥微晶结构，平面为席（楔）状分布在礁核两翼，礁基为亮晶砂屑灰岩，呈椭圆状，较均匀，与上覆礁核呈凹凸状接触。

5. 礁后潟湖相藻纹层白云岩

礁后潟湖相藻纹层白云岩可分为钙质白云岩与纹层状白云岩，后者为细-中晶结构，含有少量藻屑、生屑及粉屑。交代白云岩中可见到残余内碎屑结构，主要分布于礁盖，为潮上带环境中沉积形成。

6. 礁顶（盖）泥晶微晶灰岩

早期青灰色或者浅灰色，中厚层状，细晶微晶结构，含少量生屑或者内碎屑，小于 5%，局部云化，属于浅水沉积产物，多在礁间或者礁顶分布，后期礁盖由薄层角砾灰岩和泥晶灰岩组成。

6.6.5　生物礁生长、发育韵律旋回性与沉积环境演化

东庄背锅山期的生物丘是在滩的基础上发育起来的，分两个主要发育阶段，共形成了 6 期韵律旋回和相应期次的生物礁体。

1. 早期第一阶段，藻丘繁盛期

晚奥陶世东庄地区发育的砂屑滩形成了稳定的基底，为藻类及其障积岩的发育奠定了基础。藻类的大量繁殖，障积灰泥和其他颗粒形成坚固的具有抗浪性的骨架藻丘，礁核中充填障积物。藻丘上下部含量均减少，显示发育—繁盛—消亡过程。礁旋回生长期间，早期礁体受波浪作用藻类生物死亡，形成破碎成为角砾灰岩以及砂屑滩夹层。

2. 晚期第二阶段：珊瑚、层孔虫生物丘繁育期

在早期滩相生屑灰岩的基底上，珊瑚、层孔虫以包附的形式发育，形成抗浪的生物骨

架岩，与其自身障积的生物、灰泥和其他颗粒形成的障积岩一起组成礁核。礁体形成之后，水深变化与水体能量变化过程中，礁间礁顶沉积或者披覆有滩相砾（砂）屑灰岩和生屑灰岩，礁体与其盖层的角砾灰岩之间呈凹凸接触。滩相砾屑灰岩和生屑灰岩在之后一旦适宜的生活环境生成，又成为新一期生物丘发育的基底。最后，海水加深，沉积了一套灰绿色含粉砂页岩，导致剖面上礁体死亡。

6.7　永寿好畤河中上奥陶统生物礁滩剖面

6.7.1　礁体剖面层序、产状与结构单元

永寿好畤河生物礁位于安头坝，一个揉皱强烈的褶曲轴部位置，露头剖面具有马六段、平凉组多层系发育特征。生物礁剖面产状结构及形貌见图 6-23。礁滩相剖面总厚度为80.75m，未见顶底（图版 9-1a），其中礁体厚 28m，礁体为块状，呈丘状隆起，无层理，含礁层位跨越中奥陶统马六段和上奥陶统平凉组。

a.马六段　　　　　　　　　　　　　　　　　b.平凉组

图 6-23　永寿好畤河剖面马六段、平凉组剖面产状结构及形貌

藻礁分为两类：一类是藻类与珊瑚共生的混合礁，另一类是叠层藻礁（图版 9-1b、d）。从下而上共分三层，礁核岩性及厚度分别为：①黑色块状蓝藻障积灰岩、蓝绿藻黏结灰岩（图版 9-1a、b、g），厚 9.5m；②黑色块状蓝绿藻-层孔虫-珊瑚骨架灰岩（图版 9-1d ~ f）、灰黑色叠层石黏结岩，厚 9.15m；③灰色层孔虫-海绵黏结灰岩（图版 9-2c、d、g、h），厚 3.6m。礁顶为深灰色薄层泥晶灰岩，厚 3.6m；礁基相为黑色厚层块状含大角砾灰岩（图版 9-1c）和黑色厚层亮晶含三叶虫、海百合生屑砂屑灰岩，厚度分别为 11m 及 12.6m；其间为礁翼或者礁间形成的黑色层状微晶礁角砾灰岩以及黑色块状亮晶砾屑灰岩。

6.7.2　主要造架生物与居（附）礁生物种属

1. 主要造礁生物

造礁生物主要包括珊瑚、钙藻和层孔虫。其中珊瑚有床板珊瑚类地衣珊瑚属（Genus *Lichenaria* Winchell et Schuchert，1895）、模式种（*Lichenaria typa* Winchell et Schuchert，1895），一般呈圆形块体，周围由纹层状叠层石环绕构成具抗浪能力的骨架，如下凹地衣珊瑚（*Lichenaria concave*，1893）；钙藻主要为棉絮状绒毛藻（*Trichophyton* sp. ）、表附藻属（Genus *Epiphyton* Borneman，1887）、肾形藻属（Genus *Renalcis* Bornemann，1887）和叠层石。

2. 附（居）礁生物

附（居）礁生物主要有柳林角石（*Liulinoceras*）、腕足类、三叶虫、海百合等，数量较少。

6.7.3　礁体格架内的充填物特征及礁间沉积

上述造礁生物处于多营底栖原地生长状态，形状很不规则，呈直立树枝状、丝管状、丝状，可障积、黏结灰泥及其他颗粒，形成障积岩或黏结岩，构成透镜状和似层状的礁体，生物间大都为灰泥所充填，形成钙藻障积丘。叠层石是由蓝绿藻黏结灰泥而成，一般分布在生物礁或生物丘的底部，紧靠礁基底的砂、砾屑滩，它们覆盖在砂、砾屑滩上，可以增加基底的坚固性，为需要在坚硬底质上生长的生物（如珊瑚、层孔虫等）创造了条件。

6.7.4　礁体主要岩相类型

永寿好畤河剖面藻礁的主要岩石类型有钙藻障积岩、珊瑚骨架岩、礁角砾岩、内碎屑灰岩和生物碎屑灰岩，具体岩相特征分别如下：

1. 钙藻障积岩

钙藻障积岩主要由绒毛藻和表附藻组成，棉絮状，障积灰泥，没有珊瑚，礁核中偶尔见直角石和少量藻架孔，但直角石体腔孔和藻架孔多已被方解石充填。

2. 珊瑚骨架岩

珊瑚呈块状或丛状，直径一般为 5~10cm，周围由层纹状叠层石包绕黏结形成抗浪骨架，珊瑚含量为 20%~80%，藻的含量与珊瑚含量相似，二者呈互补关系，珊瑚含量高，藻的含量就低，珊瑚含量低，藻的含量就高。主要分布在礁核中。

3. 礁角砾岩

砾径以 1~3cm 为主，也有 5~7cm 的，砾石呈棱角状，分选磨圆较差。主要由床板珊瑚和纹层状叠层石的碎屑组成，明显为礁体垮塌下来的碎屑，在原地堆积而形成的，分布在礁翼中。

4. 内碎屑灰岩

内碎屑灰岩主要为砾屑灰岩和砂屑灰岩，内碎屑含量达 50% ~ 85%，次圆状和圆状，分选性较好，被亮晶方解石胶结，组成礁的基底。

5. 生物碎屑灰岩

生物碎屑灰岩主要由藻类的碎屑组成，藻屑含量达 40% ~ 70%，分选较差，次棱–次圆状。除了绒毛藻碎屑外，还有介形虫和腕足类碎片。这种灰岩分布在礁核中。

6.7.5　生物礁生长、发育韵律旋回性与沉积环境演化

永寿好時河剖面的藻礁丘体，形成时间跨越中晚奥陶世，分布层位分别在中奥陶统马六段和上奥陶统平凉组。早期礁体是在台地前缘垮塌的角砾灰岩的基础上形成的，此后，地衣珊瑚以及藻类繁衍生长，其中藻类缠结珊瑚，也制约珊瑚发育，导致形态主要为藻丘。剖面上礁体韵律发育，结构上从下而上共分三层礁核岩性及厚度分别为：①深灰色块状蓝藻障积灰岩、蓝绿藻黏结灰岩，厚9.5m。②黑色块状蓝绿藻–层孔虫–床板珊瑚骨架灰岩、灰黑色叠层石黏结岩，厚9.15m。③由深灰色叠层石黏结岩组成，厚3.6m。礁顶为深灰色的薄层泥晶灰岩，厚3.6m；礁基相为黑色厚层块状的含大角砾灰岩和黑色厚层亮晶含三叶虫、海百合生屑砂屑灰岩，厚度分别为11m 及 12.6m；其间为礁翼或者礁间形成的黑色层状微晶礁角砾灰岩以及黑色块状亮晶砾屑灰岩。

纵向上，海水沉积环境演化由浅变深，处于进积弱水动力环境，平凉组较马家沟组更有利于生物礁发育生长，特别是叠层石更加发育。在生物礁生长、发育及沉积剖面模式中（图6-24）显示，层孔虫–珊瑚点礁，是在研究区麟游–永寿一带马六期孤立碳酸盐岩台地内发育形成的，为一个在垂向上由上、下两个点礁体组成的复合型和多旋回叠置礁。主要

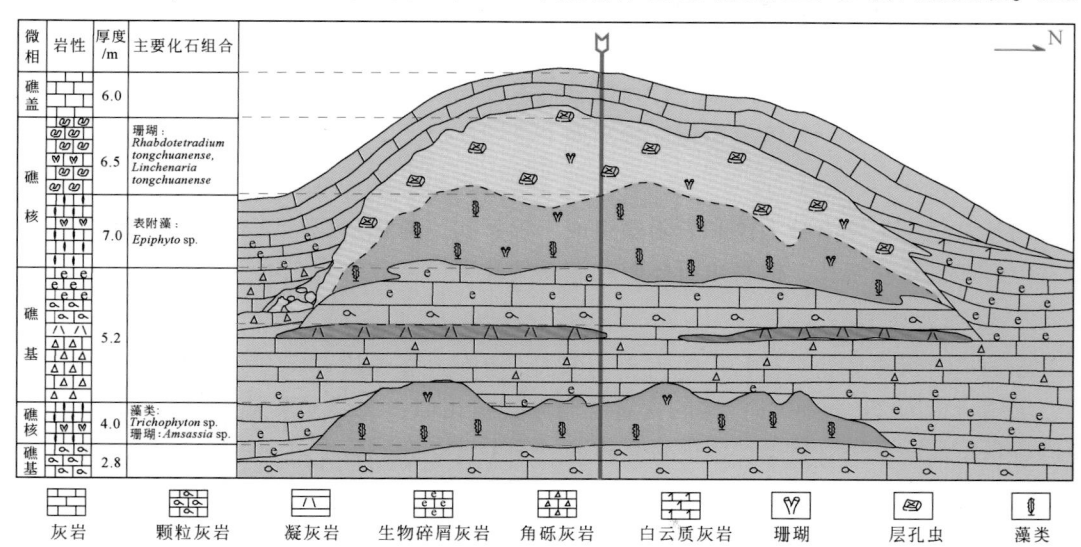

图 6-24　永寿好時河中上奥陶统生物礁生长、发育及沉积剖面模式

造礁生物为块状、丛状床板珊瑚，球状、块状层孔虫和藻类，可划分出 4 个组成复杂、具有演替关系的生物群落。礁岩以障积岩、黏结-障积岩、障积-黏结岩和藻包覆骨架岩等过渡类型为主。礁相可划分出礁基底、礁核、礁间沉积、礁前塌积和礁盖层 5 个亚相。礁核亚相具明显的 3 个生长旋回。礁的演化受控于构造和泥质碎屑物的注入。

管孔藻-网格层孔虫-蜂巢层孔虫群落，位于礁体的中部和中下部，由障积、黏结和居礁生物组成。在单位统计岩面上，造礁生物含量达 45%。障积生物以丛状、放射状管孔藻为主，其次有网格层孔虫、蜂巢层孔虫及少量弗莱契珊瑚、日射珊瑚、似网膜珊瑚、阿盖特珊瑚等。管孔藻相对丰度达 20%，为该群落的特征生物，而球状半球状层孔虫及小型块状群体珊瑚为常见生物，由于丰度较低且分散，仅起障积作用。

6.8　陇县龙门洞上奥陶统生物礁剖面

6.8.1　礁体剖面层序、产状与结构单元

陇县龙门洞剖面在陕西陇县新集川公社李家坡西北的背锅山，总厚度约 551.53m（图版 10-1a、b，未见礁顶），其中礁滩相总厚 241.9m。从下而上，有两个主要含礁韵律层组合，根据研究区奥陶系背锅山组中常见的牙形石带化石多尔波斯克窄顺齿刺（*Spathoganhtodsudd dolboricus*）、扩张假针刺（*Pseudobelodian dispansa*）、汇合针刺（*Belodina confluens* Sweet）以及晚奥陶世早期的常见分子——背锅山针刺（*Belodina beiguoshanensis*）等种，经与国外北美、俄罗斯、波兰、澳大利亚等上奥陶统剖面牙形石化石对比后（于芬玲和王志浩，1986），认为龙门洞剖面上奥陶统含礁层位分别为背锅山组和平凉组。

1. 背锅山组

生物礁核岩性及厚度分别为：①礁核岩性为灰白色块状珊瑚-藻礁黏结云质灰岩，厚131.4m。礁盖为灰白色中厚层砾屑灰岩，厚 16.5m，礁基为灰白色厚-块状生屑灰岩，厚52.2m；②礁核为灰白色块状珊瑚-藻黏结云质灰岩，厚 100.5m，礁前滑塌角砾岩与平凉斜坡深水页岩（图版 10-2f、h），礁间为砾屑灰岩（图版 10-2g），礁基和礁翼分别为灰白色厚层砾屑灰岩和生屑灰岩（图版 10-2e、h），厚 6.6m，礁盖为灰白色厚-块状泥灰岩，厚 11m。

2. 平凉组

藻类生物相对较少，藻礁只发育了一层，位于平凉组下段。礁体较小，为点礁，并以隐藻为主，管状蓝藻、葛万藻为辅，属于靠近台缘位置的藻丘类型，总厚约 8.6m。进一步仔细解剖，由上、中、下三个小段组成，上段为中层-薄层隐藻黏结岩，厚 5.3m；中段为灰色厚层状淀晶隐藻黏结岩，生物碎屑有藻鲕、牙形石等，厚 2.0m；下段为浅灰色厚层状鸟眼隐藻黏结岩，管状蓝藻较发育，厚 1.3m。下伏层发育深海及半深海（海湾）相滞留笔石页岩相。

6.8.2　主要造架生物与居（附）礁生物种属

1. 主要造礁生物

造礁生物包括链层孔虫（图版 10-1）、蓝菌藻（图版 10-1e）、珊瑚类准噶尔镣珊瑚（*Catenipora* sp.）、蜂房星珊瑚（*Favistella* sp.）、床板珊瑚类（*Agetolites* sp.）、日射珊瑚类的似网膜珊瑚（*Plasmoporella* sp.）、地衣珊瑚（*Lichenaria* sp.）（图版 10-1c～e）、各种隐藻类（管状蓝藻）、葛万藻、蓝绿藻、藻鲕等，其中。隐藻类生物为一类未保留下实体骨骼特征的低等微体菌藻类，藻体形态不甚清楚。

2. 居（附）礁生物

发现有棘皮类、丛状蓝藻、腕足类 *Plectatrypa* sp.、*Sowerbyella* sp.、*Laptaena* sp.、*Glyptorthis* sp.、腹足类、头足类 *Discoaeras* sp.、三叶虫等（图版 10-2a～c）。附礁生物以牙形石类为主，常见牙形石 *Pseudobelodina dipansa*、*Paroistodus mutatus* 等。

6.8.3　礁体格架内的充填物特征及礁间沉积

背锅山组生物礁核岩性为灰白色块状珊瑚，呈直立树枝状，可障积、黏结灰泥及其他颗粒，形成珊瑚-藻礁障积岩或黏结云质灰岩，构成透镜状和似层状的礁体，生物间大都为微晶以及灰泥胶结物所充填，形成钙藻障积丘。由蓝绿藻黏结灰泥而成，一般分布在生物礁或生物丘的底部，紧靠礁基底的砂、砾屑滩层孔虫内部分被灰泥充填；平凉组藻礁体较小，藻丘中以隐藻为主，管状蓝藻、葛万藻为辅，主要为藻类黏结岩。由于形成海水较深，水动力条件弱，成礁时水体介质泥质甚至火山凝灰质含量高，所以在钙藻障积黏结岩丘中隐泥晶结构特征明显。

6.8.4　礁体主要岩相类型

主要岩石类型为浅灰色厚层状隐藻黏结灰岩、藻屑灰岩、砾（砂）屑灰岩及钙质页岩、笔石页岩等。

1. 隐藻黏结灰岩

隐藻黏结灰岩是隐藻类分泌黏液黏结灰泥而形成，岩石主要为微晶结构，构成了藻礁的礁核，内部裹有少量珊瑚以及层孔虫化石或者碎片。

2. 藻屑灰岩

由于隐藻类分泌黏液黏结灰泥而成的灰岩被破坏之后形成，大小不一。生屑含量在 50% 左右，有机质含量高，亮晶方解石胶结，部分为泥晶方解石充填。它们位于礁核之中。

3. 砾（砂）屑灰岩

一般砾径为 0.5～1cm，磨圆、分选均较好，砾石成分为藻屑灰岩、生物碎屑灰岩、泥晶灰岩等亮晶方解石胶结，局部为微晶基质5%。偶见生物碎片。含量高时形成滩，透镜体状，往往构成了礁的基底，属于高能水流形成。

4. 灰黄色钙质页岩

灰黄色，含少量粉砂和钙质，见沙纹状层理。岩石覆于礁体之上，往往作为礁体盖层。

5. 黑色硅质笔石页岩

深灰色薄层状，含硅质以及火山凝灰质，水平层理以及页理发育，产笔石化石，位于颗粒灰岩底部。

6.8.5　生物礁韵律旋回性生长、发育与沉积环境演化

在龙门洞上奥陶统剖面上，岩性变化自上而下有一定规律，上部为灰白色、肉红色含绿藻、隐藻灰岩、凝块（瘤）状灰岩、砂屑灰岩，含牙形石化石；中部为肉红色、暗红色块状隐藻灰岩，相应层位产有珊瑚和牙形石。下部为灰白色、灰色厚层块状淀晶隐藻灰岩，靠近底部为砾屑灰岩夹一层厚9.8m的页岩、粉砂质泥岩，相应层位产有珊瑚和牙形石；下伏中奥陶统平凉组灰黑色薄层黑色硅质笔石页岩、含硅质粉砂质泥岩、灰黄色钙质页岩、灰泥质粉砂岩夹颗粒（砾屑及生屑为主）碳酸盐岩透镜体。

可以看出，早期生物礁是在平凉组深水变浅，水动力逐渐增强，形成浊流颗粒滩的基础上，随着生态环境有利于隐藻类以及珊瑚繁衍、黏结生屑、障积碳酸盐岩灰泥形成藻丘；中期水变浅、持续时间长，珊瑚生长过程中水动力增强，冲刷破坏导致骨架生物破坏，同时由于处于潮上-潮间湿热环境，并在礁翼附近沉积形成生屑滩以及湿热氧化环境下形成的塑性收缩性紫红色富藻凝块（瘤）状灰岩、砂屑灰岩，背锅山组形成时，受鄂尔多斯台地西南缘台前斜坡古地理、古地形以及区域构造不稳定影响，一方面海水退缩快，同时台缘斜坡上沉积物不稳定，韵律层中夹有来自西南秦岭-祁连海槽中的火山凝灰质沉积物，影响礁滩相发育和保留；另一方面，沉积地层厚度横向变化大，同生变形作用强，改变了地层产状。

通过露头剖面实测、观察描述与系统采样，化石体视显微分析鉴定，初步查清了上述露头剖面上生物礁的层位、厚度，造礁、居礁、附礁生物种属、生态习性及造礁功能。划分了部分礁体岩相结构类型，系统研究了铁瓦殿、桃曲坡、将军山、三凤山东庄剖面障积岩、骨架岩和黏结岩的沉积环境微相、生物群落组成。认为研究区不同剖面生物礁存在差异，其中东南部凤凰山、耀县桃曲坡的平凉组以珊瑚礁为主，铜川上店背锅山组叠层藻丘发育；中部铁瓦殿、好畤河剖面主要为马六段、平凉组层孔虫层状礁，其中铁瓦殿剖面平凉组上段和背锅山组礁体破坏严重；西部龙门山剖面背锅山组主要为珊瑚礁。

第 7 章 奥陶系礁滩相地震剖面响应特征与形态范围预测

7.1 礁滩相碳酸盐岩地震资料处理、解释与形态范围预测

7.1.1 地震测线剖面选择与分布

研究区位于鄂尔多斯盆地南缘，中央古隆起南侧，构造位置处于渭北隆起西段，有利勘探面积2800km²；区内完成二维地震754km，主要采集于2005年、2007年，多沿沟布设，测网密度20km×30km；2008年完成CEMP120km（图7-1），其中优选7条二维地震测线（402km），进行拼接处理解释，共解释地震反射层位5层，2010km。研究区及周边地区完钻淳2、永参1、旬探1、淳探1、耀参1、灵1、麟探1、香1、龙1、龙2、宁探1、平1、宜6共13口探井，其中旬探1井、耀参1井、麟探1井和淳2井在奥陶系钻遇礁滩相沉积。旬探1井和耀参1井在平凉组试气分获302m³/d（产水2.5m³/d）、242m³/d天然气流。

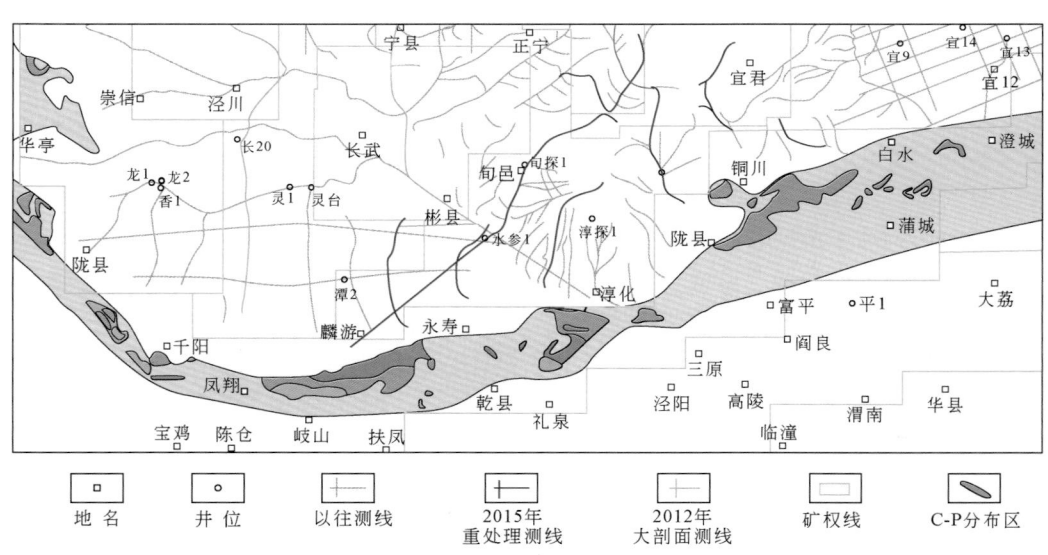

图 7-1 盆地西南缘地震测线位置图

7.1.2　主要处理技术及方法

1. 资料分析与处理难点

1）地震地表条件分析

工区范围在渭河以北,东临陕西旬邑,西至甘肃陇县,工区范围较大,地表类型为典型的渭北黄土塬地形地貌,渭北黄土塬经长期风化、侵蚀、冲刷、切割,形成了形态各异的塬、梁、峁、沟壑。地貌形态基本以悬崖绝壁的山地、巨厚黄土覆盖的山塬、砂砾石堆积的石坡和基岩出漏的沟壑为主。地形复杂,表现为沟壑纵横、地形险要、植物茂密、灌木丛生。近地表结构主要表现为沟中表层黄土覆盖较薄,局部老地层出露,基岩速度高,沟塬连接处低降速层横向变化较大,黄土塬区表层覆盖巨厚黄土,低降速带巨厚,另外巨厚的不含水黄土层,对地震波具有较强的吸收作用,原始资料信噪比低(图7-2)。

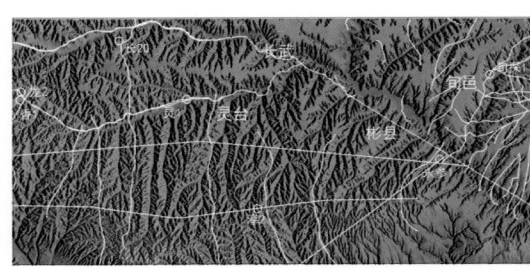

图7-2　工区高程图、低降速带厚度图

2）静校正分析

本区地表主要为黄土覆盖,整个工区海拔范围在800～1400m,高程起伏剧烈。但沟内高程变化较小,地表黄土较薄,低降速带厚度变化不大,近地表结构比较简单,从原始单炮可以看出初至光滑,反射轴呈双曲线,原始叠加成像精度较高,静校正问题简单(图7-3)。

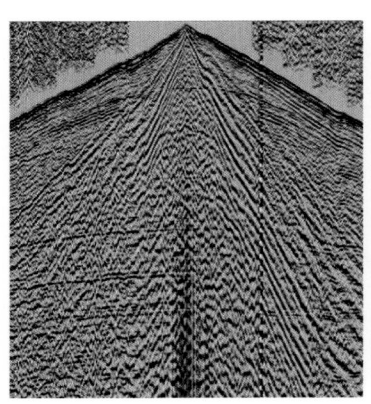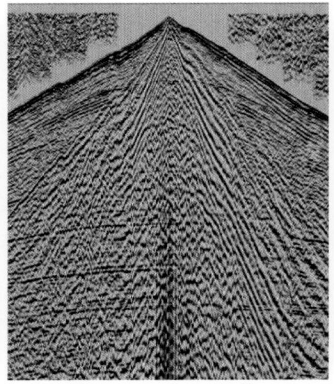

图7-3　沟中典型原始单炮

　　黄土塬区高程起伏剧烈，表层黄土巨厚，低降速层横向变化大，单炮初至扭曲严重，单炮中基本看不到连续的同相轴反射，初叠剖面不成像，静校正问题严重（图7-4，图7-5）。

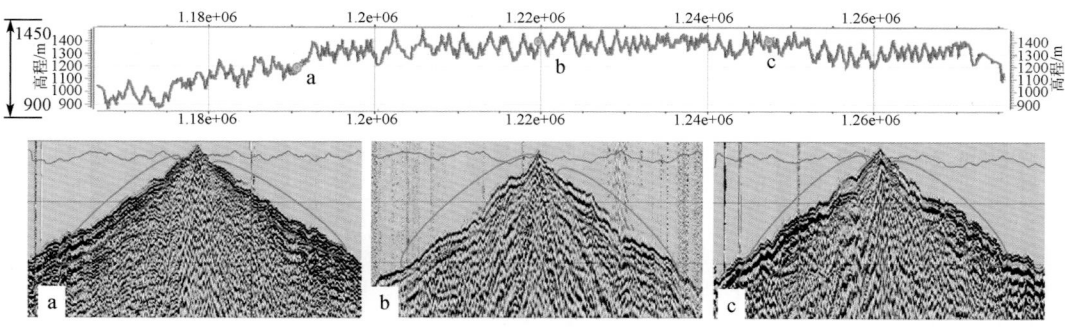

图7-4　07HL5229测线高程与典型单炮

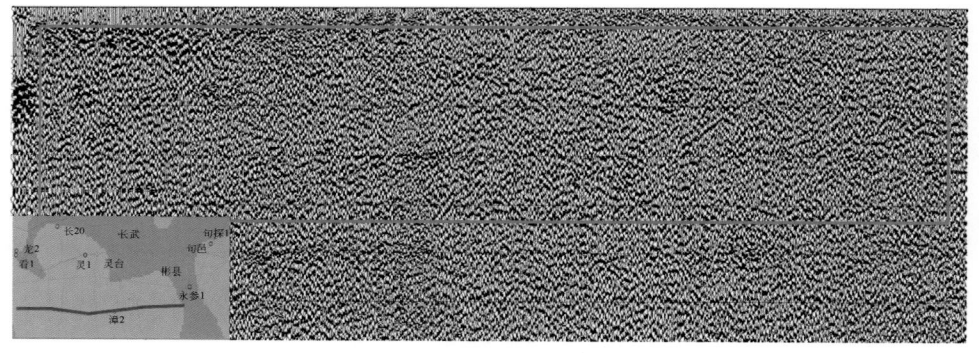

图7-5　07HL5229测线静校正前叠加

　　3）干扰波分析

　　受地震地质条件影响，工区干扰波非常发育，噪声类型多，噪声重，主要发育的噪声有近炮点强能量、三角区面波与浅层折射，面波能量强，频散较严重，浅层折射波速度范围在4200~5000m/s，线性干扰速度在300~1800m/s（图7-6）。

　　4）频谱分析

　　从单炮及叠加剖面频率扫描可以看出，本区资料频谱范围在6~50Hz，有效反射频谱集中在8~46Hz，其中16~32Hz有效波能量最强，6Hz以下主要为噪声（图7-7，图7-8）。

　　通过对原始资料分析总结，本书资料处理主要存在以下问题：

　　（1）工区静校正问题严重，资料品质差异大，受地表、地质条件影响，本区资料静校正问题比较严重，原始资料信噪比在纵向和横向存在一定差异。

　　（2）工区噪声发育，噪声类型多，保真去噪难度大。

　　（3）礁滩相地震反射特征不清晰，有效辨识较困难。

　　处理要解决好几个方面的问题：

　　（1）加强静校正攻关。

　　（2）完善叠前保真保幅去噪技术。

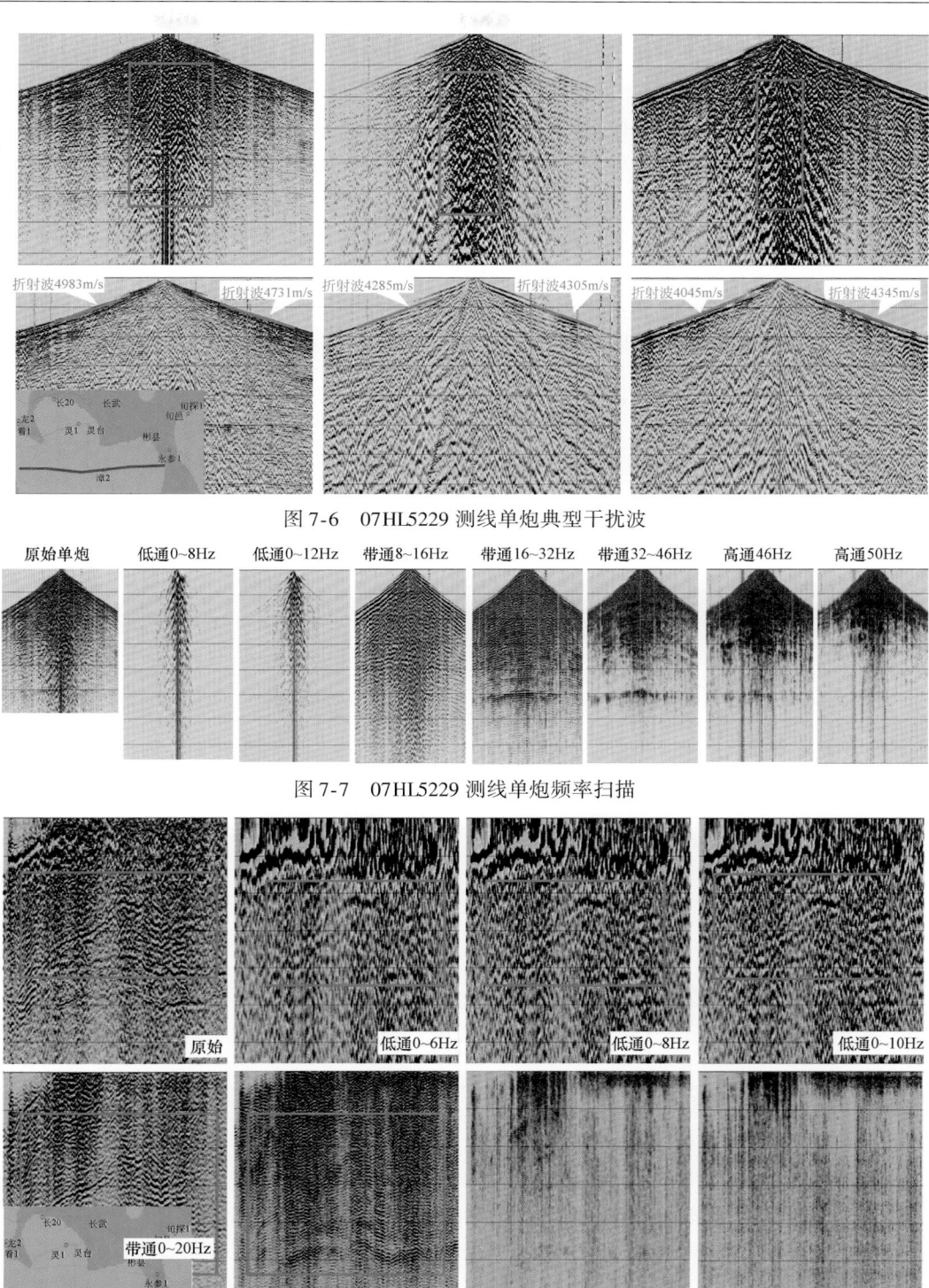

图 7-6　07HL5229 测线单炮典型干扰波

图 7-7　07HL5229 测线单炮频率扫描

图 7-8　07HL5229 测线单炮频率扫描

（3）做好井震、地震地质结合，准确识别礁滩相反射特征。

2. 资料处理关键技术

结合地质任务，本次处理以奥陶系地层分布及顶部构造形态刻画精度为目标，有效识别礁滩体，以保真保幅处理为核心，加强静校正攻关，与解释人员结合，摸清礁滩体基本分布范围，指导偏移成像过程，有效识别奥陶系礁滩相反射。开展复杂奥陶系礁滩相碳酸盐岩地震资料处理技术研究，根据原始资料特点分析及关键处理环节参数试验，并经过处理解释一体化综合分析，确定了该区的资料处理流程（图7-9）。主要采用了以下关键技术：①综合静校正技术；②叠前保真保幅去噪技术；③地表一致性振幅处理技术；④井控宽频处理技术；⑤叠前时间偏移技术。

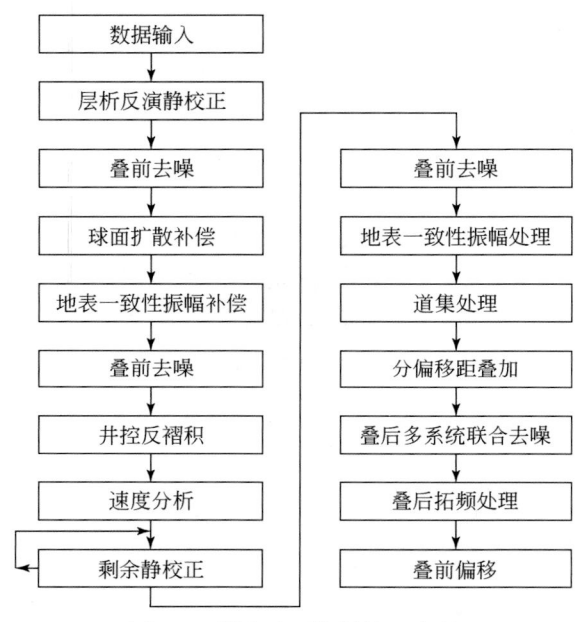

图7-9　鄂南地区资料处理流程

本次处理重点强化静校正技术，消除近地表影响，准确落实小幅构造；强化井控处理技术，合理拓宽频带，提升地震资料的保真度；强化偏移处理，提高奥陶系内幕成像精度。

1）综合静校正技术

（1）层析反演法静校正技术

工区位于渭北黄土塬地区，地貌类型多样，地表地质条件较为复杂，黄土塬黄土覆盖较厚，低降速层较厚，高程变化大，沟内局部老地层出露，沟塬连接处近地表结构变化大，给野外静校正计算带来困难，严重影响地震资料成像精度及准确落实小幅度构造。针对薄黄土塬区、沟内及沟塬连接处等不同的地表条件，采用层析反演静校正方法较常规静校正方法能够取得良好效果（图7-10），该方法采用非线性反演算法、采用基于波动方程的快速步进波前追踪技术，可以实现小网格建模，反演精度高、计算效率高，采用矩形网格建模进而在深度方向得到更高的分辨率。为了提高地震资料成像精度，在此基础上采用了统一拾取标准、统一分层、统一计算参数，可以提高二维测线闭合精度，本工区采用基准面高程1400m，替换速度3000m/s。

图 7-10 鄂南地区不同静校正方法效果分析

（2）综合全局寻优剩余静校正

综合全局寻优剩余静校正量计算利用最大能量法、模拟退火算法，以及遗传算法交替式混合寻求最佳的剩余静校正量，该剩余静校正方法集合了以上三种算法优势，局部搜索能力强、收敛速度快，能够快速寻找到最优解。在做好野外静校正的基础上，利用综合全局寻优剩余静校正能够进一步提高成像精度（图7-11）。

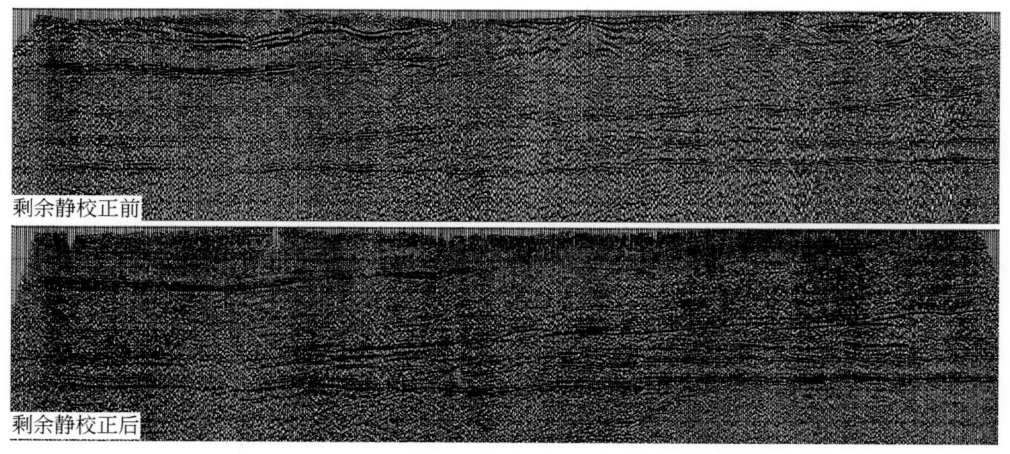

图 7-11 05HL02 剩余静校正前后效果对比（局部放大）

2）叠前保幅去噪技术

鄂南地区原始资料噪声发育，噪声类型多，主要包括面波、浅层折射、线性噪声、近炮点强能量及工业干扰等，在局部低降速带巨厚区还发育一种能量较强的八字形浅层折射，不仅能量强而且频带宽，常规去噪技术很难对其充分压制。本次采用先强后弱、先规则后随机的噪声压制原则。首先针对面波、线性干扰波，采用 GeoEast 地滚波自适应压制方法及相干噪声压制技术对面波及折射波、多次折射波进行压制。地滚波自适应压制方法充分考虑了地滚波频率范围低、视速度低、能量强、同相轴表现大致为直线等特征，利用频带分解、K-L 变换本征滤波、自适应衰减三项技术，实现了地滚波的自适应压制；相干噪声压制技术现行干扰压制技术是基于相干干扰具有线性同相轴、干扰波视速度与有效波视速度有一定的差别等特点，采用逐道搜索、压制的策略，使用了线性噪声同相轴的变化，克服了其他如 F-K、τ-p 法压制线性噪声的弱点，避免了在记录上产生蚯蚓化现象（图 7-12）。

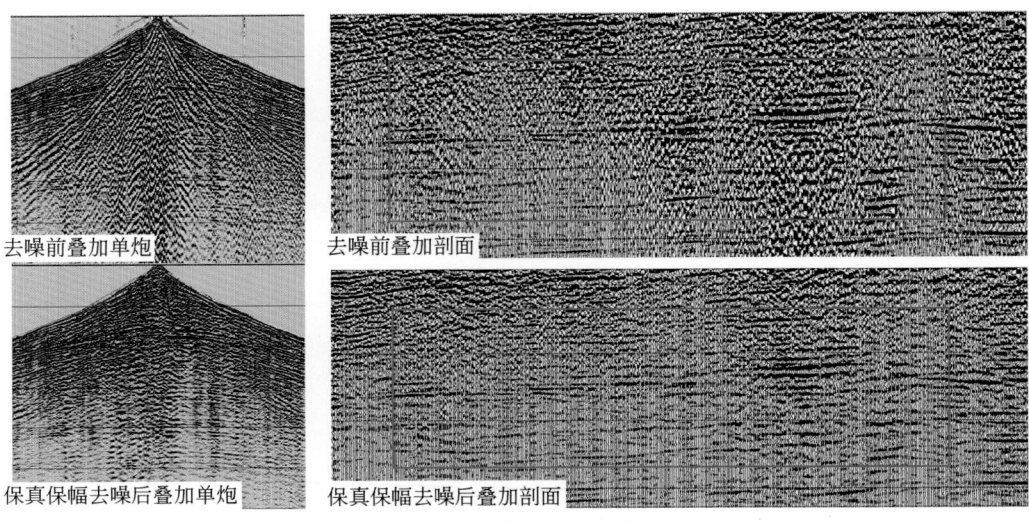

图 7-12　05HL02 去噪前后单炮及剖面效果对比

自适应面波压制主要试验的参数有面波的速度范围（100～1500m/s）、视主频（8～20Hz）、衰减的门槛值。

相干噪声压制主要测试干扰波视速度、主频等参数。

技术应用要求：面波及相干噪声压制前单炮记录必须是经过基准面校正的，如果存在较大的剩余静校正问题，必须应用剩余静校正后进行干扰波的压制。

在面波及相干噪声压制的基础上对近炮点强干扰、随机异常干扰进行压制。采用 GeoEast 系统分频异常振幅压制技术，该方法采用分频多道统计与识别、单道压制的思想，在不同的频带内通过多道统计自动识别地震记录中存在的强能量干扰，确定出噪声出现的空间位置，根据用户定义的门槛值和衰减系数，采用时变、空变的方式予以压制。这种分频处理方法可以提高去噪的保真程度。

分频异常振幅压制技术可以应用在炮集资料，也可以应用在共偏移距道集或者共接收点道集数据上，原则上需要异常振幅干扰随机化，利于统计与压制。

分频异常振幅压制主要测试压制门槛值、衰减系数，以尽可能地压制噪声而不影响到有效信号为原则。

技术应用要求：需要在面波及相干噪声压制后应用，并且一个统计道集内有效信号振幅一致性较好，异常噪声随机分布。

3）地表一致性振幅处理技术

由于工区近地表结构复杂且横向变化大，地震波能量在纵横向吸收严重，且吸收程度不同，因此要做好振幅补偿和地表一致性处理。

球面扩散补偿是补偿球面波传播过程中的能量衰减，恢复地层真正的振幅响应特征，同时也满足了反褶积处理的要求。在较小入射角的情况下，通常使用函数 $ceof(t) = V^2/V_0^2 \cdot t/100$ 进行补偿，其中 V 是均方根速度，V_0 是初始速度，t 是时间，V_0 可以认为是一个常数，所以上面的公式可以写成 $ceof(t) = A \cdot V^2 \cdot t$，$A$ 是一个常数，这样补偿函数就是一个与均方根速度和时间有关的函数。

球面扩散补偿需要一个合理的均方根速度，可以使用 VSP 速度平滑或速度分析后的叠加速度，VSP 速度需要校正到处理基准面。

地表一致性振幅补偿是用来补偿由于近地表激发和接收因素的不同引起的接收道能量差异。通过地表一致性振幅补偿可以恢复地震道之间的相对振幅关系，满足叠前偏移、叠前属性分析的需要。如图 7-13 通过球面扩散补偿与地表一致性振幅补偿后，时间方向、空间方向振幅一致性得到了提高。

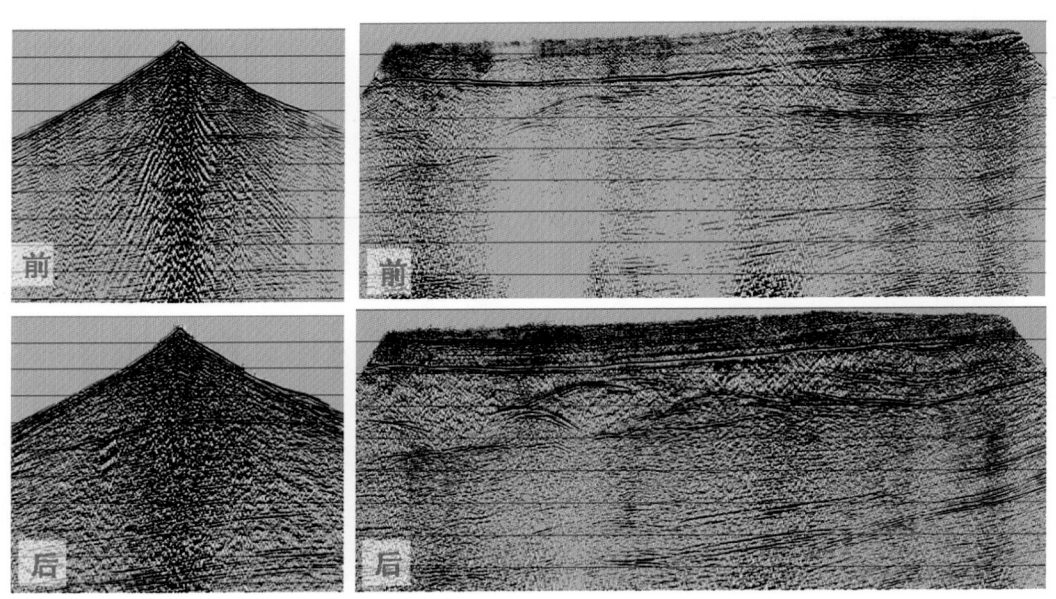

图 7-13　05HL01 振幅补偿前后单炮及叠加剖面对比

地表一致性振幅补偿是基于统计原理的补偿。在给定的时窗内，求得每一道自相关零点振幅值，然后进行地表一致性分解，求得各炮点、接收点和炮检距的振幅补偿分量，进而求出地震道的补偿系数，用于对地震道进行补偿。

技术应用要求：球面扩散补偿前的单炮记录是做过基准面校正的，均方根速度的基准面与基准面校正的基准面必须一致；用于地表一致性振幅补偿算子统计的数据应该是做过球面扩散补偿和噪声压制的，统计时窗应该包含主要的目的层，且时窗内噪声水平较一致，最好是做过动校正的数据，确保振幅统计的合理性。

4）井控宽频处理技术

鄂南地区地表条件复杂，近地表地震波的频率、振幅吸收严重，地震子波纵向衰减严重，横向一致性差，地震资料频宽窄、主频低、分辨率低。目标层段奥陶系内部岩性组合复杂，物性不均匀，横向变化大，如何保真提升分辨率是关键。通过 Q 补偿、地表一致性反褶积提高分辨率。

地震波在传播过程中，地层吸收使地震波产生能量衰减和速度频散，导致接收到的地震信号高频衰减严重、频带变窄，从而降低了纵向分辨率，同时吸收引起速度频散造成地震波的相位扭曲，使地震剖面和声波测井数据产生时差，影响解释成果。同时反褶积的应用条件也要求子波不变最小相位且不存在吸收，地层吸收将影响反褶积的效果。通过应用 Q 补偿可以达到消除地层吸收造成的高频衰减和地震波的频散，在拓宽频带的同时更满足反褶积的假设条件。

Q 补偿主要测试 Q 参数，Q 参数将依据本区 VSP 资料、近地表资料、Q 补偿前后叠加、剖面、频谱等综合确定。

表层条件对地震波的影响是一种滤波作用，不仅造成时间上的延迟，而且对波的振幅与相位特性均有影响。工区近地表条件差异大，造成地震子波的差异，通过地表一致性反褶积可以消除这种影响。图 7-14 经过地表一致性反褶积后单炮与叠加剖面频谱得到有效拓宽，频率一致性得到提高。地表一致性反褶积是对地震数据每一道的对数谱按同一分量进行累加，然后对其进行共炮点、共接收点、共炮检距及共中心点四个分量地表一致性相关分析，求出共炮点、共接收点分量的反褶积算子并应用在地震道。

技术应用要求：反 Q 和地表一致性反褶积前的数据应该是做过振幅补偿、噪声压制后的数据，求取反褶积算子的时窗应包含目的层，且经过初至切除，确保反褶积算子的可靠性（图 7-14）。

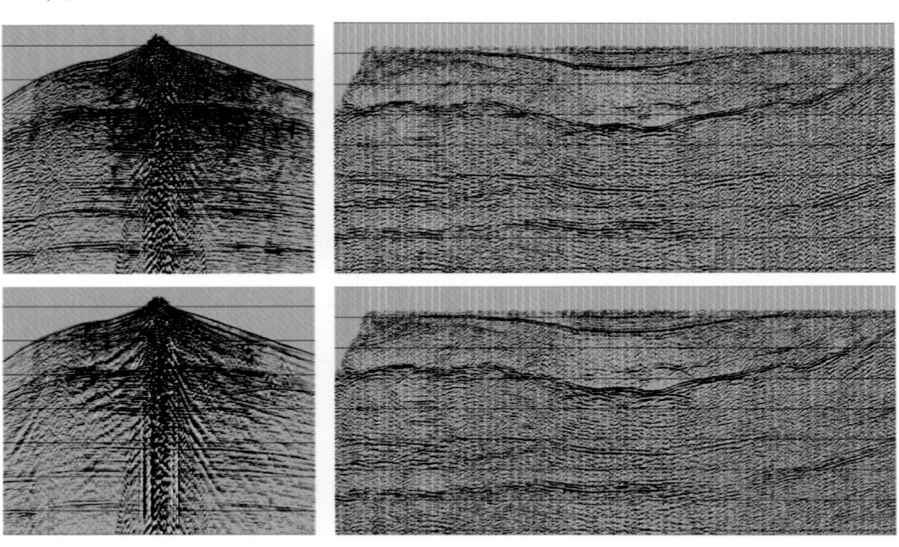

图 7-14　叠前地表一致性反褶积前后单炮剖面对比（07HL02）

5）叠前时间偏移处理技术

工区地质目标奥陶系礁滩相构造复杂，绕射波发育，波场杂乱，礁滩相形态反映不清晰等，常规的叠加及叠后偏移纵横向分辨低，波场归位不准确，采用 Kirchhoff 积分法叠前时间偏移，偏移后数据成像精度更高，能使绕射波收敛、反射波准确归位，有利于准确识别礁滩相反射（图 7-15）。

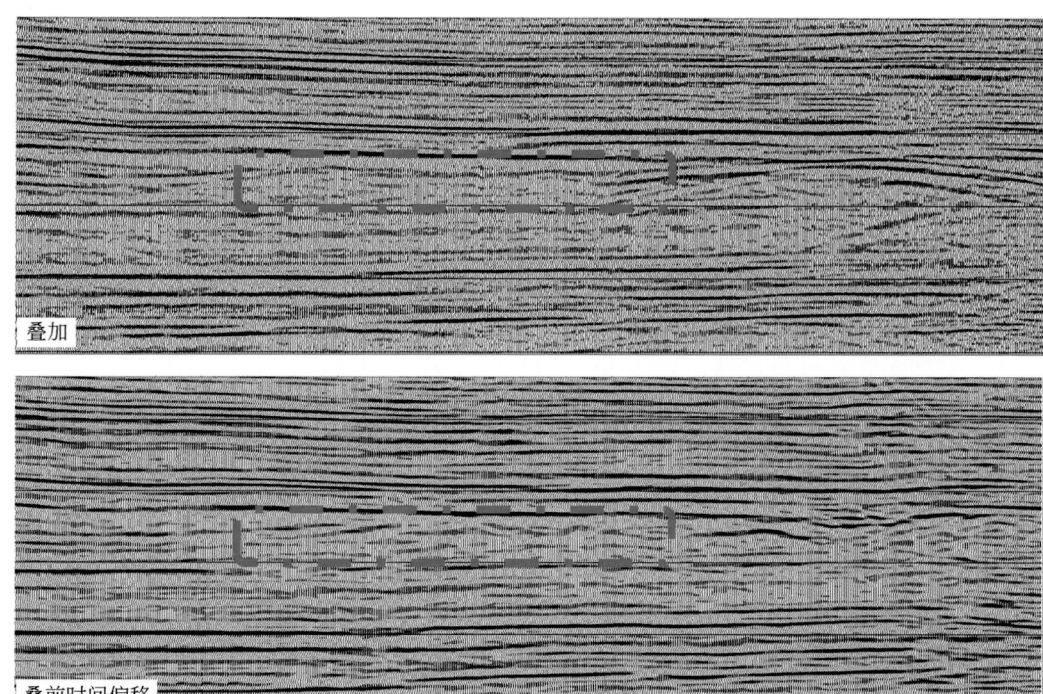

图 7-15　叠前时间偏移与叠加剖面对比（07HL07）

克希霍夫积分法叠前时间偏移方法将空间和时间上离散的输入数据进行绕射求和，具体步骤如下：

第一步，将共炮点道集记录从接收点上向地下外推。外推时要先确定本道集可能产生反射波的地下空间范围。这个范围是可以根据倾角、记录长度和道集的水平范围估算的。这个过程实际上是一个估算偏移孔径的反过程。

第二步，计算从炮点到地下 R（x，z）点的地震波入射射线的走时 t_d。这可以用均方根速度 v_{rms} 去除炮点至地下 R 点的距离近似求出。或者，就更准确地用射线追踪法求取。用求出的下行波的走时 t_d 到 u（x，y，z，t）的延拓记录的对应时刻取出波场值作为该点的成像值。

第三步，将所有的深度点上的延拓波场都如第二步那样提取成像值，组成偏移剖面就完成了一个炮道集的 Kirchhoff 积分法偏移。

第四步，将所有的炮道集记录都做过上述三步处理后按地面点相重合的记录相叠加的原则进行叠加，即完成了叠前时间偏移。

7.2 地震资料主要解释技术及方法

7.2.1 解释难点及技术对策

2005 年、2007 年完成二维地震 754km，采集年度较早，覆盖次数低，测线多沿沟布设，测网密度 20km×30km，难以满足礁滩相展布形态进一步细化的要求。以往处理地震资料品质较差，从地震剖面上难以清楚识别礁滩体地震反射特征，难以满足奥陶系礁滩相识别和预测的要求。另外地层横向变化大，盆地西南缘奥陶系礁滩体地震反射模式认识不清，成藏主控因素需进一步落实。本书通过加强地震资料处理攻关，利用地震地质综合研究对盆地西南缘奥陶系礁滩相进行深入研究。

针对以上难点，鄂尔多斯盆地西南缘渭北奥陶系礁滩相目标地震研究采取以下技术攻关：

（1）利用钻测井资料，进一步细化波形特征识别，精细的地震层位标定及构造解释；

（2）利用模型正演，建立研究区礁滩体地震反射模式；

（3）地震地质结合，精细地震相、沉积相分析，明确该区相带展布及有利相带；

（4）地震属性分析、含油气性检测等储层预测技术。

7.2.2 资料解释关键技术

资料解释围绕寻找礁滩相目标，针对盆地西南缘中上奥陶统地层横向变化快、礁滩体反射特征复杂，地震预测难的特点，重点采用地震地质层位综合标定、模型正演、地震相分析技术、地震属性分析技术、岩性反演及油气检测技术，进行礁滩相储层预测和综合评价，流程图如图 7-16 所示。

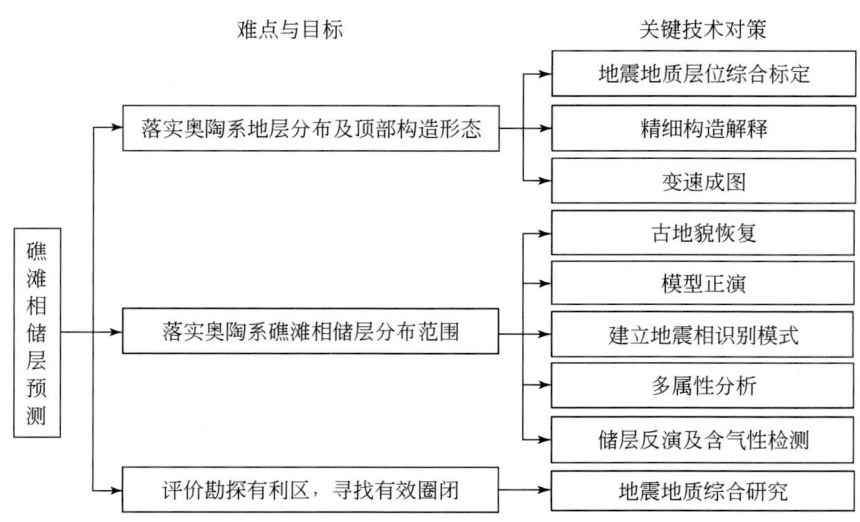

图 7-16　盆地西南缘奥陶系礁滩相储层预测流程图

1. 地震地质层位综合标定

加里东运动之前，鄂尔多斯盆地南缘除怀远运动曾有短暂隆起外，一直处于沉降过程。长期拗陷形成了巨厚的下古生界沉积，南厚北薄特征明显，地层横向变化大。另外工区钻穿奥陶系的钻井较少，地震层位标定难度大。因此，需要进行精细的地震层位标定，为后续精细构造解释及有利区预测打下坚实的基础。

通过旬探 1 井、永参 1 井等合成记录（图 7-17）及连井层位标定（图 7-18），明确地震反射波形特征。本区部分缺失石炭系及太原组地层，二叠系底界反射全区均为强波谷反射，可连续追踪对比，可作为奥陶系顶界的主要标志层；平凉组底界反射特征存在变化，旬探 1 井表现为中弱–弱波谷反射，淳 2 井表现为中强波谷反射，横向上连续性较差，较难追踪对比；奥陶系底界反射全区均为中弱波谷反射，可以连续追踪；寒武系底界反射为中强波谷反射，且寒武系底部附近为一组中强波阻抗界面，可连续追踪对比。

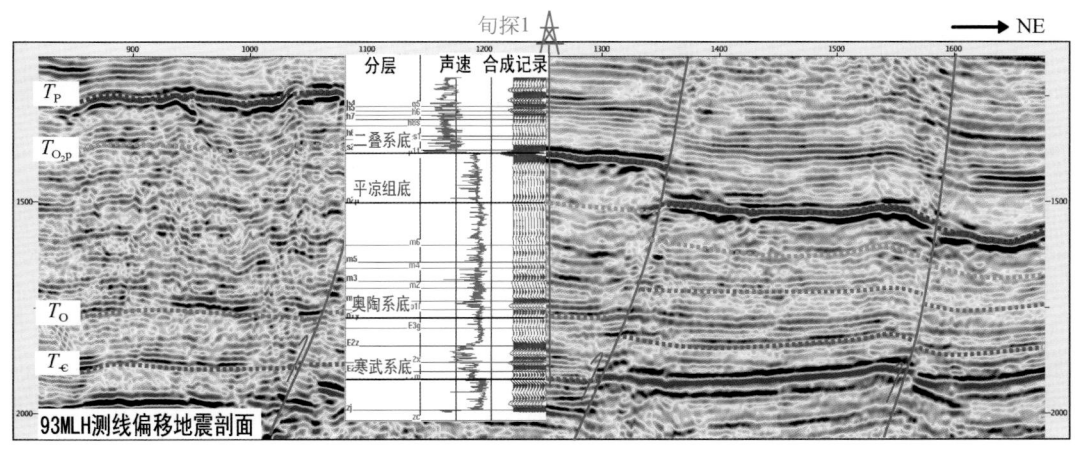

图 7-17　旬探 1 井合成记录标定

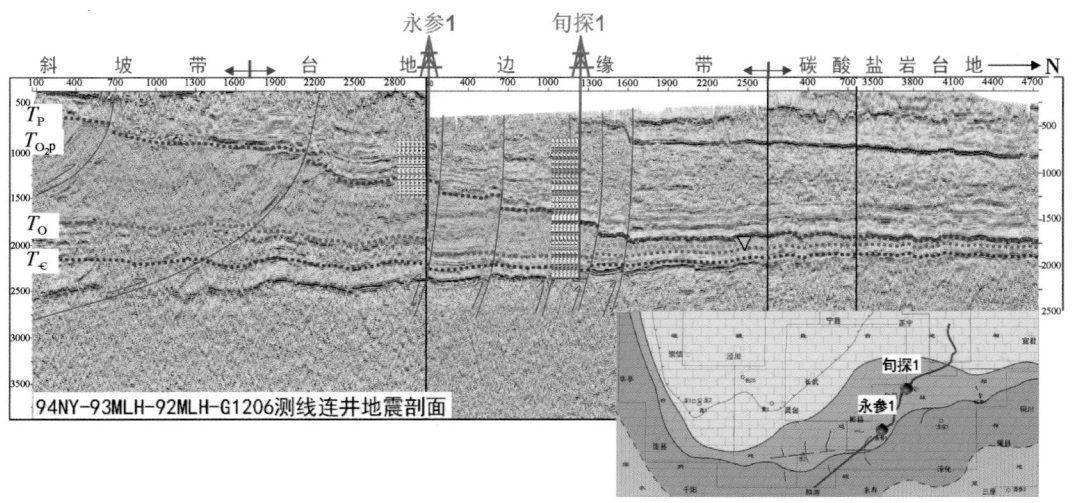

图 7-18　94NY-93MLH-92MLH-G1206 测线连井地震剖面

本区进行层位标定时，首先对工区内的完钻井测井曲线进行了环境校正，然后结合VSP 资料，对井旁地震道进行频谱分析，根据实际地震资料目标层附近的有效频带宽度，选取合适的地震子波，采用不同频率和相位制作合成地震记录进行标定。要求合成地震记录与井旁地震道的相关系数必须大于 0.80。层位标定结果为：

T_P 为二叠系底部附近反射，全区主要标志层——波谷反射。

T_{O_2P} 为奥陶系平凉组底部附近反射——中弱–中强波谷反射。

T_O 为奥陶系底部附近反射——波谷反射。

$T_\in$ 为寒武系底部附近反射——波谷反射。

2. 精细构造解释及变速成图

1）反射波的对比追踪

反射波的对比追踪采用了如下原则：

（1）将反射能量强，在全区范围内能连续追踪的 T_{C_2} 确定为地震反射标准波。

（2）由井出发，通过井的合成记录与过井剖面进行层位精细标定。

（3）先对东西向剖面进行标准波的识别与追踪，然后对南北向剖面的交点进行时间及波形闭合，形成平面上的闭合回路。

2）断层解释

断层解释是一种常规解释技术，由于研究区地质条件较为复杂，断裂、裂缝可能较发育。在研究中，首先搞清区域构造背景，研究断层形成的力学机制，确定断层性质及其切割关系。其次根据标志层的地震波波组特征进行断点、断面的识别，最终对各断点进行平面上的组合以及 T_0 成图。渭北隆起是秦祁褶皱带与华北地块之间的过渡带，由于所处的独特的构造位置，构造变形极不均一，东部与西部差异较大，南部较北部强烈；东南部以地面正断层发育为特征，褶皱构造较少，从南向北，地面断层减少，褶皱构造增加，地震反射层中，褶皱构造与逆断层相伴生，具断块性质（图 7-19，图 7-20）。

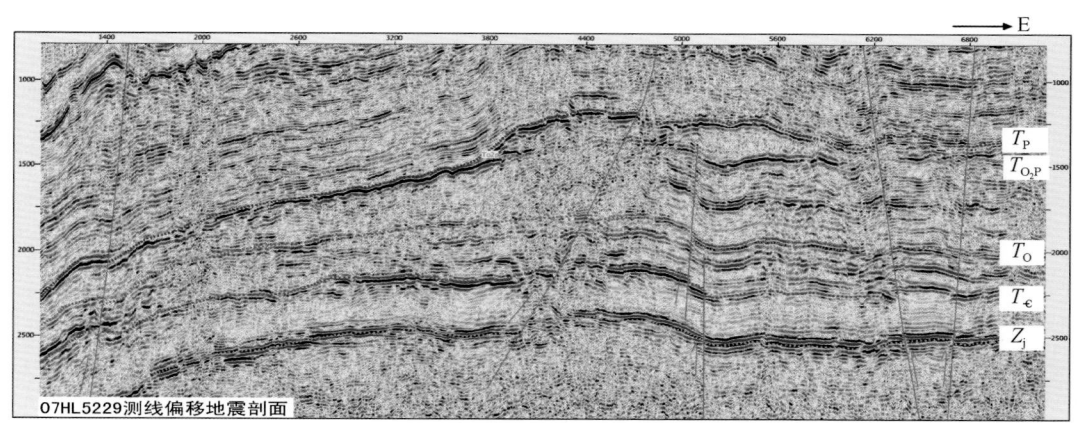

图 7-19　07HL5229 测线地震剖面

3）地震、非地震联合解释

地震、非地震联合解释技术充分发挥地震和非地震各自优势，根据地震和非地震所揭

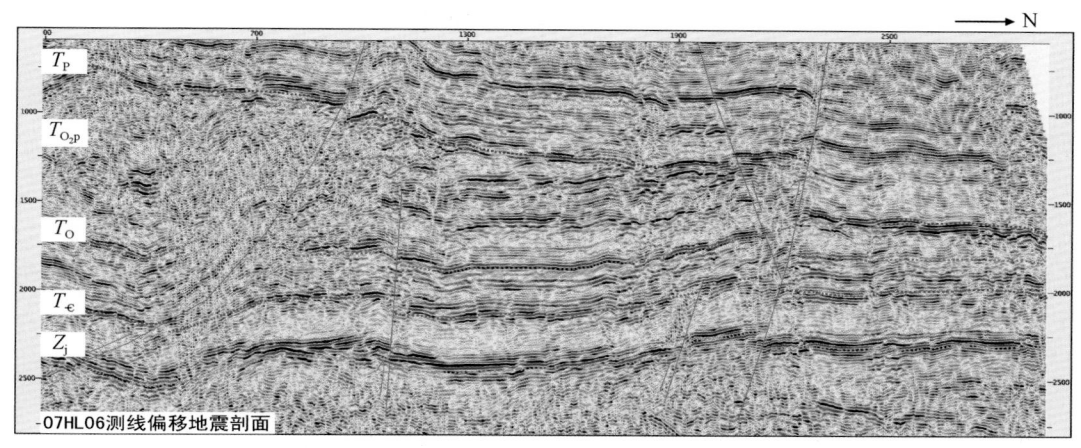

图 7-20　07HL06 测线地震解释剖面

示的地质现象，开展联合解释研究，实现优势互补。

重磁及 CEMP 等资料在地震勘探程度低的地区可以宏观反映基底起伏、沉积盖层厚薄趋势及基底大断裂，也是认识地下地质结构的重要依据之一。在地震剖面解释中要充分利用重磁及 CEMP 等资料，辅助解释断层、认定地质层位、确定解释方案，使地震剖面能够较合理地揭示地下地质结构。CEMP 测线 WB07E-03 显示，由渭北隆起向北，下古生界地层埋深逐渐增大，进入古隆起区奥陶系地层缺失（图 7-21）。

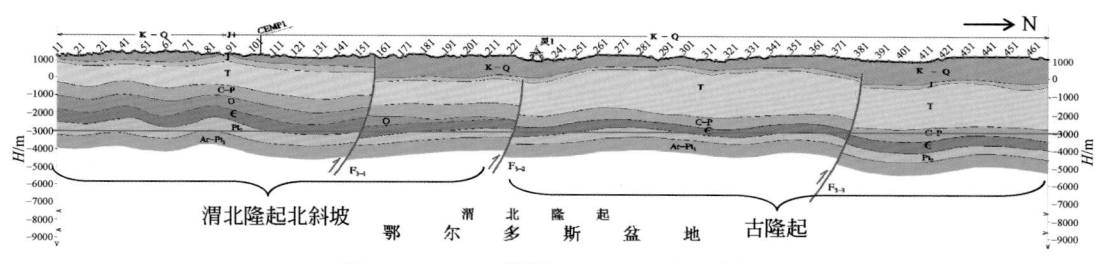

图 7-21　CEMP 测线 WB07E-03 解释剖面

4）变速成图

为确保反射层构造形态及埋深解释的准确性必须建立空变的速度场，因此必须进行变速成图研究，速度场的建立是一个不断改进、不断提高精度的循环过程。采用速度谱约束为主、井点控制相结合的方法综合研究。

（1）平均速度场的建立

①在全区范围内对比解释好主要目的层，并准确地确定出相应的地质层位。

②根据钻井校正地震剖面，使地震剖面与钻井的基准面一致。

③根据公式 $V=2H/t_0$ 求取各井点的平均速度值。

④将各井求得的平均速度数值点展到平面图上进行速度场的初步勾绘，井点较少区要考虑地层的变化梯度及参考地面露头等诸多因素。

⑤将高质量的速度谱获得的均方根速度值展到平面图上，勾绘出均方根速度趋势图。

⑥参考均方根速度趋势图，修改完善平均速度场图。

（2）构造图的编制

将主要反射层等 t_0 图分别与对应的平均速度场图叠合，按公式 $H = 1400 - V \cdot t_0/2$ 得到其反射层构造图。

3. 古地貌恢复技术

奥陶系碳酸盐岩台缘带古地貌背景控制了生物礁滩生长发育及分布，斜坡宽缓程度决定了生物礁的发育宽度。本书将对奥陶系碳酸盐岩台缘带、斜坡带古地貌恢复展开研究，利用层拉平技术恢复奥陶系古地貌，初步预测斜坡带、台地边缘相带的分布范围，为寻找生物礁滩生长发育有利区提供依据（图 7-22）。

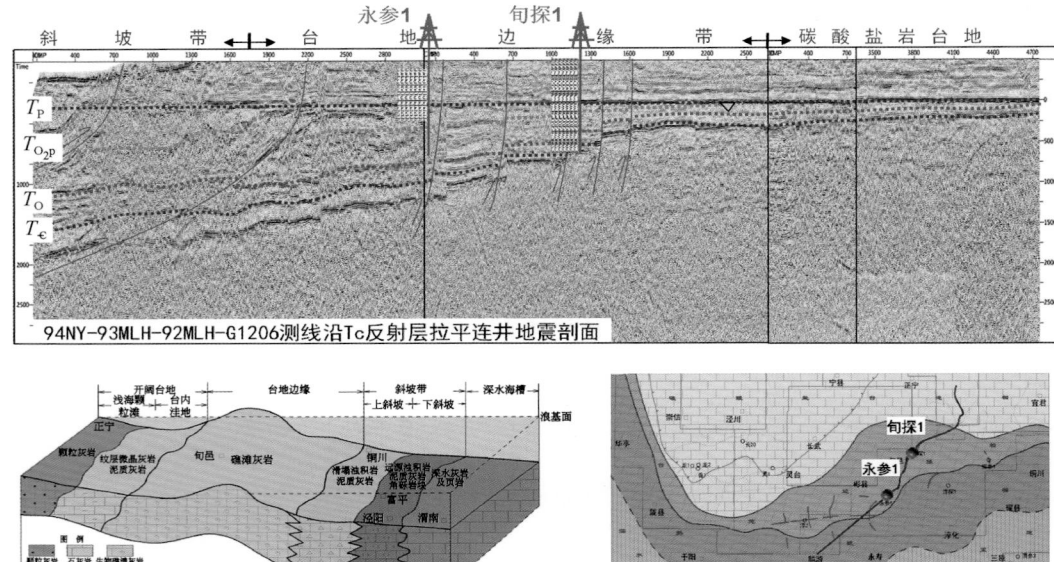

图 7-22　层拉平连井解释剖面及沉积模式图

4. 模型正演

在地震勘探中，正演模拟技术贯穿于地震数据采集、处理和资料解释的各个环节，是进行地震反演的基础，是认识和研究地下地质结构的最有效手段。在地震资料解释阶段，可根据解释结果进行正演模拟，通过对比来验证解释结果是否正确，还可通过模型正演了解地下波场的细微变化，提高解释的精度。总之，模型正演技术在地震勘探领域发挥着非常重要的作用。

正演模拟技术的基础是地球物理模型的建立，地球物理模型的建立可归结为对地球物理模型结构的数学描述。地球物理模型可分为速度模型和构造模型等多种类型。构造模型是由地下结构和地层速度所表征的模型，它通过界面参数和地层速度参数进行模型描述。构造模型注重对地下结构的描述，它适用于地下波场特征正演分析与研究。

通过分析野外地质露头、钻井资料及成熟探区的成果，认为研究区内存在多种礁滩类型，如丘状、水平层状、垮塌式的礁滩体；通过模型正演和过井地震剖面，归纳总结礁滩体的地震解释模式（图 7-23）。通过分析已知钻遇礁滩体的探井（3 口探井奥陶系钻遇礁滩体，淳 2 井、耀参 1 井为丘状内部杂乱、空白反射，旬探 1 井为丘状内部层状反射），建立礁滩体的地震解释模式（图 7-24）。

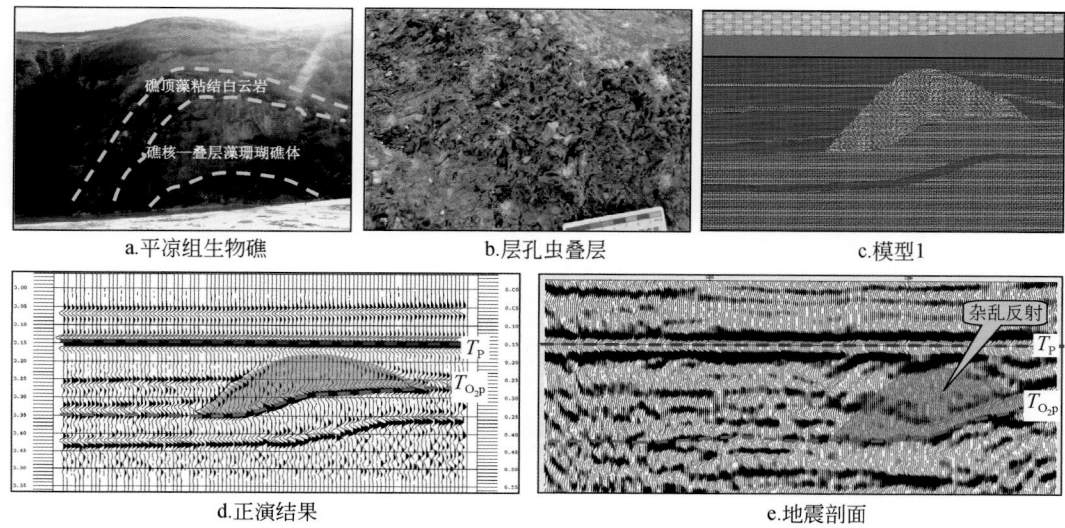

图 7-23　礁滩体正演模型（丘状内部杂乱、空白反射）

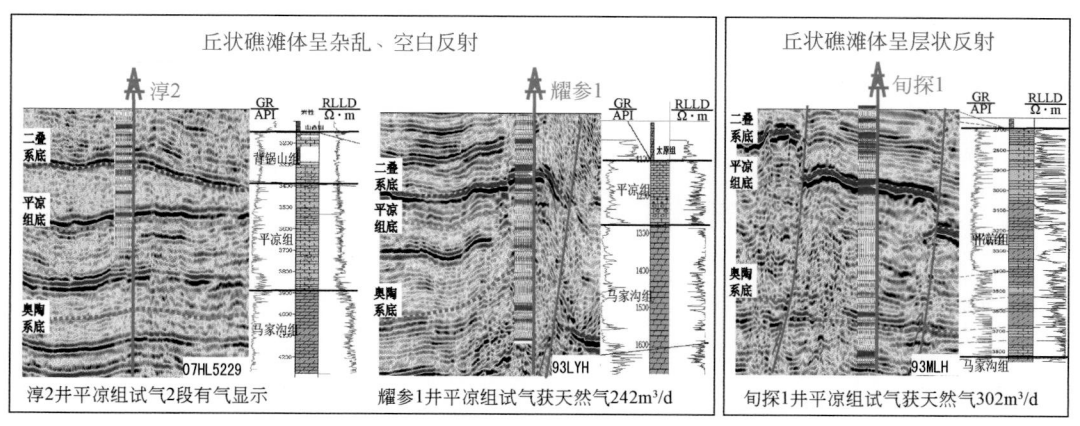

图 7-24　典型井礁滩体地震解释模式

5. 属性分析及含气性检测

地震属性指的是那些由叠前或叠后地震数据，经过数学变换而导出的有关地震波的几何形态、运动学特征和统计特征，其中没有任何其他类型数据的介入，能从地震数据中提取其他方法无法提取的信息，这些信息极大地帮助了解释人员对地质现象的正确认识，特别是对储层特征的认识，从而增加了地震方法的应用价值。随着数学、信息科学等领域新知识的引入，从地震数据中提取出的地震属性越来越丰富，可以提取有关时间、振幅、频率、吸收衰减等方面的地震属性多达上百种，这就要求解释人员适当地选取合适的一种或几种属性进行分析。目前，对礁滩体储层特征及含气后储层响应特征并没有形成完善的、统一的、准确的认识，尝试寻找适用于礁滩相储层预测和含气性预测的属性分析方法，提高预测的准确性，降低多解性（图7-25）。

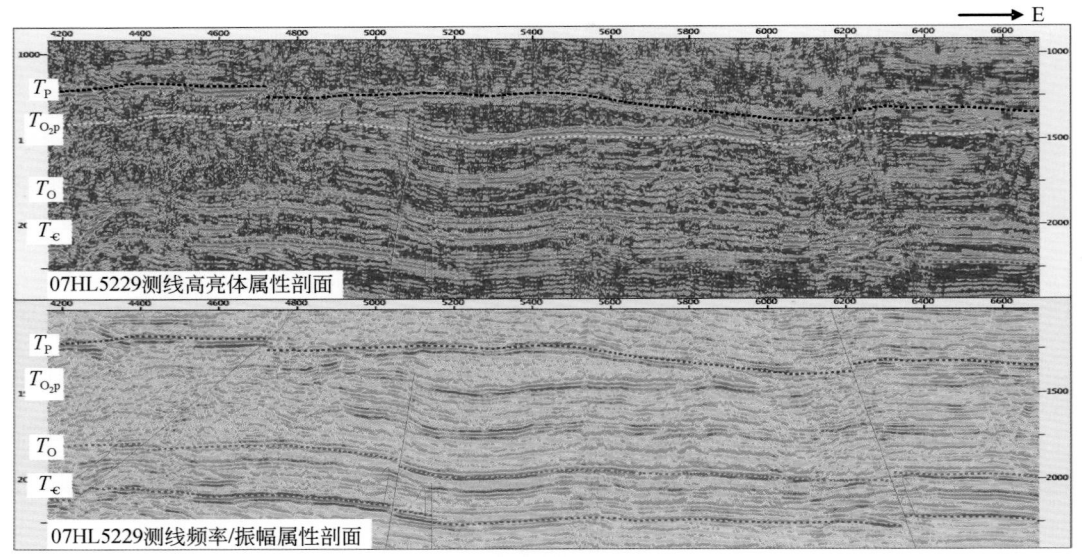

图 7-25　07HL5229 测线属性反演剖面

7.3　地震资料信息与鄂南地区中上奥陶统地层构造分布特征

7.3.1　奥陶系地层顶部构造形态

1. 地震 T_P 反射层构造特征

工区位于鄂尔多斯盆地西南缘，中央古隆起南侧，构造位置处于渭北隆起西段。渭北隆起以南以渭河地堑北缘大断裂为界，北部与伊陕斜坡、天环拗陷逐渐过渡，东与晋西挠褶带逐渐过渡。渭北隆起在构造上呈南翘北倾状态，以致在南部地区寒武系和奥陶系出露地表，局部地区尚有前寒武系出露。渭北隆起是秦祁褶皱带与华北地块之间的过渡带，由于所处的独特的构造位置，构造变形极不均一，东部与西部差异较大，南部较北部强烈。

鄂尔多斯盆地西南缘渭北隆起地区上古生界部分缺失石炭系及二叠系太原组，地震 T_P 反射层为二叠系底部附近反射，为一套稳定的标志反射层，可连续追踪对比（图7-26）。从地震 T_P 反射层构造图（图7-27）看出，渭北地区 T_P 反射层构造总体呈现为 NE-SW 走向的西倾单斜，东部相对平缓、西部构造梯度大，平均构造梯度为20m/km，最低海拔位于西部陇县地区（-5000m），最高海拔位于东部耀县地区及南部麟游地区（0m）。西北部龙1井遭受火山岩体侵入，T_P 反射层缺失。从南至北以南倾正断层为主，断距较大，具有断块性质，伴生逆断层；麟游到彬县间有两条近东西向大断层，延伸距离远（90km），断距大。为多期构造运动形成的正断层，早期加里东运动时期形成逆断层，而后至燕山运动时期地层沿早期断层抬升形成正断层。

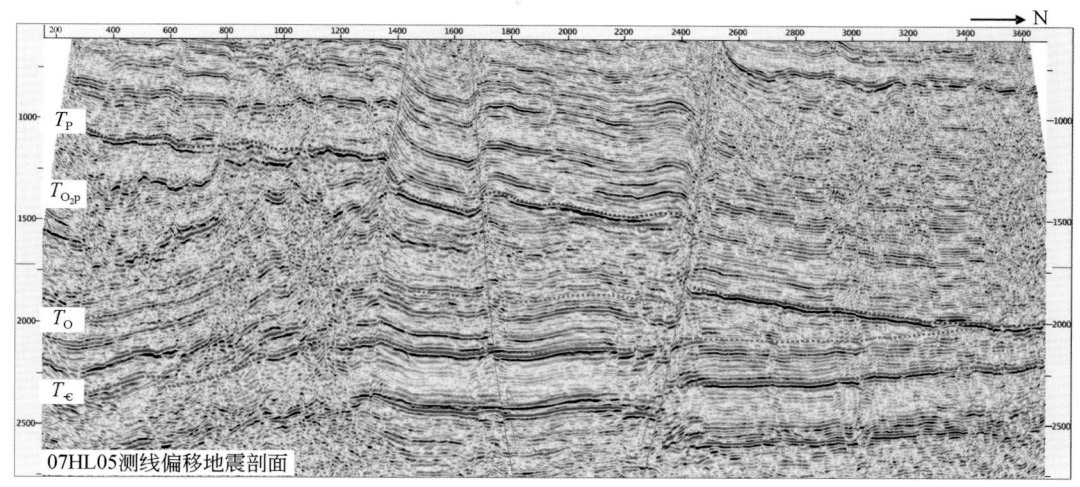

图 7-26　07HL05 测线地震解释剖面

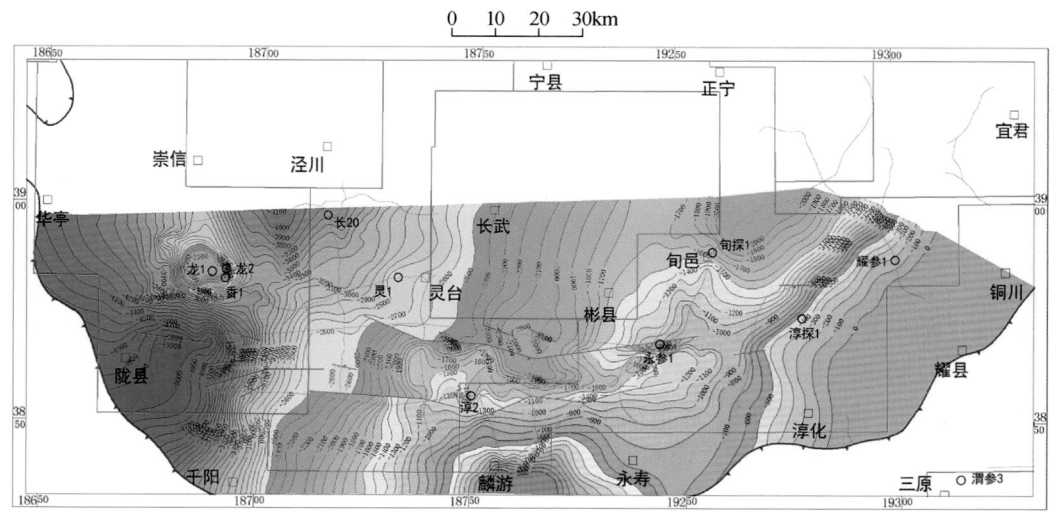

图 7-27　鄂南地区地震 T_P 反射层构造图

2. 奥陶系地层展布特征

地震资料与钻井资料相结合，编制了盆地西南缘奥陶系残余地层厚度图（图 7-28）。盆地西南缘奥陶系残余地层总体呈南部厚、向北逐渐减薄剥蚀尖灭的趋势，奥陶系地层从南侧向中央古隆起逐渐超覆尖灭；利用本次研究地震资料重处理解释成果，进一步细化了奥陶系尖灭线的展布形态。千阳—麟游—永寿一带地层厚度大、梯度大，具有台地边缘-斜坡带特征，厚度达 3000m 以上。

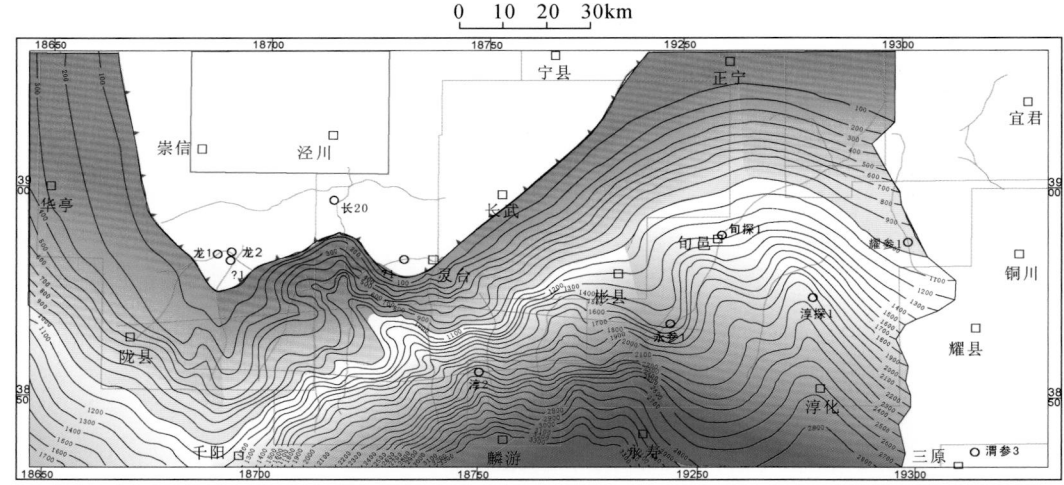

图 7-28　鄂南地区奥陶系残余地层厚度图

7.3.2　鄂南地区南北向钻井地震剖面中上奥陶统地层断裂构造发育特征

本次研究自西向东优选了 4 条近南北向二维地震测线对盆地南缘地层结构特征及有利沉积相带展布进行解剖，结合区内 12 口探井资料，进一步深化地层格架、构造运动、沉积演化及有利区带展布等方面的认识。

鄂尔多斯盆地西南缘奥陶纪处于华北地台南缘与秦岭海槽之间的斜坡过渡带。地震及钻井勘探成果揭示，台缘斜坡带奥陶系沉积厚度较大，地层向南增厚的特征明显，经后期剥蚀后残留地层相对较全。麟探 1 井奥陶系及寒武系地层保存完整，奥陶系地层厚度大（1736m），宁探 1 井位于中央古隆起上，缺失奥陶系地层，地层横向变化快（图 7-29）。盆地南缘平凉组及背锅山组残余地层总体向南增厚，加里东期地层抬升向西、向北遭受剥蚀、尖灭，反映奥陶系由台地、台地边缘、斜坡向盆地内部过渡的沉积构造背景。

05HL02 测线南起大柳沟、北至泾川，位于中央古隆起南侧。测线北段以东 14km 为灵 1 井，灵 1 井缺失奥陶系，地层横向变化快。G12-04 测线（图 7-30）南起麟游东、北至合水，位于中央古隆起东南侧。盆地西南缘受加里东运动影响形成南翘北倾的斜坡，奥陶系及寒武系地层保存较完整，奥陶系地层向北至中央古隆起剥蚀尖灭，古隆起上寒武系地层部分缺失。渭北隆起南部受逆断层控制及构造运动影响，断层上盘中上奥陶统地层剥蚀，与上古生界呈不整合接触。

H106996S-H106996-H117004 拼接测线南起大荔东、北至富县南，位于渭北隆起东段。测线南段属于渭河盆地，新生界地层厚度大，平 1 井新生界地层厚度为 2359m，奥陶系残余地层厚度小，寒武系地层较完整、厚度大（806m），测线北段属于渭北隆起，过宜 6 井，奥陶系残余地层厚度大（435m），受构造运动影响，西部古生界地层埋藏较浅，中段有二叠系及奥陶系地层出露，测线跨构造单元边界，地层横向变化大（图 7-31）。

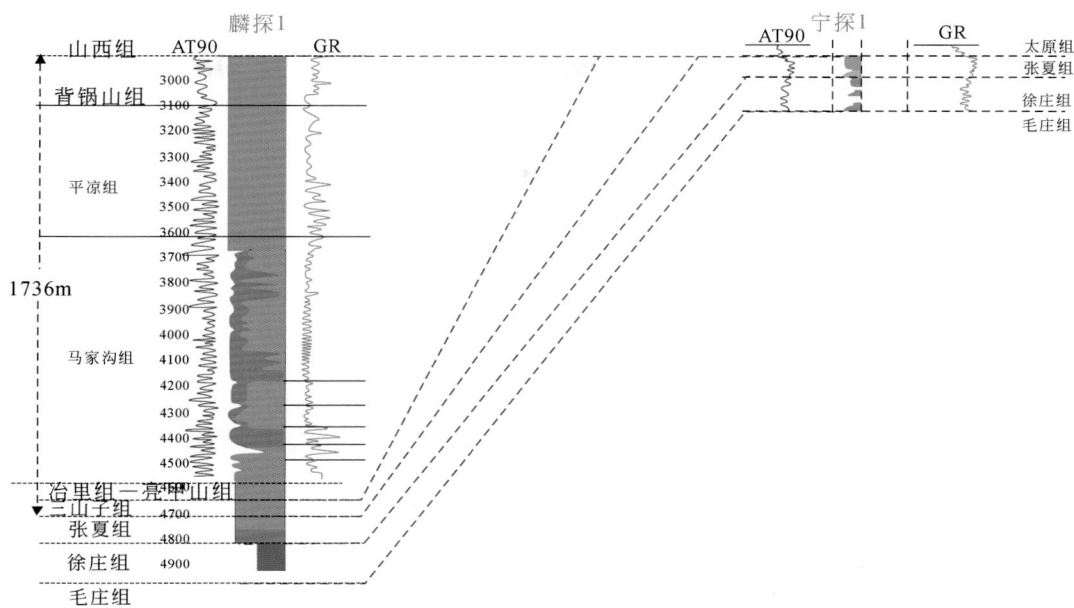

图 7-29　鄂南中部连井对比剖面地层分布特征与差异对比

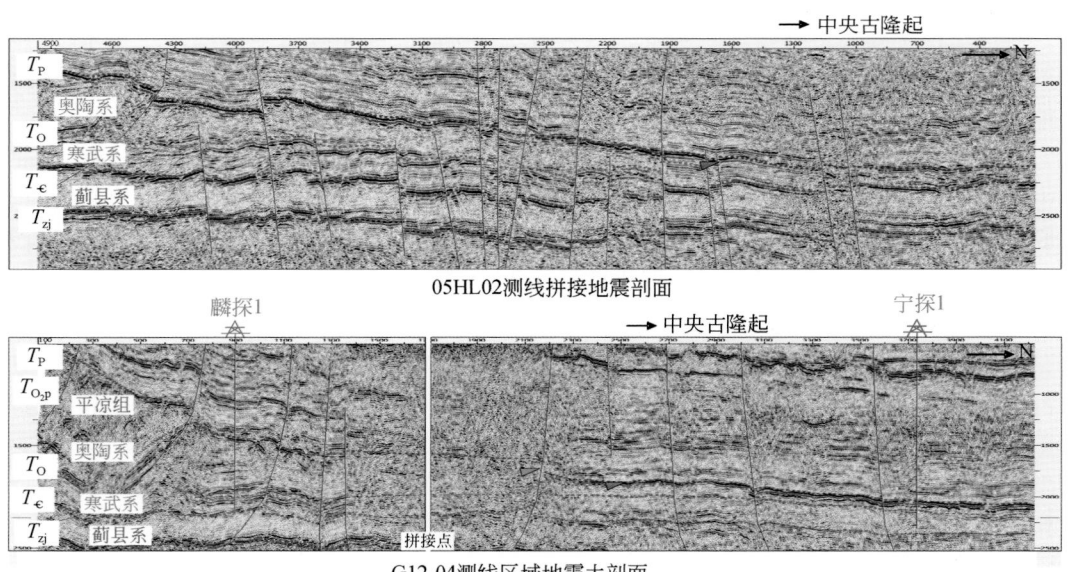

05HL02测线拼接地震剖面

G12-04测线区域地震大剖面

图 7-30　鄂南西部中央古隆起南斜坡 05HL02、G12-04 测线剖面地层残留与断裂

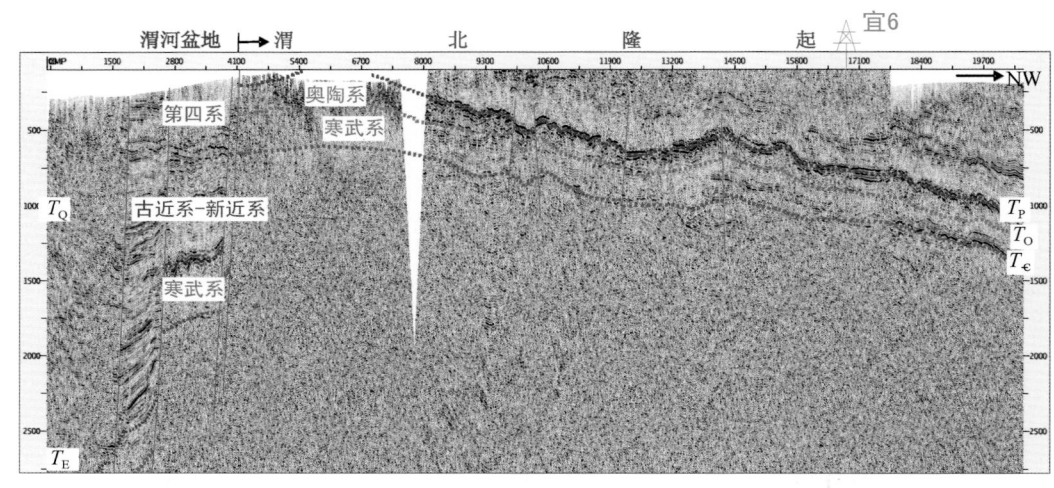

图 7-31　鄂南东部南北向 H106996S-H106996-H117004 测线拼接地震剖面奥陶系分布

7.4　台缘带地层残留特征、展布范围及礁滩相发育有利区预测

　　通过层拉平技术进行古地貌恢复，认为盆地西南缘奥陶系残余地层向南迅速增厚，反映奥陶纪沉积期沿测线从南至北由台地边缘相向开阔台地相过渡，奥陶纪中晚期，台缘带古地貌位置符合生物礁生长发育的环境条件，有利于礁滩体发育。

　　在上述研究基础上初步预测，计算了斜坡带、台地边缘相带的分布面积为 14760km^2，其中台地边缘礁滩相带面积为 5850km^2，斜坡礁滩相带面积为 10208km^2。进一步结合礁滩相成藏主控因素分析，发现平凉组烃源岩区域广覆，既为有利源岩，又是封堵盖层，有利于研究区奥陶纪中晚期台缘礁滩体形成良好的生、储、盖配置，但研究区地层受古构造和岩相古地理影响，中、东、西有分区性差异，其中在西南部，海水深，奥陶系地层保存全，且逐渐向南、向西增厚，在台地边缘有利于礁滩体发育保存；由中部向北，地层受中央古隆起影响缺失严重，对生物礁保存不利；东部相对稳定，有利于礁滩相保存。通过模型正演结果及地震相分析，划分出丘状内部空白、杂乱反射相及丘状内部层状反射相两种类型的地震相，结合旬探 1 井（图 7-32）、耀参 1 井等钻探结果，丘状内部空白、杂乱反射相是该区最有利礁滩体的响应特征。在明确礁滩体地震反射特征的基础上，利用已有二维资料在多条重点剖面上对礁滩体进行识别（图 7-33）。

　　本书研究利用重处理叠前偏移资料重新识别礁滩体，共解释出有利点段区 2 个，总面积 2550km^2。反射点段 30 余个，并划分点段（图 7-34），明确礁体分布范式。在此基础上，初步预测了研究区斜坡带、台地边缘相带的分布范围，其中台地边缘相带面积为 5850km^2，斜坡相带面积为 10208km^2。预测了平凉组+背锅山组地层分布特征；发现奥陶纪中晚期，台缘带古地貌位置有利于礁滩体发育。

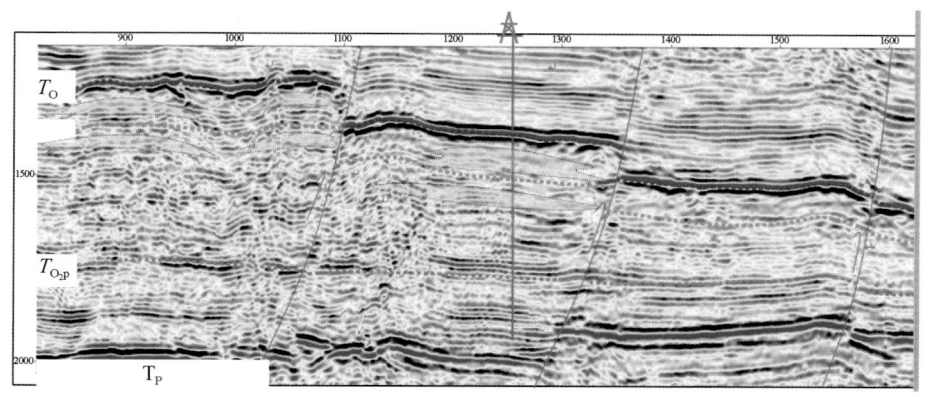

图 7-32　过旬探 1 井 93WLH 测线偏移地震剖面上礁滩体异常反射分布特征

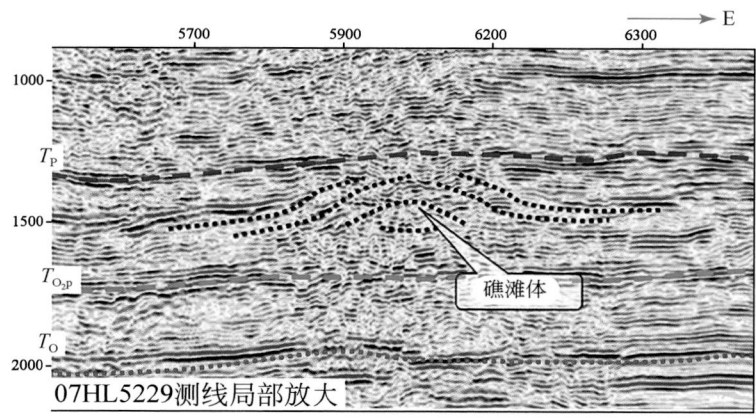

图 7-33　鄂南地区 07HL5229 测线奥陶系礁滩分布形态及反射特征

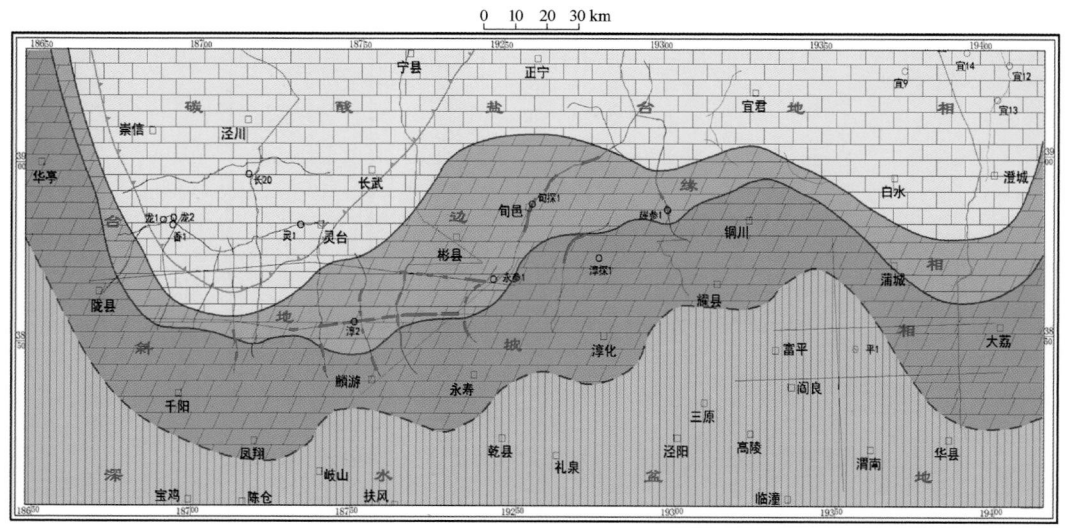

图 7-34　鄂南地区礁滩相有利点段分布图

第8章 奥陶系碳酸盐岩生物礁（滩）的测井识别与预测

8.1 碳酸盐岩生物礁的测井响应特征与识别方法

生物礁与非礁的碳酸盐岩在沉积建造、岩石类型与结构、生物体、储层特征等方面具有明显的差异。因此生物礁在单井和多井测井响应特征上具有特有的地球物理测井特征，这奠定了利用测井资料识别生物礁体及其沉积微相的理论基础，而由此也形成了具有高分辨能力的地球物理测井方法与技术。通过多年对生物礁这一特殊类型碳酸盐岩岩体测井实践，认为它具有低伽马、地层倾角杂乱等明显测井响应特征，于是，利用测井的自然伽马、地层倾角和成像资料已经很好地识别出了地下生物礁体的存在。

8.1.1 礁岩的自然伽马（GR）曲线值特征

生物礁生长在高能、清洁、透光性好的浅海环境，发育地陆源物质少、泥质含量极低，所以礁岩自然伽马曲线值低（通常 GR≤15API），礁核段表现为特低，我国四川等地个别生物礁自然伽马值小到 5API。非生物礁井段自然伽马较高，大于 30API。礁后沙滩能量相对较低，泥质含量高于礁核相，自然伽马也高于礁核相（图 8-1）。

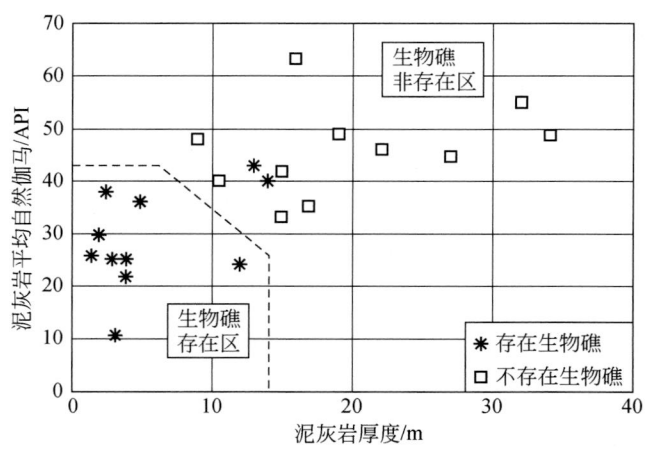

图 8-1　自然伽马测井识别生物礁与正常沉积碳酸盐岩图版

测井图上生物礁段自然伽马曲线的形态为箱形，上下自然伽马为高值，但其对应的双侧向值并不会降低，中子、声波也不会增大。中间生物礁段为低值，生物礁相比围岩显示低值。自然伽马能谱测井是又一重要方法，地层中的泥质含量与钍、钾有很好的线性关系，与地层中铀的含量关系比较复杂，当地层中含有云母和长石时，适宜用钍曲线确定泥质含量，因为云母和长石两种矿物中都含有钾，对泥质含量有所干扰。生物礁由于其沉积时的高能、清洁的沉积环境，陆源物质和泥质含量低，所以和自然伽马类似，钍、钾的含量与泥质含量呈正相关。

通过对生物礁段和非生物礁段钍、钾含量的统计我们发现，非生物礁段钾的含量大于生物醮段。礁体上、下地层同期沉积均处于低能或相对低能环境，含泥质，能谱测井的钍、钾曲线明显高于礁体，反映出生物礁发育地陆源物质少，泥质含量极低。

8.1.2　生物礁地层倾角特征

利用地层倾角识别生物礁体是又一重要有效的方法之一，生物礁的"生长"速度通常较四周同期的沉积速度快，礁岩的形态、结构与围岩存在差异。生物礁礁核生长没有发育地层界面，为不具层理的块状生物灰岩，地层倾角、因倾向基本不变，倾角逐渐增大，倾角、倾向杂乱的模式，或为无矢量点的空白模式，倾角测井表现为随深度增加倾角增大。但如果上覆地层为致密块状高阻灰岩等，可能出现与生物礁内部相似的杂乱模式或空白模式，就要充分结合区域资料，进行综合对比后再识别是否是生物礁。

8.1.3　利用成像测井资料识别生物礁

斯伦贝谢公司推出的微电阻率扫描成像测井仪（FMI），图像上高阻的地层显示高亮，随着电阻减小变为黄色，电阻进一步减小，图像上显示为深黑色。研究区内生物礁，在成像测井图像上存在较为明显的特征，根据生物礁取心井段的图像特征，进行全井段比对，有利于更加直观地判断生物礁。

成像测井资料可较详尽、直观地显示地层岩石结构、构造、沉积特征等，如层理、断层、裂缝、缝合线、溶蚀孔洞、颗粒形态及分布等，区分生物礁与非礁碳酸盐岩在岩石结构、构造及生物体特点等方面的差异。因此利用成像测井资料可直观有效地识别生物礁的存在。通过电成像资料发现，生物礁 FMI 成像测井图像上为空白的高亮区域，从静态图像中可以看出生物礁段与上下地层的接触关系，从动态图像可以观察到明显的生物碎屑斑点，指示为生物礁。判断生物礁关键还是要看该段是否存在生物碎屑，而常规测井资料不能判断，只有电成像测井才能得出准确的分析结果。

8.1.4　多口井测井连井剖面对比判断礁体分布范围

通过测井资料提取与生物礁存在与否的测井参数，构建分布于礁体不同方位、不同方向切割生物礁体的连井剖面，分析、判断生物礁空间形态与变化趋势，实现控制生物礁的空间展布规模。

8.2 单井剖面生物礁测井识别特征

利用上述四种识别方法，以麟探 1 井奥陶系碳酸盐岩地层为例，对研究区镜下碳酸盐岩进行识别和区分，结果如下：

8.2.1 自然伽马反映的礁与非礁相碳酸盐岩特征

根据自然伽马值确定自然伽马低值段，生物礁段自然伽马为低值，介于 6.92 ~ 14.85API，非生物礁段自然伽马为高值，介于 33.4 ~ 43.82API，初步确定生物礁段，生物礁段自然伽马曲线的形态为箱形，自然伽马比围岩值低。

8.2.2 自然伽马能谱测井中生物礁与非礁碳酸盐岩的区别

由于生物礁发育时陆源物质少，泥质含量极低，生物礁段钍、钾测井曲线显示低值，而礁体上、下地层沉积时，均处于低能或相对低能环境，碳酸盐岩沉积物中泥质含量高，能谱测井的钍、钾曲线值明显高于礁体的特点，于是，可以通过自然伽马能谱测井钍、钾曲线值变化区分生物礁段和非生物礁。在研究区麟探 1 井中，测井资料显示（表 8-1）非生物礁段钾含量介于 0.43% ~ 0.90%，主值曲线分布在 0.45% 左右，钍含量介于 2.65 ~ 5.57ppm①，主要分布在 3.37ppm 左右；生物礁段钾含量介于 0.10% ~ 0.17%，主值区位于 0.13% 左右，钍的含量介于 0.6 ~ 0.89ppm，主要分布在 0.79ppm 左右。非生物礁段钍及钾含量均大于生物礁段。

表 8-1 麟探 1 井生物礁井段与非生物礁井段自然伽马平均值

非生物礁井段自然伽马平均值		生物礁井段自然伽马平均值	
井段/m	GR/API	井段/m	GR/API
3050.0 ~ 3017.0	36.28	3071.0 ~ 3100.5	10.22
3385.0 ~ 3402.5	33.4	3117.0 ~ 3128.0	6.92
3419.0 ~ 3444.5	42.03	3266.0 ~ 3295.0	11.45
3457.0 ~ 3465.5	43.82	3444.5 ~ 3457.0	14.85
3491.0 ~ 3498.5	42.57	3476.0 ~ 3491.0	14.34
3600.0 ~ 3639.0	41.95	3491.0 ~ 3498.5	12.99

8.2.3 利用地层倾角识别生物礁灰岩

首先在地层倾角成果图上根据地层倾角寻找地层倾角成果图上出现"红色模式"、

① 1ppm = 10^{-6}。

"杂乱模式"或者"空白模式"组合层段，分别确定地层倾向不变、倾角逐渐增大、倾角杂乱无章或无矢量点区段；再用自然伽马值曲线找出自然伽马低值段，并排除高伽马的"空白模式"地层；最后，在 FMI 成像测井静态图像上圈定空白高亮区域，通过动态图像观察能够指示生物礁的生物碎屑斑点，最终确定生物礁分布层段；进一步用同样方式类推对比其他井段测井曲线，划分礁体韵律旋回。其中，台地相高能非常纯净的灰岩，泥质和陆源物质含量少，表现出低伽马的特征，平均自然伽马为 6.92API；礁体上、下形成于相对低能环境的含泥质灰岩或者灰岩，能谱测井钍、钾曲线明显高于礁体；生物礁段钍、钾曲线为低值，钍主要分布在 0.5×10^{-6} 左右，钾主要分布在 1% 左右。

在麟探 1 井地层倾角成果图上，背锅山 3117～3128m 段出现了"红色模式"和"空白模式"组合。由上而下，地层会依次出现倾向不变，倾角逐渐增大，继而为无矢量点的空白部分特征。其中上部礁顶地层，披覆在生物礁体之上的层状泥灰岩，倾向不变以及倾角逐渐增大的"红色模式"；中部为生物礁核，由于礁岩内部生物生长和灰质沉积过程速度快，形成了无层理的致密的块状灰岩，并发育一系列高导缝、羽状诱导缝、垂直诱导缝、缝合线；下部为礁基，发育了一个断层，泥质含量较高，自然伽马和自然伽马能谱测井曲线都显示高值。

平凉组 3444.5～3455m 段常规测井显示该段岩性为块状灰岩，是非常纯净的灰岩，泥质和陆源物质含量少，表现出低伽马的特征，平均自然伽马为 14.85API。礁体上、下地层同期沉积均处于低能或相对低能环境，含泥质，能谱测井的钍、钾曲线明显高于礁体，从测井曲线上我们可以看出，生物礁段钍、钾曲线为低值，钍主要分布在 0.6ppm 左右，钾主要分布在 1% 左右。

在综合利用自然伽马测井和自然伽马能谱测井等常规测井方法和 FMI 成像测井的基础上，识别出麟探 1 井奥陶系地层共发育五期生物礁（图 8-2），其中有三期发育在平凉组，两期发育在背锅山组（表 8-2）。

表 8-2　麟探 1 井奥陶系生物礁识别结果

期次	地层	井段/m	厚度/m	平均 GR/API	平均 K/%	平均 TH/ppm	地层倾角	FMI 图像
V	背锅山组	3071.0～3100.5	29.5	9.56	0.13	0.89	空白模式	生物亮斑
IV	背锅山组	3117.0～3128.0	11.0	6.92	0.10	0.71	空白模式	生物亮斑
III	平凉组	3274.5～3295.5	21.0	11.45	0.13	0.88	空白模式	生物亮斑
II	平凉组	3444.5～3457.3	12.8	14.85	0.10	0.60	空白模式	生物亮斑
I	平凉组	3491.8～3512.2	20.4	14.34	0.12	0.78	空白模式	生物亮斑

8.2.4　礁灰岩微电阻率扫描测井响应特征

在 FMI 图像上（图 8-3），高阻的地层显示高亮，随着电阻减小变为黄色，电阻进一步减小，图像上显示为深黑色。平凉组 3444.5～3455m 段生物礁在 FMI 成像测井图像上表现为无层理的块体，黑色区域为方解石充填，生物礁底部礁基位置发育高导缝，是油气储集的有利位置。判断生物礁存在与否的关键与是否存在生物碎屑关系密切，而此特征常规

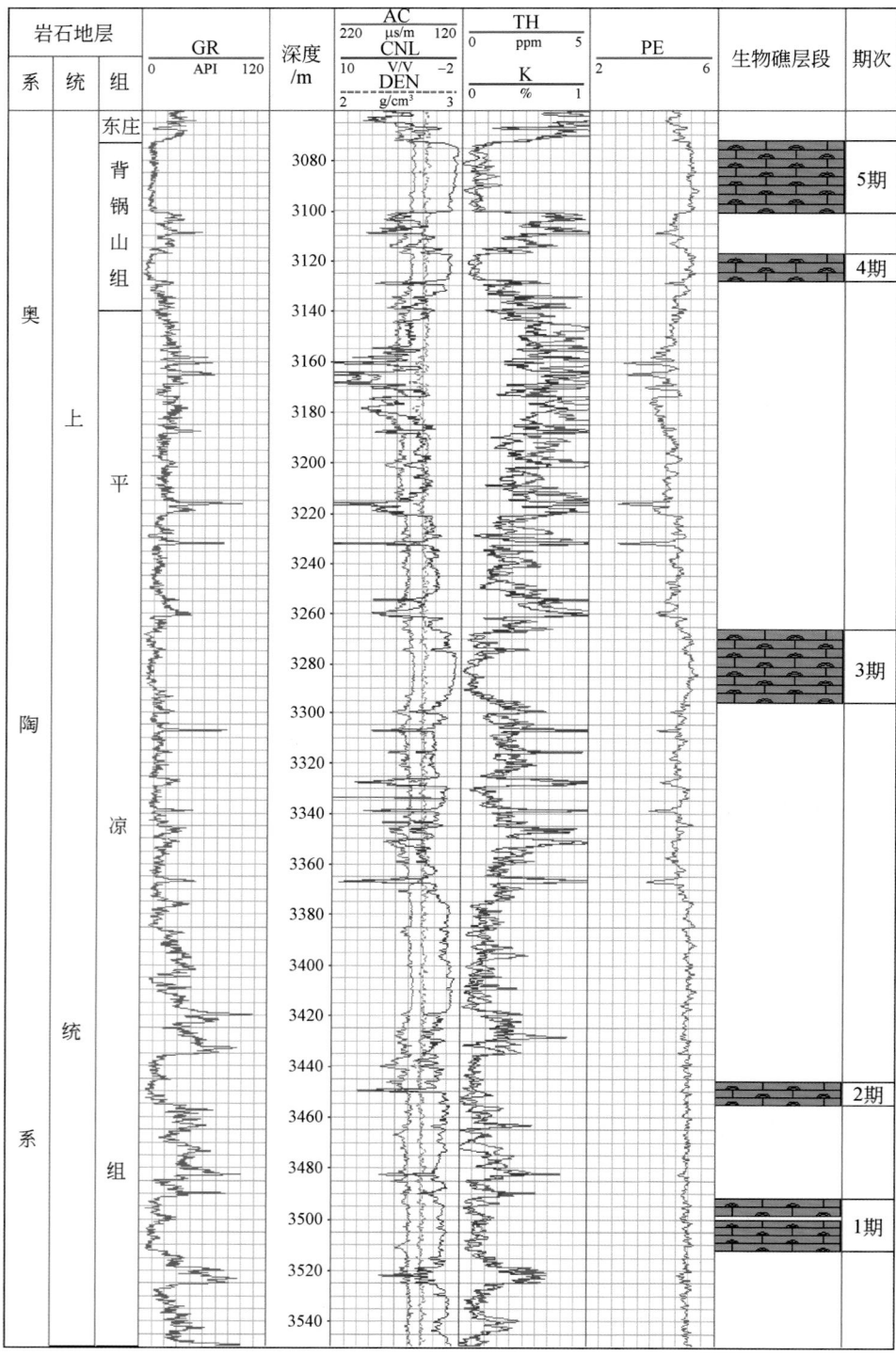

图 8-2　麟探 1 井上奥陶统生物礁地层测井曲线响应特征

测井资料不能判断，只有电成像测井才能准确分析，图像中 3447.3m 处可以看到明显的生物亮斑，说明该段为生物礁。

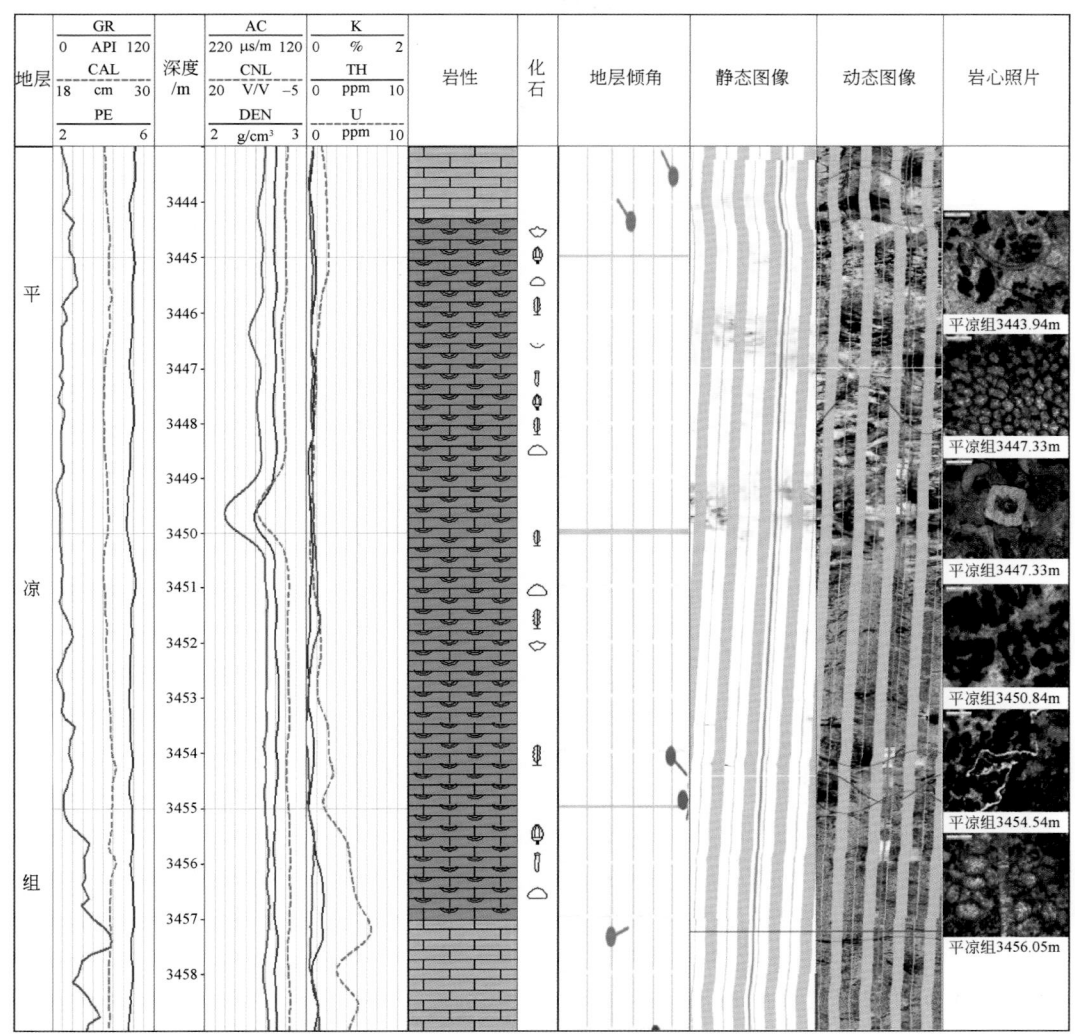

图 8-3　麟探 1 井平凉组 3444.5 ~ 3457.3m 生物礁段测井曲线响应、地层倾角、电成像成果

事实上，通过对应层段岩心显微镜下分析证实，该段生物礁造礁生物主要有阿姆塞士珊瑚、藻球粒等，附礁生物主要有介形虫、海百合等，同时在 FMI 成像测井图像上识别出的生物碎屑还包含大量介形虫碎片。

8.3　单井剖面上生物期次划分及礁灰岩的测井特征

第 I 期：生物礁发育在平凉组下段 3491.8 ~ 3512.5m （图 8-4），厚度 20.4m，自然伽马平均值为 14.34API，钾含量平均值为 0.12%，钍含量平均值为 0.78ppm。岩性中几乎不含泥质，属于纯灰岩。地层倾角反映中间 3498.5~34500m 发育层状地层，而上下两段都是礁核相块状礁灰岩地层，生物发育，之间夹的薄层泥灰岩属于礁间低能半深水沉积。

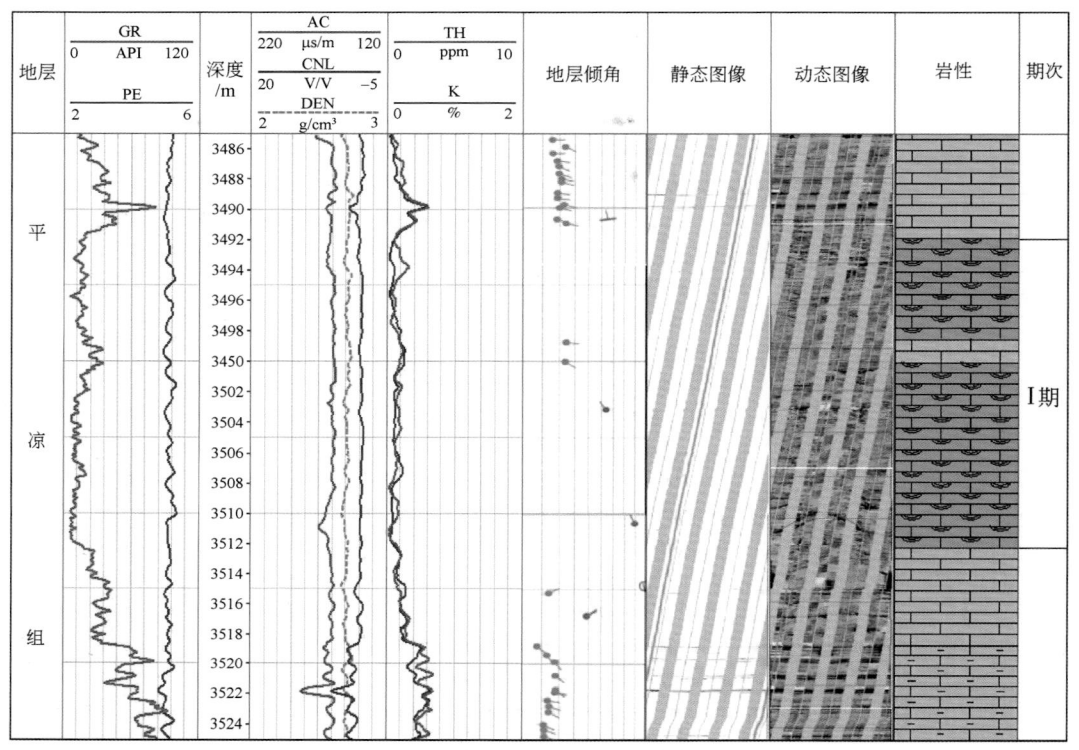

图 8-4　麟探 1 井平凉组 3491.8~3512.5m 生物礁测井响应、地层倾角、电成像成果

第Ⅱ期：生物礁为平凉组 3444.5~3457.3m，如图 8-2 所示。

第Ⅲ期：生物礁发育在平凉组 3266~3295.5m 处（图 8-5），厚度为 29.5m，自然伽马平均值为 11.45API，钾含量平均值为 0.13%，钍含量平均值为 0.88ppm，岩性为纯灰岩。通过与围岩的特征对比，确定该段也属于生物礁。

第Ⅳ期：生物礁发育在背锅山组 3117~3128m 段，常规测井显示该段岩性为块状灰岩，是非常纯净的灰岩，泥质和陆源物质含量少，表现出低伽马的特征，平均自然伽马为 6.92API。礁体上、下地层同期沉积均处于低能或相对低能环境，含泥质。自然伽马能谱测井的钍、钾曲线明显高于礁体，钍含量平均值为 0.71ppm，钾含量平均值为 0.1%（图 8-6）。

地层倾角图上，该段出现"红色模式"和"空白模式"组合出现（蓝色），上部地层倾向不变，倾角逐渐增大，继而为无矢量点的空白部分。由于生物礁生长速度快，上部沉积的泥灰岩地层披覆在生物礁体上，形成地层倾向不变，倾角逐渐增大的"红色模式"。生物礁内部为无层理的致密的块状灰岩，发育了一系列的高导缝、羽状诱导缝、垂直诱导缝、缝合线，其中高导缝是我们寻找裂缝性储层主要的对象。下部的礁基发育了一个断层，泥质含量较高，自然伽马和自然伽马能谱测井曲线都显示高值。

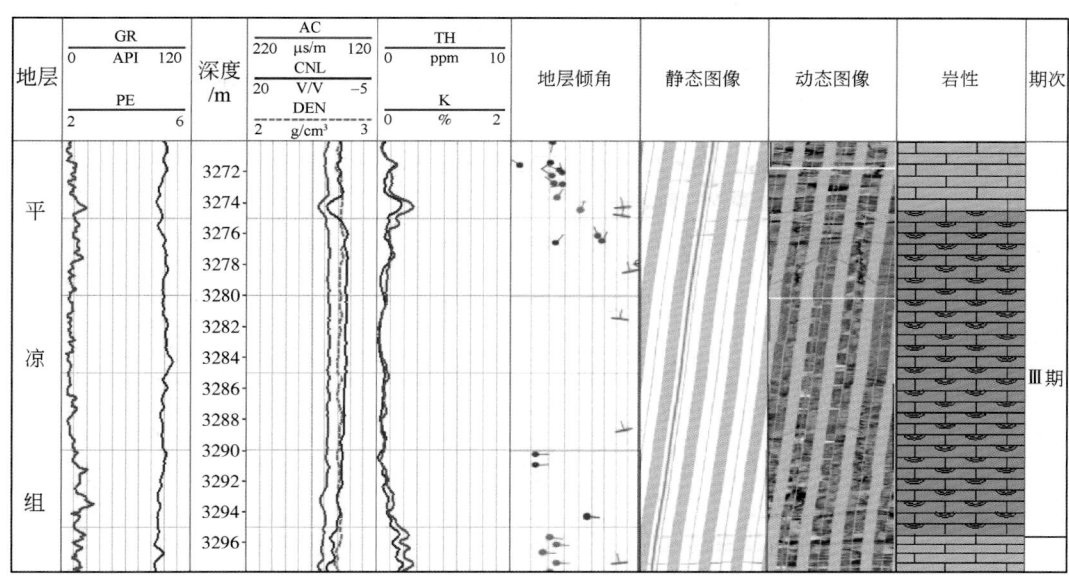

图 8-5　麟探 1 井平凉组 3266 ~ 3295.5m 生物礁测井响应、地层倾角、电成像成果

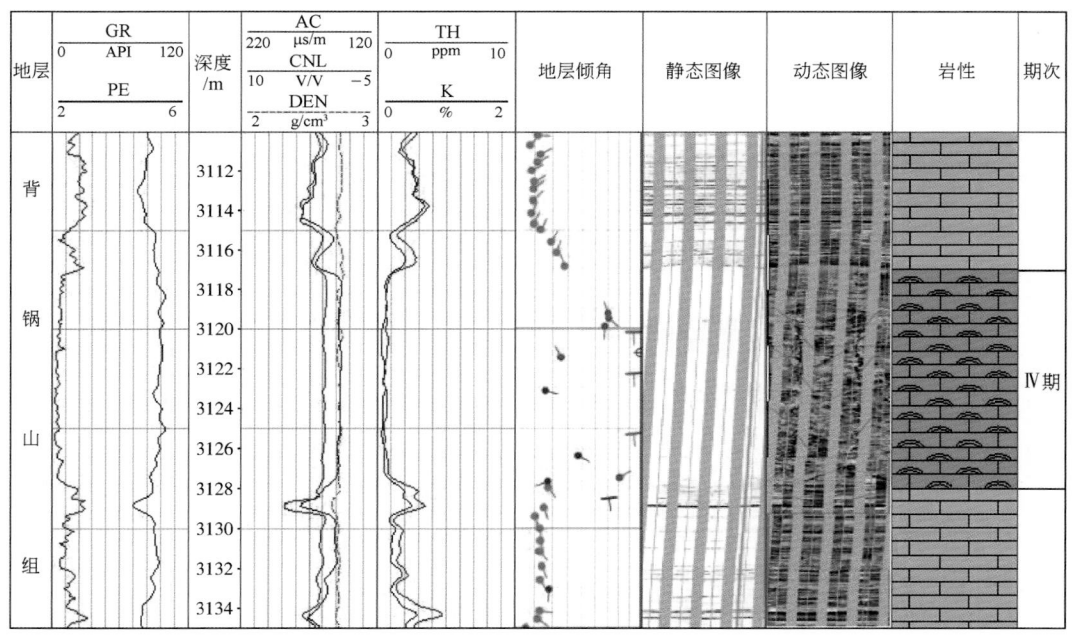

图 8-6　麟探 1 井背锅山组 3117 ~ 3128m 生物礁测井响应、地层倾角、电成像成果

第 V 期：在背锅山 3073 ~ 3100m 处（图 8-7）发育生物礁灰岩，厚 27m，自然伽马值呈低值箱形，平均值为 9.56API，岩性纯，几乎不含泥质，厚层块状。地层倾角为"空白模式"（蓝色），从 FMI 成像测井图上依稀可见生物亮斑，具有生物礁反射成像特征。

对比背锅山组 3117 ~ 3128m 段电成像资料，发现生物礁 FMI 成像测井图像上为空白的

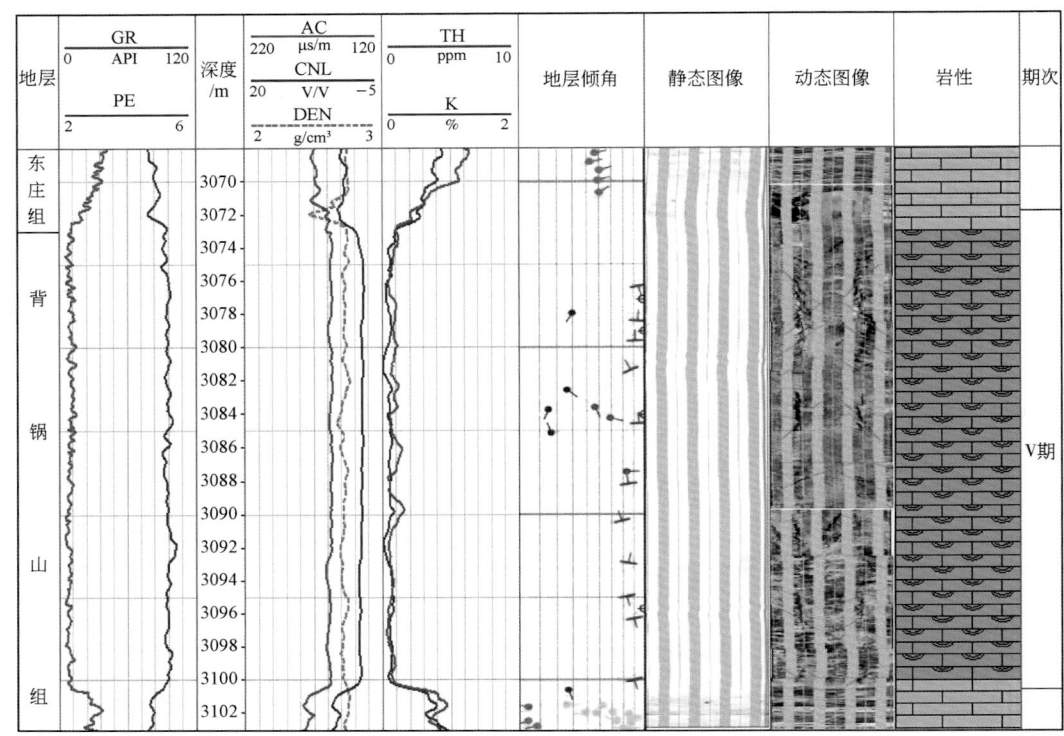

图 8-7　麟探 1 井背锅山组 3073～3100m 生物礁测井响应、地层倾角、电成像成果

高亮区域，从静态图像中可以看出生物礁段与上下地层的接触关系，从动态图像可以观察到明显的生物碎屑斑点，指示为生物礁。判断生物礁的关键还是要看该段是否存在生物碎屑，而常规测井资料不能判断，只有电成像测井才能得出准确的分析结果。

8.4　平面上生物礁微相分区及碳酸盐岩测井响应

实践已经证明，生物礁的礁前、礁核和礁后各微相间的自然伽马、倾角和电成像等测井特征存在较大差异。

8.4.1　礁前及礁翼

生物礁的礁前碳酸盐岩生长在高能、清洁、透光性好的浅海环境，相对于非礁碳酸盐岩，其陆源物质很少，泥质含量极低，因此，自然伽马测井值很低，自然伽马曲线平直且值低，一般小于 10API。

礁前岩石中赋存大量的生物和生物碎屑，岩石类型多为亮晶或微晶砂、砾屑灰岩和垮塌相角砾灰岩等，砾块磨圆度、分选性差，其内部的沉积层理不清或杂乱（图 8-7），倾角测井难以提取礁前相有效的层理，一般为杂乱模式或空白带。电成像沉积图上，礁前的斜坡处局部可见明显的滑塌变形构造，露头剖面上，在礁前缓坡潮下至盆地深水低能沉积区发育倾角小、倾向基本一致的倾斜层理（图8-6），有时可见水平层理。

礁前上覆地层中可见倾角大小基本相同、倾向基本一致的沉积层理特征。

8.4.2　礁核

礁核以原地生长造礁生物为主体，夹大量生屑，具骨架孔隙，颗粒及胶结物的溶蚀作用产生的次生孔隙较发育，因此，电成像图上暗色点孔状图斑密布，图像中点孔可能是溶蚀孔，也可能是造礁生物的遗骸。礁核的自然伽马测井特征与礁前相似，亦为很低的自然伽马值（图8-3）。礁核岩石成分纯，厚度大，无层理，多呈块状，倾角测井上表现为空白带，没有有效的沉积层理倾角信息，上覆地层沉积层理倾角向上逐渐减小。图8-3为典型的礁核相倾角特征。

8.4.3　礁后

礁后碳酸盐岩中陆源沉积物相对较多，自然伽马测井值高（图8-5），自然伽马值总体达20API，局部可明显升高至80API。礁后沉积时，地形坡度平缓，水动力能量弱，层理清晰，地层薄而且层理发育，基本上为倾角小、倾向一致的水平或近水平层理，在倾角测井和电成像图上清楚可见（图8-4）。上覆地层沉积层理倾角相对于礁前的上覆地层要小得多。

由于生物礁生长不规则，成岩均质性强，储集空间变化较大，密度、电阻率测井响应曲线表现为纵向上测井曲线变化频繁，幅度变化较大，但平均值与围岩（灰岩、白云岩等）差别不大。所以，测井的电阻率和密度测井资料也可以辅助识别生物礁体的存在与否。

8.5　非礁滩相碳酸盐岩测井相特征（礁盖及礁间）

深入分析鄂南地区多口井的测井曲线特征，发现生物礁形态规模对四周沉积环境有重要的控制作用，不仅引起礁体四周同期沉积微相带差异，而且影响后期沉积的上覆地层的沉积环境，造成上覆沉积物类型，并奠定了后期生物礁发育和分布的基础。

1）台地潮坪相浅灰色厚层灰岩、云灰岩型

上奥陶统平凉组以及背锅山组多与生物礁伴生，岩性为泥灰岩以及薄层泥灰岩、泥质云岩与灰岩互层；分层不十分清楚；测井曲线可比性较差，自然伽马值明显降低，一般低于30API，补偿中子、补偿声波值比第一类低，双侧向值≥100Ω·m。

2）深水盆地斜坡相薄层深灰色泥灰岩型、硅质云灰岩

没有生物礁，岩层薄，水平层理发育。测井曲线可比性较好，自然伽马曲线呈刺状或者指状箱形，数值较高（大于50API），双侧向数值较低（15~60Ω·m），补偿中子、补偿声波数值较大。

8.6　多种测井信息相结合预测生物礁的横向分布

生物礁是造礁生物在高能、清洁沉积环境下原地生长而营造的，突出于四周同期沉积物，具有抗浪格架，外部形态呈凸镜状或丘状。前人在盆地内部旬探1等探井中发现生物礁岩层以及生物礁气藏多有偶然性，这主要是由于礁体与围岩岩性、物性差异不大，识别和预测其分布困难较大。为了更有效、更准确地利用测井识别和预测生物礁分布，必须系统地结合露头剖面的综合分析，熟悉生物礁的形状、岩性结构以及分布规律等特点，才能建立并完善生物礁的识别和预测技术。

中晚奥陶世研究区均属海相沉积，沉积环境具有延续性，在鄂南地区泾阳、礼泉组耀县桃曲坡以及永寿好时河一带，马六段发育的生物礁正地形，使得平凉组底部地层沉积时的上述地区水体相对较浅，水动力条件相对较强，在局部相对高能沉积环境中，灰岩纯，浅水清水环境中灰珊瑚生物礁发育，本书研究中相继在旬探1井、淳探2井、麟探1井等的上奥陶统地层中发现了生物礁（图8-8），综合利用多种测井资料，对生物礁的横向展布进行预测，进而为恢复生物礁的形态，预测鄂南地区生物礁分布范围奠定了基础。首先

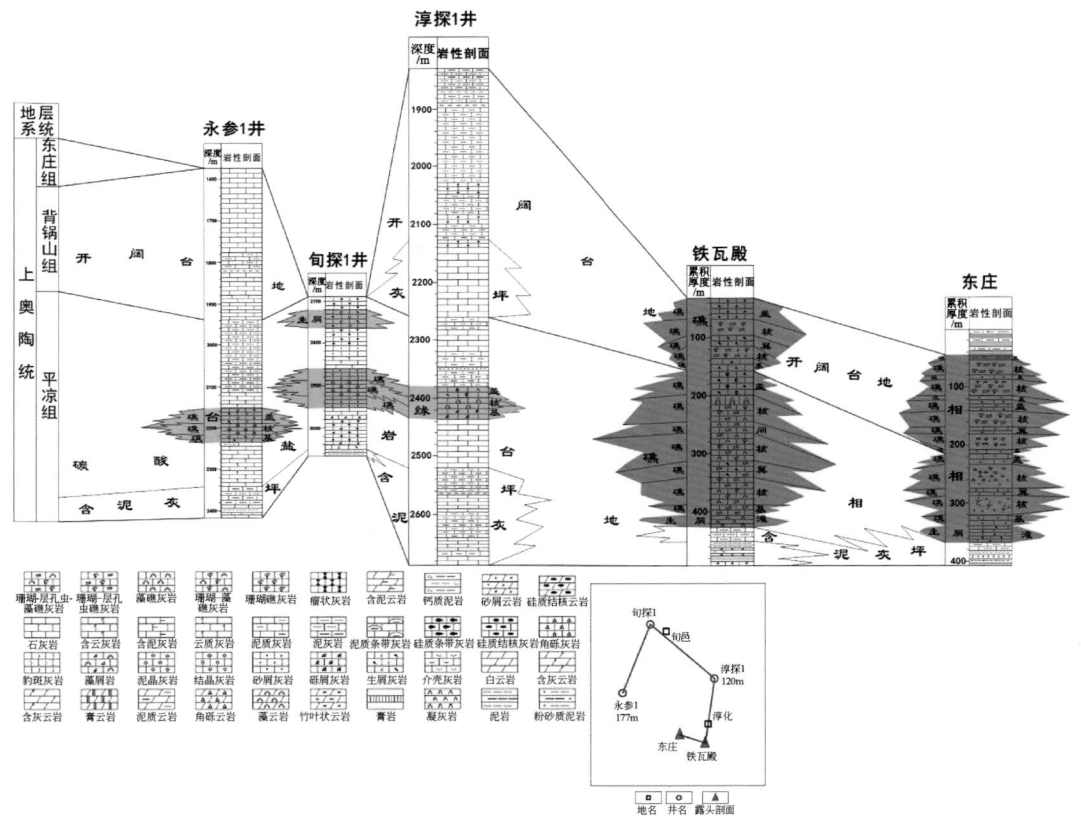

图8-8　鄂南中部地区东西剖面上奥陶统生物礁分布特征

在地层倾角处理成果图上得到矢量点分布模式，预测生物礁发育的主体方位，倾向所指的方向为礁体减薄方向，反方向即礁体主体方向；利用 CSI 测井资料对生物礁的主体方位及展布规模进行综合预测；根据钻遇生物礁井礁体厚度与相邻未钻遇生物礁井的位置，并考虑礁体增厚方向，确定礁体横向展布范围，恢复生物礁体的分布形态。而在其东西两侧，生物礁生长发育以及碳酸盐岩沉积物沉积时，因地理位置位于弧后盆地深水或者半深水斜坡带，局部负地形导致水动力条件相对较弱，在相对低能的沉积环境，不具备生物礁生长发育的条件，因而没有生物礁。于是，根据这一沉积环境和岩相古地理规律，结合多口钻遇生物礁井和未钻遇礁井的测井资料，将中上奥陶统沉积地层岩性组合分为礁灰岩和非礁碳酸盐岩两种类型，分别用测井资料确定岩石类型、厚度与展布，这对研究生物礁纵向发育形态、规模、横向展布规律，进一步明确划分礁体类型，预测上奥陶统地层中的生物礁发育情况有重要作用。

第9章 影响奥陶系礁滩体发育和分布的主要控制因素

在鄂南地区奥陶纪中晚期形成的生物礁（丘）主要是由藻类、微生物、四射珊瑚、层孔虫和苔藓虫所主导，似乎没有出现像我国扬子地台北缘和南方地区生物礁发展的明显高峰期，总体上表现为规模较小的链、片状生物礁（丘）分布在鄂尔多斯台地南缘，通过系统分析生物礁形成、分布及演化过程中古地理地形、古构造和古海水环境条件，研究生物种属、生态习性、产状组合以及赋存岩性特征，认为影响礁滩体发育和分布的主要控制因素有以下几个方面。

9.1 复杂多变的碳酸盐岩台地边缘影响生物礁、滩发育及分布

台地边缘生物礁的类型与造礁生物的种类密切相关。全球奥陶纪生物礁造礁生物的研究表明，早奥陶世早期，造礁生物以微生物为主，含少量藻类及蠕虫；早奥陶世晚期至中奥陶世早期，造礁生物主要是微生物、海绵珊瑚及硅质海绵、苔藓虫，含少量藻类；中奥陶世晚期至晚奥陶世，造礁生物主要是海绵珊瑚和少量硅质海绵、珊瑚及苔藓虫，含少量藻类及蠕虫，海绵及珊瑚的发育可能是造成该阶段内生物礁较发育的原因。

进一步分析发现，在鄂南地区，一方面奥陶纪造礁生物种类与全球类似，不同造礁生物的生活习性不同，而且不同生物类型发育的水深及水体能量均有规律性，骨架礁、障积礁和灰泥丘三者发育环境的水体能量逐渐降低；另一方面，在平凉期，鄂南地区位于秦岭海槽以及岛弧弧后盆地背斜坡到华北海西南鄂尔多斯古隆起过渡区，受同生断层以及古地理地形影响，形成了特殊、复杂的地理地形条件和多变的地貌单元（图9-1），由西向东，同期形成了不同类型的台地边缘类型。在不同类型的台地边缘，沉积环境不同，礁、滩的发育规模、形态以及生物组合不同。具体表现在以下方面：

（1）在鄂南西部平凉—陇县一带背锅山组剖面上，形成的高能台地边缘相带，生物礁、滩累积厚度大，反之就小。这种厚度差别一方面反映出台地边缘水体能量的高低，另一方面也反映出台地边缘发育类型与礁滩岩石的差别。但在早期平凉组缓坡型低能台地边缘，宽度大、坡度小，泥质条带灰岩夹泥岩及角砾灰岩，骨架礁体主要发育隐藻凝块石灰泥丘、珊瑚凝块石灰泥丘、海绵-凝块石灰泥丘，滩体岩性为泥晶粒屑灰岩、含泥粒屑灰岩。

（2）在鄂南中部永寿-泾阳一带平凉组剖面上，高能台地边缘，宽度窄、坡度大，塌积角砾灰岩、碎屑沉积发育。骨架礁体主要包括层孔虫骨架礁、珊瑚骨架礁、管孔藻骨架礁。由珊瑚格架岩或障积岩组成，形成在垂直方向上近连续的多层笙柱状排列的密集群体。礁内部生物含量少，在某些部位形成棘皮类和腕足类的附生生物层。边部珊瑚骨架之

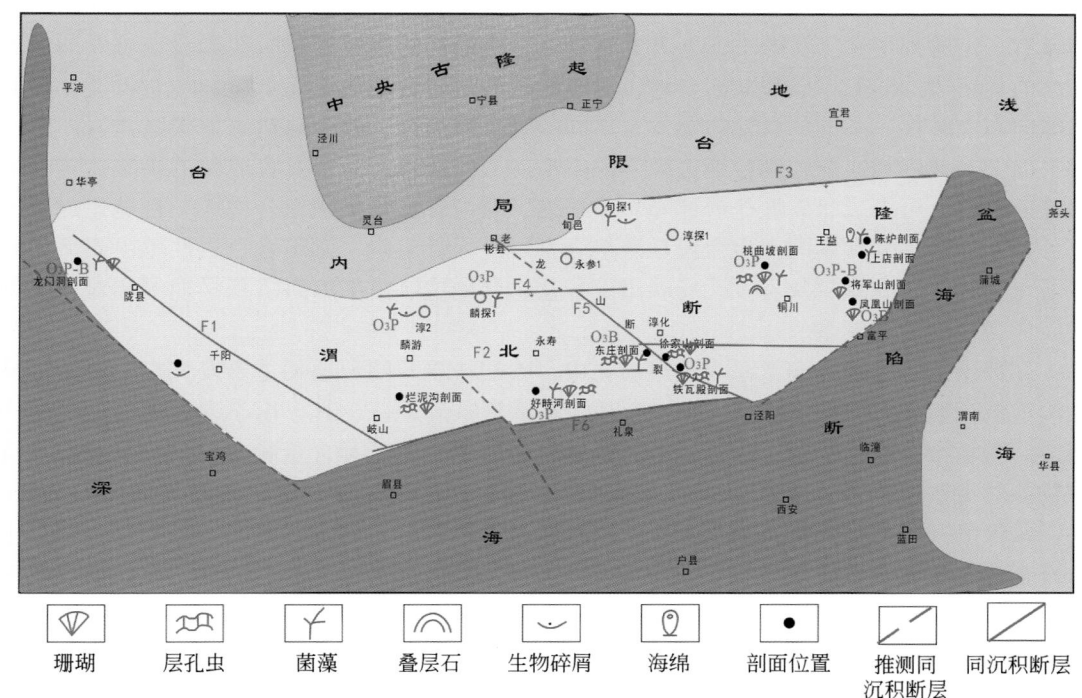

珊瑚	层孔虫	菌藻	叠层石	生物碎屑	海绵	剖面位置	推测同沉积断层	同沉积断层

图 9-1　中晚奥陶世鄂南地同生断裂及古隆起与礁滩相沉积环境图

间生物碎屑含量较高，含腕足壳和刺、海百合茎、藻屑。滩体岩性为亮晶藻屑灰岩、棘屑灰岩、亮晶砂砾屑灰岩。

（3）在鄂南中东部耀县桃曲坡—将军山—富平凤凰山一带平凉组剖面上，弱镶边陆架相对高能台地边斜坡，宽度较窄、坡度较大，为泥灰岩及角砾灰岩。滩体岩性为亮晶砂屑灰岩、鲕粒灰岩、亮晶生屑砂屑灰岩。生物种类多，分异度高。搅动水中有孔虫较多、分异较高，生物碎屑具轻微微晶化。沉积环境为中等动荡的、温暖的、沉积较慢的、浅开阔台地环境，水深。骨架礁体主要发育镭珊瑚、层孔虫、藻类骨架岩以及骨架障积礁。

研究区礁滩发育类型、规模以及产出层位高低明显受海平面上升、构造升降和碳酸盐岩产率控制，台地边缘迁移和台地边缘类型是不可忽视的重要因素。在不同期演化中，在晚奥陶世台地边缘在海平面上升的背景下，可以发生向台内的迁移，从而不能形成较为成熟、镶边程度较大的碳酸盐岩台地边缘。但当台地边缘处碳酸盐岩的产率与相对海平面上升的速度相匹配时，碳酸盐岩台地边缘也不发生横向迁移，不同水体能量产生不同台缘生物礁、滩组合的同时，台地边缘镶边增厚的程度也不同。于是，根据水体能量变化，可将鄂南地区中晚奥陶世碳酸盐岩台地边缘定性地分为低能、相对低能、相对高能及高能四种类型，不同类型的台地边缘，发育不同类型的生物礁及滩相类型，其中研究区最常见的灰泥丘在低能台地边缘发育，障积礁在中等能量的台地边缘发育，骨架礁以及由此破碎的礁砾生屑滩均在高能的台地边缘发育。

此外，碳酸盐岩台地边缘类型之间是可以相互转换的，不同类型碳酸盐岩台地之间的转换有一定的规律性。在海平面上升的背景下，由最初的缓坡型碳酸盐岩台地可发展成为最终的具镶边的陆架型碳酸盐岩台地，对应的碳酸盐岩台地边缘由低能、相对低能、相对高能向高能转换。不同的台地边缘发育不同的礁、滩组合。如台地边缘处碳酸盐岩产率与海平面上升速度相匹配，则台地边缘不发生横向上的迁移。一个发育成熟的碳酸盐岩台地边缘处纵向上可由层状碳酸盐岩建隆、障积礁、滩组合及骨架礁组合构成。台地边缘上的部分钻井如麟探1井纵向上由台缘丘滩组合发展成为骨架礁、滩组合，岩性也由含泥灰岩段演化为纯灰岩或颗粒灰岩段，反映出碳酸盐岩台地边缘由平凉组沉积早期的相对低能型发展成为晚期的高能型。

在鄂南地区中晚奥陶世海水进退演化中，碳酸盐岩开阔台地相主要发育在中奥陶世马家沟组沉积期及以前的沉积期，平凉组位于研究区礁后地区，其上由不含绿藻的粒泥灰岩组成。颗粒细，略显定向，含量较低，钙球、苔藓虫、腕足类含量相对高。腕足壳厚。沉积物颗粒大小混杂、分选差。向东南到富平、蒲城、洛南一带，沉积环境为弱–中等动荡的、较深的开阔台地环境。浪基面以上斜坡相带是滩相分布的主要地区，研究区主要是由海百合泥粒灰岩或颗粒灰岩组成。海百合茎经过水流分选大小基本上一致，往往形成厚度不大、分布不广的透镜体，是一种浪基面以上斜坡或潮下滩的堆积。

上述不同的台地边缘发育不同的生物礁、滩组合低能台地边缘型，其中在永寿好峙河中奥陶统马六段以及富平将军山剖面平凉组中，主要沉积早期台缘灰泥丘、含泥滩相组合，为代表的是相对低能台地边缘型；在耀县桃曲坡上奥陶统平凉组上段沉积的障积礁、含灰泥滩组合中为代表相高能台地边缘型，在富平三凤山上奥陶统平凉组沉积的障积礁、滩相组合中，为代表的是高能台地边缘型。总体上，上奥陶统平凉组上段和背锅山组中高能台地边缘骨架礁、滩组合是最有利的勘探目标。

因此，鄂南地区丰富多样的碳酸盐岩台地边缘类型影响甚至控制生物礁、滩发育类型、形态以及分布规模。

9.2　秦岭—祁连海平面波动对盆地边缘生物礁（滩）的影响

奥陶纪相对海平面升降是区域构造作用和全球性海平面变化的综合效应，海平面升降对本区相带展布和礁（滩）分布都具有重要的控制作用。从鄂南地区8条中上奥陶统生物礁相剖面岩性变化以及韵律旋回分析，在秦岭—祁连海平面波动演化过程中，对台地南部边缘生物礁（滩）的生长、发育、分布形态、规模以及空间迁移变化有4种影响方式。

1）中晚奥陶世

陆源泥质碎屑物影响礁发育生态环境与分布规模。鄂尔多斯地块中央古隆起南翼大量泥质碎屑物间歇性地向秦岭海盆注入，造成位于台地南缘的滨浅海区清水和浑水环境不断更替，周期性地改变着海盆的生态环境而控制了鄂南一带生物礁的生长发育。在礁发育阶段，礁体常被若干层陆源泥质碎屑物直接覆盖而间断，影响了礁的生长。然而，当陆源泥质碎屑物含量降低，水体相对洁净而有利于造礁生物繁殖时，礁又再次开始生长。因此，陆源泥质碎屑物注入量的变化，同样是控制礁发育的关键因素。其中在中奥陶世马家沟晚期（马六期），研究区因沉积和生长速度较低而滞后–追补，使碳酸盐岩容纳空间变大；晚奥陶世平凉期，南部秦岭–祁连海平面经平凉早期持续上升后，总体处于高水位期，由于海平面上升，北部鄂尔多斯中央古陆的风化剥蚀作用减弱，陆源碎屑沉积物及淡水向海中的注入量降低，海水开阔，有利于造礁生物的发育、繁衍。

2）平凉早期

海平面处于相对持续上升期，台地边缘浅海中碳酸盐岩灰泥沉淀量和藻礁同步增生，主要形成点礁；点礁是发育于平凉期碳酸盐岩缓坡上的对称礁，呈扁平丘状，厚数十米至百余米，有不少都深埋地腹，其礁体高宽比多大于1/10，造礁生物具有固定生长方向，多数垂直层面向上生长，造礁生物含量为30%～50%，礁生长初期面积小，相带对称分布，不分礁前、礁后。剖面岩石类型以钙藻障积岩为主，礁体组成仍以灰泥为主，含少量海绵–海绵骨架岩和海绵黏结岩（将军山剖面），礁体向斜坡上游的古陆方向侧向生长，发育过程中礁体面积增大。

3）平凉中期

当海水缓慢海进时，海平面相对上升的速度与礁体向上的生长速度相平衡时，礁体呈垂直增长，高水位礁发育，并且面积与规模较大；海平面上升减缓、停滞或间歇性下降、退缩阶段，也是平凉组成礁的主要时期，礁体向海盆方向侧向生长，发育形成浅水碳酸盐岩台地和台地南部边缘生物礁。

4）平凉晚期及背锅山期

当缓慢海退或者进退处于暂时稳定和基本平衡阶段，台地南部边缘的礁体向两侧侧向生长，主要形成台地边缘堤礁或者台内席状生物丘，包括耀县桃曲坡、永寿好畤河剖面上台缘和缓坡带上的等地礁体。此时，参与建造生物丘的生物主要是藻类，其次为蓝藻、层孔虫和镣珊瑚等，以蓝藻为主，属于灰泥丘类型，灰泥丘中岩石类型全部为障积岩，骨架岩及黏结岩不发育；造礁生物层孔虫、海绵等多数无固定生长方向，在地层中杂乱生长，仅少数个体较大者垂直层面生长，很少能形成骨架；造礁生物含量少，为15%～20%，以填隙物为主。耀县桃曲坡、将军山剖面上，下段的层孔虫生物丘向上常可以演化为珊瑚骨架礁，但到平凉组晚期，海进型生物礁规模逊于高水位礁，仍以点礁为主。

当海平面相对快速上升时，由于其上升速度大大超过礁体向上的生长速度，生物礁则快速地向海岸方向迁移或被淹死。综合 Sr、C/O 同位素资料分析，晚奥陶世区域海平面总体呈上升趋势，这与沉积相特征分析及古生物分析结论一致；但当强烈海退时破坏或者遇到强地震、火山活动以及海啸引起的强烈波浪冲刷时，礁体受到破坏，在台前斜坡陡岸段、礁间甚至礁后形成滩，富平凤凰山、泾阳铁瓦殿剖面滩均是在海平面降低、水动力条件较强的环境中形成。

在空间变化上，生物礁的分布迁移特点是台缘礁有向海推进的特点，礁体逐渐加宽，纵向层位逐渐变新，礁体向海方向推移。礁在向海推进的同时，也向上发育，海湾缓坡礁生长以垂向为主，又具频繁的侧向伸缩。西部龙门洞剖面平凉组早期台缘缓坡礁体向海推进的趋势不如东部将军山–凤凰山台缘礁明显。

9.3 放射虫化石、遗迹化石及重力流沉积反映存在斜坡环境

1. 弧后盆地斜坡上的半深水碳酸盐岩薄地层及浊流结构特征

平凉晚期—背锅山早期，西自泾阳，东到蒲城一带发育深海或半深海的泥晶石灰岩夹重力流的砂屑石灰岩和杂乱角砾石灰岩。其中赵老峪剖面最具有代表性，分四段：第一段为深灰色薄板状泥晶灰岩夹黑色薄板状硅质岩，硅质岩中常夹黄色和紫红色凝灰岩，区域上层位比较稳定，是本段的标志层，本段厚95m；第二段和第三段为深灰色薄板状石灰岩和页状石灰岩夹角砾石灰岩，其中第二段以夹有较多杂乱角砾石灰岩为特征，厚255m；第三段以夹有较多灰绿色厚层状凝灰岩为特征，厚约155m；第四段为深灰色薄板状石灰岩和页状石灰岩不等厚互层，厚约300m。该组第一段发育的黑色层状放射虫硅质岩，都有分布。发育有多层厚度不等的火山凝灰岩夹层，这套火山凝灰岩西起陇县、岐山，东至富平均有出露。深水碳酸盐岩地层的下部，层位稳定、纹层发育、富含放射虫骨骼、成岩交代组构清楚。

鄂南地区弧后盆地斜坡范围大致西自陇县，经岐山、泾阳，东至富平、蒲城一带。其上沉积物和化石属于秦岭−祁连山海槽张裂下在北侧弧后盆地形成的古斜坡过渡带产物。一方面，位于其北侧广阔的华北浅水碳酸盐岩台地有效地抑制了陆源物质的注入，故为浮游生物堆积提供了一个适宜的场所；另一方面，赵老峪一带的深水碳酸盐岩中夹有重力流砂屑石灰岩和杂乱的角砾石灰岩，岩层生物化石稀少，特别是原地底栖生物化石缺乏，但见浮游生物的介形虫、放射虫、牙形石、笔石以及深水的 Nerites 相遗迹化石，并夹有10~35cm 厚的中薄层岛弧相中酸性凝灰岩，火山碎屑岩的层位及厚度自东而西，自北而南有明显增多、增厚的趋势，至秦岭北缘及祁连山褶皱带东部，开始出现中酸性的火山熔岩，抵秦岭腹地的商丹断裂沿线发育大量蛇绿岩和混杂岩（张秋生和朱永正，1984；张国伟，1988），此构造复杂带是华北板块与扬子板块间大洋消失、俯冲和碰撞的标志，北秦岭存在岩浆弧。

2. 古深水盆地环境中的碳酸盐岩中遗迹化石群落构成

在富平赵老峪一带，发育平凉组（早期被命名为赵老峪组）深水碳酸盐岩地层，分上、中、下三段，总厚约800m。其中下段，主要发育深灰色−黑色薄层状泥晶灰岩夹薄层硅质岩和凝灰岩，富含放射虫、介形虫、笔石，厚95m；中段，主要发育深灰色薄层状灰岩夹角砾状石灰岩和凝灰岩，产遗迹化石 *Palaeodictyon*、*Squanodictyon*，厚约400m；上段，主要为深灰色薄板状石灰岩与页状石灰岩，厚约300m。早期西北大学崔智林等（2000）在深水斜坡相碳酸盐岩沉积下部，曾分离出保存良好，属种丰富的放射虫化石，以 *Inanibigutta pingliangensis-Syntagentactinia biocculosa* 组合为代表，主要分子有 *Inanibiguttaping liangensis* Wang、*Iaffinconstans*（Nazarov）、*Iaksakensis*（Nazarov）、*Iaff. vurracula*（Nazarov）、*Inanihellapenrosei*（Ruedemann et Wilson）、*Entactinia? spongia* Renz、*Polyentactinia? estonica* Nazarov、*P. offerta* Nazarov、*Syntagentactinia biocculosa* Nazarov et Popov、*S. fupingensis*、*S.* sp.、*Haplentactiniajuncta* Nazarov、*Bipylospongia ovalis*、*B.* sp.、*Cenosphaera meii*、*C. acantha*、

C. sp. 、*Protoceratoikiscum chinocrystallum* Gotoetal、*Palaeophippium radices* Goodbody、*Palaeotrifidus imbifurcus* Renz、Palaeoscenidiidae。本组合分异度较高，共有 7 科 14 属 22 种 4 新种，其中以 Inaniguttidae、Halpentactiniidae、Polyentactiniinae 为特征，与哈萨克斯坦放射虫组合面貌一致。

傅力浦（1981）也曾在赵老峪、小峪剖面下段也曾找到了笔石化石 *Climacograptus bicornis* Hall，该种在甘肃平凉是 *Nemagraptus gracilis* 带上亚带（*Climacograptus bicornis* 亚带）的典型分子。牙形石与邻区桃曲坡剖面耀县组可以对比，时代为 *Caradoc* 期。崔智林等（2000）、方国庆和毛曼君（2007）等，先后在赵老峪剖面薄层泥晶灰岩内发现了 *Nereites* 遗迹相，包括规则古网迹 *Paleodictyon*、不规则鳞网迹 *Squamodictyon*、古线迹 *Paleochcrda*、丛藻迹 *Chondrites*、弯形迹 *Scolicia*、蠕形迹 *Helminthoida* 6 种遗迹化石（贾振远，1988），主要为 *Lophoctenium-Protopaleodictyon* 遗迹组合。深入的古生态研究发现，遗迹化石大都为典型深水型的耕作迹和觅食迹，后者行为习性较为混杂，含有浅水型和穿相型的居住迹、爬行迹和觅食迹遗迹化石的行为习性与形成时的水深有密切相关性。显著的特点是潜穴管普遍较粗，属于在半深海浊流环境中以进食迹、觅食迹和耕作迹占优势，其中觅食迹占 22 个遗迹化石属中的85%，属于统治地位。该组合中遗迹觅食迹形态以分枝迹为主，分异度较高，反映遗迹形成于海水较深，且较为宁静的低能环境，由于沉积底质的溶解氧含量相对较高，不是典型的缺氧地层。推测形成时的海水深度为 200～1500m，亦即属于半远洋沉积，属于半深海深海斜坡环境。同时，遗迹化石最显著的特点是潜穴管普遍较粗，直径超过 5mm 者极为常见，说明浊流事件过程中含氧量普遍较高，形成于浊流事件前的遗迹分子，形态不十分规则，潜穴管普遍较粗，反映浊流事件间歇期间底质的溶解氧含量相对较高。在 22 个属中，其中 *Chondrites*、*Helminthoida*、*Helminthopsis*、*Megagrapton*、*Sublorenzinia*、*Paleodictyon*、*Protopaleodictyon* 和 *Soirorhaphe* 等遗迹形成于浊流事件前，*Aulichnus*、*Buthotrephis*、*Chondrites*、*Dendrotichnium*、*Gordia*、*Lobichnus*、*Megagrapton*、*Nereites*、*Planolites*、*Squamodictyon*、*Urohelminthoida* 及 *Xiangquanheichnus* 等遗迹则归于浊流事件之后。在同一剖面上与之伴随的角砾状石灰岩和砂屑石灰岩，具有重力流的沉积特征，总体反映了一套典型碳酸盐岩斜坡相沉积，与澳大利亚新南威尔士 Malongulli 组沉积环境相同。

3. 平凉晚期—背锅山早期层状放射虫硅质岩分布与深水弧盆成因联系

鄂南地区奥陶系平凉组燧石岩位于秦岭弧后、华北海南部深水盆地的北部边缘斜坡带赵老峪-蒲城尧山剖面，按产状可分为层状放射虫燧石岩和结核状燧石岩两类。

层状放射虫燧石岩与薄的硅质页岩构成韵律，易在剖面上与深水的薄层泥晶粉屑石灰岩呈互层产出，燧石岩段中层状燧石岩约占70%，局部夹凝灰岩只占2%左右。韵律层段厚度一般在 50～70cm，单层厚 3～5cm，最厚达 2m。层内毫米级纹层发育。SiO_2 主要来源于海底火山作用和生物，前者主要是远源火山喷发物在海水碱性条件下转变和分解析出 SiO_2，海水中 SiO_2 含量大增，造成了有利于硅质生物大量繁殖的条件，死后堆积海底。生物成因的氧化硅属于含水氧化硅不稳定的非晶态变体，随着时间推移和温度增高，蛋白石逐渐转为石英。

研究区较常见的另一种结核状燧石岩位于层状燧石岩和凝灰岩层下面的石灰岩，顶部常见燧石条带和硅化层与薄层的硅质页岩呈韵律互层。

前人研究表明，研究区灰岩夹层中大多数硅质岩中都含有硅质微体生物，主要生物组分为多壳刺的球形放射虫，可识别的放射虫残骸含量为 5% ~ 10%，最高达 15%，由此推断生物可能是 SiO_2 的主要来源。放射虫是一种远洋或半远洋的单细胞浮游生物，从奥陶纪开始大量出现，只有分泌氧化硅的放射虫才能呈化石状态保存下来。在研究区层状放射虫硅质岩中，大多数放射虫因溶解再沉淀作用仅残留有模孔，其中由玉髓充填，少数见亮晶方解石充填。偶见放射虫呈清晰的筛网状构造。放射虫个体多数小于 0.15mm，个别在 0.2mm 以上。小型放射虫具多层次髓壳、放射梁和辐射刺；较大的放射虫内部构造比较简单，有的仅发育两层髓壳，放射梁很少，中间有较大空腔。放射虫的壳、梁和刺均已被碳酸盐岩或磁铁矿交代，空腔被纤维状玉髓充填。岩石基质主要为微晶质玉髓，其间常散布有数量不等的碳酸盐岩和磁铁矿以及零星的粉砂级水化黑云母片。碳酸盐矿物主要为微晶方解石、亮晶方解石和铁白云石。其中微晶方解石散布在基质中，晶粒 5μm 左右。亮晶方解石充填硅质生物的溶孔。铁白云石呈自形晶交代其他碳酸盐矿物和氧化硅矿物，晶粒在 0.01 ~ 0.05mm。

进一步分析认为，研究区碳酸盐岩中放射虫燧石岩中的 SiO_2，主要源于深水放射虫软泥在成岩作用早期由生物蛋白石经溶解－再沉淀反应快速转变而成，其次为火山灰蚀变提供的自由 SiO_2。区域上有限时间段形成于平凉早期海平面上升过程中，扬子板块向华北板块俯冲过程，秦岭古海盆强烈扩张与海平面大规模上升中伴生的重大地质火山喷发和水体突变事件均是沉积成岩环境改变、放射虫燧石岩形成的基础。古地磁分析发现，当初华北地台南缘古地理位置恰好处于低纬度的赤道附近，构造变化过程中造成的上升洋流，也会导致浮游生物产率提高，为放射虫燧石岩的沉积生成提供了有利的条件，也说明当时研究区位于有利于放射虫大量繁衍的上升洋流区。

9.4　构造背景、火山喷发及同生断裂活动对成礁过程的控制

1. 大地构造环境对地形条件的改变是生物礁形成的古地理基础

在奥陶纪时，华北板块区各大地构造单元特征分异明显，既有稳定的板内鄂尔多斯中央古隆起区，又发育有早奥陶世主动和中晚奥陶世被动大陆边缘以及研究区南部东西向分布的北秦岭－祁连海槽断裂带、弧后盆地北翼斜坡带，它们共同控制着鄂南地区的成礁环境及礁滩相分布。

1) 古地磁古地理位置与早－中奥陶世碳酸盐岩台地古地理环境有利于颗粒滩发育

现代生物礁一般位于赤道两侧，南、北纬28°之间的地区，即低纬度地区。据惠廷顿和休斯（Whittington and Hughes，1972）在研究奥陶纪动物群时，古地磁测量结果显示奥陶纪研究区处于低纬度，适合生物礁繁衍。

早中奥陶世马家沟五期以前，鄂南地区总体处于浅水碳酸盐岩台地上，地势北高南低，北部虽然有鄂尔多斯中央古隆起，但南部大部分地区处于开阔的台地以及潮坪环境。前人研究古地磁资料表明（图9-2），当初华北、扬子和秦岭古海盆处于赤道附近，海水温暖，有利于生物礁滩发育，但由于所处地理位置不同，海水演化的过程中，水动力条件差异导致礁（滩）体发育情况以及分布位置和层位很不一致。

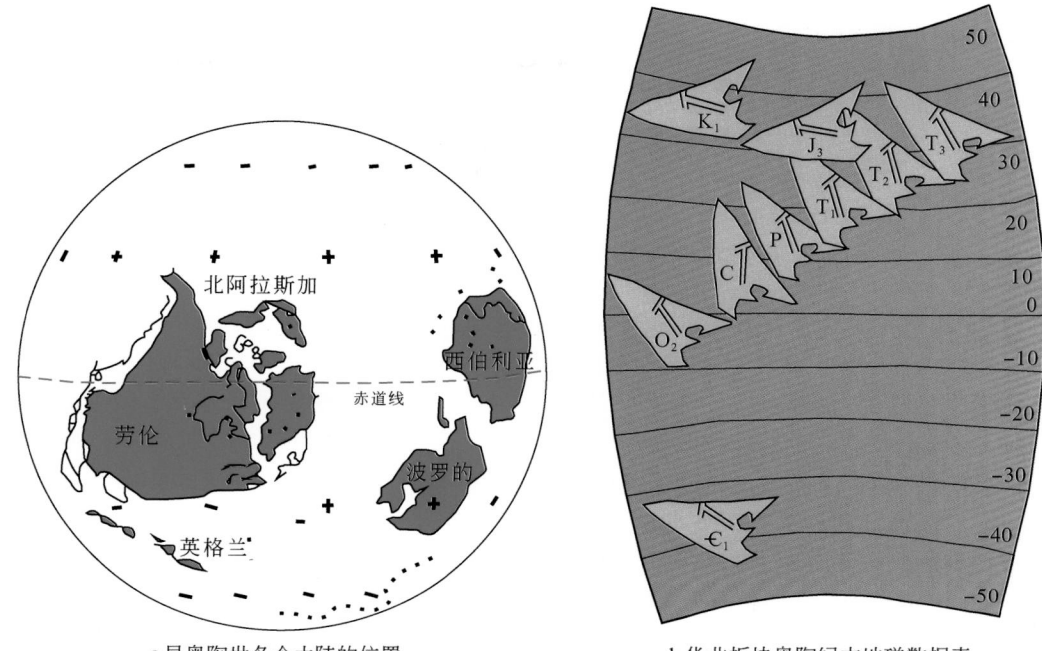

a.早奥陶世各个大陆的位置　　　　　　b.华北板块奥陶纪古地磁数据表

图 9-2　华北板块奥陶纪古地磁与古纬度分布复原图（据叶俭等，1995）

当中奥陶世华北板块内区域构造稳定时，马家沟期海进–海退形成的韵律沉积由 3 个次级旋回组成，海进时，随着北部鄂尔多斯中央古陆淹没，研究区进入浅海并准平原化，陆源碎屑供给量渐趋减少，沉积环境由浑水变为清水，形成了以马家沟组为代表的碳酸盐岩台地灰岩沉积，研究区主要分布有少量高能颗粒滩相。由于地理位置、地形以及海水动力变化，生物礁滩组合主要发育滩相，并且位于碳酸盐岩台地边缘，即现今的关中盆地覆盖区和秦岭山中；海退时，研究区主要分布于潮上带，主要为云岩、藻云岩、云灰岩以及泥云岩，后期遭受风化形成储层孔洞层。

奥陶系碳酸盐岩碳氧同位素反映古水盐度控制生物礁生长发育。古地理纬度有利于生物礁形成的气候和水温。研究中，为了进一步恢复当初奥陶纪生物礁生长过程以及前后海水深浅、盐度变化，不仅系统分析了正常浅海和生物礁生态环境之间的相互关系，分别对研究区不同剖面上奥陶系碳酸盐岩的碳氧同位素进行了系统采样分析，发现从马六段开始，到平凉组和背锅山组，几个生物礁生长段，一方面海水快速上升，生物礁生成；另一方面，碳酸盐沉积物中碳氧同位素含量明显减小，与上下层非礁滩盐岩形成了明显差异（图 2-10），于是认为，层序地层格架中海平面变迁与生物礁发育、分布及礁灰岩的碳氧同位素含量有密切关系（图 2-10）。

统计分析结果（图 9-3），虽然 $\delta^{13}C_{PDB}$ 主要分布在 0‰～2‰，$\delta^{18}O_{PDB}$ 主要分布在 −5‰～10‰，但礁骨架灰岩 $\delta^{13}C_{PDB}$ 主要分布在 1.4‰～1.9‰，$\delta^{18}O_{PDB}$ 主要分布在 −5‰～−11‰；深水泥灰岩 $\delta^{18}O_{PDB}$ 主要分布在 −10‰～12‰，可见海水环境变化对礁生长发育以及沉积的岩石类型有重要影响。

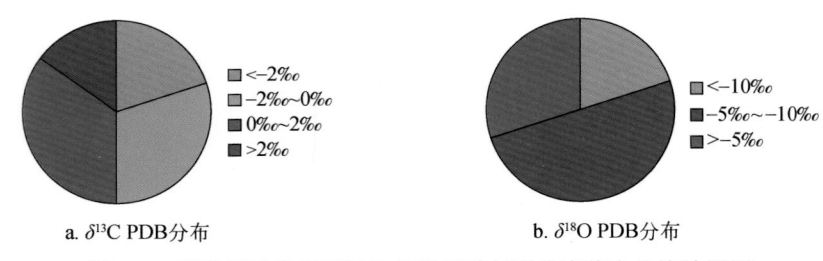

a. $\delta^{13}C$ PDB分布　　　　　　　　b. $\delta^{18}O$ PDB分布

图 9-3　研究区奥陶系碳酸盐岩样品碳氧同位素值占比统计饼图

2）中奥陶世晚期—晚奥陶世早期碳酸盐岩台地边缘及台前斜坡有利于礁（滩）形成

晚奥陶世鄂南地区古地貌格局受晚古生代秦岭裂陷运动的影响，在华北台地边缘的拉裂为海槽（槽盆），而在台地内部受古断裂控制形成台凹和相对平、水浅、开放的台隆（台坪），台内点礁就主要发育在台隆上或台坪边缘。

中奥陶世晚期–晚奥陶世早期，区域构造面貌格局改变，导致台地西南边缘分化抬升，并形成弧后深海盆地，其中台缘及台前斜坡有利于礁（滩）形成。

生物礁的发育和分布与板块内部古隆起存在着密切关系，古隆起通过控制局部地区古地理格局来影响生物礁的分布及发育。礁体的空间分布类型与台缘礁组合呈带状沿台地周缘分布，而滩相主要在台前斜坡上发育。在南部台缘迎浪，水动力条件较强，生物礁发育比较完善，造礁生物丰富，因而礁体沿陇县至富平一线基本上连续分布；而在南部湖盆背斜坡及台缘缓坡地带，礁发育差，礁体断续分布；点礁及灰泥丘组合呈"斑点"状分布在台地内部，面积小，厚度不大。

礁生长主要受控于韵律性的构造活动。短暂的构造稳定期和适度的海平面上升是礁的主要生长发育期，因此造礁生物的发育繁殖都与稳定的成礁环境密切相关。只有海平面上升速率与造礁生物的生长速率相适应才能使礁正常发育，否则均不利于造礁生物的生长而使礁发育受阻。因此，区域构造活动控制盆地沉降和海平面变化是影响礁发育的一个重要因素。平凉期有两个旋回，大规模海进在平凉组沉积的早期开始，海侵面积不断扩大，水体加深，形成弧后滞流半深海盆环境。北部中央陆源物质不断从周边古陆剥蚀、搬运注入，使平凉期沉积了大量陆源碎屑物质。平凉期的沉积断陷作用又导致了海平面的相对上升，可容空间增大，使礁体能够连续垂向生长。

3）富平赵老峪-金粟山台前斜坡带上同沉积期断裂带与生物礁的局限性分布

晚奥陶世，受区域构造、火山活动影响，鄂南地区不仅发育形态平行秦岭海槽的弧后盆地，也发育一系列同沉积断裂，现今发现的礁体大致呈 NNE 向平行分布，显示同期断裂古地貌格局对促进礁体生长发育和抑制礁滩体空间分布有重要的控制作用，富平赵老峪-金粟山深陷带基本限制了平凉期生物礁向东蔓延扩展。主要表现在以下两个方面：①同沉积断裂活动产生的研究区台地南缘东西向存在海底地貌隆起与断陷差异，其中台地边缘的抬升隆起区以及所处的浅水温暖环境是成礁相沉积的先决条件，它给造礁先驱群落提供了定殖生长的有利条件，如台地南部耀县桃曲坡、泾阳铁瓦殿以及龙门洞均发育有生物礁滩（图 9-1）；②西部的陇西—平凉一线由贺兰拗拉槽形成的深水带以及东部富平赵老峪—金粟山 NNE 向同沉积断裂深陷带形成深水环境（叶俭等，1995），限制了生物礁生长发育地形条件和分布范围，抑制了两期生物礁向东蔓延扩展。同时又在台地边缘断陷带的赵老峪剖面深水相深灰色薄板状和页状泥晶灰岩夹重力流的砂屑灰岩和杂乱角砾灰岩沉积，其中地层生物化石稀少，且主要为浮游的介形虫、放射虫、牙形石和笔石，原地底栖生物化石缺乏，深水的 Nerites 相遗迹化石丰富等沉积特征，均是海平面大规模上升及其伴生的重大地质事件的反映。

2. 多期韵律性火山凝灰岩夹层既促进生物繁衍，又导致生物礁灭亡

1）火山凝灰岩层产状特征与分布

鄂南地区奥陶系平凉组中的火山凝灰岩（部分钾质斑脱岩）主要分布在平凉、陇县龙门洞、永寿好時河、泾河铁瓦殿、富平赵老峪以及蒲城尧山等地露头和淳 2 等部分井下地层，层位上从马家沟晚期开始，最发育的在平凉组。凝灰岩的层位及厚度自东而西、自北而南有明显增多、增厚的趋势（见第 2 章）。盆地内部淳 2 井下见两层，厚度较薄，而蒲城尧山剖面层数最多，仅平凉组就见 4 层，一般层厚 2 ~ 8cm，赵老峪剖面发育单层最厚，达 23 ~ 31cm；平面上，由北向南至秦岭北缘及祁连山褶皱带东部，不仅层数与厚度增加，而且开始出现中酸性的火山熔岩。结合秦岭商丹断裂带沿线发育的同期大量蛇绿岩和混杂岩，说明在华北板块与扬子板块间大洋消失、俯冲和碰撞过程中，中、上奥陶统中发育的火山凝灰岩为岛弧火山喷发的产物，深水碳酸盐沉积和火山凝灰岩夹层大量发育，反映曾一度是华北板块活动大陆边缘弧后盆地北部边缘部分，分布发育层位以及出现频率均与同期区域构造、岩浆火山活动强度对应，发育模式见图 9-4。具体在露头剖面中发育特征见图 9-5，其中在研究区南部秦岭凤县红花铺大量产生，剖面上有多种火山岩和火山凝灰岩，厚度大，发育频次和层数多，显然沉积物紧邻火山口，而在盆地内部对应地在永寿好時河、富平赵老峪、金粟山、蒲城尧山剖面分别夹有 1 ~ 6 层厚度不等的火山凝灰岩层（图 9-5），两地之间均有多期韵律性特征。据前人和本次研究中的同位素测年数据，年龄基本对应，均属于晚奥陶世沉积产物，且组分之间有可比性，从而进一步证实中奥陶世晚期到晚奥陶世，鄂南地区生物礁是在动荡海水环境中生长、发育，并伴有火山物质影响。

2）火山凝灰岩（钾质斑脱岩）夹层组分与成因

（1）钾质斑脱岩特征

现今研究区晚奥陶世平凉期在金粟山、赵老峪一带形成的钾质斑脱岩，通常含有斑晶矿物、捕房晶屑矿物及成岩作用形成的黏土矿物，矿物学研究表明，钾质斑脱岩为岩浆成因。地球化学分析表明，钾质斑脱岩及斑脱岩的主量元素以相对富钾为特征，K_2O 含量明显高于斑脱岩，含量一般大于 3.5%，平均值为 6.65%，由黏土矿物与非黏土矿物组成，黏土矿物以伊-蒙混层矿物和伊利石为主，显示海底碱性斑脱岩特征，表明原来碱性条件下形成的斑脱岩会随着成岩环境改变而转变为以富含伊-蒙混层矿物（I-S 混层矿物）和伊利石为特征的钾质斑脱岩。非黏土矿物包括原生斑晶矿物和次生矿物。微量元素数据统计表明，钾质斑脱岩的微量元素以 Th、U 的明显富集为特征，同时均具有负 Eu 异常并缺乏负 Ce 异常。

（2）火山凝灰岩类特征

火山凝灰岩类为鲜艳的黄绿色或棕黄色、黄灰色，少量呈紫红色，呈层状或块状产

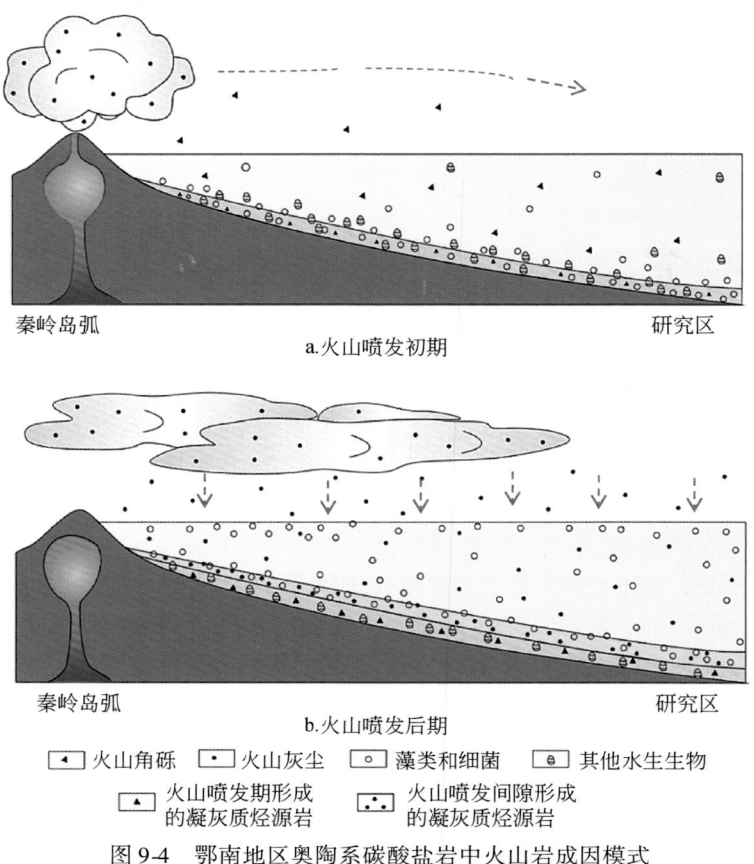

图9-4　鄂南地区奥陶系碳酸盐岩中火山岩成因模式

出，单层一般厚 10～80cm，最厚在 2m 以上，具微细水平层理或平行层理，偶见粒序层理。岩石多已发生蚀变，除少数具霏细结构外，多数尚保持完好的原生凝灰结构。碎屑颗粒由玻屑、晶屑和岩屑组成。玻屑大多已方解石化或蒙脱石化，但外形依然清晰可见，弧面状、鸡骨状、枝杈状玻屑常常交织在一起。晶屑常见的有石英、长石和黑云母，石英呈尖锐棱角状。长石呈板状或不规则破碎状，棱角显著。黑云母边缘参差不齐，呈阶梯状或撕裂状，且多发生水化。岩屑形状不规则，边缘呈破碎状，均已绿泥石化。填隙物为火山尘，但大部分已硅化或蚀变为水云母。火山凝灰岩主要为酸性、中酸性及中基性火山岩类。其中岐山、富平一带火山凝灰岩主要为中基性和中酸性火山岩类，而陇县地区火山凝灰岩则为偏酸性岩类，里特曼指数均小于1。岐山样品具拉斑玄武岩成分特征，其余皆属钙碱质岩系列。经薄片镜下鉴定，按其碎屑物性质和含量可将火山凝灰岩分为玻屑凝灰岩、晶屑-玻屑凝灰岩和岩屑-玻屑凝灰岩三种类型：

①玻屑凝灰岩

玻屑凝灰岩分布较广，颜色多样，大多数为黄绿色，部分呈紫色、灰黄色、灰黑色等。一般呈薄层状夹于碳酸盐岩或硅质岩中，颜色醒目，与围岩界限分明。基本上全由细小玻屑组成，常有程度不等的碳酸盐化，有的甚至已完全方解石化，成分与灰岩无异。但

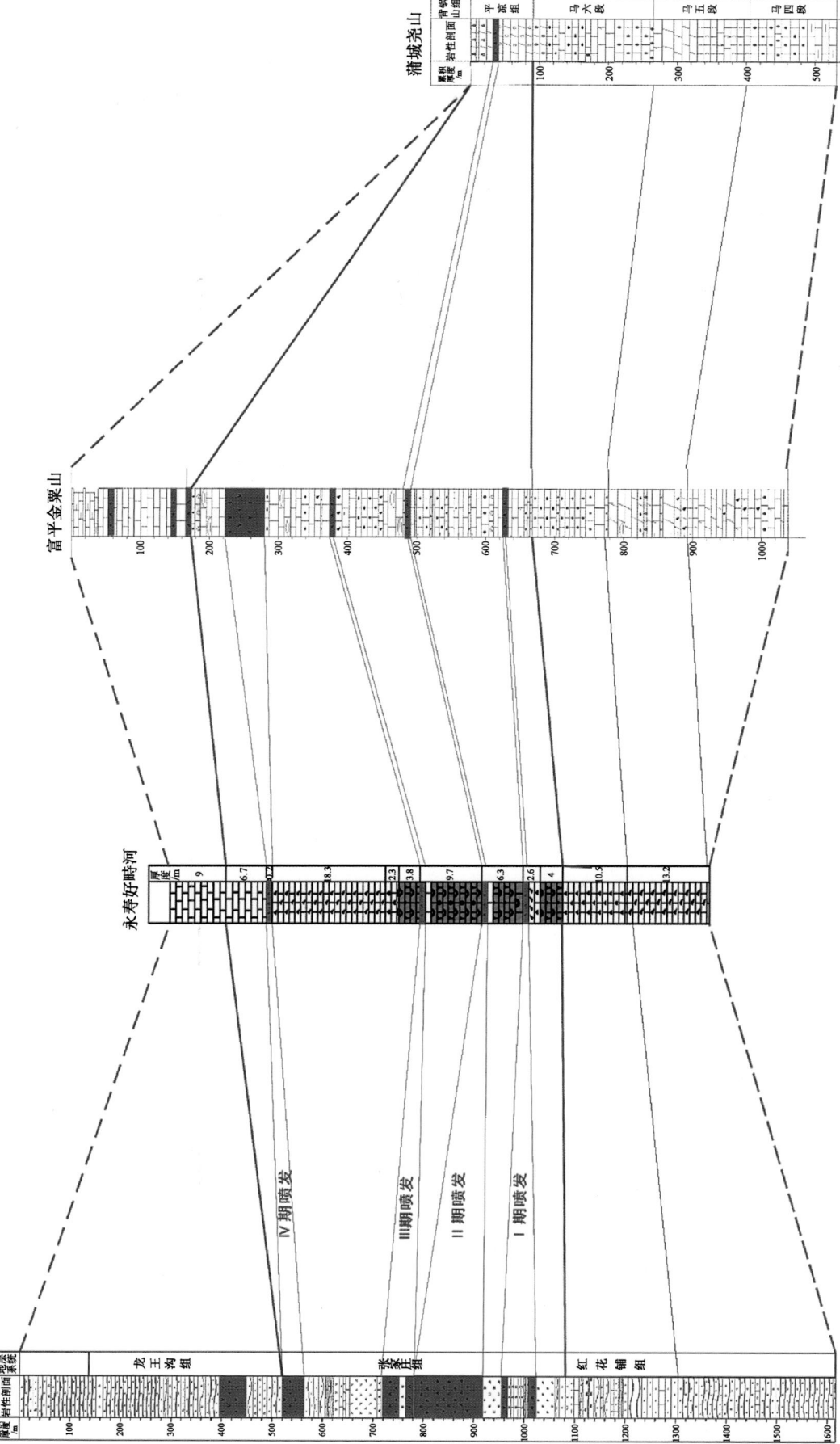

图 9-5　秦岭—渭北中上奥陶统岩性对比图

多数仍保留有变余凝灰结构，成分虽为方解石，而玻屑外形依然清晰可见。部分玻屑凝灰岩未发生次生变化，许多细长的弧面状玻屑交织在一起，构成典型的玻屑凝灰结构。成分属酸性凝灰岩。

②晶屑-玻屑凝灰岩

晶屑-玻屑凝灰岩较为常见的颜色呈黄绿色或棕黄色。粒度稍粗，可见晶屑。按晶屑矿物成分可分为两种：一种只含石英和长石晶屑，另一种含黑云母晶屑。石英晶屑具尖锐棱角，有的呈骨叉状，十分特征。长石呈板状或不规则破碎状，棱角显著，相当新鲜，无风化磨蚀痕迹，解理和双晶均清晰可见，主要为奥长石。这种石英长石晶屑-玻屑凝灰岩的成分相当于英安岩，故为中-酸性凝灰岩。黑云母晶屑-玻屑凝灰岩呈棕黄色，易风化，露头上剥落出很多黑云母碎片。镜下多色性显著，矿物边缘参差不齐，成阶梯或撕裂状。除黑云母外，尚有石英和斜长石晶屑。玻屑多呈淡黄色，相当细小，为酸性凝灰岩。

③岩屑-玻屑凝灰岩

岩屑-玻屑凝灰岩较为少见。颜色为鲜绿色，粒度较粗，易风化。镜下见绿色岩屑和纤状玻屑，玻屑呈细长状，弧面形，有少量气孔，岩屑形状不规则，边缘呈破碎状，成分主要为绿泥石，属中-基性凝灰岩。

通过对比、分析与判定后认为，上述碱性条件下形成的斑脱岩以及火山凝灰岩的矿物、化学元素特征、REE 配分模式以及 Nb/Y、Th/U 等微量元素比值较大，并结合 Th/U、Pb 年龄信息，均反映其成因与秦岭槽区火山活动有相应关系（史晓颖等，2013），并具有多期次活动喷发意义，它们是当初火山灰沉降弧后盆地深水区后经历成岩构造的产物。

3）火山凝灰质与礁体发育关系

火山凝灰质与礁体生物礁的生长发育既有积极促进作用，也是拟制灭顶因素。早期研究表明，富氧的环境适宜于各类生物生存，甚至在研究区赵老峪平凉组深水条件下形成的沉积物中的遗迹化石种类繁多，孔径大小不一，下潜深度各异，表现出了明显的多样性，其中既有直接从水柱中食取悬浮质的生物，又有在沉积物内以沉积物为食的生物。但当底质或孔隙水含氧浓度下降进入贫氧环境时，底质生物多样性明显变差，生物潜穴直径及下潜深度显著变小，且以食沉积物的生物为主。于是，由火山凝灰质中形成硅藻成为底质生物的美餐。晚奥陶世频繁火山凝灰质喷发，不仅增加了海水营养，有利于造礁生物勃发，而且，同位素研究表明，平凉组成礁期礁灰岩的碳氧同位素与正常浅海碳酸盐岩的差异，火山岩浆活动可以提高海水水温，也有利于生物繁衍。当然，海水中的丰富营养物质，主要取决于光照率和营养元素的供应。光照率又取决于纬度和水深，高纬度区每天日照时间短、日光入射角小、生长季节短，加上冬季冰雪覆盖，不利于营养元素形成。同样，存在一定动力作用的浅海水体，光照率有利于生物繁衍。同样，前人研究表明，火山凝灰质水解后也是有机质来源和早期生物的重要营养元素，有利于蓝绿藻类以及其他居礁类生物繁衍，对礁灰岩的发育生长是积极因素，但当区域构造动荡，火山活动强烈喷发，遮天蔽日的火山灰降临生物礁上，将是生物的灭顶之灾。例如，永寿好時河剖面一期生物礁顶沉积的厚达 10 余厘米的火山凝灰质层，不仅窒息生物活动，结束了生物礁生长，而且会成为礁体的致密覆盖层。

生物灭绝事件对于生物礁生态系统的影响是十分明显的，因为礁生态系统有高度的生物多样性和复杂性，它们对于环境的变化是非常敏感的。区域性的岩浆火山活动事件或许导致了鄂南地区奥陶纪末期的生物大灭绝，百万年秦岭断裂以及火山活动，不仅改变了与之濒临的鄂南地区海洋—鄂尔多斯中央古隆起之间的古地理地形条件，而且随之在平凉晚期发生的多期火山凝灰质沉降与背锅山期滑塌、浊流事件沉积也改变了海水环境，生物礁生态系统和其他的浅海生态系统一样发生了瓦解。对生物礁发育主要表现有四方面的影响或改造。

（1）早期沉降过程不利于生物生长，甚至大量生物死亡，特别是构筑生物礁骨架的滤食动物的绝灭发生得最强烈，研究区的层孔虫、床板珊瑚和四射珊瑚都大量死亡，海百合的数目也逐渐增加，原先由底栖的骨骼生物所占据的生态位出现了滤食动物的生态位取代，耀县桃曲坡平凉早期珊瑚生物礁生态系统中一部分生物死亡或大量减少。

（2）珊瑚造礁群落消失之后，藻类和黏结有孔虫形成造礁群落是生物灭绝事件的直接反映，以上地区为代表的背锅山蓝藻和藻类为主的生物礁系统发生了复苏，叠层石普遍出现（图版46-1），构架的藻类在潮下带演化成为主要的造礁生物。

（3）水体再次深陷，滑塌、浊流以及火山凝灰事件沉积频发，生物礁生长生态环境恶化。

（4）生物死亡沉降后，堆积保存，经海水分解，产生大量蒙脱石，一方面增加了海水营养，海水生产力提高，有利于造礁生物勃发，特别是藻类繁衍；另一方面，可以大量生烃，海底火山喷发，既可造成海平面短期抬升（1~2m）。

这些都会影响生物礁的生长发育和成藏。

9.5　台缘类型控制的水体环境影响、控制生物礁（滩）发育

1. 碳酸盐岩台地边缘类型与生物礁（滩）发育

台地边缘生物礁的类型与造礁生物的种类密切相关。全球以及我国扬子、塔里木等地的奥陶纪生物礁造礁生物研究均已表明，早奥陶世早期，造礁生物以微生物为主，含少量藻类及蠕虫；早奥陶世晚期至中奥陶世早期，造礁生物主要是微生物、海绵、珊瑚、层孔虫及硅质海绵及苔藓虫，含少量藻类；中奥陶世晚期至晚奥陶世，造礁生物主要是海绵珊瑚海绵和少量硅质海绵、珊瑚及苔藓虫，含少量藻类及蠕虫，钙藻、层孔虫、海绵及珊瑚的发育可能是造成该阶段内生物礁较发育的原因。鄂南地区奥陶纪造礁生物种类与全球类似，不同造礁生物的生活习性不同，发育的水深、水体能量以及形成的礁岩类型和发育程度均有差异。其中骨架礁、障积礁和灰泥丘三者发育环境的水体能量逐渐降低。鄂南地区位于秦岭海槽以及岛弧弧后盆地背斜坡上到华北海西南鄂尔多斯古隆起过渡区，一方面，晚奥陶世碳酸盐岩台地会在同期构造和古地理因素作用下形成不同类型的台地边缘，发育的沉积特征以及礁、滩组合也不同；另一方面，晚奥陶世台地边缘在海平面上升的背景下发生向台内的迁移，从而不能形成较为成熟、镶边程度较大的碳酸盐岩台地边缘。于是，研究中根据恢复的水体能量变化，将鄂南地区中晚奥陶世碳酸盐岩台地边缘定性地分为低能、相对低能、相对高能及高能四种类型，不同类型的台地边缘镶边增厚的程度不同，厚

度差别一方面反映出台地边缘水体能量的高低，另一方面反映出台地边缘发育类型与礁滩岩石的类型差别。

（1）岐山、永寿好畤河中奥陶统马六段及富平将军山平凉组缓坡低能台地边缘型，灰泥丘低能台地边缘宽度大、坡度小，主要为灰泥丘、含泥滩相组合，发育泥质条带灰岩夹泥岩及角砾灰岩。

（2）永寿好畤河相对低能台地边缘，障积礁在中等能量的台地边缘发育，骨架礁体主要发育隐藻凝块石灰泥丘、珊瑚凝块石灰泥丘、海绵-凝块石灰泥丘，滩体岩性为泥晶粒屑灰岩、含泥粒屑灰岩。

（3）泾阳铁瓦殿在高能台地边缘，宽度窄、坡度大，骨架礁在高能的台地边缘发育，同时塌积角砾灰岩、碎屑沉积发育。骨架礁体常见层孔虫骨架礁、珊瑚骨架礁、管孔藻骨架礁。滩体岩性为亮晶藻屑灰岩、棘屑灰岩、亮晶砂砾屑灰岩。

（4）富平凤凰山、耀县桃曲坡上奥陶统平凉组上段相对高能边缘，弱镶边台地边斜坡，宽度较窄、坡度较大，以障积礁、含灰泥滩组合为代表，另有泥灰岩及角砾灰岩。滩体岩性为亮晶砂屑灰岩、鲕粒灰岩、亮晶生屑砂屑灰岩，骨架礁体主要发育藻类障积礁、珊瑚障积礁。

上述高能以及相对高能台地边缘骨架礁、滩组合是最有利的勘探目标。

2. 沉积环境以及相带演化与碳酸盐岩台地边缘类型转化迁移

研究区生物礁（滩）主要发育晚奥陶世平凉组层位，其次为背锅山组和马六段。在中晚奥陶世的沉积环境以及相带演化过程中，研究区的礁滩发育类型、规模以及产出层位高低明显受海平面上升、构造升降和碳酸盐岩产率控制，台地边缘迁移和台地边缘类型是不可忽视的重要因素。碳酸盐岩台地边缘类型之间也是可以相互转换迁移的，不同类型碳酸盐岩台地之间的转换有一定的规律性。根据碳酸盐岩碳氧同位素值变化恢复的海平面上升变化规律曲线（图9-6）可以看出，平凉组海平面有较大幅度的上升，结合前面沉积环境分析结果认为，渭北地区由最初的中奥陶世马家沟组沉积时的缓坡型碳酸盐岩台地，发展成为后期的晚奥陶世平凉组以及背锅山组具镶边的陆架型碳酸盐岩台地，对应的碳酸盐岩台地边缘由低能、相对低能、相对高能向高能转换。例如，好畤河、上店平凉组剖面礁体位于深水斜坡滑塌揉皱之上，属海平面下降过程中浅水环境形成。纵向上，发育成熟的碳酸盐岩台地边缘往往由层状碳酸盐建隆、障积礁、滩组合及骨架礁组合构成，事实上，研究区台地边缘上的部分钻井剖面（如麟探1井），在纵向上也是由台缘丘滩组合发展成为骨架礁、滩组合，岩性也由含泥灰岩段演化为纯灰岩或颗粒灰岩段，反映出碳酸盐岩台地边缘由平凉组沉积早期的相对低能型发展成为晚期的高能型，变化规律符合常规演化迁移特征。

虽然，不同类型的台地边缘发育不同的礁、滩组合类型，规模有明显差异，但当台地边缘处碳酸盐岩产率与海平面上升速度相匹配，则台地边缘不发生横向上的迁移，不同期对比，平凉组是主要含礁层位；同期对比，西部陇县以及富平赵老峪等水深斜坡区，平凉组不发育礁体，背锅山组发育礁平凉，而中东部主要为平凉组发育礁；马六期—平凉早中期，属于秦岭海水进积中，礁体分布向北部盆地内部迁移。平凉晚期—背锅山期，属于海水退积中，礁体分布向南部台地边缘迁移，海水退积后，伴随强烈构造运动，所以，礁岩破坏严重。

地层	岩性	δ13C_PDB/‰ 测值	均值	δ18O_PDB/‰ 测值	均值	海平面变化 降———升	采样位置
背锅山组	礁灰岩	1.74		-6.06			东庄
	礁灰岩	1.72		-7.70			
	礁灰岩	0.94	1.45	-5.22	-6.41		
	礁灰岩	1.44		-5.09			
	礁灰岩	1.44		-7.19			
	礁灰岩	0.95		-7.53			
	礁灰岩	1.90		-6.08			
	灰岩	0.10		-6.31			姚曲坡
	灰岩	1.66		-7.16			
	灰岩	1.49	1.08	-7.12	-7.13		
	灰岩	1.71		-5.96			
	灰岩	1.24		-7.63			
	灰岩	0.28		-8.60			
平凉组	泥灰岩	-0.58		-10.49			岐山
	泥灰岩	0.27		-10.35			
	钙质泥岩	0.46		-10.96			
	泥灰岩	1.14		-11.01			
	泥岩	0.01	0.48	-10.99	-11.13		
	泥灰岩	0.15		-11.78			
	钙质泥岩	-0.02		-12.11			
	泥灰岩	0.96		-12.26			
	钙质泥岩	1.29		-12.37			
	钙质泥岩	0.42		-10.63			
	泥晶泥岩	0.32		-10.07			
	钙质泥岩	1.32		-10.50			
马家沟组	白云岩	0.82		-8.52			东庄
	白云岩	2.94		-4.11			
	白云岩	-7		-12.56			
	粉晶灰岩	2.83		-3.87			
	白云岩	0.23		-15.50			
	白云岩	1.78		-4.73			
	白云岩	0.65		14.58			
	白云岩	-2.33		-6.75			
	白云岩	-1.19	-0.36	-6.39	-7.45		
	白云岩	1.69		-5.26			
	粉晶灰岩	1.13		-8.80			
	白云岩	-0.65		-4.67			
	白云岩	-1.63		-7.17			
	白云岩	3.51		-3.33			
	白云岩	-0.53		-3.24			
	白云岩	0.35		-6.38			
	白云岩	-0.7		-6.79			
	白云岩	-4.12		-8.72			
	白云岩	-4.61		-10.17			
寒甲山组	中细晶白云岩	-1.63	-1.63	-4.71	-4.71		岐山
冶里组	中细晶白云岩	-0.90		-5.75			
	细晶白云岩	-0.21		-5.86			
	细粉晶白云岩	-0.01	-0.33	-5.85	-5.64		
	细粉晶白云岩	0.29		-6.22			
	细晶白云岩	-0.54		-4.86			
	细粉晶白云岩	-1.04		-5.27			

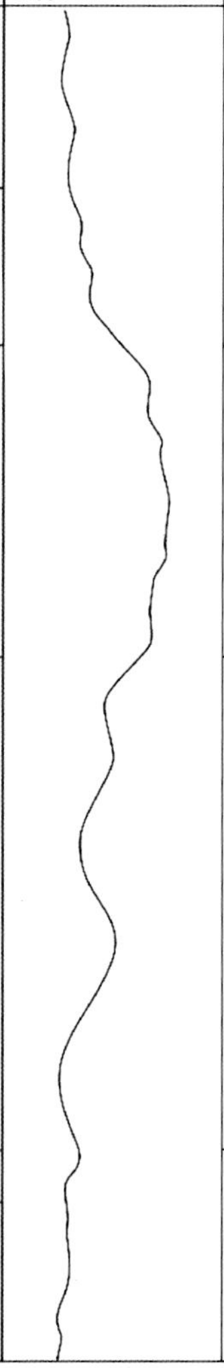

图 9-6　渭北隆起奥陶系碳酸盐岩沉积时海平面变化曲线

9.6　奥陶纪相对海平面升降与生物礁的类型及演化趋势

对比研究区与全球奥陶纪海平面变化曲线（图9-7）发现，奥陶纪早期起伏变化以及海水上升幅度不如晚期，晚期平凉组与全球变化基本一致。从理论上讲，海平面变化（上升）既是平凉组生物礁（滩）发育的基础，海平面上升，发生海侵，利于浅水生物以及生物礁发育、繁衍以及平面迁移变化规律；同样，海平面下降也是马家沟期碳酸盐岩中易溶的云岩、膏盐岩以及其中溶孔溶洞层形成、分布的控制因素，海水下降，有利于海水退缩，盐坪范围扩大，云岩以及膏盐类矿物大量结晶、溶蚀。其中剖面上相对海平面升降速率与礁生长速率对应变化具体包括以下5种，并影响礁体发育和层位分布：①礁的生长速率小于相对海平面上升速率；②礁的生长速率等于相对海平面上升速率；③礁的生长速率大于相对海平面上升速率；④相对海平面静止；⑤相对海平面下降。

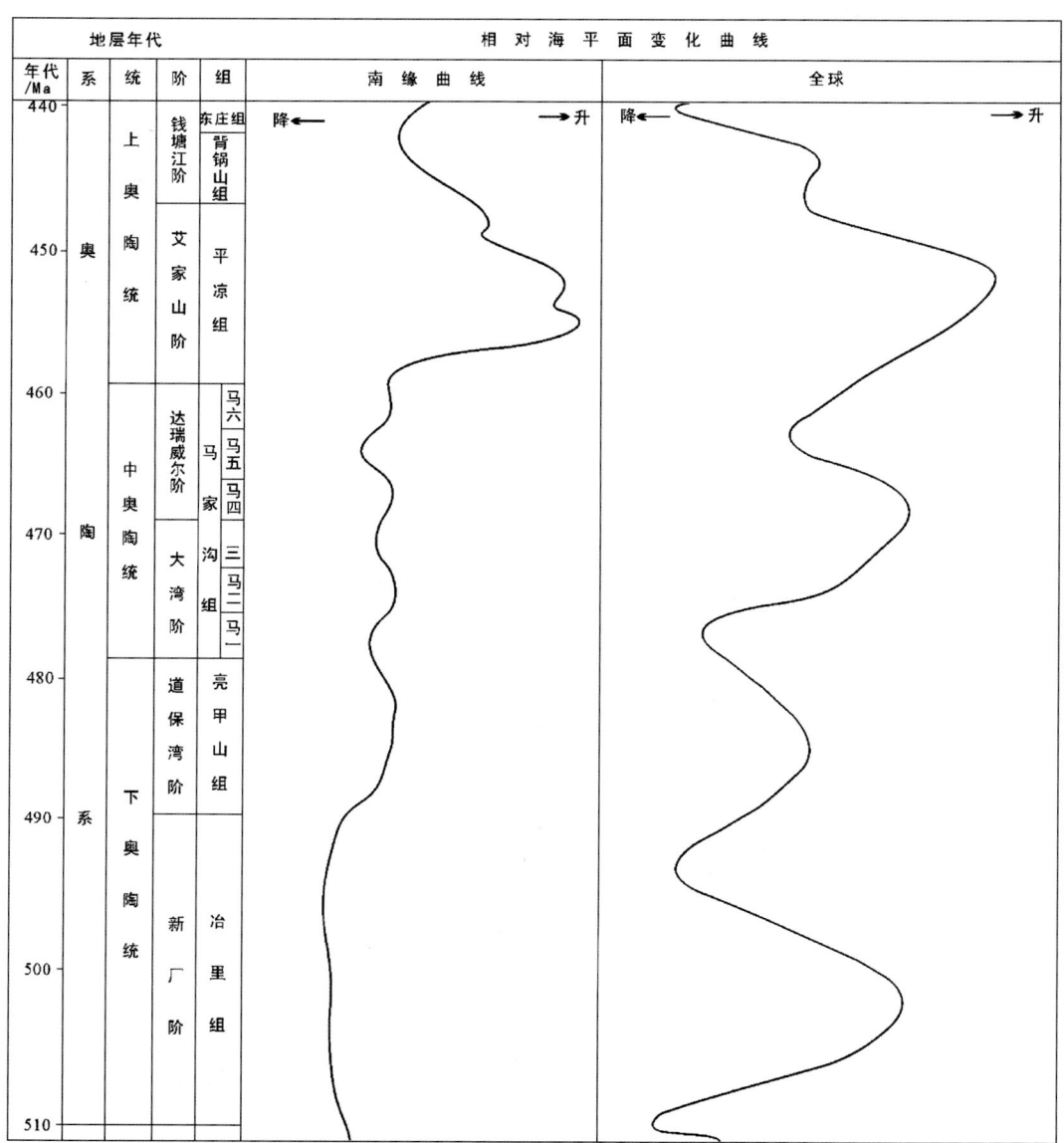

图9-7　渭北隆起奥陶系碳酸盐岩沉积时海平面变化曲线

　　如果引入层序容纳空间的概念，更能说明平凉组不同阶段台缘礁体的迁移发育趋势和分布特征，具体包括以下3种情况：

　　（1）平凉早期，礁生长速率小于容纳空间的增长速率，导致台地边缘由海向陆迁移（退积）和海侵。

（2）平凉中期，礁生长速率等于容纳空间的增长速率，台地边缘不发生向海或向陆的迁移（加积），海岸线静止不动。

（3）平凉晚期，对比位于彬县底店乡的麟探1井岩心中平凉组和南部永寿好畤河剖面平凉组的生物礁（图9-8）规模、形态，说明当初礁体位于平凉晚期，属于礁生长速率大于容纳空间的增长速率（包括负增长），导致台地边缘由陆向南海方向迁移（进积）和海退。

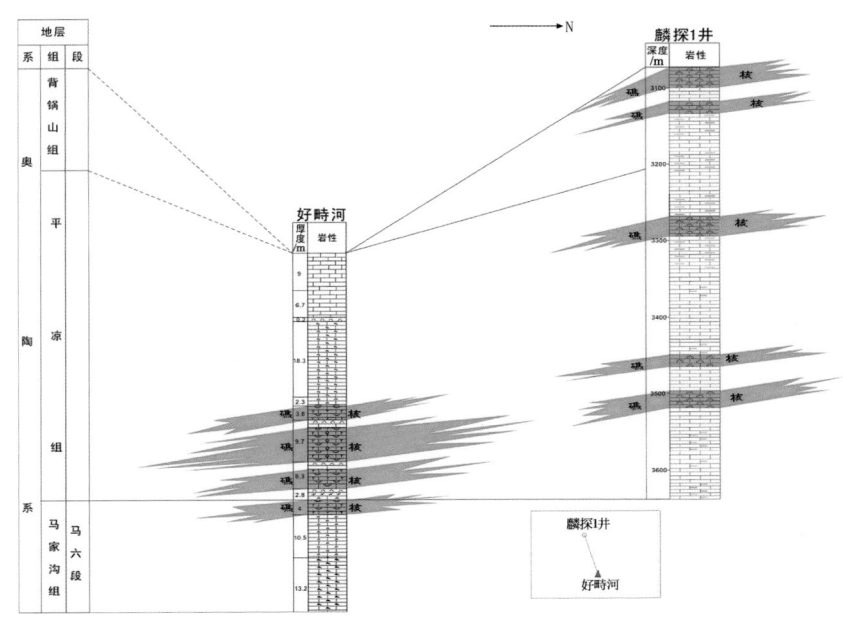

图9-8　好畤河—麟探1井奥陶纪生物礁对比图

具体与其他类型的区别表现在以下方面。

（1）退积礁：形成礁的生长速率小于相对海平面上升速率。此时，由于容纳空间的增长速率大于礁的生长速率，当礁体生长到一定程度时，水体必然会变得过深而不适于礁的生长，这时礁体只能向陆地方向迁移以弥补容纳空间增长量过快所导致的水体变深。

（2）并进礁：形成于礁的生长速率等于相对海平面上升速率。由于容纳空间的增长速率与礁的生长速率保持平衡，礁体处于比较稳定的生长环境，不必向陆或向海迁移来弥补海水深浅的变化，一般单礁体规模较大，这在东部富平凤凰山珊瑚礁特征比较典型。

（3）进积礁：分为3个亚类，分别形成于礁的生长速率大于相对海平面上升速率、相对海平面静止和相对海平面下降时三个时期。由于容纳空间的增长速率小于礁的生长速率，当礁体生长到一定程度时，水体必然会变得过浅而不适于礁的生长，这时礁体只能向海盆方向迁移以弥补容纳空间增长量不足所导致的水体变浅。

据上述分析，在生物礁的3种成因类型中，麟探1井属于发育不良退积型礁，这从上覆岩层中深灰色泥灰岩可以判断不适于礁生长的深水环境。同时确定研究区奥陶系礁体在空间演化中平面和剖面两种相序变化趋势。

（1）生物礁层位对比。马家沟晚期—平凉早期的进积礁，是由陆向海方向层位逐渐抬高的穿时体；平凉晚期退积礁，是由海向陆方向层位逐渐抬高的穿时体，并进礁则原地垂向生长，礁体所含生物化石带的横向对比可确定礁体层位的高低及横向变化趋势。

（2）含礁地层剖面的垂向相序变化。马家沟晚期—平凉早期的进积礁，表现为向上变浅序列（盆地相沉积、礁相沉积、礁后潮坪、潟湖相沉积）；退积礁表现为向上变深序列（礁后潮坪、潟湖相沉积、礁相沉积、盆地相沉积）；并进礁不存在垂向上的变深变浅序列，但侧向上的相变非常明显。

第 10 章 碳酸盐岩烃源岩类型、特征
与生烃潜力分析

10.1 研究区烃源岩发育类型与特征

烃源岩是已经生成，或有可能生成油气，或具有生成油气潜力的细粒岩石，它既包括泥岩、页岩，也包括碳酸盐岩；既包括油源岩，也包括气源岩。烃源岩评价主要回答勘探区是否存在烃源岩？哪些是烃源岩？烃源岩的品质如何？烃源岩评价主要包括有机质丰度、有机质类型、有机质成熟度三个方面。一般烃源岩有机质丰度影响油气生成的数量，有机质类型决定有机质向油气转化的方向，有机质成熟度控制了有机质向烃类的转化程度。

10.1.1 寒武系烃源岩及生烃条件

在彬县–永寿地区的麟探 1 井中，钻遇的寒武系地层有上统三山子组、中统张夏组、徐庄组和毛庄组（未穿），上统三山子组起始深度为 4578m，终止深度为 4657m，沉积厚度为 79m，主要沉积灰褐色泥质灰岩、褐灰色含泥云岩及浅灰色粉晶云岩，为局限台地沉积。中统张夏组起始深度为 4657m，终止深度为 4766m，厚度为 109m，主要岩性为深灰色细粉晶云岩、深灰色含灰云岩，发育局限台地亚相沉积。徐庄组沉积厚度为 107m，主要岩性为深灰色云质灰岩、紫色灰质泥岩和绿灰色泥质灰岩等，发育潮坪亚相沉积。钻遇的毛庄组厚度为 127m（未穿），主要岩性为褐灰色泥质灰岩、棕紫色灰质泥岩和褐灰色泥晶灰岩，发育潮坪沉积。总体而言，寒武系地层沉积岩颜色较浅，偏氧化环境，相对而言对烃源岩的发育不具备有利条件。

对于寒武系有无生烃可能，答案是肯定的，我国已经在扬子地台四川盆地寒武系筇竹寺组、塔里木盆地发现了主要来自寒武系海相泥质烃源岩和海相腐泥型天然气，发现了威远和和田等气田，苏北黄桥地区志留系中见到的轻质原油和凝析油的油源也主要来自下寒武统地层。华北地台南缘和扬子以及塔里木陆块寒武系底部烃源岩有相似的沉积埋藏条件，事实上戴金星等（2005）曾经对华北盆地南缘河南境内马店组地层进行了研究，认为华北盆地南部寒武系底部不仅存在烃源岩排烃成藏的可能性，而且具有形成深渊气、干酪根裂解气以及原油二次裂解气的可能。

10.1.2 上奥陶统烃源岩形成环境与厚度分布

形成烃源岩的地质环境一般水体安静、气候温和、生物繁茂、稳定沉积。这样的环境

有利于大量有机质的形成、堆积和保存，也有利于有机质的演化。

早期倪春华等研究表明，晚奥陶世平凉期，鄂尔多斯盆地南缘主要发育深水斜坡相和碳酸盐岩缓坡相。前者为微咸水-半咸水、弱水动力条件的还原沉积环境；后者则为咸水、强水动力条件的偏氧化-弱还原的沉积环境。比较分析，前一种古沉积环境更有利于烃源岩的发育。

事实上，麟探 1 井钻遇的奥陶系地层沉积厚度大，上统东庄组起始深度为 2915m，终止深度为 3073m，沉积厚度为 158m，以灰黑色泥质灰岩和深灰色灰质泥岩为主，发育台地前缘斜坡相。背锅山组起始深度为 3073m，终止深度为 3218m，沉积厚度为 145m，岩性以褐灰色泥晶灰岩和深灰色泥质灰岩为主，为台地前缘斜坡相沉积。平凉组起始深度为 3218m，终止深度为 3640m，沉积厚度为 422m，岩性主要为深灰色泥质灰岩、灰黑色灰质泥岩、灰褐色泥晶灰岩、褐灰色灰岩等。总体而言上统泥质含量较高，富含生物碎屑，有机碳含量较高，岩石颜色较深，多为灰褐色、深黑色、褐灰色，可能是烃源岩的有利发育区带。中统马家沟组沉积厚度达 830m，主要是灰质白云岩和白云质灰岩的互层，也发育一些泥质白云岩、泥质灰岩、膏质灰岩等，通过地球化学录井资料可知局部碳酸盐岩层段有机碳含量高，也具有不错的生烃潜力。下统冶里组—亮甲山组主要岩性是灰质白云岩、含泥白云岩以及白云质泥岩等。

10.2　研究区中上奥陶统烃源岩地球化学特征及生烃能力

10.2.1　碳酸盐岩有机质丰度

有机质丰度是指单位质量岩石中有机质的数量。在其他条件相近的前提下，岩石中有机质的丰度越高，其生烃能力越高。目前，衡量岩石中有机质丰度所用的指标主要有总有机碳（TOC）、氯仿沥青"A"、总烃和生烃势。长庆油田早期试验研究表明：鄂尔多斯盆地奥陶系碳酸盐岩温压热模拟试验结果表明，残余有机碳 0.15% 可以作为碳酸盐岩烃源岩的下限标准。

1. 总有机碳（TOC）与生烃潜力

鄂南中奥陶统马家沟组碳酸盐岩为开阔海台地相，有机碳平均值为 0.16%，局部层段有机碳含量较高，最高可达 0.42%（表 10-1）。马家沟组烃源岩生烃潜量为 0.115mg/g 岩石，碳酸盐岩干酪根镜检结果表明，干酪根类型为 I–II 型，镜质组反射率（R_o）为 2.8%～3.2%，已达到成熟阶段，有利于生气，可作有效烃源岩。

上奥陶统平凉组为台地边缘礁灰岩和深水斜坡薄层泥灰岩及藻灰岩相沉积，厚 0～600m，岩性为厚层块状泥晶灰岩夹薄层泥岩，岩性细，泥质含量高，相邻的旬探 1 井、淳探 1 井和永参 1 井均钻遇平凉组，厚度分别为 376m、500m 和 452m，岩性为深灰色、灰黑色泥晶灰岩夹泥灰岩，深灰色泥粉晶藻灰岩，富含生物碎屑，有机碳含量较高，平均残余有机碳含量为 0.32%，最高可达 1.04%。按照我国碳酸盐岩有机质丰度评价标准判断属中–好烃源岩，但生烃潜量为 0.13 ~ 0.17mg/g 岩石，为差–极差烃源岩。鉴于该区源岩热演化程度高，可溶有机质排出率较高，故平凉组烃源岩应属中等烃源岩。旬探 1 井平凉组泥晶藻云岩段试气获 302m³/d，耀参 1 井平凉组经酸化获 242m³/d，充分证明该区碳酸盐岩具有一定的生烃能力。

表 10-1 盆地南部奥陶系残余有机碳数据表

层位	样品数	TOC 最大值/%	TOC 最小值/%	TOC 平均值/%
平凉组	103	1.04	0.16	0.32
马家沟组	148	0.42	0.07	0.16

RockEval 热解仪分析得到 S_1 被称为残留烃，S_2 为裂解烃，S_1+S_2 为生烃潜力，也称生烃势，单位为 mg 烃/g 岩石，是评价烃源岩丰度的指标。研究区中部彬县麟探 1 井奥陶系沉积了一套厚 1600 余米的碳酸盐岩，其中东庄组、背锅山组和平凉组地层有机碳与生烃势统计显示（表 10-2），东庄组有机碳最大值为 0.29%，最小值为 0.06%，平均值为 0.16%；生烃势最大值为 1.09mg/g，最小值为 0.13mg/g，平均值为 0.44mg/g。背锅山组有机碳最大值为 2.67%，最小值为 0.08%，平均值为 0.77%；生烃势最大值为 0.99mg/g，最小值为 0.02mg/g，平均值为 0.31mg/g。平凉组有机碳最大值为 1.15%，最小值为 0.02%，平均值为 0.38%；生烃势最大值为 1.07mg/g，最小值为 0.02mg/g，平均值为 0.26mg/g。

表 10-2 麟探 1 井有机碳与生烃势统计表

地层	有机碳/%			样品数 /个	生烃势/(mg/g)			样品数 /个
	最大值	最小值	平均值		最大值	最小值	平均值	
东庄组	0.29	0.06	0.16	4	1.09	0.13	0.44	10
背锅山组	2.67	0.08	0.77	31	0.99	0.02	0.31	32
平凉组	1.15	0.02	0.38	26	1.07	0.02	0.26	26

上奥陶统各组残余有机碳含量测试结果显示（表 10-3），最大值为 2.67%，对应的深度是背锅山组 3182.40m，且其上下 3177.65 ~ 3183.71m 处测得了多个大于 1% 的有机碳值。说明该段有机碳含量高，是主要的烃源岩层段，所以局部层段有机碳含量较高，可作为有效烃源岩。

表 10-3 麟探 1 井上奥陶统有机碳分析结果表

序号	深度 /m	岩性	地层	TOC /%	平均值 /%	序号	深度 /m	岩性	地层	TOC /%	平均值 /%
1	3029.87	泥质灰岩	东庄组	0.06	0.16	5	3172.75	灰质泥岩	背锅山组	0.20	0.77
2	3030.69	泥质灰岩		0.29		6	3173.08	泥质灰岩		0.40	
3	3031.73	泥质灰岩		0.15		7	3174.07	泥质灰岩		0.44	
4	3033.52	含泥灰岩		0.14		8	3174.23	含泥灰岩		1.26	

续表

序号	深度/m	岩性	地层	TOC/%	平均值/%	序号	深度/m	岩性	地层	TOC/%	平均值/%
9	3174.68	泥质灰岩		0.20		36	3360.74	泥晶灰岩		0.56	
10	3175.55	泥质灰岩		0.40		37	3361.00	泥晶灰岩		0.40	
11	3176.13	泥质灰岩		0.44		38	3361.31	泥晶灰岩		0.52	
12	3176.26	含泥灰岩		1.26		39	3361.67	泥晶灰岩		0.26	
13	3176.71	泥质灰岩		0.43		40	3361.77	泥晶灰岩		0.07	
14	3177.65	灰质泥岩		0.14		41	3361.91	泥晶灰岩		0.49	
15	3177.79	灰质泥岩		0.45		42	3362.11	泥晶灰岩		0.17	
16	3178.40	灰质泥岩		0.17		43	3362.52	泥晶灰岩		0.38	
17	3178.52	灰质泥岩		0.53		44	3362.79	泥晶灰岩		0.64	
18	3179.31	灰质泥岩		1.67		45	3363.24	泥晶灰岩		0.47	
19	3180.04	灰质泥岩		1.23		46	3364.09	泥晶灰岩		0.41	
20	3180.18	灰质泥岩	背锅山组	2.15	0.77	47	3364.32	泥晶灰岩		0.26	
21	3180.78	泥质灰岩		0.42		48	3364.58	泥晶灰岩		0.29	
22	3181.32	灰质泥岩		1.83		49	3364.90	泥晶灰岩		0.11	
23	3182.08	灰质泥岩		1.41		50	3365.23	泥晶灰岩		0.71	
24	3182.40	灰质泥岩		0.43		51	3365.74	泥晶灰岩		0.42	
25	3182.59	灰质泥岩		0.22		52	3366.09	泥晶灰岩	平凉组	0.30	0.38
26	3182.75	灰质泥岩		1.00		53	3367.05	泥晶灰岩		0.11	
27	3183.71	灰质泥岩		0.42		54	3367.34	泥晶灰岩		0.35	
28	3184.27	泥质灰岩		2.67		55	3368.60	泥晶灰岩		0.45	
29	3184.69	泥质灰岩		0.36		56	3444.45	泥晶灰岩		0.02	
30	3186.05	泥质灰岩		0.59		57	3449.32	泥晶灰岩		1.15	
31	3186.92	泥质灰岩		2.63		58	3454.54	泥晶灰岩		0.12	
32	3188.82	泥质灰岩		0.15		59	3455.01	泥晶灰岩		0.32	
33	3189.56	含泥灰岩		0.50	0.38	60	3455.01	含泥灰岩		0.75	
34	3190.12	泥质灰岩		0.34		61	3456.76	砾屑灰岩		0.03	
35	3190.60	含泥灰岩		0.08							

从有机碳测试数据分析，背锅山组阔海台地相和深水斜坡相深灰色泥质灰岩、灰黑色灰质泥岩、灰褐色泥晶灰岩、褐灰色灰岩等，富含生物碎屑，有机碳含量较高，生烃势也较高，是最有利的烃源岩层，累计总厚度为145m。

2. 氯仿沥青"A"和总烃

表10-4为麟探1井上奥陶统烃源岩可溶组分统计表，麟探1井上奥陶统东庄组测试的4个样品中，氯仿沥青"A"最大值为27.99ppm，最小值为17.9ppm，平均值为

22.68ppm；总烃的最大值为 16ppm，最小值为 10.8ppm，平均值为 12.6ppm。背锅山组测试的 13 个样品，氯仿沥青 "A" 最大值为 48.5ppm，最小值为 17.4ppm，平均值为 25.6ppm；总烃的最大值为 15.5ppm，最小值为 7.5ppm，平均值为 11.6ppm。平凉组测试的 8 个样品中氯仿沥青 "A" 最大值为 67.3ppm，最小值为 17.1ppm，平均值为 34.4ppm，总烃最大值为 17.2ppm，最小值为 6.8ppm，平均值为 11.4ppm。

表 10-4　麟探 1 井上奥陶统礁灰岩烃源岩可溶族组分组成

地层	氯仿沥青 "A" /ppm			总烃/ppm			样品数/个
	最大值	最小值	平均值	最大值	最小值	平均值	
东庄组	27.9	17.9	22.7	16	10.8	12.6	4
背锅山组	48.5	17.4	25.6	15.5	7.5	11.6	13
平凉组	67.3	17.1	34.4	17.2	6.8	11.4	8

分析结果显示，东庄组和背锅山组氯仿沥青 "A" 的平均含量都小于 30ppm，总烃也只有十几 ppm，而平凉组仿沥青 "A" 平均值为 34.4ppm，相对较高，但是总烃含量依然很低，说明主要成分是非烃和沥青质。总体而言，从氯仿沥青 "A" 和总烃含量来看，有机质的丰度很低，当然这只能说明残留烃的含量低，并不能说明烃源岩生烃量很少。

上述有机碳含量、氯仿沥青 "A" 含量、总烃及生烃潜力（S_1+S_2）四项反映烃源岩有机质丰度指标中，以有机碳含量最为重要。国内外对碳酸盐岩系烃源岩的评价标准目前仍未统一，考虑到平凉组烃源岩中泥岩比例较大，参照国内通用的塔里木盆地标准，将有效烃源岩的 TOC 含量门槛值提高一倍作为本次评价标准（表 10-5）。结果发现，麟探 1 井区烃源岩处于高成熟-过成熟阶段，氯仿沥青 "A" 和总烃含量都很低，不适合作为有机质丰度评价参数，本次研究主要使用总有机碳含量（TOC）作为有机质丰度评价的指标。东庄组有机碳平均值为 0.16%，属于非烃源岩；背锅山组有机碳平均值为 0.77%，属于好烃源岩，具有不错的生烃潜力；平凉组有机碳平均值为 0.38%，属于中等烃源岩。因此，背锅山组和平凉组具有一定的生烃潜力，基本上属于中等-好烃源岩。

表 10-5　碳酸盐岩烃源岩有机质丰度评价标准

烃源岩级别	TOC 含量/%	"A" 含量/ppm	HC 含量/ppm	（S_1+S_2）/（mg/g）
好烃源岩	≥0.50	≥400	≥200	≥0.30
中等烃源岩	0.50~0.30	400~200	200~80	0.30~0.10
差烃源岩	0.30~0.20	200~50	80~40	0.10~0.06
非烃源岩	<0.20	<50	<40	<0.06

10.2.2　有机质类型

由于不同来源、组成的有机质成烃潜力有很大的差别，因此，要客观认识烃源岩的成烃能力和性质，仅仅评价有机质的丰度是不够的，还必须对有机质的类型进行评价，有机质的类型是衡量有机质生烃能力的参数，同时也决定了产物是以油为主还是以气为主。

1. 干酪根显微组分含量

干酪根由多种显微组分混合组成，显微镜下为两大类：一类为惰质组和镜质组，为产烃能量低的组分；另一类为脂质组，为产烃能力高的一组。前一类占绝对优势，则称为腐殖型干酪根，后一类占优势则称腐泥型干酪根。研究区麟探 1 井上奥陶统碳酸盐岩显微组分分析结果显示（图 10-1），9 个样品中 8 个是脂质组占绝对优势，1 个样品镜质组+惰质组和脂质组含量相当，只有一个样品全部由镜质组+惰质组组成，显然以腐泥型干酪根为主。

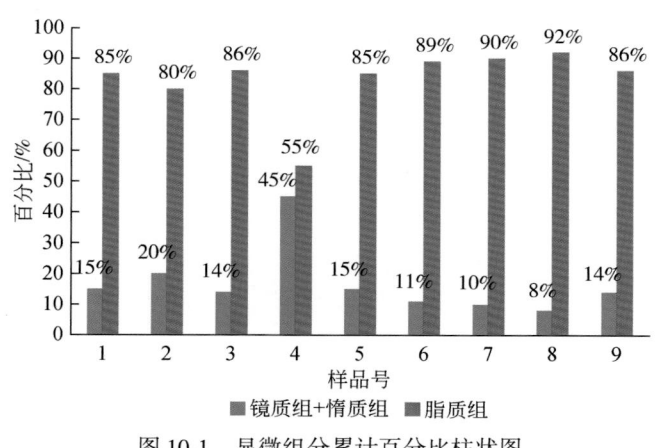

图 10-1　显微组分累计百分比柱状图

2. 干酪根类型指数（TI）与不同有机质类型划分

现行 TI 指数四分法是曹庆英采用我国煤岩显微分的分类作为分类依据，TI 的计算如式（10-1）所示，对应的 TI 值与划分的干酪根类型界限见表 10-6。

$$TI = \frac{100（无定形体）+75（藻质体）+50（镜质体）-100（惰质体）}{无定形体+藻质体+壳质体+镜质体+惰质体} \qquad (10-1)$$

表 10-6　干酪根类型指数（TI）界限

干酪根类型	I	II₁	II₂	III
TI	80~100	40~80	0~40	<0

相同条件下，一般水生生物较陆生生物富集轻碳同位素，类脂化合物较其他化合物组分富集轻碳同位素。因此，较轻的干酪根碳同位素组成一般反映较高的水生生物贡献和较多的类脂化合物含量，即对应着较好的有机质类型。

3. 上奥陶统碳酸盐岩干酪根碳同位素分析与类型划分

通过计算样品 TI 值以及 $\delta^{13}C$ 发现（表 10-7），东庄组干酪根碳同位素值介于-29.2 ~ -27，属于 I 型和 II₁ 型干酪根（图 10-2）；背锅山组碳同位素值介于-29.9 ~ -28.5，属于 I 型干酪根；平凉组的值介于-28.9 ~ -26.9，属于 I 型和 II₁ 型干酪根。根据 TI 指数，总体而言，研究区奥陶系干酪根以 I 型和 II_1 型为主，生油气潜能大。

表 10-7　彬县地区麟探 1 井有机质类型参数表

地层	深度/m	岩性	TI	干酪根 $\delta^{13}C$/‰
东庄组	3029.87	泥质灰岩	76.0	-27.0
	3031.73	泥质灰岩	69.5	-29.2
	3033.52	含泥灰岩	78.0	-29.2
背锅山组	3177.79	灰质泥岩	10.5	-29.9
	3181.32	灰质泥岩	73.0	-29.8
	3186.92	泥质灰岩	81.5	-28.5
	3190.60	含泥灰岩	85.0	-29.7
平凉组	3361.77	泥晶灰岩	87.0	-26.9
	3364.32	泥晶灰岩	78.0	-27.7
	3447.33	泥晶灰岩	-68.0	-28.9

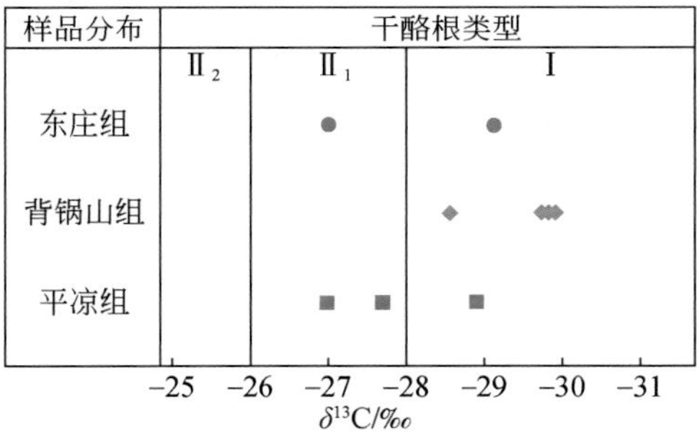

图 10-2　麟探 1 井上奥陶统干酪根类型碳同位素判别图

　　总体上，上奥陶统地层碳酸盐岩有机质类型以 I 型和 II_1 型为主，其中深水斜坡相为主要分布区带的背锅山组烃源岩有机质类型非常好，具有典型的海相烃源岩特征，是形成油气藏的重要基础。

　　4. 干酪根 C、H、O 元素分析与类型划分

　　在不同沉积环境中，不同来源的有机质，形成的干酪根的成分和结构有很大差别，这直接影响干酪根生油、生气的能力。依据干酪根成分，C、H、O 三种主要元素数值界限，将干酪根类型划分为三类四型，即 I 型（腐泥型）、II_1 型（腐殖-腐泥型）、II_2 型（腐泥-腐殖型）和 III 型（腐殖型），具体划分方案如表 10-8。研究区上奥陶统东庄组、背锅山组和平凉组泥灰岩干酪根元素分布见图 10-3。于是，进一步根据干酪根演化途径判断，东庄组干酪根属于 I 型，背锅山组和平凉组分别位于 I 型和 II_1 区间，总体属于腐泥型或腐殖-腐泥型干酪根。

表 10-8　麟探 1 井干酪根的元素分类方案

类型	H/C	O/C
Ⅰ型	>1.4	<0.1
Ⅱ₁型	1.0 ~ 1.4	0.1 ~ 0.15
Ⅱ₂型	0.8 ~ 1.0	0.15 ~ 0.20
Ⅲ型	<0.8	>0.20

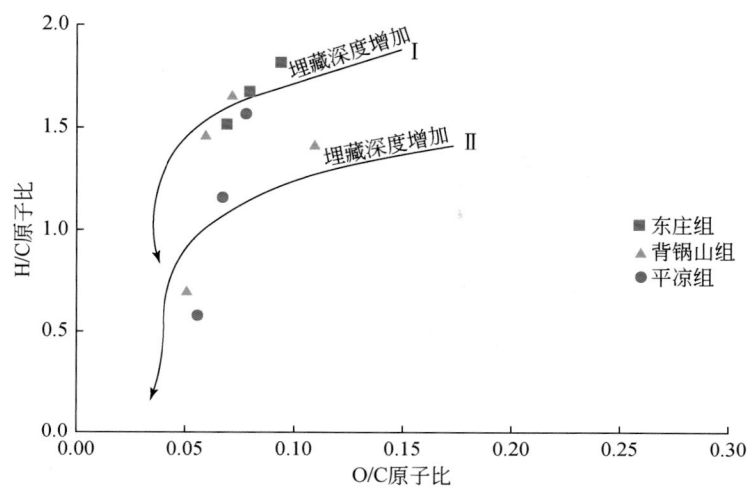

图 10-3　鄂南彬县地区麟探 1 井上奥陶统干酪根类型演化途径

10.2.3　有机质的成熟度

烃源岩中有机质达到一定热演化程度才能开始大量生烃。成熟度是决定油气勘探的关键问题。衡量有机质成熟度的指标主要有镜质组反射率（R_o）、岩石热解最高热解峰温（T_{max}）、孢粉碳化程度、热变指数、岩石热解参数可溶抽提物的化学组成特征等。

1. 镜质组反射率（R_o）与烃源岩演化

镜质组反射率是镜质组反射光的能力，与成岩作用密切相关，热变质作用越深，镜质组反射率越大。在生物化学生气阶段镜质组反射率为低值，即低于 0.5%，随着埋藏深度而逐渐变化，在热催化生油气阶段和热裂解生湿气阶段，反射率作为深度的参数增加较快，约从 0.5% 上升到 2%；至深部高温生气阶段，反射率继续增加。

镜质组反射率测定结果，古生界烃源岩镜煤反射率（R_o）已达到 1.5% ~ 3.1%（表10-9），受火成岩侵入的影响，平凉南龙门构造上龙 2 井山西组暗色泥岩 R_o 达 3.57% ~ 3.91%，说明该区古生界烃源岩的热演化已经进入高–过成熟的湿气–干气阶段。

表 10-9　鄂南古生界烃源岩镜质组反发射率（R_o）统计表　　　　（单位:%）

层位		龙2	永参1	旬探1	淳探1
山西组		3.57~3.91			1.69
太原组					1.81
平凉组			1.68	4.05	1.64
马家沟组	马六段		1.53	2.30	2.19
	马五段		2.01		
	马四段		3.11		
张夏组				4.68	3.13

麟探1井上奥陶统礁灰岩地层有机质镜质组反射率测试显示，R_o 平均值为 2.18%，最大值为 2.39%，最小值为 1.90%（表 10-10），有机质的热演化程度高，处于高-过成熟阶段，对天然气的生成较为有利。

表 10-10　彬县地区麟探1井礁灰岩干酪根镜质组反射率（R_o）统计表

地层	深度/m	岩性	R_o/%
东庄组	3029.87	泥质灰岩	2.00
	3031.73	泥质灰岩	1.90
	3033.52	含泥灰岩	2.10
背锅山组	3177.79	灰质泥岩	2.33
	3181.32	灰质泥岩	2.39
	3186.92	泥质灰岩	2.36
	3190.60	含泥灰岩	2.35
平凉组	3361.77	泥晶灰岩	2.08
	3364.32	泥晶灰岩	2.07

2. 最高热解峰温（T_{max}）

T_{max} 是由 Rock-Eval 热解仪分析所得到的 S_2 峰的峰顶温度，随着成熟度的升高，残余有机质成烃的活化能越来越高，相应地，生烃所需的温度也逐渐升高，即 T_{max} 逐步升高。于是，T_{max} 已经成为衡量成熟度的常用指标。

通过对研究区上奥陶统碳酸盐岩地层有机质的热解，获得最高热解峰温（T_{max}）的统计结果（表 10-11）。东庄组泥质藻灰岩最高热解峰温平均值为 479.3℃，背锅山组生物礁灰岩为 513.7℃，平凉组生物礁灰岩为 499.9℃。根据烃源岩有机质成烃演化阶段划分标准，上奥陶统有机质演化程度为高成熟阶段。

表 10-11　麟探1井上奥陶统有机质最高热解峰温（T_{max}）统计

地层	最大值/℃	最小值/℃	平均值/℃	样品数/个
东庄组	576.0	312.3	479.3	10

续表

地层	最大值/℃	最小值/℃	平均值/℃	样品数/个
背锅山组	575.0	325.2	513.7	32
平凉组	553.0	315.6	499.9	26

根据上述各类地球化学指标可以看出，麟探 1 井井下上奥陶统礁灰岩作为烃源岩具备一定的成烃潜力。其中背锅山组沉积的深水斜坡相灰黑色灰质泥岩有机碳含量较高，有机质类型好，以Ⅰ型和Ⅱ$_1$型干酪根为主，有机质成熟度高，是生成天然气的有利层位；平凉组有机质丰度相对较好，属于中等烃源岩，有机质类型也是以Ⅰ型和Ⅱ$_1$型为主，热演化程度高。平凉组暗色泥灰岩沉积厚度大，生烃能力较强。

麟探 1 井区的背锅山组和平凉组烃源岩综合评价为中等-好烃源岩，且主要为发育在暗色泥岩中，以"残留厚度大、有机碳含量高、有机质类型好、演化程度高"为特点，具有一定的天然气勘探潜力。结合平凉期鄂尔多斯盆地南缘发育深水斜坡和碳酸盐岩缓坡两种沉积环境，前者为微咸水-半咸水、弱水动力条件的还原沉积环境；后者则为咸水、强水动力条件的偏氧化-弱还原的沉积环境。结合对应的岩性特征与地球化学指标，认为前一种古沉积环境更有利于烃源岩的发育。

东庄组沉积有褐灰色泥灰岩和灰黑色灰质泥岩，沉积厚度为 158m，虽然部分藻灰岩取心段实测的烃源岩指标好，但总体与平凉组相比，有机碳含量低，加上分布局限，生烃潜力相对较差。

10.2.4　含菌藻类生物礁（滩）相灰岩特征

研究区奥陶纪碳酸盐岩沉积时，除海绵、层孔虫、床板珊瑚等主要造礁骨架生物发育形成骨架礁灰岩，以及富含参与造礁的海绵、苔藓虫等化石的灰岩具有一定生烃潜力外，富含钙藻与蓝藻的灰岩既是灰泥丘的重要构成岩石，也是又一重要烃源岩，主要分布在平凉组早期沉积地层，其中永寿好畤河剖面礁灰岩下段厚 6.2m，铜川上店采石场厚 3.42m（图版 1-1h），耀县桃曲坡剖面厚 10.3m（图版 1-1h）。

1. 蓝藻藻类主要类型

其中在蓝藻藻类中有骨架蓝藻和非骨架蓝藻。骨架蓝藻主要包括表附藻（*Epiphyton*）、肾形藻（*Renalcis*）和葛万藻（*Girvanella*），含量较高，常单独形成障积岩，也可以与肾形藻和葛万藻共同作用。葛万藻常缠绕生屑生长，形成核形石；非骨架蓝藻主要是蓝菌藻（*Cyanobacteria*），为隐藻类生物，它们在凝块石灰泥丘的形成过程中具有重要的作用。

2. 生物标志化合物构成

通过对研究区奥陶纪凝块石生物标志化合物的分析，显示其主要表现为细菌和菌藻类生物对有机质来源的影响。具体表现在以下方面。

1) 正构烷烃

正构烷烃分布以低碳数的偶碳数优势为特征。正构烷烃的主峰碳数分布和奇偶优势比值等可提供有机母质的生源构成、演化状况和沉积环境等方面的信息。低碳数正构烷烃与低等的菌藻类生源有关，而高碳数正构烷烃则与高等植物生源有关。

灰泥丘凝块石的正构烷烃分布特征为峰形前高后低，以低碳数（nC_{15}—nC_{20}）主峰碳以单峰形分布为主，表明其有机质的生源构成是以细菌、低等藻类等为主。虽然正构烷烃分布特征也与烃源岩的热演化程度有关，在高过成熟阶段也可能会出现以低碳数正构烷烃分布为主的现象，但是，从中晚奥陶世起，维管束植物才开始演化，且十分稀少，所以研究的正构烷烃分布特征显然代表了细菌、低等藻类等有机质的生源构成。

2) 五环三萜烷

五环三萜烷分布以 C_{30} 藿烷主峰为特征，C_{31}—C_{35} 升藿烷系列随碳数增加含量依次降低。以藿烷为代表的五环三萜化合物主要分布于蕨类、苔藓植物、蓝藻和细菌中，而且在蓝藻和细菌中广泛分布。

3) 甾类化合物

甾类化合物分布以 C_{29} 甾烷优势为特征。在早期研究中，C_{29} 甾烷（醇）常被作为陆生高等植物有机质存在的重要证据，然而，在奥陶纪、奥陶纪等蓝菌藻叠层石及海相地层中存在 C_{29} 甾醇（烷）优势，在近代沉积物中也发现含丰富 C_{29} 甾醇的蓝菌藻。

因此，根据生物演化和上述综合信息分析样品中的 C_{29} 甾烷优势，反映富细菌、蓝藻类灰岩具有一定的生烃潜力。

10.3　上古生界石炭—二叠系煤系地层烃源岩生烃潜力

10.3.1　烃源岩发育分布特征

受加里东运动影响，早古生代后研究区古地理地形以及沉积环境变化复杂，虽然石炭—二叠系地层厚度变化较大，总体向南厚度整体减薄，甚至层位缺失，但向盆地内部不仅地层发育相对较为齐全，而且石炭—二叠系煤系烃源岩仍有分布，其中距离中国石化研究区较近的镇探 1 井暗色泥岩厚 72m，煤岩厚 6.8m，灵 1 井区暗色泥岩厚 10~30m，煤岩厚 2~5m（表 10-12）。另外，在区域上，上古生界沉积初期受古地貌影响，石炭—二叠系煤系泥质岩主要发育在中央古隆起西侧和东侧，相邻地区的几个探井资料显示，煤岩厚 2~10m，暗色泥岩厚 10~100m，上古生界石炭—二叠系煤系烃源岩厚度在南斜坡区总体与盆地内部比较相对沉积较少，暗色泥岩和煤岩厚度较薄，并呈东北厚、西南薄的分布特征。

表 10-12　鄂南地区石炭—二叠系煤系烃源岩厚度统计结果

岩性	淳探 1	旬探 1	镇探 1	庆深 1	庆深 2	宁探 1	龙 2	灵 1	麟探 1
暗色泥岩厚/m	26.5	56.5	72	83	94	48	13.5	30	45
煤岩厚/m	4.2	1.8	6.8	6.0	8.0	5.0	—	5.0	3.6

10.3.2　烃源岩有机质丰度

以灵 1 井为例，从烃源岩有机碳含量分布特征（表 10-13）看，虽然本井取心段几个样品的有机碳含量平均只有 0.32%，最高为 4.47%，但区域暗色泥岩的残余有机碳平均值变化在 1.1% ~3.24%，大多数样品的残余有机碳含量都在 2% 以上，最高可达 7.1%，说明上古生界仍具有一定的生烃物质基础和生烃能力。

表 10-13　灵 1 井山西组有机碳分析结果表

样号	井深/m	岩性	层位	有机碳含量/%
1	3714.50			4.47
2	3715.87			0.20
3	3716.99	碳质泥岩	山西组	0.43
4	3717.86			0.34
5	3718.97			0.29

10.3.3　族组成与生烃潜力

山西组碳质泥岩族组分结果中（表 10-14），饱和烃平均为 20.96ppm、最大为 29.41ppm，芳烃为 33.77ppm、最大为 55.36ppm，非烃为 27.25ppm、最大为 34.62ppm，沥青质为 12.94ppm、最大为 16.07ppm，岩石热解分析结果中（表 10-15），TOC 为 0.27% ~4.47%，T_{max} 为 550 ~558℃，生烃潜量 S_1+S_2 为 0.02 ~0.69mg/g 岩石，总体为较好烃源岩。井区邻近的石炭—二叠系本溪组、太原组和山西组煤岩是有机质高度富集的有机岩石，有机碳含量达 73.6% ~83.2%，氯仿沥青 "A" 为 0.61% ~0.8%，总烃为 1757.1 ~2539.8ppm，产烃潜力达 71.9 ~78.1mg HC/g TOC，烃转化率为 6.9% ~12%，可以形成上古生界主要的气源之一。煤岩的干酪根有机显微组成以镜质组为主，含量一般在 50% ~70%，其次是丝质组，占 30% ~40%，富氢的稳定组分含量一般较低，多在 0 ~10%。煤岩镜质组中镜质体含量较高，显示出生烃能力较好，煤系源岩岩样热解氢指数（HI）和生烃潜量（S_1+S_2）普遍较低，平均氢指数为 36.1mg 烃/g 岩石，平均生烃潜量（S_1+S_2）为 0.13mg 烃/g 岩石，显示出气源岩已大量生烃（张文正等，2000）。

表 10-14　灵 1 井山西组族组成分析结果表

样号	井深/m	岩性	层位	氯仿 "A" 族组成				闭合度/%
				饱和烃/%	芳烃/%	非烃/%	沥青质/%	
1	3714.50			10.71	55.36	12.50	16.07	96.94
2	3715.87			19.23	34.62	34.62	11.54	100.00
3	3716.99	碳质泥岩	山西组	29.41	33.43	25.49	9.80	98.03
4	3717.86			27.27	22.73	31.82	13.64	95.46
5	3718.97			18.18	22.73	31.82	13.64	86.37

表 10-15　灵 1 井山西组碳质泥岩岩石热解分析结果表

样号	井深 （d/m）	岩性	层位	TOC %	S_1 mg/g 岩石	S_2 mg/g 岩石	S_3 mg/g 岩石	S_1+S_2 mg/g 岩石	IH mg/gTOC	Io mg/gTOC	T_{max} ℃
1	3714.5			4.47	0.05	0.64	0.20	0.69	14.32	4.47	558
2	3715.87			0.27	0.02	0.04	.0.13	0.06	14.81	48.15	554
3	3716.99	碳质 泥岩	山西组	0.43	0.02	0.07	0.12	0.09	16.28	27.91	550
4	3717.86			0.34	0.00	0.02	0.18	0.02	5.88	52.94	557
5	3718.97			0.29	0.01	0.01	0.16	0.02	3.45	55.17	556

　　暗色泥岩氯仿沥青"A"为 0.008 ~ 0.043ppm，太原组产烃潜力为 2.92 ~ 3.24mgHC/g TOC，总烃为 50.2 ~ 177.6ppm，山西组总烃为 49.0 ~ 122.9ppm（表 10-16），说明也有一定的生烃潜力。

表 10-16　盆地南部石炭–二叠系煤系烃源岩有机质丰度统计表

地层	山西组	太原组		本溪组
岩性	暗色泥岩	暗色泥岩	生物灰岩	暗色泥岩
生烃潜力	1.10 ~ 2.46	2.92 ~ 3.24	0.05 ~ 0.85	1.78 ~ 1.95
氯仿沥青"A"	0.015 ~ 0.030	0.009 ~ 0.043	0.005 ~ 0.036	0.008
烃/ppm	49.0 ~ 122.9	50.2 ~ 177.6	27.3 ~ 157.8	23.5

　　暗色泥岩的干酪根有机显微组分与煤岩一样，也以镜质组分为主，其次为惰质组与无定型组分，壳质组相对较低。太原组暗色泥岩、灰岩与本溪组暗色泥岩中无定型组分相对偏高，显示源岩母质的干酪根类型多为腐泥–腐殖混合型。但上古生界总体煤系烃源岩的干酪根类型主要为腐殖型，有利于生气（表 10-17）。

表 10-17　盆地南部石炭–二叠系碳质泥岩干酪根组分（平均值）统计表

层位	岩性	无定形/%	壳质组/%	镜质组/%	惰质组/%
山西组		23.82	9.96	45.26	20.67
太原组	碳质泥岩	35.81	6.27	32.21	25.69
		70.19	1.08	13.42	15.31
本溪组		47.45	23.20	28.05	1.20

　　综合上述多种分析，并结合已有探井含气信息，认为研究区上古生界石炭—二叠系煤系地层不仅是重要的烃源岩，而且是重要的气源之一。在研究区下古中、上奥陶统海相烃源岩中，TOC 大于 0.4% 的占近 50%，普遍井下样品比露天样品高，平均有机碳含量为 0.4%，最大达 2.91%，具备生烃条件。具备较好的生烃潜力，显示丰度高。

　　与麟探 1 井东部相邻的淳探 2 井，奥陶系烃源岩沥青反射率（R_{ob}）普遍大于 1.6%，证实该区烃源岩热演化程度高，已达高、过成熟阶段，对天然气的生成较为有利。同样在南部紧邻的永寿露头剖面上，平凉组烃源岩镜质组反射率分析结果显示，21 个样品中平均值为 1.44% ，最小值为 0.6% ，最大值为 2.45% 。分布在过成熟生气阶段的样品占到 55.2% 。其中向东在桃曲坡剖面，平凉组泥灰岩成熟度最低，6 个样品烃源岩镜质组反射率平均值为 0.78% ，最小值为 0.73% ，最大值为 0.9% ；在井区西部平凉地区剖面，平凉组泥岩和泥页岩成熟度次之，13 个样品烃源岩镜质组反射率平均值为 1.1% ，最小值为 0.6% ，最大值为 2.3% ，分布在过成熟生气阶段的样品占到 69% 。相邻的淳 2 井镜质组反射率延长组 R_o 为 1.09% ，成熟生油阶段；石千峰组 R_o 为 1.66% ~2.07% ，高成熟阶段；山西组 R_o 为 2.11% ，过成熟生气阶段；背锅山组 R_o 为 2.04% ~2.80% ；平凉组 R_o 为 2.74% ~2.89% ，过成熟干气阶段，马家沟组 R_o 为 2.69% ~3.13% 。

对于奥陶系碳酸盐岩烃源岩裂缝中的沥青，地球化学分析对比结果表明，油源具有海相烃源岩特征，主要来自东庄组泥页岩，东庄组生物标志化合物的特征对比显示，具有较低 Pr/Ph 值，较高的 C_{24} 四环萜烷以及较高伽马蜡烷指数，通过古生物识别、古油藏地球化学分析认为，沥青来源于"东庄组"海相烃源岩特征。

上古生界烃源岩与奥陶系烃源岩互为补充，上古生界煤和泥岩烃源岩，具北厚南薄的特点。研究区暗色泥岩平均有机碳为 1.6% ~2.6% ，煤平均有机碳为 70% ~80% ，烃源品质好；烃源岩 R_o 平均为 1.67% ，最大热解峰温（T_{max}）平均为 494.9℃ ，已进入过成熟阶段。结合已有探井含气信息，认为研究区上古生界石炭—二叠系煤系地层不仅是重要的烃源岩，而且是重要的气源之一。

第11章　碳酸盐岩储层岩性、物性特征与分布

11.1　鄂南地区奥陶系碳酸盐岩储集层发育分布特征

11.1.1　礁岩相储层主要微相与岩性组合

碳酸盐岩储集层沉积微相主要由礁岩相和台地潮坪相组成，其中礁岩相包括礁基、礁核、礁翼、礁盖（顶），岩石类型包括骨架岩、障积岩、黏结岩等，岩性特征前面章节已作详述。潮坪相是另一重要沉积相，具体微相构成与特征包括以下部分。

1. 云（灰）坪

云（灰）坪由准同生白云（灰）岩组成，岩石为灰白色、浅灰色、黄灰色、灰色，以薄至中层状为主，部分为厚层状，以不同粒径的晶粒白云岩和方解石为主，且以泥-粉晶居多，中、细晶含量较少。可见鸟眼构造、纹层构造。

2. 泥云（灰）坪

泥云（灰）坪由灰黄色、黄褐色、浅灰色的泥质白云岩、含泥白云岩以及灰岩组成，是陆源黏土物质与白云质物质混合沉积的产物，中至薄层状，可含少许碳酸盐岩颗粒和陆源粉砂，具粉-泥晶结构，碳酸盐岩颗粒为小生屑或粉屑。常发育水平层理，见鸟眼构造，部分可见干裂等暴露标志。

3. 藻云坪

藻云坪主要发育在灰色、灰黑色富含有机质的薄至中层状准同生白云岩、泥粉晶白云岩以及含泥白云岩和白云质泥岩，常发育水平层理和波状纹层和溶孔（图11-1a~d）。

4. 灰云坪

灰云坪由灰白色、浅灰色、黄灰色、灰色薄至中层状准同生白云岩、粉晶白云岩、灰质白云岩以及白云质灰岩等组成，中薄层为主，部分为厚层状，泥-粉晶居多，见纹层构造。

5. 云灰坪

云灰坪主要岩石为灰白色、灰黄色、浅灰色的薄层泥质白云岩、粉晶白云岩、白云质灰岩等，化石碎片较多，常见水平纹层，为潮间带环境。

6. 礁相

礁相主要岩石为灰白色、浅灰色的生物骨架岩、生物障积岩和生物黏结岩，分礁核、

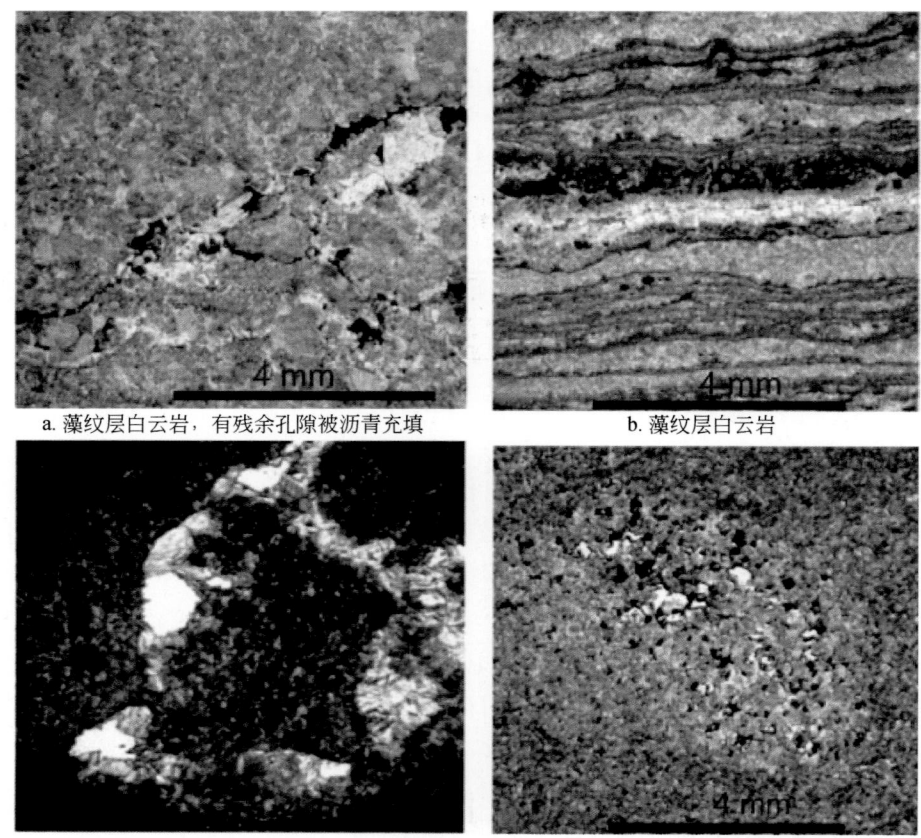

a. 藻纹层白云岩，有残余孔隙被沥青充填　　　　b. 藻纹层白云岩

c. 藻纹层白云岩，溶洞为粗晶白云石充填　　　　d. 藻纹层细粉晶白云岩，溶孔发育

图 11-1　旬探 1 井马六段藻云岩中层理、孔隙类型与溶孔

礁翼、礁基以及礁盖微相。

7. 滩坝

滩坝由浅灰色、灰黄色砂屑石灰岩、泥质条带石灰岩、亮晶鲕粒灰岩、含灰白云岩以及腕足类、三叶虫、棘皮等生物碎屑灰岩组成，颗粒有低角度斜层理、交错层理，反映水动力条件较强。

11.1.2　浅海台地相碳酸盐岩储层主要岩石类型

研究区奥陶系碳酸盐岩储层为一套海相碳酸盐岩，主要岩石类型包括膏云岩、粉晶云岩、中细晶云岩、残余鲕粒云岩、藻云岩、云灰岩、粒屑灰岩等（图 11-2a～d），既有正常沉积与结晶的台地相碳酸盐岩，也有事件沉积的滑塌角砾岩和浊积岩，种类齐全。

1. 颗粒灰岩

颗粒灰岩主要有鲕粒灰岩、砾屑灰岩、生屑灰岩，亮晶胶结显见，泥晶基质次之，在地层中呈条带状、薄层状–厚层块状。

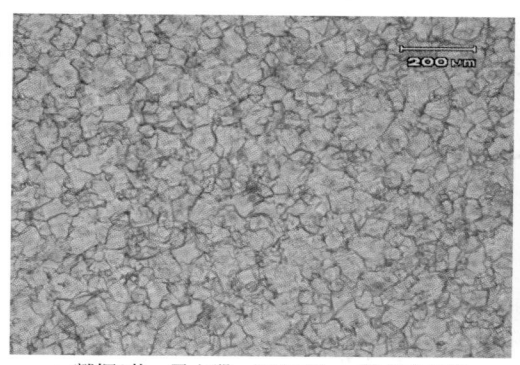

a. 麟探1井，马六段，3663.17m，粉晶白云岩

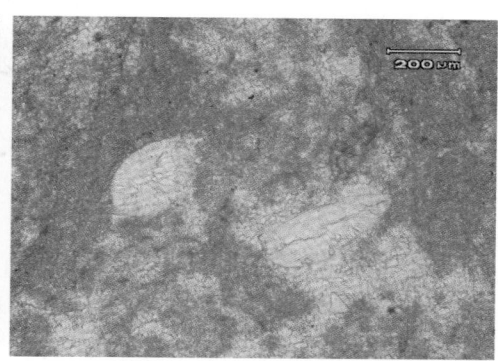

b. 麟探1井，马六段，3772.58m，灰质云岩，
见介形虫化石

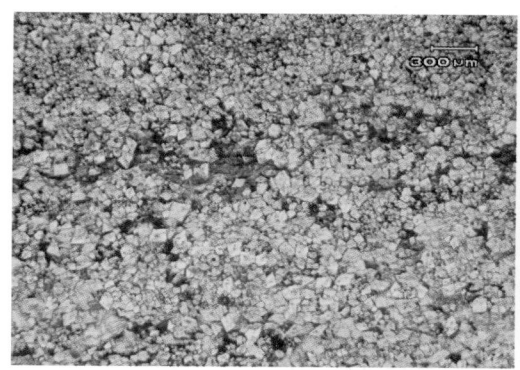

c. 麟探1井，马六段，3667.89m，细粉晶白云岩

d. 麟探1井，3774.43m，马六段，云质藻灰岩

图 11-2　浅海台地相碳酸盐岩储层主要岩石类型

2. 泥晶灰岩

泥晶灰岩分布普遍，多为深灰色–灰黑色，往往含生物碎屑和藻类，常见纹层状泥晶灰岩、生物泥晶灰岩和藻灰岩，上寒武统三山组和下奥陶统马家沟组的泥晶灰岩普遍有白云化现象，此类岩石形成于安静水体或水动力条件较弱的沉积环境，平凉组中含浮游生物的薄板状和页状泥晶灰岩则为安静深水环境的产物。

3. 准同生期原生微、粉晶白云岩

准同生期原生微、粉晶白云岩主要由小于 $100\mu m$ 的白云岩晶粒组成，有两种类型，一种是含膏白云岩，其中晶粒大小较均匀，缺乏生物，常含分散块状黄铁矿和膏盐矿物，岩石颜色较深暗，多为深灰色–灰黑色，常与膏盐沉积伴生呈不规则的薄互层，主要形成于含盐度较高、水流不畅的半封闭蒸发环境，主要见于马家沟组；另一种是藻云岩，其特征是富含藻类、暗色纹层状或叠层状，其晶粒大小不均匀，多是水动力条件较弱的浅水沉积环境的产物，主要见于上寒武统三山组和下奥陶统马家沟组。

4. 成岩期中、细晶白云岩

成岩期中、细晶白云岩主要由大于 $100\mu m$ 的白云石晶粒组成，宏观为糖粒状，镜下呈镶嵌状，白云石主要是半自形晶、雾心亮边现象显见，晶粒大小不均，残余粒屑结构可

见，此种白云岩主要是颗粒灰岩在成岩期经白云化而成，交代–重结晶作用强烈，致使原生粒屑结构模糊不清或基本消失，在分析沉积环境方面远不如准同生期白云岩所提供的信息准确。虽然如此，由于它来源于粒屑灰岩，我们可从它的晶粒大小不均和残余碎屑结构中获取环境信息，推知它很可能属于水动力条件较强的浅水沉积环境，如张夏组残鲕云岩。

5. 滑塌角砾石灰岩

滑塌角砾石灰岩主要见于平凉组，常为巨大的缺乏生物化石的块状岩体、砾石分选很差，大小混杂，排列无序，巨砾常呈"漂浮状"散布于细砾之中，砾石成分主要是深水斜坡成因的深灰色薄板状和页状石灰岩，其次为浅水台地成因的亮晶颗粒石灰岩，砾间填隙物主要为圆形的砂状碳酸盐岩颗粒和含泥的泥晶方解石，这种混杂角砾石灰岩间夹在巨厚的深灰色薄板状和页状石灰岩中，显然是邻近碳酸盐岩台地的深水盆地边缘上部沉积环境的产物。

6. 岩（膏）溶角砾白云岩

岩（膏）溶角砾白云岩主要分布在马家沟组膏云岩地层中，角砾多为微、粉晶白云岩，砾径大小混杂，排列无序，填隙物主要是后期亮晶方解石、白云石和黄铁矿，显然是膏云岩层中的膏盐矿物被溶解，岩层变形、崩塌、原地胶结而成，此种白云岩与半封闭水体的蒸发环境有关，主要见于马家沟组膏云岩地层。

7. 蒸发岩

蒸发岩主要是（硬）石膏岩和盐岩，常与微、粉晶白云岩伴生，为膏盐潟湖或潮上带等蒸发环境的典型标志，主要见于下寒武统馒头组和下奥陶统马家沟组马一段、马三段和马五段。

11.1.3　台缘礁滩型储层的主要岩石类型

通过野外剖面及实验鉴定分析，鄂尔多斯南缘生物礁滩型储层主要储集岩类型有生物灰岩及粒屑灰岩。主要见于中奥陶统平凉组下部，其特征是多呈层状和丘状，富含藻类及珊瑚等生物，不具生物格架时为生物灰岩，当具有生物格架时则为礁灰岩，前者形成的沉积环境较广泛，而后者则主要形成于水动力条件较强、温暖，清洁的水体中，是碳酸盐岩台地边缘沉积环境的重要特征。

1. 生物礁灰岩

岩石组成盆地南缘生物礁（滩）型储层的重要岩石类型，岩石中生物含量主要是一些造礁生物，常见生物包括海绵、珊瑚、层孔虫，见少量的藻和水螅虫（图 11-3a～d），生物间主要被亮晶方解石胶结，表明其形成于相对高能的沉积环境，白云岩化作用不发育，或仅发生斑点状白云岩化。该类岩石原生孔隙少见，常见到后期溶孔，面孔率通常为 0.1%～2.9%，局部地区溶蚀作用发育，溶孔面孔率可达 1%～5%，且伴有溶缝沟通，这类岩石可成为有效储集岩类。

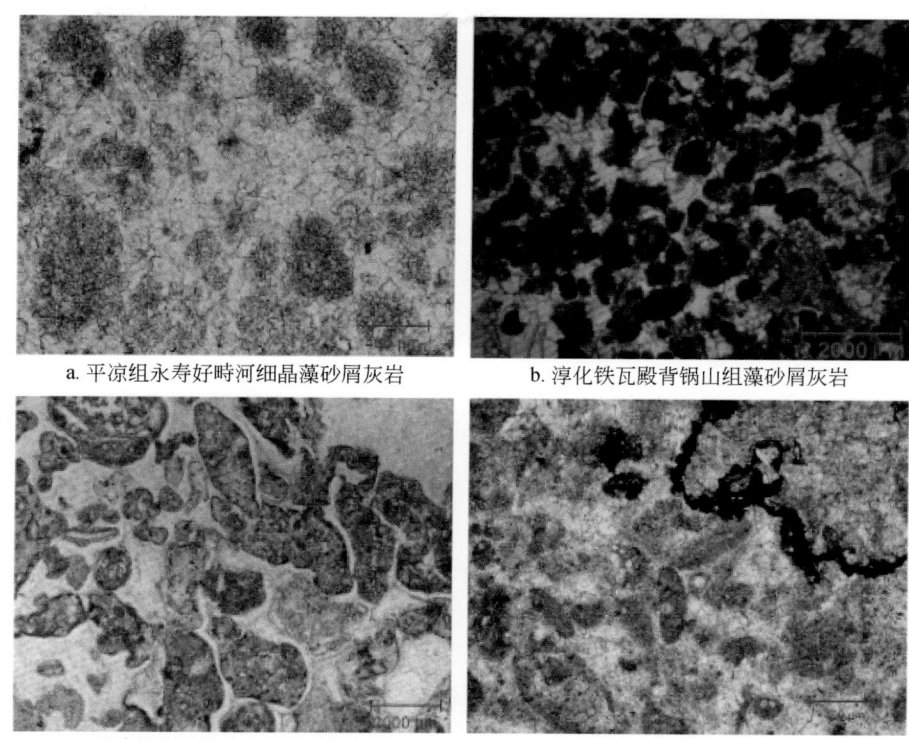

a. 平凉组永寿好畤河细晶藻砂屑灰岩　　　　　　b. 淳化铁瓦殿背锅山组藻砂屑灰岩

c. 平凉组淳化徐家山亮晶砂屑灰岩　　　　　　d. 富平将平凉组军山亮晶砂屑灰岩

图 11-3　鄂南地区平凉组粒屑灰岩类型

2. 粒屑灰岩

最常见砂屑灰岩和藻砂屑灰岩，碎屑含量在 8% ~ 32%，见少量生物碎屑灰岩及含生屑砂屑灰岩，灰岩内砂屑分选性较好，磨圆较好，往往是亮晶胶结，一些剖面内还可见有机质沿溶缝充填（图 11-2），表明这类岩石亦形成于高能环境，而且往往与生物礁灰岩伴生，是盆地南部中晚奥陶世礁滩型储层中常见岩石之一。但这类岩石中原生孔隙也不发育，而且溶孔较生物灰岩而言欠发育，面孔率通常较低。

11.1.4　碳酸盐岩储层的主要岩石结构特征

储层岩石的结构类型包括以下几种：

1. 泥微晶质结构

泥微晶质主要由小于 $10\mu m$ 的碎屑黏土组成，常与碳酸盐岩沉积伴生，是安静水体的产物，主要见于下寒武统和中奥陶统平凉组。

2. 粒屑结构

颗粒主要是碳酸盐质的内碎屑（砾屑和砂屑），鲕粒和生屑，粒间主要是碳酸盐亮晶、亮晶胶结物形成的世代现象（栉壳状–晶粒状）显见，为水动力条件较强的浅水沉积环境的产物（图11-3），此种结构主要见于寒武系张夏组、崮山组、冶里亮家山组和背锅山组。

3. 微、粉晶结构

微、粉晶主要由小于50μm的碳酸盐岩晶粒组成，粒径大小比较均匀，常与膏盐沉积伴生，是安静水体环境的重要标志，主要见于马家沟组和平凉组。

4. 粉、细晶结构

粉、细晶主要由50~250μm的碳酸盐岩晶粒组成，晶粒稍粗，粒径大小不均匀，多数可见残余粒屑或粒屑幻影，可能是水动力条件较强浅水沉积环境的产物。

5. 生物骨架结构

生物骨架主要由群体生物的骨架组成，其规模较小，多呈层状或丘状，群体生物以珊瑚和藻类为主，层孔虫和苔藓虫次之，具有一定的抗浪性，是碳酸盐岩台地边缘沉积环境的典型标志。主要见于平凉组。

颗粒结构、生物结构和粉细晶结构是储层形成各种孔隙类型的基础。

11.1.5　碳酸盐岩储层同位素组分与成岩变化中孔洞缝的形成

碳氧同位素测试是分析和解释碳酸盐岩成因环境以及成岩变化的有效方法，白云岩的氧同位素可能与下列因素有关：交代成因的白云石同共生的方解石相近，高盐度蒸发环境白云石测值高，与淡水作用有关的白云石测值低，混合水作用的白云石测值也较低。碳酸盐沉积物的矿物主要有方解石和白云石两种。方解石矿物体系中，除方解石外，还有高镁方解石、低镁方解石、文石等矿物。在白云石矿物体系中，除白云石外，还有富钙的原白云石、铁白云石、菱铁矿、菱镁矿等碳酸盐矿物。其他非碳酸盐的自生矿物还有陆源石英、黏土、黄铁矿、赤铁矿、燧石和磷酸盐等。

碳氧同位素测试是分析和解释碳酸盐岩成因环境以及成岩变化的有效方法，白云岩的氧同位素可能与下列因素有关：交代成因的白云石同共生的方解石相近，高盐度蒸发环境白云石测值高，与淡水作用有关的白云石测值低，混合水作用的白云石测值也较低。其中，灵1井寒武系碳酸盐岩中共分析碳氧同位素全岩样品13个（表11-1），碳同位素测值范围是$\delta^{13}C = -2.19‰ \sim 1.23‰$，其中9个为负值，其平均值$\delta^{13}C = -1.28‰$，2个为正值，其平均值$\delta^{13}C = 0.69‰$，平均值范围应为$\delta^{13}C = -1.28‰ \sim 0.69‰$，总体数值较低，说明白云岩形成于正常盐度的广海环境，从长山组到徐庄组数值变化反映了海水深度、水动力条件、沉积微相以及云化过程的变化，特别需要说明的是，位于寒武系顶部并靠近风化壳附近的长山组，碳同位素测值最低，说明碳酸盐岩胶结物与大气降水密切有关，馒头组碳酸盐岩胶结物$\delta^{13}C = 1.23‰$，值较高，为早期原生白云岩，潮上带强蒸发高盐度沉积环境；氧同位素测值变化范围是$\delta^{18}O = -9.52‰ \sim -1.26‰$，全部为负值，其氧同位素平均测值集中在$\delta^{18}O = -6.5‰ \sim -4‰$，大体可归为混合水带的范畴。地层从老到新，氧同位素测值序列变化规律总体为负值越来越小，即相对较轻向相对较重移动，水温为55~75℃，混合水越来越动荡，这与地层构造变化以及沉积环境演化规律是一致的。

表 11-1　灵 1 井寒武系碳酸盐岩稳定同位素分析测值

样号	层位	井深/m	$\delta^{13}C_{PDB}$/‰	$\delta^{18}O_{PDB}$/‰
1	长山组	3727.99	-2.19	-5.54
2	长山组	3729.37	-0.44	-1.26
3	长山组	3730.12	-1.94	-5.21
4	长山组	3733.52	-2.16	-5.59
5	长山组	3734.65	-1.33	-4.09
6	张夏组	3981.36	-0.23	-5.37
7	张夏组	3983.05	0.14	-4.94
8	徐庄组	4029.29	-1.32	-9.52
9	徐庄组	4068.25	-1.31	-5.39
10	徐庄组	4071.05	-0.56	-4.89
11	馒头组	4218.93	1.23	-6.01
12	蓟县系	4275.75	0.83	-4.75
13	蓟县系	4276.27	0.76	-6.30

　　同样，在麟探 1 井马家沟组碳酸盐岩中共分析碳氧同位素全岩样品共计 9 个，分析测试结果所示（表 11-2）。碳同位素测值范围是 $\delta^{13}C = -1.08‰ \sim 0.65‰$，其中 4 个为负值，其平均值 $\delta^{13}C = -0.68‰$，5 个为正值，其平均值 $\delta^{13}C = 0.383‰$，故其平均值范围应为 $\delta^{13}C = -0.68‰ \sim 0.383‰$，总体数值较低，说明白云岩形成于正常盐度的广海环境，其中马五段到马六段数值变化反映了海水深度、水动力条件、沉积微相以及云化过程的变化。特别需要说明的是，马五段碳酸盐岩 $\delta^{13}C$ 值较高，平均值为 0.63‰，可能为早期原生白云岩，潮上带强蒸发高盐度沉积环境；氧同位素测值变化范围是 $\delta^{18}O = -6.294‰ \sim -1.60‰$，全部为负值，其氧同位素平均测值集中在 $\delta^{18}O = -2‰ \sim -6.5‰$，大体可归为混合水带的范畴。地层从老到新，氧同位素测值序列变化规律总体为负值越来越小，变化规律与灵 1 井寒武系碳酸盐岩相似。

表 11-2　麟探 1 井稳定同位素分析测值

样号	地层	井深度/m	岩性	$\delta^{13}C_{PDB}$/‰	$\delta^{18}O_{PDB}$/‰
1	马六段	3661.90	角砾状含泥云岩	-0.58	-2.51
2	马六段	3664.54	角砾状含泥云岩	0.01	-2.22
3	马六段	3666.81	角砾状含泥云岩	0.38	-1.60
4	马六段	3667.52	角砾状含泥云岩	-0.46	-3.31
5	马六段	3772.38	含云灰岩	0.268	-4.453
6	马五段	3922.22	粉晶云岩	0.65	-2.03
7	马五段	3924.22	灰质云岩	0.61	-2.71
8	马二段	4436.74	砾屑灰岩	-1.078	-6.121
9	马二段	4443.89	砾屑灰岩	-0.593	-6.294

　　总之，研究区奥陶系碳酸盐岩的碳氧同位素分析结果揭示，白云岩成因环境、生成机制给我们提供了相当重要的信息，结论与其他地球化学岩矿分析结果吻合，符合区域环境演化规律。

11.2　鄂南地区奥陶系碳酸盐岩储层物性分布特征

油气储层的储集物性和孔隙结构是储层评价研究中最重要的参数,所有其他的研究方法,如测井、地震、沉积相等,它们解释的最终目的是真实地确定油气储层的物性和孔隙结构。在岩心岩性观察描述的基础上,分别采集了露头、井下岩样,通过常规岩石薄片、岩石铸体薄片、压汞等化验分析手段,研究储层的物性特征、孔隙结构特征,根据以上分析测试资料对目的层储集特征进行深入分析,对储层进行分类评价。

11.2.1　鄂南地区区域露头剖面不同层位样品物性特征

在沉积相与成岩作用下,现今鄂南地区下古生界储集层主要为一套海相碳酸盐岩,其中包括膏云岩、粉晶云岩、中细晶云岩、残余鲕粒云岩、藻云岩、云灰岩、粒屑灰岩等,前人对 232 个地表样品分析结果统计(表 11-3),岩石基质孔隙性不发育,物性较差。可以看出,碳酸盐岩储层总体面貌上呈低孔低渗特征,其中东庄组、平凉组生物礁滩相碳酸盐岩物性相对较好。

表 11-3　鄂南地区下古生界区域露头样品物性分析统计表

层位	剖面(样品数)	孔隙度/%	渗透率/$10^{-3}\,\mu m^2$
东庄组	3(9)	1.45	<0.1
背锅山组	5(37)	0.75	<0.1
平凉组	3(14)	1.47	<0.1
马家沟组	5(69)	1.17	<0.1
冶里-亮家山	3(17)	1.51	0.1
三山组		3.37	<0.1
张夏组		1.00~2.80	0.1

11.2.2　井下寒武系储层物性分布特征

以灵 1 井为例,钻遇白云岩储层的岩石常规岩心物性统计结果见表 11-4。可以看出,虽然某些层段中,溶蚀风化作用较强,但除张夏组鲕粒灰岩相对较好外,寒武系岩性总体致密,物性普遍较差。

表 11-4　寒武系取心段白云岩储层的岩性物性分布表

层位	井深/m	样品数/个	孔隙度/%			渗透率/$10^{-3}\,\mu m^2$		
			最大	最小	平均	最大	最小	平均
长山组	3727.27~3735.37	54	3.38	0.16	0.8	1.77215	0.00425	0.09

层位	井深 /m	样品数 /个	孔隙度/%			渗透率/$10^{-3} \mu m^2$		
			最大	最小	平均	最大	最小	平均
张夏组	3979.78~3984.89	24	3.39	0.33	1.45	26.5379	0.00686	1.53
徐庄组	4023.85~4072.79	60	1.15	0.27	0.71	1.57009	0.0037	0.1
馒头组	4216.03~4217.94	14	0.63	0.11	0.35	0.01019	0.00338	0.01
蓟县系	4218.04~427651	16	2.03	0.49	0.94	0.02497	0.00338	0.004

　　针对上述结果，研究中重点对灵 1 井寒武系长山组上段（井深 3727.17~3735.37m）碳酸盐岩储层物性进行了分布统计。从结果（图 11-4、图 11-5）可以看出，渗透率大部分小于 $0.1 \times 10^{-3} \mu m^2$，孔隙度大部分介于 0.4%~0.8%，且孔隙度与渗透率的最大值和最小值相差大，反映了碳酸盐岩强非均质性。

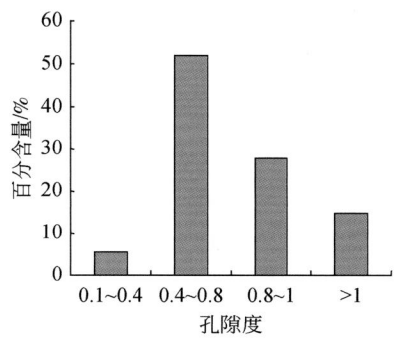

图 11-4　长山组（井深 3727.17~3735.37m）碳酸盐岩储层孔隙度分布图

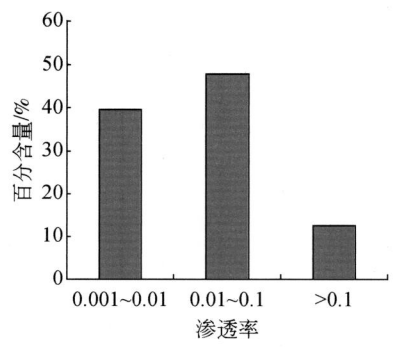

图 11-5　长山组（井深 3727.17~3735.37m）碳酸盐岩储层渗透率分布图

11.2.3　井下中下奥陶统台地相碳酸盐岩物性特征

　　对于井下碳酸盐岩储层的物性分析（表 11-5）是研究重点，其中麟探 1 井、旬探 1 井、淳探 1 井和宁探 1 井四口区域探井中下古生界地层的孔隙度、渗透率分析统计结果，

表 11-5　旬探 1 井、淳探 1 井、宁探 1 井和麟探 1 井下古生界碳酸盐岩储层孔隙度、渗透率分析结果汇总表

层位 \ 井号 物性	旬探 1 井 孔隙度/%	旬探 1 井 渗透率/10^{-3} μm²	淳探 1 井 孔隙度/%	淳探 1 井 渗透率/10^{-3} μm²	宁探 1 井 孔隙度/%	宁探 1 井 渗透率/10^{-3} μm²	麟探 1 井 孔隙度/%	麟探 1 井 渗透率/10^{-3} μm²
平凉组	(0~0.5) $\frac{1.44}{0.23}$ (18)	(0.01~0.05) $\frac{1.1707}{0.0198}$ (18)	(0~0.5) $\frac{0.61}{0.14}$ (29)	(0.1~0.5) $\frac{0.0377}{0.0079}$ (29)	—	—	(1.5~2) $\frac{6.25}{0.2}$ (75)	(0.05~0.1) $\frac{0.9178}{0.0037}$ (75)
马家沟组	(1~1.5) $\frac{13.26}{0.44}$ (111)	(0.01~0.05) $\frac{2122}{0.0188}$ (111)	(0~0.5) $\frac{1.24}{0.11}$ (33)	(0.005~0.01) $\frac{1.2989}{0.0026}$ (33)	—	—	(1.5~2) $\frac{3.8}{0.36}$ (37)	(0.05~0.1) $\frac{0.741}{0.0019}$ (37)
冶里亮甲山组	—	—	(0.5~1) $\frac{1.85}{0.41}$ (6)	(0.005~0.01) $\frac{0.2967}{0.0048}$ (6)	—	—	—	—
上寒武	—	—	(0.5~1) $\frac{0.77}{0.12}$ (7)	(0.005~0.01) $\frac{0.3406}{0.0048}$ (7)	—	—	—	—
张夏组	(1~1.5) $\frac{3.47}{0.22}$ (21)	(1~5) $\frac{28.801}{0.0357}$ (21)	(0.5~1) $\frac{2.76}{0.24}$ (60)	(0.01~0.05) $\frac{0.3043}{0.0065}$ (60)	(0.5~1) $\frac{2.37}{0.41}$ (46)	(0.01~0.05) $\frac{7.2082}{0.0119}$ (46)	(1.5~2) $\frac{3.11}{1.22}$ (28)	(1~5) $\frac{9.8383}{0.0055}$ (15)

与露头样相比，低渗透孔的总面貌没有改变。其中淳探 1 井中，绝大部分样品的孔隙度小于 1%，最大的孔隙度值为 2.76%，不超过 3%。渗透率的情况亦是如此，一般都小于 $0.5×10^{-3}\,\mu m^2$，最小的仅 $0.0026×10^{-3}～100.5×10^{-3}\,\mu m^2$，最大值亦只有 $1.3×10^{-3}～100.5×10^{-3}\,\mu m^2$（该样有裂缝），从不同层位来看，平凉组孔隙度小于 0.5% 的占分析样品数的将近 90%，最大值仅为样品渗透率在 $0.01×10^{-3}\,\mu m^2$ 以下，冶里组—亮甲山组和上寒武统（三山组）有 55% 以上样品的孔隙度落在 1%～0.5% 的范围内，但渗透率小于 $0.01×10^{-3}\,\mu m^2$ 的分别占 66.66% 和 85.71%，张夏组是我们测得孔隙度值最高的一个层段，其值为 2.76%，但大部分样品仍在 1%～0.5% 低孔的范围内（65%），另外，还有 31.67% 是属于极低孔隙度的，渗透率则绝大部分样品低于 $0.05×10^{-3}\,\mu m^2$。

旬探 1 井的情况较淳探 1 井要好，尽管平凉组仍有 55.55% 样品落在低孔低渗的范围内，但有较多的样品孔隙度大于 1%，渗透率大于 $1×10^{-3}\,\mu m^2$，这种情况在淳探 1 井中是见不到的，马家沟组和川组的孔渗性更好，经对川个样品的统计，孔隙度大于 >1% 的占 73.87%，介于 0.5%～1% 的占 18.91%，小于 0.5% 的占全部分析样的 2.7%，平均孔隙度可达 2.42%，最大值可达 13.26%，渗透率一般为 $2×10^{-3}～0.02×10^{-3}\,\mu m^2$，其中仍有 44.14% 的样品渗透率低于 $0.05×10^{-3}\,\mu m^2$。但在 3080～3197m 井深钻遇的三个孔洞发育段，其渗透率达十几毫达西，最高的一个达到 $2122×10^{-3}\,\mu m^2$。这在南缘堪称罕见，旬探 1 井马家沟组和峰峰组的孔渗性是这批探井中最好的，张夏组在旬探 1 井中也是较好的，孔隙度变化在 0.22%～3.47%，平均值为 1.74%，其中大于 1% 的样品占全部分析样的 71.43%，而小于 0.5% 的仅占 4.76%，渗透率变化比较大，是因为有裂缝存在，如果开裂缝，渗透率一般为 $0.03×10^{-3}～0.3×10^{-3}\,\mu m^2$，一旦出现裂缝，渗透率即可增至 $2.5×10^{-3}～28.8×10^{-3}\,\mu m^2$，较前者大 1～2 个数量级。

11.2.4　礁灰岩储层的物性特征

鄂南地区奥陶纪生物礁，规模性的发育已为前人的大量研究所证实，作为重要的海相碳酸盐岩储层类型，生物礁滩型储层因其储集性能优良以及大量成功的勘探先例而具备重要的研究意义。本次立足于前人研究基础，以鄂尔多斯南缘地区奥陶纪生物礁为研究对象。通过野外露头实地踏勘，钻井岩心观察，结合样品测试分析资料，系统研究了南缘地区奥陶纪生物礁的发育层位及分布范围。据地表采得的由层孔虫和珊瑚组成的礁灰岩，最大孔隙度仅 2.05%，最小为 0.17%，渗透率一般均小于 $0.001×10^{-3}\,\mu m^2$，最大仅为 $0.29×10^{-3}\,\mu m^2$（表 11-6）。

表 11-6　鄂南地区奥陶系露头剖面层孔虫、珊瑚骨架礁灰岩物性特征分析结果

样号	层位	孔隙度/%	渗透率/$10^{-3}\,\mu m^2$	样号	层位	孔隙度/%	渗透率/$10^{-3}\,\mu m^2$
bⅡ-6	O_3	0.22	0.0002	bⅡ-48	O_3	0.19	0.0001
bⅡ-36	O_3	0.29	0.0030	bⅡ-68	O_3	0.23	0.0003
bⅡ-39	O_3	0.18	0.0002	bⅡ-71	O_3	0.28	0.0010
bⅡ-44	O_3	0.17	0.0001	A1-2	O_3	0.68	0.0003

续表

样号	层位	孔隙度/%	渗透率/$10^{-3}\mu m^2$	样号	层位	孔隙度/%	渗透率/$10^{-3}\mu m^2$
A14-1	O_3	1.79	0.0005	JXⅠ-67	O_3	0.29	0.0004
A14-2	O_3	0.60	0.0002	EBⅡ2-7	O_3	0.46	0.0004
JXⅠ-16	O_3	2.05	0.0001	EBⅡ2-9	O_3	1.27	0.2900

以下以麟探 1 井奥陶系为例，各取心层段孔隙度、渗透率物性参数统计结果见表 11-7，从层位分布看，不同层位碳酸盐岩孔渗相差较大。背锅山组（图 11-6，图 11-7）孔隙度主要集中分布在 0.5%～1.5%，约占背锅山组样品总数的 71.43%，0.5%～1% 和 1%～1.5% 区间均超过 35%，储集空间差异大，渗透率分布直方图为单峰，均小于 0.05×$10^{-3}\mu m^2$。

表 11-7　麟探 1 井中上奥陶统碳酸盐岩储层孔隙度、渗透率统计表

井号/层位	样品数/个	孔隙度/%		渗透率/$10^{-3}\mu m^2$	
		范围值	平均值	范围值	平均值
背锅山组	14	0.59～2.41	1.25	0.0020～0.0039	0.0028
平凉组	75	0.20～6.25	1.99	0.0037～0.9178	0.0674
马六段	27	0.61～1.95	1.31	0.0019～0.6489	0.1649
马五段	21	1.17～3.80	2.34	0.0106～0.7410	0.1331
马二段	16	0.36～1.48	0.91	0.0019～0.3567	0.0447

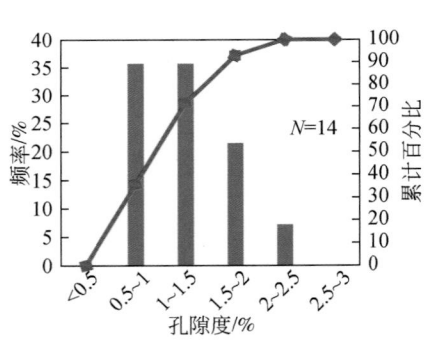

图 11-6　背锅山组孔隙度分布直方图

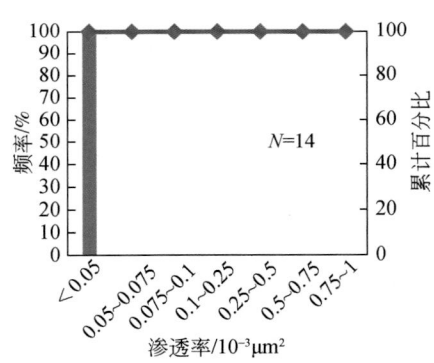

图 11-7　背锅山组渗透率分布直方图

平凉组（图 11-8，图 11-9）孔隙度分布为多峰状态，孔隙度分布范围较宽，主要集中分布在 0.5%～2.5%，储集空间较均一，约占平凉组样品总数的 66.67%，渗透率呈现单峰状态，有 73.33% 的样品渗透率值均小于 0.05×$10^{-3}\mu m^2$。

马家沟组马六段（图 11-10，图 11-11）孔隙度分布直方图呈现单峰，孔隙度集中分布在 1%～1.5%，约占马六段总样品的 59.26%。渗透率分布呈双峰，主峰值样品约占 59.26%，渗透率均小于 0.05×$10^{-3}\mu m^2$，次峰值样品约占 18.52%，渗透率分布在 0.5×10^{-3}～0.75×$10^{-3}\mu m^2$。

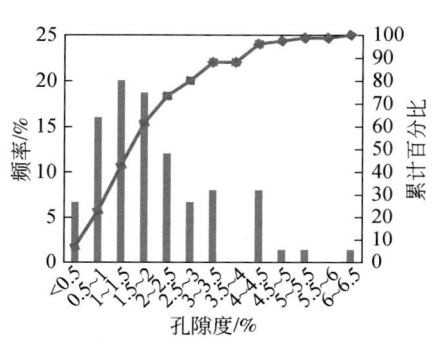

图 11-8　平凉组孔隙度分布直方图

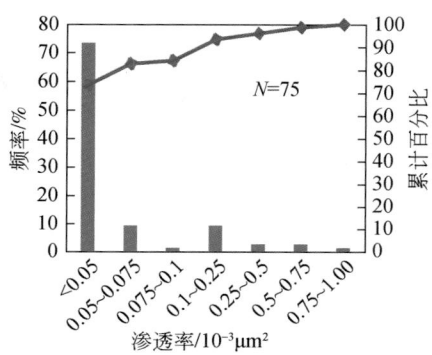

图 11-9　平凉组渗透率分布直方图

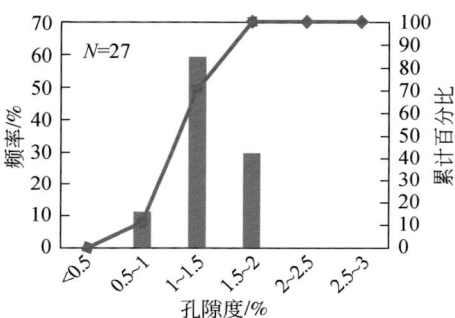

图 11-10　马六段孔隙度分布直方图

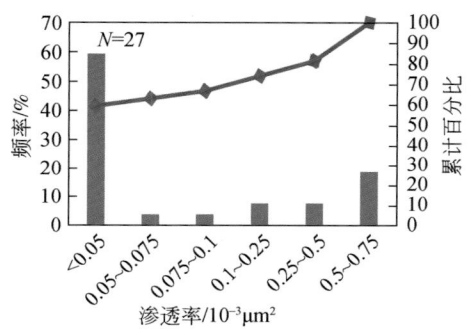

图 11-11　马六段渗透率分布直方图

　　马家沟组马五段（图 11-12，图 11-13）孔隙度分布直方图呈现多峰，孔隙度主要集中分布在 1.5% ~3%，约占马五段样品总数的 80.95%，储集空间差异大，渗透率分布呈现双峰，主峰值渗透率值小于 $0.05×10^{-3}μm^2$，约占 42.86%，次峰值渗透率分布于 $0.1×10^{-3}$ ~$0.25×10^{-3}μm^2$，约占 28.57%。马五段物性相对较好，储层孔隙度较大，且孔隙度分布较集中。镜下可见的储集空间类型有晶间孔、晶间溶孔、溶蚀裂缝等，因此该段是重点储层段。

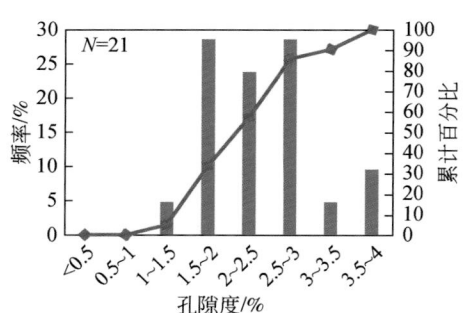

图 11-12　马五段孔隙度分布直方图

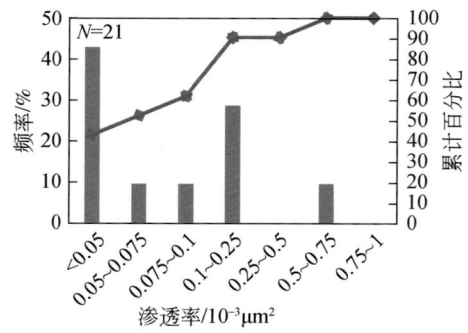

图 11-13　马五段渗透率分布直方图

马家沟组马二段（图11-14，图11-15）孔隙度分布直方图呈现双峰分布，孔隙度集中分布于0.5%~1.5%，约占93.75%，储集空间差异大，渗透率分布呈现单峰，有87.5%的样品其渗透率值均低于$0.05×10^{-3}\ \mu m^2$。该段主要岩性为泥晶灰岩，岩性致密，物性很差，且构造裂缝也不发育。

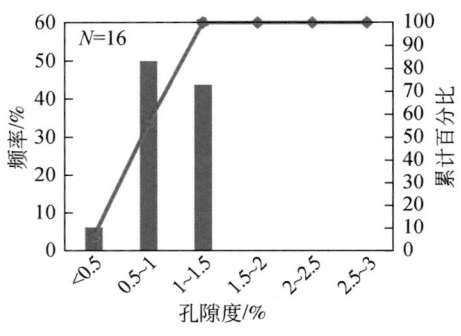
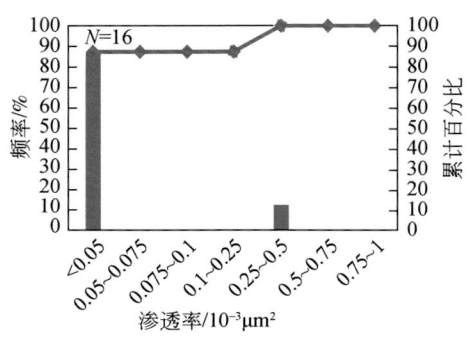

图11-14 马二段孔隙度分布直方图   图11-15 马二段渗透率分布直方图

根据图11-16统计结果，研究区麟探1井奥陶系储集层总体属于典型特低孔、特低渗储集层，不同相带岩性有差异。其中平凉组含气层（上）平均孔隙度为2.71%，平均渗透率为$0.1457×10^{-3}\ \mu m^2$；含气层（下）平均孔隙度为3.85%，平均渗透率为$0.1208×10^{-3}\ \mu m^2$，气层平均孔隙度为3.63%，平均渗透率为$0.2149×10^{-3}\ \mu m^2$；马五段孔隙度介于1.17%~3.80%，平均值为2.34%；渗透率介于$0.0106×10^{-3}$~$0.7410×10^{-3}\ \mu m^2$，平均值为$0.1331×10^{-3}\ \mu m^2$；马六段孔隙度介于0.61%~1.95%，平均值为1.31%；渗透率介于$0.0019×10^{-3}$~$0.6489×10^{-3}\ \mu m^2$，平均值为$0.1649×10^{-3}\ \mu m^2$。平凉组孔隙度介于0.20%~6.25%，平均值为1.99%；渗透率介于$0.0037×10^{-3}$~$0.9178×10^{-3}\ \mu m^2$，平均值为$0.0674×10^{-3}\ \mu m^2$。背锅山组孔隙度介于0.59%~2.41%，平均值为1.25%；渗透率介于$0.0020×10^{-3}$~$0.0039×10^{-3}\ \mu m^2$，平均值为$0.0028×10^{-3}\ \mu m^2$；张夏组平均孔隙度为1.98%，平均渗透率为$1.3307×10^{-3}\ \mu m^2$。

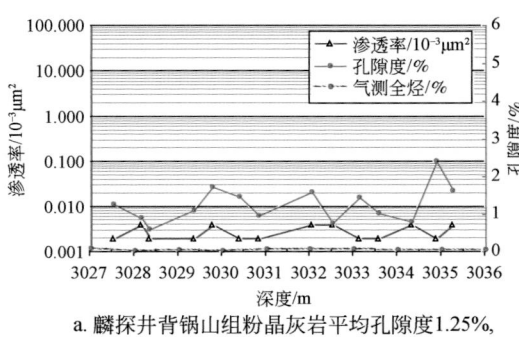
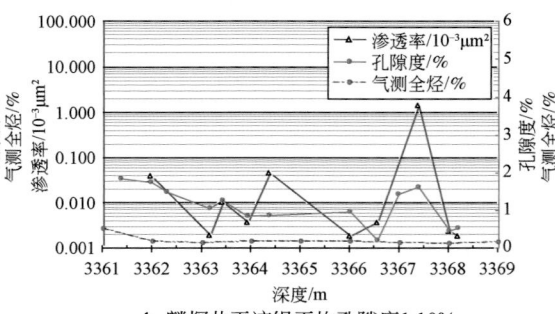

a. 麟探井背锅山组粉晶灰岩平均孔隙度1.25%，平均渗透率$0.0028×10^{-3}\mu m^2$ b. 麟探井平凉组平均孔隙度1.10%，平均渗透率$0.1580×10^{-3}\mu m^2$

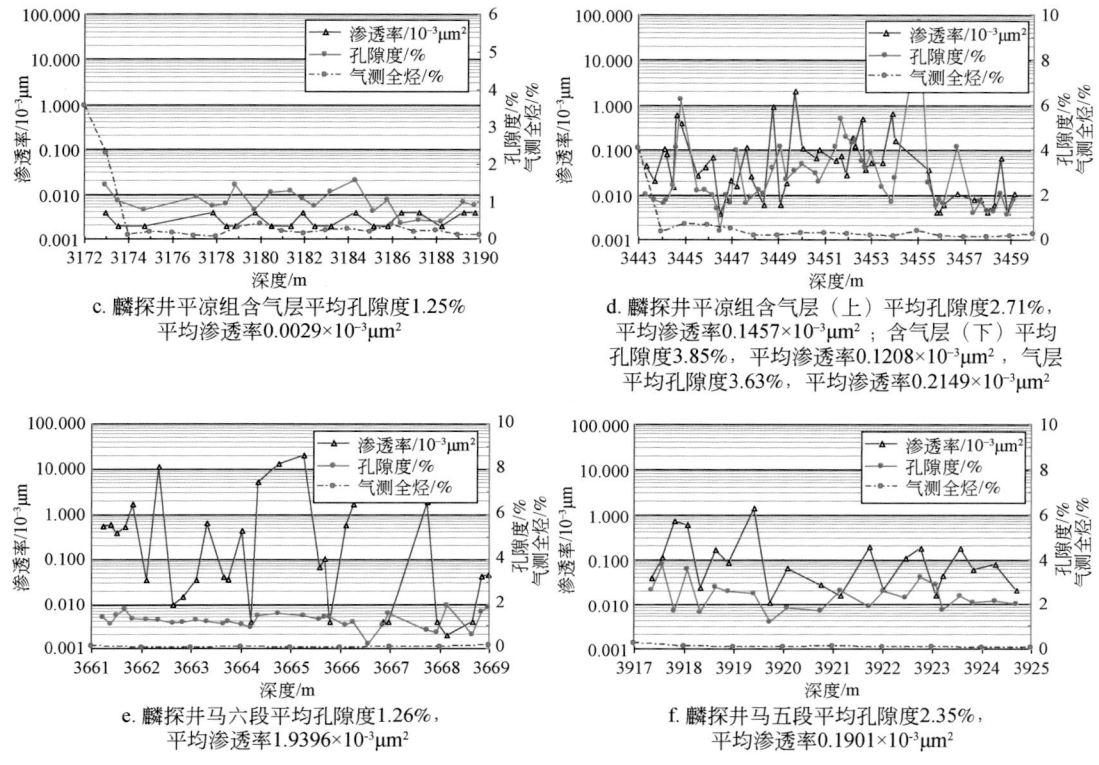

c. 麟探井平凉组含气层平均孔隙度1.25%
平均渗透率0.0029×10⁻³μm²

d. 麟探井平凉组含气层（上）平均孔隙度2.71%，
平均渗透率0.1457×10⁻³μm²；含气层（下）平均
孔隙度3.85%，平均渗透率0.1208×10⁻³μm²，气层
平均孔隙度3.63%，平均渗透率0.2149×10⁻³μm²

e. 麟探井马六段平均孔隙度1.26%，
平均渗透率1.9396×10⁻³μm²

f. 麟探井马五段平均孔隙度2.35%，
平均渗透率0.1901×10⁻³μm²

图 11-16 鄂南地区井下（L1 井）奥陶系不同相带碳酸盐岩岩心实测物性分布

可以看出，马五段白云岩、张夏组物性最好，其次是平凉组礁滩相灰岩。研究区中北部灵 1 井、宁县宁探 1 井位于中央古隆起南斜坡，由于早古生代隆起抬升和后期风化剥蚀，缺失奥陶系和上寒武统地层，上古生界石炭系之下直接埋伏中寒武统张夏组，张夏组孔隙度为 0.4 ~ 2.37%，平均为 0.88%。其中65%的样品孔隙度属于 0.5% ~ 1% 范畴，<0.5% 的占9%，其余26%的样品孔隙度>1%，渗透率有一半以上的样品（58.7%）小于 0.05×10⁻³μm²，因此属于典型低孔低渗储层，但因裂缝以及非均质性，局部渗透率会不同程度增长，有的增长还比较大，最大可达 7.2×10⁻³μm²。从横向上加以比较，宁探 1 井张夏组的孔渗性虽然比不上旬探 1 井，但优于淳探 1 井。

进一步向南到耀参 1 井和永参 1 井奥陶系储集性能，绝大部分是属于孔隙度很低、渗透率小于 0.1×10⁻³μm² 的低孔低渗类型，但有时可能会出现层物性相对较好的局部层段；旬探 1 井在井深 3074.37 ~ 3084.40m、3140 ~ 3148.5m 和 3190 ~ 3197.5m 三次取心中均见溶孔发育带；耀参 1 井第九次取心，井深 1494.0 ~ 1497.6m，马六段白云岩的高孔渗层段，孔隙度最大为 19.0%，平均为 8.44%，渗透率最大为 13.3×10⁻³μm²，平均为 2.42×10⁻³μm²；永参 1 井马五段、平凉组亦见孔隙度在 8.0% 以上孔隙层，孔隙层段主要由断裂致使局部地层破碎，或由裂隙局部改善地下水的活动条件，产生部分溶孔，平面上它们的波及范围往往又受岩层原始结构制约，原始孔渗性好的，如粒屑灰岩、中细晶云岩，影响范围较大；原始孔渗性差的泥晶灰岩，则影响深度极为有限，很短距离内就可变为致密层。

依据现行国内石油天然气行业标准《油气储层评价方法》（SY/T6285—1997）中对碳酸盐岩含气储层评价分类标准（表11-8），对应上述区域探井中纵向数据，马家沟组马五段白云岩物性最好，孔隙度和渗透率都相对较大，具备一定储集能力。其次，马六段的灰云岩物性也较好。平凉组灰岩、泥灰岩的物性相对较差。认为背锅山组、平凉组、马家沟组均属于特低孔，低渗、特低渗型储层。

表 11-8　碳酸盐岩含气储层评价分类表

孔隙度 ϕ/%		渗透率 k/$10^{-3}\,\mu m^2$	
$\phi \geqslant 25$	高孔	$k \geqslant 500$	高渗
$15 \leqslant \phi < 25$	中孔	$10 \leqslant k < 500$	中渗
$10 \leqslant \phi < 15$	低孔	$0.1 \leqslant k < 10$	低渗
$\phi < 10$	特低孔	$k < 0.1$	特低渗

第12章 碳酸盐岩孔喉特征与主要成岩作用类型

12.1 碳酸盐岩储层主要储集空间类型

研究区储层岩石主要是白云岩和灰岩，这些碳酸盐沉积物经历了沉积作用和成岩中的胶结作用、溶解作用、压实作用和压溶的改造，不仅孔隙度大大地减少，而且碳酸盐岩储集空间类型具有多样性，结构类型非常复杂。根据岩心、岩石薄片、铸体薄片等资料，将碳酸盐岩的储集空间分为三类：①碳酸盐岩中的孔隙类型；②碳酸盐岩中的溶孔、溶洞和溶缝；③碳酸盐岩中的微裂缝。

12.1.1 上奥陶统平凉组礁滩相碳酸盐岩主要孔隙类型

碳酸盐岩内孔隙基本上可以分为原生孔隙和次生孔隙两种类型（图版16-1）。

原生孔隙

常见的原生孔隙主要包括粒内孔隙、粒间孔隙、遮蔽孔隙和窗格孔隙。

1）粒内孔隙

粒内孔隙发育于生物骨骼颗粒之内，是生物软体消失后形成的孔隙。例如，珊瑚骨骼内珊瑚虫死亡后留下的孔隙，或有孔虫内生物组织消失后遗留下来的孔隙。

2）粒间孔隙

粒间孔隙取决于颗粒类型、大小和形状。如颗粒大小和形状均匀时，粒间孔隙度比较发育，也可发育于灰泥内。孔隙广泛见于结晶灰岩方解石晶间，孔隙个体大小变化很大，小者不及1μm，大者可达十几微米，乃至数十微米，与灰岩晶体颗粒大小有关，孔隙与孔隙之间常以狭小的晶间缝相联结，于奥陶系礁灰岩以及生屑滩灰岩内，滩中含有大的双壳类壳体、大型有孔虫或珊瑚等。

3）窗格孔隙

窗格孔隙拉长或相等，它们或排列成层或呈不规则状分布。形成于潮上带蓝绿藻发育的地区。可能是有机质腐烂、气泡和干裂而成。

12.1.2 中奥陶统马家沟组台地潮坪相晶粒云（灰）岩孔隙和溶孔溶缝

次生孔隙包括晶间孔隙、遮蔽孔隙、铸模孔隙、残余粒间孔、晶间溶孔和粒内溶孔6种（图版17-1）。

1. 晶间孔隙

晶间孔隙为碳酸盐沉积物受白云岩化后所生成的白云岩孔隙,孔隙分布于晶粒之间。该井中主要出现于结晶白云岩以及残余内碎屑白云岩中,在某些裂缝中,充填物或基质被溶以后,形成晶间溶孔,有时,溶解作用波及方解石晶粒,扩大了晶间溶孔。

2. 遮蔽孔隙

遮蔽孔隙是礁灰岩骨架间以及大生物碎片(如壳瓣或大型有孔虫)生物遮挡后形成的孔隙。孔隙一般分布于礁核或者壳瓣之下。

3. 铸模孔隙

铸模孔隙主要指那些文石质颗粒(如鲕粒)和生物碎片在渗流带被淡水溶解后所形成的孔隙,孔隙都在鲕粒和生物碎片之内。

4. 残余粒间孔

残余粒间孔主要分布于残余颗粒(鲕粒、生屑及砂屑等)白云岩粒间。孔隙形成经历过胶结作用、白云石化作用、粒间溶蚀作用和充填作用多次改造,最终导致原生粒间孔缩小,成为残余粒间孔。

5. 晶间溶孔

晶间溶孔主要分布于结晶白云岩中,是由原有的白云石晶间孔经溶蚀扩大而形成的,岩心上常表现为"针孔"状。

6. 粒内溶孔

粒内溶孔主要见于生物碎屑灰岩中层孔虫和珊瑚化石碎片溶孔和鲕粒灰岩中鲕内溶孔,孔隙多被后期方解石或白云石充填或半充填。

12.1.3　古生界主要风化壳附近淋滤碳酸盐岩中的溶孔、溶洞和溶缝

溶蚀孔、洞、缝是古岩溶时期发育在白云岩、灰岩内溶蚀形成的大孔隙(图版16-1),主要由古岩溶作用和大气淡水淋滤作用造成。一定规模的溶孔、溶洞和溶缝带多半与构造事件所造成的沉积间断和不整合面有关,特别是加里东晚期形成的下古生界古风化面尤为重要。在研究区奥陶系马五段、马六段、冶里组—亮家山组、寒武系长山组、崮山组以及蓟县系的顶部均有发育。

据渭北煤田井资料,在奥陶系顶的加里东风化壳中,曾遇到高20m、宽10m的巨大溶洞,其中多有充填,据叶俭等(1996)研究,充填物多系方解石,这表明,后期的成岩作用对这些溶洞曾有过巨大的改造,另外,耀参1井钻井过程中,在井深1941~1961m,曾有多次不明显的放空和井漏,可能有深洞存在。溶蚀孔、洞、缝一般不受岩层组构的控制,主要发育在风化壳的顶部,该类储层储集物性较好,孔隙度可达3%左右,渗透率最大的大于$1 \times 10^{-3} \mu m^2$,并且连通性较好。测井显示深浅双侧向明显的低电阻,声波值高,密度值。部分溶孔则与断裂有着密不可分的关系,旬探1井第10次取心(井深3140~3148.5m),岩心破碎,在断裂面附近普遍发育数量小等的溶孔,孔径一般为0.5~1mm,

呈针孔状，最大的可达 4mm，孔内有的有方解石充填，有的孔内十分干净，见不到任何次生充填物质。总之，溶孔、溶洞和溶缝是鄂尔多斯南缘储集层中最重要的储集空间。

12.1.4　碳酸盐岩中的微裂缝

1. 构造微裂隙

由于早古生代研究区区域构造位置以及期后构造多期活动影响，构造裂隙在鄂南下古生界地层（特别是奥陶系）中有着广泛的分布，几乎所有优质储集层和目前所遇到的油气显示段，均程度不同地发育有构造裂隙，据典型探井岩心观察显微显示，构造裂隙多半都受到程度不等的后期充填的损害，有时充填致使岩层重新固结成一个整体。充填物通常为方解石或白云石，偶尔也见石膏充填，沥青充填亦多见。例如，淳探 1 井特别清楚，在第 5 次取心井深 2710~2716.87mm 和第 6 次取心，井深 2935~3939.33m 都见有非常发育的"X"形裂隙，裂隙内有方解石或石膏，呈脉状充填，第 7 次取心，井深 3337.6~3339.6m 见有被方解石充填的"X"形劈理，正如前面曾经提到过的，裂隙与溶孔相伴随的现象十分常见，尤其在风化壳附近，裂隙对地表水淋滤有积极意义，不仅可使渗流带厚度增大，同时可促进渗流带发育，形成碳酸盐岩气藏重要的孔喉一体组合形式——裂隙侵蚀面孔隙网络系统。

寒武系无论在露头剖面，还是盆地内部麟探 1 井、灵 1 井的致密碳酸盐岩中，均发育有经历多期成岩作用后的各种充填、半充填或者全充填的微裂缝，微裂缝多为溶蚀缝，偶见构造缝（图版 1-5a、b），在角砾之间还发育有纵横裂缝（图版 1-5g，图版 1-6g）。裂缝开始时是作为连接道，后来遭受地下渗流水和潜流水作用，这些被溶蚀裂缝就形成储集空间，成岩作用强烈改造后，裂缝全部或大部分被充填，孔隙系统十分复杂，物性表现为高渗透率，最高可达到 $1 \times 10^{-3} \mu m^2$ 以上，孔隙度一般较低，分布范围在 0.16%~3.39%，即裂缝对渗透率贡献大，对孔隙度的影响不是很明显。储层测井响应很弱。

2. 缝合线及缝合线溶孔

缝合线及缝合线溶孔是鄂南地区碳酸盐岩十分常见的一种孔隙空间，其中缝合线在碳酸盐岩地层中广泛发育，宽度从几微米到十几微米不等。沿缝合线伴有溶蚀现象，形成串珠状的溶孔，如旬探 1 井 3140~3148.5m（第 10 次取心）深灰色中细晶云岩中就见有发育很好的缝合线和缝合线溶孔，3190~3197.5m（第 12 次取心）灰色的豹斑状云岩亦见这类孔隙。但在淳探 1 井中所见到的缝合线，一般均已被方解石或沥青充填，因而，缝合线两侧溶孔不发育。

通过观察麟探 1 井中上奥陶统储层段的铸体薄片，平凉组藻云灰岩中晶间孔隙不发育，但礁灰岩中生物结构孔隙、菌藻礁灰岩中缝合线、缝合线溶孔以及微裂缝发育，溶孔发育（图 12-1）。而马家沟组马五段白云岩孔隙相对比较发育，主要发育窗格孔、晶间孔、晶间溶孔、溶孔和溶蚀裂缝等。总体而言，奥陶系地层几乎不含原生孔隙，白云岩段次生孔、洞、缝较为发育，其中溶孔和溶蚀裂缝是主要的储集空间。马家沟组溶蚀孔隙和溶蚀裂缝。表 12-1 为基本孔隙类型的形成时间分布。

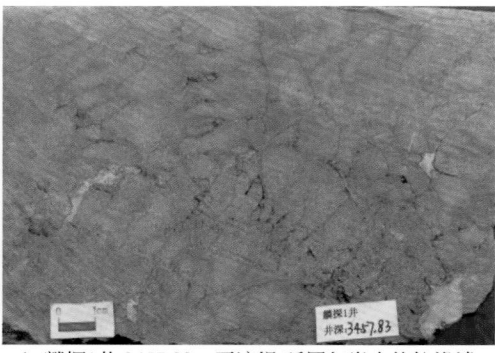

a. 麟探1井,3450.84m,平凉组,
褐灰色砾屑灰岩，溶孔被方解石充填　　　　b. 麟探1井,3457.83m,平凉组,砾屑灰岩中的粒缘缝

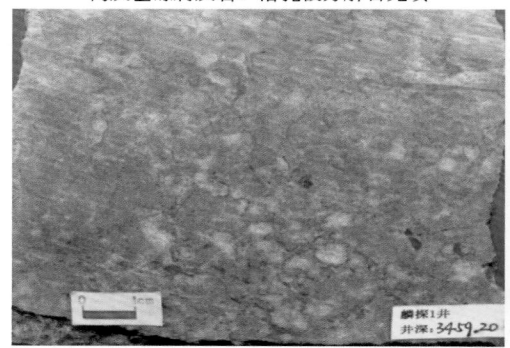

c. 麟探1井，3459.20m，平凉组，砾屑菌藻灰岩
溶孔被方解石充填　　　　d. 麟探1井，3445.62m，平凉组，砾屑灰岩溶孔
被方解石充填

图 12-1　麟探 1 井奥陶系平凉组菌藻礁灰岩中的缝合线、缝合线溶孔及充填

表 12-1　基本孔隙类型的时间分布表

基本孔隙类型	原生的		次生的		
	沉积前	沉积期	早成孔隙	中成孔隙	晚成孔隙
粒内孔隙	——	——	——		
粒间孔隙		——			
遮蔽孔隙		——			
骨架孔隙	——	——			
晶间孔隙			——	——	——
角砾孔隙		——	——		——
铸模孔隙					
溶孔				– –	——
溶洞			——	– –	——
裂缝				——	——

12. 2　主要储集空间组合类型

由于裂缝成因复杂，喉道类型多，因此孔喉结构复杂根据本地区的沉积构造背景，主要的喉道类型有裂缝型喉道、管状喉道、孔隙缩小型喉道；裂缝型喉道，即裂缝本身就是喉道，裂缝可以是各种类型的裂缝（图版 1-7a）。根据裂缝的宽度，可分为大裂缝喉道（宽度大于 $100\mu m$）和微裂缝喉道（宽度小于 $100\mu m$），裂缝的宽度大于 $100\mu m$，即为大裂缝喉道；管状喉道中孔隙和孔隙之间由细而长的管子相连，其断面接近圆形，喉道一般是由溶蚀作用形成的，研究区风化壳岩溶储层中最发育（图版 1-7c）；孔隙缩小型喉道（图版 1-7a、b），一般孔隙与喉道无明显的界限，扩大部分为孔隙，缩小部分为喉道。孔隙缩小部分是孔隙内晶体生长，或其他充填物等各种原因所形成。

根据储层中储集空间的发育程度和它们在储层中的组合关系，可将本区碳酸盐岩储集层归纳为溶缝–溶孔–溶洞型、粒间溶孔–微裂缝型、晶间溶孔–微裂缝型和裂缝型四种储集类型。

12. 2. 1　溶缝–溶孔–溶洞型

以溶蚀孔隙为主体的溶缝–溶孔–溶洞型储集层，是鄂尔多斯中部大气田的储集类型之一，但在鄂尔多斯南缘，这类储集岩体的发育程度远不如中部，对中部气田的储集层特征做一番考察将有助于正确理解南缘的情况，中部气田的储集层是马五段，其沉积原岩主要是准同生泥、粉晶白云岩、膏云岩、团粒白云岩、硬石膏岩，在加里东运动之后长达 2 亿年的风化剥蚀过程中，受大气淡水的充分淋滤，膏盐层被溶解，与之相邻的白云岩发生崩塌，形成角砾，含膏盐质的白云岩局部发生角砾化、裂隙化和去膏化、去云化作用，在大面积内形成次生孔、洞、缝匹配的多孔网络系统，孔隙度为 $0.35\% \sim 19.6\%$，平均在 5.5% 左右，渗透率为 $0.01\times10^{-3} \sim 325\times10^{-3} \mu m^2$，还应提到的是，上石炭统的含煤沉积直接覆盖在这套碳酸盐岩地层之上，植物对基岩的崩解作用和泥炭化过程中所产生的生化作用，加剧了奥陶系基岩的破碎与增孔，所有这些都为油气的进入创造了良好的条件，南缘之所以至今未能找到像中部气田那样的溶缝–溶孔–溶洞发育带，究其原因有三：一是奥陶系风化壳附近的岩层含泥量高，二是易溶的膏盐层发育不佳，三是风化剥蚀的持续时间相对较短。因此，即使在加里东风化面附近有这种储集类型出现，但其规模远远不能与中部气田相比，尽管如此，它仍不失为南缘重要的储集类型。

12. 2. 2　粒间溶孔–微裂缝型

这类储层是以粒间孔发育为特征，岩石常为潮坪环境下的粒屑灰岩、鲕粒灰岩和经白云石化作用形成的粒屑云岩、鲕粒云岩，但由于盆地南缘的白云岩一般重结晶作用都比较强烈，颗粒之间呈镶嵌状接触、原生的粒间孔隙极少保存；只有在后期构造裂缝发育的基础上，经过溶蚀，局部的粒间孔隙获得再生，才能成为有效的储集层，这类储集层基质的孔渗性都比较差，微裂缝起着改善渗滤性能的作用，麟探 1 井、旬探 1 井张夏组的储集层可能属于这种类型。

12.2.3　晶间溶孔-微裂缝型

这类储层以晶间孔发育为特征，岩石常为潮坪环境的泥晶云岩、微晶云岩，经交代作用，改造成为粉晶、细晶和中晶白云岩，自形或半自形的白云石晶体相互支撑形成晶间孔，孔壁光滑或呈港湾状，孔隙之间以片状喉道相联结，孔径变化大，一般为 20 ~ 200μm，晶粒变大，孔径相应增大，但呈镶嵌接触的粗晶白云岩孔隙性变差，当伴随有微裂缝发育时，后者不但有一定的增孔作用，而且对改善地下水循环，促进溶孔的生成，有着积极的意义，麟探 1 井马五段、旬探 1 井马六段的溶孔发育带都属于这种类型（图版 17-1c ~ f）。

12.2.4　裂缝型

这类储层在盆地南缘下古生界各个组段中均有不同程度的分布，是更值得重视的一种储集类型。裂缝主要包括构造裂缝和成岩裂缝，风化面附近还可以出现风化裂缝，构造裂缝是构造应力的产物，鄂尔多斯南缘局部构造十分发育，大大小小的断裂俯拾皆是，它们多形成于印支期和燕山期，断裂对裂缝有直接的控制作用，距断裂带越近裂缝越发育，岩性和岩层厚度对裂缝密度也有影响。构造裂缝常呈"X"形成组出现，且有多期性，早期形成的构造裂缝，多被方解石、白云石完全充填，晚期形成的构造裂缝多呈半充填或未充填，成岩裂缝系成岩收缩作用产生，呈网状，各组段均有不同程度的发育，风化裂缝主要发育在下奥陶统亮甲山组顶部及奥陶系顶的风化壳中，耀参 1 井、永参 1 井电测解释多处裂缝层段，淳探 1 井在取心中更多处见到，有的还伴随有油气显示或气测异常，唯这类储集层通常很不均匀，非均质性非常严重。裂隙与溶蚀是造就盆地南缘下古生界碳酸盐岩储集层的两个极端重要的因素，如果没有它们的参与，在一般情况下是很难形成有效储集层的，这是因为本区磷酸盐岩基质的物性都比较差，如果没有断裂和裂隙的参与，改善它们的孔渗条件，仅就岩层自身的孔渗性，要成为良好的储集层是难以想象的，但仅仅依靠断裂和裂隙对孔渗的改善，特别是孔隙性的改善是有限的，只有同时对围岩发生溶蚀，形成大量次生孔隙，储层的孔隙性才得以大幅度的提高，而影响溶孔发育程度又牵连到岩层的成分、原始结构、溶蚀作用的持续时间以及古水文地质条件等一系列因素的配合。上述组合中，裂隙与溶孔组合是鄂南碳酸盐岩储集层的主要储集类型。

12.3　孔、洞、缝与喉道组合类型的主要发育层段

综合研究区的主要探井地质录井、测井以及化验资料特征，结合沉积成岩史演化特征分析后认为，研究区下古生界地层在经历了奥陶纪末加里东构造运动后，伴随着盆地西南

部以及隆起带的抬升遭受剥蚀，同时由于断裂构造发育，在风化淋滤和地表水沿断层渗滤溶蚀作用下，一方面在靠近鄂尔多斯中央古隆起南斜坡上的宁探 1 井和灵 1 井、旬探 1 井和麟探 1 井区残留的寒武系张夏组（图版 17-1a-f）、徐庄组、长山组颗粒灰岩，奥陶系冶里组—亮家山组、马二段、马五段（图版 17-1h）、马六段风化面附近碳酸盐岩云坪相准同生白云岩以及淋滤古风化壳附近，形成较强溶蚀孔、洞和裂缝型储层，具体不同井位和层位分布见表 12-2。在上述良好储层中，储集空间以晶间孔和溶孔为主，晶间溶孔和裂缝次之。另一方面，这些地区的下伏地层，在成岩演化过程中也易受后期混合水云化作用影响，不仅会有利于溶蚀作用进行，而且形成次生孔隙，导致该区存在储集性能优越的白云岩储集体，储集空间以晶间孔和晶间溶孔为主。

在泾阳—旬邑—耀县一带的中奥陶统冶里组—亮家山组，由于海水短期退缩，地层出露遭受淋滤风化，发育孔缝型储层，旬探 1 井马六段云岩也发育较强溶蚀。

表 12-2　鄂南下古生界取心段岩性孔、洞、缝主要发育层段分布表

层位	井深/m	厚度/m	储集空间特征			储层组合类型	代表井段
			孔	洞	裂缝		
马六段		2.1	√	√	√	孔洞缝型	旬探 1 井
马五段			√	√	√	孔洞缝型	麟探 1 井
冶里组—亮家山组		0.9	√	/	√	孔缝型	耀参 1 井
长山组	3727.17～3728.47	1.3	√	√	√	孔洞缝型	麟探 1 井灵 1 井
	3730.66～3731.39	0.73	√	√	√	孔洞缝型	
	3731.39～3731.54	16	√	√	√	孔洞缝型	
	3731.67～3731.81	14	√	/	√	孔缝型	
	3732.49～3734.41	1.92	√	/	√	孔缝型	
张夏组	3980.45～3984.13	3.68	√	/	√	孔缝型	
徐庄组	4023.85～4030.94	10	√	/	√	孔缝型	
	4030.94～4032.46	20	√	/	√	孔缝型	
	4064.85～4065.12	27	√	/	√	孔缝型	
蓟县系	4218.04～4218.36	32	√	√	√	孔洞缝型	

12.4　井下下古生界碳酸盐岩储集空间结构特征

12.4.1　旬探 1 井碳酸盐岩储集层的毛管压力特征

以旬探 1 井为例，碳酸盐岩储层中溶孔和裂缝发育较好，毛管压力曲线上亦表现得十分清楚，最突出的表现在：①排驱压力不高，而总进汞量偏低，这是致密但有裂隙的显著特点；②在毛管压力曲线上普遍具双平台，据统计，在 17 个测试样品中，有平台的就占有 70%，显示样品的孔隙具双重介质的特征，其中有 35% 的样品，肉眼直接描述有裂缝和（或）溶洞存在，最好溶洞层段孔隙度为 11.1%，渗透率高达 $72700 \times 10^{-3} \mu m^2$，毛管压力特征参数中排驱压力低于 0.01MPa，中值为 8.46MPa，曲线为双平台式，第一个平台出现在 0.01MPa 以下，第二个平台位于 5~8MPa，总进汞量为 52.52%，显示进汞量低和排驱压力低，说明孔喉结构不均匀，孔喉属于非均质结构强的裂缝–溶洞以及次生孔隙组合。平凉组孔隙度均不高（0.6%~1.3%），渗透率 $<0.5 \times 10^{-3} \mu m^2$，一般 $<0.1 \times 10^{-3} \mu m^2$。排驱压力为 1.5~3.5MPa，毛管压力曲线具多平台，总进汞量极低，不足 35%，属于典型细孔喉型束缚空间。

马六段有较好的孔渗，其中孔隙度变动在 0.8%~11.6%，渗透为 0.015×10^{-3}~$72700 \times 10^{-3} \mu m^2$，曲线多见双平台，排驱压力 <0.01~1.0MPa，而总进汞量平均为 74.3%，最高不超过 80%（$S_{Hg} = 79.75\%$）。

寒武系张夏组，分布在 4099.5~4113.47m 井段 14m 长的地层内 6 个样，孔隙度较好，多数样品 $>1.5\%$，最高达 2.62%；渗透率亦普遍可达 $10 \times 10^{-3} \mu m^2$，最高为 $26.2 \times 10^{-3} \mu m^2$。样品内多见贯穿裂缝。在毛细管曲线上，与 $S_{Hg} = 10\%$ 相对应的压力值变动在 0.05~0.76MPa，总进汞量最高的两个样就存在于其中，其中有一个的总进汞量高达 88.4%，唯中间有多层夹层，后者的总进汞量均低于 50%，最低的仅为 29.24%。总体显示为非均质性很强的高排驱压力与高束缚空间。

12.4.2　麟探 1 井碳酸盐岩储集层的毛管压力特征

在麟探 1 井奥陶系中选取了 34 件（平凉组 23 件，马家沟组 11 件）样品进行了压汞分析。研究中除了采用了各样品的孔隙度、渗透率、排驱压力等参数以外，还采用了分选系数、歪度系数等孔隙结构特征参数。样品测试分析结果如表 12-3 所示。平凉组 34 个样孔隙度、渗透率均很低，孔隙度小于 1%、1%~2%、2%~3% 区间上样品所占比例均超过 20%，说明其孔隙度分布不均匀，平均孔隙度为 1.864%；渗透率极低，60.87% 样品渗透率小于 $0.05 \times 10^{-3} \mu m^2$，有 2 个样品的渗透率值大于 $1 \times 10^{-3} \mu m^2$，分别为 $2.0953 \times 10^{-3} \mu m^2$、$2.575 \times 10^{-3} \mu m^2$，平均渗透率为 $0.275 \times 10^{-3} \mu m^2$。中值为 0~5.261μm，集中分布在 0~1μm，平均孔喉半径半径为 0.5500μm，偏于细歪度毛细管压力曲线形态。排驱压力为 0.03~1.997MPa，平均排驱压力为 0.8246MPa，说明井区平凉组岩石孔喉半径偏细态。分选系数为 0.1905~3.6875μm，集中分布在 1~2μm，歪度有 15 个样品歪度绝对值位于 1~5μm，表明该井区平凉组孔喉分布极不均。最大含汞饱和度总体较高，4 个样品最大含汞饱和度介于 70%~80%，11 个样品大于 80%，最小 S_{Hg} 为 6.8%，平均 S_{Hg} 为 66.57%。平均退出效率为 25.87%，有 18 个样品退出效率均大于 20%，表明岩心中孔隙与喉道的尺寸大小较均匀。

表 12-3　麟探 1 井奥陶系碳酸盐岩储层压汞参数统计表

分析项目	平凉组			马家沟组		
	最小值	最大值	平均值	最小值	最大值	平均值
孔隙度/%	0.10	4.87	1.86	0.10	1.38	0.72
渗透率/$10^{-3}\ \mu m^2$	0.0070	2.5750	0.2750	0.0071	2.8515	0.4185
中值半径/μm	0.00	5.26	0.55	0.00	13.34	5.78
排驱压力/MPa	0.03	2.00	0.83	0.01	2.40	0.40
最大 S_{Hg}/%	6.80	94.88	66.57	10.40	97.00	67.70
分选系数/μm	0.19	3.69	1.34	0.30	2.90	1.00
歪度系数	−3.07	4.25	−0.15	−2.67	3.45	0.26
退出效率/%	10.42	41.60	25.87	2.58	51.27	15.54

马家沟组 11 个样品孔隙度主要分布在 0.5%~1%，平均孔隙度为 0.72%；有 8 个样品的渗透率值低于 $0.05\times10^{-3}\ \mu m^2$，有 2 个样品的渗透率值大于 $1\times10^{-3}\ \mu m^2$，分别为 $1.3443\times10^{-3}\ \mu m^2$、$2.852\times10^{-3}\ \mu m^2$。中值半径为 $0\sim13.34\ \mu m$，平均孔喉半径均值为 $5.78\ \mu m$。排驱压力为 $0.01\sim2.403$MPa，7 个样品排驱压力低于 0.2MPa，1 个样品排驱压力大于 1MPa，为 2.403MPa，其他全介于 $0.2\sim1$MPa，平均排驱压力为 0.401MPa。分选系数为 $0.3\sim2.9\ \mu m$，8 个样品分选系数小于 $1\ \mu m$，歪度为 $-2.6703\sim3.45\ \mu m$。只有 2 个样品歪度值小于 1，其他绝对值均在 $1\sim4\ \mu m$，表明该井区马家沟组孔喉分布极不均。最大含汞饱和度总体较高，9 个样品其最大 S_{Hg} 都大于 60%，最小 S_{Hg} 为 10.40%。退出效率总体较低，只有 2 个样品的退出效率大于 20%，表明岩心中孔隙与喉道的尺寸大小不均匀。

镜下铸体显微分析结果显示，马五段粉晶白云岩储层的孔隙类型有晶间孔、晶间溶孔、溶蚀裂缝及构造裂缝等（图版 17-1d），平凉组生屑灰岩中发育较小的粒间孔隙、粒内溶孔和构造裂缝等。总体而言，储层储集空间类型多样，但是空间小。

综合上述露头以及井下岩心物性实验分析结果，认为奥陶系储层的物性很差，平均孔隙度小于 2%，平均渗透率小于 $0.085\times10^{-3}\ \mu m^2$。属于特低孔特低渗储层。进一步对南缘礁滩相储层的样品镜下铸体薄片分析，明确主要孔隙空间类型为晶间孔、溶孔、溶缝，物性特征表现为低孔低渗型储层，结构非均质性强，晶间孔、礁灰岩骨架以及生物体腔隐蔽孔、风化壳溶孔、溶洞和微裂缝是最有利的储集空间。层位上相对而言，马家沟组马五段的白云岩储层物性较好，具备不错的储集空间，而平凉组泥晶灰岩、背锅山组泥灰岩大多数岩性致密，物性非常差，但是沉积地层厚，可以作为良好的盖层。

12.5　碳酸盐岩储层成岩作用类型

寒武系碳酸盐岩由于埋藏深度大，成岩演化经历长，成岩作用比中生界碎屑岩的成岩作用强烈得多，因而碳酸盐岩储集性能与成岩作用的关系更为密切。研究区的孔隙类型主要为次生孔、洞和裂缝，根据成岩作用对这些孔、洞、缝的影响，可以将其分为：①破坏孔、洞、缝的成岩作用，包括胶结作用；②有利于孔、洞、缝形成和演化的成岩作用，包括白云岩化作用、溶解作用（早期大气淡水溶解作用、埋藏溶蚀作用和表生期大气淡水溶解作用）。根据孔、洞、缝内部充填特征以及形成关系序次特点分析，成岩特征表现在以下几点：

12.5.1　充填作用

充填作用主要有三期，即与长山组、蓟县系顶面古风化面附近的古岩溶同时作用的渗流白云石粉砂和淡水方解石充填；埋藏自形粉晶白云石充填；深埋藏方解石等自生矿物充填。早期溶蚀孔洞充填物性质、充填方式和充填程度对孔隙的保存至关重要，以渗流粉砂和自形粉晶白云石充填的溶蚀孔洞仍保存有一定的残余孔隙，而以方解石充填则孔隙被破坏殆尽；充填物为半充填或微充填者，孔隙保存较佳，以全充填保存最差（图版 15-1e，图版 16-1d，图版 17-1f）。

12.5.2　溶解作用

碳酸盐沉积物最大的特征是具易变性和易溶性。溶解作用是由于碳酸盐沉积物或碳酸盐岩中孔隙水的性质发生了变化，从而引起碳酸盐矿物或其他成分发生溶解。溶解结果扩大和增加岩石孔隙，形成的新孔隙往往又是油气渗滤和储集的有效空间。溶解作用可以在碳酸盐岩成岩过程中多次发生，各个时代的溶解作用对成藏的影响不尽相同。在碳酸盐岩的各个成岩阶段都可以发生溶解作用，同生期和成岩早期的溶解作用常选择如文石和高镁方解石的生物骨骼以及文石质的鲕粒和晶体比方解石易受溶解的不稳定组分，形成溶模孔隙；成岩作用晚期阶段非选择性古岩溶型溶解，水溶液往往沿节理、裂缝和原生孔隙流动并将其溶解扩大形成溶孔、溶缝、溶沟壑溶洞。

奥陶系影响较大的主要是古岩溶作用，有两种类型，一种是表生岩溶作用，在储层剖面上，表生岩溶储层的发育较完善、垂向上分带明显，一般可以划分为四个带（图 12-2）：①位于蓟县系古风化壳顶部侵蚀面之上的馒头组残积带（图版 61），由于侵蚀面凹凸不平，起伏较大，由侵蚀面向上，残积层分带依次为岩溶角砾岩带，铁、铝质泥岩、铝土岩带团块状、黄铁矿（褐铁矿）带，太原组碳质泥岩砂岩带，残积带厚度为 3～5m。②位于侵蚀面之下奥陶系风化面附近的垂直渗流岩溶带，分布于马家沟组马五段风化壳的顶部，大气淡水在该带以高速沿裂缝向下渗流溶蚀为主；位于垂直渗流岩溶带之下水平潜流岩溶带，岩溶水受压力梯度控制并沿水平方向流动，以层流为主。由于在潜水面附近、地下水不饱和，在交替过程中，即产生强烈的溶蚀作用并形成水平方向的溶蚀孔洞层。例如，在崮山组中，由于地壳间歇性的抬升活动和海平面的升降变化而引起区域古潜水面的周期性变动，因而导致水平潜流岩溶带的多次出现。③崮山组水平潜流胶结充填带，其主要特点是溶蚀孔洞大都为方解石充填，少量为白云石泥质充填。该带主要因溶蚀孔洞被方解石、硅质及泥质充填而使储层物性变差（图版 59-3，图版 60-5，图版 63-8），有效储层大大减小。

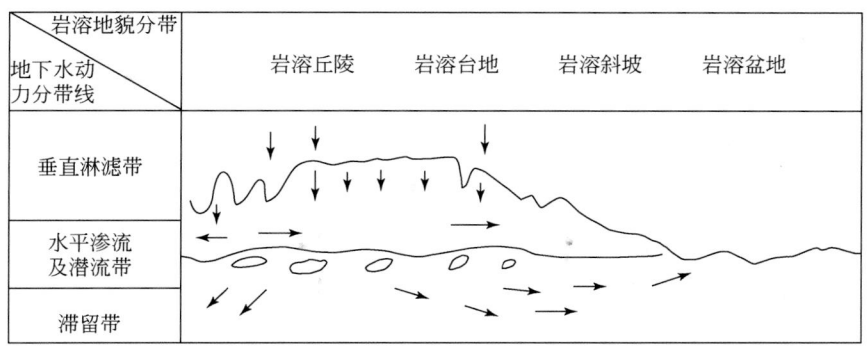

图 12-2　奥陶系顶部中央古隆起南斜坡表生古岩溶及地下水动力分带模式

　　另一种是在埋藏溶解作用下岩石中有机质在成岩作用过程中形成的酸性水导致溶解作用深部滞留带。研究区马家沟组镜下观察发现埋藏溶蚀作用不仅溶蚀孔洞内的充填物，还溶解孔洞边壁基岩，对扩大孔隙和增加孔隙度有一定贡献。岩溶孔洞及裂缝中充填的富硅白云石和铁白云石等埋藏期胶结物被溶蚀现象表明（图版 7-1），埋藏溶蚀作用一般发生较晚，可能与有机质成熟排出的酸性溶液有关。据推测马家沟组埋藏溶蚀所需的酸性溶液来源于风化壳上覆石炭—二叠系地层，当有机质成熟并大量排烃时，含油气层内易产生异常高压，由于过剩压力的存在，富含有机酸的流体会沿着风化面向下倒灌并沿早期形成岩溶孔洞缝运移，从而对周围的基质溶解。对于研究区储层影响最大和最主要的是奥陶系顶面风化淋滤带。

12.5.3　碳酸钙矿物的转化作用

　　在灵 1 井、麟探 1 井、宁 1 井中，寒武系长山组和徐庄组鲕粒灰岩和生物碎屑灰岩内往往可以看到由文石组成的生物碎片大多被晶簇状方解石充填（图版 13-1e），它们先是把文石溶解掉，然后沉淀了方解石。也有生物碎片或者原来是由高镁方解石组成时，在晚期成岩作用的影响下，可能被含铁方解石置换，虽然生物碎片以及鲕粒直接被各种方解石交代，但有大、小方解石晶体镶嵌组成的不规则生物碎片及鲕粒残余结构生物碎片和鲕粒（图版 11-1c、e）。

12.5.4　重结晶作用

　　由泥晶结构向细晶粉晶白云岩或者灰岩在成岩过程中，常见矿物的晶体形状和大小发生变化，趋向于出现晶体长大，而主要矿物成分不改变，提高了晶间孔隙，在盆地中古隆起区以及斜坡最为发育。马五$_{1+2}$泥粉晶白云岩在成岩期及埋藏期经历了较强的新生变形作用改造，晶粒变大、变粗、晶形逐渐形成自形，形成粉晶白云岩、细晶白云岩及砂糖状白云岩。经过新生变形作用后，使晶间孔较发育，有效孔隙度大大提高。

12.5.5 胶结作用

1. 白云石化作用

白云石化作用延续时间长，同生、早成岩及晚成岩均有表现，形成机理亦各不相同。发生在同生–成岩早期白云石化作用，海水强烈的蒸发作用，使其孔隙水的 Mg^{2+}/Ca^{2+} 值提高，形成了白云石，可以用蒸发泵原理来解释，理论计算表明，白云石交代方解石可使其体积缩小13%，从而相应增加其孔隙度。GU9-19井长山组中褐灰色细粉晶云岩的白云石化碳酸盐岩地层已成为储气层段（图12-3）；晚期马家沟组顶部风化壳多由表生淡水白云石化作用形成淡水白云石主要发育于表生期古岩溶期大气渗流带的溶孔洞缝中。白云石不仅可以在超高盐度条件下形成，也可在很低盐度下形成，因为在盐度很低的情况下（50 ~ 150ppm），若溶液中 Mg^{2+} 的浓度小于 Ca^{2+} 的浓度（Mg/Ca<1：1），只会形成方解石。若溶液中 Mg^{2+} 的浓度超过 Ca^{2+} 的浓度就可形成白云石，而且 Mg^{2+}/Ca^{2+} 值越接近1：1，白云石结晶越好。这是因为盐度低，结晶速度缓慢，几乎等量的 Mg^{2+} 和 Ca^{2+} 就可以不受干扰从容互层排列，形成有较高序性的白云石。其特征为粉晶菱形，干净明亮、犬牙状，常与方解石共生形成溶孔中充填物。

a. G9-19井，2-59/118,3137.97m，马五段，粉晶白云岩中晶间溶孔十分发育，×100，单偏光　　b. G9-19井，2-43/118,3136.12m，马五段，砂糖状白云岩晶间孔十分发育，×100，单偏光

图12-3　CU9-19井长山组白云岩镜下照片

取心段碳酸盐岩胶结物主要有泥晶、粉晶和细粒状晶体结晶三种形态。粒状是白云石和方解石胶结物的特征形态，可呈自形或半自形菱面体、叶片状或他形，是研究区储层最常见的结构。

由于胶结作用是一种孔隙水的物理化学和生物化学的沉淀作用，作用的结果是在粒间的孔隙中发生晶体生长，研究区古生代代碳酸盐胶结物一般有世代胶结特点，早期胶结物一般在颗粒周围组成薄边胶结，常见为纤维状或马牙状无铁方解石，后期胶结物多为粒状含铁方解石或者白云石，有时按含铁量递增或递减的顺序还可以组成多期胶结。

2. 硅化

他形微晶石英集合体具石膏晶体假象，石英晶体内包裹有泥微晶白云石。分析硅质交代石膏形成一个由他形微晶石英铸成的柱状石膏晶体形态，是赋存它的岩石溶蚀后，它从宿主岩石中脱落出来，混积在暗河沉积物中，主要见于长山组（图版 2-4g）和震旦系地层上部碳酸盐岩中。

12.5.6　交代作用

白云岩化、石膏化和硬石膏化以及硅化作用是研究区目的层中对储层最有影响也最普遍的交代作用现象。准同生和早期白云岩化分布比较局限，主要发生在潮上带以及潟湖等超盐度环境中，由于提高了岩石的 Mg/Ca 值，白云岩颗粒细小，通常与鸟眼、叠层石、干裂、蒸发岩等共生。晚期白云岩化形成的白云岩往往与不整合密切相关，一般发生于长山组顶部不整合面之下，或寒武系岩层内部与节理、断层有关。晚期白云岩破坏了原始石灰岩的结构，把所有的石灰岩都变成白云岩，只有一些残余。

石膏和硬石膏交代碳酸盐矿物或组分的现象是碳酸盐岩中硫酸盐化最常见的类型，其发生与含硫酸盐孔隙水活动有关，长山组顶部不整合面最常见。

硅化作用像白云岩化一样，可以是早期成岩作用，也可以是晚期成岩作用。它可以选择性地交代化石，崮山组和馒头组岩层中往往发育燧石结核和硅质条带。

12.5.7　压实作用和压溶作用

碳酸盐岩中常见的压实现象是颗粒（特别是鲕粒）点接触频率高、颗粒定向和变形、颗粒间线状接触或曲面接触、颗粒压平、颗粒断裂或破裂、颗粒错断或分离、颗粒表皮撕裂、颗粒表部揉皱等。

在负荷或应力作用下，在碳酸盐岩颗粒、晶体和岩层之间的接触点上，受到最大应力和弹性应变，压溶作用会使应变矿物的溶解度提高，导致在接触处发生局部溶解，形成的压溶构造缝合线、颗粒间的微缝合线和黏土以及石英粉砂含量高或有机质较丰富的石灰岩和晶粒较细的白云岩中密细缝组合，这些压溶缝合线构造对提高储层渗透率非常有利。

第 13 章　碳酸盐岩储层成因特征及主控因素分析

13.1　碳酸盐岩古岩溶发育分布特征对储集条件影响

13.1.1　影响古岩溶的发育成因与分布的主控因素

1. 岩层形成时的古地理环境对岩溶发育层位的控制

鄂南地区下古生界碳酸盐岩层位包括中上寒武统、奥陶系下统中统以及上统。奥陶系碳酸盐岩岩性以灰岩、白云岩为主，受古地理地形影响，区域上各个剖面厚度以及岩相差异较大，剖面厚度为 500～2000m，其中泾河剖面奥陶系层系出露较全。

沉积环境演化特征表明，下古生界碳酸盐岩沉积时，伴随有地壳运动韵律性抬升，寒武系三山组、奥陶系马家沟组以及前石炭系，不仅有多期时间长短不等的区域性海水退却发生，地层出露甚至短暂缺失，风化层附近易于遭受风化淋滤溶蚀，然而当初海水水体深浅、碳酸盐岩易溶蒸发类膏盐含量以及储层遭受抬升、暴露、风化、淋滤的时间长短不同，在不同剖面点储层内以及储层顶面，古岩溶发育程度有较大差异。在耀县桃曲坡和乾县羊毛湾–永寿好畤河地区，三山组、马家沟组云岩顶面以及前石炭系风化层附近有程度不同的古岩溶发育（图版 13-1）。在礼泉东庄，由于上奥陶统地层较耀县桃曲坡以及永寿好畤河剖面层序全，厚度大，沉积环境水体深，易溶蒸发类膏盐不发育，地层抬升暴露风化淋滤时间短，不具备形成大规模古岩溶古地理和沉积成岩环境的基础。

2. 岩性组分、结构特征对岩溶发育程度的影响

碳酸盐岩易溶岩性组分含量、有利结构是岩溶发育的基础，控制了岩溶发育程度。本区奥陶系碳酸盐岩由灰岩、白云岩、泥质白云岩和泥质灰岩构成，以泥质白云岩和白云岩为主。具体表现为灰岩质纯岩溶最易发育，白云岩次之，硅质碳酸盐岩、非碳酸盐岩岩溶极弱或基本不发育。

主要岩石结构类型包括纯结晶碳酸盐岩、颗粒碳酸盐岩中的砾屑、砂屑碳酸盐岩、鲕粒碳酸盐岩以及生物碎屑碳酸盐岩和生物格架礁灰岩等。其中纯结晶碳酸盐岩分布体积最大，约占整个碳酸盐岩总量的 70%～75%，并以泥晶、微细晶为主，分布在寒武系和奥陶系的所有碳酸盐岩地层中；颗粒碳酸盐岩中的砾屑、砾屑灰岩和云岩主要见于冶里组—亮家山组下段和古断裂带附近，砂屑碳酸盐岩、鲕粒碳酸盐岩以及生物碎屑碳酸盐岩主要在寒武系三山组和马家沟组局部层段发育；生物礁灰岩主要以点礁形式发育在平凉组，云化作用普遍较强。另外，在研究区，碳酸盐岩主体受潮坪低能沉积环境和白云石化成岩作用影响

两个因素影响，碳酸盐岩内部硅、泥质含量高，云化作用强，岩石致密，结构均匀。

通过电子探针分析技术对研究区平凉组礁滩相储层碳酸盐岩的化学元素分析表明（表13-1），在碳酸盐岩中，礁灰岩方解石较纯，以低镁方解石为主，云岩的白云石也显示镁含量较低，反映成岩过程中去云化较强，溶蚀作用较弱，容易形成非均质选择性溶蚀。另外，根据野外观测、薄片试验结果表明，在各种成因碳酸盐岩中，纯结晶镶嵌结构和以基底式方解石胶结的碎屑碳酸盐岩溶解速度低。鲕状、砂屑以及生物结构礁碳酸盐岩，或胶结物为泥状方解石并呈薄膜–孔隙式胶结的碳酸盐岩，溶解速度快，储层晶间孔和溶孔均发育，物性较高。可见，酸盐岩的溶蚀强度与岩石结构的相互关系表现为粗晶结构大于细晶结构，细晶结构大于微晶结构，微晶结构大于隐晶结构，隐晶结构大于泥晶结构，等粒结构大于不等粒结构的溶解速度。

表 13-1　鄂南地区上奥陶统平凉组礁滩相储层碳酸盐岩矿物化学成分数据表（电子探针分析结果）

样号	岩性	点号	岩石类型	B_2O_3	MgO	SrO	Al_2O_3	CaO	FeO	BaO	NiO	V_2O_3
WB1	黑色灰岩	1	方解石	1.021	0.055	0.499	0	55.18	0.005	0	0	0.03
	黑色灰岩	2	方解石	1.024	0.175	0.221	0	52.921	0.065	0.021	0.038	0.026
	平均		方解石	1.0225	0.115	0.36	0	54.0505	0.035	0.0105	0.019	0.028
WB6	珊瑚灰岩	1	方解石	0	0.055	0.054	0.029	56.288	0.049	0	0	0
	珊瑚灰岩	2	方解石	0	0.129	0.081	0.027	56.254	0	0.017	0.102	0
	平均		方解石	0	0.092	0.0675	0.056	56.271	0.0245	0.0085	0.051	0
WB7	珊瑚灰岩	1	方解石	0	0.227	0.019	0	54.744	0.066	0	0.019	0.0325
	珊瑚灰岩	2	方解石	0	0.313	0.035	0.012	55.016	0	0	0	0.009
	平均		方解石	0	0.27	0.027	0.006	54.88	0.033	0	0.0095	
WB8	藻云岩	1	白云石	1.19	20.245	0.043	0.004	29.743	0.005	0.05	0	0.034
	藻灰岩	2	方解石	0.874	0.095	0.065	0.014	54.704	0.011	0.031	0.036	0
	藻灰岩	3	方解石	0	0.613	0.005	0	53.754	0.06	0	0	0
	平均		方解石	0.437	0.354	0.035	0.007	54.229	0.0355	0.0155	0.018	0
WB9	藻礁灰岩	1	方解石	0	0.078	0	0.019	54.972	0	0	0.014	0
	藻礁灰岩	2	方解石	0	0.283	0	0.356	54.996	0	0	0	0
	平均		方解石	0	0.1805	0	0.1875	54.984	0	0	0.007	0
WB15	珊瑚礁	1	方解石	0.072	0.109	0	0	57.147	0.098	0.017	0.019	0.064
	珊瑚礁	2	方解石	0	0.31	0.043	0.662	54.492	0.442	0	0	0
	平均		方解石	0.036	0.2095	0.02115	0.331	55.8195	0.27	0.0085	0.0095	0.032
WB16	礁云岩	1	白云石	0	20.788	0.002	0.0554	30.492	0.055	0	0	0.008
WB17	藻礁灰岩	1	方解石	0	0.274	0	0	55.102	0	0.014	0.033	0.021
	藻礁灰岩	2	方解石	0	0.162	0.06	0	55.157	0.066	0.017	0.043	0
	平均		方解石	0	0.218	0.03	0	55.1295	0.033	0.0155	0.038	0.0105

续表

样号	岩性	点号	岩石类型	B_2O_3	MgO	SrO	Al_2O_3	CaO	FeO	BaO	NiO	V_2O_3
WB18	藻礁灰岩	1	方解石	0	0.129	0.036	0	54.269	0.033	0.049		
	藻礁灰岩	2	方解石	0.509	0.016	0.141	0.005	54.611	0	0	0	0
	平均		方解石	0.2545	0.0725	0.0885	0.0025	54.44	0.0165	0.245	0	0
WB19	生屑云岩	1	白云石	1.666	20.2	0.039	0.123	31.17	0	0	0	0.059
	生屑云岩	2	白云石	1.189	16.908	0.052	0.013	34.241	0	0	0	0
	平均		白云石	1.4275	18.554	0.0455	0.068	32.7055	0	0	0	0.0295

在礼泉东庄水库西岸剖面上，马家沟组中可溶岩与非可溶岩互层，成韵律分布，岩溶形迹分布在相对易溶的岩性层中，灰岩质纯岩溶最易发育，白云岩次之，硅质碳酸盐岩、富泥碳酸盐岩的岩溶极弱或基本不发育。岩石总体可溶性程度整体较低。

3. 构造演化中多期断裂构造活动控制深部碳酸盐岩岩溶分布范围与强度

在地质环境变迁中，经历了长期、多次的岩溶作用。既有岩层内矿物结构或者沿裂隙分布的岩溶，也有在层间或者沿古风化面分布的岩溶，既有覆盖或者埋藏型岩溶，也有抬升裸露型岩溶，相互之间发育特征与分布预测差异较大。为了准确预测碳酸盐岩溶蚀作用分布规律，一方面研究了沉积成岩环境和奥陶系顶面古风化面特征，进行了溶蚀成因化学实验研究，另一方面注意观察碳酸盐岩岩溶现象的微观与宏观特征描述。调查结果显示，微观与宏观特征之间存在着自相似性，微观溶蚀作用表现在对物质成分的选择（最易溶组分优先被溶蚀）和对岩石矿物结构及微构造的选择（结构薄弱部位首先被溶蚀）。许多溶洞发育在可溶岩与非可溶岩交界面附近及断裂交汇部位，反映了溶蚀发育的宏观选择性作用。通过分析渭北地区的沉积建造过程以及构造演化条件，认为现今下古生界碳酸盐岩层，在地质历史时期曾经历了奥陶纪末的抬升剥蚀—二叠纪末的褶皱剥蚀—中生代早期先沉降接受少量沉积—中生代晚期到古近纪持续隆起—新近纪—第四纪差异升降系列演化过程，后期又接受少量黄土覆盖，整个岩溶过程受鄂尔多斯地块隆起、渭河断陷带沉降以及二者差异升降作用控制。

调查发现，在鄂南地区奥陶系碳酸盐岩层中，构造演化中多期断裂构造活动控制岩溶分布范围与强度，其中沉积期主要是加里东运动同生断裂对古地形、古地理以及沉积环境的影响，平凉期深水沉积的薄层泥灰质碳酸盐岩，不易形成溶孔溶洞，而礁灰岩、滩相灰岩重结晶晶间孔和溶孔含量较高的岩性。此外，成岩期形成的小型断裂和微裂隙构造及其组合发育形式，是碳酸盐岩成岩岩体中古流体流动、循环的通道，它不仅影响古岩溶发育强度，而且控制古岩溶发育方向、分布格局和范围。奥陶系碳酸盐岩层中既有古断裂和微裂隙构造，也有今断裂和微裂隙构造，多期性关系复杂，对岩溶的形成、发育演化以及现今分布均有明显控制作用。以泾河剖面为例，其主要表现形式如下：

（1）岩溶主要受加里东期、海西期古构造裂缝控制，也与后期燕山期、喜马拉雅期以及新构造运动有关，通常古岩溶沿古构造裂隙呈剪切"X"形分布，规模不大，且多被后期方解石和铁泥质全充填或者半充填，今构造和岩溶关系并不明显，在山间河谷段的平洞并未发现沿新构造运动形成的溶洞。虽然以老龙山断裂（F3）多期活动的压扭性断裂为代表，透水性差，受断层构造影响，岩溶形迹分布较普遍，发育相对较强，但在影响带以外，岩溶发育程度仍然较弱。

（2）沿燕山期、喜马拉雅期以及新构造运动形成的断裂构造带、顺层构造及大裂隙岩溶较发育，特别是在张性、张扭性断裂及其交汇部位更为显著。断裂规模越大，岩溶规模越大。区域钻孔统计资料表明，断裂带附近的钻孔遇洞最多，平均遇洞率 2 个/100m，而远离断裂带的钻孔有的进尺 2000m 都未遇到溶洞。地表分布的岩溶形迹几乎也都与构造有关，也有一些是隐伏溶洞沿断裂带出露。

（3）在泾河剖面沿 NWW 向顺层发育的断裂构造内，可见岩溶形迹，岩溶中大多充填角砾岩、岩屑、方解石及次生黏土，透水性较好。例如，在剖面上游约 100m NWW 向断层构造与河谷交汇处，悬挂在河谷东岸峭壁上的溶洞，洞径约 5m×11m，内部充填大量巨型角砾，砾径 25cm×40cm，砾间裂隙发育。据东庄坝区统计资料，沿顺层构造发育的溶洞约占总数的一半，如 K1、K43、K44、K45、K46 等。溶洞规模相对较大，洞深 5.0 ~ 37.8m，洞径最大达 10m 左右。如沿 L22 宽大裂隙，一般溶蚀宽 5 ~60cm，为大小不一的串珠状、扁豆状溶洞。最大的 K1 溶洞出露在 L22 分布的河谷岸边，溶洞形状不规则，高2.5m，宽约 4.5m，洞深 37.8m，倾向岸外，口大里小，向里与溶隙相连，洞顶、洞壁有石灰华和钟乳石，洞内还分布有 16 个洞径 0.2 ~0.5m 的小溶洞，充填石灰华及少量粉砂。

13.1.2　碳酸盐岩层深部古岩溶发育特征与分布规律

研究区的古老岩溶有两个过程，一是发生在早古生代寒武纪，二是发生于奥陶纪至二叠纪之间。寒武纪岩溶时间较短，发育层位主要是三山组，溶解岩石为颗粒灰岩，主要为层间孔洞缝，本区尽管沿加里东期构造运动形成的两组构造断裂有岩溶发育和分布，但溶蚀痕迹多被泥砂质充填胶结成岩，短暂的风化面上岩溶不发育。据有关区域岩相古地理演化史研究，区域上自中奥陶纪开始，区内地块以上升运动为主，古地理环境逐渐由滨海相转换为陆地，同时奥陶纪的碳酸盐岩岩溶作用开始发生，一直持续到二叠纪地层形成之前，也就是说，奥陶纪的岩溶过程断续历时达 1 亿余年（距今 2.8 亿年），期间在碳酸盐岩层顶面，由于遭受溶蚀与剥蚀和差异风化作用，形成隆凹不平的古地貌景观，所以在渭北不同区带，古岩溶因地层残缺程度差异分别见于中上奥陶统马家沟组上段灰云岩或背锅山组云岩中。泾河古岩溶主要在背锅山组云岩顶面。

通过野外调查，结合区域地层发育特征，以及沉积环境和沉积相变化趋势对比，发现泾河的奥陶系不仅地层层序全，既有完整的冶里组—亮家山组、马家沟组，也有上奥陶统背锅山组，甚至在泾河西岸残留渭北地区仅有志留系地层，而且厚度大，推测处于华北浅海与秦岭海槽过渡斜坡半深水区的东庄地区，所以推断，尽管区域上在奥陶纪至二叠纪之间，是溶蚀作用最强烈时期，但包括东庄在内的整个渭北一带，在早古生代晚期长期处于华北浅海与秦岭海槽过渡斜坡半深水区水下沉积环境中，沉积有完整的奥陶系地层，说明长期处于水下沉积环境中，海西抬升过程中古岩溶作用在泾河奥陶系地层中表现较弱，在盆地内部马家沟组上段灰云岩沿加里东期古构造裂缝易溶常见的溶蚀裂隙、漏斗和溶洞，在泾河不仅规模小，且基本被后期的成岩胶结物充填，大多形成了无效溶孔、溶缝和溶洞

（图版16-1a、b），就是处于风化面附近的背锅组碳酸盐岩，溶沟、溶孔、溶槽、溶蚀裂隙、漏斗和溶洞也不发育。

分析原因，一是因泾河奥陶系与石炭系地层之间发育老龙山断裂，老龙山断裂是经历多期活动的老断裂，多期活动必然致使包含古岩溶的奥陶纪古地形面遭受磨蚀夷平，在奥陶系碳酸盐岩夷平面上残留的多种岩溶形态和溶蚀裂隙，大部分被上石炭统的铝土页岩、杂色泥岩、含石膏细脉及黄铁矿充填或者半充填；二是在中生代先后发生了印支期、燕山Ⅰ期和Ⅱ期以及喜马拉雅期构造运动，多期构造运动先后造成秦岭、渭河以及渭北地区隆升，也对本区地层影响明显，一方面印支运动使覆盖于碳酸盐岩地层之上的石炭纪、二叠纪砂页岩发生褶皱和断裂，晚期燕山以及喜马拉雅运动使老断层复活，新断层产生，寒武系、奥陶系碳酸盐岩抬升，剥蚀、溶蚀作用加剧。另一方面岩溶形态以沿断裂节理溶蚀加宽的溶洞、溶隙为主，多被古近系、新近系和第四系物质充填，充填物呈胶结或半胶结状态。

从上述分析可见，南部的储集条件远不如中部，具有一定厚度、一定规模的孔隙发育带正是如此，个别高孔隙度和高渗透率是非均质性造成的，深入总结分析影响储层的发育原因，最主要有以下几点：

13.2 沉积成岩期海平面升降与碳酸盐岩优质储层空间分布特征

在区域上寒武–奥陶系碳酸盐岩次生溶孔发育的层段，加里东多期构造抬升造成沉积间断、不整合风化面以及成岩溶蚀孔洞层是造成储层非均质性的最主要原因。鄂尔多斯盆地在石炭纪沉积之前，靖边—盐池一带马家沟组已经遭受侵蚀的时候，在南缘早奥陶世沉积之上还盖着厚厚的中奥陶统，有的地方还保留有上奥陶统的部分地层，因此，同样是下奥陶统马家沟组地层，在盆地中部可以形成巨厚的风化淋滤带，而在南缘只经受了轻微表生作用，东庄组岩性细而致密，从宏观上来说，海平面升降引起的岩相韵律组合不利于风化壳附近形成大规模的次生溶孔带。影响储层的风化作用主要作用于早期寒武系与奥陶系碳酸盐岩地层中。

元古宙末，鄂尔多斯结束了大陆裂谷的发展阶段，开始进入克拉通凹陷发育时期，此时，鄂尔多斯地块总的古地理面貌是北高南低，南缘与秦岭海槽相接，成为广阔的陆缘浅海，海水从南向北推进，张夏期末晚寒武世初，海侵达到了高峰，晚寒武世末，水体一度变浅，构成了一个完整的海侵–海退旋回，早奥陶世时，海水再次从南边入侵，至马家沟期，海水已越过环县—庆阳古隆起，成为又一次广泛的海侵时期。但由于环县–庆阳隆起的存在，在盆地内部形成了局限海的环境，而隆起以南则发育潮坪环境，中晚奥陶世，强烈的火山–构造活动，改变了古地貌格局，致使该时期的沉积分布极不均匀，后期又遭不同程度的剥蚀，在盆地中部，上古生界石炭系地层直接覆盖在下奥陶统马家沟组之上，西南缘中晚奥陶世保存较完整，西部的加里东侵蚀面处在中奥陶统的不同层位之上，而南部，特别是西南缘，加里东侵蚀面大部分地区位于富含泥质的中奥陶统平凉组顶部，有的地方甚至还保留有上奥陶统碎屑岩、灰岩。众所周知，侵蚀面下的地层岩性对风化壳储集性能的好坏影响极大。碳酸盐岩长期暴露，在风化、淋滤作用下容易发生溶解，形成风化裂隙、溶孔、溶洞，特别是在富含膏盐层的地区，膏盐层大面积发生溶蚀，导致上覆地层失去支撑而崩塌，造成崩塌角砾，产生新的孔隙，但是这种情况在碎屑岩和含泥质较多的碳酸盐岩中很少见到，在泥岩发育的地区，形成溶孔更是十分困难的，鄂尔多斯盆地南缘发育的中奥陶统泥质含量都比较多，在西南缘还出现有笔石页岩，而易溶的膏盐又不太发育，泥岩之下的碳酸盐层溶孔很不发育，这种情况在地表剖面上十分明显，因此，同样经受加里东运动的风化、侵蚀，不同地区，因地质条件不完全相同，风化壳的厚度、表生作用的改造力度以及次生孔隙发育的程度则有很大差别。

在鄂南地区，与加里东侵蚀面有关的孔隙层段不是出现在马家沟组，而是平凉组和背锅山组，向北在中央古隆起南斜坡宁探 1 井中，则出现在中寒武统张夏组的顶部，由于不同层位的岩石组分不同，结构不一样，风华淋滤作用后所产生的增孔程度有很大的差异，但是，在这个不整合之下的风化带内，总或多或少地有一些孔隙相对发育的层段出现，这似乎是一个普遍的规律。

耀参 1 井中溶蚀孔隙发育最好的层段为井深 1498m，第 9 次取心，下奥陶统白云岩已成 "浮岩" 状，比一般白云岩轻得多，据测，比重只有 2.27，孔隙度为 19.8%，渗透率为 $13.1 \times 10^{-3} \mu m^2$，而这段岩心正好位于井深 1450m 左右的断裂下面。中寒武统张夏组孔隙较好的层段为井深 2150～2260m，位于井深 2144m 处发生井漏的下面，井深 2950m 徐庄组中的灰岩呈粉末状，非常疏松。

永参 1 井中岩心溶孔较发育的有三段，第 9 次取心（井深 2110m±），孔隙率为 5.81%～8.13%，主要为白云岩的晶间孔和晶间溶孔，孔径 0.03～0.05mm，面孔率可达 3%～5%。井深 2515.57～2519.54n，第 14 次取心，岩心中见有大量溶洞，互不连通，孔径一般小于 1mm，个别可达 2mm，面孔率为 2%～10%，有的溶洞中有自形方解石和石英充填。井深 2625～2630m 第 16 次取心中见大量溶孔，溶洞，孔径可达 7mm，面孔率 5%～10%，有的溶洞中局部有自形白云石或石英充填。

总体上，构造沉积成岩演化表明，研究区加里东侵蚀面是寻找与不整合面有关的次生孔隙发育带的重要目标，此外，怀远运动在盆地南缘亮甲山组曾一度暴露地表，接受大气淡水的淋滤，也形成具有一定规模孔渗段，耀参 1 井在钻井进入该层位时，需发生多次放空和井漏，以及永参 1 井在相应层位出现未被充填的溶洞预示着下奥陶统冶里—亮甲山组是盆地南部潜在有利储层。

以上井段的裂缝发育与构造有关，构造缝造成了地下水活动的通道，从更有利于溶蚀孔隙形成。

13.3　成岩中岩石组分变化对下古生界不同组段储集条件的影响

从岩相条件分析，本区应有较好的储层层位和地区，事实上分析证明储层物性较差，强烈成岩作用是影响储层条件的重要原因之一。包括胶结作用、白云石化作用，溶蚀作用和充填作用，胶结与充填使原、次生孔隙堵塞，变为非储层，寒武系顶，亮家山组顶，马家沟组顶部及平凉组顶的沉积间断，都曾淋滤形成次生溶孔，但在再埋藏时全被方解石、白云石等充填而失云储集性能，目前较好的张夏组及马家沟组和峰峰组储层，都是晶间孔和溶蚀孔隙未被完全充填或后期淡水经断裂等通道淋滤溶蚀的结果。

成岩作用主要有白云石化作用、胶结作用、新生变形作用、交代作用、溶蚀作用、充填作用和压溶作用等，但由于不同沉积阶段，不同沉积环境形成的岩石类型不一致，加上沉积后所处的成岩环境及构造运动的影响不一样，因此，它们的成岩作用类型和经历也就有所差别。

13.3.1　寒武系碎屑岩及碳酸盐岩成岩作用特征

1. 中寒武统毛庄组和徐庄组

在中寒武世早期毛庄组和徐庄组均为潮间带灰泥坪沉积，沉积了以泥岩、泥灰岩为主的一套岩石，夹有鲕粒灰岩、泥晶灰岩和少量的石英砂岩。

毛庄组、徐庄组的鲕粒灰岩虽不发育，其所经历的成岩变化为：早期鲕内云化→栉状方解石胶结→粒状方解石胶结→晚期白云石化交代方解石胶结物→压溶。

至于碎屑岩，则主要经历了胶结作用和交代作用，但毛庄组粉细砂岩只有一次胶结，即方解石胶结，并伴以方解石交代石英或海绿石，而徐庄组海绿石石英细砂岩的成岩作用与馒头组有相似之处，主要是胶结作用、交代作用和白云石化作用，但馒头组石英砂岩中没有白云石化作用，其成岩序列为：硅质胶结→方解石胶结→海绿石交代石英砂→白云石化且白云石交代石英和海绿石矿物。

2. 中寒武统张夏组

张夏组碳酸盐岩是寒武纪较好的储集岩。主要岩石类型以残余鲕粒云岩为主夹中细晶白云岩、砾屑云岩及少量粒屑泥粉晶灰岩。

通过物性分析及铸体薄片观察，能够作为储层的主要有残余鲕粒云岩及晶粒云岩，晶粒云岩以粉晶-细晶云岩为主。

1）残余鲕粒云岩

白云岩鲕粒多由细粉晶白云岩构成，岩石基本上保存了原岩结构特征，可见薄的泥晶套（宁探1井）、早期纤状胶结物残余及第二期细晶胶结物，成岩作用包括以下几种类型：

泥晶化作用发生在沉积物埋藏前及沉积物刚进入埋藏时的海底成岩环境，由于钻孔藻的作用，在鲕粒外层形成厚薄不一的泥晶套。

早期海底胶结作用是指海底成岩环境中形成的早期胶结物，为纤状环边，薄片中只能见到其部分残余的幻影被包含在粒状白云石的晶体中，厚度数十微米，属第一期胶结作用形成，埋藏期粒状方解石的胶结作用，主要分布在鲕粒之间，晶粒呈他形，从孔隙边缘向中心颗粒粒径增大，其原始成分为方解石，属于残余鲕粒云岩在浅埋藏期的又一次胶结作用，胶结作用的结果使颗粒之间的原始孔隙几乎全部消失。

白云石化作用属于残余鲕粒白云岩中最有意义的成岩作用类型之一，是埋藏后交代早期鲕粒灰岩而成的鲕粒云岩，鲕粒内部及粒间全部由新形成的白云石晶体组成，这种白云石自形程度高，形成大量晶间孔（图版17-16），成为地下水活动的通道。

溶蚀作用是残余鲕粒云岩经历了云化作用之后，在地下水的作用下使岩石遭受了一定程度的溶蚀作用，形成了部分溶蚀孔隙，这些孔隙在旬探1井、宁探1井张夏组上部的残余鲕粒云岩中均比较发育，孔径大的与晶粒粒径相当，小的为针孔或微孔，且分布不均匀，宁探1井的物性与铸体薄片统计的孔隙含量对比，其微孔占60%~65%，经电镜与孔隙结构扫描显示都为溶蚀微孔，它们主要发育在残余鲕粒云岩的晶间孔或晶间缝周围，说明形成于埋藏期白云石化作用之后。

自生矿物充填作用，在张夏组早期孔隙或微缝中（孔隙以溶孔为主），自生矿物主要为隙白云石、方解石，另有少量的黄铁矿，它们一般分布在孔缝中呈自形或半自形状，对孔隙的结构起到了一定的破坏作用，并减少了孔隙含量。

由以上成岩作用形成的机理及在岩石中分布的相互关系分析，其成岩序列为：泥晶化作用→两期胶结作用→云化作用→溶蚀作用→自生矿物充填作用，它们形成的成岩阶段与环境见表13-2。

表 13-2　张夏组残余鲕粒云岩成岩作用

作用	早成岩阶段	晚成岩阶段	
	海底环境	浅埋藏环境	深埋藏环境
泥晶化作用	▬		
早期胶结	▬▬		
二期胶结		▬▬	
云化作用		------- ▬▬▬▬	
溶解作用			▬▬
方解石充填			▬▬
铁白云石充填			▬▬

2）晶粒云岩

包括白云石化作用、溶解作用及构造微缝充填作用。溶解作用表现为晶粒云岩中有时可见少量的晶间溶蚀孔隙，孔径较小，一般为 $200\sim300\mu m$，孔隙边缘不规则，形成于白云石化作用之后，为埋藏阶段形成。构造微缝充填作用，晶粒白云岩中的构造微缝中的充填作用，主要充填矿物仍然是白云石、方解石。从成岩作用的先后分析，其成岩作用序列为白云石化作用→溶蚀作用→方解石、白云石的充填微缝作用。

3. 上寒武统三山组

上寒武统三山组的沉积环境为潮间–潮下带沉积，岩石类型包括泥粉晶云岩、泥灰质云岩、残余砂屑云岩及残余砾屑云岩。

晶粒白云岩主要的成岩作用为白云石化作用，云化作用很强，白云石呈中细晶状、自形程度高，白云石晶间溶孔不发育，其中部分有硅质及方解石半充填或充填，硅质形态不规则，方解石多为自形或半自形，局部具压溶缝合线，缝合线为黄铁矿或不溶有机质充填或半充填，其成岩序列为：白云石化作用→溶解作用→硅质及方解石充填作用。

残余粒屑云岩在成岩早期有两次胶结作用，胶结世代明显，一期为早期海底胶结，另一期为浅埋藏期的方解石胶结，其后的云化及溶解作用与张夏期云岩基本相同，但是由于溶蚀作用不强、加上溶蚀之后形成的孔隙大多被白云石、方解石、石英及黄铁矿充填，所以，整个岩层中孔缝不发育，物性条件较差。

13.3.2　中下奥陶统碳酸盐成岩作用特征

1. 下奥陶统冶里组—亮甲山组

冶里组—亮甲山组主要岩性为深灰色粉细晶云岩，上部为含燧石条带的残余鲕粒云岩，其主要成岩作用为云化作用、溶蚀作用、硅质充填作用和硅质与白云石之间的交代作用，从沉积环境分析早期为潮间带泥云坪沉积，所以云化作用以准同生期云化作用为主，云化作用使得泥晶灰岩成为粉细晶云岩，后期水动力条件增强，形成鲕粒滩，云化作用主要发生在埋藏期，除云化作用外并有溶蚀作用产生，溶蚀作用可以在白云石晶粒之间形成溶孔，溶孔部分保留，而大部分被后来的硅质充填，硅质不仅充填溶孔，也交代岩石而成硅化鲕粒云岩，此外，还有方解石和白云石充填在溶孔及溶缝中，其成岩序列为白云石化→溶蚀作用→硅质交代及充填作用→溶蚀作用→白云石、方解石的充填作用。

亮甲山组沉积之后曾经受构造运动而抬升，经历地表成岩阶段，因此，该类岩石的成岩序列与成岩环境及成岩阶段的关系如表 13-3 所示，这里的溶蚀与硅化及硅质充填作用均与地表环境酸性介质条件有关，但由于溶蚀形成孔洞被多期次的充填堵塞，因而现在孔隙并不发育。

表 13-3　冶里组—亮甲山组残余粒屑云岩的成岩作用

作用	早岩阶段	晚成岩阶段	表生成岩阶段	晚成岩阶段
	海底环境	浅埋藏环境	地表环境	浅埋–深埋环境
白云石化	—			
溶蚀			—	
充填			—	—
交代			—	
压溶				- - - - - - —

2. 中奥陶统马家沟组

马家沟组在南缘地区分布变化较大，其中宁探 1 井、庆深 1 井及黄深 1 井等均受中央古隆起的控制作用大部分缺失或被剥蚀，旬探 1 井出露最全，在旬探 1 井中马家沟组主要为膏云坪与潮下低能带交互沉积，主要岩石类型可以分为泥微晶白云岩、中-细晶白云岩含膏云岩、硬石膏残余粒屑云岩、云斑灰岩等。

1）泥微晶云岩

泥微晶云岩主要分布于马一期、马三期及马五期海退低能水体中，常见石膏及藻纹层，主要成岩类型有新生变形作用、溶蚀作用和自生矿物充填作用，新生变形作用表现为白云石晶粒增大，一般由泥晶云岩在埋藏成岩作用过程中形成，溶蚀作用在马五段较发育，形成晶间溶孔，并且改造部分裂缝形成构造溶缝，由于溶蚀作用在晶粒及残余粒屑云岩中比较发育，而在泥微晶云岩中仅见于新生变形较强烈的晶体之间，自生矿物主要为白云石、方解石及少量硬石膏，它们充填于溶孔及裂缝中。

2）晶粒白云岩

晶粒白云岩主要分布在马二段下部、马四段、马五段中上部及峰峰组中，成岩作用包括以下几种。

白云石化作用：岩石主要由中细粒、自形程度较好的白云石组成；溶蚀作用表现很特别，主要发生在白云石化之后，溶蚀作用形成的晶间溶孔和溶缝属深埋藏期的产物，这一点可以从这些溶孔溶洞分布的井深位置分析中得到证明，在旬探 1 井中距奥陶系侵蚀面约有 328.35m，所以溶蚀作用产生的层位显然与侵蚀面无关，也就是说不是地表环境淡水淋滤作用形成，而属埋藏期溶蚀作用，溶孔、溶洞中大部分都有充填物，但并非都被完全充填，大部分孔洞仍有残余孔隙，这为储层条件的改善起到一定的积极作用。

溶孔溶洞中的充填物由旬探 1 井、耀参 1 井可以看出，主要为白云石和方解石，两种矿物可单独存在，也可共同出现，其形成顺序是晶粒方解石在先，而自形白云石在后，也有的是自形白云石在先，巨晶方解石或石英在后，从白云石和方解石的包裹体研究中知道，白云石和方解石中气液包裹体的均一温度大都大于 100℃，有的高达 182～192℃（表 13-4），反映它们属深埋藏阶段形成。但又据阴极发光测定，旬探 1 井中的白云石有淡水白云石，阴极发光下为橙黄色，为最晚充填溶孔的矿物。

表 13-4　耀参 1 井和旬探 1 井奥陶系溶洞充填物气液包体均一温度（据郑葆英等，1999）

井号	层位	样品	包体主晶矿物	均一温度/℃
耀参 1 井	奥陶系马家沟组	$6\frac{21}{28}$	方解石	174.5
		$7\frac{6}{38}$	方解石	107.8
		$9\frac{34}{40}$	方解石	182.0
		$21\frac{4}{13}$	方解石	76.2
		$28\frac{15}{34}$	方解石	168.2
旬探 1 井	奥陶系马家沟组	7	白云石	17
		$9\frac{50}{52}$	白云石	167
		$10\frac{15}{42}$	白云石	188
		$12\frac{30}{39}$	白云石	156
		$14\frac{2}{49}$	白云石	197

3）残余粒屑云岩

残余粒屑云岩主要分布在马一段、马三段及峰峰组的部分层段，由于后期成岩作用主要是白云石化的改造形成残余粒屑结构，其成岩作用有以下特点。

胶结作用有两期，一是发生在早期海底环境，胶结物大部分为微晶-粉晶方解石，受后期成岩作用改造，镜下很难分清颗粒形态轮廓；二是埋藏期粒状方解石的胶结作用，方解石颗粒一般分布在粒屑边缘，向粒屑中心，方解石晶体越来越大，大多数呈他形。

从以上分析我们可以看出，其成岩序列与成岩环境及成岩阶段有如下关系（表 13-5）。云化作用主要是在埋藏期粒屑灰岩经白云石化作用使得早期的晶粒方解石转变成白云石，白云石的自形程度较好，在白云石晶体之间可具有少量的晶间孔和晶间溶孔，孔径一般较小。

表 13-5　马家沟组和峰峰组白云岩成岩作用

作用	晚成岩阶段	
	浅埋藏环境	深埋藏环境
白云石化	————————————————	
溶蚀	- - - - - - - - - - - - - - - -	
压溶		- - - - ————————————
充填		晶粒方解石　　　白云石

溶蚀作用发生在云化作用之后，属于埋藏期产生，溶蚀作用的结果可以形成溶孔，溶孔主要为晶间溶孔及粒屑边缘的溶孔，另外，还有少量溶洞和溶缝，溶洞、溶缝在镜下分布不均匀，最多可达 3%~5%，部分溶洞及溶缝被方解石或白云石（在峰峰组溶洞充填中还见有淡水白云石）充填或部分充填，有时还有少量硬石膏充填，其成岩序列与晶粒云岩类似。

至于马家沟组及峰峰组中的含膏盐云岩和云斑灰岩的成岩作用，除云化作用外，前者有时还见有去膏、盐化作用以及石膏脱水作用，后者常见新生变形作用。

需要说明的是马家沟组和峰峰组的溶蚀作用不是所有井中均同样存在，旬探 1 井溶蚀作用很强，尤其在峰峰组中的溶孔、溶洞虽几经充填至今仍未填满，耀参 1 井、永参 1 井中都见有类似现象，但淳探 1 井中未见强烈的溶蚀作用，只是裂缝较发育，对于此问题，我们在下面还将专门讨论。

13.3.3　上奥陶统平凉组、背锅山组礁灰岩成岩作用特征

平凉组中碳酸盐岩的岩石类型主要为生屑砂屑微晶灰岩、微晶藻屑灰岩和含云微晶灰岩，有些井中见有钙藻障积灰岩、珊瑚障积灰岩，从镜下观察到的主要成岩作用有白云石化作用、压溶作用、新生变形及自生矿物充填作用。从成岩作用的主要类型上分析，与其下伏的寒武系—下奥陶统碳酸盐岩区别不大，但白云石化的程度很弱，且溶蚀作用不发育，而以新生变形为主，其中云化作用有多期性，最少可以看出两期，第一期白云石零散出现，第二期沿缝合线分布，与新生变形的同时伴有方解石交代白云石边缘的现象，这些

成岩作用均为晚成岩阶段埋藏环境所形成，其成岩序列为：白云石化→新生变形并交代→压溶→白云石化。

值得注意的是，平凉组顶部常见有溶斑和溶洞（图版6-1），旬探 1 井测井曲线有反映，永参 1 井岩性描述有记录："灰黑、深灰色微晶灰岩……，溶洞发育，直径可达 3cm 以上，均为方解石所充填"。可见平凉组顶部在加里东未确有风化壳–侵蚀面存在，只是其溶洞大都被方解石、白云石或石炭—二叠系的砂、泥岩充填，因此平凉组顶部灰岩的成岩序列还应加上表生成岩阶段的溶蚀及其后埋藏阶段的充填作用（表13-6）。应注意的是晚期充填物中也有淡水白云石。

表 13-6　平凉组顶部微晶灰岩或微晶藻屑灰岩的成岩作用

作用	晚成岩阶段	表生成岩阶段	晚成岩阶段
	埋藏环境	地表环境	埋藏环境
白云石化	▬		
新生变形	▬▬		
交代	▬▬		
压溶	▬▬		
溶蚀		▬▬▬	
充填			▬▬▬

13.3.4　成岩作用碳酸盐岩储层储集条件的影响

综上所述，可以看到影响本区下古生界储集条件的成岩作用主要为胶结作用、白云石化作用、溶蚀作用和充填作用，无论是碎屑岩或碳酸盐岩由于胶结作用与充填作用均影响原生粒间孔和次生溶孔的保存。

下奥陶统亮甲山组顶部和中奥陶统平凉组顶部的沉积间断面，均曾在表生成岩阶段地表淡水的淋滤作用下形成过次生溶孔，但在再埋藏时往往因被方解石、白云石、石英等充填而失去了成为储集层的可能性。

从物性分析结果看，较好的储集层段主要分布在张夏组中部残余鲕粒云岩和马家沟组马五段及峰峰组白云岩中，通过储层孔隙类型和孔隙结构研究可知，较好物性段中，孔隙类型以晶间孔及溶蚀孔隙为主，孔隙分布不均匀，孔隙的分布与构造溶缝有密切关系，溶孔、溶洞中大部分有自生矿物方解石、白云石或石英部分充填或半充填，这些特征反映了储集岩在成岩阶段经历了较强的白云石化作用、溶蚀作用及自生产矿物的充填作用，它们与储集孔间的关系为，白云石化形成的晶间孔可成为地下水活动的通道，在此基础上地下水溶蚀作用形成晶间溶孔，并可进一步扩大为溶洞，但储集条件的好坏决定于充填的期次和残余孔隙最终的大小。

值得注意的是，这些孔隙层段并不全在侵蚀间断面附近，有的相距甚远，查明它们的形成条件，对我们了解本区储集层形成和分布的规律是十分必要的。

13.4　储层非均质性成因及对储集性能的影响

碳酸盐岩储集层的重要特征是它的非均质性，在盆地南缘表现得尤为突出，不同层段有不同的储集性，同一层位在不同的地区储集性有很大的差别，在同一地区同一层位的不同层段，储集类型、储层厚度和物性有很大变化，横向上很难长距离追踪对比，储集类型次生性的特点在这里表现得十分充分，因为这类储集层的发育虽然也受原始沉积的影响，但更为重要的是后期次生改造的条件，正如前面已经提及，鄂尔多斯南缘的下古生界地层，在经历了长期的成岩演化之后，孔隙性都变得比较差了，若没有遭受充分改造的机遇，难以从根本上改变其原来的面貌。

13.4.1　马家沟马五—马六段潮间（上）带溶蚀带结晶云（灰膏）岩与平凉组礁灰岩的孔渗相关性特点及差异

孔隙度和渗透率的关系可以用来衡量孔隙类型，以进一步确定储层类型。麟探 1 井平凉组礁灰岩与马家沟组台地灰岩储集物性相关性对比发现，平凉组礁灰岩孔隙度和渗透率相关性较好，相关系数 R 值为 0.6826，即储集岩渗透率的大小与孔隙大小有关；马家沟组马六段孔渗相关性差，相关系数 R 值为 0.1277，储集岩渗透率的大小不受孔隙大小的控制；马五段孔渗相关性差，相关系数 R 值为 0.3351；马二段孔渗不相关，储集岩渗透率特低。溶蚀作用和局部的白云岩化是储层发育的建设性因素，而压实、充填、胶结及重结晶作用极大地破坏了研究区内生物礁的储集性能。

13.4.2　构造成岩裂缝引起的非均质性以及对油气输送和储集性能的影响

成岩期以及成岩后多期断层和微裂缝，不仅形成储层非均质性，而且与孔洞缝充填、溶解演化以及油气保存有密切关系。在鄂南地区碳酸盐岩储层中，断层发育的附近往往是孔隙层段相对发育的地区，在南缘断层十分发育，而且越向南，断层的数量越多，规模越大，其中有挤压作用产生的逆断层，也有一些正断层，它们是不同时期的产物，断层切割使岩层失去其本来的连续性，同时，在构造应力作用下产生相应的构造裂缝系统，在旬探 1 井 3069~3148m 井段（$O_1 f$）中。曾见知多处裂缝发育段，在平凉组（2691~2692m）、张夏组（4096~4105m）亦有裂缝段发育，淳探 1 井中，构造裂缝更是多见，唯往往为方解石次生充填所堵塞，永参 1 井在 2110~2310m 和 2510~2760m 马家沟组地层中，电测解释裂缝发育段有 21 层之多，耀参 1 井解释有 15 个裂缝发育段，其中在 1497.11~1499.56m 峰峰组、1836.42~1844.41m 和 1900.06~1903.06m 马家沟组三个井段见有天然气逸出，裂缝段出现的层位在各井中很不一致，裂缝段的长度和裂缝密度差别更为悬殊，但总起来看，马家沟组和张夏组中裂缝段的发育相对更多一些，需要强调的是，在裂缝发育段中往往伴随着一定程度的次生溶蚀作用，产生一些次生溶孔，构成南缘下古生界碳酸盐岩储层重要的储集类型。与断裂构造有关的溶蚀孔洞是无一定层位的，即不受层位控制的，但是如果有些薄弱环节，如沉积间断面，被与断裂有关的地下水活动利用，在间断面附近形成溶蚀孔洞，那么这种次生孔隙发育带也是在埋藏环境下形成的，与表生作用在地表条件下形成次生孔隙不同。

从耀参 1 井和永参 1 井的水分析资料看（表 13-7），水型既有 $CaCl_2$ 型，也有 $MgCl_2$ 型；但矿化度均较低，只有 9756 ~ 81510mg/L，且 pH 大都为 6.0，甚至有 4.5 者，说明这种水为酸性水，并且这些地下水不是封闭条件下埋藏环境的产物，而可能是开放系统，有地表水掺入一种"淡水"，这种酸性水，对溶蚀孔洞的形成无疑是十分有利的。旬探 1 井峰峰组晶间孔和晶间溶孔发育层段，厚约 300m，也不在加里东侵蚀面附近，井中虽未直接见到断层构造，但该井正位于两个东西向断裂之间，峰峰组溶孔发育层段试气时发生涌水就反映溶洞与断裂的关系，再加上溶洞中的充填物有淡水白云石，说明溶蚀孔洞的形成环境与淡水有关，"淡水"一般是一种酸性介质，是碳酸盐岩的一种溶剂。

表 13-7　耀参 1 井和永参 1 井水分析资料

	层位	井深/m	水型	pH	总矿化度/(mg/L)
耀参 1 井	平凉组	1103 ~ 1110	$CaCl_2$	5	32506
	平凉组	1103 ~ 1110	$CaCl_2$	4.5	54087
	平凉组	1103 ~ 1110	$CaCl_2$	6	38882
	平凉组	1220 ~ 1242	$CaCl_2$	6	50116
	平凉组	1220 ~ 1242	$CaCl_2$	6	55664
	峰峰组	1494 ~ 1497.5	$CaCl_2$	6	54064
	徐庄组	2423 ~ 2446	$CaCl_2$	5.5	47007
	馒头组	2966 ~ 3044	$CaCl_2$	6.2	81510
永参 1 井	马家沟组（78-46）	2110 ~ 2310	$CaCl_2$	6	15856
	马家沟组（78-28）	2110 ~ 2760	$MgCl_2$	6	9757
	马家沟组（78-55）		$CaCl_2$	6	9756

以上情况说明区内次生溶孔形成既与构造有关，又与"淡水"有关，和现代岩溶的形成与裂缝，地表水有关一样，但它并不在地表条件而是在埋藏条件下，因而这种成岩环境不是埋藏环境下的封闭系统，而是埋藏环境下的开放系统，是"淡水"酸性介质条件的环境，对此我们还可从耀参 1 井气液包体中的成分获得一些信息（表 13-8），耀参 1 井包体气相成分中含 O_2，而且高达 16.2%，H_2 的含量也高，为 11.8% ~ 13.2%，这也反映它的形成环境不是封闭的缺氧环境。溶洞填充物（白云石或方解石）中气液包体的均一温度均较高，是深埋条件下充填的。因此，这种深埋条件开放体系中的"淡水"就成了区内溶蚀孔洞形成的特殊环境。显然，这种环境也就是与断裂构造有关的埋藏环境，换句话说，就

是断裂构造影响本区储层的形成与分布。

表 13-8　耀参 1 井气液包体成分分析结果

井位	样号	井深/m	气相成分/%									液相成分/%				
			H_2O	CO_2	CH_4	H_2S	CO	N_2	O_2	SO_2	H_2	H_2O	CO_2	CH_4	H_2S	SO_2
耀参1井	8	1320	21.2	40.7	19.5	—	12.5	—	—	6.1	—	67	23	4	6	
	2	1380	23.6	39.6	—	7.8	—	17.2	—	—	11.8	51	41	—	8	
	7	1500	31.3	34.4	9.3	11.8	—	—	—	—	13.2	34	53	—	13	
	6	1900	—	—	—	—	—	—	—	—	—	32	38	7	23	
	9	2280	26.6	41.6	9.1	—	—	—	16.2	—	—	47	42	—	11	

13.5　区域构造及古地貌对储层的影响

长庆油田根据多年研究证实，早古生代在鄂尔多斯盆地西南部存在中央古隆起，岩溶高地一般分布于中央古隆起周缘，灵台地区奥陶纪末处于岩溶高地的南斜坡上，古岩溶作用强烈，古地貌对晚古生代特别是晚古生代早期的沉积有着重要的控制作用，而且影响着古岩溶作用的发育程度和发育深度，从而影响储层的改造程度和保存状况。残留的地层主要为奥陶系和寒武系，其中灵 1 井区主要残留寒武系地层，长山组以上地层已经全部侵蚀，所以加里东晚期运动是造成古生界地层剥蚀以及风化壳形成的主要根源，风化壳的上覆地层为石炭—二叠纪煤系超覆沉积。

研究区岩溶斜坡分布于鄂尔多斯中央古隆起岩溶高地的南翼，为岩溶高地与岩溶盆地的平缓过渡带，由于岩溶斜坡处在岩溶水径流带，斜坡内被溶沟和沟槽纵横切割，可以构成孔、洞、缝和水平岩溶管道的集中发育区，为古风化壳气藏的形成提高了良好的储集空间。通常古地形高的地方容易暴露于地表而接受大气淡水的溶蚀，同时暴露于地表的高部位所受的机械破坏作用强，岩溶作用易于发生，风化壳岩溶发育的深度要大一些，岩溶低部位或岩溶洼地溶蚀作用较弱，充填作用较强。所以在残留的由寒武系地层组成的碳酸盐岩斜坡上，以淡水渗流和潜流溶蚀为主，有一定的充填作用。但总体上，灵 1 井的储层在古地貌作用的影响下，将提高储层的物性。

同时，构造作用形成的各种裂缝对储层是非常有利的，裂缝分为两期，一是同生裂缝，或者部分被后期胶结成岩作用完全充填，或者残留部分裂缝，形成无效缝，或者完全保留；另外一种为后期形成的裂缝。

第14章 构造、古地理演化对礁滩及油气封闭成藏的影响

研究区位于鄂尔多斯地块南缘燕山期构造活动带与稳定地块之间，南部紧邻秦岭与渭河构造带，断裂发育、分布及演化与其有内在成因联系。属于今构造的重要区域地质构造分界线。为了弄清研究区区域构造、断层形成机理、活动性以及对油气储运和成藏的影响。研究中不仅对研究区主要控制断层的断面产状要素进行了勘测，分析了断层两侧地层出露展布以及沉积特征，并结合渭北隆起区域构造层的划分、渭北隆起发育时限、秦岭构造带演化，综合研究了鄂南地区主要断层活动特征、性质以及形成时的区域构造应力场，初步厘定了构造活动期次，分析了构造演化中断裂活动对储盖条件的影响。

14.1 鄂南地区主要断层成因与分布样式

14.1.1 研究区南部主要成因分布

从鄂尔多斯盆地南部地质构造纲要图可以看出（图14-1），研究区分布的主要断裂包

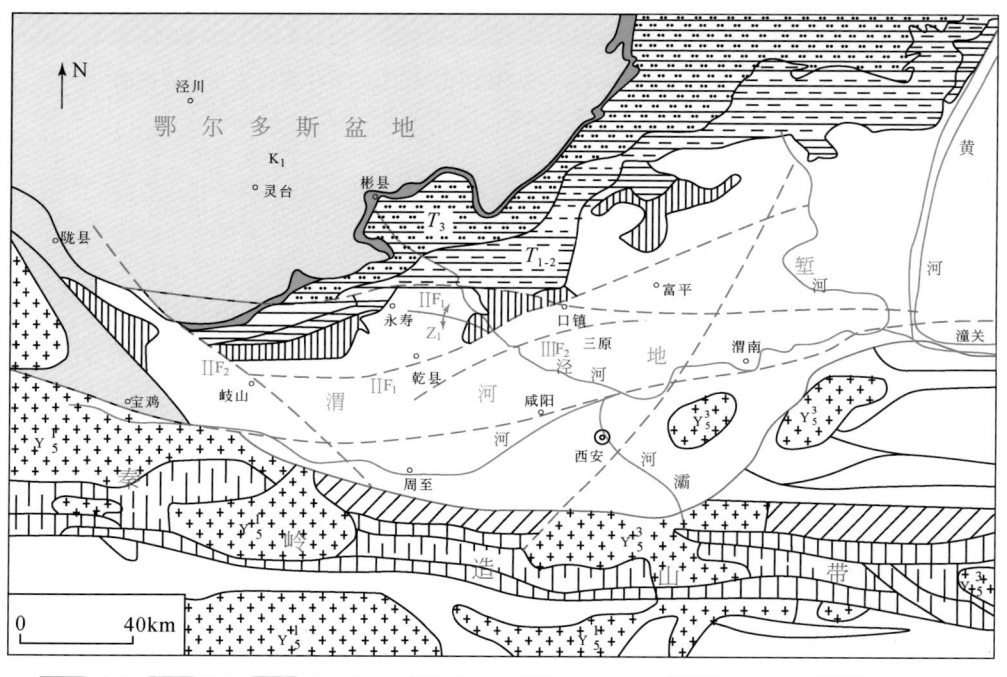

图 14-1 鄂尔多斯盆地南部地质构造纲要

括老龙山断层（ⅡF₁）、哑柏断裂（ⅡF₂）等，其中老龙山断层地处鄂尔多斯地块南缘，对稳定性有重要影响，断层横穿泾河河谷，总体走向近 EW，倾向 S，倾角 40°，约 100km，断距大于 1000m。属于鄂尔多斯稳定地块和渭北活动构造带交接地带的一个多期活动的断裂带，沿陇县南、麟游、淳化山化以及泾阳铁瓦殿一线分布（图版 14-1a、b、e）。在穿越渭河盆地时呈 80°，与秦岭以及渭河断陷带应力方向一致，南被新生代渭河地堑所截，并与紧密邻接的秦岭造山带隔堑相望，向西推测经永寿、麟游，在陇县东部交于哑柏断裂（ⅡF₂），向东经五峰山至口镇，断裂长度南部南北向的地震剖面可以看出（图 14-2），寒武系地层厚度较为稳定，但奥陶系地层向南逐渐增厚的特征较为明显，推测地台南缘奥陶纪发育一系列南倾同沉积正断层，形成断阶状，并以此种方式逐渐向秦岭海槽过渡，由此形成了槽、台之间的斜坡过渡带。

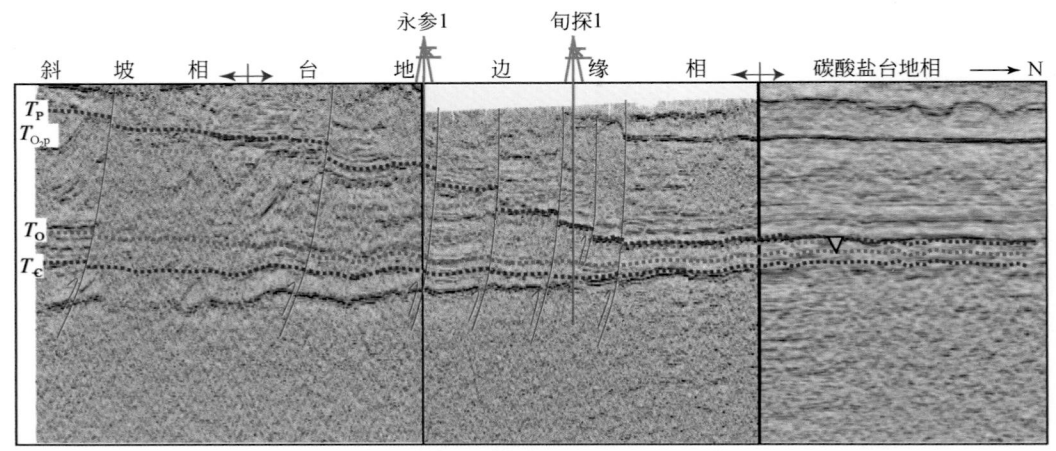

图 14-2　鄂尔多斯盆地南缘 94NY-93MLH-92MLH-G1206 测线连井地震剖面

T_P. 平凉组底；T_{O_2p}. 马家沟组底；T_O. 奥陶系底；$T_{\in}$. 寒武系底

14.1.2　骨架断层的断面特征

在老龙山断层研究中，先后沿断层走向追踪调查了泾阳口镇—淳化仲山景区—大店山化—礼泉、泾河谷等出露点。调查结果表明，在大店山化-礼泉泾河谷，现今的老龙山断层是在区域强烈的南北向构造应力场作用下表现为压扭性逆断层，断层切割基岩，地貌显示为断层崖和陡壁，挤压逆断层和北部陡倾的砂页岩地层组成北部的相对隔水边界，下奥陶统冶里—亮甲山组白云岩被推覆于二叠系（P）砂页岩地层之上，倾角一般为 40°～70°。淳化仲山景区的露头断层面上，形成典型断裂破碎带，带内由多个地堑式和“y”字形断层组成，两盘岩层陡倾，岩层扭曲剧烈，挤压紧密，倾角为 50°～70°，断层破碎带宽约数米至几十米，由角砾岩及断层泥组成，下盘（北盘）主要为相对隔水的砂泥（页）岩地层，属于典型的多期活动断裂带，其中早期活动是先拉伸再重力下滑，后期又反转掀斜（翘倾）-挤压逆冲，在多种应力共同作用过程中形成。在泾河一带以及河谷平硐中揭露断层，断距影响带宽度大于1000m，断层上盘的碳酸盐岩受构造挤压破碎，次级小断层发育，岩溶现象明显，从泾河东岸工程平硐中采集的灌入断层泥样品，经中国科学院西安加速器质谱中心采用加速器质谱法（AMS^{14}C）测定的年龄值为14000年左右，表明进入第四纪在早更新世之前曾有一次较强活动。

进入第四纪，从泾河东岸工程平硐中的灌入断层泥测定的年龄值分析，早更新世曾有一次较强活动，期后虽然关中盆地南部断层继续强烈活动，但渭北隆起区活动性相对较弱。

14.1.3　断裂剖面样式与成因应力

现今在鄂尔多斯地台南斜坡–渭河盆地北缘，无论是在在平面断裂分布图上（图14-1）还是在地震剖面上（图14-2）以及露头剖面上，分布有一系列近东西走向、高角度南倾的断层，其中有受逆推、伸展与重力滑动共同作用形成的多期反转作用断层（如老龙山断层），也有后期新构造运动伸展与重力滑动形成的正断层，它们以不同规模分布在泾河流域上下，成因上既有联系，也有区别。通过野外露头以及地震剖面识别，认为在库区下古生界地层中断裂剖面样式主要有平直式、座椅式、铲式（犁式）；组合样式主要有地堑式、地垒式（图11-5）、马尾状、"y"字形、阶梯状等（图14-3），这些断裂样式不同，反映了不同的构造应力和成因机制，但总体上以伸展与重力滑脱作用为主。其中：①平直式，断面平直，研究区主要为高角度非旋转平直状正断层；②铲式（犁式），随深度增加，断层面倾角变缓，而后沿着韧性岩层滑脱；③座椅式，断层面呈座椅状，上陡，中间缓，而

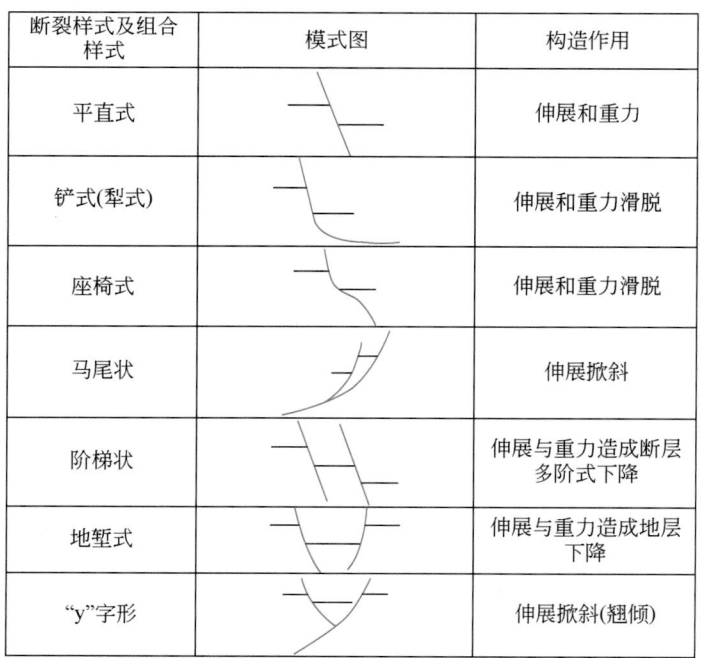

断裂样式及组合样式	模式图	构造作用
平直式		伸展和重力
铲式(犁式)		伸展和重力滑脱
座椅式		伸展和重力滑脱
马尾状		伸展掀斜
阶梯状		伸展与重力造成断层多阶式下降
地堑式		伸展与重力造成地层下降
"y"字形		伸展掀斜(翘倾)

图14-3　鄂南地区断裂组合样式与成因应力机制

后向下又变陡；④马尾状组合，主断层与分支断层组合成为马尾状，此断层分为两类，一类分布在断层下盘，为向下的马尾状断层，另一类分布在上盘，为向上的马尾状组合；⑤"y"字形，"y"字形组合是指主断层和其相应的上盘低级断层组合而成，在剖面上显示"y"字形，是生长断层的组合类型。根据上盘低级别断层的数量，以及与主干断层的倾向关系，可将断层分成"y"字形、反"y"字形和多级"y"字形；⑥阶梯状，阶梯状是指由若干条产状基本相同的正断层组成，各断层的上盘向同一方向断落，构成阶梯，主要发育断裂构造带；⑦地堑，由两条（或多条）走向大致平行、倾向相反、性质相同的断层组成，它们具有一个共同的下降盘。

14.2　奥陶纪成礁期的构造沉积环境与古地理条件分析

14.2.1　中上奥陶统地层中的火山凝灰层反映的构造火山活动背景

通过调查鄂南地区下古生界（重点为奥陶系）岩层发育展布特征，追索秦岭北坡凤县、两当等地同期岩性变化，发现在盆地内部碳酸盐岩中夹火山凝灰岩层组合主要分布于耀县桃曲坡、平凉太统山、富平赵老峪及陇县龙门洞等剖面平凉组、背锅山组地层中，而在秦岭北坡火山凝灰岩层夹碳酸盐岩组合主要分布在凤县、两当一带，火山凝灰岩对确定中晚奥陶世研究区构造环境、盆地南缘与秦岭造山带间的关系有重要作用。

1）火山凝灰岩夹层产状为多期和多类型

野外露头调查发现，鄂南地区中晚奥陶世地层发育和沉积特征与华北地台内部有明显差别，在盆地内部鄂南地区不同剖面上，平凉组与背锅山组灰岩层中发育有层数各异、单层厚度不等、成分类型不同的火山凝灰岩夹层，产状有层状和块状，呈灰绿色、橘黄色，具平行构造（图版12-4），偏光镜下薄片鉴定火山碎屑为玻屑、晶屑，基质主要为火山尘。在盆地南部秦岭北坡凤县、两当一带，发育灰绿色火山凝灰岩，巨厚层状，内有微细水平层理，少数单层具粒序性，下部为巨－粗粒级，向上变细，偶见气孔，并含角砾。

2）火山凝灰岩的化学成分属于岛弧钙碱质系列和拉斑玄武岩系

在盆地内岐山、富平一带与陇县地区的火山凝灰岩类型不同，分属钙碱质系列和拉斑玄武岩系，其中耀县一带火山凝灰岩的化学成分主要为中－基性火山岩类特征，地球化学成分分析表明，主量元素 SiO_2 含量较高，为 32.08%～59.80%，平均值为 51.63%，分别具有拉斑玄武岩、玄武安山岩、安山岩等岩石类型的成分。富平金粟山一带火山凝灰岩（图版2-3h）中矿物和化学成分分析表明，主要由伊利石和伊蒙混层黏土矿物组成，含少量石英、长石和锆石等中酸性岩浆矿物，K_2O 含量为 3.03%～5.67%，平均值为 4.24%，大于 3.50%，为钾质斑脱岩（一般斑脱岩 $K_2O<1\%$）（表14-1，表14-2）。TiO_2/Al_2O_3 值也可以指示凝灰质沉积的物质来源，酸性岩浆火山灰的比值一般小于 0.02，研究区斑脱岩的 TiO_2/Al_2O 值在 0.01～0.03 范围内，平均值为 0.02，富集 Th（17.30×10^{-6}～20.00×10^{-6}）、U（3.52×10^{-6}～21.00×10^{-6}）等微量元素，δEu 变化范围为 0.62～0.70，应属

表 14-1　鄂南地区上奥陶统地层中火山凝灰岩及花岗岩化学元素分析

地区	岩性	分析单位	样号	SiO_2	Al_2O_3	CaO	MgO	Na_2O	K_2O	Fe_2O_3	MnO	TiO_2	P_2O_5	烧失量	总量
富平金栗山	凝灰岩	中国科学院地质与地球物理研究所	1	50.79	22.54	2.01	4.39	0.04	5.67	4.21	0.02	0.58	0.08	9.52	99.85
			2	32.08	17.77	18.00	3.53	0.07	3.76	1.99	0.01	0.44	0.10	22.16	99.90
			3	54.79	22.25	1.03	4.37	0.05	3.90	3.50	0.02	0.41	0.11	9.47	99.89
			4	41.91	20.46	11.00	3.29	0.03	3.81	2.62	0.02	0.36	0.08	16.34	99.93
			5	59.80	20.72	0.93	4.30	0.01	4.22	1.60	0.30	0.30	0.06	7.98	100.22
			6	50.90	19.17	6.87	5.01	0.06	3.03	1.16	<0.01	0.24	0.03	13.45	99.92
			7	51.58	24.68	0.82	4.15	0.05	5.30	3.09	0.03	0.50	0.08	9.59	99.87
岐山		中国地质调查局西安地质调查中心	1	50.23	4.63	21.81	0.97	0.16	1.35	0.88	0.14	0.26	0.05		
			2	55.84	12.38	10.27	4.24	0.21	1.70	0.50	0.008	0.19	0.03		
富平赵老峪			3	53.44	11.99	11.76	4.29	0.21	1.64	0.39	0.007	0.19	0.03		
			4	53.76	9.56	12.74	4.34	0.50	1.15	4.20	0.02	0.18	0.04		
			5	60.56	8.29	12.13	3.11	0.26	0.37	0.87	0.04	0.20	0.08		
陇县			6	80.51	10.14	0.56	0.69	3.14	1.31	0.27	0.02	0.21	0.07		
			7	72.95	11.95	0.80	1.78	2.80	1.60	2.19	0.02	0.53	0.11		
海原西南华山	花岗岩体	西北大学	1	72.18	14.50	0.93	0.64	4.29	4.14	2.21	0.04	0.31			
			2	71.47	15.39	1.83	0.80	4.41	3.42	1.98	0.04	0.19			
唐王陵	花岗岩砾石		1	65.56	14.46	2.74	2.87	0.09	5.56	1.85	0.03	0.39			
			2	71.84	12.43	1.78	1.90	0.09	6.28	1.59	0.01	0.14			
			3	67.73	13.25	2.35	2.96	0.12	6.14	1.89	0.03	0.13			

表14-2　鄂南地区上奥陶统地层中火山凝灰岩及花岗岩化学微量元素分析

地区	岩层	样品号	Sc	V	Co	Ga	Rb	Sr	Y	Nb	Mo	Sb	La	Ce
富平金栗山	凝灰层	XLG—92.5	—	46.00	24.00	16.00	144.00	34.00	16.00	11.00	175.00	—	91.00	35.00
		XLG—115.7	—	48.00	—	8.90	78.00	59.00	13.00	8.40	19.00	—	—	28.00
		XLG—124.5	10.50	88.00	23.00	9.70	85.00	27.00	8.78	8.98	16.00	2.03	11.60	24.50
		ZLY—110.2	8.51	61.00	14.70	10.00	69.00	68.00	13.60	10.60	14.00	1.11	22.30	43.70
		ZLY—111.1	7.49	26.00	1.93	16.00	86.00	15.00	12.70	10.90	19.00	0.70	19.40	43.20
		ZLY—141	—	18.00	—	11.00	73.00	83.00	8.70	9.80	—	—	—	—
		ZLY—106.3	—	86.00	21.00	14.00	118.00	29.00	12.00	7.70	19.00	—	51.00	—
西南华山	花岗岩体	Z—NHS—013	3.21	47.20	41.30	18.60	149.00	385.00	10.90	14.40			24.90	47.90
		Z—NHS—014	3.54	29.80	97.70	17.10	128.00	585.00	7.67	12.20			32.10	55.60
唐王陵	砾石	TWL—002	5.56	37.70	103.00	10.90	110.00	77.80	8.84	9.10			8.21	17.50
		TWL—003	2.22	9.07	72.70	11.70	121.00	36.60	12.00	4.89			51.30	102.00
		TWL—004	5.30	24.80	101.00	13.80	159.00	54.50	11.40	5.12			19.30	47.10

地区	岩层	样品号	Sm	Eu	Tb	Dy	Yb	Lu	Ta	Th	U	Zr	Hf
富平金栗山	凝灰层	XLG—92.5	—	—	—	—	—	—	—	20.00	21.00	203.00	—
		XLG—115.7	—	—	—	—	—	—	—	19.00	—	173.00	—
		XLG—124.5	2.06	0.44	0.29	1.61	1.16	0.18	0.74	18.70	9.08	176.00	4.79
		ZLY—110.2	3.30	0.73	0.46	2.54	1.45	0.24	0.70	17.30	3.52	248.00	6.62
		ZLY—111.1	3.01	0.58	0.51	2.95	1.25	0.20	0.80	19.10	4.32	157.00	8.83
西南华山	花岗岩体	Z—NHS—013	0.00	0.80	0.30	1.66	0.81	0.12	1.05	32.60	1.80	151.00	3.73
		Z—NHS—014	2.76	0.78	0.25	1.32	0.71	0.11	1.17	21.70	2.27	127.00	3.24
唐王陵	砾石	TWL—002	1.33	0.41	0.20	1.23	0.87	0.13	0.56	7.23	1.09	161.00	161.00
		TWL—003	5.51	0.85	0.49	2.43	0.99	0.15	0.43	21.30	0.86	175.00	175.00
		TWL—004	3.56	0.54	0.38	2.14	1.19	0.18	0.46	17.70	1.00	172.00	172.00

酸性岩浆喷发的火山灰成因；岐山、陇县一带的火山凝灰岩（图版 2-1h）化学成分偏酸性，具有流纹岩成分特点。二者地球化学分析结果 $TiO_2 < 1.2\%$，均位于里特曼—戈蒂里图解中岛弧喷发产物区，推测源岩应为中酸性岩浆，源于碰撞火山弧构造环境。

3）奥陶系中鄂南与秦岭北坡凝灰岩（钾质斑脱岩）同期（晚奥陶世）同源

SHRIMP 测年表明，富平金粟山一带火山凝灰岩（钾质斑脱岩图 14-4，图 14-5）中的锆石 U-Pb 年龄为 451.5±4.9 ~ 452.1±5.1 Ma、457.5±5.1Ma 和 465.8±8.3Ma 三组谐和年龄。中国石化研究院利用锆石测得富平赵老峪平凉组（图 14-6）灰岩夹层中凝灰岩年龄 455Ma，时间上均与欧美广布的 Millbrig-Kinnekulle 和 Deicke 斑脱岩同时代，表明奥陶纪晚期在距火山凝灰质沉积区不远处有提供火山喷发物的岛弧存在；根据区域地质调查资料，在西秦岭北麓甘肃两当县张家庄乡桑园村草滩沟群中基性火山岩中基性火山岩锆石 $^{206}Pb/^{238}U$ 加权平均年龄为 456.4±1.8Ma，与上述富平一带火山凝灰岩（钾质斑脱岩）中的锆石 U-Pb 年龄为 451.5±4.9Ma 一致，推测应属于同期产物，进一步分析发现，秦岭两

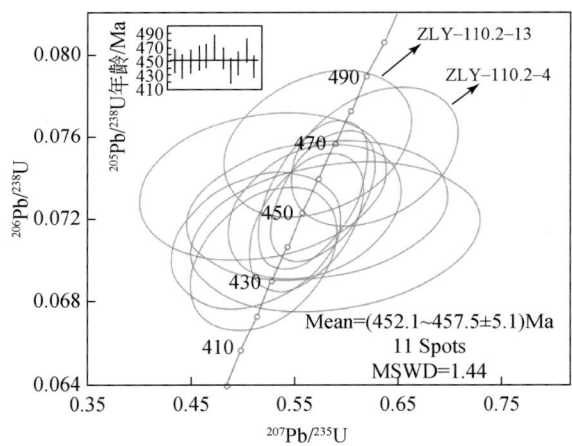

图 14-4　金粟山组钾质斑脱岩锆石 U-Pb 年龄谐和图

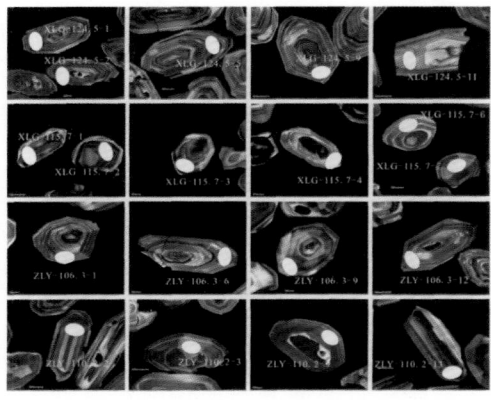

图 14-5　斑脱岩中锆石 CL 图像特征及测年点位

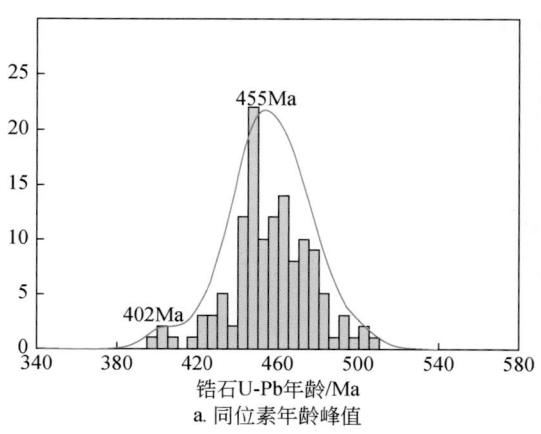

a. 同位素年龄峰值

b. 测点

图 14-6　富平赵老峪平凉组灰岩夹层中凝灰岩同位素年龄峰值及测点

当、凤县一带灰岩夹层中凝灰岩的粒度与厚度，明显大于盆地内部的夹层，初步推测它们之间是同期同源在不同地区的沉积物。于是，通过锆石年龄、笔石以及牙形石种属等多种方法，不仅将平凉组限定于晚奥陶世，区域上对应国际桑比阶（Sandbian）及国内艾家山阶，标准地层属于晚奥陶世早期，而且证明当初南缘秦岭火山向盆地内部提供物源。

4）泰祁造山带结合部位洋壳消减、俯冲作用时限一致

秦岭凤县、陇县及海原一带，晚奥陶世 454.0 ±1.7Ma 形成的花岗岩体成分为岛弧环境，古秦岭丹凤洋沿商丹一线向北曾发生俯冲消减作用；华北板块西南缘是主动活动性陆缘，秦岭北坡的火山岛弧致鄂南南部为弧后盆地。

在北秦岭西段凤县奥陶纪红花铺草滩沟群中细粒奥长花岗岩岩体，单颗粒锆石 U-Pb 侵位年龄为 450.5 ±1.8Ma，属晚奥陶世，地球化学为弱铝质钙碱性岩石系列（董增产，2009）。凤县唐藏石英闪长岩的锆石^{206}Pb$/^{238}$U 加权平均年龄也为 454.0±1.7Ma，基本与红花铺草滩沟群中细粒奥长花岗岩岩体一致，各主量、微量及稀土元素均显示其构造环境具典型的火山弧花岗岩特征，说明北秦岭西段加里东期存在板块俯冲作用以及岛弧环境，成因与早古生代古秦岭丹凤洋沿商丹带一线向北发生俯冲消减作用有关，454.0±1.7Ma 可能代表俯冲消减的初始时期（王洪亮等，2008），在陇县王家岔、店子上，张家川回族自治县恭门、闫家店一带分布的宝鸡—关山岩体中，构造位置属秦、祁结合部位的北祁连造山带东，呈北西带状分布王家岔中粒石英闪长岩体，锆石^{206}Pb$/^{238}$U（LA - ICPMS）加权平均年龄为 454.7 ±1.7Ma。岩体岩石学、岩石化学及地球化学特征显示，为 I 型次铝质含角闪石钙碱性花岗岩，与上述红花铺岩体具近于一致的成岩年龄，说明秦祁造山带结合部位洋壳消减、俯冲作用的时限相同，也显示北秦岭造山带与祁连造山带当初为同一碰撞造山带。

区调资料显示，除陇县以及北秦岭凤县和两当等地凝灰岩年龄为 452.1 ±5.1Ma、457.5±5.1Ma 外，在北祁连东段宁夏海原县西南华山花岗岩体，地球化学元素特征（表14-1，表 14-2）来自岛弧环境，矿物组分显示花岗岩体岩性主要包括花岗闪长岩、二长花岗岩、斑状花岗岩等。花岗岩锆石测年的年龄峰值集中在 463±3Ma，反映在中晚奥陶世北

祁连东北地区也处于与洋壳俯冲伴生的岛弧环境，进一步表明华北板块西南缘是主动活动性陆缘，秦岭北坡的火山岛弧致鄂南南部为弧后盆地。

　　5）"唐王陵砾岩"成因与岛弧型花岗岩有关

　　分布在研究区礼泉县唐王陵以及岐山北部与麟游交界一带，下伏地层为一套页岩、粉砂质板岩夹少许薄层灰岩的组合，上层被二叠系砂砾岩不整合覆盖。砾岩中的花岗岩砾石的地球化学特征表明其为岛弧型花岗岩（表 14-1，14-2），砾岩的岩石结构具有冰水快速、无分选沉积特征（图版 3-29）。砾石成分还包括硅质条带白云岩及石英砂岩，物源可能来自南部华北地台南缘地区蓟县系，说明在中晚奥陶世，位于北秦岭北侧的华北地台南缘已经隆起，并作为物源区曾向其北侧鄂尔多斯南缘提供沉积物，同时也间接说明研究区可能属于与北秦岭岛弧系有关的弧后盆地。

　　上述数据与沉积物组分表明，在中奥陶世晚期至晚奥陶世，在鄂尔多斯地块南缘到北秦岭地区曾发育主动大陆边缘沟、弧、盆体系，研究区位于弧后位置，其原型盆地类型为弧后盆地构造，上述火山凝灰岩应源自沿商丹洋盆北缘展布的火山弧喷发物。与此同时，由中奥陶世马甲沟期浅水沉积转换成晚奥陶世平凉期强烈沉降、深水环境以及相应的一系列事件沉积，与北秦岭弧后盆地的拉伸与扩张密切相关。

14.2.2　晚奥陶世多种事件沉积与成礁期构造古地理环境

　　通过系统调查，研究沉积环境标志、生物种类变化、岩石地化元素等特征，分析晚奥陶世平凉期和背锅山期同生褶皱、垮塌、重力流、崩塌砾岩、火山沉积等事件沉积成因。认为在研究区奥陶系（特别是中–上奥陶统）地层中，发育多种类型和多期事件沉积。由于构造环境、火山活动和上述多种事件沉积不是孤立存在的。上述系列事件沉积一方面与加里东期华北板块西南缘构造活动性质由早–中奥陶世被动陆缘向晚奥陶世活动陆缘转变有内在联系，板块西南缘构造性质转变不仅改变了构造–古地理环境和沉积条件，火山岛弧发育、构造活动和火山活动，造成海盆形态、古地理地形改变，盆地非均衡沉降，引发海水动力、生物、物理、化学条件和沉积物构成突变和频繁改变，进而对岩层发育、地层层序、剖面结构以及生物礁形成环境有重要影响作用；另一方面，研究资料表明，当初也曾进入全球性构造火山活跃期，频发的系列重大火山喷发事件不仅是诱发海洋化学条件变化、碳循环波动和生物辐射脉动的重要因素，而且大量火山活动提供的凝灰质组分，丰富了海水的营养，有利于研究区藻类以及与礁相关生物的繁衍。这种复杂的相互作用甚至最终导致了晚奥陶世末期冰川启动和生物集群绝灭，在研究区唐王陵的冰积砾岩也有可能就是一种全球性冰川启动的沉积响应事件。

　　所以，除火山凝灰质外，晚奥陶世频发的其他多种事件沉积的发育类型和分布特征均是主动陆缘火山活动、古地理地形以及海水动力变迁的沉积响应。

14.2.3　鄂尔多斯地块西南缘构造演化与晚奥陶世礁滩相形成

　　重点根据研究区上奥陶统平凉组和背锅山组事件沉积特征，在厘清鄂尔多斯地块西南缘构造性质以及演化过程的基础上，结合区域构造、火山活动以及岩相古地理环境演化研究，划分了早古生代鄂尔多斯地块西南缘构造性质和活动演化阶段。认为早古生代鄂尔多斯地块西南缘构造经历了 5 个演化阶段（表 14-3）。

表 14-3 鄂南地区古生代构造演化特征

序号	时代阶段	构造演化阶段	主要沉积环境与岩性
1	震旦纪	裂谷盆地	古老克拉通结晶基底，巨厚碳酸盐岩台地藻纹层发育
2	寒武纪—早奥陶世	被动陆缘	广海陆棚砂泥岩与碳酸盐岩互层
3	中奥陶世	被动-活动陆缘过度	开阔海陆架—碳酸盐岩开阔台地
4	晚奥陶世	活动陆缘	台缘斜坡、生物礁滩、滑塌、火山凝灰质、深水重力流相
5	晚奥陶末—志留纪	周缘前陆盆地	残留海角砾云岩、冰水沉积
6	石炭纪—早二叠世	晚期被动陆缘	开阔海陆架—三角洲

寒武纪广海陆架砂泥岩与碳酸盐岩互层表明为早期被动陆缘（图版 13-1）；早-中奥陶世属于被动-活动陆缘过渡期，沉积了冶里组、马家沟组开阔海陆架–碳酸盐岩开阔台地相沉积；晚奥陶世成礁期，盆地南部—秦岭北坡处于主动活动大陆边缘（图 14-7），其特点表现为商丹断裂—北秦岭地区陆架狭窄，现今地理宽仅 $40 \sim 85$ km（西窄东宽）。同期在北秦岭宝鸡—洛南一带分布的火山岩体属于与秦岭海沟伴生的大洋板块向华北大陆板块俯冲形成的火山岛弧，它们由边缘海与华北大陆隔开，并与之统一构成了海沟-岛弧-弧后盆地体系。因当初华北陆隆被深邃的秦祁海沟取代，不仅造成渭北一带大陆架狭窄，地形降幅度大（达 $5° \sim 10°$），同时在板块俯冲边界，地震、火山活动频繁，构造运动强烈，导致相邻的晚奥陶世在盆地底部、斜坡以及肩胛部分沉积有多层浊积物、硅质沉积、火山凝灰质层、滑塌堆积和生物礁滩。与此同时，大洋板块在秦岭海底处的俯冲作用，也影响秦岭海沟及其相邻渭北地区，研究区常见沉积物受到"铲刮"而强烈变形，形成叠瓦状逆掩断层。伴随的海啸、洋流以及巨浪作用，导致生物礁体遭到破坏，背锅山期巨砾礁块滑塌、崩落形成斜坡混杂堆积或者重力流沉积。与活动大陆边缘相邻的渭北一带陆地上的断裂构造带相平行。

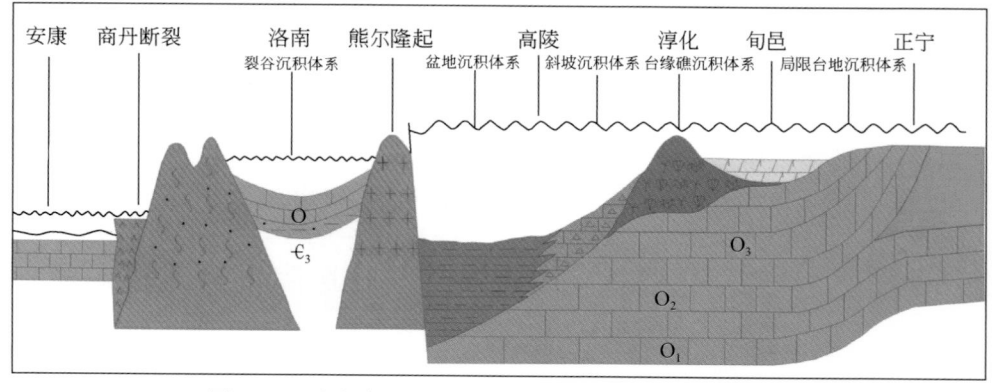

图 14-7 晚奥陶世秦岭—鄂南地区沉积构造剖面模式图

可见，在晚奥陶世成礁期，沉积盆地地形与古地理变化、岩性分布均受主动陆缘构造以及火山活动影响。沉积环境与其南临的古秦岭洋、西濒的祁连洋盆水动力、海平面变化之间有重要关系。

14.2.4　晚奥陶世生物礁形成期构造古地理背景研究的新认识

通过分析平凉期火山凝灰岩产状、对比成分来源和测定年龄，认为晚奥陶世华北地台（鄂尔多斯地块）西南缘属于活动陆缘性质，受活动陆缘控制，秦岭北坡–鄂尔多斯地块中央古陆之间存在沟弧盆体系，频发的多种事件沉积均是主动陆缘火山活动、古地理地形以及海水动力变迁的响应；奥陶纪，鄂尔多斯地块西南缘构造活动经历了早中奥陶世被动大陆边缘阶段→晚奥陶世主动大陆边缘阶段→奥陶纪末隆起缺失演化过程；晚奥陶世平凉期，扬子板块向北俯冲，古秦岭洋向南伸展是导致沉积格局转变的区域动力学背景。

14.3　古构造演化对礁滩相岩层形成、分布、残留覆盖的影响

14.3.1　古构造期次划分与时间确定

上述研究表明，虽然现今的主要超深断层性质都为逆推断层，但顺断面追索，不同段的断面特征有一定差异。它是一个受秦岭造山带以及渭河河谷长期演化的影响，具有加里东、海西、印支、喜马拉雅以及新构造运动多期改造特征和形迹叠加的断层带。形成背景和演化历程比较复杂，在区域强烈的南北向构造应力场作用下表现为压扭性逆断层，断层切割基岩，地貌显示为断层崖和陡壁。

从构造演化和地层产状分析，研究区上古生界地层之下主要出露奥陶系和寒武系，彬县底店麟 1 井—礼泉东庄剖面上残留上奥陶系东庄组地层（图版 1-1d），进一步表明鄂尔多斯盆地南部属于区域上奥陶系层序最全的区带之一。依据区域上的地层接触关系、岩石组合、变形变质特征综合梳理和分析，现今的基本构造面貌经历了寒武纪以来加里东、印支、燕山、喜马拉雅等多期构造运动，这些构造运动不仅对研究区的地层发育、分布、岩性与岩溶、构造产状要素、河谷变迁有重要影响，而且由老到新，不同构造幕之间的叠加、改造和变迁导致地层接触关系、构造形迹变化非常复杂。

通过对鄂尔多斯盆地南部及邻区（渭河盆地）的中新生代各构造层序之间的接触关系、沉积建造类型研究，并应用磷灰石裂变径迹定年技术测试数据（图 14-8）分析，认为库区以及所在的渭北隆起抬升期次及演化过程在中新生代的构造演化总体经历了印支期、燕山期和喜马拉雅期三大构造旋回。印支旋回的构造变革期主要发生在 230~190Ma，包含 225 Ma± 和 195Ma± 两次主要构造事件；燕山旋回的构造变革期主要发生在燕山中晚期的 150~85Ma，包含 145Ma±、120Ma± 和 85Ma± 三次主要构造事件；喜马拉雅旋回的盆地后期改造过程至少包含早、晚两期，其中早喜马拉雅期 45~50Ma 有一次显著构造事件，晚喜马拉雅期包含 25Ma± 和 5Ma± 两次主要构造件。

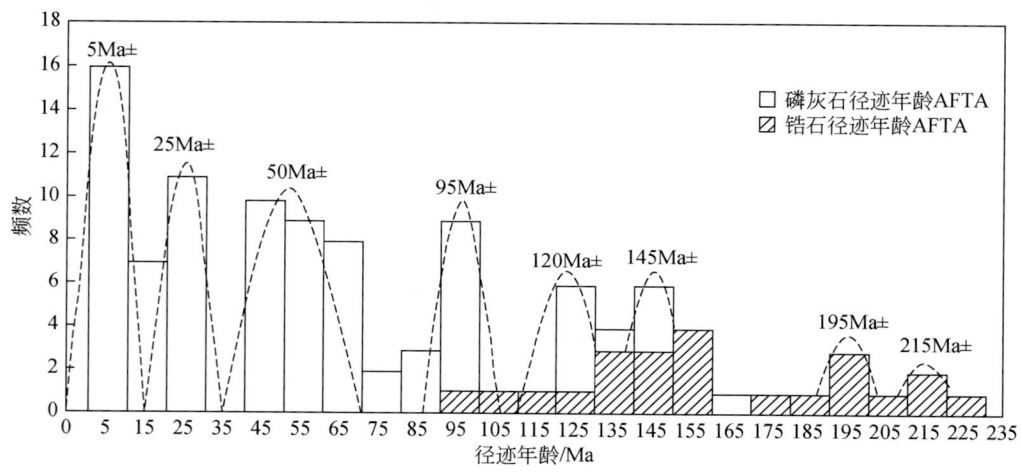

图 14-8　研究区锆石、磷灰石裂变径迹年龄分布与构造事件关系

14.3.2　加里东期（寒武纪—志留纪）构造岩相古地理与台缘礁滩形成

秦岭–祁连地槽早在华北陆台形成初期已经存在，它是太平洋板块和印度板块之间的边缘海域。早古生代，印度板块向华北陆台俯冲，使秦祁陆缘地槽受挤、褶皱隆起，成为北西西—北西向的秦祁加里东褶皱带。研究区位于东西向秦祁加里东褶皱带的北翼，属于稳定地块与活动造山带的交接地带，同样接受挤压应力影响，必然留下其构造变形痕迹（图版 13-1），同生构造形迹以及断裂性质与之响应。

一方面，构造上在老龙山断层带，晚前寒武纪和下古生界地层也呈近东西向狭长延展，构造变形带明显，并且具有同构造期轻微变质，形成的一系列南倾北倒的紧闭倒转褶皱和同产状的叠瓦状逆冲断层构造带，也是受加里东期秦祁褶皱带变形影响形成的产物。同时因研究的鄂南地区位于东西向秦祁加里东褶皱带的北翼，属于鄂尔多斯稳定地块与秦岭活动造山带的交接地带，必然受其接受挤压应力作用并留下构造变形痕迹，其中在南部好畤河以及山前的张家山一带寒武系甚至奥陶系地层中形成同生揉皱构造带（图版 13-1），构造样式显示由南向北推冲特点，同时进一步向北，进入鄂尔多斯地块内部则转为大面积的隆升，中央古隆起缺失部分奥陶系以及上寒武统，在中寒武统徐庄组和上寒武统三山组，均发现因多期短暂地壳抬升造成的韵律性分布的薄层云岩淋滤风化形成的溶蚀孔洞缝层。

晚寒武纪（400～600Ma）之后，区域上组成秦岭主体的秦岭群开始形成，同时导致鄂南淳化—旬邑地区地层第一次南北挤压，老龙山、张家山断层构造开始形成、逆冲，两个断层之间以及两侧附近地层出露的寒武系强烈变形，形成加里东期典型残余构造形迹（图 14-9c，d），同时在研究区中部的奥陶系地层，形成近东西向宽缓的长轴、短轴向斜，向斜两翼和轴部发育的多组张性裂隙在后期成岩作用中被淡水方解石（图 14-9a）或者铁泥质充填或者半充填（图 14-9b）。进一步分析地层产状，从寒武纪—奥陶纪变形到志留纪地层残缺不全，可以看出，研究区早古生代地层产状形态一直受区域性的加里东期抬升与挤压构造运动作用影响。

a. 马家沟组灰岩中古构造裂缝被方解石充填

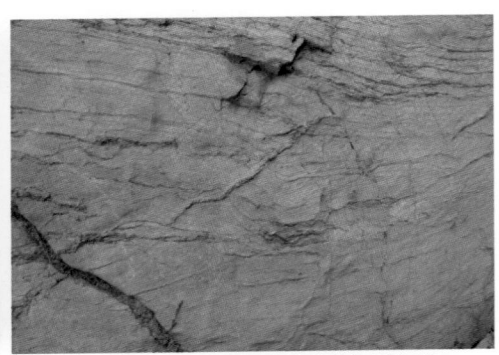

b. 马家沟灰岩中两组古裂缝被灰泥充填

c. 张家山张夏组泥灰岩中同生褶皱

d. 张家山张夏组泥灰岩中同生错动裂隙

图 14-9 泾阳泾河–张家山剖面寒武系—奥陶系地层中加里东古构造

另一方面，平凉期之后的古地理、古地形以及沉积环境均受到影响与控制，弧后深水盆地以及台缘礁东西向带状分布，盆地北翼斜坡上深水浊流、火山凝灰质沉积，礁前陡坡带以及垮塌礁砾岩的分布均与同期构造运动有关。

在晚奥陶世平凉期，由于秦岭海槽的持续向北俯冲，在活动陆缘背景下形成的秦岭北坡–鄂尔多斯地块中央古陆–沟–弧–盆地貌系统，研究区古地貌表现为有隆有凹的地貌景观，而且伴随着强烈的火山活动，致使平凉组中含有大量凝灰岩（图 14-10），火山凝灰岩应源自沿商丹洋盆北缘展布的火山弧喷发物。海底火山喷发，不仅造成海平面短期距离抬升，同时诱发地震等活动，导致弧后盆地斜坡上的薄层泥灰岩向南滑动（图 14-11），形成同生褶皱（图版 13-1d）。而且国内外越来越多的研究者认为，火山凝灰质又与生物生长以及生物岩生烃有关。一方面，早期火山灰沉降过程不利于珊瑚生长，甚至导致大量生物死亡、堆积保存及大量生烃；另一方面，沉降后经海水分解，产生大量蒙脱石，增加了海水营养，海水生产力提高，有利于造礁生物勃发，特别是藻类的繁殖。于是推测，研究区晚奥陶世频繁火山凝灰质喷发，也是导致奥陶系生物礁中珊瑚少而小，藻类繁盛的因素之一。

图 14-10　好畤河平凉组藻礁灰岩顶部的凝灰岩夹层（厚 26cm），以及后期的错断现象

图 14-11　好畤河剖面平凉组礁前斜坡形成的加里东期滑动变形构造

早期据叶俭等（1996）研究，区内礁岩分布受北西向和近东西向两组活动性断裂的控制。正是由于晚奥陶世同生断裂活动影响，致鄂尔多斯碳酸盐岩非常适宜于生物生长和生物礁繁衍。相反，在低凹水深处，虽然不利于生物礁的形成但常有等深流、浊流以及震积岩分布。EW 向与 NW 向断裂控制生物礁分布地段，而区域构造决定礁发育周期和层位。显然，加里东期构造活动对本区生物礁的分布地形及古地理古水深条件有着明显的影响，其中在断层附近出露的寒武系和奥陶系地层，发育的多组张性裂隙以及溶蚀孔洞缝层，后期成岩作用中被淡水方解石或者铁泥质充填或者半充填。

综合分析从寒武纪—奥陶纪变形到志留纪的地层产状和地层残缺不全，可以看出研究区早古生代地层的沉积环境、产状形态一直受区域性的加里东期抬升与挤压构造运动作用影响。

14.3.3　海西期（泥盆纪—二叠纪）对碳酸盐岩顶面古风化壳的控制及石炭—二叠系煤系地层的披覆作用

晚古生代海西期间，亦即上古生代早二叠世山西组沉积之后石盒子组沉积期间，发生了对研究区天然气成藏影响最大的一次构造运动。随着研究区南部秦岭隆起和北部华北板块的整体抬升，处于过渡区的研究区，整个泥盆系缺失，石炭系残缺下部层段，南秦岭隆起导致二叠系中又发育一系列近东西向延伸、南倾北倒的褶皱–断层构造带，在口镇—圣人桥断层地质剖面反映出（图14-12），海西期构造既有较强作用特征，又有多期性变化，与之相邻又处于同一构造体系背景和相同构造应力场中的老龙山、张家山断层也再次挤压，在断面的上、下盘，石炭—二叠系砂泥岩角度不整合覆于下伏下古生代奥陶系碳酸盐岩层之上，反映研究区当初的区域应力场为南向北挤压，早期石炭—二叠纪早期沉积期，主要形成沉积盆地和边缘地层褶皱，二叠纪后期的挤压过程中伴有抬升，造成地层发生刚性错断，进而由南向北逆推，既造成地层接触关系变化错动，也使得以老龙山断裂为代表的一系列东西向断层，在断裂带两翼附近由此也产生了一系列次级派生断层构造和节理裂隙（图版14-1）。

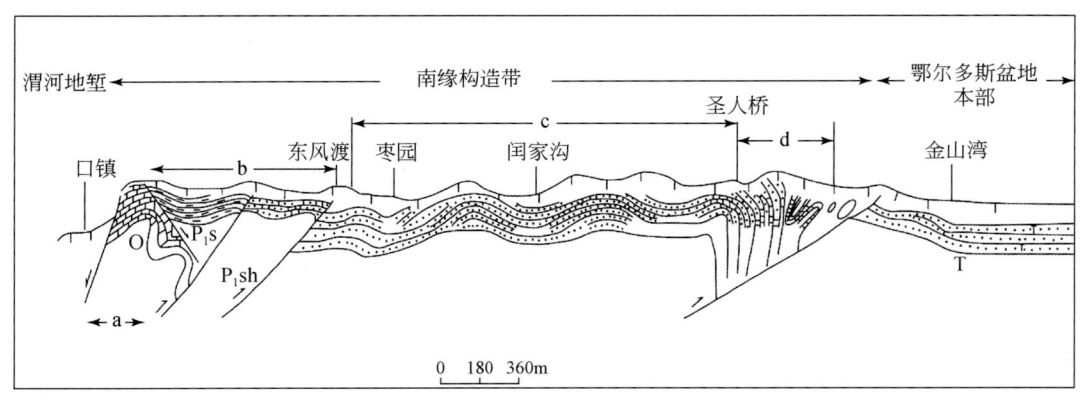

图 14-12　海西晚期研究趋南缘泾阳口镇–淳化金山湾露头区地质构造形迹剖面（据周鼎武等，1994 修改）

进一步向盆地内部延伸，对比分析淳探 2 井—旬探 1 井（图 14-13）连井剖面上地层垂向变化以及与岩层断面接触关系发现，古石炭—二叠系与古下寒武统—奥陶系地层的沉积面貌、构造样式和形迹以及受力方向均表现为截然不同的两个构造层，海西期构造运动叠加改造了加里东期构造面貌，早期加里东期垂向断裂运动发育为特点，这与沉积弧后深海盆地形成、火山喷发以及事件沉积频发相呼应；海西早期以南北水平挤压褶皱发育为特征，尤以早期为典型，在导致鄂尔多斯盆地本部沉降，边缘褶皱的同时，期间随整个华北台地抬升，尤其是秦岭山前快速抬升，造成南部边缘部分地区具有生烃和封盖功能的石炭系和中下二叠统煤系地层缺失（图14-14），导致石炭—二叠系残留地层南部边界向北收缩到千阳—永寿—耀县一线，但向盆地内部中国石化研究目的的影响不大，其中石炭系本溪组致密铝土层地层在部分地区（包括麟探 1 井区）缺失（图14-15）；

晚期，上二叠统地层沉积时，构造缓慢均衡沉降，范围向南扩展，并大面积披覆在下古生界地层的风化壳之上。

对比分析垂向岩性变化，发现海西期构造运动总体叠加改造了加里东期构造面貌，形成错位断裂，多被后期铁泥质和淋滤碳酸质或者结晶物充填，或者能作盖层的地层缺失，对油气运移不利，但有利于早期油气聚集成藏。

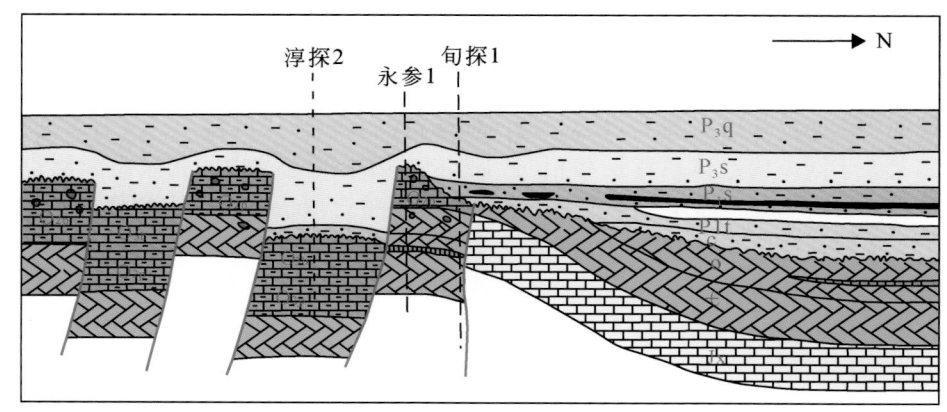

图 14-13 鄂南地下淳化-旬邑地区海西期构造古地貌剖面图

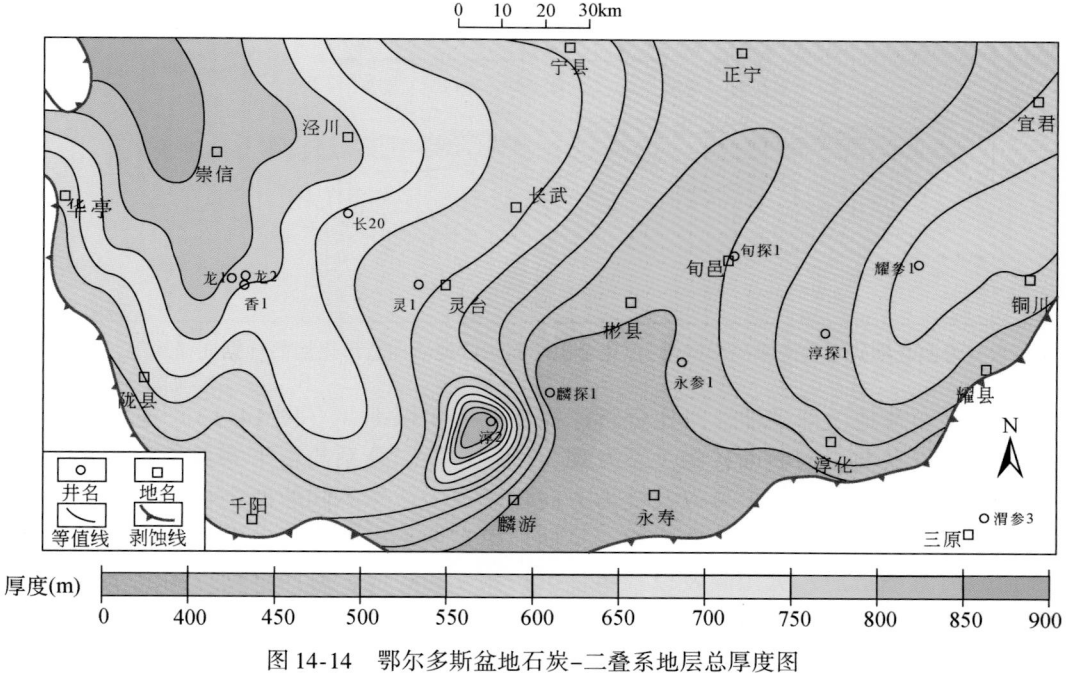

图 14-14 鄂尔多斯盆地石炭-二叠系地层总厚度图

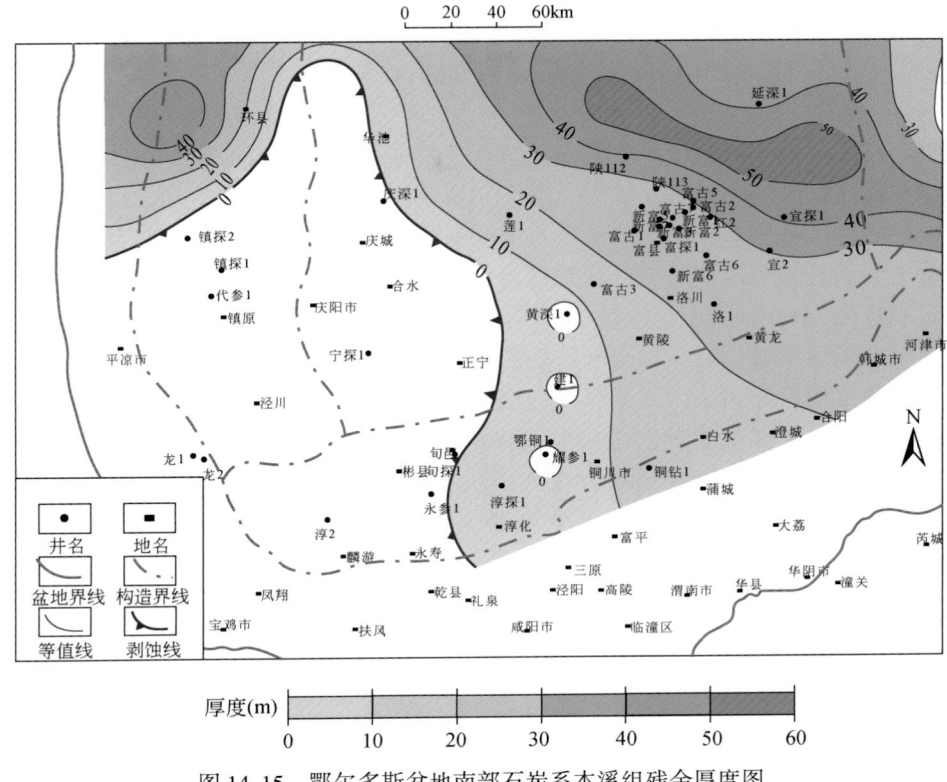

图 14-15 鄂尔多斯盆地南部石炭系本溪组残余厚度图

14.3.4 印支期（三叠纪—早侏罗世）构造抬升及滨浅湖沉积对礁滩碳酸盐岩的覆盖

在 257~205Ma 的印支构造运动是地质历史时期中与鄂尔多斯盆地形成有关的又一重要时期。期间秦岭开始造山，整个构造运动过程从中晚三叠世开始，由东向西逐渐隆升，其中在秦岭北坡和渭河南岸有不均衡隆升，与此同时，鄂尔多斯沉降成盆。印支早期区域构造相对平稳，变形构造应力弱，由于鄂尔多斯盆地缓慢下降，包括秦岭北坡，广域接受三叠系、侏罗系早期沉积。平稳缓慢沉降过程中对研究区的老地层产状影响也较小，包括老龙山断层等系列老断裂尚处于间歇休眠期，研究区断层与褶皱构造均也不发育。

印支晚期，西秦岭—祁连以及陇西古陆强烈隆升，一方面引起秦岭北麓以及研究区西南部陇县—平凉以西以及渭河盆地大部分地区晚古生代地层缺失，另一方面，导致白垩系沉积盆地南部边界向北收缩到彬县—宜君一线，现今渭北彬县—宜君一带白垩系宜君砾岩以及洛河组砂岩分布范围和岩相是南部构造隆升的直接证据。

14.4　中新生代区域构造应力对研究区构造及保存条件的影响

依据区域上的地层接触关系、岩石组合、变形变质特征综合分析和梳理，现今构造面貌经历了寒武纪以来的加里东、印支、燕山、喜马拉雅等多期构造运动，构造运动不仅对研究区地层岩性发育分布、构造产状以及碳酸盐岩古岩溶有重要影响，而且由老到新，不同构造幕之间的叠加、改造和变迁导致地层接触关系、构造形迹变化非常复杂。构造演化中，在区域性强烈的南北向构造应力场作用下，受秦岭造山带以及渭河河谷长期演化影响，奠定了今构造褶皱、断裂构造形迹均为东西向分布格局。

中生代印支期后经历了印支期、燕山期和喜马拉雅期三大构造旋回（图14-5），其中印支旋回的构造变革期主要发生在230~190Ma，包含225Ma±和195Ma±两次主要构造事件；燕山旋回的构造变革期主要有发生在燕山中晚期的150~85Ma，包含145Ma±、120Ma±和85Ma±三次主要构造事件；喜马拉雅旋回的盆地后期改造过程至少包含早、晚两期，其中早喜马拉雅期45~50Ma有一次显著构造事件，晚喜马拉雅期包含25Ma±和5Ma±两次主要构造事件，不同时期构造特征表现形式及与礁滩相地层的关系有别。

14.4.1　区域构造应力场与研究区构造发育机制及分布规律

中新生代，以往人们根据区域大地构造背景以及构造演化特征推断，自晚印支期开始，秦岭造山过程以及盆地形成构造主应力为近南北向。近年来，一系列最新研究成果表明，我国及邻区是处在印度洋板块向NNE方向、太平洋板块向SWW方向和菲律宾海板块向北西西方向的联合挤压作用下。国家地震局地球物理研究所汪素云和陈培善等（1980）通过中国及邻区现代构造应力场的数值模拟发现，中国东部新生代构造演化一般说来主要受印度板块与欧亚板块的碰撞，菲律宾板块及太平洋板块向欧亚板块下的俯冲两种远场构造应力影响，改变了早期人们认为研究区区域上主要受西南印度板块挤压以及西南特提斯力影响的传统认识。并将现代构造应力场作为一平面应力问题用有限单元法进行了计算，认为不同阶段大地构造演化中会发生盆地中心迁移、盆地性质和类型转换与叠加、盆地范围扩张与缩小等。邓晋福等也认为正是在这种西伯利亚、印度、太平洋板块三大构造域俯冲下，引发了华北板块东部的深部软流圈物质在俯冲界面的西侧迅速上涌，形成地幔热柱。研究区位于我国东西部过渡带，构造位置又属于华北板块西南部，尽管来自西南特提斯方向的力是鄂南地区的主要应力，青藏高原隆升对研究区南部秦岭以北—渭北一带的断裂构造发育和构造形迹展布也有重要影响，但无论是从鄂尔多斯盆地西南陇县—平凉一带构造特征以及渭河断裂带构造性质反映，还是区域构造最新研究成果，均说明在新生代，研究区不仅仅是受印度洋板块的单一作用，包括来自欧亚板块、太平洋、菲律宾板块的三种边界力均有响应，不过在作用应力大小上，以来自西南印度洋板块的特提斯力为最大，太平洋板块和菲律宾海板块的力相对较弱。

　　事实上，华北板块西南部的构造特征及演化是这些动力因素的集中体现。古近纪前期（60~35Ma）菲律宾板块从太平洋板块分出并继续向 NNW 方向运动，同时在西伯利亚向南压入、印度板块向欧亚大陆俯冲的地球动力学背景制约下，引起华北北缘（包括河套）断裂右行走滑，而位于秦岭造山带之前，华北板块西南（鄂尔多斯地块南缘）的渭河断裂带左行走滑；至始新世末期（约 35Ma）太平洋板块俯冲方向突变为 NWW 向近垂直陆缘俯冲，在右行张扭及板片窗效应联合作用下，华北板块东部边缘海盆地及岛弧形成；新近纪，秦岭—大别南缘断裂右行走滑，华北北缘断裂左行走滑，华北大陆向东挤出，日本海停止扩张。

14.4.2　印支期后构造演化对下伏古生界地层产状的改造

1. 燕山早期（晚侏罗世—早白垩世）

　　此间，区域构造运动继续处于平稳缓慢沉降过程中，鄂尔多斯盆地持续下沉，研究区也广泛分布有厚层侏罗系河-湖-沼泽体系和下白垩统冲积、风成以及河湖体系沉积，岩石地层连续。其中下侏罗统的河-湖-沼泽体系在研究区分布最广，沉积范围一直延伸到北秦岭腹地。但上侏罗统和下白垩统，在渭河盆地以及以南的北秦岭，受秦岭造山和隆升拖曳作用影响，沉积物以盆地边缘相粗碎屑为主，残留厚度小，分布局限。燕山早期，构造层以二叠系、三叠系地层为主体，局部残留下白垩统。现今构造剖面上形成的轴面近直立的挤压褶皱及相伴的脆性冲断构造展示的主要是燕山期地壳表层构造变形特征。其中在泾河下游口镇以及泾河上游老龙山断面，以及附近的逆冲变形断层，均是由于褶皱冲断带前锋递进变形积累，应力应变增强而导致卷入其中的相对软弱岩层发生变形的结果。

2. 燕山晚期（晚白垩世—古近纪古新世）

　　晚白垩世—古近纪古新世，区域上岩浆活动、构造运动再次活跃，属于不均衡沉降，西快东慢，并且后期秦岭隆升影响地层分布格局。研究区南部外围多条露头剖面显示，渭河以及渭北地区整体抬升，上白垩统和古新统地层在秦岭与鄂尔多斯地块南部翘起端（渭北隆起区）大部分地区缺失或者遭受剥蚀（图 14-16），造成古近系、新近系甚至第四系与下伏白垩系以及二叠系地层之间呈不整合接触。但在渭河腹地三原一带基底局部低洼地区残留有少量下白垩统的砂砾岩地层，在永寿、耀县、铜川以及泾河两岸古地貌低洼区残留披覆或者悬崖山坡上披挂有不规则状下白垩统冲积扇相砂砾岩透镜体，物源来自南部秦岭造山带的风化碎屑物。

3. 喜马拉雅期（50~5Ma）

　　喜马拉雅期是研究区差异性垂直升降构造运动最强烈的时期（图 14-17），相邻的秦岭多次强烈上升，渭河谷地不断下陷，鄂南及渭北隆起多次抬升，多地露头剖面显地层不整合接触，部分老断层重新多期活动，并产生多组裂隙，其中多期活动断层以及通天裂缝直接影响油气保存。

　　通过研究梳理构造演化顺序，波及研究区的构造运动过程属于多幕式，过程包括三个主要阶段：

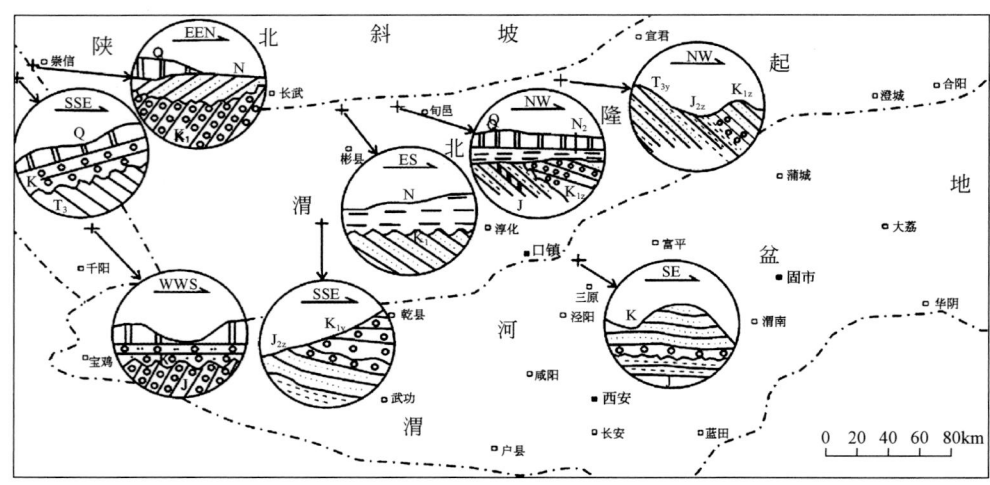

图 14-16　研究区燕山构造层下白垩统砾岩与其上覆地层的接触关系

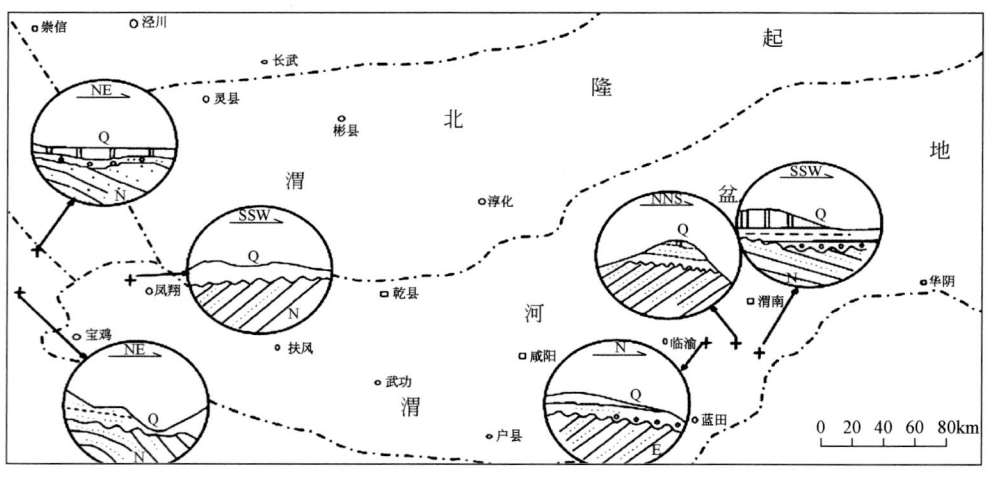

图 14-17　研究区及邻区喜马拉雅构造层与其上覆地层的接触关系

（1）早期第一幕，发生在始新世末期到渐新世初期，秦岭强烈褶皱、断裂及中性岩浆岩的侵入；鄂尔多斯地块南部隆升，拉张断陷和切错早期挤压构造的拉张断陷作用增强；在渭北隆起上，由于重力滑脱和伸展作用非常强烈，形成了典型的多阶梯式正断层地貌，表现为线性断层陡坎，以及非常特征的在山前断层上升盘发育的三级不同高度、不同时代的三级台地，在渭河谷地形成了地堑断层。

（2）第二幕，发生于中新世初期，不仅秦岭有强烈南北挤压褶皱、断裂、岩浆活动和变质作用等，导致研究区南部渭北地区地壳大幅度隆起，古生界奥陶系褶皱、错移、抬升和风化，在奥陶系内构造结合部或者断层交汇处形成古溶洞和溶洞角砾岩以及张性断裂（图 14-18），以老龙山断层为代表的骨架断裂因构造运动再一次活化发生逆冲，形成现今特征，并在上下两盘派生系列节理（图 14-19）。

图 14-18　泾河东岸马家沟组地层中的喜马拉雅期张性断裂

图 14-19　淳化仲山老龙山断层带多期活动形成的裂隙又被铁泥质充填

（3）晚期第三幕，从更新世至渐新世，主要表现为鄂尔多斯地块整体急剧隆起，相应在南部的关中盆地大幅度沉降，并且由于多组不同方向断裂的差异升降以及老龙山断层第三次逆冲挤压形成断层带，同时在泾河渠首古近系洪积砾岩中，也形成了典型的喜马拉雅期裂隙（图 14-20，图 14-21，图版 15-1a）。在渭河以及泾河地堑形成过程中，泾河出口河谷下陷特征非常明显，渭河北缘口镇古近系与新近系地层中形成的喜马拉雅期正断层的产状要素，都显示渭北研究区奥陶系地层东西带状展布、层内厚度残缺、变形以及层面风化淋滤破坏，主要受加里东构造运动南北挤压和韵律性抬升影响；海西期构造运动主要形成鄂南地区宽缓褶皱和系列东西向断裂，断裂带差异升降引起奥陶系顶面凸凹不平。后期构造改造影响奥陶系地层残留与分布，其中，渭北隆起在晚白垩世以来发生的大幅度抬升剥蚀，燕山期逆断层发生反转，喜马拉雅期南缘与渭河盆地发生强烈的断陷裂降，并形成一系列北西向正断层，出现断块翘倾和强烈的剥蚀改造作用，与渭河盆地新生代以来快速沉降具有很好的耦合关系，特别是渭北隆起新生代 40Ma 以来，区域整体快速隆升与渭河盆地的大幅沉降及秦岭造山带北缘的隆升具有同时性。

图 14-20　泾河渠首一级河谷阶地剖面中新近系构造运动在边滩砂中形成的两组共轭裂隙

图 14-21　泾河渠首古近系洪积砾岩中形成的喜马拉雅期裂隙

4. 新构造运动上（更新世—第四纪）

区域上，在鄂尔多斯地块东西两侧，分布着近于南北向的太行深大断裂和贺兰-六盘深大断裂，在研究区南部大体呈 NW-SE 向的秦祁深大断裂，对黄土高原的地貌结构有深刻影响，各地质阶段的地壳升降，都受着两组大体呈"X"形的断裂控制，近期的构造运动在断裂两侧又有差异，华北平原下沉，黄土高原抬升，黄土高原内部各地的抬升量又表现出差异裂缝。在研究区马家沟组灰岩中由新构造运动形成了东西向顺层分布的滑动正断层，在泾河一级河谷阶地剖面上，夹在两层砾岩层中的边滩砂泥层也发育有新近系构造运动形成的两组共轭裂隙，充分证明新生代地壳活动存在，同时新构造运动升降幅度支配山地的地貌形态和山势高差，也是渭河以及泾河河谷各级阶地的形成时间和下切速率的重要控制因素。同样，在渭北隆起淳 2 井和麟探 1 井之间的剖面上，井区断裂发育分布特征明显（图 14-22）。

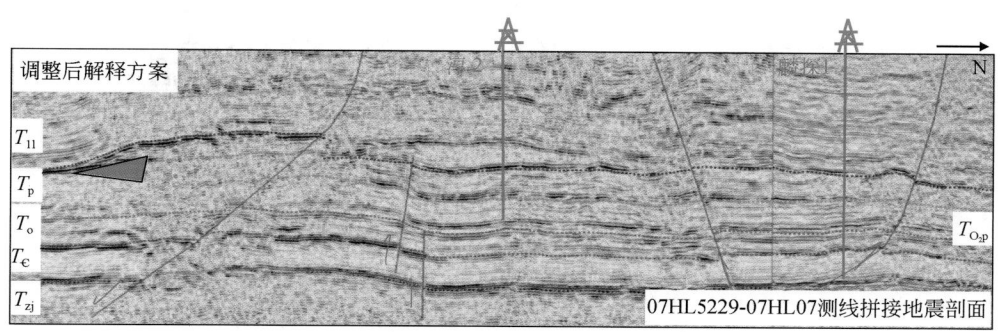

图 14-22　渭北隆起南翼过井地震剖面井区断裂分布图

此外，鄂尔多斯盆地南缘与秦岭之间的渭河地区在新生代发生断陷，渭河断陷盆地新生代沉降幅度大，在周至地区新生界沉积厚度可达 7000m，秦岭造山带的山势险峻，主峰太白山高程 3767m，渭河盆地与秦岭造山带之间新生代以来已隆升达 10000m 以上。渭河盆地自始新世 56Ma 沉积红河组开始形成，渐新世 32Ma 白鹿塬组沉积以来，沉降速率不断加大。渭河盆地 32Ma 以来快速沉降与渭北隆起约 40Ma 以来快速隆起密切相关。秦岭造山带为复合型大陆碰撞造山带，经历了加里东期大洋俯冲造山，印支期俯冲碰撞造山及燕山期—喜马拉雅期陆内造山的不同阶段，现今仍处于隆升状态。秦岭造山带北缘新生代自 35Ma 以来抬升明显加快（万景林等，2000，2005）。秦岭造山带北缘新生代以来的快速隆升与渭北隆起新生代 40Ma 以来的快速隆升具有同时性，秦岭造山带北缘和渭北隆起新生代 40Ma 以来的快速隆升与渭河盆地新生代以来的快速沉降密切相关，耦合关系明显。

通过层拉平技术进行古地貌恢复，奥陶系残余地层厚度较稳定、逐渐向南增厚，测线北段处于奥陶纪沉积期开阔台地相（图 14-23），测线南段处于台地边缘相，奥陶系地层缺失严重，对生物礁保存不利。

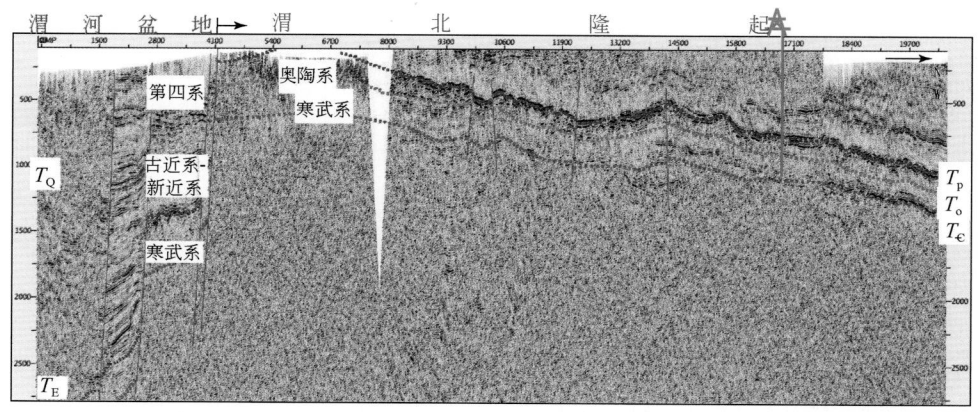

图 14-23　鄂尔多斯盆地南缘大荔–宜 6 井（H106996S-H106996-H117004）测线拼接地震剖面

综合深入分析鄂南地区区域构造活动规律和断层构造发育过程后认为，由加里东构造运动形成的雏形、海西运动与印支运动（构造样式几乎没影响），经燕山构造层、喜马拉雅运动（主要建设阶段）叠加，形成了具有现今的构造面貌。

鄂南地区的下古生界奥陶系，碳酸盐岩层系发育，具有厚度大、沉积相带好、有机质丰度高的特点。区域上，紧邻淳2井是渭北地区下古生界奥陶系烃源岩有机质丰度最高的钻井，渭北隆起奥陶系顶面镜质组反射率表明奥陶系镜质组反射率普遍较高，在西部岐山—永寿—彬县—旬邑一带可达 2.00%~2.50%，在东部铜川—澄城层—黄龙—韩城一带可达 1.80%~2.00%，向盆地内部陕北斜坡正宁—富县增高，镜质组反射率可达 3.00%。其中在淳2井、旬探1井镜质组反射率与深度关系及奥陶系顶面镜质组反射率平面分布图上，奥陶系热演化程度较高，镜质组反射率值除在隆起区东南缘澄城—韩城一带较低为1.8%外，其余地区均大于 2.00%，最高达 2.50%，研究区主体部位的奥陶系已处于过成熟干气阶段。

虽然研究区下古生界碳酸盐岩层系发育，具有厚度大、沉积相带好、有机质丰度高的特点，是寻找天然气的重要领域。但研究区位于渭北隆起上，受燕山期、喜马拉雅期断裂影响，特别是新生代 40Ma 以来大规模抬升冷却，后期强烈抬升剥蚀，所以对古生界天然气藏保存是不利的影响因素。尤其是在研究区南部渭北隆起南带，断裂构造发育，并且大部分通天的影响下，加上后期构造改造强烈，古生界已出露地表，保存条件较差，尤其不利于油气保存成藏。

综合分析研究区域构造活动规律和断层构造发育过程后认为，研究区断裂是由加里东构造运动形成的雏形、海西运动与印支运动（构造样式几乎没影响），经燕山构造层、喜马拉雅运动（主要建设阶段）叠加而形成具有现今的构造面貌。其中，骨架断裂由加里东构造运动形成雏形、海西运动与印支运动（构造样式几乎没影响）、燕山构造层（主要建设阶段），经喜马拉雅运动叠加而形成，具有区域规模。断裂运动不同幕之间的叠加、改造和变迁，导致地层发育、分布、接触关系、岩性对古岩溶、构造产状要素、河谷变迁以及油气封存有重要影响。与老龙山断层相关的褶皱为同方向斜列的一组南倾北倒的倒转褶皱，与之相关的断裂带中其他断层也以冲断形式存在，断面倾角较大，总体上由南向北逆冲。这些褶皱与断层的走向均为近 EW 向，展布于鄂尔多斯地块南缘燕山期构造活动带与稳定地块之间，区域上是重要的地质构造分界线。在地质构造分界线以南，新构造运动形成的断裂受秦岭造山带以及渭河河谷长期演化影响，发育阶段和特征与渭北地区隆起时间息息相关，具有正相关特征，并与秦岭造山带、渭河盆地、渭北隆起及鄂尔多斯盆地之间的演化密切相关，在地质构造分界线以北，鄂南地区油气保存受其影响相对较弱，进一步结合后期抬升剥蚀量大小、区域盖层分布特征，认为长武—彬县—宜君—黄龙一带及以北下古生界天然气保存条件较好，是寻找下古生界奥陶系天然气的有利地区。

14.4.3 鄂南地区骨架断层活动与力学机理分析

Anderson 等从断层形成的应力状态分析了断层的成因，认为形成研究区老龙山断层的三轴应力状态中的一个主应力轴趋于垂直水平面。以此为依据提出了形成逆断层。Anderson 模式基本上为地质学家所接受，作为分析解释地表或近地表脆性断裂的依据。一般认为，断层面是一个剪裂面（图 14-24），σ_1 与两剪裂面的锐角等分线一致，σ_3（σ_2）

平行于断面走向。根据逆掩断层的应力状态和莫尔圆表明，适于逆掩断层形成的可能情况是 σ_1 在水平方向逐渐增大，或者是最小应力（σ_3）逐渐减小。因此水平挤压有利于逆断层的发育。

　　总之，研究区断裂形成的几个阶段，鄂南地区区域主压应力场方向在加里东期 NNE-SS 向和近 SN 向，主要是晚奥陶世以来秦岭洋盆向北俯冲并与华北板块碰撞的结果；印支期主要呈 NW-SE 向和 NNE-SSW 向、SN 向，主要受中特提斯构造动力体系中羌塘地块与欧亚大陆碰撞拼贴产生的远程构造效应影响；燕山期主要呈 NW-SE 向，主要受古太平洋大陆板块与欧亚大陆板块碰撞远程构造效应影响。在鄂尔多斯盆地南部地区呈 NE-SW 向；喜马拉雅期呈 NNE-SSW 向，主要受新特提斯构造动力体系和今太平洋构造动力体系联合作用影响，即今太平洋板块和印度板块与欧亚板块俯冲碰撞有关。而这几个阶段的应力场虽然曾有变化，但是以近南北向的挤压为主，或有南北向挤压的分力，这成为研究区断层以及裂隙发育的重要力学基础，左形逆冲走滑断裂主要分布在西南角陇县一带，以及秦岭山前以及渭河断裂以南；鄂南地区南部渭北隆起上部分张性断裂（图 14-20）与今构造有关。

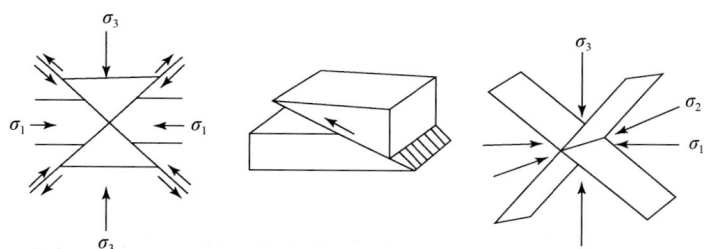

图 14-24　鄂南地区渭北隆起上老龙山逆断层成因力学模型

14.4.4　新构造运动（更新世—第四纪）形成的断裂、裂缝与油气封存

　　研究区南部渭北隆起的形成和演化可分为晚白垩世整体抬升阶段和始新世—渐新世以来的断块翘倾两大阶段。晚白垩世渭北地区整体抬升主要受控于秦岭造山带中晚燕山期的抬升过程；始新世—渐新世以来的断块翘倾作用阶段，与秦岭造山带始新世以来的快速隆升，以及渭河盆地新生代的快速断陷作用有关。

　　研究区东南部构造形迹显示，今构造在渭河拗陷带，近 NS 向伸展，断裂体系由西向东呈帚状向东发散，导致盆地西窄东宽。其中铲形正断层主要分布于渭河断裂带以南到秦岭山前，压扭性断层主要分布在渭河盆地西部靠秦岭山前，而张扭性断裂主要位于渭河断裂以北渭北隆起上。渭河盆地属于挤出逃逸相关的近 NEE 向构造控制的走滑拉分盆地。

　　位于渭河走滑拉分盆地以北的研究区，NEE 向挤压、NNW 向拉张使得一些先存 NNE 向逆冲断层反转为正断层。先存断裂反转后，基本仍具原始走向，并成为深部与浅部构造耦合的主要要素；而浅部盖层中的新生断裂在远离反转的先存断裂区主要受NNW 向伸展应力的控制，形成 NEE 走向的正断层，控制盆内次一级固始、西安拗陷或凹陷分布。一系列近似或平行于平移断层的拉分作用，自中生代以来就表现出自南向北的迁移规律。

在研究区西部，近于南北向的太行深大断裂和贺兰—六盘深大断裂，以及大体 NW-SE 向的秦祁深大断裂，对黄土高原的地貌结构有深刻影响，各地质阶段的地壳升降，都受着两组大体呈"X"形的断裂控制，近期的构造运动在断裂两侧又有差异，华北平原下沉，黄土高原抬升，黄土高原内部各地的抬升量又表现出差异裂缝。在淳化泾河剖面，马家沟组灰岩中由新构造运动形成了东西向顺层分布的滑动正断层，在泾河渠首一级河谷阶地剖面上，夹在两层砾岩层中的边滩砂泥层也发育有新近系构造运动形成的两组共轭裂隙（图 14-19），充分证明新生代地壳活动存在，同时新构造运动升降幅度支配山地的地貌形态和山势高差，也是渭河以及泾河河谷各级阶地的形成时间和下切速率的重要控制因素。

近于 SN 向的太行深大断裂和贺兰—六盘深大断裂，以及大体 NW–SE 向的秦祁深大断裂，对研究区地貌结构有深刻影响，各地质阶段的地壳升降，都受着两组大体呈"X"形的断裂控制，近期的构造运动在断裂两侧又有差异。马家沟组灰岩中由新构造运动形成了东西向顺层分布的滑动正断层，在泾河渠首一级河谷阶地剖面上，夹在两层砾岩层中的边滩砂泥层也发育有新近系构造运动形成的两组共轭裂隙，充分证明新生代地壳活动的存在，同时新构造运动升降幅度支配山地的地貌形态和山势高差，也是渭河以及泾河河谷各级阶地的形成时间和下切速率的重要控制因素。

第 15 章　鄂南地区奥陶系成藏条件及有利区预测

基于鄂南地区露头、地震剖面和井下生物礁（滩）发育层位、形态、规模、成因类型与分布特征对比，礁滩形成时的沉积生长环境、岩相古地理条件以及成岩后残留保存特征，综合古海平面变迁、沉积相带分布演规律化，地震及测井剖面预测的生物礁（滩）发育形态特征和演化趋势。并结合典型生物礁（滩）体解剖、重点探井的钻、测井资料及含油气显示，以及研究区成藏地质条件综合分析后，从不同角度对鄂南地区奥陶系生物礁滩相发育的有利区进行了预测。

15.1　露头、地震剖面上礁滩相分布与有利相带

通过野外调查，共在鄂尔多斯盆地南缘勘定的生物礁发育点有 13 处，区域上主要分布于平凉以南，渭河以北陇县到岐山，泾阳—淳化—富平—铜川一带，其中钻井中发现 2 处，分别为淳 2 井和旬探 1 井的平凉组，剖面上发现 11 处，其中平凉组（或相当层位）8 处，背锅山组 3 处。造礁生物最常见的是珊瑚，其次为海绵和层孔虫，还有一些蓝绿藻类。附礁生物为腕足类、腹足类、三叶虫、海百合、介形虫等。其岩石类型有生物骨架岩、黏结岩、障积岩、生物碎屑灰岩、藻屑灰岩等，造架生物具明显的群居特征，生物及各种滩相沉积均被亮晶方解石胶结，系高能环境沉积。

岩相古地理研究表明，奥陶纪中晚期，鄂尔多斯盆地南缘地区属陆缘海镶边台地。上述生物礁滩体相主要发育在中奥陶世马家沟晚期、晚奥陶世平凉期和背锅山期，空间上韵律式分布，层序规模受海平面变迁、水动力强弱和古地理条件共同作用；按所处的古地理位置可分为台内点礁、台缘点礁、台缘堤礁、礁间以及礁后滩组合，其中以台内和台缘丘状堤礁为主，进一步分为礁核、礁翼、礁前滑塌角砾和礁后潟湖微相等；台内点礁（滩）体剖面上可划分为礁基生屑滩、礁核骨架（黏结）岩、礁盖云灰岩、礁翼生屑滩等微相，台缘堤礁又可划分为礁前深水斜坡垮塌礁砾（块）岩、礁后潟湖云岩等微相。

通过地震剖面层拉平技术进行古地貌恢复，盆地西南缘奥陶系残余地层向南迅速增厚，反映奥陶纪沉积期沿测线从南至北由台缘相向开阔台地相过渡。台缘带为奥陶纪沉积期生物礁滩发育有利相带。

在古地貌恢复的基础上初步预测了斜坡带、台缘相带的分布范围，其中，台缘带面积约 14760km²。奥陶纪中晚期，台缘带古地貌位置符合生物礁生长发育的环境条件，有利于礁滩体发育。综合分析礁滩相成藏主控因素，认为平凉组烃源岩区域广覆，既为有利源岩又是封堵盖层，这一时期，台缘斜坡古地貌位置也有利于礁滩体发育，具有良好的生储盖配置。

综合上奥陶统平凉组地表露头、井下测井和录井及地震剖面中丘状异常体分布等资料，将鄂南地区分为两种情况：一是在泾河以东，淳化—三原和旬邑—耀县—铜川分别存在两个以滩相为主的生物礁滩组合带，前者生物礁的造礁生物以穿孔层孔虫、钙藻、地衣珊瑚等为主，后者以珊瑚、钙藻为主，在礁-滩组合带间为斜坡盆地半深水区深水滞流海相黑色薄层泥灰岩沉积；二是在鄂南泾河以西彬县、长武、永寿、岐山和陇县一带，也存在两个礁滩组合带，分别是永寿好畤河—岐山带和永寿—永参 1 井以西礁滩组合带，两带之间均为深水斜坡深水滞流海泥黑色薄层灰岩沉积，岐山西方、扶风瓦罐岭均有出露。在陇县—平凉以及富平—铜川一带，礁滩组合带及其周围存在的深水黑色泥灰岩层分布均受弧后盆地背斜坡海岸地形以及同生断裂控制，局部地层厚度巨大，可达几百米。

基于对典型露头剖面和代表地区地震剖面生物礁（滩）特征的解剖，并结合礁岩样品薄片镜下观察和孔渗测试分析，依据储集空间类型、孔隙演化过程等储层特征，认为奥陶系有利的生物礁主要发育于鄂尔多斯南缘地区中上奥陶统平凉组及背锅山组地层，其中平凉组平面相带伸展范围大，礁滩相是主要的勘探目的层，因此，要重视鄂南地区滩相勘探目标；而背锅山组仅在礼泉、扶风、陇县以及铜川、蒲城地区见有露头，部分属于浅水型台缘礁滩沉积，因盆地内部资料太少，其沉积相带分布尚不清楚。

15.2　奥陶纪末礁滩体抬升、淋滤、风化及成岩演化与成藏有利区

15.2.1　礁滩体抬升、淋滤、风化及成岩变化与有利储集层分布

从沉积相来看，本区应发育较好的储层，但分析化验表明，该地区下古生界寒武系和奥陶系碳酸盐岩的储层物性一般都较差，非均质性强。研究发现，影响研究区奥陶系碳酸盐岩储层条件的成岩作用主要有胶结作用、白云石化作用、溶蚀作用和充填作用，其中胶结与充填使原、次生孔隙堵塞，变为非储层。剖面上，在沉积成岩以及地质构造演化过程中，一些重要的地层界面，如寒武系（$\in$）顶、下奥陶统亮甲山组（O_1l）顶、中奥陶统马家沟组（O_2m）顶（包括峰峰组）及上奥陶统平凉组（O_3p）均有沉积间断，都曾经历淋滤并形成大量而重要的次生溶孔富集成带，当然也不排除其中有部分在后期再埋藏时又被方解石、白云石等充填而失去储集性能。目前较好的地层界面储层主要包括中寒武统张夏组（$\in_2z$）、中奥陶统马家沟组（O_2m）和上奥陶统背锅山组（O_3b），基本属于晶间孔和溶蚀孔隙未被完全充填或后期淡水经断裂等通道淋滤溶蚀的结果。成岩期间，储层经历的演化过程包括白云石化（形成晶间孔）→溶蚀（形成晶间溶孔，溶洞）→方解石充填（部分溶孔消失）→二期溶蚀（溶孔再扩大）→白云石充填（局部有淡水白云石再充填）（溶孔部分或全部被堵塞）。

鄂南地区下古生界碳酸盐岩储层，无论剖面上，还是平面上，都有很强的非均质性。从层位上看，本区比较好的储层段分布于中寒武统张夏组、中奥陶统马家沟组和马六段，局部地区的下奥陶统治里组—亮甲山组及上奥陶统平凉组也见储层；从地区上看，靠近中

央古隆起边缘的旬探 1 井附近比较好，其他地区比较差，储集条件好的井及其他井中个别比较好的层段，其物性变化大都与断裂的发育相联系；从沉积相上看，高能台缘相带内的台缘滩、台缘礁是最有利的岩相，开阔台地内的点滩、点礁次之。

15.2.2　礁滩体上覆地层东庄组的成藏作用与气藏有利区分布

东庄组是晚奥陶世最后沉积的一套地层，属于残留海湾沉积，岩性以黑色泥页岩、深灰色和灰黑色砂质泥岩、灰质泥岩为主，夹生屑灰岩透镜体，区域上主要分布在鄂南地区耀县—礼泉东庄—彬县一带，局部地区东庄剖面厚度达 426m，彬县麟探 1 井厚度为 27～426m，下伏地层为背锅山组礁灰岩。由于岩性致密，物性差，厚度大，受北部中央隆起区沉积古地理条件及后期剥蚀影响，向盆地内部延伸距离小，可比范围局限，但第 10 章烃源岩分析表明，东庄组本身具备一定生烃能力，对于礁滩体成藏有积极和消极两方面的作用，即可作为平凉组、背锅山组生物礁灰岩气藏的局部盖层和气源岩的补充，同时对来自上覆上古生界煤系地层烃源岩的天然气起了阻挡隔离作用，根据麟探 1 井勘探评估结果，认为东庄组不利于下伏礁灰岩形成更大规模的气藏。

15.2.3　石炭—二叠系煤系地层分布、生烃与有利区分布

1）石炭—二叠系煤系地层发育、分布及生烃潜力与下伏奥陶系成藏

石炭—二叠系煤系地层为鄂南地区部分区域下古生界气藏提供气源。鄂尔多斯盆地晚古生代海侵始于中石炭世，但因为当时地势较高，故接受中石炭世海侵较晚，全区石炭系地层表现为南北向分布于中央古隆起东西两侧，向鄂尔多斯盆地内部超覆，中间被中央隆起分隔，盆地南缘基本上没有接受沉积；晚石炭世，由于海侵进一步扩大，鄂尔多斯古陆东西两侧海水沟通，太原组沉积广覆全区，此时，盆地南缘也接受了沉积，但由于海水主要来自山西方向，因而越深入盆地内部，沉积厚度越小，一般为 50～80m，南缘厚度更小，只有 20～40m，至平凉—宁县—淳化一线趋于尖灭（图 15-1），因此，如果说中部大气田天然气中有来自上古生界者，是因为它们的组合关系使之成为可能，而且上石炭统尚有一定的厚度，可以构成有效的气源；然而，在鄂南地区，特别是研究区南部，上石炭统范围有限，沉积以及残留地层厚度较小，只能作为下古生界气藏的补充气源。

2）广覆式分布的石炭—二叠系煤系地层对下伏奥陶系气藏的封存覆盖

本区二叠系地层中的泥质岩类具有很强的封盖性，封盖性能测定数据表明其是研究区又一理想的盖层。其中二叠系山西组和太原组沉积的一套海陆交互相煤系地层和含铝土质沉积，在作为上古生界主要烃源岩的同时，也可成为下古生界气藏的间接盖层和上古生界气藏的直接区域盖层，其中太原组沉积的深灰色铝土质泥岩厚度 3.0m、灰黑色碳质泥岩厚度 5.8m，山西组中暗色泥岩以及煤层厚度更大。事实上，从中部气田资料及本区鄂铜 1 井和淳探 1 井的地层层序分析，下古生界区域性盖层的是上古生界石炭—二叠系煤系地层，其中泥岩的突破压力一般都大于 10MPa。据测定，上奥陶统平凉组致密灰岩，突破压

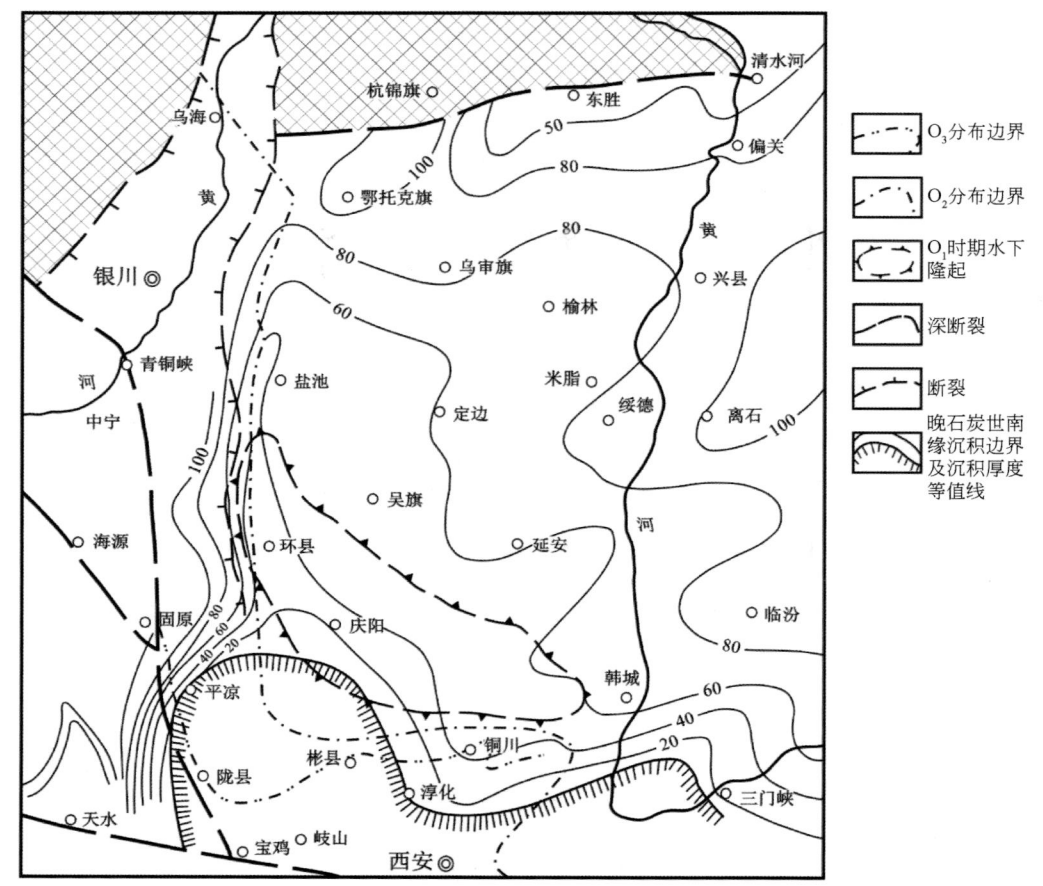

图 15-1 鄂尔多斯盆地奥陶系—上石炭统地层展布略图

力并不比上述泥质岩低，当发育裂缝时，则突破压力大为降低（0.05MPa），因此，它只能充当局部盖层。本区靠北或东北地带，石炭—二叠系厚度相对增大，盖层条件将比南部或西南地带要好。

上石盒子组和石千峰组主要是一套以河湖相为主的砂泥岩沉积，其中上石盒子组泥质岩厚度为 100~140m，石千峰组泥质岩厚度为 140~205m，永参 1 井、旬探 1 井和淳探 1 井泥质岩厚度分别为 214m、337m 和 302m，厚度较大，封盖性能较好。所以这些泥质岩类形成了整个古生界气藏的区域性盖层，也是上古生界气藏的直接盖层。

进一步分区分析发现，虽然研究区位于华北板块以及鄂尔多斯地块西南部，区域上广覆式分布的石炭—二叠系地层中，泥岩北厚南薄，东厚西薄，北部泥质岩盖层发育较好，但邻近渭北隆起区泥质岩盖层发育较差，特别是渭北隆起区断裂构造发育，构造抬升作用形成的"通天"断裂，会导致地表水沿断裂下渗，这是古生界天然气保存的不利因素。例如，邻近的淳探 1 井石盒子组—马家沟组地层水矿化度较低，为 8~80g/L，明显受到地表淡水的影响，所以灵 1 井区古生界天然气保存条件会受此条件影响。有利区主要位于研究区东北部洛川北以及富县、黄龙、宜川一带。

15.3　下古生界碳酸盐岩高能滩、古风化及成岩变化与有利区预测

15.3.1　研究区下古生界碳酸盐岩高能滩分布与有利相带

从时间层序上，区域资料和沉积环境演化均表明，寒武系是一套浅水型碳酸盐岩台地潮坪沉积，海水深浅演化中构成了一个完整的沉积旋回，下统为潮间带沉积，中统为潮间-潮下带沉积，上统为潮间带沉积。显示早寒武世海侵逐渐增强，到中寒武世末晚寒武世初海水达到最深，海侵范围最大，至晚寒武世末海水收缩；奥陶系为海进沉积序列，早期沉积的下统均为浅水台地潮坪沉积，相对稳定，岩层区域对比性强；而中晚期构造岩相古地理均有分化，其中中统有的地方已演变为滞流海深水沉积，而在另一些地方，早期为浅水滩礁相沉积，而到晚期才演变为滞流海深水沉积。

对比分析以上相带发育状况与储层的关系，剖面上较好的储层段应是中寒武统张夏组、徐庄组，上寒武统崮山组中的鲕粒滩相，下奥陶统治里组—亮甲山组（高能带部分），中奥陶统马五段和马六段砂糖粒状云岩，上奥陶统平凉组（浅水礁滩相）以及局部地区的上奥陶统背锅山组（O_3b）。

从平面展布看，区内寒武系和奥陶系中下统，沉积环境与岩层比较稳定，几乎全为潮坪相，在海侵高峰期的中寒武世（ϵ_2z）中-末期，除干阳—韩城一线以南为开阔海外，全区几乎为一片高能颗粒滩相（鲕粒滩）；奥陶系相带的平面展布稍复杂一些，从中奥陶统马家沟组、上奥陶统平凉组两个主要地层组来看，马家沟期，区内由东北向西南相变明显，淳探 1 井以北、以东为咸化潟湖膏云坪沉积，永寿以北、以东为局限海含膏云坪沉积，永寿以西和泾阳、富平一带为开阔海含泥云灰坪沉积；平凉期，区内相带复杂，淳化—三原和旬邑—耀县—铜川两个带为浅水礁滩相（生物礁滩组合带），以西永寿好時河—岐山及永参 1 井以西两个带亦有同上的浅水相沉积，而其他区域则为深水相沉积。

对比而言，容易形成较好储层的地层应是靠北部，特别是北部古隆起南斜坡或东南斜坡带，因为上述层位和地区大都为潮下高能带沉积的地层，原生孔隙结构相对可能会好一些，另外靠近古隆起的古地貌及膏云坪和含膏云坪的岩性有利于形成较多溶蚀孔缝。

总体上，虽然区内下古生界碳酸盐岩储层的孔、渗性较差，属低孔低渗类型，单靠基质原生孔隙很难构成有效储层，加上加里东运动所形成的不整合面之下岩层含泥量高，膏盐层发育差，上覆低能环境沉积的泥灰岩岩层厚及其间剥蚀相对于中部气田要少，在碳酸盐岩储集层溶缝-溶孔-溶洞型、粒间溶孔-微裂缝型、晶间溶孔-微裂缝型及裂缝型四种孔隙组合类型中主要发育后三种，且非均质性强。从地区上看，靠中央古隆起边缘的旬探 1 井附近储集条件比较好，其他地区比较差，储集条件好的井及一些井中个别比较好的层段，其物性变化大都与断裂和微裂缝发育相关。

15.3.2　古构造抬升和碳酸盐岩台地短暂暴露形成的区域性风化淋滤带与天然气成藏

区域构造古地理演化史表明，元古宙末，鄂尔多斯地块结束了大陆裂谷的发展阶段，开始进入克拉通凹陷的发育时期，此时，鄂尔多斯地块总的古地理面貌是北高南低，南缘与秦岭海槽相接，成为广阔的陆缘浅海，海水从南向北推进，中寒武世张夏期末到晚寒武世初，海侵达到了高峰，晚寒武世末，水体一度变浅，构成了一个完整的海侵–海退旋回；早奥陶世时，海水再次从南边入侵，至马家沟期，海水已越过环县—庆阳古隆起，成为又一次广泛的海侵时期。但由于环县—庆阳隆起的存在，在盆地内部形成了局限海环境，而隆起以南则发育潮坪环境；中晚奥陶世，强烈的火山-构造活动，改变了古地貌格局，致使该时期的沉积分布极不均匀，后期又遭不同程度的剥蚀，在盆地中部，上古生界石炭系地层直接覆盖在中奥陶统马家沟组之上，西南缘中晚奥陶世保存较完整，西部的加里东侵蚀面处在中奥陶统的不同层位之上，而南部特别是西南缘，加里东侵蚀面大部分地区位于富含泥质的中奥陶统平凉组的顶部，有的地方甚至还保留有上奥陶统的碎屑岩、灰岩，侵蚀面下的地层岩性对风化壳储集性能的好坏影响极大。碳酸盐岩在长期暴露、风化、淋滤作用下容易发生溶解，形成风化裂隙、溶孔、溶洞，特别是在富含膏盐层的地区，膏盐层的大面积溶蚀，导致上覆地层失去支撑而崩塌，形成崩塌角砾，产生新的孔隙。但是，这种情况在碎屑岩和含泥质较多的碳酸盐岩中很少见到，在泥岩发育的地区，形成溶孔更是十分困难，鄂尔多斯盆地南缘中奥陶统泥质含量都比较多，在西南缘甚至还出现笔石页岩，而易溶的膏盐又不太发育，泥岩之下的碳酸盐岩层溶孔很不发育，这种情况在地表剖面上十分明显。因此，同样经受加里东运动的风化、侵蚀影响，不同地区，因地质条件不完全相同，风化壳的厚度、表生作用的改造力度以及次生孔隙发育的程度则有很大差别。

鄂尔多斯盆地在石炭纪沉积之前，研究区北部镇原—灵台—宁县—黄陵西一带，马家沟组已经遭受侵蚀，而盆地南缘彬县、礼泉、淳化、耀县、铜川沉积有上奥陶统平凉组、背锅山组礁灰岩，甚至之上还覆盖着厚厚的东庄组泥灰岩地层，因此，同样是马家沟组地层，在盆地中部可以形成巨厚的风化淋滤带，而在盆地南缘可以说只是经受了一次轻微的表生作用的"洗礼"，重大的风化作用发生于晚奥陶世地层中。盆地南缘这套地层（主要是平凉组）的岩性细而致密，从宏观上讲，不利于溶蚀作用的大规模进行，但这也恰恰是生物礁灰岩得以保存的有利因素，从而成为下一步勘探的重点区域。

15.3.3　地层剖面韵律性演化及盖层封存能力与储盖组合

从研究区地层格架、沉积韵律、地层层序演化以及岩性分布规律分来看，无论是寒武系还是奥陶系，随着区域构造演化以及沉积环境变化，空间上在寒武系内部细晶云岩、颗粒灰（云）岩与泥质灰（云）岩之间，奥陶系冶里组—亮家山组、马家沟组、平凉组、背锅山组、东庄组内部以及奥陶系顶部风化面附近的溶洞溶孔白云岩与之上的太原组和山西组泥岩以及煤系地层之间等，其岩性和地层组合成了比较好的储盖组合。

寒武系海相泥质岩主要分布在鄂尔多斯盆地西南部古生代"L"形沉降带，泥质岩中一般都含有一定量的碳酸盐矿物，其胶结作用使岩石变得很致密，既可作为下古生界潜在的烃源岩，又可作为下古生界碳酸盐岩气藏的直接盖层。此外，形成于上寒武统崮山组和长山组、中寒武统徐庄组和张夏组地层中的致密碳酸盐岩，其封盖能力也与含泥量有关，含泥越高，其封盖性能越好，其也可成为这些岩层中气藏的直接盖层。其中，最典型的为中寒武统张夏组上部鲕粒云岩，白云岩（储层）与上寒武统泥岩（盖层）。

在奥陶系中上统中发育四套现实的和潜在的储盖韵律旋回组合，岩性组合分别是：①下奥陶统冶里组—亮甲山组上部白云岩（储层）和马一段的泥岩（盖层）储盖组合；②下奥陶统马家沟组内马二段、马四段云岩（储层）和马三段、马五段膏云岩（盖层）储盖组合；③平凉组、背锅山组礁滩相灰岩和东庄组泥灰岩生、储、盖组合；④奥陶系顶部古风化壳（储层）与石炭系泥岩（盖层）。其中前三者为岩相控制的局部岩性组合，后者为区域构造地层控制的岩性–构造储、盖、生组合。地震、地质综合预测本区二叠系太原组底部的铝土质泥岩，成为奥陶系风化壳气藏的直接盖层。

15.4　古地理地形及中央古隆起对沉积相和有利区的影响

15.4.1　奥陶纪末鄂南北部古地理地形及中央古隆起发育分布特征

早古生代，长期盘踞在鄂尔多斯腹地的中央古隆起，是鄂南地区古地理地形的重要组成部分，从寒武纪到奥陶纪，长期呈"L"形横亘于鄂尔多斯地台中部，时隐时现，不仅分隔华北海和祁连—贺兰海，影响研究区华北海与秦岭海的沟通，也直接导致其上地层残缺不全，岩性与邻区差异明显。中晚奥陶世，研究区北高南低，中央古隆起南斜坡地形起伏的幅度直接影响鄂尔多斯地台南部古地形坡降和海水性质，由于华北海与南部秦岭海因台缘生物礁沟通受阻，环古陆到台地南缘台地生物礁间隆起之间形成了东西带状局限台地潮坪带以及潟湖。奥陶纪末，中央古隆起进一步抬升，范围进一步向南扩展，灵1井、宁探1井勘探结果显示，剥蚀了整个奥陶系地层，甚至部分上寒武统地层。因此，鄂尔多斯中央古隆起不仅影响寒武纪—奥陶纪沉积时的古地理格局，也导致奥陶系顶部地层残缺不全，形成"北薄南厚、西缺东厚"的地层分布特点。

15.4.2　奥陶纪演化中中央古隆起迁移与有利沉积相带变化

位于鄂尔多斯地块的中央古隆起，不仅对鄂南地区古地理地形有影响，更重要的是对奥陶纪沉积环境、生物生态、沉积相带分布以及生物礁的发育演化有重要控制作用。这种影响控制作用对早奥陶世沉积环境及相带影响不甚明显，但在中晚奥陶世演化中，中央古隆起的迁移与沉积相带变化有密切关系，其中在中奥陶统马家沟组岩层中，从马一段到马六段，随着区域性海进海退，中央古隆起扩大、退缩以及海水深、浅变化，导致平面上中央古隆起与沉积相范围同步南北迁移，剖面上水深水浅以及由此形成的云、灰岩互层呈三个完整的韵律旋回层序。

上奥陶统平凉组和背锅山组沉积时期，中央古隆起隆升与秦岭海槽及渭北海盆沉陷、岛弧、台地边界断层活动、火山喷发联动，研究区古地理地形完全受其控制，不仅沉积环境复杂多变，既有陆，又有浅海、潮坪、局限台地、深海斜坡以及生物礁滩，也有火山岛弧。沉积物类型多变，但沉积环境、沉积相带、岩性、地层残留厚度以及礁滩相分布，均围绕中央古隆起以及秦岭海槽北深水斜坡方向分布，受其控制。寻找有利沉积相带，必须解析中央古隆起迁移规律，生物礁滩分布以及生物发育、繁衍需要的水体清洁环境，均与中央古隆起南斜坡坡降幅度、中央古隆起供给近海水域的陆源碎屑物量有密切关系。总体上，鄂南地区上奥陶统平凉组有利于生物礁滩的形成和分布，背锅山组发育条件相对较差，东庄组仅局部残留。

15.4.3　中央古隆起对有利区的影响

由于中央古隆起影响沉积相带与岩性分布，必然影响到生储盖条件及有利相带分布。基于地层、沉积相以及物性特征，分析储、盖条件，认为寒武系以及中奥陶统碳酸盐岩在本区东北部黄陵古隆起的南斜坡旬邑—彬县—长武地区和东南倾伏端黄陵—宜君—赵老峪之间地区是相对有利区；从沉积相看，中寒武统张夏组在这一带为鲕粒滩沉积，中奥陶统马家沟组及峰峰组在这一带为含膏云坪沉积，加之在这一带几个沉积间断面和断层的存在，有可能形成较多溶孔。储层研究证实在靠近黄陵古隆起处，物性条件要好一些，旬探1井的情况即是例证。从保存条件看，本区东北部的石炭—二叠系区域性盖层也比较厚，靠近本区石炭系沉积的凹陷中心，下古生界在这一带也埋藏的深一些，这些都有利于油气保存，另外，从油气运聚条件看，下古生界所生油气，在中央古隆起向东南倾伏深埋，浅海台地碳酸盐岩（潟湖膏盐）在研究区东北广覆的条件下，分布于东北部的有利储层区必将不断向西向北迁移扩展，即可在本区东北部较大范围聚集，形成有利气藏圈闭。

15.5　鄂南地区奥陶系有利区预测

综合上述诸多成藏条件和生、储、盖指标信息，并基于地震、测井、录井、地球化学、沉积相以及露头测量综合分析研究结果，认为鄂南地区的有利层段主要是中奥陶统马家沟组和上奥陶统平凉组，剖面上共预测出3个有利层位，平面上共预测出5个有利区块，总面积为830~960km^2。

1）马家沟组马五段预测有利区2个区块

有利区2个区块分别位于彬县以北—长武—正宁东南一带和建1井—宜君—黄陵一带，前者预测区块面积为100~125km^2，沉积微相为灰云坪，主要储集层孔隙类型为马五段砂糖状云岩晶间孔以及泥云岩风化壳孔洞层，烃源岩为南部下伏礁灰岩和上覆石炭系本溪组—二叠系太原组煤系地层，盖层也是煤系泥页岩，油气侧向运移成藏；后者预测区块面积为130~175km^2，沉积微相为灰云坪和礁后滩，储层孔隙类型为膏云岩溶孔、晶间孔、生屑及其他颗粒粒间孔。烃源岩、盖层均为上覆石炭系本溪组—二叠系太原组煤系地层，油气运移成藏为上生下储型。

2）平凉组下段预测有利区 1 个区块

有利区块位于旬邑—长武—彬县三角区，预测区块面积为 280 ~ 300km²，沉积微相为灰云坪和礁后滩，储层孔隙类型为膏云岩溶孔、晶间孔、生屑及其他颗粒粒间孔。烃源岩、盖层均为上覆东庄组含藻泥灰岩、石炭系本溪组—二叠系太原组煤系地层，油气运移成藏为上生下储型以及自生自储型。

3）平凉组上段预测有利区 2 个区块

有利区 2 个区块一个位于旬邑—长武—彬县以北地区，预测区块面积为 140 ~ 160km²；沉积微相为含灰云坪和礁后滩，储层孔隙类型为云岩晶间孔、生屑、颗粒粒间孔及其微裂缝；另一个位于宜君南–赵老峪之间，面积为 180 ~ 200km²，烃源岩、盖层为上覆石炭系本溪组—二叠系太原组煤系地层，油气运移成藏为上生下储型以及自生自储型。

参 考 文 献

安太庠，郑昭昌．1990．鄂尔多斯盆地周缘的牙形石．北京：科学出版社．

安太庠，张安泰，徐建民．1985．陕西耀县、富平奥陶系牙形石及其地层意义．地质学报，2：97-108+
　　183-184．

蔡涵鹏，贺振华，黄德济．2008．礁滩相油气储层预测方法研究．石油地球物理勘探，46（6）：685-688．

车福鑫．1963．陕西陇县上奥陶统的发现．科学通报，1（3）：63-65．

陈诚，史晓颖，裴云鹏，等．2012．鄂尔多斯盆地南缘晚奥陶世钾质斑脱岩——SHRIMP 测年及其成因环
　　境．现代地质，26（2）：205-219．

陈均远，周志毅，林尧坤，等．1984．辽宁太子河流域奥陶系新观察兼论寒武–奥陶系界线．地层学杂志，
　　（2）：81-93．

陈明，王剑，潭福文，等．2003．措勤盆地下白垩统郎山组生物礁的平面分布特征及意义讨论．沉积与特
　　提斯地质，23（4）：68-70．

陈新军，蔡希源，徐旭辉，等．2007．塔中地区中上奥陶统礁、滩相隐蔽圈闭研究．天然气工业，
　　27（1）：17-19．

崔智林，华洪，宋庆原．2000．晚奥陶世北秦岭弧后盆地放射虫组合．地质学报，3：254-258+294．

戴金星，李剑，丁巍伟，等．2005．中国储量千亿立方米以上气田天然气地球化学特征．石油勘探与开
　　发，4：16-23．

戴金星，邹才能，陶士振，等．2007．中国大气田形成条件和主控因素．天然气地球科学，18（4）：
　　477-478．

邓小江，梁波，莫耀汉，等．2007．塔河油田奥陶系一间房组礁滩相储层特征及成因机制新认识．地质科
　　技情报，26（4）：63-69．

董增产．2009．凤县—两当地区北秦岭构造带地质组成及构造特征．西安：西北大学出版社．

董兆雄，赵敬松，方少仙．2002．鄂尔多斯盆地南部奥陶纪末端变陡缓坡沉积模式．西南石油学院学报，
　　24（1）：50-52．

范嘉松．1996．中国生物礁与油气．北京：海洋出版社．

方国庆，毛曼君．2007．陕西富平上奥陶统遗迹化石及其环境意义．同济大学学报（自然科学版），8：
　　1118-1121．

方少仙，侯方浩．2013．碳酸盐岩成岩作用．北京：地质出版社．

冯洪真，刘家润，施贵军．2000．湖北宜昌地区寒武系—下奥陶统的碳氧同位素记录．高校地质学报，
　　（1）：106-115．

冯增昭，陈继新，张吉森．1991．鄂尔多斯地区早古生代岩相古地理．北京：地质出版社．

冯增昭，鲍志东，张永生，等．1998．鄂尔多斯奥陶纪地层岩石岩相古地理（序）．北京：地质出版社．

冯增昭，彭勇民，金振奎，等．2004．中国晚奥陶世岩相古地理．古地理学报，2：127-139．

傅力浦．1980．秦岭地区早和中志留世的笔石分带．地质论评，2：106-111．

傅力浦．1981．陕西耀县桃曲坡中、上奥陶统及其对比．西北地质科学，1：105-112．

傅力浦，胡云绪，张子福，等．1993．鄂尔多斯中、晚奥陶世沉积环境的生物标志．西北地质科学，
　　14（2）：1-27．

高志前，樊太亮，王惠民，等．2005．塔中地区礁滩储集体形成条件及分布规律．新疆地质，23（3）：
　　283-287．

顾家裕，方辉，蒋凌志．2001．塔里木盆地奥陶系生物礁的发现及其意义．石油勘探与开发，28（9）：
　　1-3．

顾家裕，张兴阳，罗平，等.2005.塔里木盆地奥陶系台地边缘生物礁、滩发育特征.石油与天然气地质，26（3）：277-283.

郭彦如，赵振宇，徐旺林，等.2014.鄂尔多斯盆地奥陶系层序地层格架.沉积学报，32（1）：44-60.

何登发，赵文智.1999.中国西北地区沉积盆地动力学演化与含油气系统旋回.北京：石油工业出版社.

何自新，杨奕华.2004.鄂尔多斯盆地奥陶系储层图册.北京：石油工业出版社.

何自新，黄道军，郑聪斌.2006.鄂尔多斯盆地奥陶系古地貌、古沟槽模式的修正及其地质意义.海相油
气地质，（2）：25-28.

贺萍，胡明毅，朱忠德，等.2003.塔里木盆地轮南地区中奥陶统生物礁储层特征及影响因素.海相油气
地质，8（1）：24-29.

洪天求.1995.德国泥盆纪生物礁的基本特征.长春地质学院学报，25（1）：24-30.

黄宝春.2008. Paleomagnetism of Cretaceous rocks in the Jiaodong Peninsula, eastern China: Insight into block
rotations and neotectonic deformation in eastern Asia//中国科学院地质与地球物理研究所.中国科学院地质
与地球物理研究所 2007 学术论文汇编（第一卷）.2008：21.

黄华芳，杨占龙，彭作林.1995.鄂尔多斯盆地油气地质的古地磁研究.沉积学报，（4）：162-168.

黄子齐.1997.加拿大尝试 AVO 方法勘探礁块.海相油气地质，2（1）：28-29.

贾进斗，何国琦，李茂松.1997.鄂尔多斯盆地基底结构特征及其对古生界天然气的控制.高校地质学
报，3（2）：144-149.

贾振远.1988.一个碳酸盐沉积古斜坡的基本特征.石油与天然气地质，2：171-177+215.

金善燏，鞠天吟，杨达铨，等.1996.浅析造礁生物演化及生物灭绝事件对礁丘发育的控制作用.浙江地
质，12（1）.

金振奎，石良，高白水，等.2013.碳酸盐岩沉积相及相模式.沉积学报，31（6）：965-979.

金之钧.2005.中国海相碳酸盐岩层系油气勘探特殊性问题.地学前缘，12（3）：15-22.

鞠天吟，杨达铨.1995.中国南方震旦纪至三叠纪造礁生物演化及生物绝灭事件对礁丘发育的控制.南方
油气地质，1（4）：14-18.

库兹涅左夫 B T.1983.礁地质学及礁的含油气性.北京：石油工业出版社.

赖才根.1981.陕西耀县地区上奥陶统的头足类.地质学报，3：87-101.

赖才根，汪啸风.1982.中国地层 5—中国的奥陶系.北京：地质出版社.

李文厚，梅志超，陈景维，等.1991.富平地区中–晚奥陶世沉积的古斜坡与古流向.西安地质学院学
报，13（2）：36-41+104.

李振宏，崔泽宏，李林涛.2004.断裂坡折带对海相沉积层序的影响—以鄂尔多斯盆地西缘奥陶系海相碳
酸盐岩为例.海相油气地质，9（1-2）：31-36.

林晋炎.1994.陕西镇安三里峡晚泥盆世生物礁特征及控矿作用.沉积学报，12（1）：16-22.

林尧坤.1994.鄂尔多斯地台南缘中奥陶统树形笔石群.古生物学报，2：180-199+273-276.

林尧坤.1996.鄂尔多斯地台南缘中奥陶统双笔石类笔石的研究.古生物学报，35：389-406.

刘春兰，冯正祥.2001.宝岛 23-1 构造生物礁地质评价.中国海上油气（地质），15（3）：171-175.

刘春燕，林畅松，吴茂炳，等.2007.中国生物礁时空分布特征及其地质意义.世界地质，26（1）：
44-51.

刘汉祖.1996.西班牙拉斯厄米塔斯生物礁的成因研究.湘潭矿业学院学报，11（3）：6-11.

刘殊，郭旭升，马宗晋，等.2006.礁滩相地震响应特征和油气勘探远景.石油物探，45（5）：452-458.

刘祖汉.2002.对比日本秋吉生物礁论湖南石炭纪生物成礁条件.地质科学，37（1）：38-46.

陆亚秋，龚一鸣.2007.海相油气区生物礁研究现状、问题与展望.地球科学，32（6）：871-878.

吕修祥，金之钧.2000.碳酸盐岩油气田分布规律.石油学报，21（3）：8-12.

罗建宁, 朱忠发, 谢渊, 等 . 2004. 羌塘盆地生物礁岩特征与沉积模式 . 沉积与特提斯地质, 24 (2): 51-62.

罗平, 张兴阳, 顾家裕, 等 . 2003. 塔里木盆地奥陶系生物礁露头的地球物理特征 . 沉积学报, 21 (3): 423-427.

马永生, 牟传龙, 潭钦银, 等 . 2007. 达县—宣汉地区长兴组—飞仙关组礁滩相特征及其对储层的制约 . 地质前缘, 14 (1): 182-192.

梅志超, 李文厚 . 1986. 陕西富平中–上奥陶统深水碳酸盐重力流沉积模式 . 沉积学报, (1): 34-42 +131.

梅志超, 陈景维, 卢焕勇 . 1982. 陕西富平中奥陶统平凉组的深水碳酸盐碎屑流 . 石油与天然气地质, 3 (1): 49-56.

欧阳睿, 焦存礼, 白利华, 等 . 2003. 塔里木盆地塔中地区生物礁特征及分布 . 石油勘探与开发, 30 (2): 33-36.

彭冰霞, 王岳军, 范蔚茗, 等 . 2006. 湖南中部和广东西部 3 个典型花岗质岩体的 LA-ICPMS 锆石 U-Pb 定年及其成岩意义 . 地质学报, (10): 1597.

彭花明, 郭福生, 严兆彬, 等 . 2006. 浙江江山震旦系碳同位素异常及其地质意义 . 地球化学, 6: 577-585.

彭苏萍, 何宏, 邵龙义, 等 . 2002. 塔里木盆地-C-O 碳酸盐岩碳同位素组成特征 . 中国矿业大学学报, (4): 26-30.

蒲仁海, 徐怀大 . 1998. 鄂尔多斯盆地奥陶系丘形反射的解释及其与礁的关系 . 地质论评, 44 (5): 522-527.

邱燕 . 1999. 生物礁的地震鉴别方法 . 海洋地质, 2: 12-21.

屈红军, 梅志超, 李文厚, 等 . 2010. 陕西富平地区中奥陶统等深流沉积的特征及其地质意义 . 地质通报, 29 (9): 1304-1309.

任兴国, 罗利, 姚声贤, 等 . 2000. 川东地区生物礁测井预测方法研究 . 石油勘探与开发, 27 (1): 41-43.

沈安江, 陈子炓, 寿建峰 . 1999. 相对海平面升降与中国南方二叠纪生物礁油气藏 . 沉积学报, 17 (3): 367-373.

沈渭洲, 方一亭, 倪琦生, 等 . 1997. 中国东部寒武系与奥陶系界线地层的碳氧同位素研究 . 沉积学报, (4): 40-44.

宋芏, 金之钧 . 2000. 大油气田统计特征 . 石油大学学报 (自然科学版), 24 (4): 11-14.

孙玉善, 韩杰, 张丽娟, 等 . 2007. 塔里木盆地塔中地区上奥陶统礁滩体基质次生空隙成因 . 石油勘探与开发, 34 (5): 541-547.

史晓颖, 汤冬杰, 蒋干清 . 2013. 华北地台中元古代微生物成因白云岩 . 地层学杂志, 4: 637-637.

田海芹 . 1989. 试论嵩山地区亮甲山组白云岩和燧石的成因 . 石油大学学报, 13 (3): 21-30.

万景林, 李齐, 王瑜 . 2000. 华山岩体中、新生代抬升的裂变径迹证据 . 地震地质, 1: 53-58.

万景林, 王瑜, 李齐, 等 . 2005. 太白山中新生代抬升的裂变径迹年代学研究 . 核技术, 9: 712-716.

王大锐, 关平, 周翥虹 . 1998. 用泥岩中碳酸盐氧同位素组成确定柴达木盆地东部第四系剥蚀厚度 . 石油勘探与开发, 1: 55-56+5-6+12-13.

王洪亮, 肖绍文, 徐学义, 等 . 2008. 北秦岭西段吕梁期构造岩浆事件的年代学及其构造意义 . 地质通报, 10: 1728-1738.

王雷, 史基安, 王琪, 等 . 2005. 鄂尔多斯盆地西南缘奥陶系碳酸盐岩储层主控因素分析 . 油气地质与采收率, 12 (4): 10-13.

王一刚，洪海涛，夏茂龙，等．2008．四川盆地二叠、三叠系环海槽礁、滩富气带勘探．天然气工业，28（1）：22-27.

王玉新．1994．鄂尔多斯地块早古生代构造格局及演化．地球科学，19（6）：778-786.

王志浩，李润兰．1984．山西太原组牙形刺的发现．古生物学报，2：196-203+271-272.

王志浩，吴荣昌，伯格斯特龙．2013．新疆塔克拉玛干沙漠轮南区奥陶纪牙形刺及 Pygodus 属的演化．古生物学报，52（4）：408-423.

汪素云，陈培善．1980．中国及邻区现代构造应力场的数值模拟．地球物理学报，23（1）：35-45.

卫平生，刘全新，张景廉，等．2006．再论生物礁与大油气田的关系．石油学报，27（2）：38-42.

吴汉宁，朱日祥，刘椿，等．1990．华北地块晚古生代至三叠纪古地磁研究新结果及其构造意义．地球物理学报，6：694-701.

吴花果，李纯，钱铮．2003．义东油田大 81-4 块咸化湖泊生物礁储集层特征．石油勘探与开发，30（4）：43-46.

吴素娟，张永生，邢恩袁．2017．鄂尔多斯盆地西北缘奥陶纪凝灰岩锆石 U-Pb 年龄、Hf 同位素特征及地质意义．地质论评，63（5）：1309-1327.

吴亚生，范嘉松．1991．生物礁的定义和分类．石油与天然气地质，12（3）：346-349+336.

夏明军，郑聪斌，毕建霞，等．2008．鄂尔多斯盆地奥陶系生物礁及其天然气勘探前景．天然气地球科学，19（2）：178-182+271.

肖传桃，蒋维东．1998．塔北轮南地区晚奥陶世粉屑岩隆礁研究．新疆石油地质，19（1）：54-56.

肖盈，贺振华，黄德济．2009．碳酸盐岩礁滩相储层地震波场数值模拟．岩性油气藏，21（1）：99-101.

徐国强，吴伟航，武恒志，等．2006．塔里木盆地和田河地区上奥陶统礁滩沉积体地震识别及其发育分布规律．矿物岩石，26（2）：80-86.

徐强，刘宝珺，何汉漪，等．2004．四川晚二叠世生物礁层序地层岩相古地理编图．石油学报，25（2）：47-50.

徐冉，龚一鸣，汤中道．2006．菌藻类繁盛：晚泥盆世大灭绝的疑凶？地球科学——中国地质大学学报，31（6）：787-797.

杨友运，叶俭．1996．陕西西乡杨家沟早寒武世的生物礁．西北地质，2：1-5.

杨振宇，Otofuji Y，黄宝春，等．1999．华北陆块冈瓦纳大陆亲缘性的古地磁证据．地质论评，4：402-407.

叶俭，杨友运，许安东，等．1995．鄂尔多斯盆地西南缘奥陶纪生物礁．北京：地质出版社.

叶俭，杨友运，许安东，等．1996．陕西渭河以北地区中奥陶世生物礁．见：范嘉松．中国生物礁与油气．北京：海洋出版社：39-47.

于芬玲，王志浩．1986．陕西陇县上奥陶统背锅山组牙形刺．微体古生物学报，1：99-106+125-126.

俞昌民，沈建伟．1995．广西桂林泥盆纪礁组合．科学通报，40（6）：542-544.

袁卫国，赵一鸣．1996．鄂尔多斯南部地区早古生代被动大陆边缘特征与演化．西北大学学报，26（5）：451-454.

曾鼎乾，刘炳温，黄蕴明．1988．中国各地质历史时期的生物礁．北京：石油工业出版社.

曾令帮，段玉顺，毕明波，等．2011．鄂尔多斯盆地西北部礁滩相油气储层地震识别与勘探效果．岩性油气藏，23（2）：75-79.

张国伟．1988．华北地块南部早前寒武纪地壳的组成及其演化和秦岭造山带的形成及其演化．西北大学学报（自然科学版），1：21-23.

张俊明，袁克兴．1994．湖北宜昌王家坪下寒武统天河板组古杯礁丘及其成岩作用．地质科学，29（3）：236-243.

张秋生，朱永正.1984.东秦岭古生代蛇绿岩套.长春地质学院学报，3：1-13.

张廷山，蓝光志.1999.构造及海面波动对四川盆地志留纪生物礁的控制.石油学报，20（3）：19-24.

张文正，陈安宁，夏新宇，等.2000.长庆气田的气源研究与碳酸盐岩生烃能力评价（摘要）.海相油气地质，（Z1）：46.

张秀莲.1985.碳酸盐岩中氧、碳稳定同位素与古盐度、古水温的关系.沉积学报，4：17-30.

赵忠泉.2010.碳酸盐岩礁滩储层地震相分析.成都：成都理工大学.

郑葆英，叶俭，祝总祺，等.1999.鄂尔多斯盆地奥陶系马家沟组气液包裹体研究.地球科学与环境学报，21（3）：13-16.

郑荣才.1996.湖南西部花垣县渔塘早寒武世藻礁.见：范嘉松.中国生物礁与油气.北京：海洋出版社：29-38.

钟建华，温志峰，李勇，等.2005.生物礁的研究现状与发展趋势.地质论评，51（3）：288-300.

周鼎武，赵重远，李银德，等.1994.鄂尔多斯盆地西南缘地质特征及其与秦岭造山带的关系.北京：地质出版社.

周敏，龚绍礼.2004.碳、氧同位素在古海水温度和盐度分析中的应用.江西煤炭科技，2：23.

朱鸿，郑昭昌，何心一.1994.阿拉善地块边缘古生代生物地层及构造演化.武汉：武汉地质学院出版社.

Anderson N L, Brown R J. 1988. Seismic signature of the morinville Leduc formation reef. SEG Expanded Abstracts, 7: 749.

Anderson N L, Brown R J, Hinds R C, et al. 1989. Seismic signature of a Swan Hills (Frasnian) reef reservoir, Snipe Lake. Alberta. Geophysics, 54: 148.

Armin K K. 1987. Seismic interpretation of reefs. The Leading Edge, 6: 60.

Aronson R B, Macintyre I G, William F. 2005. Event preservation in lagoonal reef systems. Geology, 33: 717-720.

Boucot A J, 陈旭, 等. 2009. 显生宙全球古气候重建. 北京：科学出版社.

Boylan L, Waltham D A, Bosence D W J, et al. 2002. Digital rocks: linking forward modeling to carbonate facies. Basin Research, 14 (3): 401-415.

Cercone K R, Lohmann K C. 1987. Late burial diagenesis of Niagaran (Middle Silurian) pinnacle reefs in Michigan Basin. AAPG Bulletin, 71: 156-166.

Copper P. 2002. Reef development at the Frasnian/Famen-nian mass extinction boundary. Palaeogeograph, Palaeoclimatology, Palaeoecology, 181 (1-3): 27-65.

Davis T L. 1972. Velocity variations around Leduc reefs, Alberta. Geophysics, 37: 584.

Doherty P D, Soreghan G S, Castagna J P. 2002. Outcrop-based reservoir characterization: A composite phylloid-algal mound, western Orogrande basin (New Mexico). AAPG Bulletin, 86 (5): 779-795.

Efrain M H. 2003. A brief history and recent advances in seismic technology for the petroleum industry in Mexico. The Leading Edhe, 22: 1116.

Erwin W A, Grotzinger J P, Watters W A, et al. 2005. Digital characterization of thrombolite-stromatolite reef distribution in a carbonate ramp system (terminal Proterozoic, Nama Group, Namibia). AAPG Bulletin, 89: 1293-1318.

Galewsky J. 1998. The dynamics of foreland basin carbonate platforms: tectonic and eustatic controls. Basin Research, 10 (4): 409-416.

Gildas O, Charles W, Roger T. 1988. Experimental reservoir delineation project in Michigan: Surface and borehole seismic images of the springdale reef. SEG Expanded Abstracts, 7: 165.

Grow J A, Dillon W P, Schlee J S. 1982. Late Mesozoic carbonate banks and reefs along U. S. Atlantic margin. SEG Expanded Abstracts, 1: 495.

Kench P S, McLean R F. 2005. Nichol new model of reef-island evolution: Maldives. Indian Ocean Geology, 33: 145-148.

Kuhme K. 1985. Devonian reefs. SEG Expanded Abstracts, 4: 406.

Magoon L B. 1992. Identified petroleum systems within the United States. In: Magoon, L B (ed). 2007. The prtroleum system-status of research and methods. USGS Bulletin, 2-11.

Maria Ester Lara. 1993. Divergent wrench faulting in the Belize Southern Lagoon; implications for Tertiary Caribbean Plate movements and Quaternary reef distribution. AAPG Bulletin, 77: 1041-1063.

Meyer J H, Tittle W. 1998. Exploration risk reduction using borehole seismic: East Texas pinnacle reef applications. SEG Expanded Abstracts, 17: 369.

Middleton M F. 1987. Seismic stratigraphy of Devonian reef complexes, northern Canning Basin, Western Australia. AAPG Bulletin, 71: 1488-1498.

Montgomery S L, Karlewicz R, Ziegler D. 1999. Upper Jurassic reef play, East Texas Basin: an updated overview Part 2, Inboard trend. AAPG Bulletin, 83: 869-888.

Montgomery S L, Walker T H, Wahlman G P, et al. 1999. Upper Jurassic "reef" play, East Texas Basin; an updated overview: Part 1, Background and outboard trend. AAPG Bulletin, 83: 707-726.

Monty C L V. 1995. The rise and nature of carbonate mud-mounds: an introductory actualistic approach. In: Monty C L V, Bosence D W J, Bridges P H, Pratt B (eds.). Carbonate Mud-Mounds, Their Origin and E-volution, Spec. Publ. Int. Assoc. Sedimental, 23, Oxford: Blackwell, 11-48.

Perry C T, Smithers S G, Palmer S E, Larcombe P, Johnson K G. 2008. 1200-year paleoecological record of coral community development from the terrigenous inner shelf of the Great Barrier Reef. Geology, 36: 691-694.

Phipps G G. 1989. Exploring for dolomitized Slave Point carbonates in northeastern British Columbia. Geophysics, 54: 806.

Pomar L. 1991. Reef geometries, erosion surfaces and high-frequency sea-level changes, Upper Miocene reef complex, Mallorca, Spain. Sedimentology, 38: 243-269.

Pomar L, Ward W C. 1999. Reservoir-scale heterogeneity in depositional packages and diagenetic patterns on a reef-rimmed platform, upper Miocene, Mallorca, Spain. AAPG Bulletin, 83: 1759-1773.

Pomar L, Hallock P. 2007. Changes in coral-reef structure through the Miocene in the Mediterranean province: Adaptive versus environmental influence. Geology, 35: 899-902.

Pomar L. 2001. Types of carbonate platforms: a genetic approach. Basin Research, 13 (3): 313-334.

Posamentier H W, Laurin P. 2005. Seismic geomorphology of Oligocene to Miocene carbonate buildups offshore Madura, Indonesia. SEG Expanded Abstracts, 24: 429.

Pretorius C, Trewick W F, Fourie A, et al. 2000. Application of 3-D seismics to mine planning at Vaal Reefs gold mine, number 10 shaft, Republic of South Africa. Geophysics 65, 1862-1870.

Reinhold C. 1998. Multiple episodes of dolomitization and dolomite recrystallization during shallow burial in Upper Jurassic shelf carbonates: Eastern Swabian Alb, southern Germany. Sedimentary Geology, 121 (1-2): 71-95.

Riding R. 1977. Reef concepts, In: proc. 3rd Intern. Coral Reef Symposium. Miami, 209-213.

Riding R. 2002. Structure and composition of organic reefs and carbonate mud mounds: concepts and categories, Earth-Science Reviews, 58 (1-2): 163-231.

Stanton R J. 1967. Factors controlling shape and internal facies distribution of organic carbonate buildups.

Bull. Am. Assoc. Pet. Geol. , 51: 2462-2467.

Sun S Q, Wright V P. 1998. Controls on reservoir quality of an Upper Jurassic reef mound in the Palmers Wood Field area, Wald Basin, southern England. AAPG Bulletin, 82: 497-515.

Toscano M A, Lundberg J. 1998. Early Holocene sea level record from submerged fossil reefs on the southeast Florida margin. Geology, 26 (3): 255-258.

Veizer J, Fritz P, Jones B, 1986. Geochemistry of brachiopods: oxygen and carbon isotopic records of Paleozoic oceans. Geochimica et cosmochimica Acta, 50: 1679-1696.

Watts N R, Coppold M P, Douglas J L. 1994. Application of reservoir geology to enhanced oil recovery from Upper Devonian Nisku reefs, Alberta, Canada. AAPG Bulletin, 78: 78-101.

Webb G E. 2005. Quantitative analysis and paleoecology of earliest Mississippian microbial reefs, Gudman Formation, Queensland, Australia: Not just post-disaster phe-nomena. Journal of Sedimentary Research, 75 (5): 877-896.

Whittington H B, Hughes C P. 1972. Ordovician geography and faunal provinces deduced from trilobite distribution. Phil Trans Roy Soc, B263: 235-278.

Wilson J L, Jordan C. 1999. Marine carbonate facies patterns. The Leading Edge, 18: 314.

Wirnkar F T, Anderson N L. 1989. Seismic analysis of the differential compaction of reef and off-reef sediments, SEG Expanded Abstracts, 8: 888.

Wolfgang K, Erik F, Golonka J. 1999. Paleoreef maps: evaluation of a comprehensive database on Phanerozoic reefs. AAPG Bulletin, 83: 152-158.

Wood R. 2001. Are reefs and mud mounds really so different? Sedimentary Geology, 145 (3-4): 161-171.

Wylie A S, Wood J R. 2004. Well-log tomography and 3-D imaging of core and log-curve amplitudes in a Niagaran reef, Belle River Mills field, St. Clair County, Michigan, United States. AAPG Bulletin, 89 (4): 409-433.

图   版

1. 地层接触关系图版

图版 1-1

a. 山西河津寒武系(上)/长城组(下)界限界限

b. 河津奥陶系冶里组/寒武系三山组界限灰岩

c. 淳化鱼车村奥陶系冶里组/寒武系徐庄组界限

d. 礼泉唐王陵组含砾页岩

e. 淳化杏园采石厂亮甲山组薄层泥云岩/冶里组灰黑色碳酸盐岩形成接触关系

f. 淳化铁瓦殿奥陶/寒武系界面冶里组底部砾屑灰岩

g. 铁瓦店亮甲山组/马家沟灰岩接触关系

h. 铜川上店剖面奥陶系平凉组/本溪组铝土层

图版 1-2

a. 山西河津奥陶系亮甲山组(上)/冶里组（下）

b. 甘肃平凉剖面平凉组黑色页岩

c. 东庄剖面东庄组深水相砂质泥岩（灰岩透镜体）/
背锅山组灰岩（上）界限

d. 山西河津奥陶系顶面风化壳

e. 铁瓦殿背锅山组（左）/平凉组（右）界限

f. 陇县龙门洞背锅山组与平凉组冲蚀界面

g. 泾河剖面奥陶系灰岩（上）/二叠系太原组砂泥岩界限

h. 秦岭北麓凤县上奥陶统灰岩与火山凝灰岩

图版 1-3

a. 凤凰山剖面背锅山组：扇状围刺
Periodon aculeatus

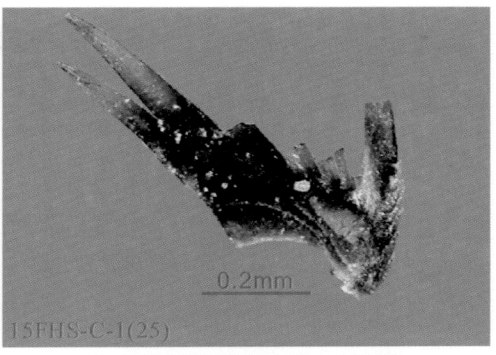

b. 凤凰山剖面背锅山组：大围刺
Periodon grandis

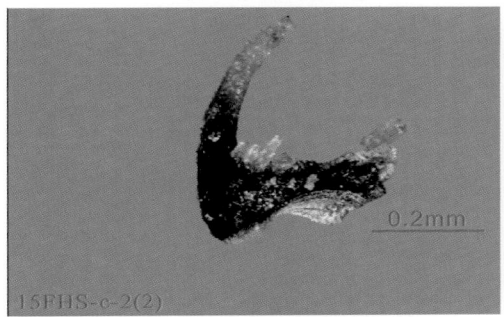

c. 凤凰山剖面背锅山组：扇状围刺
Periodon flabellum

d. 凤凰山剖面背锅山组：全齿小帆刺
Histiodella holodentata

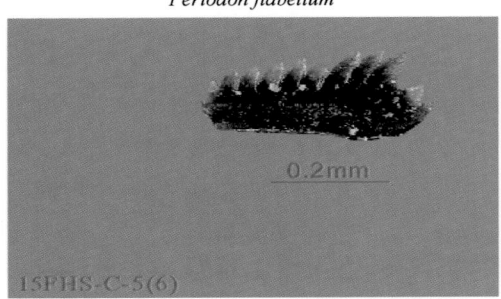

e. 凤凰山剖面背锅山组：凯迪阶内蒙古耀县刺
Yaoxianognathus neimengguensis

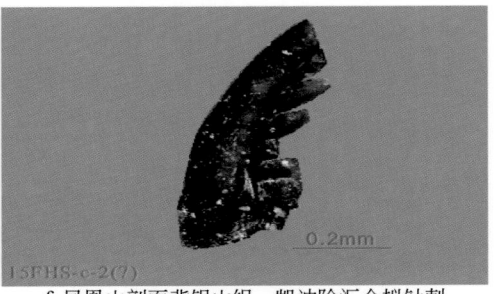

f. 凤凰山剖面背锅山组：凯迪阶汇合拟针刺
Belodina confluens

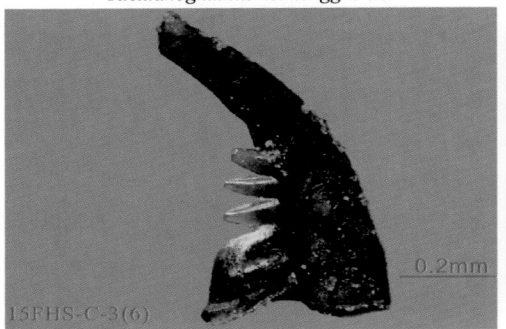

g. 凤凰山剖面背锅山组：白彦花似针刺
Belodina baiyanhuaensis

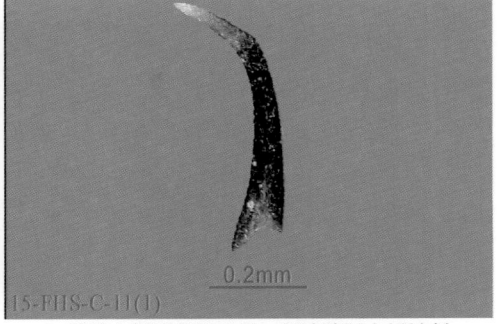

h. 凤凰山剖面背锅山组：凯迪阶汇合拟针刺
Panderodus gracilis

图版 1-4

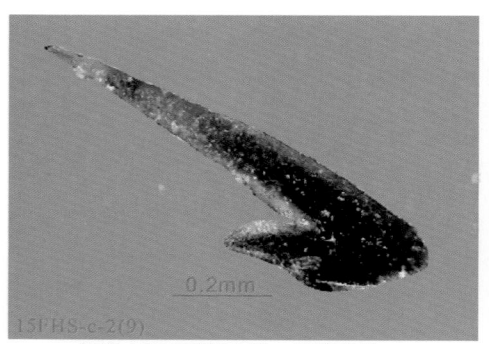

a. 凤凰山剖面背锅山组：矛状箭刺
Oistodus lanceolatus

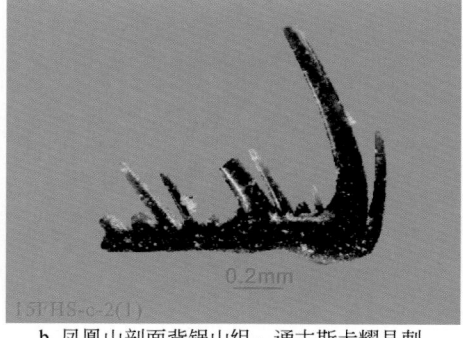

b. 凤凰山剖面背锅山组：通古斯卡耀县刺
Y. ? tunguskaensis

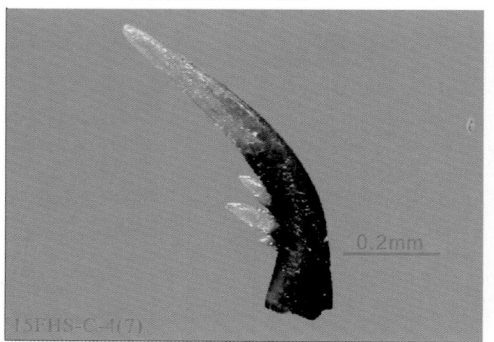

c. 凤凰山剖面背锅山组：扩张假拟针刺
Pseudobelodina dispansa

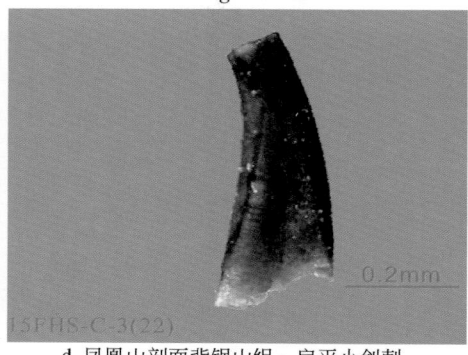

d. 凤凰山剖面背锅山组：扁平小剑刺
Scabbardella altipes

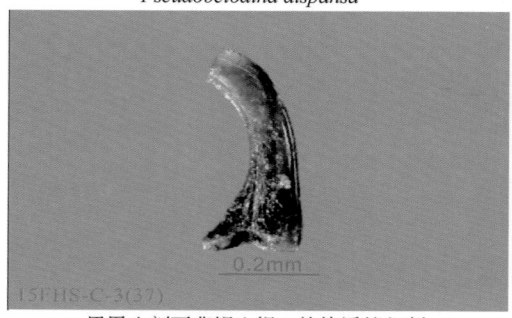

e. 凤凰山剖面背锅山组：钓钩潘德尔刺
Panderpdus gryphus

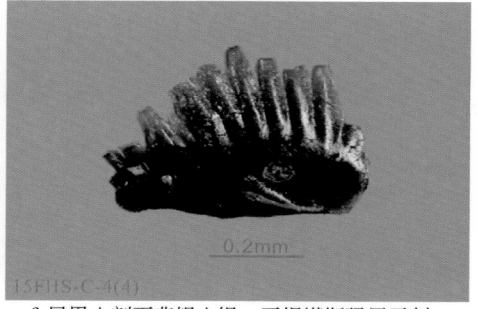

f. 凤凰山剖面背锅山组：平坦塔斯玛尼亚刺
Tasmanognathus planus

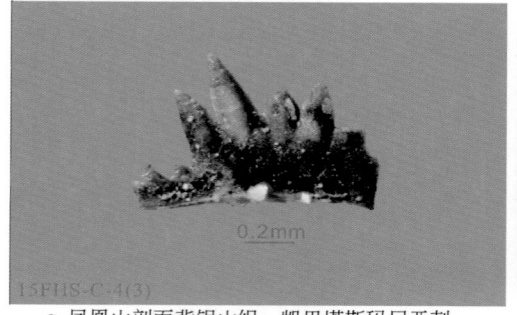

g. 凤凰山剖面背锅山组：凯里塔斯玛尼亚刺
Tasmanognathus careyi

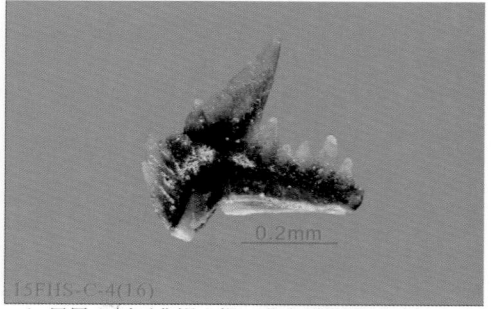

h. 凤凰山剖面背锅山组：北方塔斯玛尼亚刺
Tasmanognathus borealis

图版 1-5

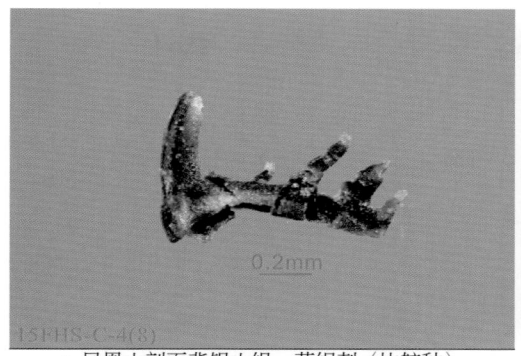
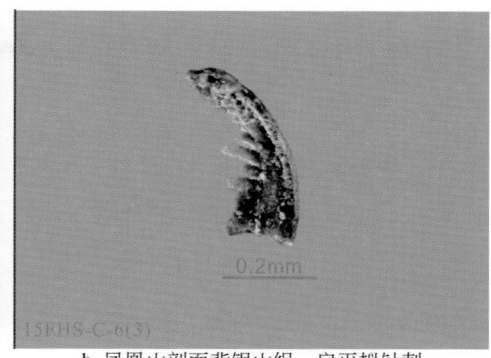

a. 凤凰山剖面背锅山组：花织刺（比较种）　　　　　b. 凤凰山剖面背锅山组：扁平拟针刺
Plectodina cf. *florida*　　　　　　　　　　　　　*Belodina compressa*

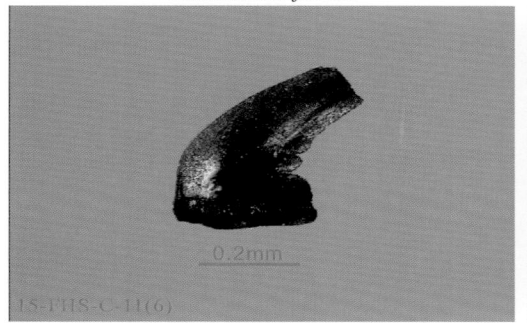
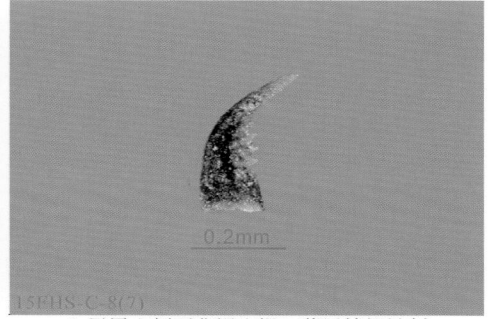

c. 凤凰山剖面背锅山组：陇县拟针刺　　　　　　　d. 凤凰山剖面背锅山组：莫尼特拟针刺
Belodina longxianensis　　　　　　　　　　　*Belodina monitouensis*

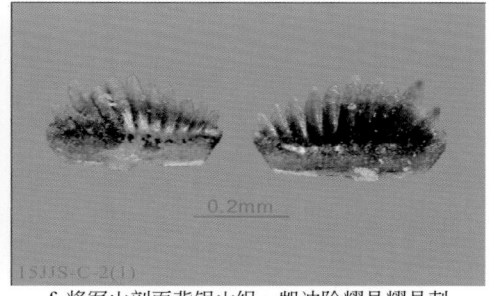

e. 凤凰山剖面背锅山组：（耀县耀县刺参照种）　　f. 将军山剖面背锅山组：凯迪阶耀县耀县刺
? *Yaoxianognathus* cf. *yaoxianensis*　　　　　　*Yaoxianognathus yaoxianensis*

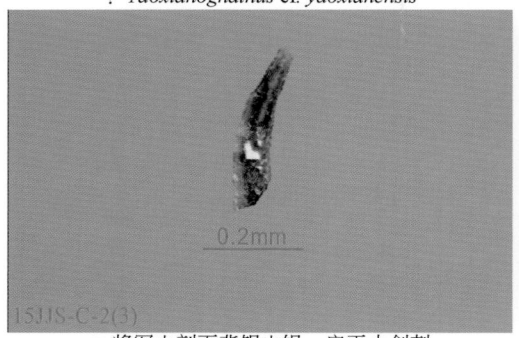
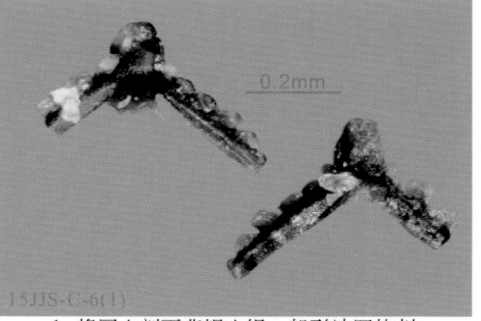

g. 将军山剖面背锅山组：扁平小剑刺　　　　　　　h. 将军山剖面背锅山组：船形波罗的刺
Scabbardella altipes　　　　　　　　　　　　*Baltoniodus navis*

图版1-6

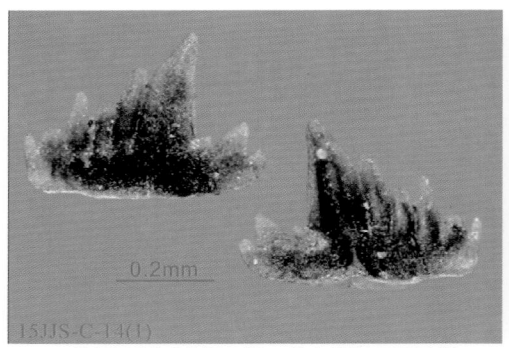

a. 将军山剖面背锅山组：北方塔斯玛尼亚刺
Tasmanognathus borealis

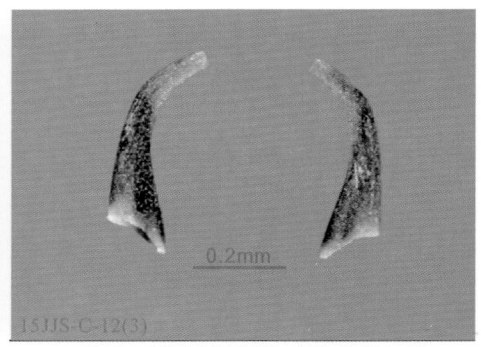

b. 将军山剖面背锅山组：纤细潘德尔刺
Panderodus gracilis

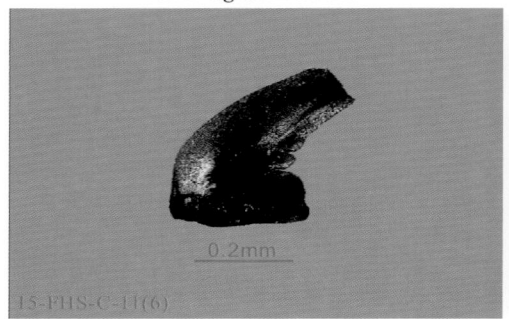

c. 将军山剖面背锅山组：陇县拟针刺
Belodina longxianensis

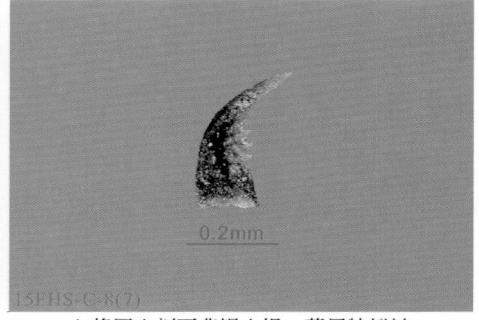

d. 将军山剖面背锅山组：莫尼特拟针
Belodina monitouensis

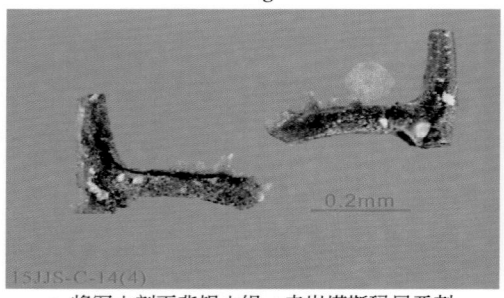

e. 将军山剖面背锅山组：寺岗塔斯玛尼亚刺
Tasmanognathus sigangensis

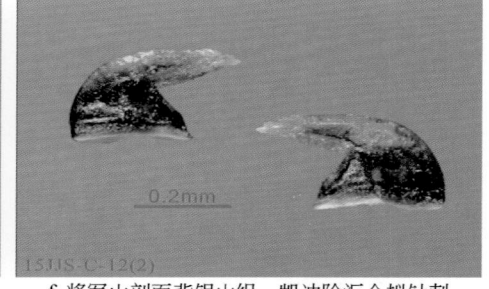

f. 将军山剖面背锅山组：凯迪阶汇合拟针刺
Belodina confluens

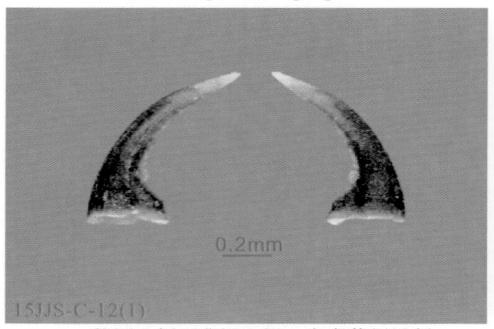

g. 将军山剖面背锅山组：白彦花似针刺
Belodina baiyanhuaensis

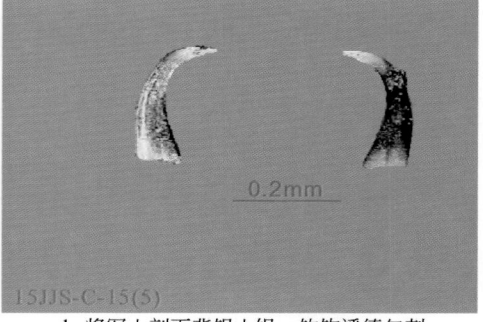

h. 将军山剖面背锅山组：钓钩潘德尔刺
Panderpdus gryphus

图版 1-7

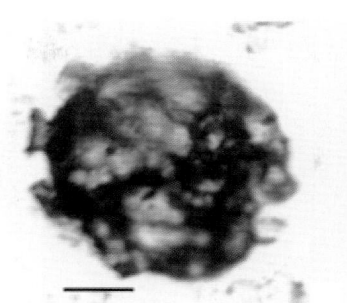
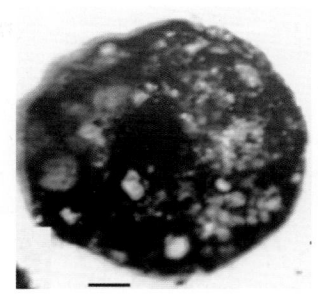

a. 麟探1井东庄组泥灰岩中的腔突藻*Rhopaliophora* sp.

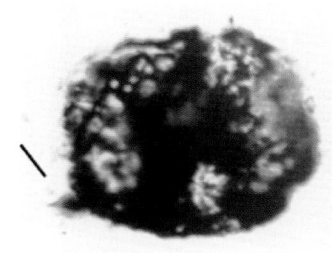
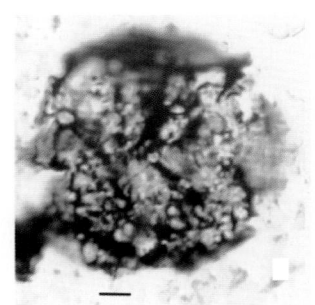

b. 麟探1井东庄组泥灰岩中的光面球藻*Leiosphaeridia* spp.

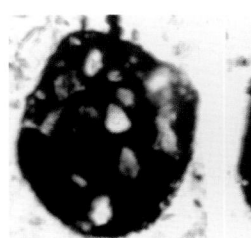
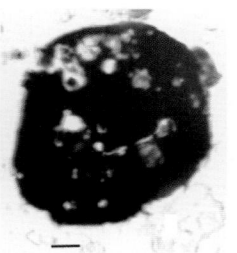
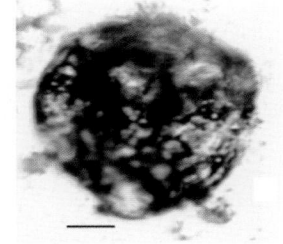

c. 东庄组泥灰岩中两面藻*Dicommopalla* sp.　　d. 波罗的海藻*Baltisphaeridium* sp.

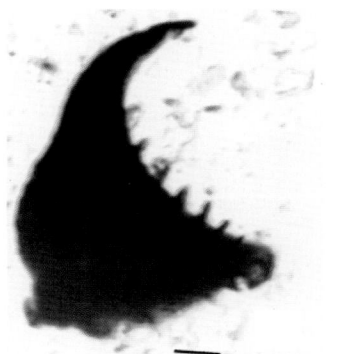
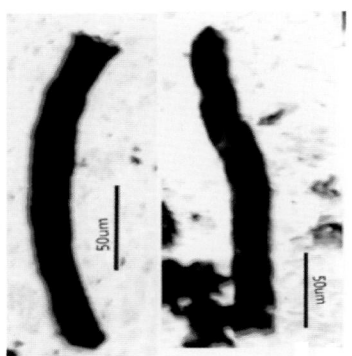

e. 东庄组泥灰岩中虫牙 *Scolecodonts*　　f. 东庄组泥灰岩中棒几丁虫 *Rhabdochitina*

图版 1-8

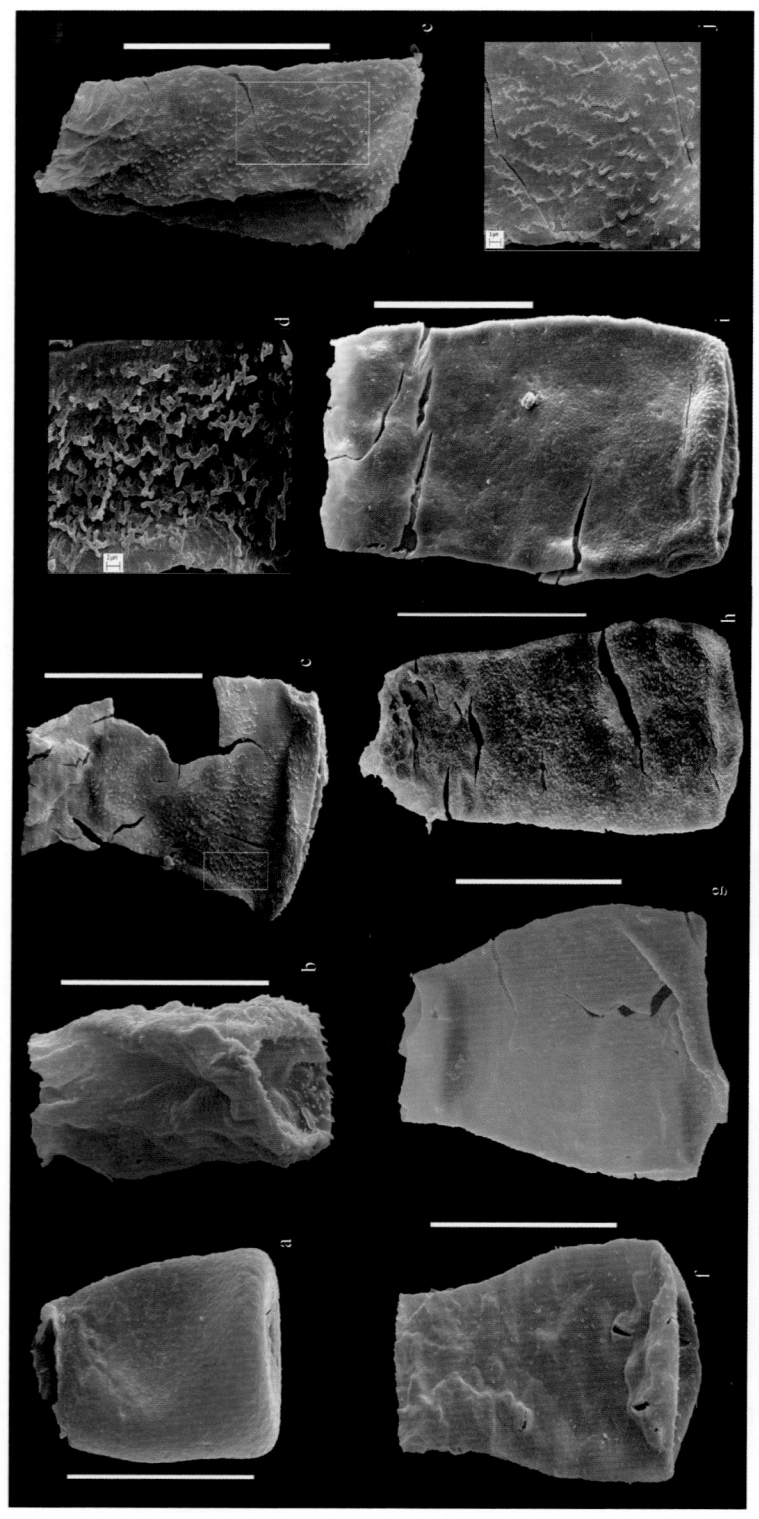

东庄组疑源类化石：a、f、g. *Eisenachitina* cf. *songtaoensis*；b. *Belonechitina schopfi*；c、d、e、j. *Hercochitina repsinata*；h. *Belonechitina* cf. *dawangouensis*；i. *Belonechitina tarimensis*(比例尺代表100μm)

2. 研究区奥陶系地层岩性特征与典型沉积相标志

图版 2-1

a. 鱼车山冶里组底部冲刷底砾岩中的云岩砾石

b. 北秦岭洛南下奥陶统灰岩中的硅质条带

c. 淳化泾河亮甲山组砾屑灰云岩

d. 泾河亮甲山组灰泥坪沉积与波痕

e. 礼泉东庄剖面冶里组潮间、潮上带杂色云岩

f. 泾河奥陶系亮甲山组潮坪相灰岩中的硅质层

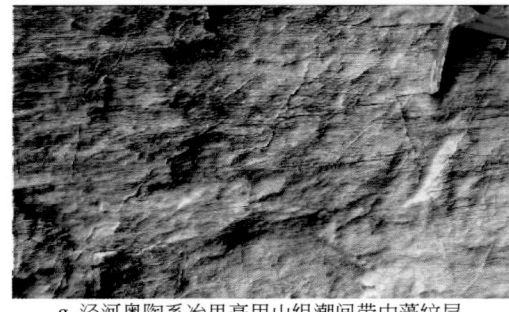

g. 泾河奥陶系冶里亮甲山组潮间带中藻纹层

h. 东庄亮甲山组潮上带灰云坪顶面干涉波痕

图版 2-2

a. 淳化杏园剖面亮甲山组潮间带中藻纹层　　　　b. 富平三凤山马五潮坪相云岩中的硅质结核

c. 淳化铁瓦店马家沟组马五段海平面变化引起的潮坪　　d. 淳化铁瓦店奥陶系马五段云灰岩中的硅质条带
相灰质夹薄泥韵律层

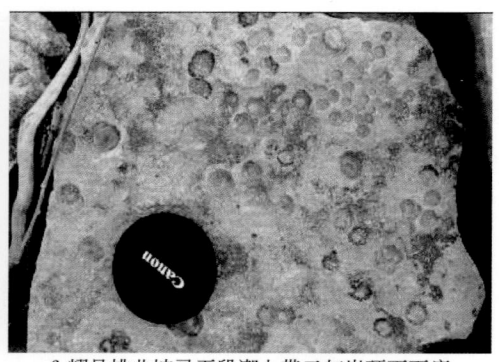

e. 耀县奥陶系马五段潮间带泥云岩顶面波痕　　　f. 耀县桃曲坡马五段潮上带云灰岩顶面雨痕

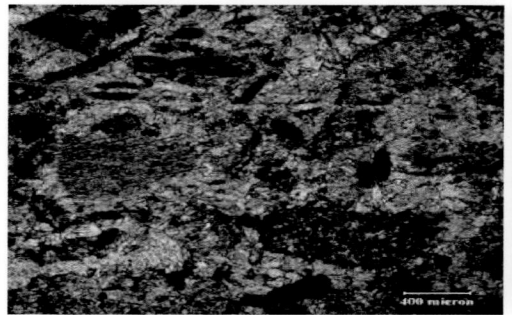

g. 东庄ZK412-4马四段高能带粉晶砾屑灰岩　　　h. 东庄马四段高能带残余鲕粒粉晶云岩

图版 2-3

a. 富平马家沟组马五段潮坪相潮上带云泥层

b. 富平金粟山马六段潮间带灰岩生物遗迹化石

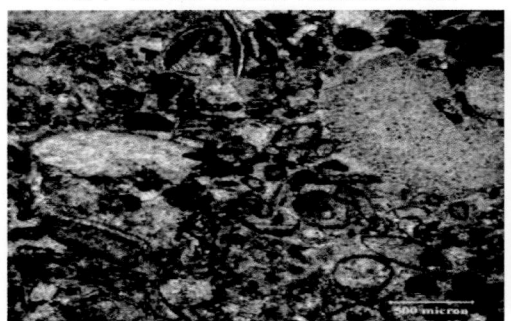

c. 东庄ZK416-3马二段高能带生物碎屑灰岩

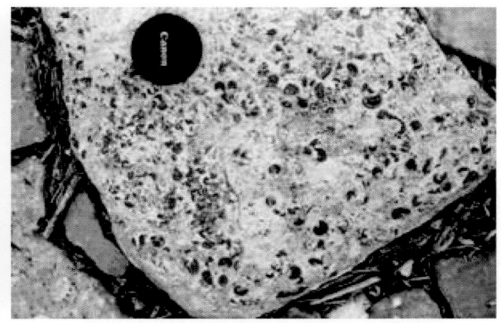

d. 耀县桃曲坡奥陶系马六段灰岩中的藻屑

e. 麟1井马二段灰岩中的火山凝灰质及绿泥石化纹层

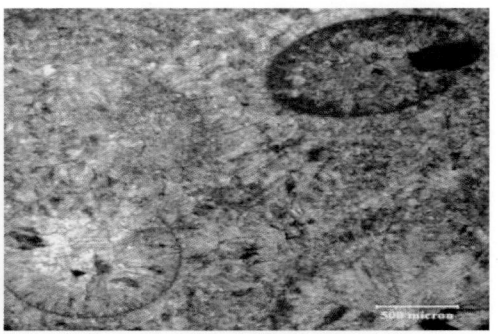

f. 东庄ZK412-1井马四段鲕粒粉晶灰岩，单偏×10

g. 富平三凤山马五段潮坪相藻灰岩和层面波痕

h. 富平三凤山马家沟组马六段生物扰动构造

图版 2-4

a. 平凉剖面平凉组深水相黑色泥岩　　　　　　　b. 铜川上店奥陶系平凉组灰岩层面不对称波痕

c. 东庄剖面平凉组深水相暗色泥岩夹灰中厚层云岩　　d. 好畤河奥陶系平凉组灰岩层中的波痕

e. 富平万斛山平凉组潟湖相泥云岩中水平层理　　　f. 富平将军山平凉组隐藻泥云岩中波状层理

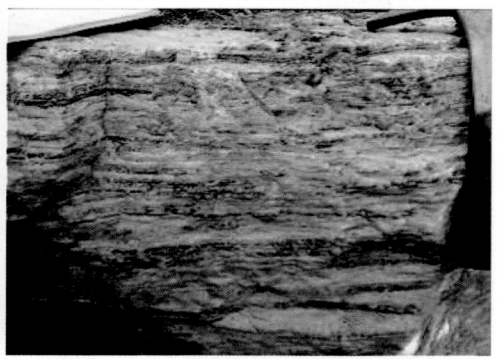

g. 北秦岭两当张家庄上奥陶统潮坪相纹层灰岩　　　h. 蒲城尧山平凉组潮坪相云岩藻纹层与硅质层

3. 加里东构造期火山活动及事件沉积

图版 3-1

a. 上店剖面奥陶系平凉组中斜坡相滑动柔皱(1)

b. 上店剖面奥陶系平凉组中斜坡相滑动柔皱(2)

c. 蒲城尧山平凉组深水灰岩中的硅质层

d. 永寿好畤河平凉组生物礁灰岩底部的同生滑动变形构造

e. 尧山平凉组早期滑塌砾岩

f. 尧山平凉组晚期深水层中的碎屑流

g. 蒲城尧山平凉组上段深水灰岩中凝灰质夹层

h. 金粟山剖面奥陶系平凉组灰岩中凝灰质夹层

图版 3-2

a. 平凉三道沟平凉组灰岩中的凝灰质夹层

b. 蒲城尧山平凉组上段深水灰岩中凝灰质夹层

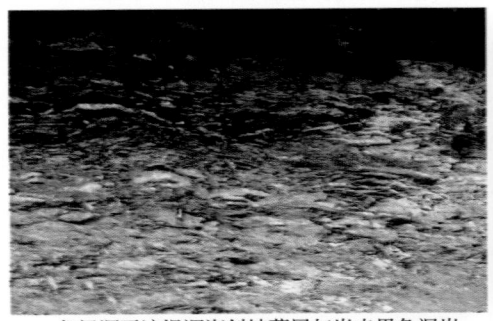

c. 龙门洞平凉组深海斜坡薄层灰岩夹黑色泥岩

d. 龙门洞剖面奥陶系平凉组中斜坡相滑动柔皱

e. 龙门洞剖面平凉组半深海黄绿色砂质泥岩中
的灰岩碎屑透镜体

f. 富平三凤山平凉组深水相薄层灰岩中的
多层凝灰岩夹层

g. 富平赵老峪剖面奥陶系平凉组灰岩中的凝
灰质夹层

h. 陇县龙门洞平凉组深水相薄层灰黑色灰岩中
的凝灰质层

图　版

· 315 ·

图版 3-3

a. 富平赵老峪剖面奥陶系背锅山组深水
重力流相

b. 北秦岭草堂驿上奥陶统凝灰岩中纹层灰岩层
与透镜体

c. 赵老峪背锅山组深水灰岩上中重力流透镜体

d. 富平赵老峪奥陶系背锅山组重力流粒序层理

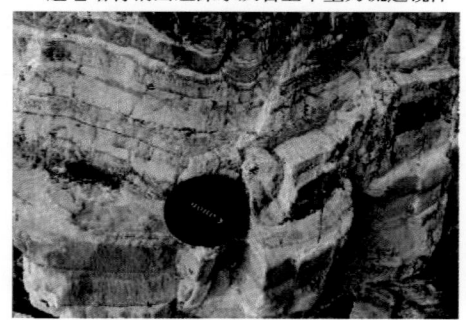

e. 好畤河背锅山组潮坪相潮间带

f. 东庄剖面东庄组海湾相泥岩夹灰岩透镜体

g. 礼泉唐王陵剖面唐王陵组杂砾岩

h. 礼泉剖面唐王陵组海湾相砂质泥岩

4. 富平三凤山珊瑚-藻礁

图版 4-1

剖面坐标：34°52′15.59″E
　　　　　109°09′6.38″N
层位：平凉组
珊瑚与藻礁规模:分四层分别
Ⅰ:1.7m; Ⅱ:1.3m; Ⅲ:1.3m;Ⅳ:2.7m;
剖面结构：11.5m（长）×13.84m（厚）
平面范围：270m×160m

a. 三凤山珊瑚-藻礁发育分布形态全貌

b. Ⅰ层珊瑚-藻礁礁核相发育厚度

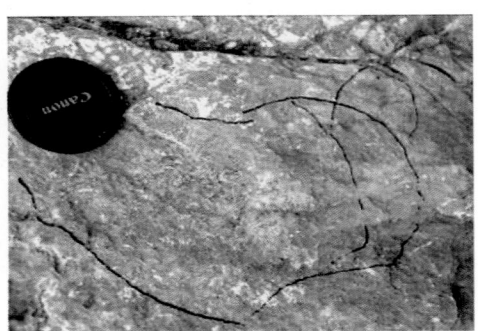

c. 礁核相中阿姆塞士骨架珊瑚

d. 礁核相中骨架珊瑚(1)

e. 礁核相中骨架珊瑚(2)

f. 礁核相中骨架珊瑚(3)

g. 礁核相中骨架珊瑚(4)

图版 4-2

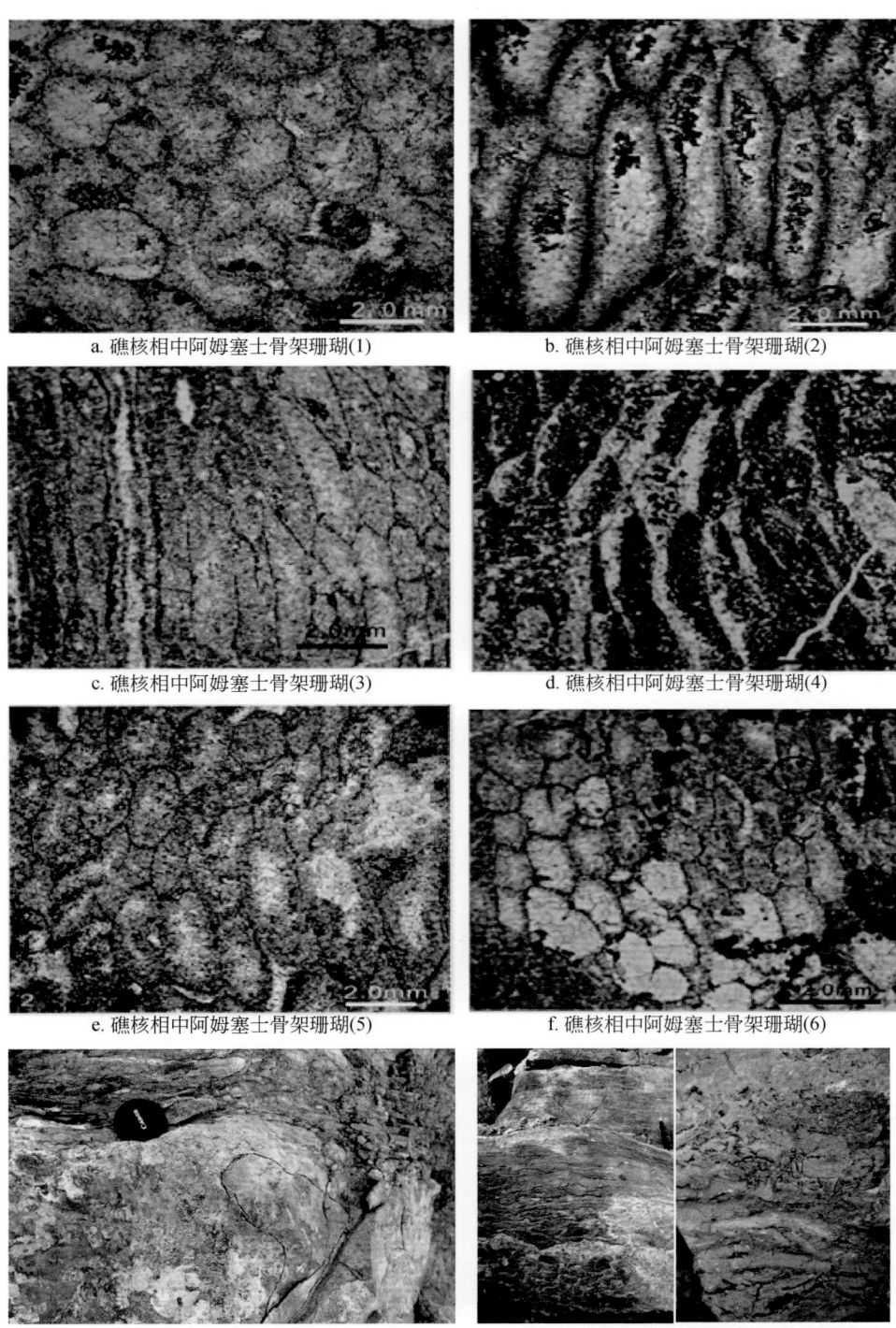

a. 礁核相中阿姆塞士骨架珊瑚(1)

b. 礁核相中阿姆塞士骨架珊瑚(2)

c. 礁核相中阿姆塞士骨架珊瑚(3)

d. 礁核相中阿姆塞士骨架珊瑚(4)

e. 礁核相中阿姆塞士骨架珊瑚(5)

f. 礁核相中阿姆塞士骨架珊瑚(6)

g. 礁翼砾屑灰岩与礁核相珊瑚骨架灰岩

h. 礁基、礁翼竹叶状砾屑灰岩与之上叠层石

图版 4-3

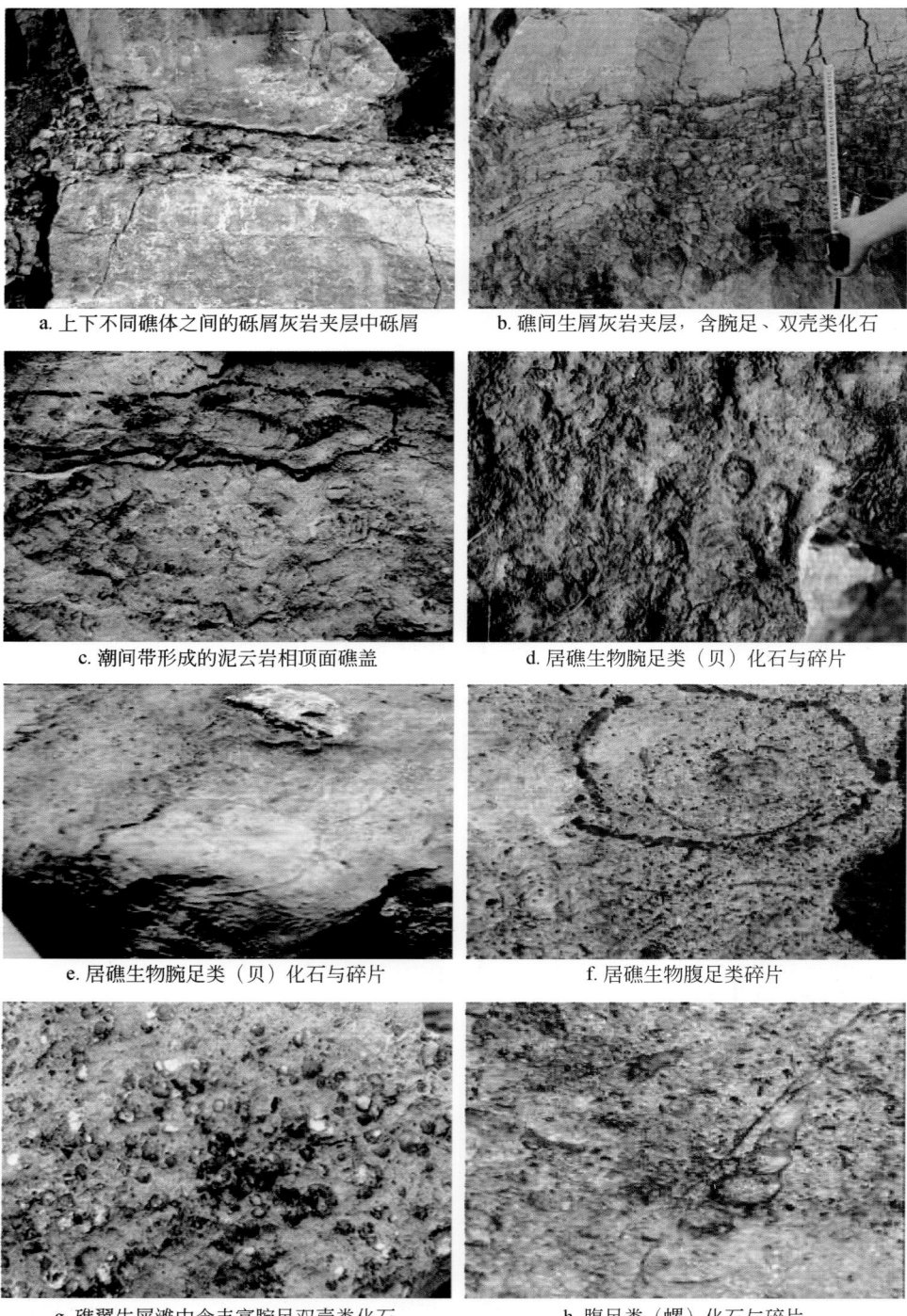

a. 上下不同礁体之间的砾屑灰岩夹层中砾屑

b. 礁间生屑灰岩夹层，含腕足、双壳类化石

c. 潮间带形成的泥云岩相顶面礁盖

d. 居礁生物腕足类（贝）化石与碎片

e. 居礁生物腕足类（贝）化石与碎片

f. 居礁生物腹足类碎片

g. 礁翼生屑滩中含丰富腕足双壳类化石

h. 腹足类（螺）化石与碎片

5. 铜川陈炉任家湾采石厂平凉组蓝藻（菌藻）–海绵礁体

图版 5-1

剖面坐标：35°02′10.92″E 109°10′11.93″N，
海绵藻混合礁规模：156m ×21m
剖面结构：183m（长）×39（厚）
平面范围：345m×182 m

a. 发育参数

b. 蓝藻(菌藻)–海绵礁体形态全貌

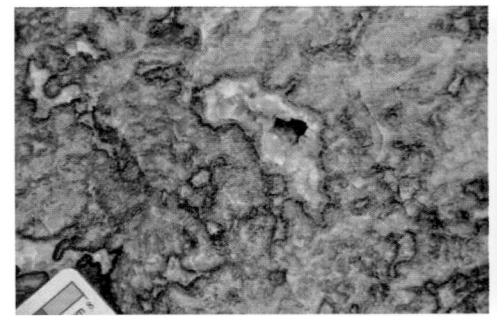

c. 礁核相中的蓝藻(隐菌藻)与海绵骨架岩

d. 礁核相中的蓝藻(隐菌藻)与海绵骨架岩

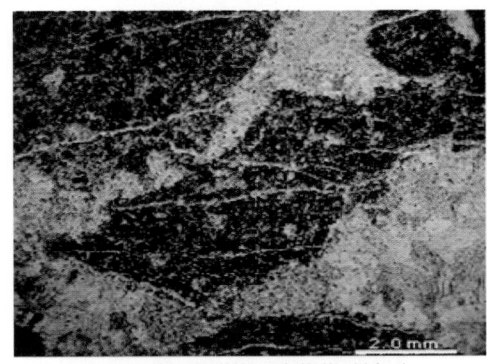

e. 礁核相中的蓝藻(隐菌藻)骨架岩

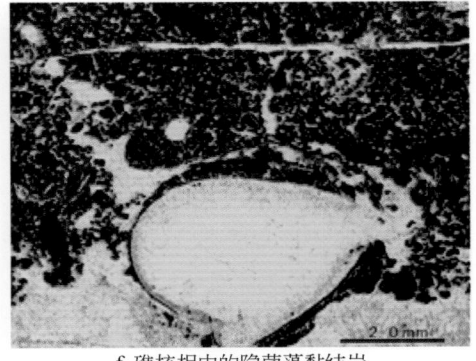

f. 礁核相中的隐菌藻黏结岩

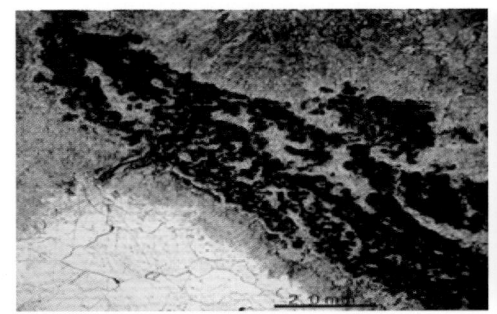

g. 礁核相中的层孔虫

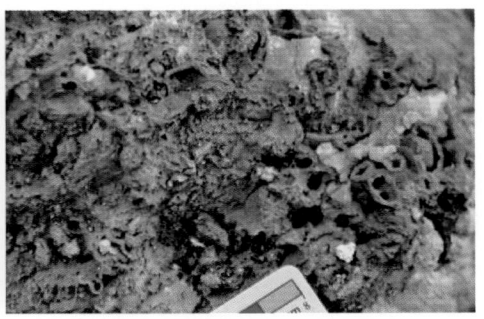

h. 礁核相中的居礁生物

6. 铜川上店村南背锅山组叠层藻-层孔虫礁体

图版 6-1

剖面坐标：35°01′02.68″E
　　　　　109°11′28.87″N
层孔虫及叠层藻混合礁
规模：7m ×4.1m
剖面结构：9m（长）×5.1m（厚）
平面范围：总剖面350m

a. 礁体形态，上部遭到破坏

b. 礁核相中的层孔虫骨架岩

c. 礁核相中的叠层藻(1)

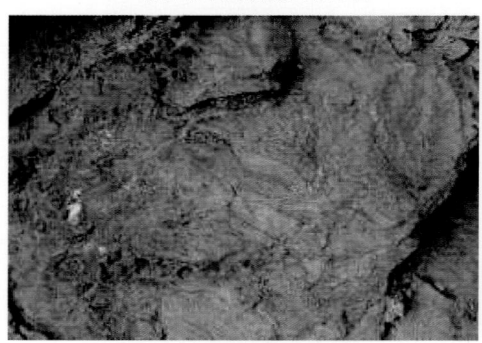

d. 礁核相中的叠层藻(2)

e. 礁核相中的层孔虫骨架岩(1)

f. 礁核相中的层孔虫骨架岩(2)

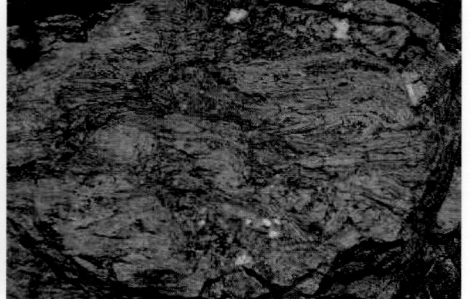

g. 礁核相中的层孔虫骨架岩(3)

图版 6-2

a. 礁前斜坡滑塌相

b. 礁基砾屑云岩

c. 礁基位于平凉组深水斜坡相之上

d. 铜川市陈炉镇铜1井平凉组灰岩中的腹足类

e. 平凉组深水斜坡相滑塌相

f. 礁顶遭到破坏

g. 隐菌藻黏结岩，含居礁生物腕足类

h. 隐菌藻类黏结灰泥岩

7. 铜川市耀州区（原耀县）桃曲坡平凉组珊瑚藻礁体

图版 7-1

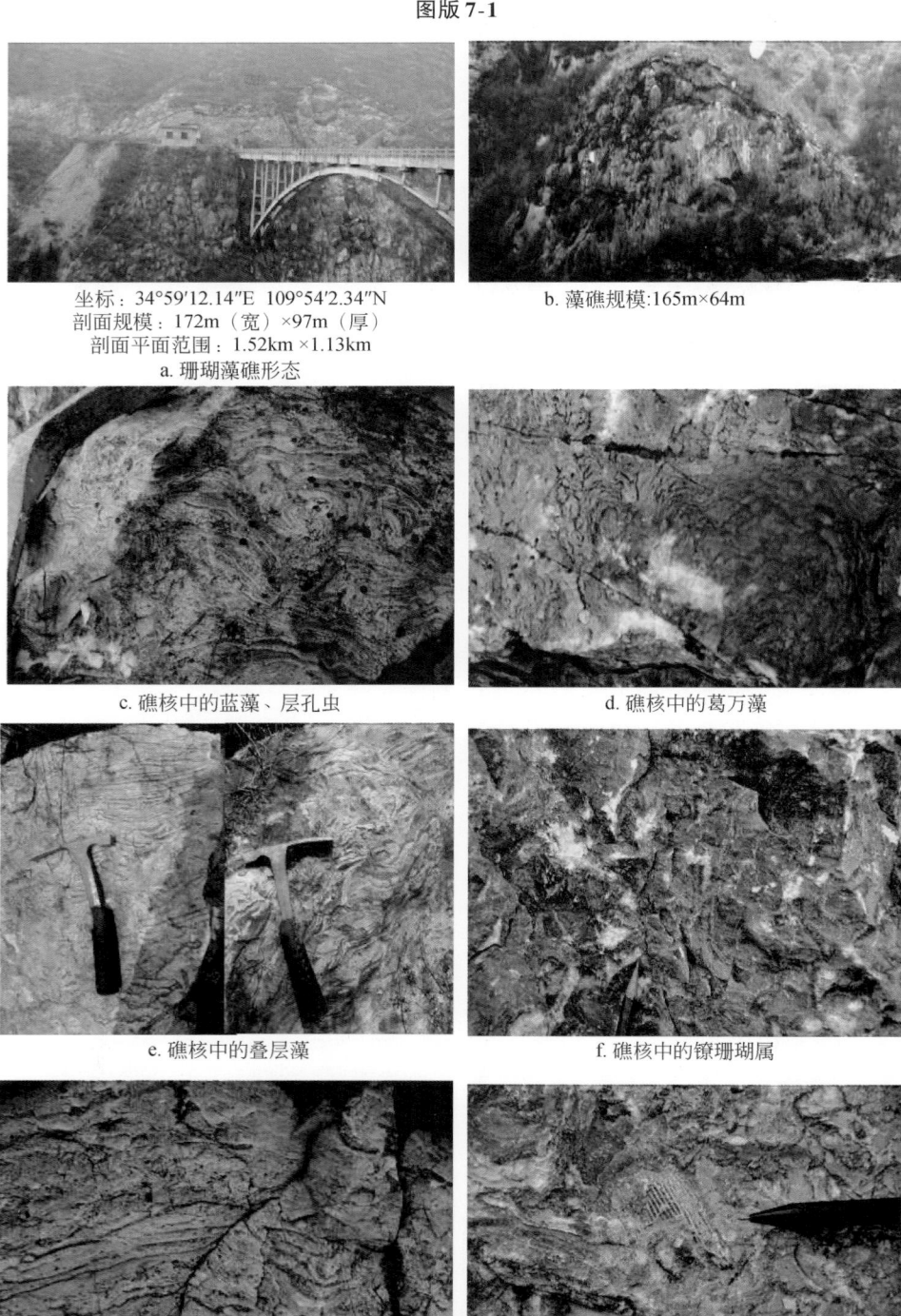

坐标：34°59'12.14"E 109°54'2.34"N
剖面规模：172m（宽）×97m（厚）
剖面平面范围：1.52km ×1.13km

a. 珊瑚藻礁形态

b. 藻礁规模:165m×64m

c. 礁核中的蓝藻、层孔虫

d. 礁核中的葛万藻

e. 礁核中的叠层藻

f. 礁核中的镣珊瑚属

g. 礁核中的粗枝藻（绿藻）

h. 礁核中的地衣珊瑚

图版 7-2

a. 礁核中的镖珊瑚

b. 礁核中的地衣珊瑚

c. 礁核中的造架镖珊瑚

d. 礁核中的粗枝藻(绿藻)(1)

e. 礁核中的层孔虫(1)

f. 礁核中的粗枝藻(绿藻)(2)

g. 礁核中的层孔虫(2)

h. 礁核中的粗枝藻(绿藻)(3)

图版 7-3

a. 礁核中的粗枝藻（绿藻）　　　　　　　　b. 礁翼中的层孔虫和藻

c. 礁核中的叠层藻　　　　　　　　d. 礁核中的蓝藻-海绵

e. 礁核黏结岩　　　　　　　　f. 礁基砾屑云岩

g. 礁翼砾屑云岩　　　　　　　　h. 礁核（右）与礁翼（左）

图版 7-4

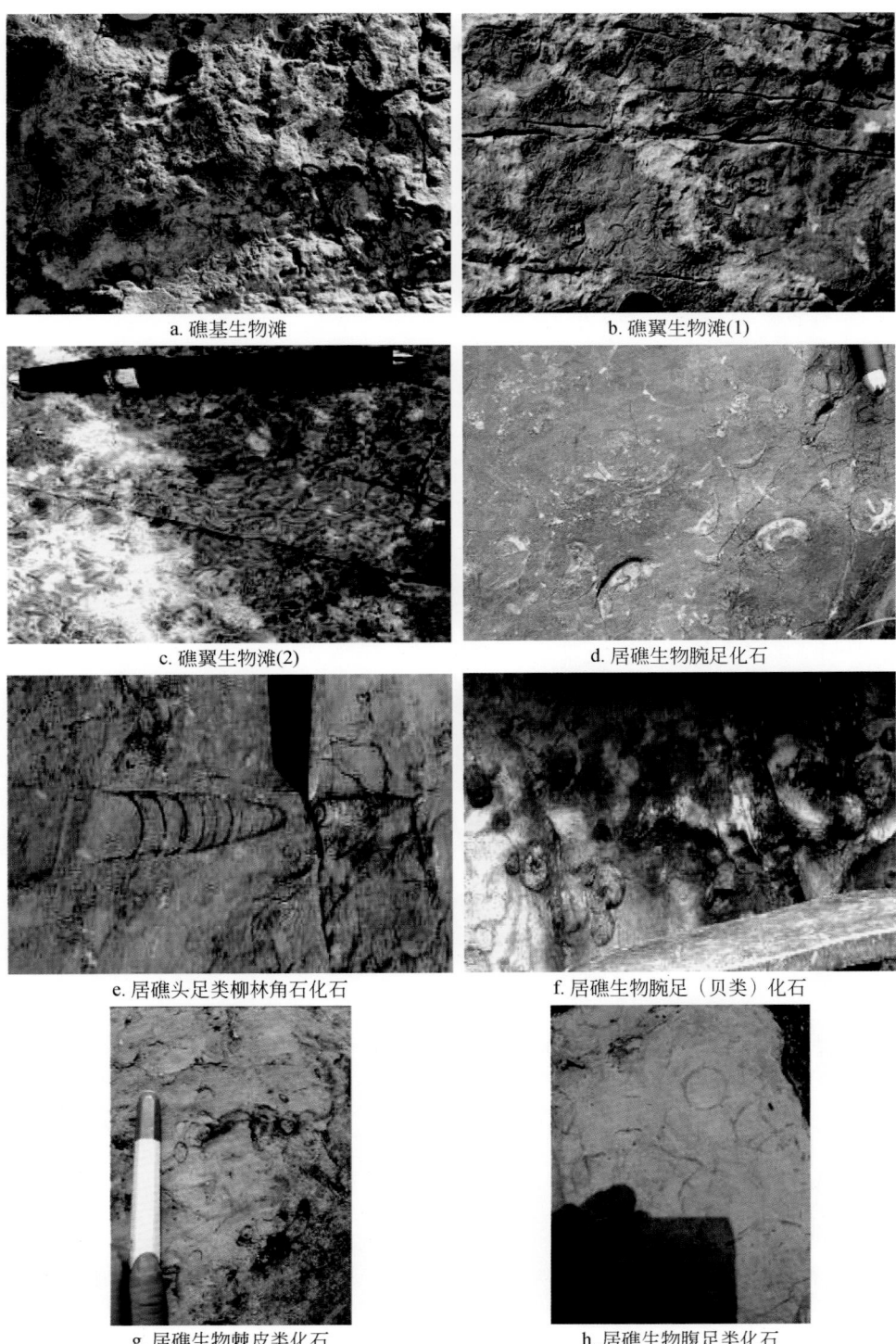

a. 礁基生物滩

b. 礁翼生物滩(1)

c. 礁翼生物滩(2)

d. 居礁生物腕足化石

e. 居礁头足类柳林角石化石

f. 居礁生物腕足（贝类）化石

g. 居礁生物棘皮类化石

h. 居礁生物腹足类化石

图版 7-5

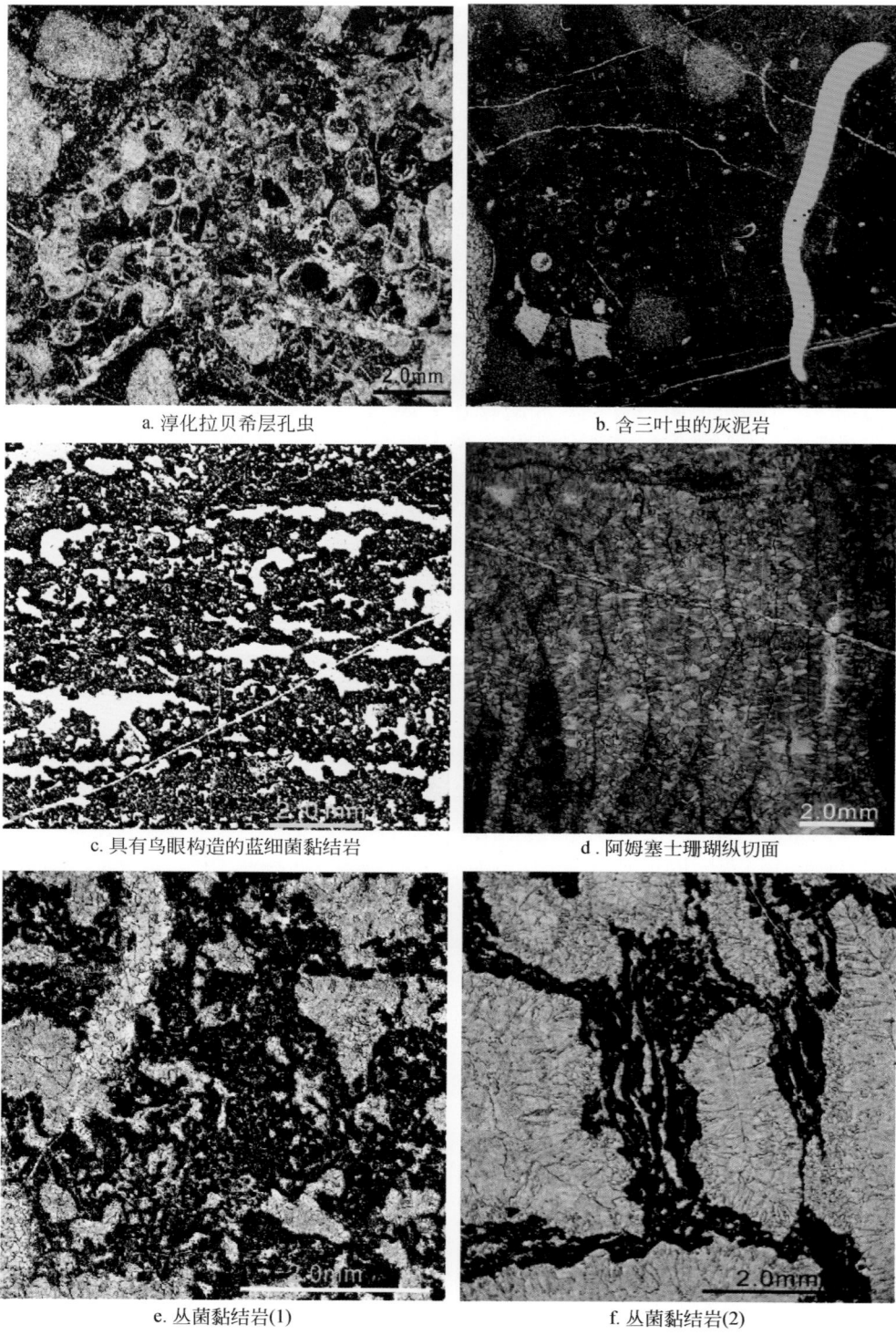

a. 淳化拉贝希层孔虫

b. 含三叶虫的灰泥岩

c. 具有鸟眼构造的蓝细菌黏结岩

d. 阿姆塞士珊瑚纵切面

e. 丛菌黏结岩(1)

f. 丛菌黏结岩(2)

图版 7-6

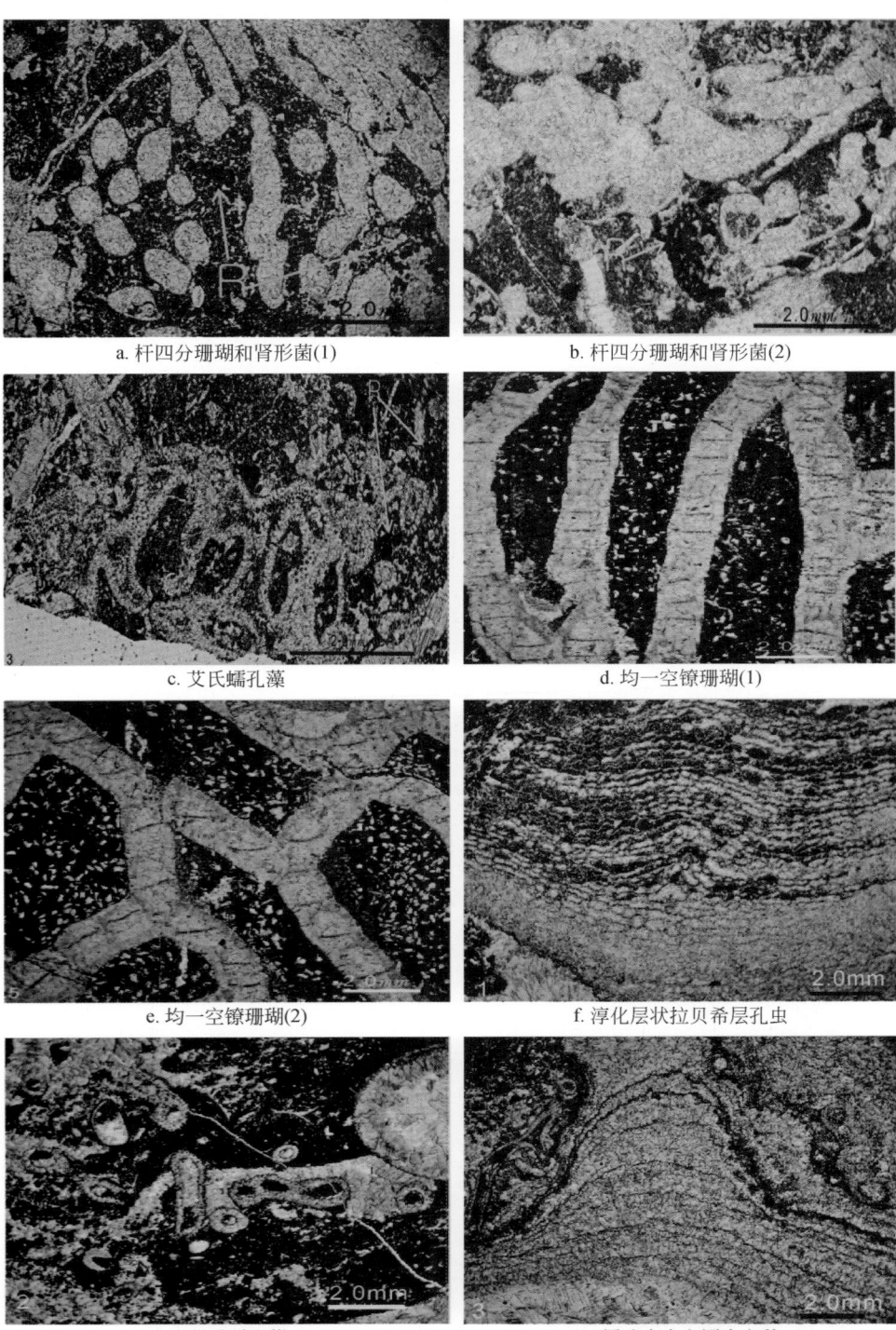

a. 杆四分珊瑚和肾形菌(1)

b. 杆四分珊瑚和肾形菌(2)

c. 艾氏蠕孔藻

d. 均一空镳珊瑚(1)

e. 均一空镳珊瑚(2)

f. 淳化层状拉贝希层孔虫

g. 艾氏蠕孔藻

h. 层孔虫未定属未定种

图版 7-7

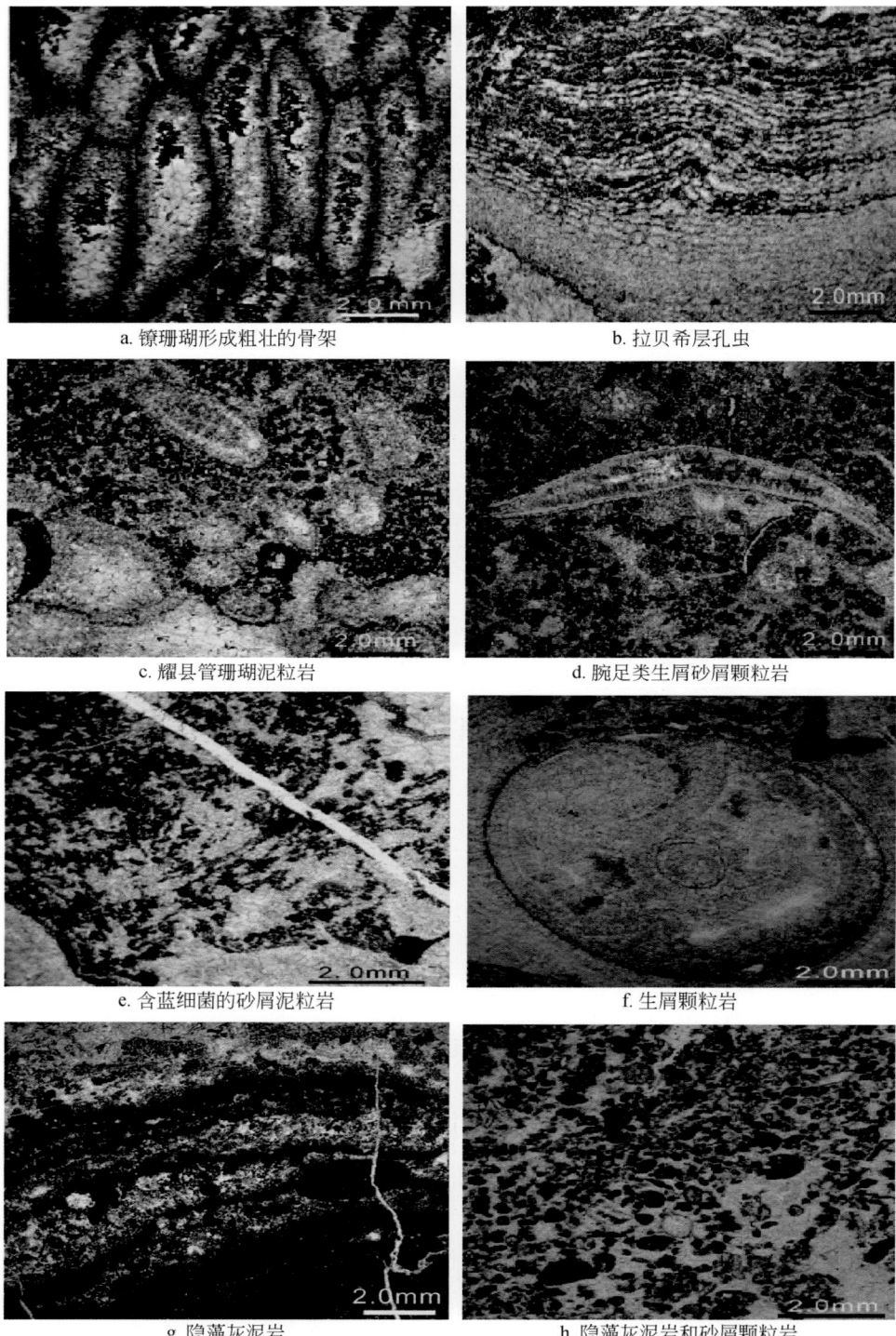

a. 镣珊瑚形成粗壮的骨架

b. 拉贝希层孔虫

c. 耀县管珊瑚泥粒岩

d. 腕足类生屑砂屑颗粒岩

e. 含蓝细菌的砂屑泥粒岩

f. 生屑颗粒岩

g. 隐藻灰泥岩

h. 隐藻灰泥岩和砂屑颗粒岩

图版 7-8

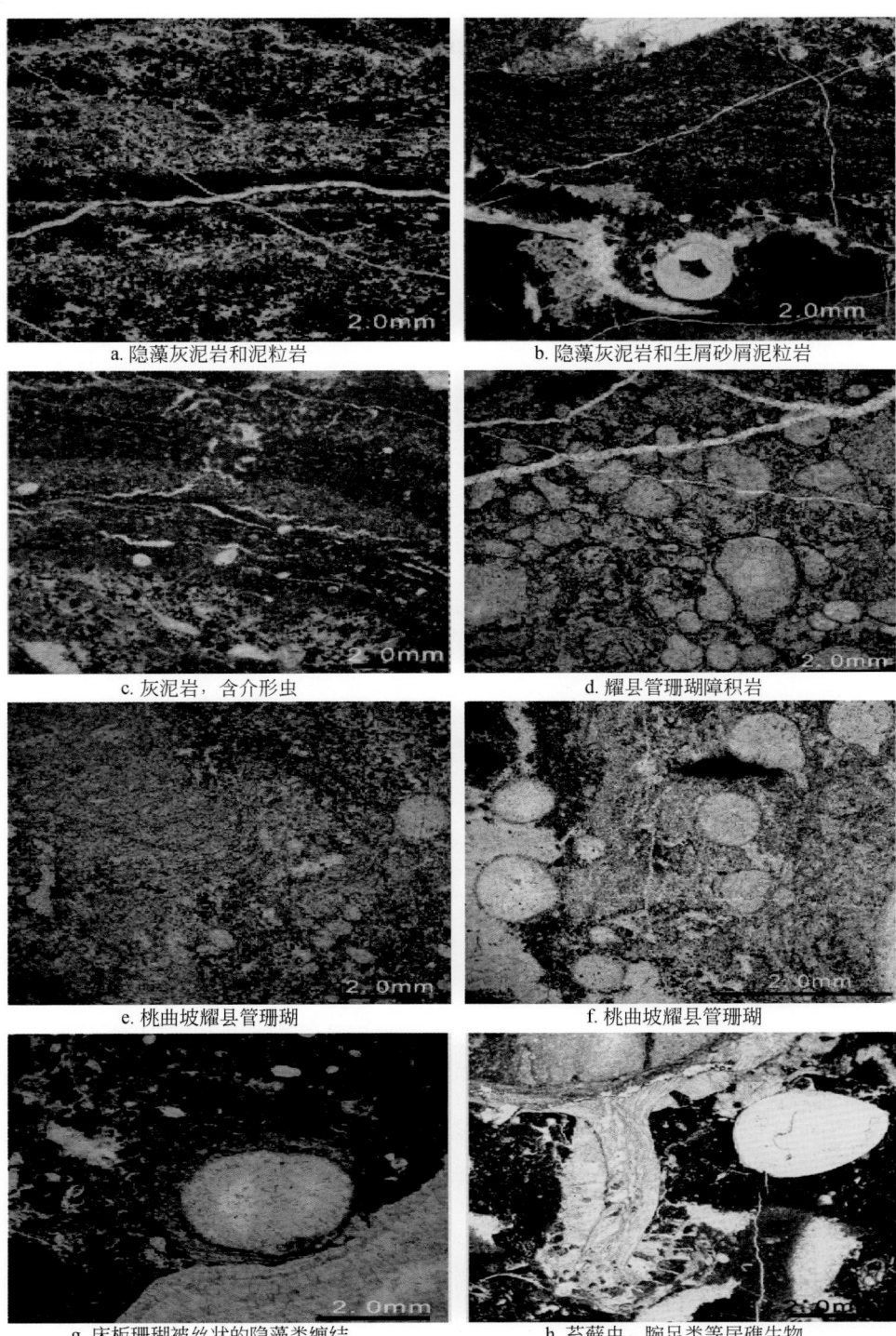

a. 隐藻灰泥岩和泥粒岩

b. 隐藻灰泥岩和生屑砂屑泥粒岩

c. 灰泥岩，含介形虫

d. 耀县管珊瑚障积岩

e. 桃曲坡耀县管珊瑚

f. 桃曲坡耀县管珊瑚

g. 床板珊瑚被丝状的隐藻类缠结

h. 苔藓虫、腕足类等居礁生物

图版 7-9

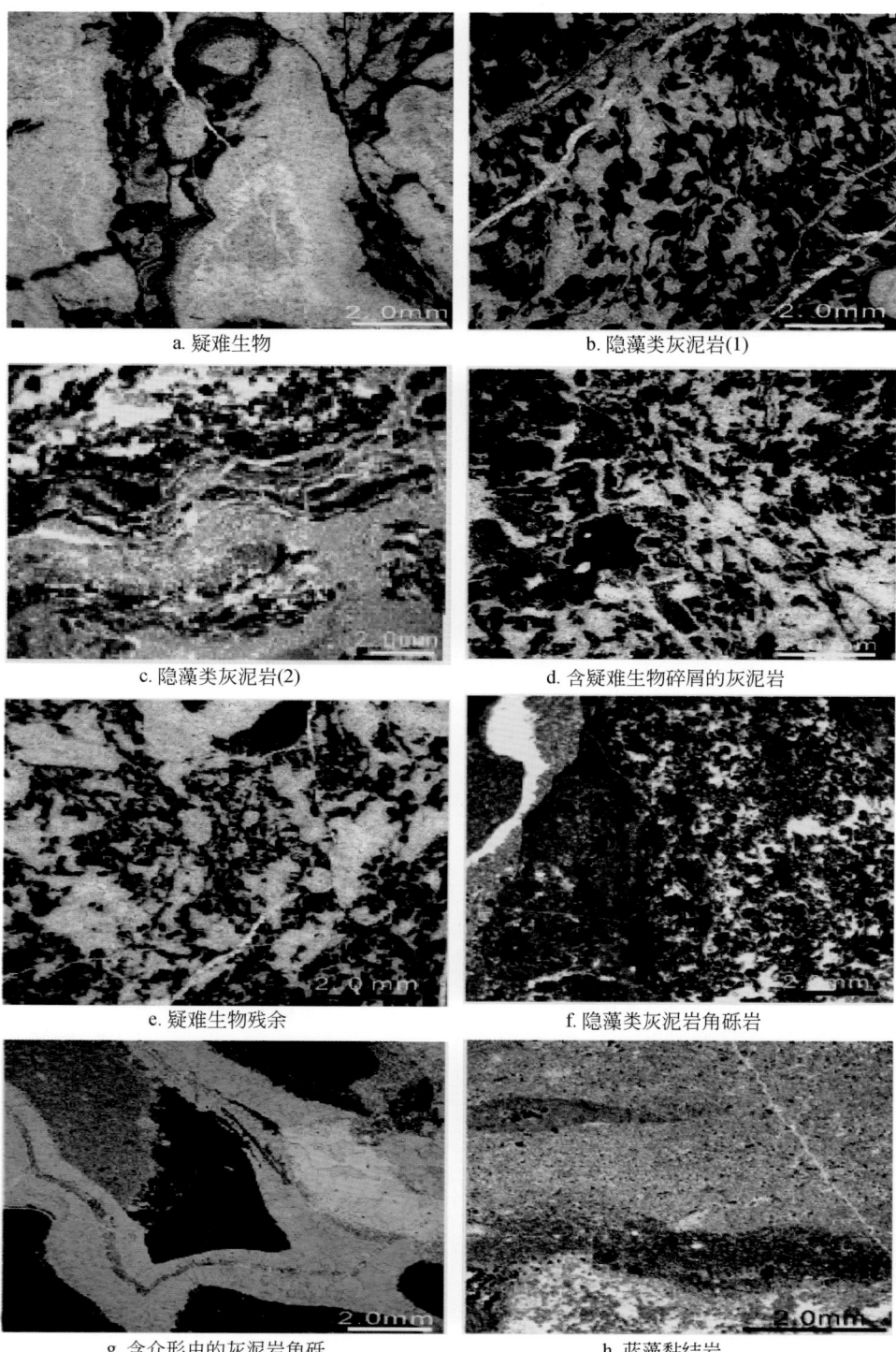

a. 疑难生物

b. 隐藻类灰泥岩(1)

c. 隐藻类灰泥岩(2)

d. 含疑难生物碎屑的灰泥岩

e. 疑难生物残余

f. 隐藻类灰泥岩角砾岩

g. 含介形虫的灰泥岩角砾

h. 蓝藻黏结岩

图版 7-10

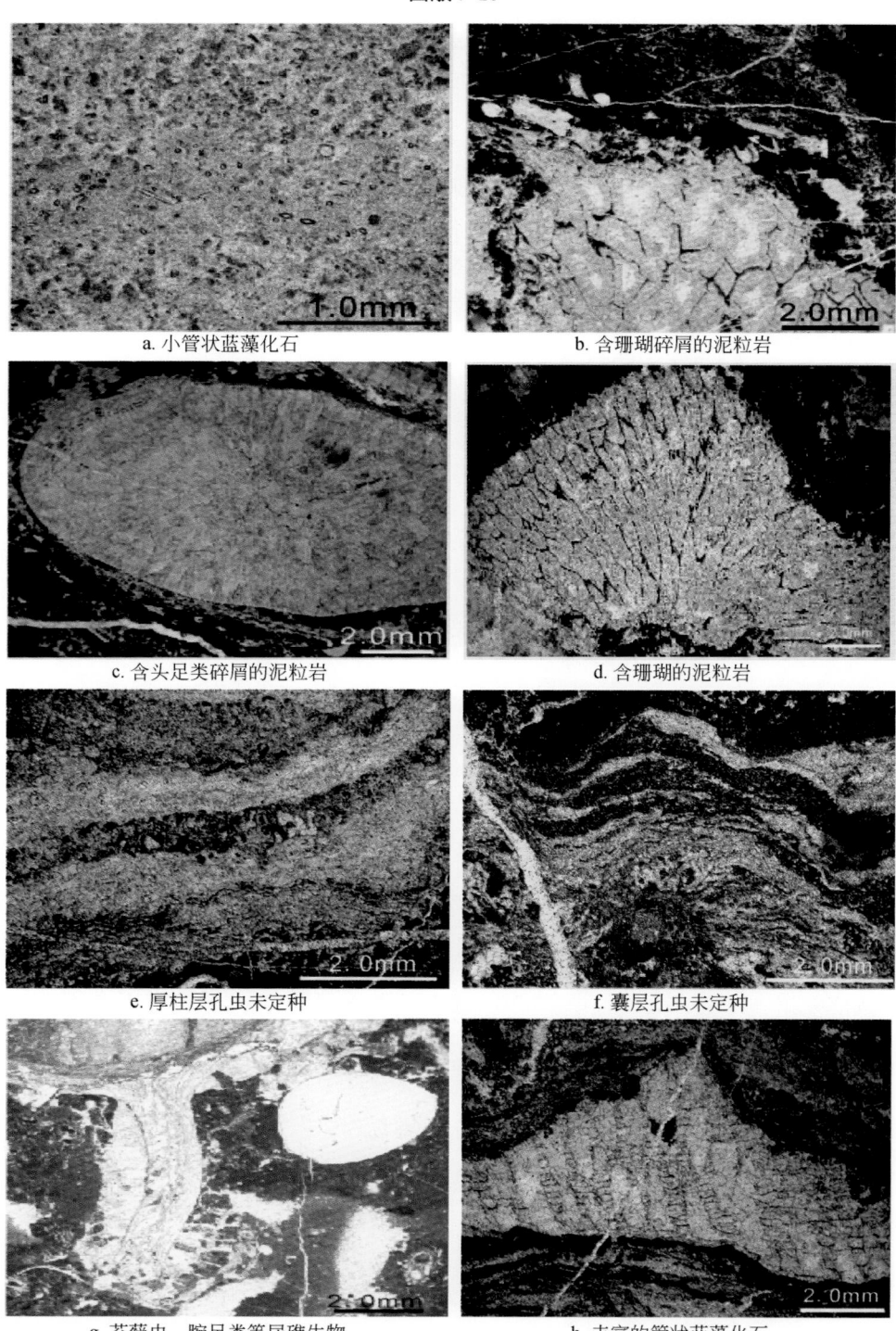

a. 小管状蓝藻化石

b. 含珊瑚碎屑的泥粒岩

c. 含头足类碎屑的泥粒岩

d. 含珊瑚的泥粒岩

e. 厚柱层孔虫未定种

f. 囊层孔虫未定种

g. 苔藓虫、腕足类等居礁生物

h. 丰富的管状蓝藻化石

8. 淳化铁瓦殿背锅山组生物礁

图版 8-1

剖面坐标：34°42′3.74″E
　　　　　108°37′51.39″N
珊瑚与藻礁规模：145m ×125m
剖面结构：265m（厚）×486m（长）
平面范围：1200m ×650m

a. 生物礁体产状全貌

b. 礁核与礁翼

c. 礁核中主要造架生物镶珊瑚与藻

d. 礁核中主要造架生物镶珊瑚(1)

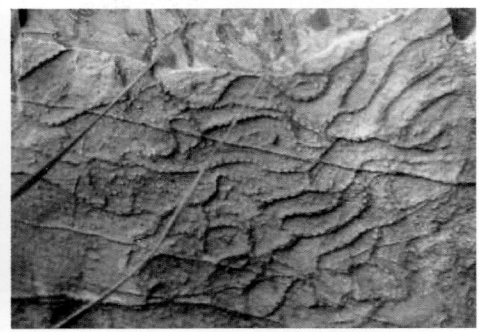

e. 礁核中主要造架生物镶珊瑚(2)

f. 礁翼中造架生物珊瑚

g. 礁翼中主要造架生物珊瑚

图版 8-2

a. 礁翼中造架生物海绵类　　　　　　　　　　b. 礁翼中造架生物珊瑚(1)

c. 礁翼中造架生物珊瑚(2)　　　　　　　　　　d. 礁翼中造架生物珊瑚(3)

e. 礁核中造架生物粗枝藻　　　　　　　　　　f. 礁核中造架生物层孔虫(1)

g. 礁核中造架生物层孔虫(2)　　　　　　　　　h. 礁核中造架生物层孔虫(3)

图版 8-3

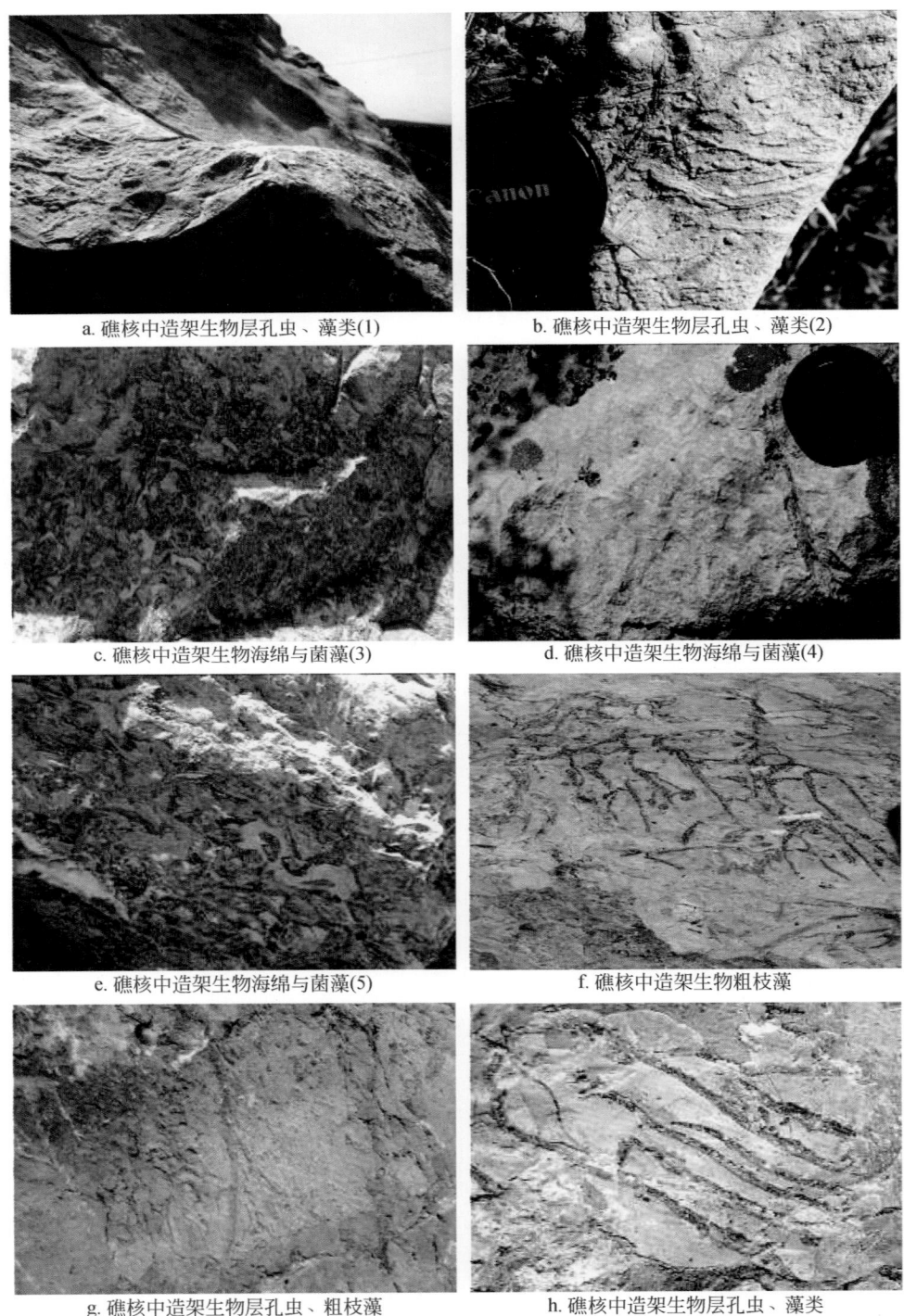

a. 礁核中造架生物层孔虫、藻类(1)

b. 礁核中造架生物层孔虫、藻类(2)

c. 礁核中造架生物海绵与菌藻(3)

d. 礁核中造架生物海绵与菌藻(4)

e. 礁核中造架生物海绵与菌藻(5)

f. 礁核中造架生物粗枝藻

g. 礁核中造架生物层孔虫、粗枝藻

h. 礁核中造架生物层孔虫、藻类

图版 8-4

a. 礁核中造架生物

b. 礁核中造架生物层孔虫、蓝藻类

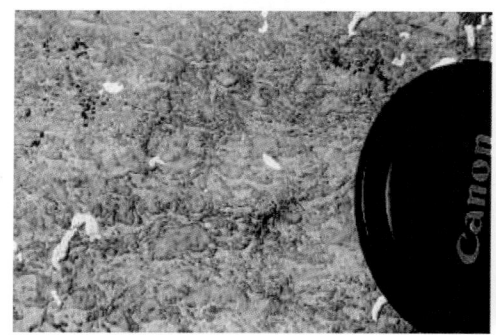

c. 礁核中造架生物层孔虫与菌藻类

d. 礁核中造架生物菌藻类

e. 礁核与礁翼间夹黄绿色泥质岩与暗色泥岩

f. 礁前斜坡上灰岩夹层中的深水暗色泥岩

g. 礁翼砾屑灰岩

h. 角砾泥灰岩底座之上生长的叠层藻

图版 8-5

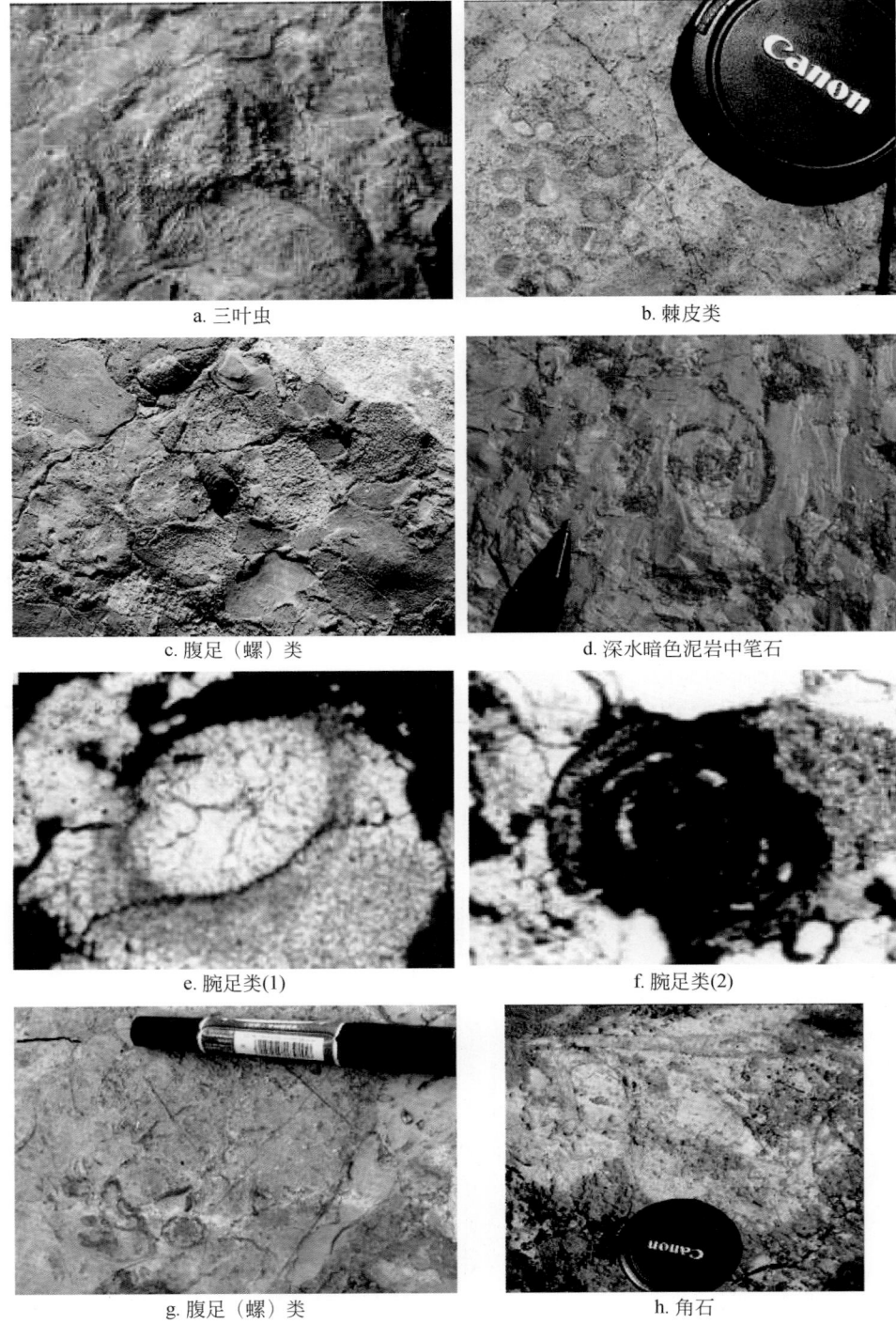

a. 三叶虫

b. 棘皮类

c. 腹足（螺）类

d. 深水暗色泥岩中笔石

e. 腕足类(1)

f. 腕足类(2)

g. 腹足（螺）类

h. 角石

图版 8-6

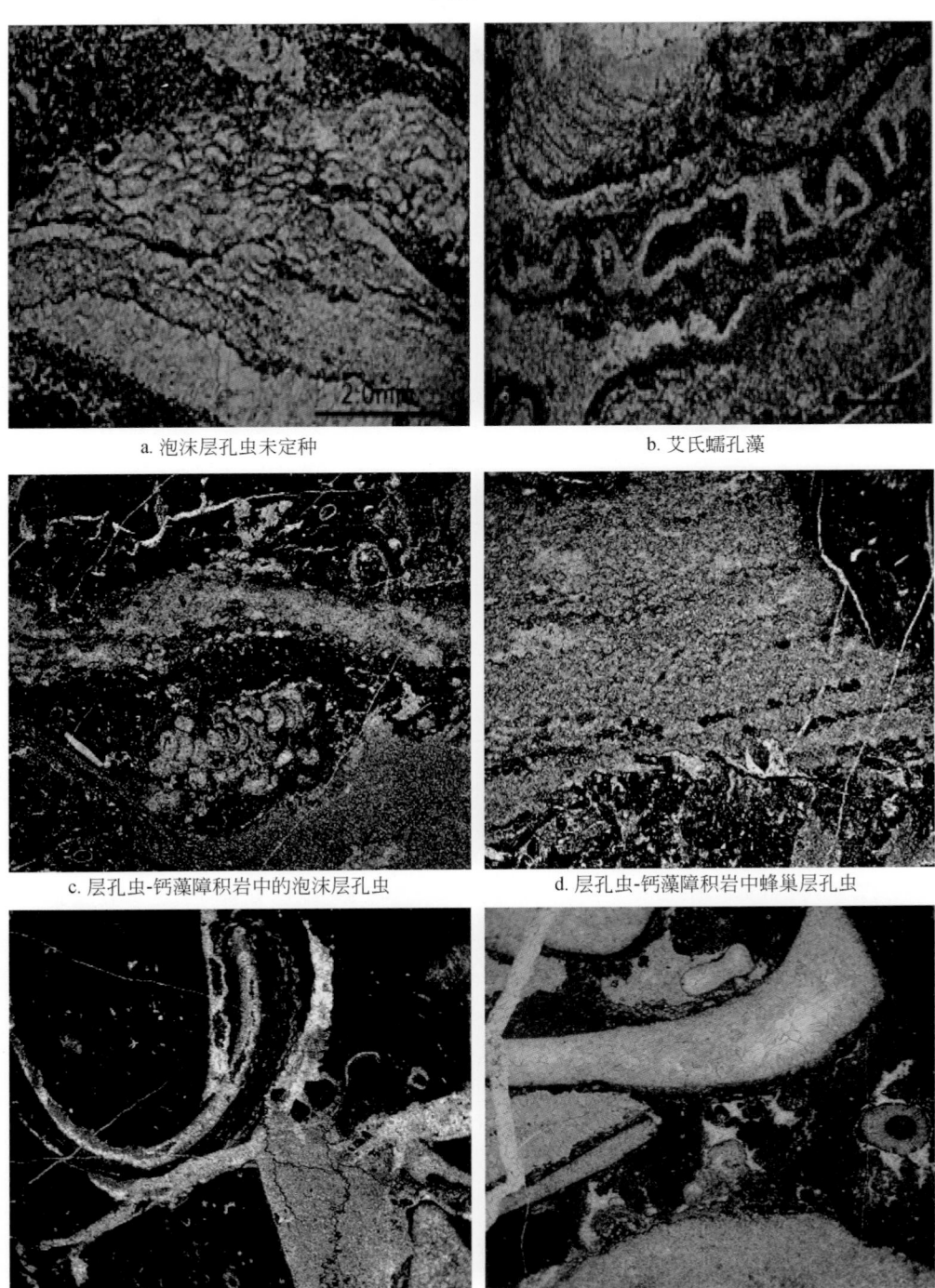

a. 泡沫层孔虫未定种

b. 艾氏蠕孔藻

c. 层孔虫-钙藻障积岩中的泡沫层孔虫

d. 层孔虫-钙藻障积岩中蜂巢层孔虫

e. 海绵-钙藻障积岩中的海绵及丝状隐菌藻类

f. 海绵-钙藻障积岩中管孔藻及丝状隐菌藻类

图版 8-7

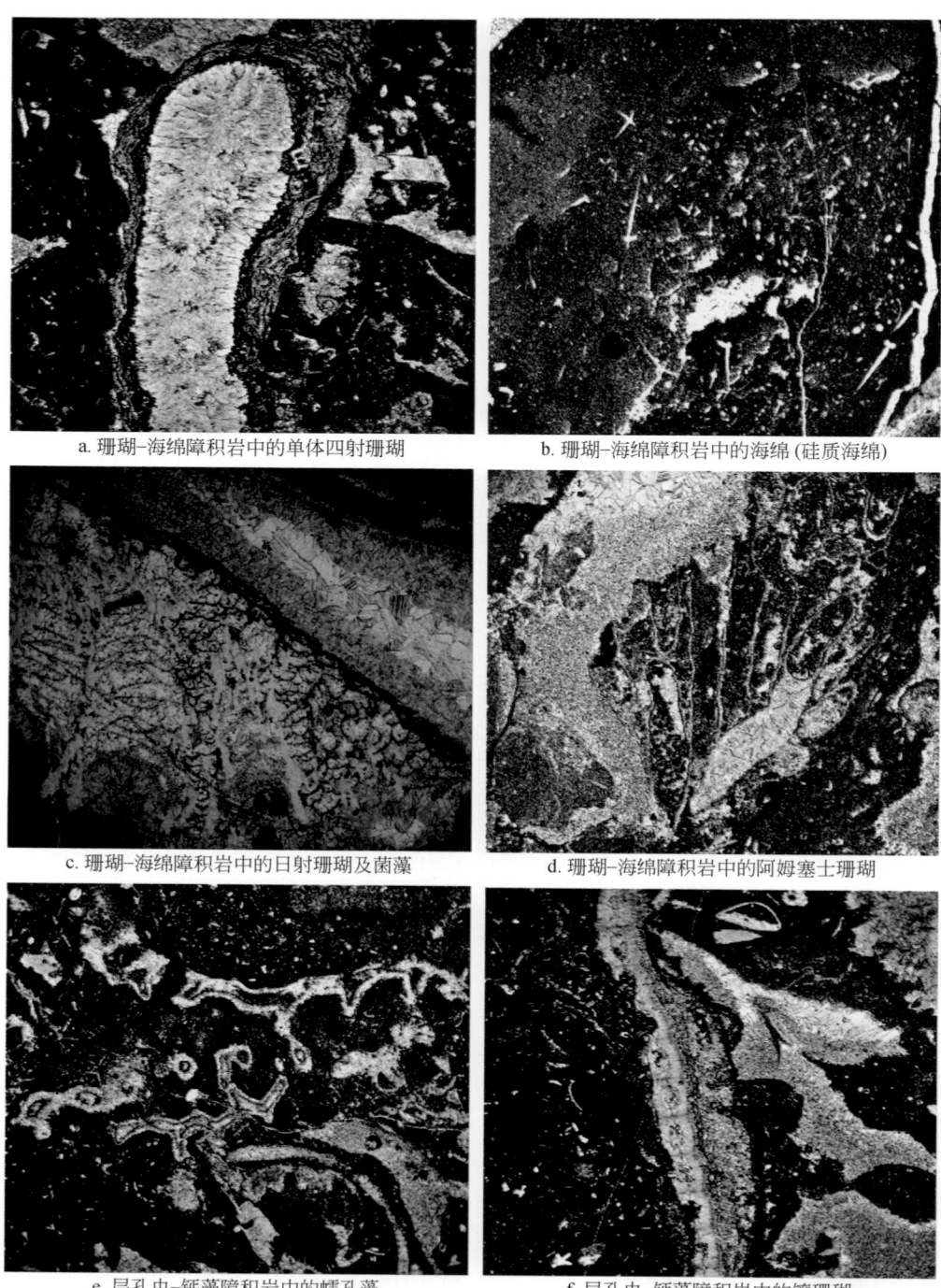

a. 珊瑚-海绵障积岩中的单体四射珊瑚

b. 珊瑚-海绵障积岩中的海绵 (硅质海绵)

c. 珊瑚-海绵障积岩中的日射珊瑚及菌藻

d. 珊瑚-海绵障积岩中的阿姆塞士珊瑚

e. 层孔虫-钙藻障积岩中的蠕孔藻

f. 层孔虫-钙藻障积岩中的镣珊瑚

图版 8-8

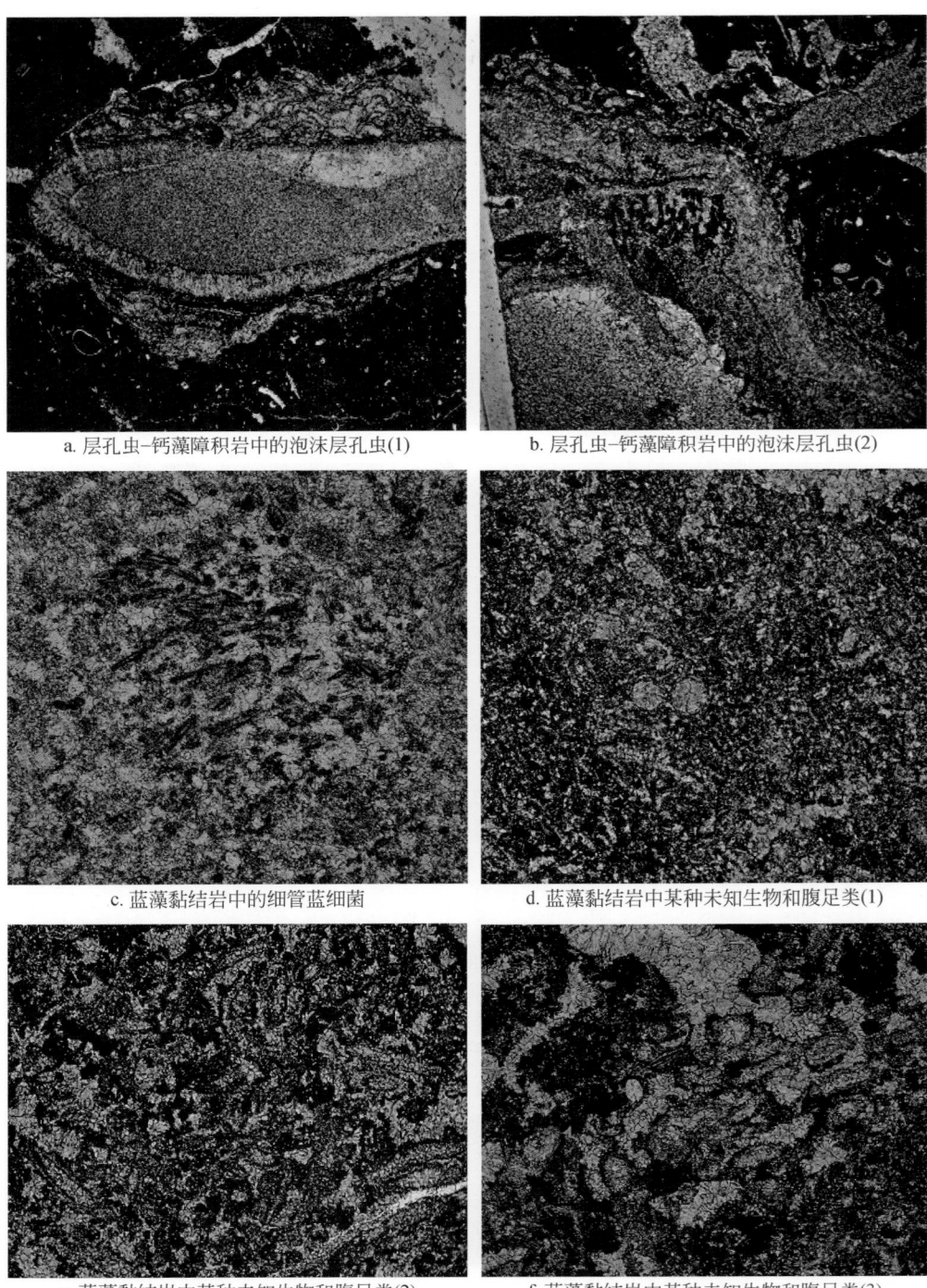

a. 层孔虫-钙藻障积岩中的泡沫层孔虫(1)

b. 层孔虫-钙藻障积岩中的泡沫层孔虫(2)

c. 蓝藻黏结岩中的细管蓝细菌

d. 蓝藻黏结岩中某种未知生物和腹足类(1)

e. 蓝藻黏结岩中某种未知生物和腹足类(2)

f. 蓝藻黏结岩中某种未知生物和腹足类(3)

图版 8-9

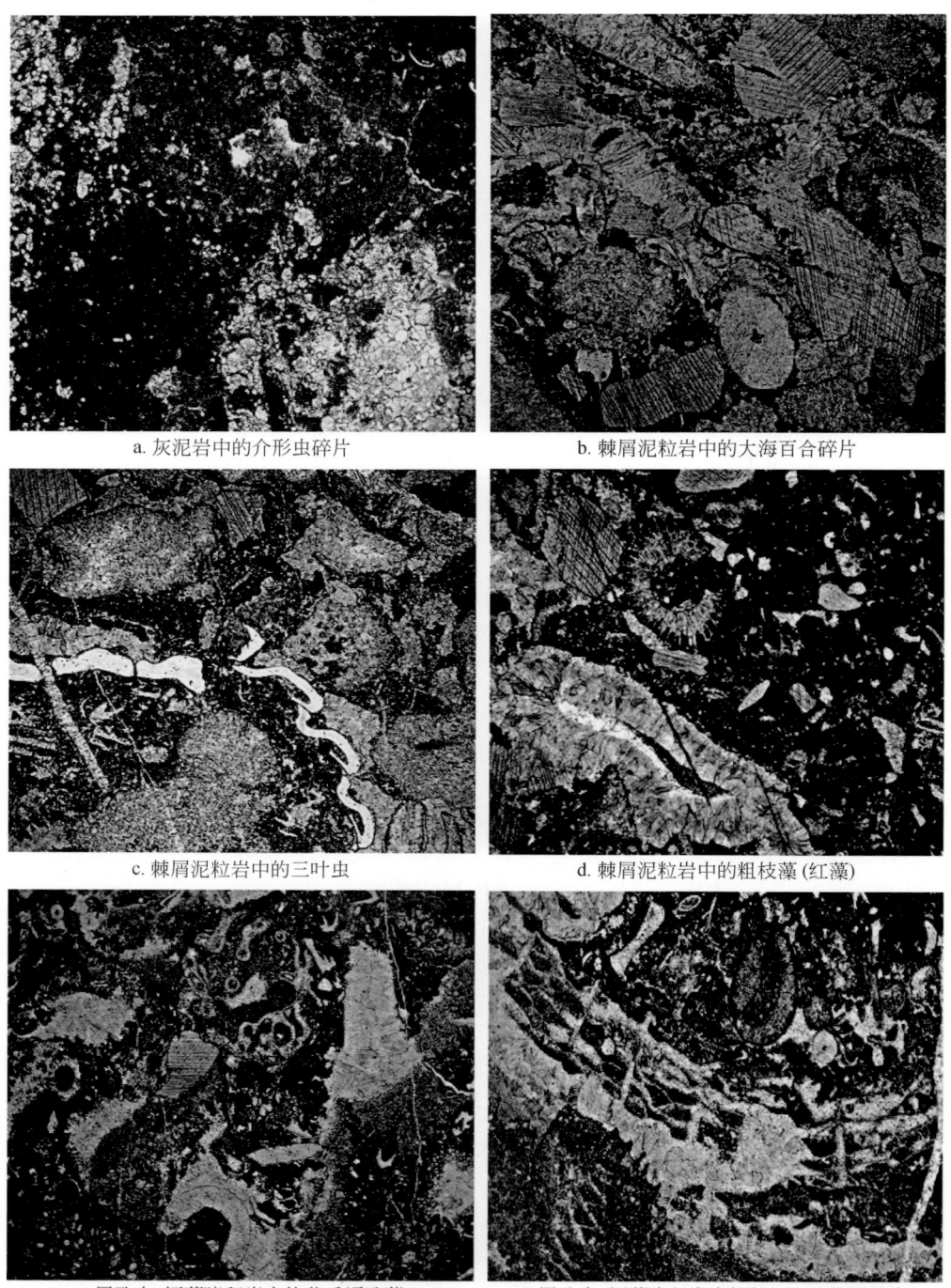

a. 灰泥岩中的介形虫碎片

b. 棘屑泥粒岩中的大海百合碎片

c. 棘屑泥粒岩中的三叶虫

d. 棘屑泥粒岩中的粗枝藻 (红藻)

e. 层孔虫-钙藻障积岩中的艾氏蠕孔藻

f. 层孔虫-钙藻障积岩中的阿尔金图瓦层孔虫

图版 8-10

a. 层孔虫-钙藻障积岩中的阿尔金图瓦层孔虫

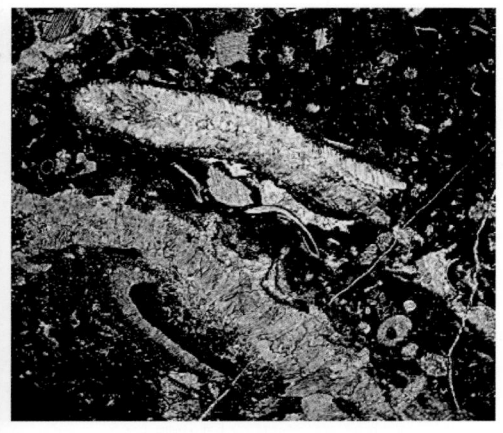

b. 层孔虫-钙藻障积岩中阿尔金图瓦层孔虫，
以及居礁生物珊瑚、棘皮类、丛状蓝细菌、
三叶虫、介形虫等

c. 钙藻障积岩中的志留绒孔藻

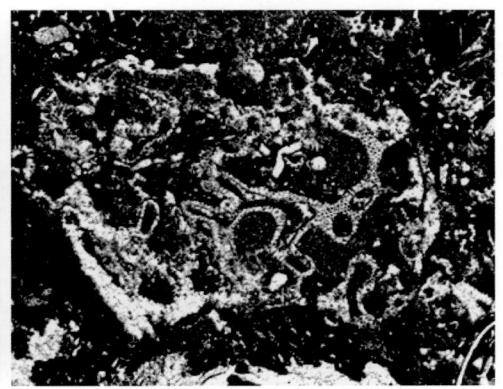

d. 钙藻障积岩中的艾氏蠕孔藻

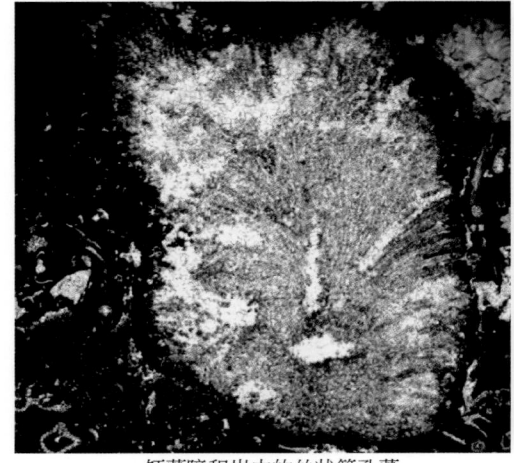

e. 钙藻障积岩中的丝状管孔藻

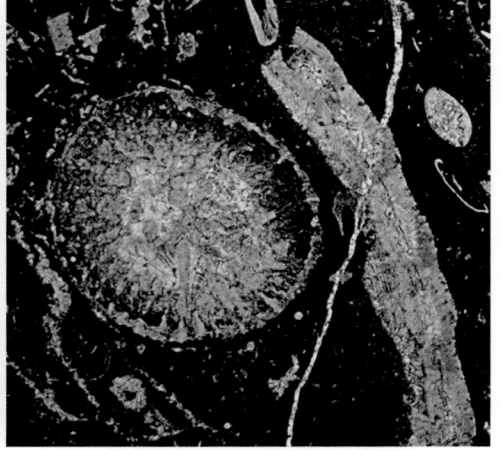

f. 钙藻障积岩中的居礁生物珊瑚

图版 8-11

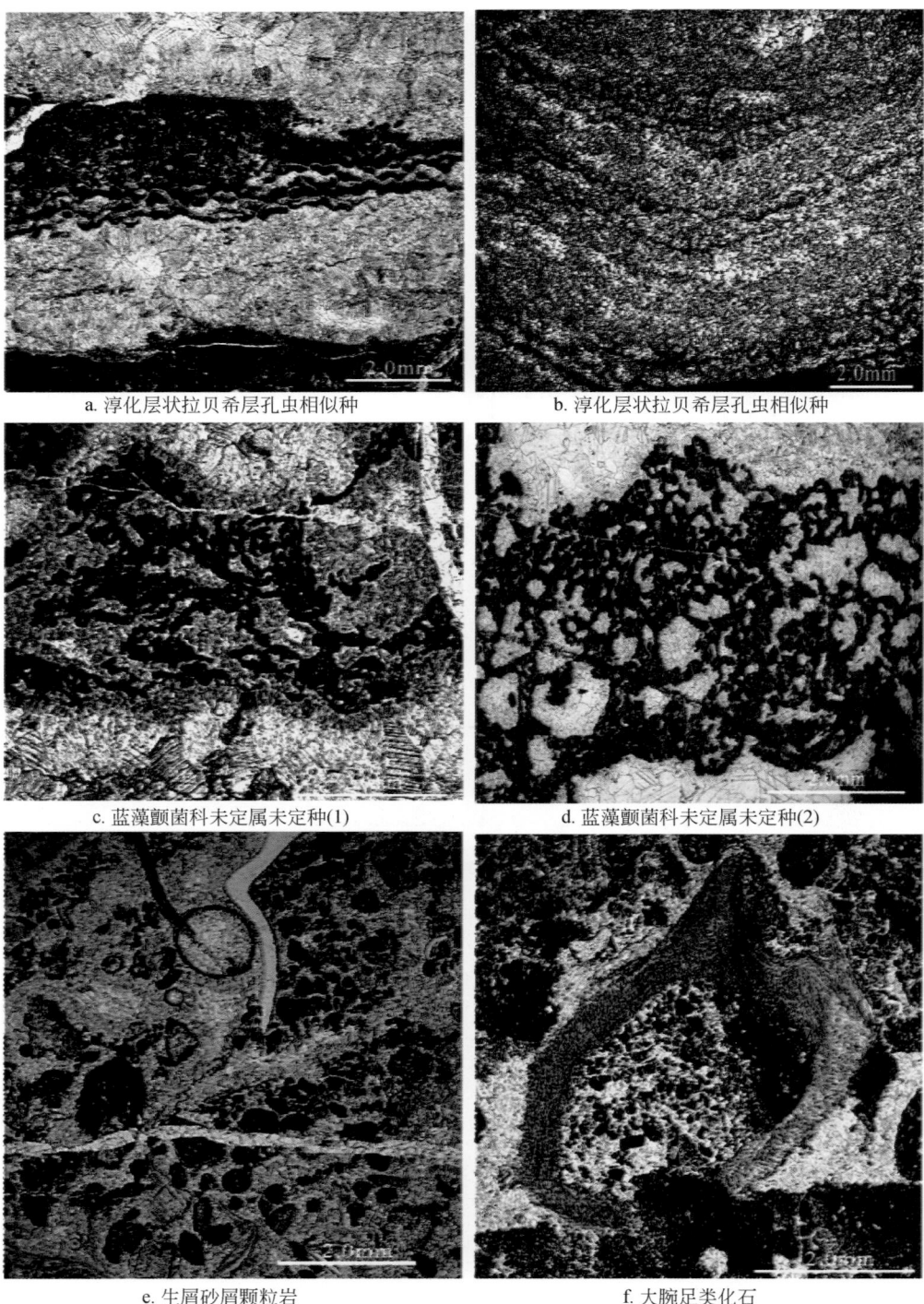

a. 淳化层状拉贝希层孔虫相似种

b. 淳化层状拉贝希层孔虫相似种

c. 蓝藻颤菌科未定属未定种(1)

d. 蓝藻颤菌科未定属未定种(2)

e. 生屑砂屑颗粒岩

f. 大腕足类化石

图版 8-12

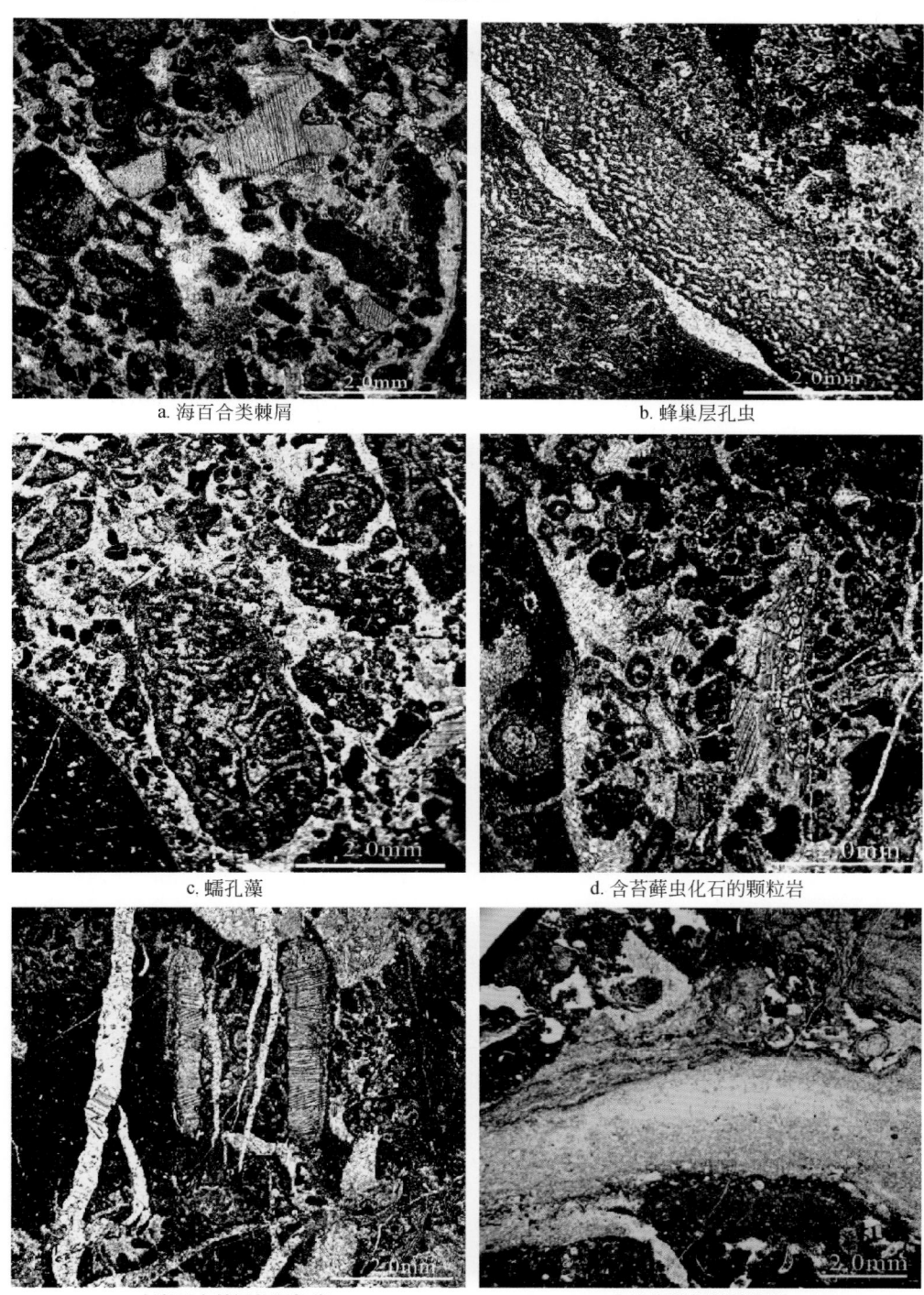

a. 海百合类棘屑

b. 蜂巢层孔虫

c. 蠕孔藻

d. 含苔藓虫化石的颗粒岩

e. 含海百合棘屑的泥粒岩

f. 丝状管孔藻相似种

图版 8-13

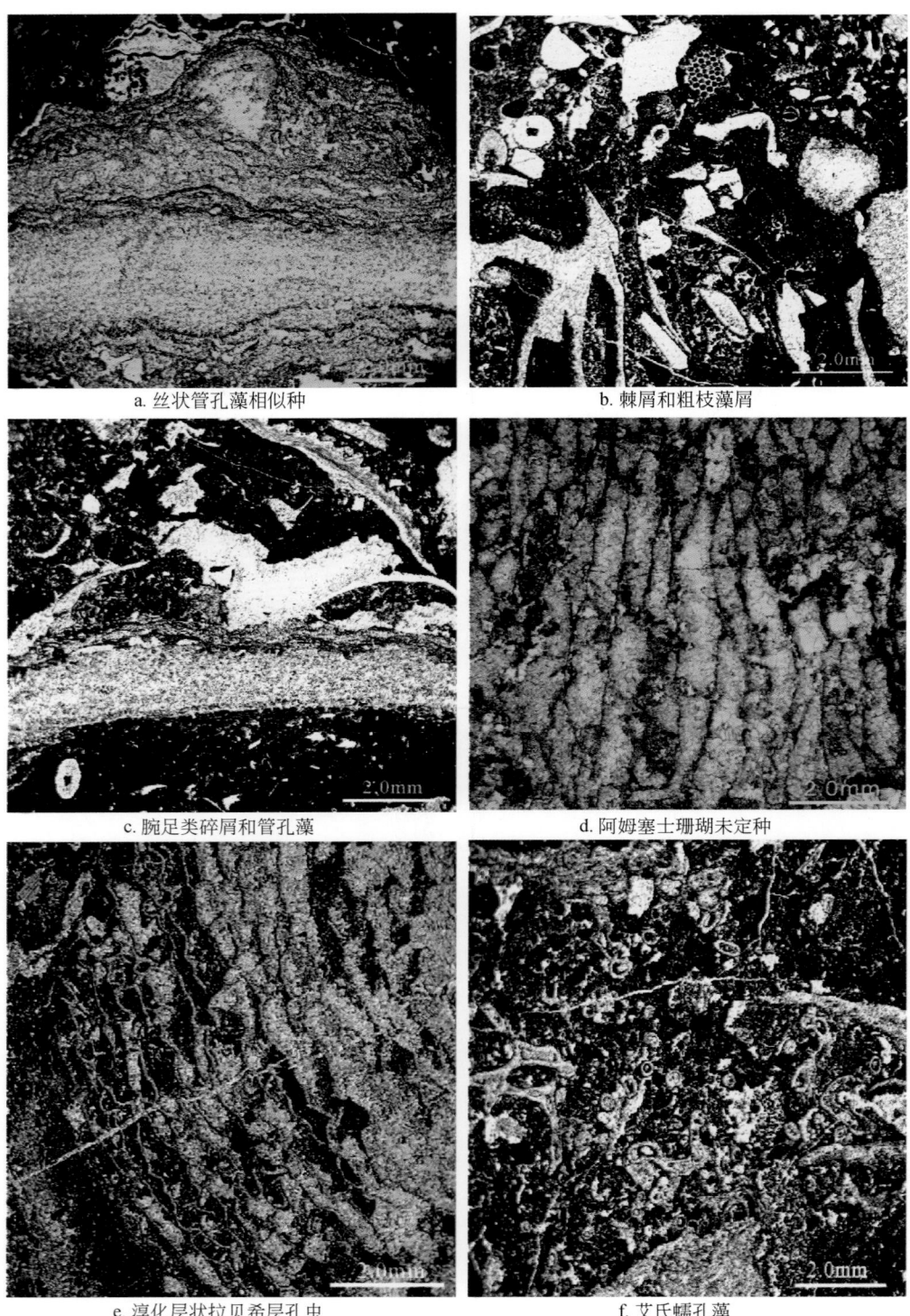

a. 丝状管孔藻相似种

b. 棘屑和粗枝藻屑

c. 腕足类碎屑和管孔藻

d. 阿姆塞士珊瑚未定种

e. 淳化层状拉贝希层孔虫

f. 艾氏蠕孔藻

图版 8-14

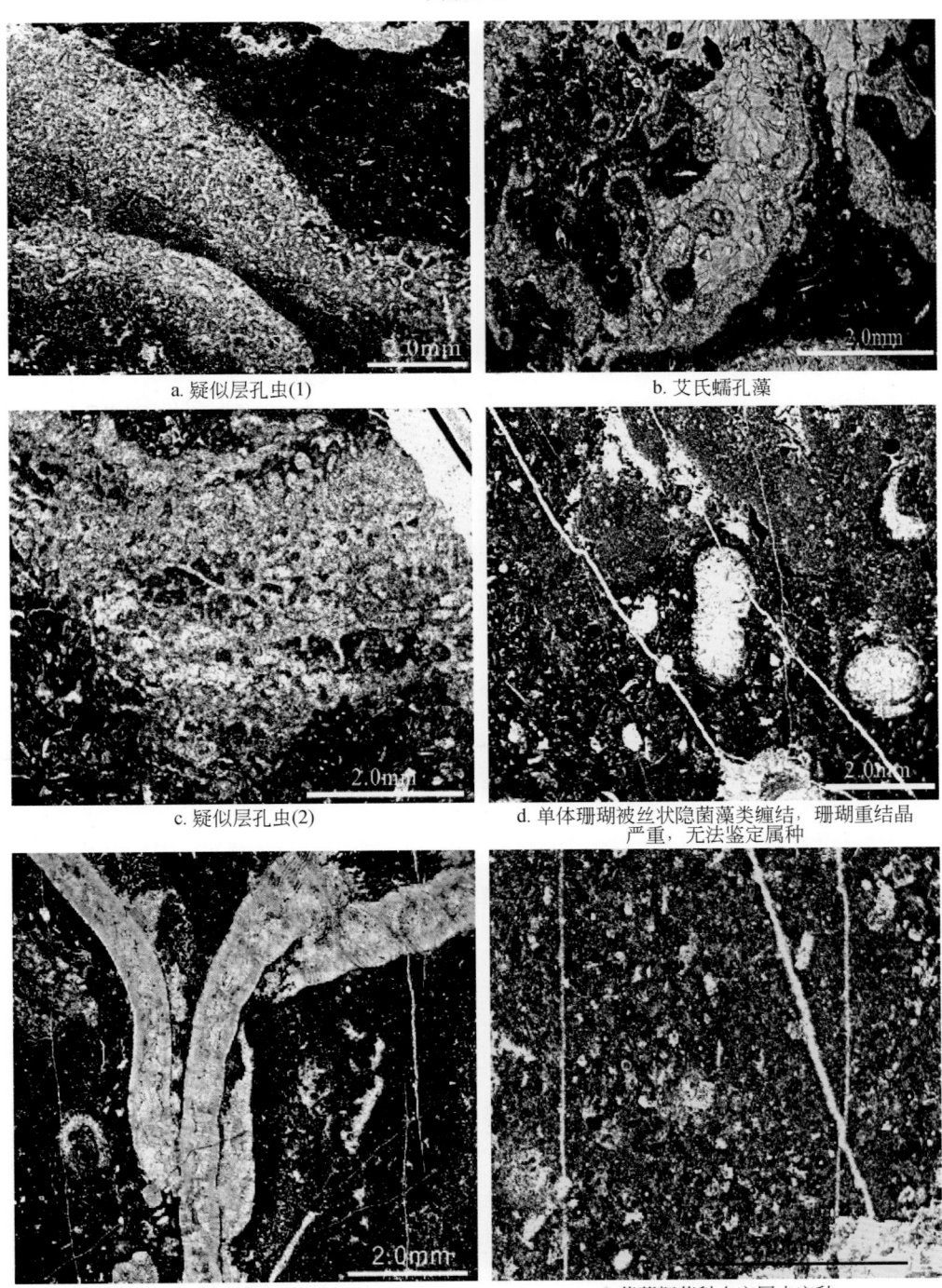

a. 疑似层孔虫(1)

b. 艾氏蠕孔藻

c. 疑似层孔虫(2)

d. 单体珊瑚被丝状隐菌藻类缠结，珊瑚重结晶
严重，无法鉴定属种

e. 镣珊瑚未定种

f. 蓝藻颤菌科未定属未定种

图版 8-15

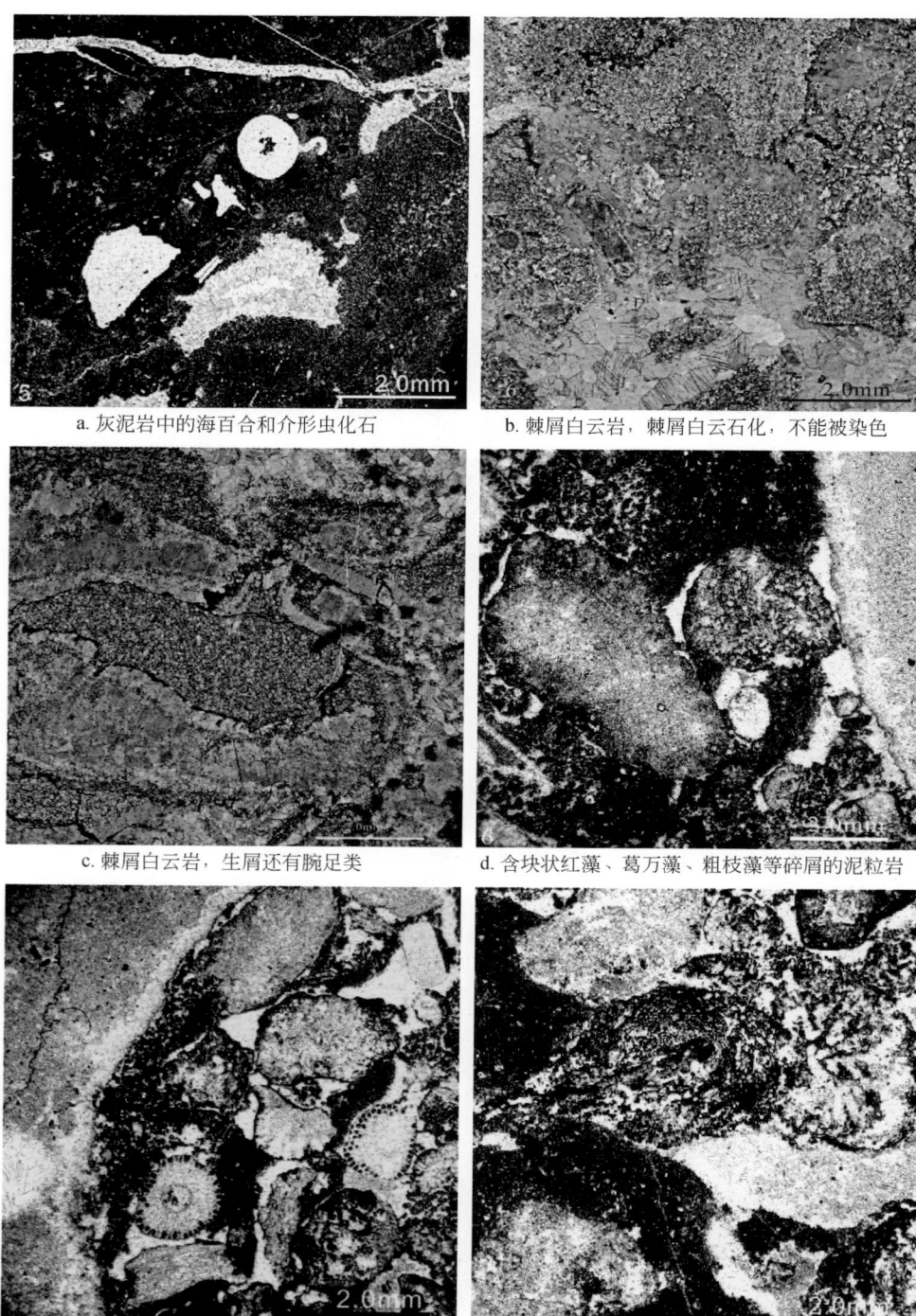

a. 灰泥岩中的海百合和介形虫化石　　　　b. 棘屑白云岩，棘屑白云石化，不能被染色

c. 棘屑白云岩，生屑还有腕足类　　　　d. 含块状红藻、葛万藻、粗枝藻等碎屑的泥粒岩

e. 含粗枝藻碎屑的泥粒岩　　　　f. 含葛万藻团块的泥粒岩

图版 8-16

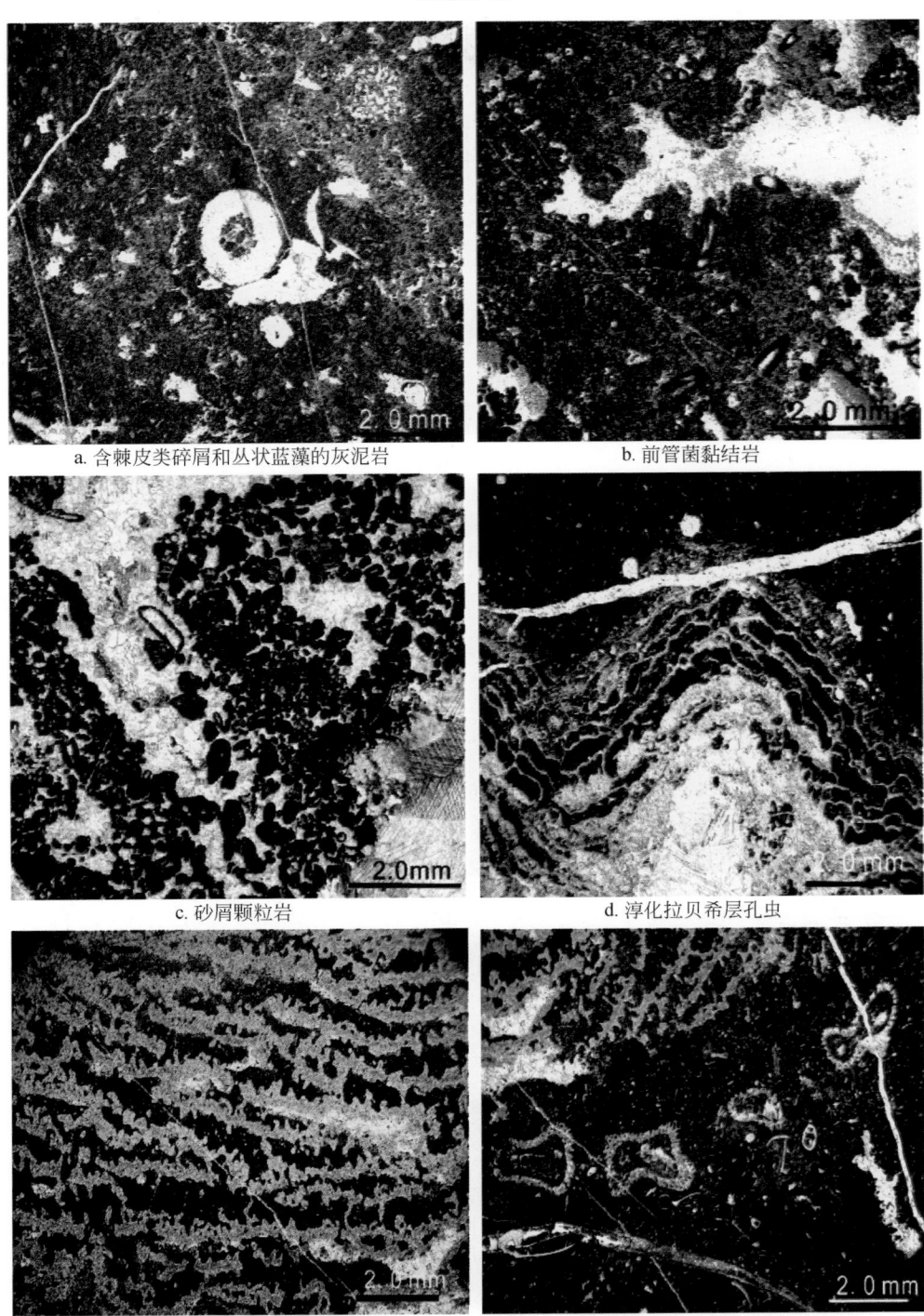

a. 含棘皮类碎屑和丛状蓝藻的灰泥岩

b. 前管菌黏结岩

c. 砂屑颗粒岩

d. 淳化拉贝希层孔虫

e. 窝峪罗森层孔虫相似种

f. 灰泥中的粗枝藻和介形虫等居礁生物

图版 8-17

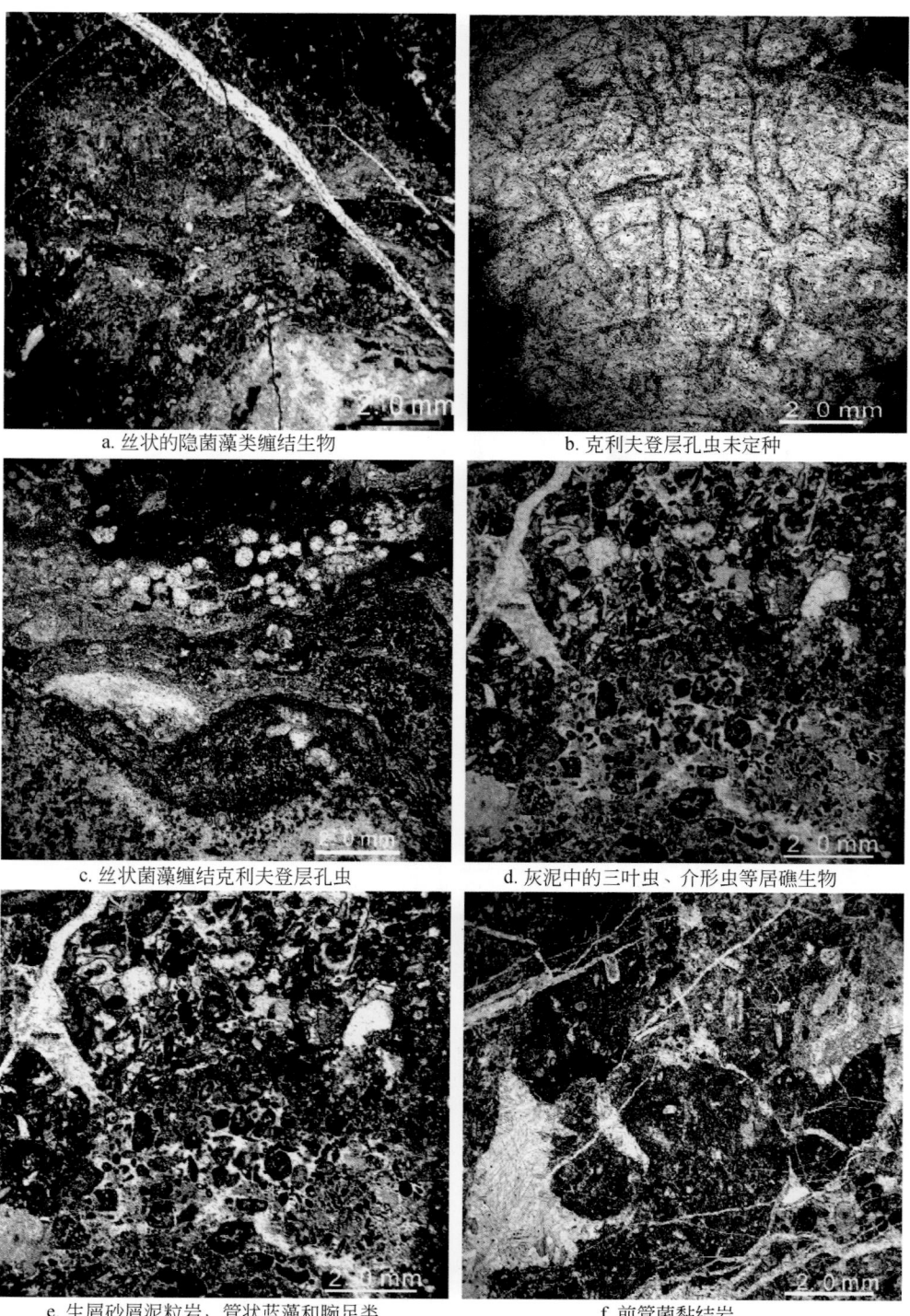

a. 丝状的隐菌藻类缠结生物

b. 克利夫登层孔虫未定种

c. 丝状菌藻缠结克利夫登层孔虫

d. 灰泥中的三叶虫、介形虫等居礁生物

e. 生屑砂屑泥粒岩，管状蓝藻和腕足类

f. 前管菌黏结岩

9. 永寿好畤河及麟1井

图版 9-1

剖面坐标：
34°58′55.0″E
108°3′46.6″N
珊瑚与藻礁规模：25m×5m
剖面结构：84m（厚）
平面范围：184m×32m
Ⅰ期马六期层状叠层石礁体由Ⅰ1珊瑚和藻混合礁和Ⅰ2叠层藻礁组成；Ⅱ、Ⅲ期为平凉组丘状珊瑚-层孔虫-藻层礁

a. Ⅰ期马六期层状叠层石礁体

b. 礁体由叠层藻组成

c. 礁翼相角砾以及砾屑灰岩

d. Ⅱ、Ⅲ期平凉组丘状珊瑚-层孔虫-藻层礁

e. Ⅱ期礁核相顶面

f. 礁核相层孔虫灰岩

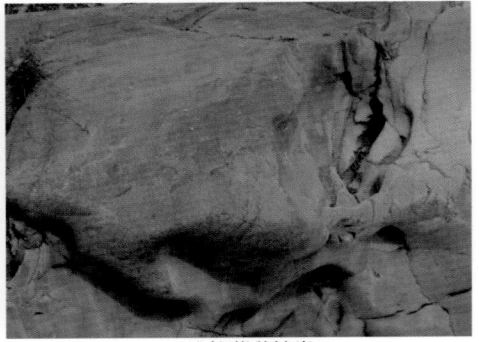

g. 礁核藻黏结岩

图版 9-2

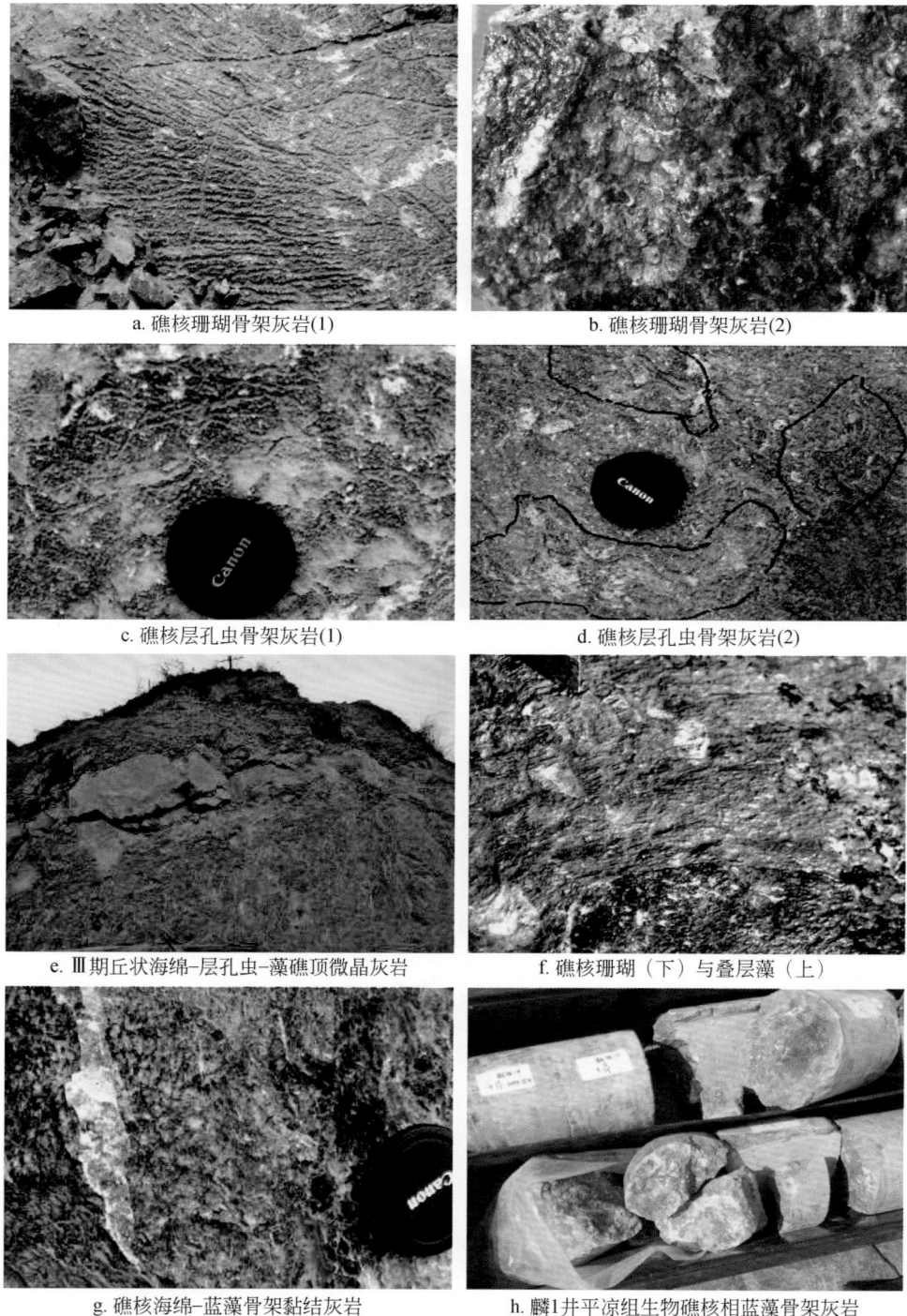

a. 礁核珊瑚骨架灰岩(1)

b. 礁核珊瑚骨架灰岩(2)

c. 礁核层孔虫骨架灰岩(1)

d. 礁核层孔虫骨架灰岩(2)

e. Ⅲ期丘状海绵-层孔虫-藻礁顶微晶灰岩

f. 礁核珊瑚（下）与叠层藻（上）

g. 礁核海绵-蓝藻骨架黏结灰岩

h. 麟1井平凉组生物礁核相蓝藻骨架灰岩

10. 陇县龙门洞剖面

图版 10-1

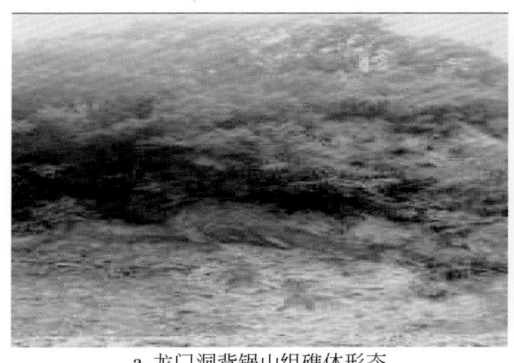

a. 龙门洞背锅山组礁体形态

b. 背锅山组底部礁基砾屑灰岩与平凉组页岩

c. 主要造礁生物叠层藻类

d. 主要造礁生物藻类与层孔虫

e. 主要造礁生物藻类与珊瑚(1)

f. 主要造礁生物藻类与珊瑚(2)

图版 10-2

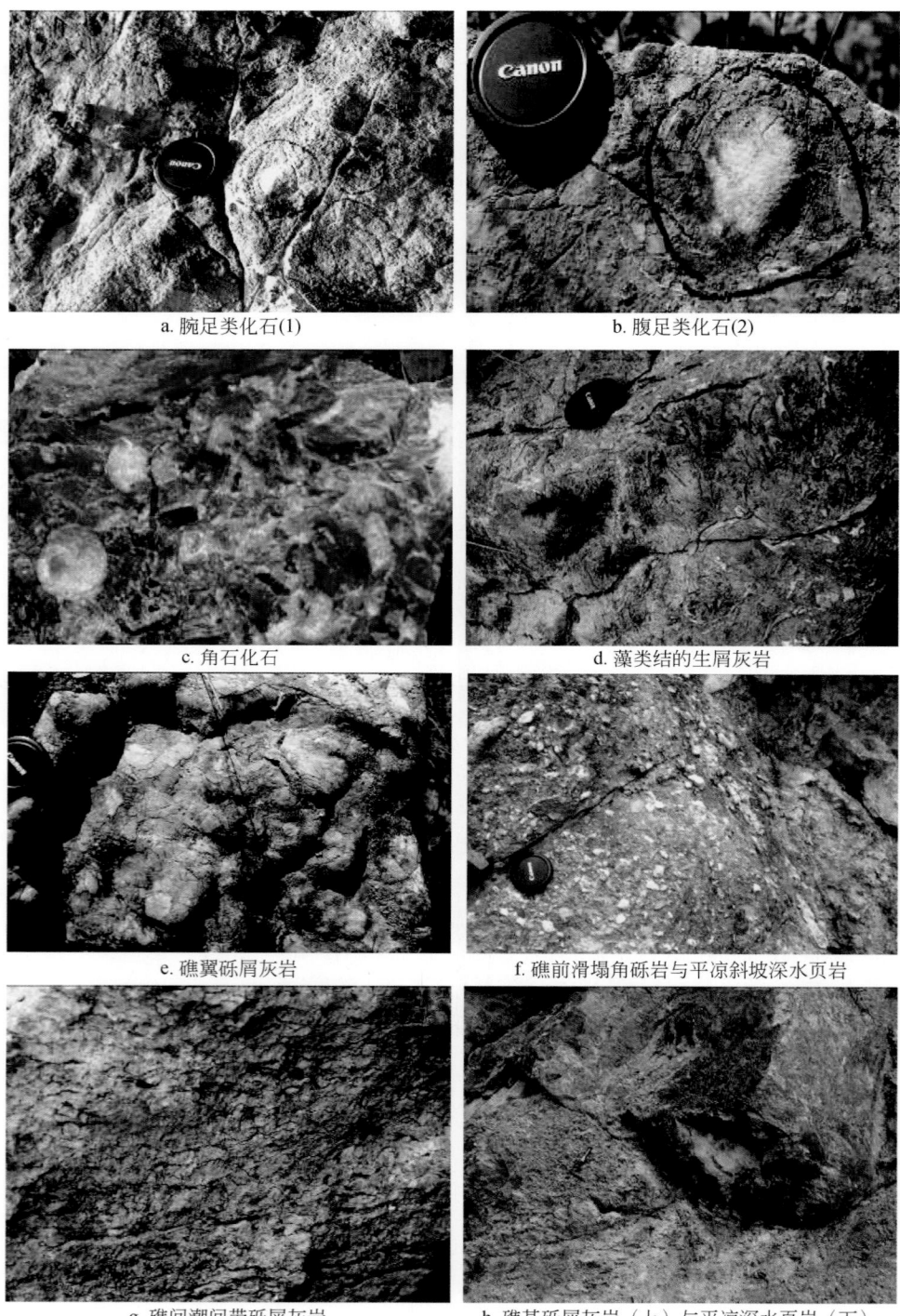

a. 腕足类化石(1)　　　　　　　　　　　b. 腹足类化石(2)

c. 角石化石　　　　　　　　　　　　　d. 藻类结的生屑灰岩

e. 礁翼砾屑灰岩　　　　　　　f. 礁前滑塌角砾岩与平凉斜坡深水页岩

g. 礁间潮间带砾屑灰岩　　　　h. 礁基砾屑灰岩（上）与平凉深水页岩（下）

11. 礼泉东庄水库

图版 11-1

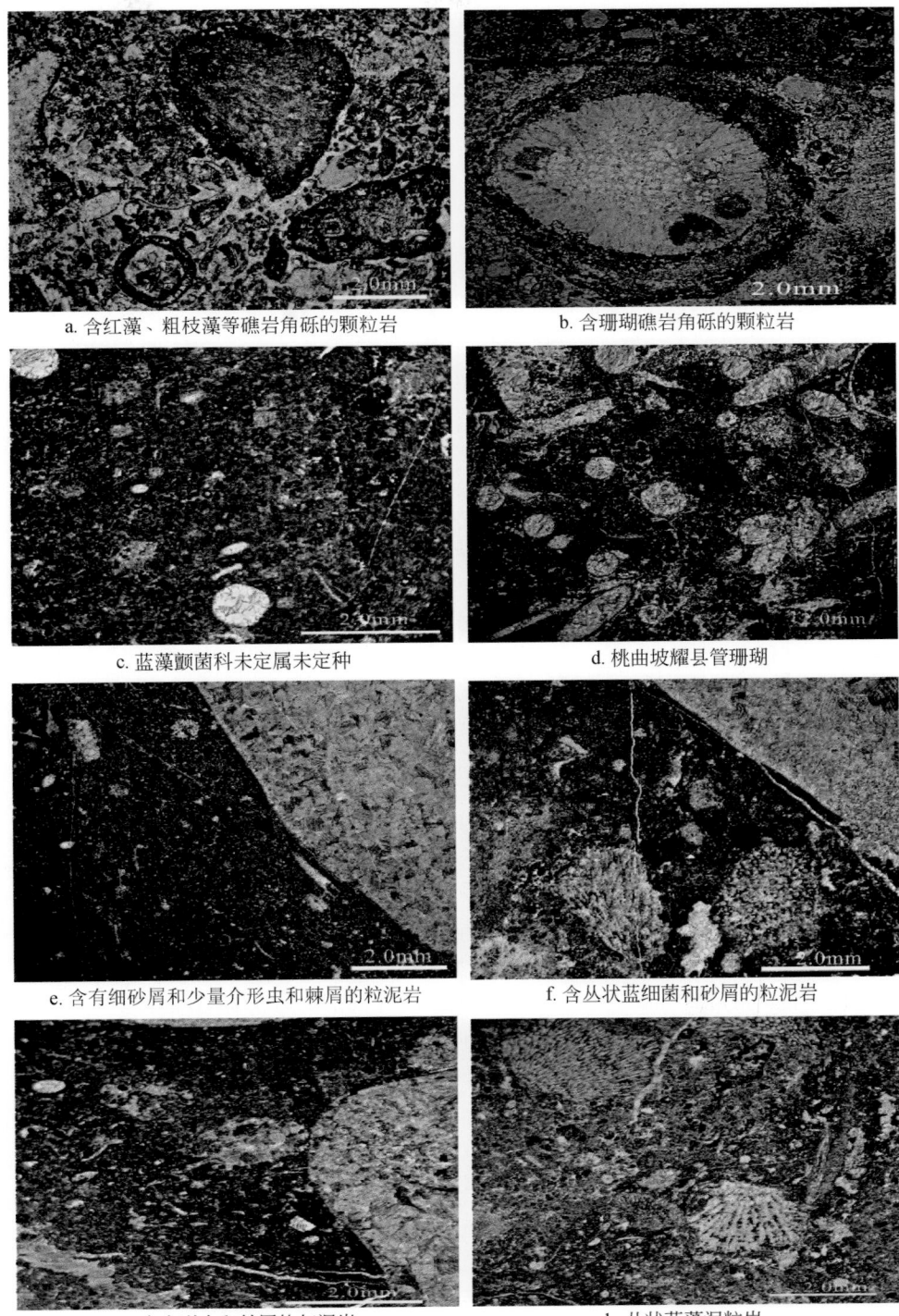

a. 含红藻、粗枝藻等礁岩角砾的颗粒岩

b. 含珊瑚礁岩角砾的颗粒岩

c. 蓝藻颤菌科未定属未定种

d. 桃曲坡耀县管珊瑚

e. 含有细砂屑和少量介形虫和棘屑的粒泥岩

f. 含丛状蓝细菌和砂屑的粒泥岩

g. 含介形虫和棘屑的灰泥岩

h. 丛状蓝藻泥粒岩

12. 富平将军山剖面

图版 12-1

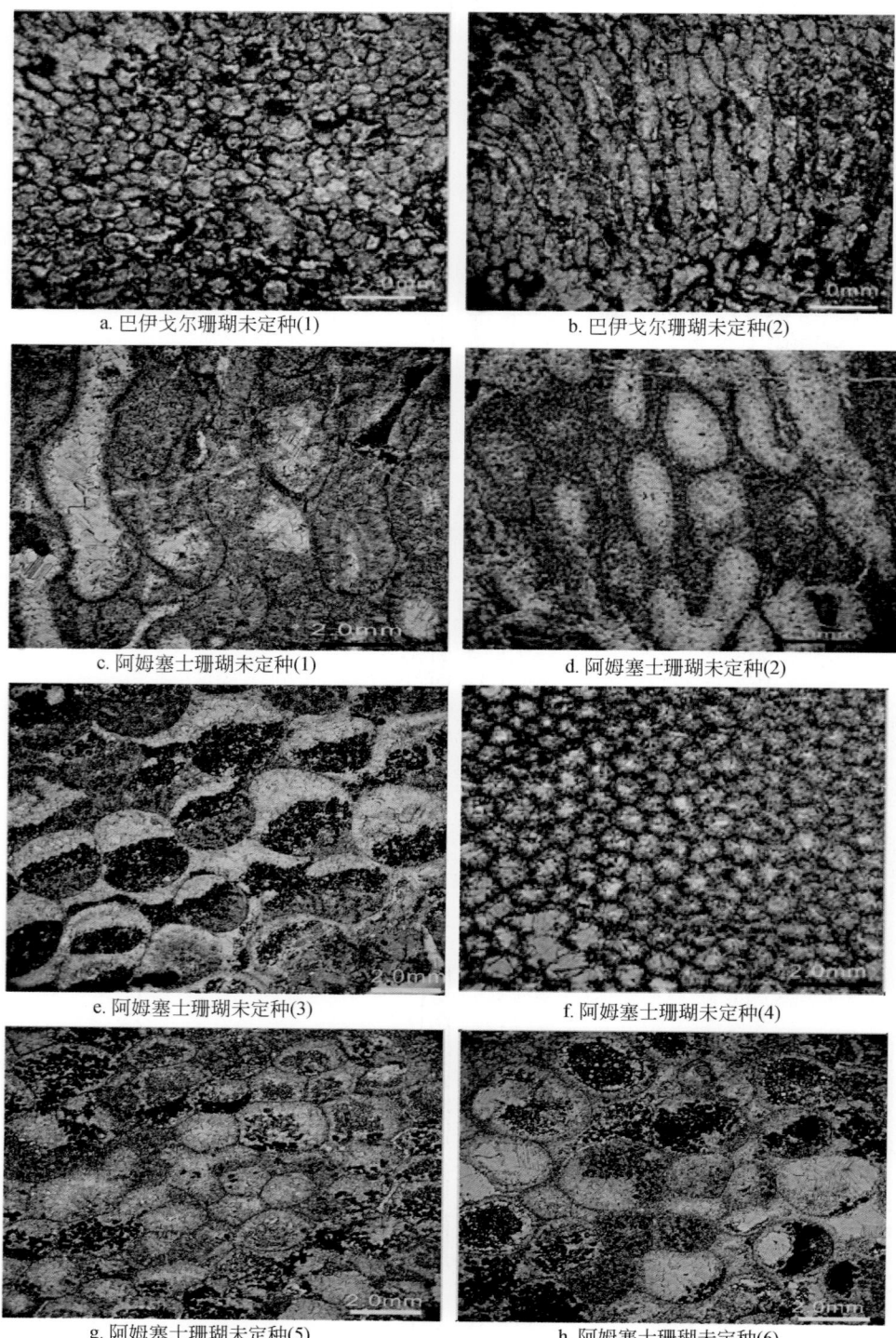

a. 巴伊戈尔珊瑚未定种(1)　　　　　　b. 巴伊戈尔珊瑚未定种(2)

c. 阿姆塞士珊瑚未定种(1)　　　　　　d. 阿姆塞士珊瑚未定种(2)

e. 阿姆塞士珊瑚未定种(3)　　　　　　f. 阿姆塞士珊瑚未定种(4)

g. 阿姆塞士珊瑚未定种(5)　　　　　　h. 阿姆塞士珊瑚未定种(6)

图版 12-2

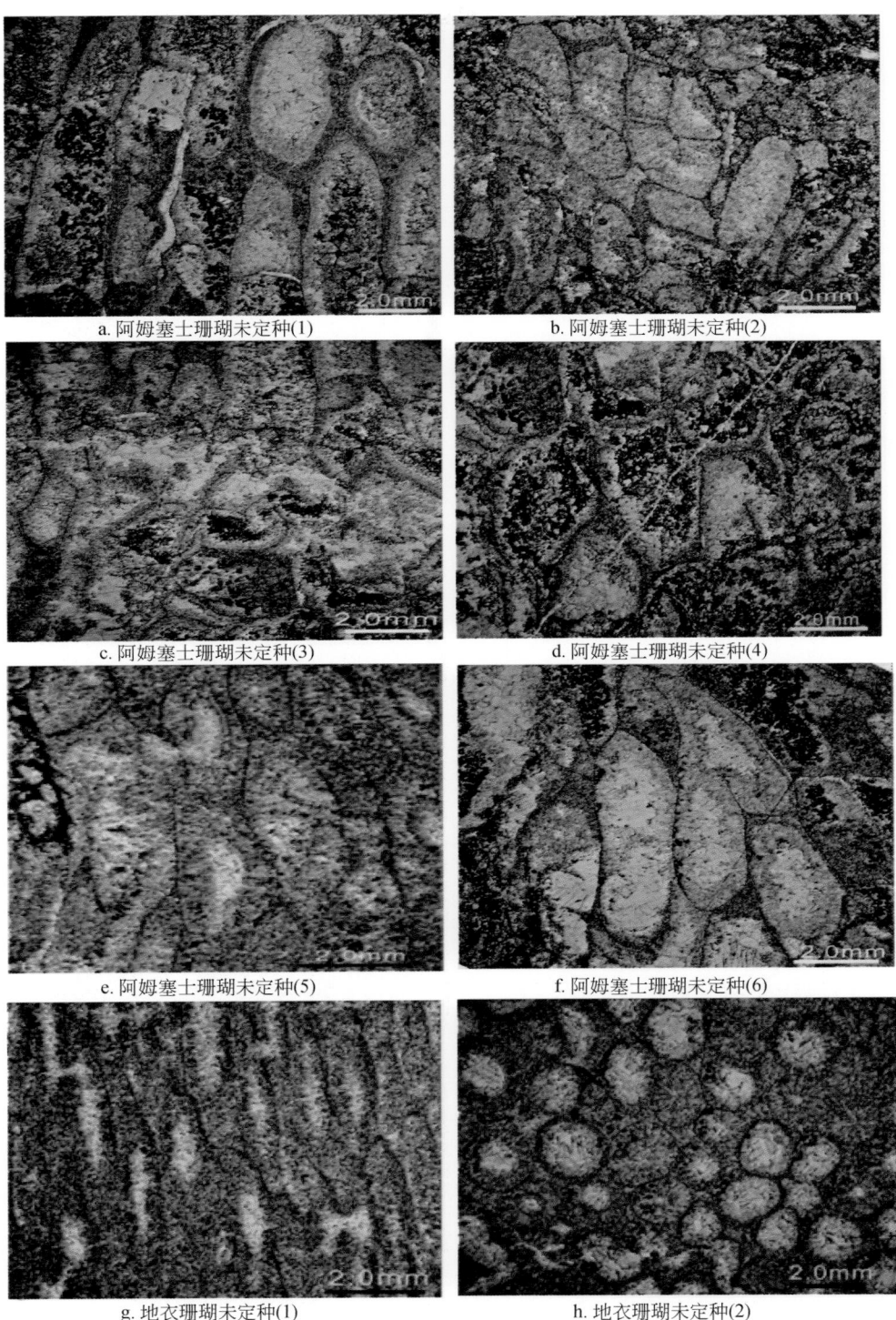

a. 阿姆塞士珊瑚未定种(1)

b. 阿姆塞士珊瑚未定种(2)

c. 阿姆塞士珊瑚未定种(3)

d. 阿姆塞士珊瑚未定种(4)

e. 阿姆塞士珊瑚未定种(5)

f. 阿姆塞士珊瑚未定种(6)

g. 地衣珊瑚未定种(1)

h. 地衣珊瑚未定种(2)

图版 12-3

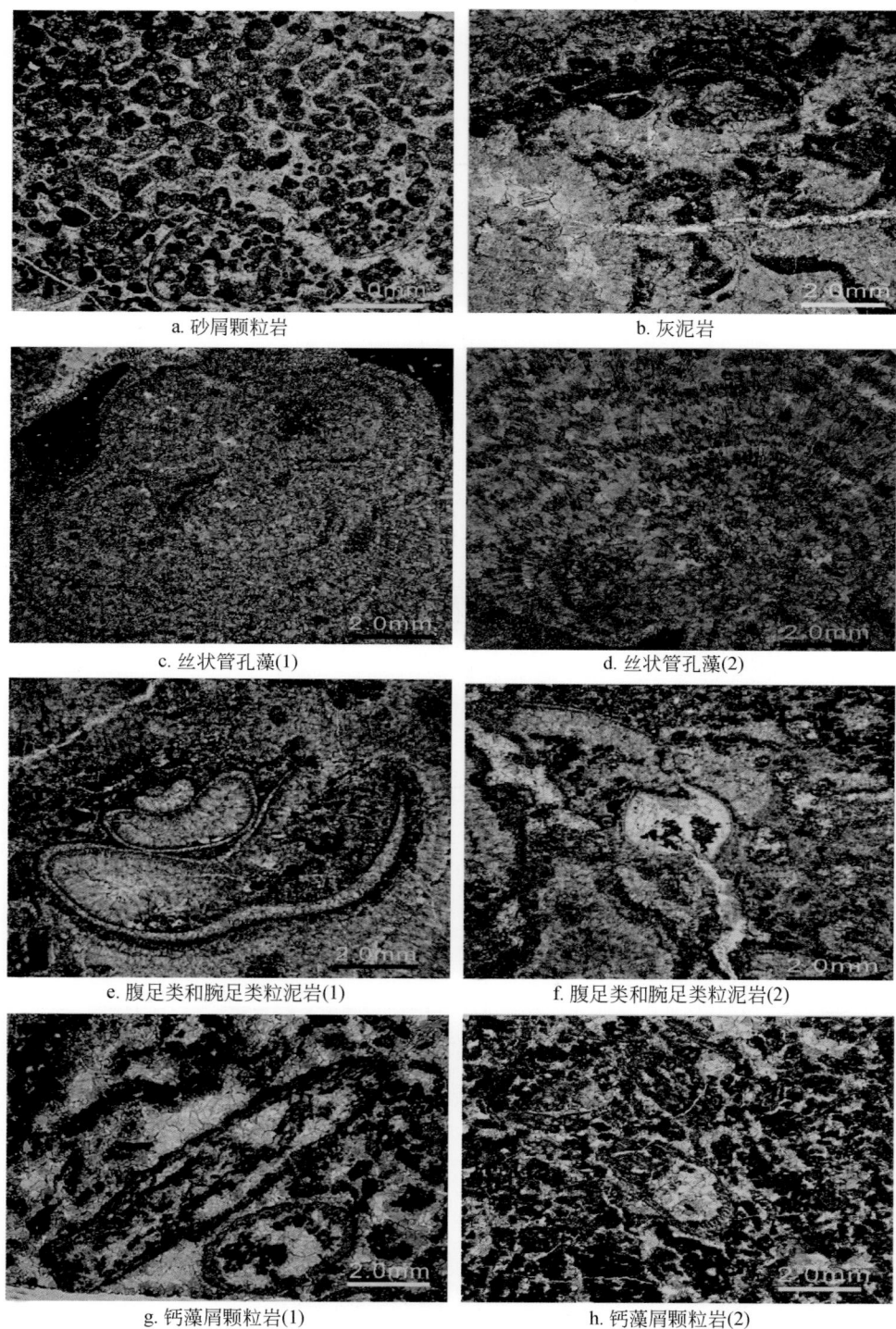

a. 砂屑颗粒岩

b. 灰泥岩

c. 丝状管孔藻(1)

d. 丝状管孔藻(2)

e. 腹足类和腕足类粒泥岩(1)

f. 腹足类和腕足类粒泥岩(2)

g. 钙藻屑颗粒岩(1)

h. 钙藻屑颗粒岩(2)

图版 12-4

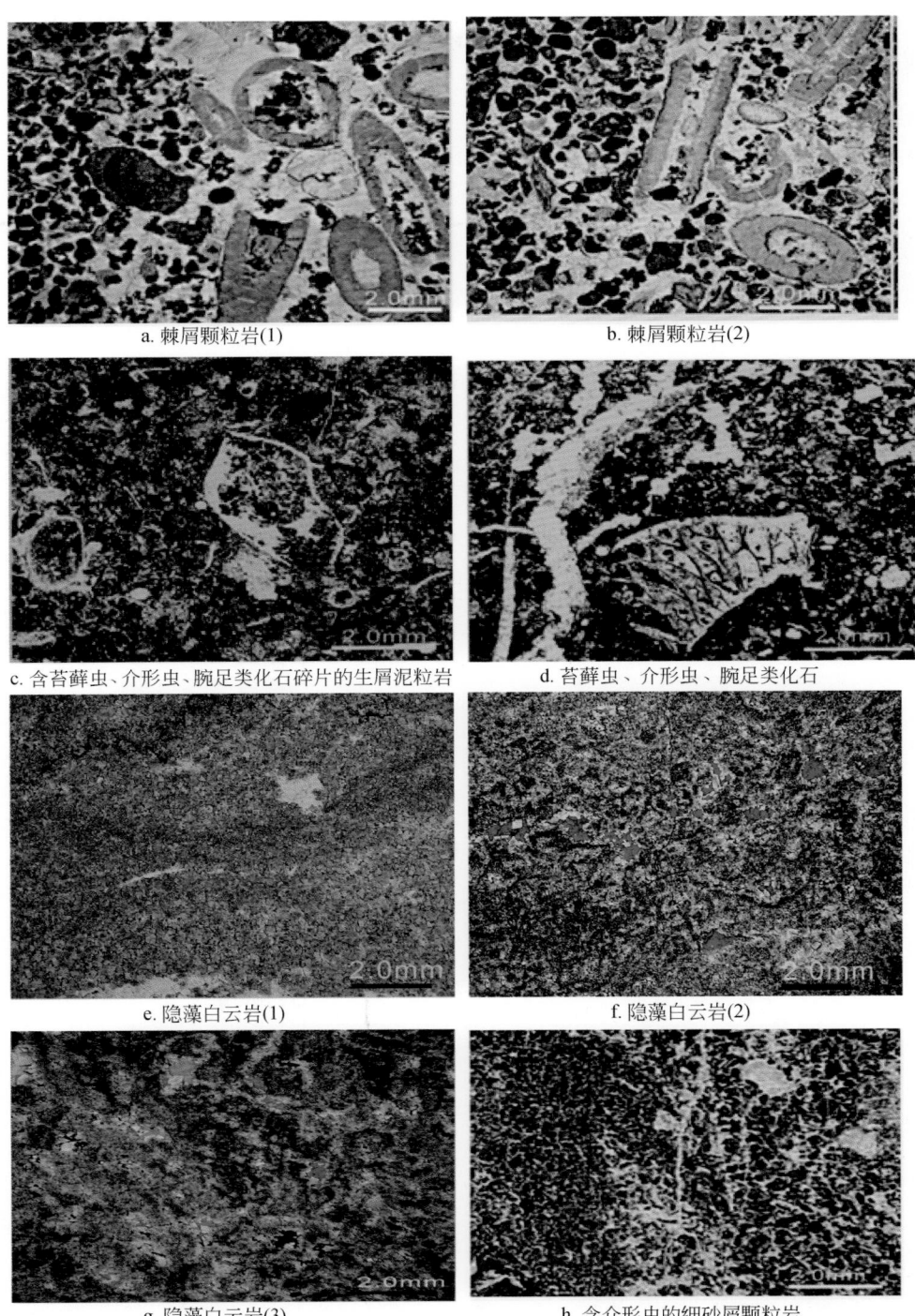

a. 棘屑颗粒岩(1)

b. 棘屑颗粒岩(2)

c. 含苔藓虫、介形虫、腕足类化石碎片的生屑泥粒岩

d. 苔藓虫、介形虫、腕足类化石

e. 隐藻白云岩(1)

f. 隐藻白云岩(2)

g. 隐藻白云岩(3)

h. 含介形虫的细砂屑颗粒岩

图版 12-5

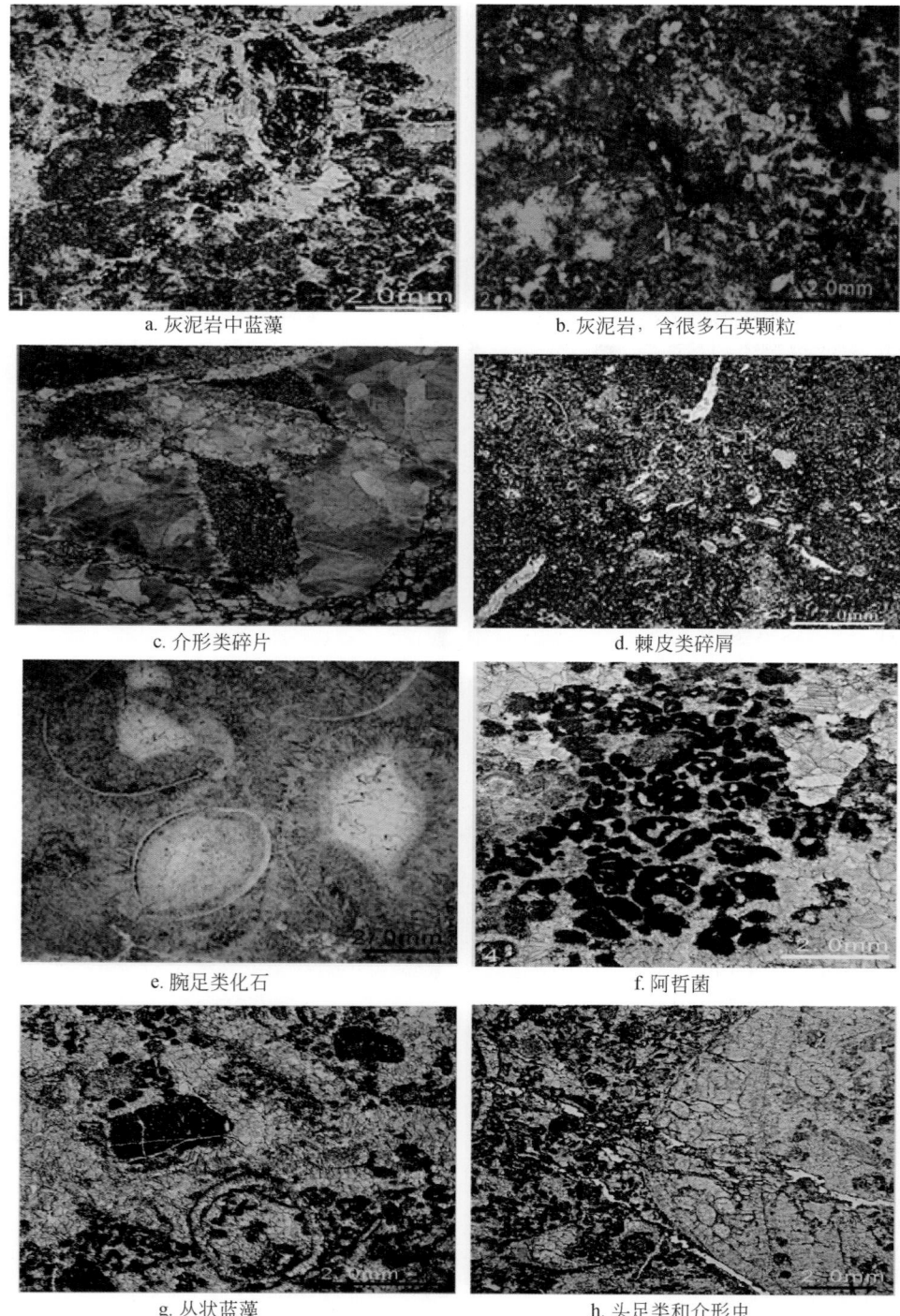

a. 灰泥岩中蓝藻　　　　　　　　　　　　b. 灰泥岩，含很多石英颗粒

c. 介形类碎片　　　　　　　　　　　　　d. 棘皮类碎屑

e. 腕足类化石　　　　　　　　　　　　　f. 阿哲菌

g. 丛状蓝藻　　　　　　　　　　　　　　h. 头足类和介形虫

图版 12-6

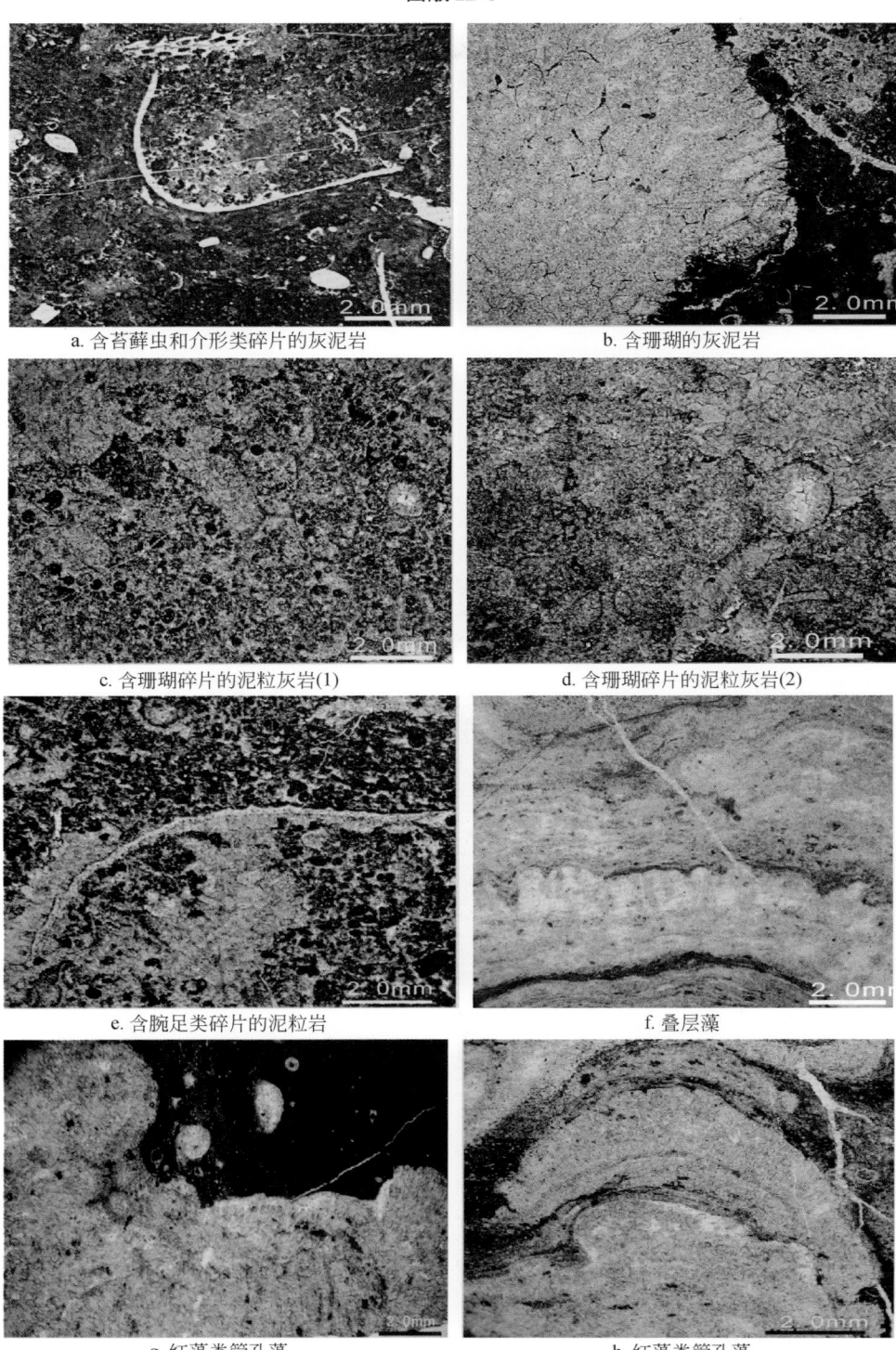

a. 含苔藓虫和介形类碎片的灰泥岩　　　　　　　b. 含珊瑚的灰泥岩

c. 含珊瑚碎片的泥粒灰岩(1)　　　　　　　d. 含珊瑚碎片的泥粒灰岩(2)

e. 含腕足类碎片的泥粒岩　　　　　　　f. 叠层藻

g. 红藻类管孔藻　　　　　　　h. 红藻类管孔藻

13. 加里东构造期在寒武系岩层中形成的强烈的同生构造变形

图版 13-1

a. 泾河张家山寒武系馒头组砾屑泥岩中的裂隙

b. 泾河张家山寒武系馒头组砾屑泥岩中的揉皱

c. 富平赵老峪奥陶系背锅山组深水灰岩中同生揉皱

d. 永寿好畤河平凉组灰岩中加里东早期同生褶皱

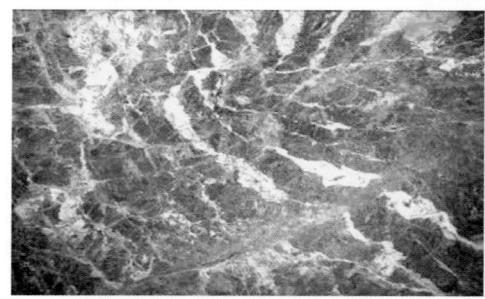

e. 泾河马五段灰岩中沿多期古裂缝形成的
古岩溶洞，被后期结晶方解石充填

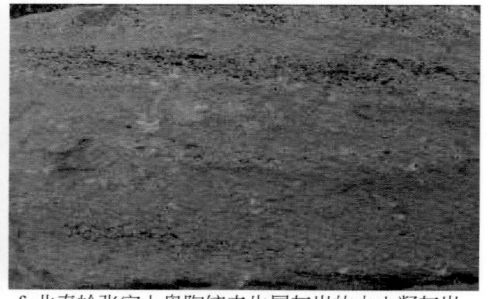

f. 北秦岭张家上奥陶统夹生屑灰岩的火山凝灰岩

g. 淳化背锅山组构造作用形成的滑塌角砾

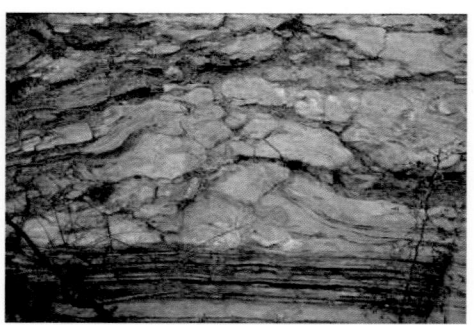

h. 铜川上店奥陶系平凉组中斜坡相滑动揉皱

14. 海西构造期在奥陶系岩层中形成的构造变形、褶皱与断裂

图版 14-1

a. 好時河平凉组加里东褶皱和凝灰层被加里东晚期断裂错断

b. 东庄剖面加里东期背斜翼部冶里亮家山组泥云岩中形成的加里东晚期正断层

c. 泾河马家沟组马五段古背斜中由构造与河流侵蚀共同作用形成的溶洞灰岩角砾

d. 永寿好時河剖面平凉组灰岩加里东晚期褶皱

e. 泾河东岸鱼车村冶里底部海西期断层

f. 东庄马家沟组云灰岩形成的加里东晚期背斜

15. 奥陶系结晶碳酸盐岩储层孔隙类型及成岩显微特征

图版 15-1

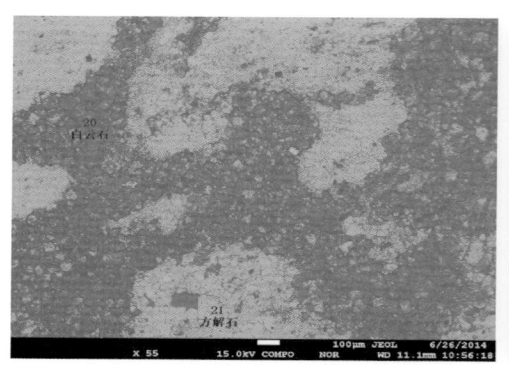

a. 东庄马家沟白云石与方解石非均质结构

b. 东庄ZK456-3马家沟组粉–细晶膏云岩晶间溶孔以及膏模溶孔

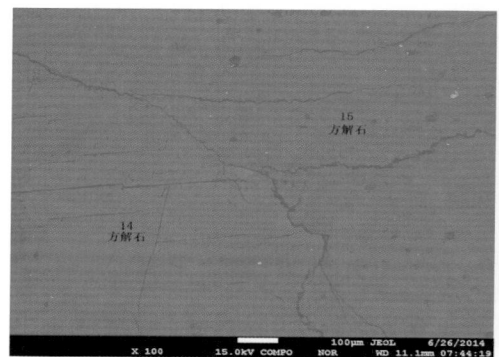

c. 东庄马家沟方解石晶体内部微裂缝

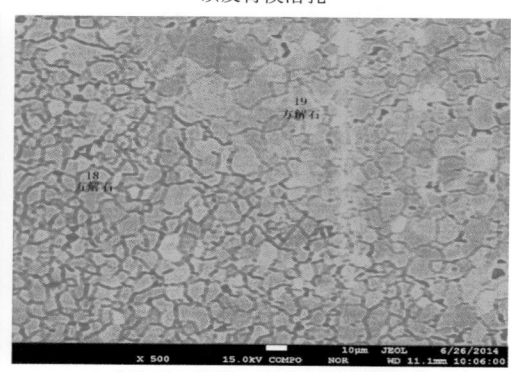

d. 东庄马家沟粗、细粒方解石晶间孔

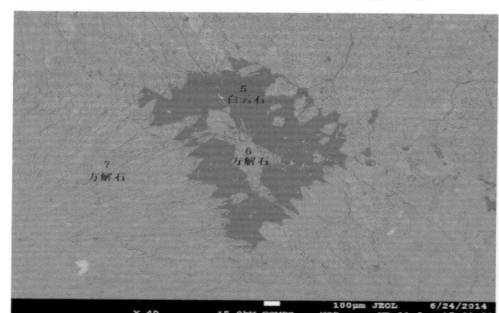

e. 东庄马家沟被方解石充填的白云石

f. 东庄马家沟成岩缝中的方解石脉

16. 奥陶系马家沟组顶面风化壳古岩溶发育分布征

图版 16-1

a. 陇县龙门洞背锅山组藻类灰岩中的溶蚀孔洞

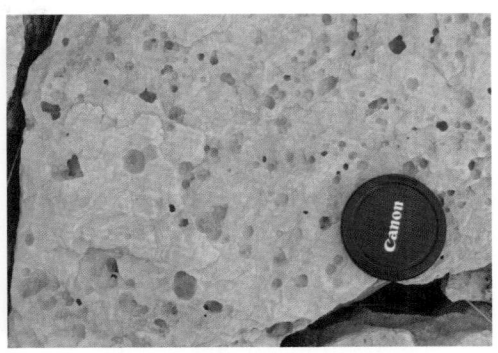

b. 礼泉东庄马家沟组云岩中溶孔溶洞

c. 铁瓦殿马家沟组顶面风化壳灰岩中的古溶蚀

d. 麟1井马五段顶灰岩中的溶孔与方解石充填

17. 寒武系颗粒灰岩粒间孔及粒缘缝被沥青质充填麟

图版 17-1

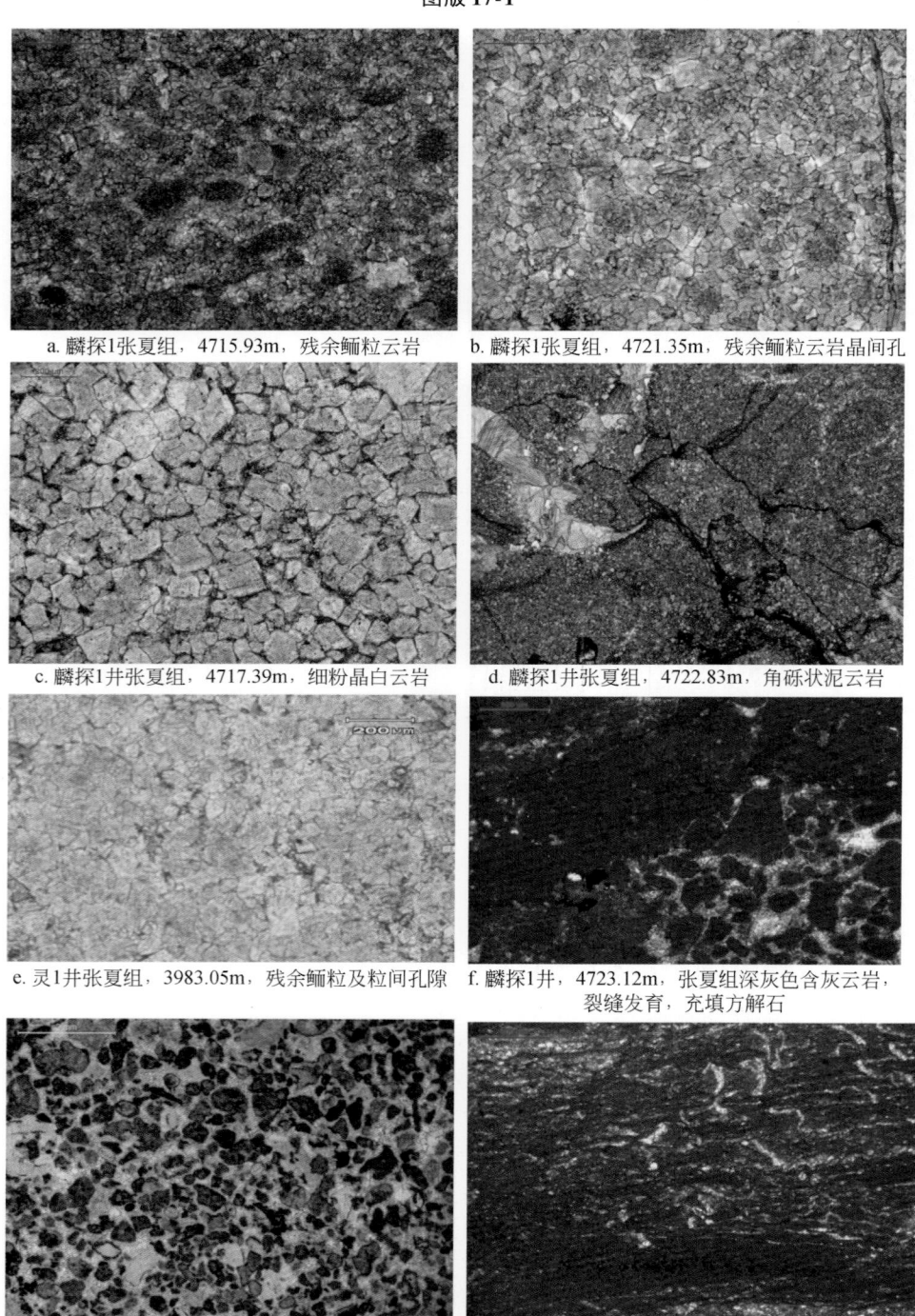

a. 麟探1张夏组，4715.93m，残余鲕粒云岩

b. 麟探1张夏组，4721.35m，残余鲕粒云岩晶间孔

c. 麟探1井张夏组，4717.39m，细粉晶白云岩

d. 麟探1井张夏组，4722.83m，角砾状泥云岩

e. 灵1井张夏组，3983.05m，残余鲕粒及粒间孔隙

f. 麟探1井，4723.12m，张夏组深灰色含灰云岩，裂缝发育，充填方解石

g. L1井平凉组，3449.45m，凝块石灰岩

h. 探1井马二段，4439.14m，变形纹层泥灰岩